Michael Trzesniowski

CAD mit CATIA® V5

„Gute Auswahl der Themen. ...beispielgebend für die Kombination aus Grundlagen und Anwendung. Die Beispiele aus der Fahrzeugtechnik sind wertvoll für die Ausbildung von Fahrzeugingenieuren. Dieses Buch werde ich meinen Studenten empfehlen, weil es inhaltlich eine Lücke der bisherigen Catia-Literatur schließt."

Prof. Dr. Ulrich-M. Eisentraut, HS Zwickau

„Das Buch erleichtert den Einstieg in die neue CATIA-Version enorm, auch durch gute Beispiele."

Ulf Brossmann, FH München

„/.../ sehr gut für den Praktiker geeignet, ..."

Prof. Dr. Georg Paul, Otto-von-Guericke-Universität Magdeburg

„Sehr gut strukturierte Einführung in CATIA; detailliert und sachlich."

Georg Wämlisch, FH Aachen

Michael Trzesniowski

CAD mit
CATIA® V5

Handbuch mit praktischen Konstruktionsbeispielen
aus dem Bereich Fahrzeugtechnik

3., erweiterte Auflage

Mit 1500 Abbildungen

PRAXIS

**VIEWEG+
TEUBNER**

Bibliografische Information der Deutschen Nationalbibliothek
Die Deutsche Nationalbibliothek verzeichnet diese Publikation in der
Deutschen Nationalbibliografie; detaillierte bibliografische Daten sind im Internet über
<http://dnb.d-nb.de> abrufbar.

Das in diesem Werk enthaltene Programm-Material ist mit keiner Verpflichtung oder Garantie irgend-
einer Art verbunden. Der Autor übernimmt infolgedessen keine Verantwortung und wird keine daraus
folgende oder sonstige Haftung übernehmen, die auf irgendeine Art aus der Benutzung dieses
Programm-Materials oder Teilen davon entsteht.

Höchste inhaltliche und technische Qualität unserer Produkte ist unser Ziel. Bei der Produktion und
Auslieferung unserer Bücher wollen wir die Umwelt schonen: Dieses Buch ist auf säurefreiem und
chlorfrei gebleichtem Papier gedruckt. Die Einschweißfolie besteht aus Polyäthylen und damit aus
organischen Grundstoffen, die weder bei der Herstellung noch bei der Verbrennung Schadstoffe
freisetzen.

1. Auflage 2002
2. Auflage 2003
3., erweiterte Auflage 2011

Alle Rechte vorbehalten
© Vieweg+Teubner Verlag | Springer Fachmedien Wiesbaden GmbH 2011

Lektorat: Christel Roß | Maren Mithöfer

Vieweg+Teubner Verlag ist eine Marke von Springer Fachmedien.
Springer Fachmedien ist Teil der Fachverlagsgruppe Springer Science+Business Media.
www.viewegteubner.de

Umschlaggestaltung: KünkelLopka Medienentwicklung, Heidelberg
Gedruckt auf säurefreiem und chlorfrei gebleichtem Papier.
Printed in Germany

ISBN 978-3-8348-1376-3

Vorwort

Seit der letzten Auflage sind einige Releases von CATIA V5 dazugekommen. Wenn sich auch nicht alle Unternehmen einig waren, ob das jüngste Release gleich nach Erscheinen eingesetzt werden soll, so gab es doch Einigkeit immer das geradzahlige Release einzusetzen. Neben vielen neuen Funktionen, die nicht alle entbehrt haben dürften, sind mit den jüngsten Releases auch brauchbare Funktionen eingeflossen. Aber vor allem arbeiten nun die etablierten, verwendbaren Befehle so, wie der Anwender sich es bereits vor Jahren gewünscht hat. Dieses Buch berücksichtigt Erweiterungen und Änderungen von CATIA V5 bis R18. Es soll aber nicht in dem Umfang zunehmen wie die Funktionen von CATIA zugenommen haben, sondern es soll aus der Menge der verfügbaren die nützlichen Funktionen beschreiben und so den Leser möglichst rasch in die Systematik und Logik der Anwendung einführen. Die vielen weiterführenden und vertiefenden Befehle versteht der geübte Anwender mit Hilfe des Mitteilungsfeldes (links unten) auch ohne weitere Anleitung. Dennoch ist der Umfang dieser Auflage wieder etwas gewachsen, weil sich auch einige neue Funktionen brauchbar und damit nennenswert darstellen.

Ich wünsche allen geübten Anwendern weiterhin viel Erfolg beim Modellieren und den Einsteigern viel Spaß beim Erkunden und Entdecken der Möglichkeiten eines interaktiven 3D-CAD-Systems.

Graz, im September 2010   *Michael Trzesniowski*

Vorwort zur ersten Auflage

CATIA hat sich in den letzten Jahrzehnten als eines der gängigsten CAD-Systeme in der Automobil- und Luftfahrtindustrie etabliert und liegt nun in der aktuellen Version 5 vor. Das System wurde und wird laufend ergänzt und verbessert. Nach anfänglich größeren Entwicklungsschritten hat diese Version nun mit dem Release 8 einen Reifegrad erreicht, der Anwendern einen Wechsel von der Vorgängerversion V4 oder einen Neueinstieg reizvoll macht. In jedem Fall wird ein Einarbeiten in das neue System notwendig sein. Der Anwender wird sich mit der Systematik der Benutzeroberfläche vertraut machen und anhand einiger Beispiele den Einsatz dieses Werkzeugs üben, bevor er dieses CAD-System bei seiner alltäglichen Arbeit nutzbringend einsetzen kann.

Das vorliegende Buch führt den CAD-Konstrukteur in bewusst knapp gehaltener Form in CATIA V5 ein. Dabei werden zunächst im Kapitel „Grundlagen" die Benutzeroberfläche allgemein, das Hauptmenü und die wichtigsten Begriffe erläutert. Grundlage ist die englische Ausgabe von CATIA, die die Ursprungsversion darstellt. CATIA V5 weist für die Erstellung und Bearbeitung unterschiedlicher CAD-Modellarten - wie z.B. Drahtgitter, Oberflächen, Volumenkörper - unterschiedliche Arbeitsumgebungen auf. Den wichtigsten Arbeitsumgebungen ist deshalb ein Kapitel gewidmet. Die Reihenfolge der Kapitel orientiert sich dabei am Konstruktionsprozess. Ausgehend von einer zweidimensionalen Geometrie (Arbeitsumgebung *„Sketcher"*) werden Oberflächen (Arbeitsumgebung *„Wireframe and Surface Design"*) und in weiterer Folge Volumenkörper (Arbeitsumgebung *„Part Design"*) modelliert. Die Volumenkörper werden schließlich zu einem technischen Gebilde zusammengebaut (Arbeitsumgebung *„Assembly Design"*). Von den Einzelteilen und der Zusammenstellung werden zur Dokumentation Zeichnungen erstellt (Arbeitsumgebung *„Drafting"*). Die einzelnen Kapitel beginnen mit einer kurzen Einführung in die Arbeitsumgebung und beschreiben in Folge anhand eines Beispiels, wozu die behandelte Arbeitsumgebung dient und wie einzelne typische Optionen angewandt werden. Diese Einführungsbeispiele sollten vom unerfahrenen Anwender nachvollzogen werden, denn sie führen in kurzer Zeit zum Wesentlichen einer Arbeitsumgebung. Der übrige Teil eines Kapitels führt in systematischer Reihenfolge die wichtigsten Optionen einer Arbeitsumgebung in vertiefender Form an und dient so auch als Nachschlagwerk für erfahrene Anwender.

Ein weiteres Kapitel beschäftigt sich mit der Möglichkeit Bauteile in CATIA gelenkig miteinander zu verbinden und entsprechend der Gelenksarten dynamisch zu bewegen (Arbeitsumgebung *„DMU Kinematics"*).

Das letzte Kapitel weist ausgearbeitete Übungsbeispiele geordnet nach den behandelten Arbeitsumgebungen auf. Dabei steht die Vorgehensweise zur Modellierung von Bauteilen - bis zu komplexen Geometrien - im Vordergrund. Die Beispiele stammen zwar vornehmlich aus der Fahrzeugtechnik, das hat jedoch kaum Auswirkung auf die Vorgehensweise beim Erstellen des CAD-Modells. So kann dieser Abschnitt auch als Anleitung zum Konstruieren mit CAD-Systemen allgemein verstanden werden.

Wie bei jedem Lernvorgang wird es eine Weile brauchen bis der Anwender mit dem System vertraut wird. Der klare Systemaufbau und die dynamische Anzeige von vorgenommenen Änderungen ermöglichen ihm jedoch nach kurzer Übungszeit ohne große Gedächtnisleistung dreidimensionale Teile zu modellieren und selbstständig in die Tiefen von CATIA V5 vorzudringen. Ich wünsche den Beginnern und den CAD-erfahrenen Umsteigern erfreulich leichtes Einarbeiten und viel Spaß beim Konstruieren.

Graz, im August 2002   *Michael Trzesniowski*

Vorwort zur zweiten Auflage

Durch die rasche Weiterentwicklung der Version 5 von CATIA einerseits und - was erfreulich ist - durch die Tatsache, dass die erste Auflage bald vergriffen war, wurde eine neue Auflage vorliegenden Werks für Verlag und Leser erforderlich. Das Konzept dieses Buches wurde also von den Lesern bestätigt und blieb daher im Grunde aufrecht.

Im Zuge der Arbeiten wurden sämtliche Menüs und Darstellungen bis zum Release 11 von CATIA V5 aktualisiert. Hinzugekommene Menü-Funktionen wurden ebenfalls in das Buch aufgenommen. Auch die Abschnitte, die sich mit Strategien beim CAD-Konstruieren beschäftigen, wurden um weitere Beispiele ergänzt. Darüberhinaus wurde der Umfang um ein gänzlich neues Kapitel erweitert. Die Arbeitsumgebung „Strukturanalyse" stellt dem Konstrukteur leicht zu bedienende Werkzeuge zur Festigkeitsuntersuchung zur Verfügung. Damit kann dieser während des Entwurfs von Bauteilen die Gestalt zielgerichtet der Belastung anpassen. Das Kapitel 8 unterstützt den Leser beim Einarbeiten in diese lohnende Arbeitsumgebung.

Als weitere Neuheit gibt es einen Online-Service zu diesem Buch, der es unter anderem ermöglicht Beispieldateien downzuloaden.

Ich wünsche allen CAD-Einsteigern schnelle Fortschritte und allen CAD-Anwendern Freude und Erfolg an ihrer Tätigkeit.

Graz, im Oktober 2003   *Michael Trzesniowski*

Inhaltsverzeichnis

Abkürzungen

Folgende Abkürzungen und Vereinbarungen werden verwendet:

Anm.	...	Anmerkung
Kap.	...	Kapitel
<Tab>	...	Tabulatortaste
<Strg>	...	Steuerungstaste; bei einer englischen Tastatur *Control*-Taste
<Umschalt>	...	Umschalttaste; bei einer englischen Tastatur *Shift*-Taste
<Enter>	...	Eingabetaste
<Entf>	...	Löschtaste; bei einer englischen Tastatur *Delete*-Taste
MB1	...	Maustaste 1 (*mousebutton*), *Siehe* Kap. 1.3
MB2	...	Maustaste 2, siehe Kap. 1.3
MB3	...	Maustaste 3, siehe Kap. 1.3
View	...	Der Rahmen kennzeichnet entweder eine Option im Haupt- bzw. Kontextmenü oder stellt eine Schaltfläche (Button) in einem Dialogfenster dar
Phase.1 *Phase.N*	...	Systembezeichnungen, wie Bezeichnungen in einem Dialogfenster, Namen von Objekten und Icons, werden in Kursivschrift wiedergegeben
Selektieren, wählen, drücken	...	Gleichwertige Ausdrücke für die Wahl eines Icons, Schalters (= Button) oder Geometrie mit MB1, siehe auch Kap. 1.5

1 Grundlagen

In einem CAD-System werden Bauteile als Volumenmodelle (Solids) oder als Flächer- und Drahtgittermodelle dreidimensional beschrieben. Bauteile werden weiter in einer Zusammenstellung zu einer Baugruppe zusammengestellt. Damit werden Platzverhältnisse, Einbaubedingungen, Massenaufteilungen usw. untersucht. Letzlich können Zeichnungen von den Einzelteilen und den Zusammenstellungen erzeugt werden oder die 3D-Daten von Einzelteilen direkt an numerisch gesteuerte Bearbeitungsmaschinen weitergereicht werden.

In der CATIA Version 5 werden Teile (*parts*), Zusammenstellungen (*assemblies*), Zeichnungen (*drawings*) und Modelle der Version 4 (*models*) in so genannten **Dokumenten** (*document*) bearbeitet und verwaltet. Dabei können mehrere Dokumente gleichzeitig geöffnet und bearbeitet werden (MDI- *multiple document interface*).

Nach dem Aufruf der Anwendung (Doppelklick auf das Anwendungsicon auf dem Desktop oder: Start → Alle Programme → CATIA → CATIA V5 R18) startet CATIA mit einer Produktdatei. Soll CATIA ohne Datei, also schneller starten, müssen die Eigenschaften des Starticons angepasst werden:

- — MB3 auf Verknüpfungsicon ![icon] am Desktop im Kontextmenü Eigenschaften wählen
- — in Fenster „Eigenschaften" den Zieleintrag um „<Leerzeichen>–object empty" erweitern
- — CATIA startet damit ohne eine neue Produktdatei anzulegen

Das Aussehen der Fenster (Kopfzeile und Rand) hängt vom Betriebssystem des Rechners ab. An der grundsätzlichen Benutzung ändert das jedoch nichts. Störend ist allerdings, wenn das Höhen-Breiten-Verhältnis des Bildschirms nicht mit den Standardwerten übereinstimmt. Dann erscheint beispielsweise ein Kreis als Ellipse. Abhilfe schafft unter Windows das Setzen von zwei Systemvariablen:

– Start → Systemsteuerung → System → Register: Erweitert → Schalter: Umgebungsvariablen

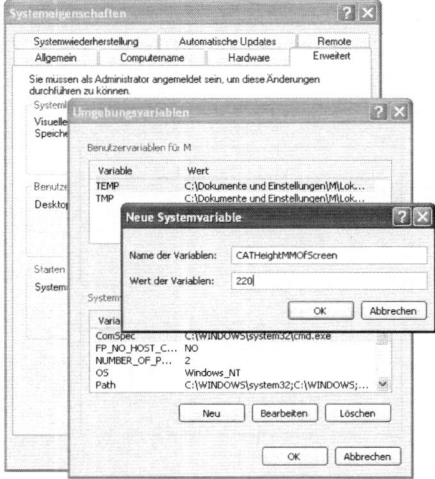

– Im Fenster „*Umgebungsvariablen*" mit Schalter Neu Variable mit dem Namen „CATHeightMMOfScreen" anlegen
– Z.B. Höhe des Monitors abmessen und in Wertefeld (ohne Angabe von mm) eintragen
– mit OK Variable erzeugen
– Die zweite Variable heißt „CATWidthMMOfScreen" und stellt die Monitorbreite dar
– Beim nächsten Neustart von CATIA werden Kreise als solche dargestellt.

1.1   Benutzeroberfläche

Nach dem Aufrufen von CATIA erscheint die allgemeine Benutzeroberfläche. Mittels Hauptmenü können vorhandene Dokumente geöffnet werden oder eine gewünschte **Arbeitsumgebung** kann im Fenster „*Welcome to CATIA V5*" gestartet werden.

Eine andere Arbeitsumgebung lässt sich auch über das Icon der gerade aktiven Arbeitsumgebung (startet Fenster „*Welcome ...*") oder über Hauptmenü Start aufrufen. Beim Öffnen eines vorhandenen Dokuments wird die dem Typ entsprechende Arbeitsumgebung aufgerufen, d.h. beispielsweise startet beim Öffnen einer Zeichnungsdatei die Arbeitsumgebung „*Drafting*".

Das Aussehen der Benutzeroberfläche hängt von der aufgerufenen **Arbeitsumgebung** (***workbench***) ab. Arbeitsumgebungen sind z. B. *Wireframe and surface design*,

Part Design, Assembly Design, Drafting, Generative Structural Analysis, DMU Kinematics, Plant Layout, ...

Trotz unterschiedlicher Arbeitsumgebungen ermöglicht eine Systematik der Benutzeroberfläche sich rasch zurecht zufinden:

Hauptmenü   Werkzeugleisten: Datenverwaltung, Ansichtssteuerung Kompass

Erzeugnis-
gliederung:
Struktur-
baum

(*specification
tree*)

Arbeits-
umgebung

Werkzeug-
leisten der
Arbeits-
umgebung

Werkzeugleiste: Messen   Schnell-Eingabe Feld

Status/Mitteilungsfeld   Geometriebereich

1.2 Hauptmenü

Das Hauptmenü ist aktiv, sobald CATIA gestartet wurde, d.h. auch ohne Aufrufen einer Arbeitsumgebung.

Folgende Befehle stehen zur Verfügung:

Start - Aufruf der verfügbaren Arbeitsumgebungen

File - Öffnen jüngst bearbeiteter Dokumente

New... - Erzeugen neuer Dokumente. Das entspricht Icon „New":

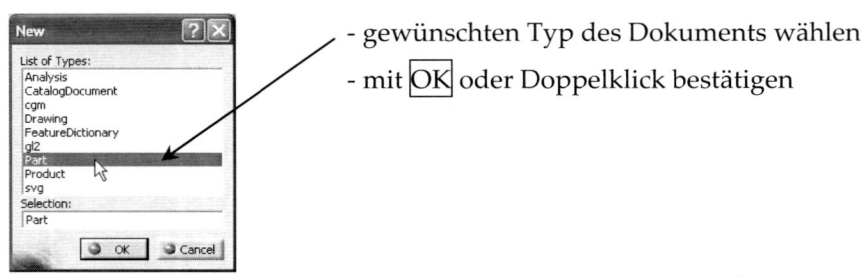

- gewünschten Typ des Dokuments wählen
- mit $\boxed{OK}$ oder Doppelklick bestätigen

$\boxed{New From...}$ - Erzeugen neuer Dokumente als Kopie vorhandener Dateien, wobei das File einen neuen UUID (*unique universal identifier*) erhält.

$\boxed{Open...}$ -Öffnen vorhandener Dokumente

$\boxed{Close}$ - Schließen geöffneter Dokumente

$\boxed{Save}$ Ctrl+S - Speichern geöffneter Dokumente

$\boxed{Save As...}$ - Erstmaliges Speichern von Dokumenten mit Namensvergabe und Pfadangabe- Speichern von Dokumenten in einem anderen Format (IGES, STL, STEP, DXF, DWG, ...)
- Speichern von Dokumenten mit neuem Namen und Wechseln in die neue Datei, d.h. die ursprüngliche wird geschlossen. Ist der Schalter *Save as new document* aktiviert, bleibt die ursprüngliche Datei geöffnet

$\boxed{Save All}$ - Speichern aller geöffneten Dokumente

$\boxed{Save Management...}$ - Speichern aller Dokumente im Arbeitsspeicher nach entsprechender Abfrage (siehe auch Kap. 5.9):

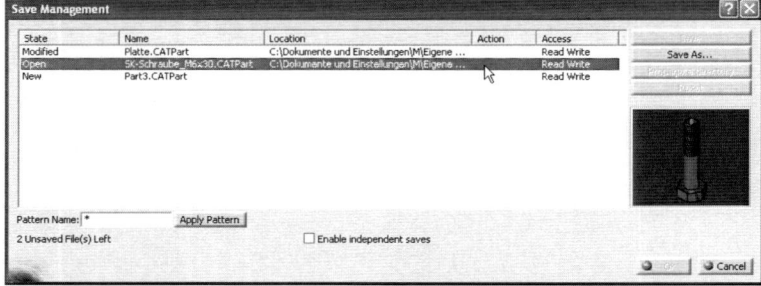

State: Angabe, ob File nur im Arbeitsspeicher (*New*) oder auch auf Festplatte existiert (*Opened*). Unterscheiden sich die Daten im Arbeitsspeicher und auf der Festplatte (*modified*), kann die Datei gespeichert werden (*save*)

Action: Diese Spalte zeigt, ob ein File schon gespeichert ist (*saved*). Im rechten Fensterteil wird eine Ansicht der selektierten Datei gezeigt. Mit $\boxed{Save As...}$ wird für die selektierte Datei Name und Speicherort angegeben. Mit $\boxed{OK}$ verlässt man das Fenster und sämtliche Dateien werden den vorhergehenden Eingaben gemäß gespeichert.

Print... - Drucken mit vorhergehender Druckereinstellung, siehe Kap. 6.6.2

Desk... - File-Übersichtsfenster aufrufen, siehe Kap. 5.2.8.3

Send To > - Daten kopieren zu beliebigen Verzeichnissen, siehe Kap. 5.23

Exit - Anwendung CATIA beenden

Edit

Undo - Rücknahme der letzten Befehle

Repeat - Wiederholen des letzten Befehls

Update - Aktualisieren eines Teils

Cut - Entfernen und Ablegen selektierter Objekte im Zwischenspeicher

Copy - Kopieren selektierter Objekte im Zwischenspeicher

Paste - Kopieren von Objekten aus dem Zwischenspeicher

Paste Special... - Kopieren von Objekten aus dem Zwischenspeicher mit/ohne logische Verknüpfung zu Original

Delete - Löschen von Objekten

Search... - Selektieren von Objekten über Suchfunktionen:

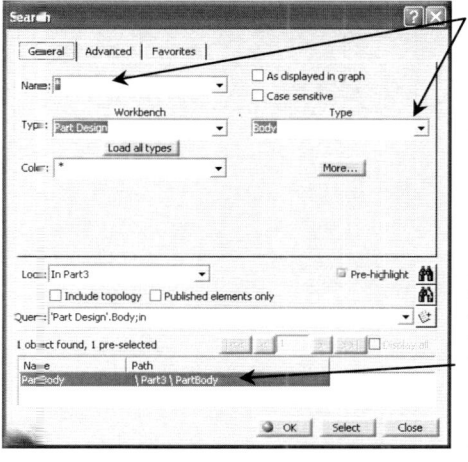

Eingeben des Objektnamens, des Typs (Auswahl der Voreinstellung über ▼) etc. Wenn zuerst unter Workbench eine Arbeitsumgebung eingestellt wird, erfolgt eine entsprechende Einschränkung (Filterung) der Auswahlmöglichkeiten im Feld „.Type".

Mit „Search" 🔍 werden gefundene Objekte angezeigt

Die gefundenen Objekte können über den Button Select gemeinsam, d.h. alle auf einmal, selektiert werden

Selection Sets... - Zusammenfassen von Bündelselektionen in einer Gruppe

Selection Sets Edition... - Selektionsgruppe mit Hilfe eines Fensters definieren

Links... - Links zu anderen Dokumenten feststellen und verwalten

Properties - Eigenschaften von Objekten anzeigen bzw. ändern: z.B. Farbe, Sichtbarkeit, Name, ...

Scan or Define In Work Object... - Suchfunktion innerhalb eines Strukturbaums aufrufen bzw. lokalen Teilbereich allein bearbeiten, siehe Kap. 4.7.4

View

Toolbars > - Anzeigen und Ausblenden von Werkzeugleisten

- Customize: Anpassen von Werkzeugleisten: Siehe Tools → Customize... Einrichten des Startmenüs und des Fensters „*Welcome to Catia*"

Commands List... - Befehlsverzeichnis aufrufen

☑ Geometry - Ein/Ausblenden der Geometrie

☐ Specifications - Ein/Ausblenden des Strukturbaums (*specification tree*); entspricht Taste F3

☐ Compass - Ein/Ausblenden des Kompasses

Reset Compass - Grundeinstellung des Kompasses aufrufen

Tree Expansion > - Darstellung der Strukturbaumhierarchieebenen beeinflussen: z.B. Expand First Level: nur die obersten Objekte werden angezeigt

Specifications Overview - Übersichtsfenster zum grafischen Manipulieren der Erzeugnisgliederung aufrufen (auch mit **<Umschalt>+F2**):

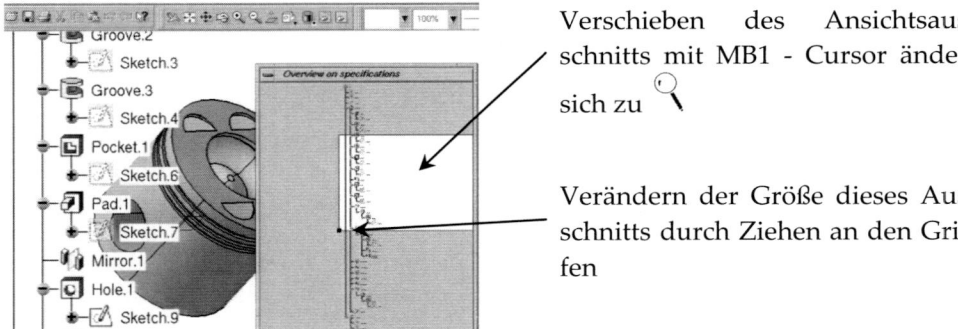

Verschieben des Ansichtsausschnitts mit MB1 - Cursor ändert sich zu ⟨

Verändern der Größe dieses Ausschnitts durch Ziehen an den Griffen

Anm.: Das Verschieben des Strukturbaums wird auch möglich durch Selektion des Achsenkreuzes am rechten unteren Grafikfensterrand mit MB1 und ziehen mit MB2; Zoomen mit MB2+MB1:

Icon „*Fit All In*" funktioniert in diesem Modus auch. Beenden dieses Modus durch erneutes Selektieren des Achsenkreuzes. Statt des Achsenkreuzes kann vorteilhafter die Achse des Strukturbaumes selektiert werden:

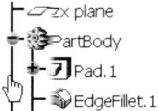

```
├─ zx plane
├─ PartBody
│  ├─ Pad.1
│  └─ EdgeFillet.1
```

Anm.: Dafür muss folgende Voreinstellung eingestellt sein: Tools → Options:
„*Display*" Register „*Tree Manipulation*": ▢ *Tree can be zoomed after clicking on a ny branch.*

Geometry Overview - Übersichtsfenster zum grafischen Manipulieren der Geometrie aufrufen:

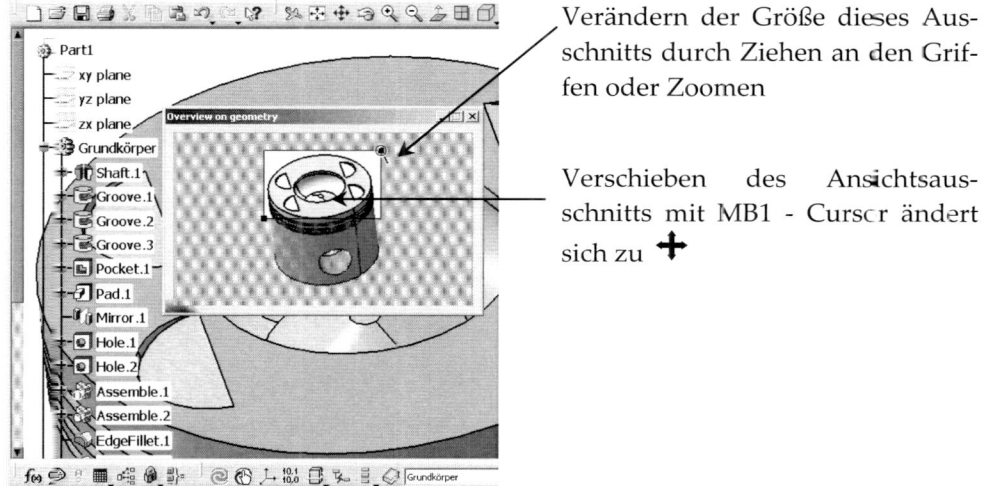

Verändern der Größe dieses Ausschnitts durch Ziehen an den Griffen oder Zoomen

Verschieben des Ansichtsausschnitts mit MB1 - Cursor ändert sich zu ✛

Fit All in - Einpassen der gesamten Geometrie im Geometriebereich. Entspricht Icon „*Fit All In*" ✛

Zoom Area - Hinein-Zoomen durch Aufziehen eines Rechteckes im Geometriebereich mit MB1:

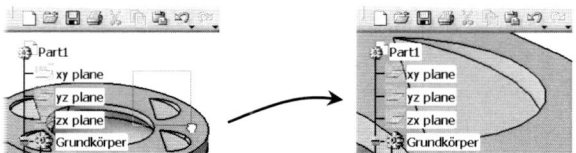

Zoom In Out - Vergrößern/Verkleinern des sichtbaren Geometrieausschnitts

Pan - Schwenken des Ansichtsbereiches im Geometriefenster

Rotate - Drehen des Ansichtsbereiches im Geometriefenster

Modify > - Ansichtsbereich ändern

Look At

    Turn Head Schwenken der Geometrie mit MB1

       Normal View Ansicht senkrecht auf selektierte Ebene oder ebene Fläche

Named Views... - Voreingestellte und benutzerdefinierte Ansichten aufrufen und ändern:

– Direkt im Fenster „*Named Views*" eine vorhandene Ansicht selektieren (Doppelklick oder Apply)

– Bildschirminhalt auf gewünschte Ansicht bringen - Button Add selektieren → „*Camera 1*" im darunter liegenden Textfeld mit Wunschnamen (z.B.: *Brennraumseite*) überschreiben - OK → neue Ansicht wird unter Wunschnamen abgespeichert:

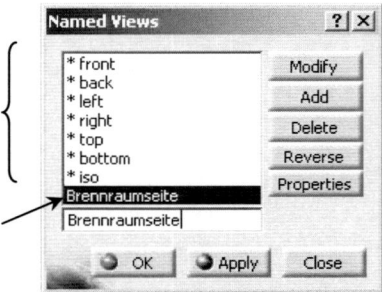

Voreingestellte Ansichten

Benutzerdefinierte Ansichten

Modify - Speichern von Änderungen in der selektierten Ansicht (nur bei benutzerdefinierten Ansichten), d.h. aktuelle Ansicht wird überschrieben

Reverse - Ansicht von gegenüberliegender Seite einstellen, z.B. „Ansicht vorne" wird „Ansicht hinten"

Render Style > - Farbwiedergabe der Geometrie einstellen:

 Shading (SHD): Schattierte Darstellung

 Schattierte Darstellung mit Kanten

 Schattierte Darstellung nur mit echten Kanten

 Schattierte Darstellung mit verdeckten Kanten

 Darstellung mit Materialaussehen (Werkstoff muss zugewiesen sein, Kap. 1.9.2)

 Wireframe (NHR): Drahtgittermodell

Benutzerdefinierte Darstellung aufrufen (= <u>V</u>iew → Render Style > → <u>C</u>ustomize View)

Customize View - Ansichten benutzerdefiniert einstellen:

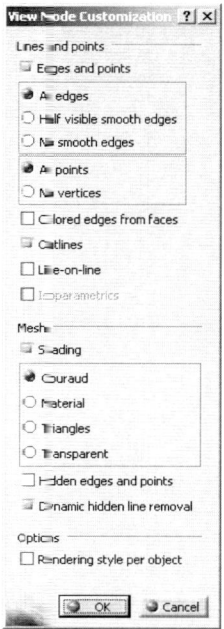

zu Optionen: *Isoparametrics* (Isoparameter einer Fläche): Dafür ist eine Voreinstellung nötig: Tools→Options... /Display/Performance: Miscellaneous – ⬚ Enable isoparametrics generation)

Dynamic Hidden Line Removal: Verdeckte Kanten werden auch beim Bewegen der Geometrie (also dynamisch) unsichtbar dargestellt

Perspective - Perspektivische Darstellung der Ansicht

Parallel - Parallelprojektion der Ansicht

Navigation Mode > Einstellen des Navigationsmodus durch Geometrie (nur bei perspektivischer Darstellung der Ansicht):

Examine - Prüfen der Geometrie von einem festen Standort. Maussteuerung bewegt das Objekt

Walk - Prüfen der Geometrie mittles Gehen, d.h. ebenes Bewegen durch die Geometrie. Maussteuerung bewegt den Beobachter

Fly - Prüfen der Geometrie mittels Fliegen, d.h. räumliches Bewegen durch die Geometrie. Maussteuerung bewegt den Beobachter

Lighting... - Lichtquellen und deren Anordnung einstellen

Depth Effect... - Grafische Darstellung der Tiefenwirkung einstellen: - Ausschnitt-
ebenen (*clipping planes*) festlegen - Nebeleffekt aktivieren (*Foggy*)

vordere Ausschnittebene   *hintere Ausschnittebene*

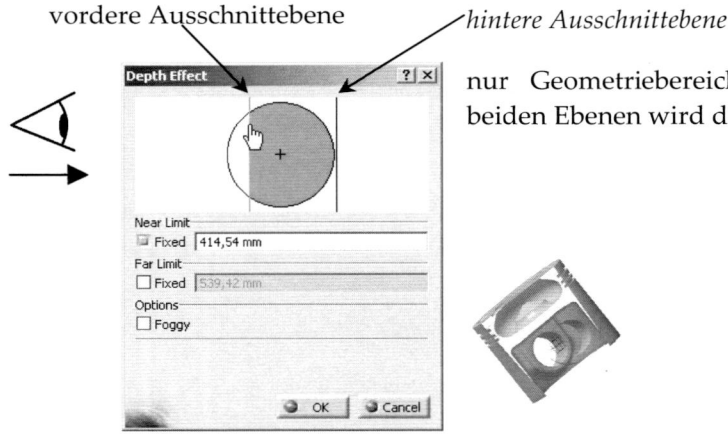

nur Geometriebereich zwischen den
beiden Ebenen wird dargestellt

Mit den deaktivierten Buttons ☐ „*Fixed*" bleibt die entsprechende Ausschnittsebene immer außerhalb des Modells

Ground - Boden unter Geometrie ein- und ausblenden:

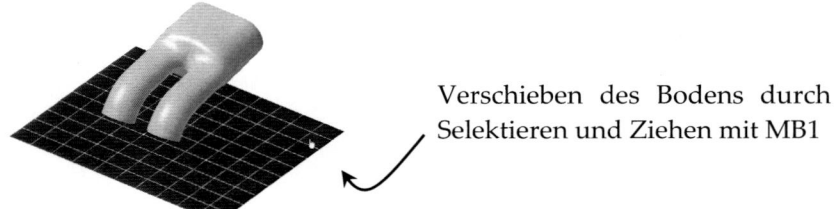

Verschieben des Bodens durch
Selektieren und Ziehen mit MB1

Hide/Show > - Wechseln zwischen sichtbarem und unsichtbarem Geometriebereich (*Show/NoShow*):

Hide/Show Swap visible space - Siehe Kap. 1.4.2

Full Screen - Geometriebereich wird auf Bildschirmgröße ausgedehnt. Beenden
dieses Modus mit MB3→ ☐ Full Screen (Haken entfernen)

Magnifier... - Vergrößerungsfenster aufrufen und entfernen:

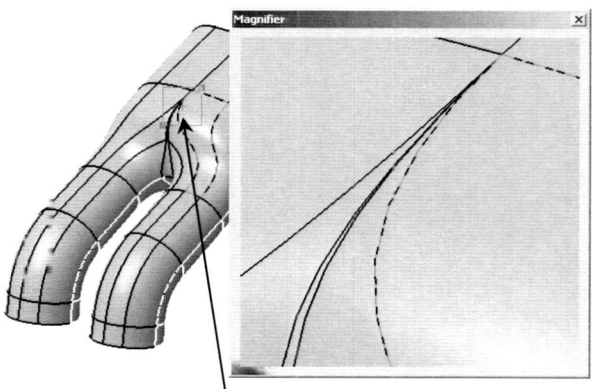

Verschieben des Ausschnittsfensters mit MB1 über Kreuzsymbol (+) im Rahmen-mitte. Ändern der Größe des Ausschnitts über Griffe (▬) am Rahmen

Insert - Einfügen von Objekten, wie *Body* und *Geometrical Set*.

Aufrufen von Befehlen, die in der entsprechenden Arbeitsumgebung auch über Icons gestartet werden: Text (*Annotations*), geometrische Einschränkungen (*Constraints*), Skizzierer (*Sketcher*) und Achsensystem (*Axis*) sowie weitere Feature der jeweils aktiven Arbeitsumgebung.

Tools

Formula... - Beziehungen zwischen Parametern herstellen und verwalten (*Knowledgeware*)

Image > - Bildschirmausschnitte als grafische Datei (JPEG, TIFF, BMP) abspeichern und verwalten

Macro > - Makros verwalten, siehe Kap. 1.8

Utility... - Nützliche Dienstprogramme, z.B. Druckerstapelauftrag erstellen (*PrintBatch*), Abwärtskompatibilität bis zu V5 Release 6 herstellen (*DownwardCompatibility*), korrupte Dateien reparieren (*CATDUAV5*), CATIA V4 Export-Dateien (*.exp) in V5 Daten extrahieren (*ExtractModelFromSequential*) und Migration von CATIA V4-Dateien (*.model, *.session) in V5 Daten. Die grundsätzliche Vorgehensweise ist bei allen Anwendungen gleich: Doppelklick auf die Zeile öffnet die Anwendung. Die zu benutzenden Dateien werden in einem Browser-Fenster (Button ▦) ausgewählt. Der Speicherort von Ergebnisdateien wird im Feld „*Target Directory*" mit ▦ festgelegt. Run startet den Vorgang. Der Status (Beginn, Ende, Erfolg) des Prozesses kann im Register „*Processes*" verfolgt werden.

Datei reparieren: Im erscheinenden Fenster *„Batch Monitor"* Zeile CATDUAV5 doppelklicken:

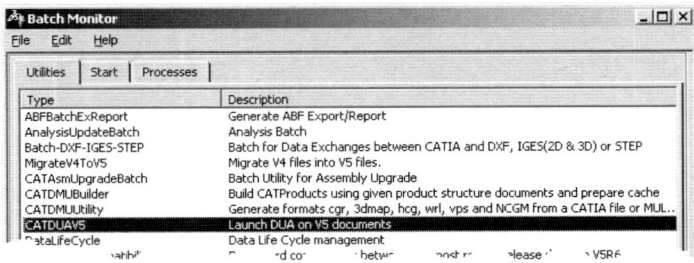

Fenster *„CATDUAV5"* wird geöffnet:

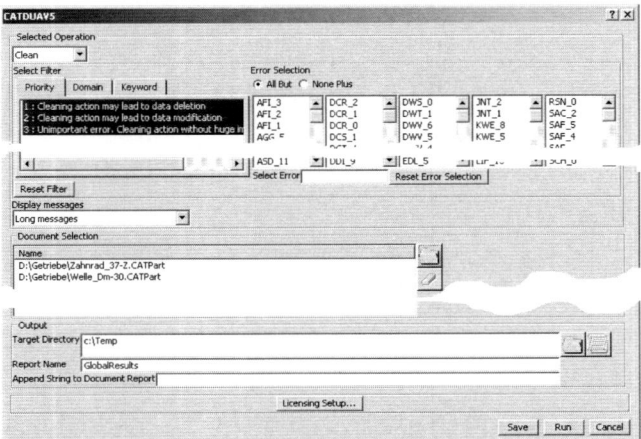

Check: Die selektierte Datei wird nur auf Fehler geprüft

Clean: Entdeckte Fehler in der selektierten Datei werden bereinigt

Im Feld *„Document Selection"* die Dateie(n) wählen, die bereinigt werden sollen: ▯. Mit Member... werden einzelne Dateien mit All... alle Dateien eines Ordners selektiert. Mit ▱ können selektierte Zeilen wieder entfernt werden.

Bei der Option *„Clean"* müssen im Fenster „File Selection" noch festgelegt werden, wo die überarbeiteten Dateien gespeichert werden sollen (*Target Directory* unter *Output Options*), und wie mit vorhandenen Dateien verfahren werden soll:

☑ *Replace existing documents in the target directory*: Die bereinigte Datei ersetzt gleichnamige Dateien im Zielverzeichnis

☑ *Save previous version of the documents*: Ursprüngliche Datei bleibt erhalten.

Mit OK Auswahl abschließen. Im Feld „*Output*" das Verzeichnis (*Target Directory*) angeben, in das ein Textfile gespeichert wird, das das Ergebnis des Reinigungsvorgangs dokumentiert.

Run startet den gewählten Vorgang. Im Fenster „*Batch Monitor*" ist der Status dieses Prozesses im Register „*Processes*" ersichtlich. Sobald der Prozess beendet ist, befindet sich im angegebenen Verzeichnis ein Textfile names „*Dateiname*.cleaner_traces.txt".

Mit Save kann die Stapeldatei (*Name*.xml) unter einem beliebigen Namen gespeichert werden und im Fenster „*Batch Monitor*" im Register „*Start*" über MB3 gestartet oder gelöscht werden.

Die Fenster werden mit Cancel bzw. über File→Exit geschlossen.

Show > - Gezieltes Einblenden aller Punkte, Geraden, ...

Hide > - Gezieltes Ausblenden aller Punkte, Geraden, ...

Delete Useless Elements... - Objekte ohne Eltern oder Kindelemente können gezielt gelöscht werden

Customize... - Entfernen/Hinzufügen von Befehlen im Hauptmenü Start. - Werkzeugleisten anpassen:

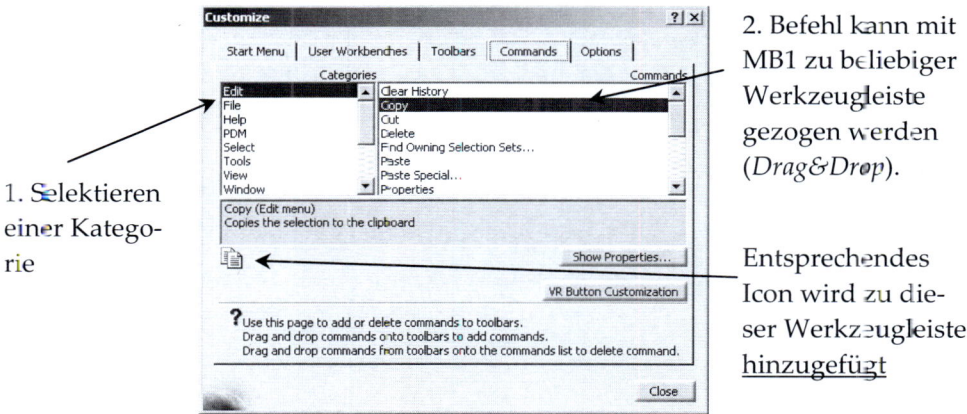

1. Selektieren einer Kategorie

2. Befehl kann mit MB1 zu beliebiger Werkzeugleiste gezogen werden (*Drag&Drop*).

Entsprechendes Icon wird zu dieser Werkzeugleiste hinzugefügt

Entfernen eines Icons durch Ziehen des Icons von der Werkzeugleiste in das Fenster „*Customize*".

Erstellen von eigenen Werkzeugleisten:

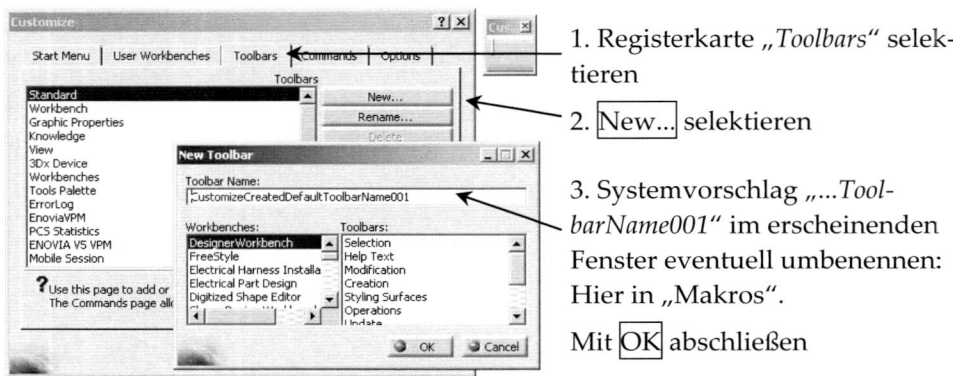

1. Registerkarte „*Toolbars*" selektieren

2. New... selektieren

3. Systemvorschlag „*...ToolbarName001*" im erscheinenden Fenster eventuell umbenennen: Hier in „Makros".

Mit OK abschließen

4. Neue Werkzeugleiste „Makros" mittels *Drag&Drop* mit Befehlen füllen (siehe oben unter „Werkzeugleisten anpassen")

<u>Anm.:</u> Neue Leiste befindet sich eventuell im Bereich der übrigen Werkzeugleisten.

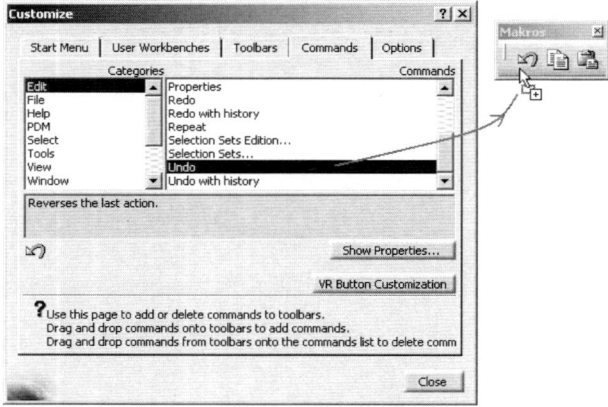

Register „*Options*": *Lock Toolbar Position*: Werkzeugleisten können nicht mehr verschoben werden

- **Wiederherstellen** des Standardinhalts oder der Position von Werkzeugleisten. Im Fenster „*Customize*" im Register „*Toolbars*" die Schalter Restore all contents... oder Restore position drücken und mit OK bestätigen. Sämtliche Werkzeugleisten werden in der Grundeinstellung dargestellt. Dies ist jedenfalls erforderlich, falls eine Leiste ins „Out" verschoben wurde und somit trotz Einblendens (scheinbar) nicht sichtbar wird.

- Benutzerdefiniertes **Belegen von** beliebigen **Tasten**:   Im Fenster „*Customize*" das Register „*Commands*" wählen. Über den Fensterbereich „*Categories*" den Befehl wählen, der auf eine Taste gelegt werden soll. Mit Show Properties... im erweiterten Fenster Other... selektieren. Das Fenster „Key" erscheint und ermöglicht die Wahl einer beliebigen Taste.

Beispielsweise wird hier der Befehl „Delete" auf die Funktionstaste F12 gelegt.

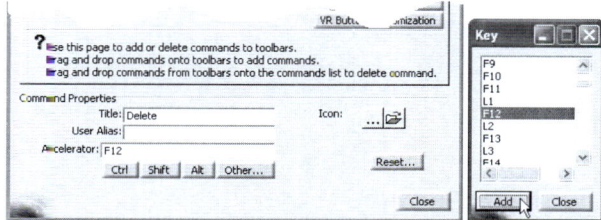

Mit Add wird der selektierte Befehl der gewählten Taste zugewiesen.

Visualization Filters... - ermöglicht das Erzeugen und Anwenden von Filtern; genaueres siehe Kap. 1.4.5

Options... - Anpassen von Einstellungen (siehe auch Kap.1.15):

Gültigkeits-
bereich
wählen
(Kategorie)

Blättern zwischen Registerkarten

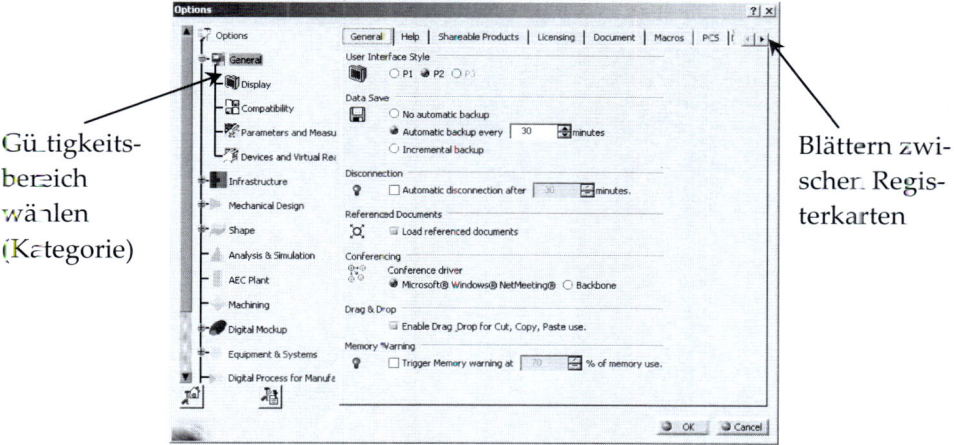

Sämtliche Benutzereinstellungen werden im Ordner: ...\DassaultSystemes\ CATSettings\ als ,*.CATSettings-File abgespeichert

Standards... - Anzeigen der Normen (ANSI, ISO, JIS) und Voreinstellungen, die vom System oder vom Administrator festgelegt sind und z.B. das Aussehen einer Zeichnung beeinflussen

Analyze - Analyse von Geometrie, siehe Kap. 1.13. Nicht in allen Arbeitsumgebungen verfügbar

Window

New Window - Neues Grafikfenster öffnen, d.h. neue Datei im Arbeitsspeicher anlegen

Tile Horizontally Grafikfenster nebeneinander im Querformat anordnen

Tile Vertically   Grafikfenster nebeneinander im Hochformat anordnen

Cascade Grafikfenster gestuft überlappen

☑ 1 Part1   Derzeit geöffnete Dateien im Arbeitsspeicher.

    2 Part2

Aktives Fenster mit Haken versehen, Wechseln zwischen Fenstern mit MB1

Help

CATIA V5 Help F1 Kontexthilfe
    Anm.: Entspricht Funktionstaste F1.

CATIA User Companion - Aufruf von Internetseiten des Softwareherstellers Dassault Systemes. Dasselbe bewirkt ein Mausklick auf das Dassault-Logo in der rechten unteren Bildschirmecke.

Contents, Index and Search - Online Hilfe

User Galaxy - Web-Basierende Information über Dassault-Produkte, Training etc.

About CATIA V5 - Copyright Informationen; Release Nummer und Service Pack Nummer

1.3   Mausfunktionen

Die drei **Tasten** der Maus weisen folgende Funktionen auf:

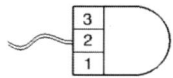

Taste 1 (MB1): - Selektion eines Objekts, das sich am Cursor befindet: Menüs, Befehle, Geometrie, ...
               - *Drag&Drop* von Icons und Objekten

Taste 2 (MB2): - Ziehen der Geometrie
               - Bildmitte und Drehmittelpunkt definieren:
                 Auf Geometrie zeigen und kurz drücken

Taste 3 (MB3): - Ruft das Kontextmenü auf: Menü, dessen Optionen vom Zusammenhang (Name!) abhängen

Taste 2+1: **Drehung** des Fensterinhalts auf einer Kugel (Mittelpunkt= Drehmittelpunkt)

Taste 2 halten und 1 kurz drücken: **Zoomen** durch vertikales Verschieben der Maus

Zoomen im Grafikbereich ist außerdem möglich:

ENTWEDER: <Strg> + <Bild ↓> bzw. <Bild ↑>

ODER: über View →Zoom In Out

ODER: Gesamten Bildschirminhalt zeigen: Icon „*Fit All In*" ⊕.

1.4 Ansichtssteuerung

Zur Ansichtssteuerung, also zum Ändern des Betrachterstandpunktes im Grafikbereich, bieten sich unterschiedliche Hilfsmittel an.

1.4.1 Mittels Hauptmenü

Siehe Kap. 1.2: View

1.4.2 Werkzeugleiste Ansichten

Fly mode: Dynamisches Betrachten einstellen (nur bei perspektivischer Ansicht). Kap. 1.2: View→Navigation Mode

Fit All In: Gesamtansicht der Geometrie im Grafikbereich zeigen

Pan: Ziehen des Fensterinhaltes

Rotate: Drehen des Fensterinhaltes mit MB1

Zoom In: Vergrößern des Fensterinhaltes

Zoom Out: Verkleinern des Fensterinhaltes

Normal View: Ansicht senkrecht auf selektierte Ebene einstellen; erneutes Selektieren kehrt Orientierung der Ansicht um: „Ansicht von vorne" wird „Ansicht von hinten" usw.
Damit lässt sich auch eine Skizzierebene wieder bildschirmparallel ausrichten

Create Multi-View: Grafikbereich in vier Ansichten aufteilen.

Quick View: Voreingestellte Ansichten einstellen

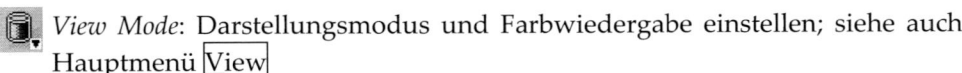 *View Mode*: Darstellungsmodus und Farbwiedergabe einstellen; siehe auch Hauptmenü View

Hide/Show: Selektierte Objekte in den sichtbaren (*Show*) bzw. unsichtbaren (*NoShow*) Bereich verschieben

Swap visible space: Zwischen sichtbarem und unsichtbarem Bereich wechseln

1.4.3 Kompass

Der Kompass bietet weitere Möglichkeiten den Geometriebereich zu manipulieren:

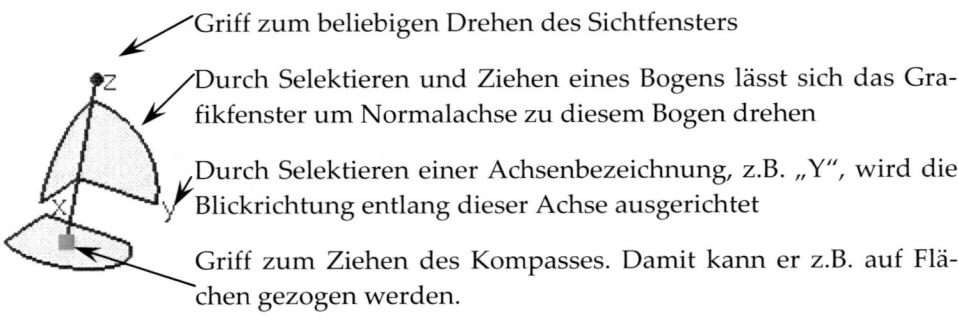

Griff zum beliebigen Drehen des Sichtfensters

Durch Selektieren und Ziehen eines Bogens lässt sich das Grafikfenster um Normalachse zu diesem Bogen drehen

Durch Selektieren einer Achsenbezeichnung, z.B. „Y", wird die Blickrichtung entlang dieser Achse ausgerichtet

Griff zum Ziehen des Kompasses. Damit kann er z.B. auf Flächen gezogen werden.

Grundeinstellung des Kompasses aufrufen: Über Hauptmenü View → Reset Compass

Mit dem **Kompass** werden auch Komponenten in einer Zusammenstellung bewegt (Kap. 5.2.11), Analysen durchgeführt (z.B. Entformbarkeit, Kap. 3.5.3) und Materialstrukturen relativ zu einer Oberfläche positioniert (Kap. 1.9).

1.4.4 Folien (*layer*)

Geometrie kann einer beliebigen Folie zugewiesen werden. Dadurch können alle Elemente einer Folie gezielt ein- und ausgeblendet werden:

— Objekt selektieren, das einer Folie zugewiesen werden soll

— In der Werkzeugleiste „*GraphicProperties*" im Layer-Feld gewünschte Folie einstellen:

Folgende Folien sind verfügbar:

None   keine Folie. Elemente mit diesem Attribut sind keiner Folie zugewiesen und können deshalb nicht gefiltert werden

0 General

1 - 599   sind erst im obigen Feld dargestellt, wenn einmal eingegeben

Other Layers... beliebige benutzerdefinierte Folien

– Das selektierte Objekt liegt nun auf der gewählten Folie

Anm.: Sobald ein Objekt selektiert wird, zeigt das Layer-Feld die zugewiesene
Folie. → Kontrollmöglichkeit, auf welcher Folie ein Objekt liegt.

Die im Layer-Feld angezeigte Folie ist die **aktuelle Folie** (*current layer*). Geometrie,
die erzeugt wird, liegt auf der aktuellen Folie.

Erzeugen einer benutzerdefinierten Folie:

– Im Layer-Feld der Werkzeugleiste „*GraphicProperties*" $\boxed{\text{Other Layers...}}$ selektieren

– Das Dialogfenster „*Named Layers*" erscheint:

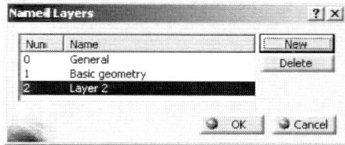

– Button $\boxed{\text{New}}$ drücken → „*Layer 2*" wird zur Liste hinzugefügt
– Überschreiben des Systemnamens ist durch langsames Doppelklicker der Zeile
möglich
– Drücken der Kopfzeile $\boxed{\text{Num}}$ bzw. $\boxed{\text{Name}}$ ordnet die Einträge alphabetisch oder
numerisch
– *Folie löschen:* Mit dem Button $\boxed{\text{Delete}}$ kann eine <u>leere</u> Folie nach Selektieren der
Zeile gelöscht werden. Dazu muss der aktive Layer „*0 General*" eingestellt wer-
den!
– Mit $\boxed{\text{OK}}$ wird die Folie erzeugt

Anm.: Alle Objekte, die auf einer Folie liegen, werden beim Selektieren der entsprechenden Zeile im Fenster „*Named Layers*" hervorgehoben dargestellt.

1.4.5   Filter (*filter*)

Ein Filter ist eine Gruppe von Folien. Durch das Aktivieren eines Filters sind nur
die zugehörigen Gruppenmitglieder und die Elemente der aktiven Folie sichtbar.
Letztere sind immer sichtbar, weil sich ja die laufende Geometrieerstellung darauf
bezieht.

Erzeugen eines beliebigen Filters:

— Hauptmenü: Tools → Visualization Filters...

— Das Dialogfenster „*Visualization Filters*" erscheint

— Darin Button New drücken

— Das Dialogfenster „*Visualization Filter Editor*" erscheint

— Darin wird die Filtervorschrift (*Criterium*) festgelegt:

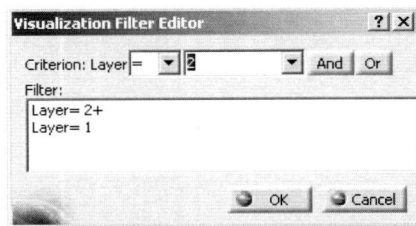

In diesem Beispiel sind durch den Filter nur die Elemente sichtbar, die auf Folie 2 oder 1 liegen.

— Die **Filtervorschrift** wird so eingestellt: ***Layer*** = [bzw. !=, <, >, ...] *0* [oder irgendeine Folie]; weiters können Folien durch Schalter miteinander logisch verknüpft werden: *And* [&], *Or* [+] und *Not* [!]
→ Schalter drücken und nächste Folie wie oben festlegen. Die Umkehrung, also darstellen aller Folien außer bestimmter, z.B. 1 und 3, sieht so aus: Layer!=1 & Layer!=3
Das sind *Not*- und *And*-Verknüpfungen

— Mit OK wird Filter erzeugt und das Fenster geschlossen

— Im Fenster „*Visualization Filter*" erscheint der neue Filter mit einem Systemnamen „*Filter001*" der nach langsamen Doppelklicken der Zeile überschrieben werden kann

— Mit dem Button Edit lässt sich die Filtervorschrift eines bestehenden **Filters ändern**

— Mit dem Button Delete wird ein selektierter Filter gelöscht.

Aufrufen eines Filters

— Hauptmenü: Tools → Visualization Filters...

— Das Dialogfenster „*Visualization Filters*" erscheint:

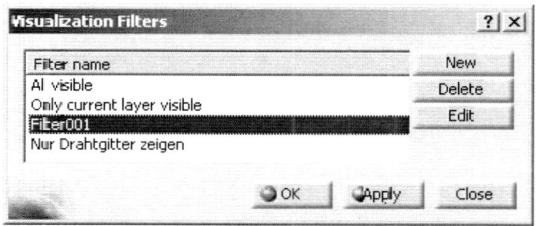

- Der derzeit aktive Filter wird selektiert dargestellt (schwarzes Feld)
- Gewünschten Filter selektieren und Apply drücken. Der Filter „All visible" stellt sämtliche Folien und damit alle Objekte im Geometriebereich dar
- Ein Filter wirkt immer auf das in der logischen Hierarchie (Part → Body → Feature) am <u>höchsten</u> stehende Element. Wenn nun dieses ausgeblendet ist, sind alle davon abhängigen Elemente auch nicht sichtbar. Wenn ein Filter nur für in der Hierarchie darunter liegende Elemente wirken soll, <u>muss</u> das übergeordnete Element auf dem Layer „None" liegen. Der Befehl „Graphic Properties Wizard" ![icon] stellt dies anschaulich dar, Kap. 1.12.3.

1.5 Selektieren

Im Geometriebereich können folgende **Grundelemente** selektiert (für eine Aktion ausgewählt) werden:

Punkte (*points*)
Endpunkte (*vertices*)
Kurven (*curves*)
Kanten (*edges*)
Achsen (*axes*)
Ebene (*planes*)

Flächen (*faces*)

Volumen (*volume*)

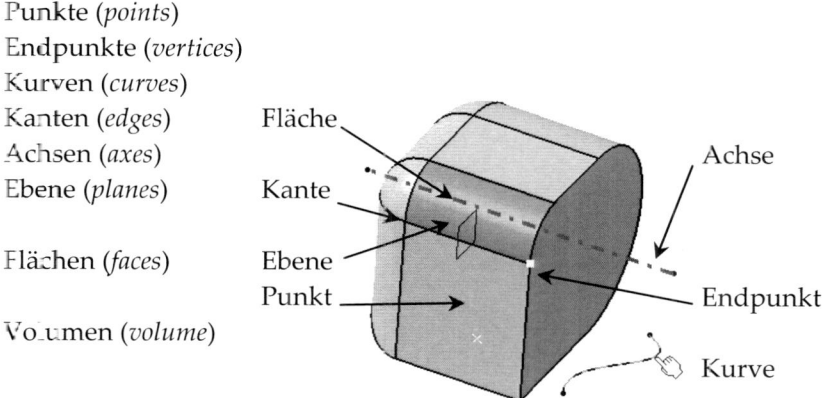

Fläche
Achse
Kante
Ebene
Punkt
Endpunkt
Kurve

Diese Elemente werden beim Selektieren farblich hervorgehoben (*highlighted*)

1.5.1 Selektionsmöglichkeiten:

- **Icon** „*Select*" ![icon] drücken, sofern es nicht schon aktiviert ist, und Objekt im Grafikfenster oder im Strukturbaum bzw. Listeneinträge in Dialogfenstern mit

MB1 wählen.

<Strg> + MB1: ermöglicht **Selektieren von mehreren Objekten** gemeinsam

− **Bereich** selektieren durch Aufziehen eines Rechteckrahmens mit MB1. Alles, was sich <u>vollständig</u> innerhalb dieses Rahmens befindet, wird selektiert, hier z.B. der Quader:

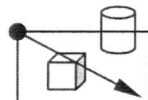

− Über **Suchfunktion**: Edit → Search... siehe Hauptmenü

− **Selektieren** mit **Booleschen Regeln**: Erweiterungen des Icons „*Select*" öffnen und Rechteck- bzw. Polygonrahmen mit MB1 erzeugen:

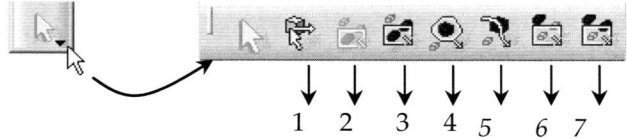

1: Mit der MB1-Bewegung kann auf einer Geometrie begonnen werden. Ohne diesen Schalter wird nur das Geometrieelement, auf dem mit der Bewegung begonnen wird, selektiert und kein Rechteck aufgezogen

2: Alles <u>vollständig</u> innerhalb des Rechteckes wird selektiert (wie oben mit Icon „*Select*")

3: Alles, was vom Rechteck -auch teilweise - berührt wird, wird selektiert

4: Wie 1, jedoch beliebiges Polygon möglich (Ende mit Doppelklick)

5: Alles, was von einer beliebigen Freihandlinie berührt wird, wird selektiert

6: Die Umkehrung von 2: Alles vollständig außerhalb des Rechtecks wird selektiert

7: Die Umkehrung von 3

Selektieren von charakteristischen Elementen:

− Mauspfeil auf Element ziehen

− Mit MB3 Kontextmenü aufrufen: Other Selection ...

− Ein Fenster erscheint. Das Fenster zeigt einen Ausschnitt aus dem Strukturbaum mit dem selektierten Element. Weiters ist der Pfad bis zur Spitze des Strukturbaums angegeben:

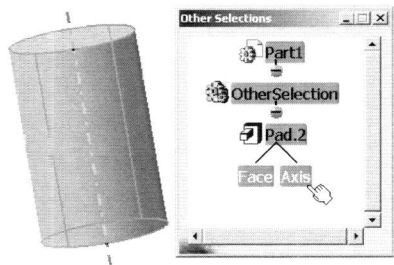

Das Selektieren der Geometrie erfolgt wie immer mit MB1. Der Ausschnitt aus dem Strukturbaum ändert sich entsprechend.

In diesem Beispiel lässt sich die **Achse** (*Axis*) des Zylinders <u>nur</u> so direkt im Strukturbaum selektieren.

Weitere charakteristische Elemente sind: *Extremity*: Endpunkte, Mittelpunkte: Z.B. einer Kugelfläche

Selektionsgruppen. Mehrere Elemente lassen sich auch zu einer Gruppe zusammenfassen, die selektiert werden kann:

– Hauptmenü: Edit→ Selection Sets Edition...

– Das Fenster „*Selection Sets Edition*" erscheint. Mit dem Schalter Create Set eine neue Gruppe erzeugen

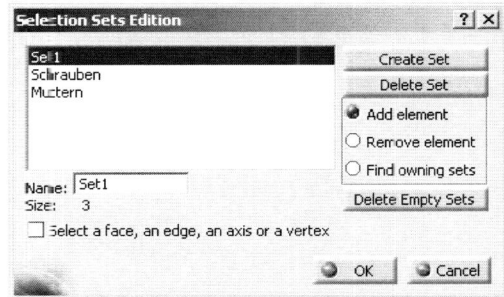

– Elemente, die zu der Gruppe gehören sollen, selektieren. „*Size*" zeigt Anzahl der Gruppenelemente

– Mit dem Schalter ● *Remove element* kann ein selektiertes Element einer Gruppe durch erneutes Selektieren wieder entfernt werden

– *SetN* wird erzeugt. Dieser Name kann auch im unteren Feld geändert werden

– ● *Find owing Sets* zeigt nach Selektion eines Elements die Selektionsgruppe an, der es angehört (Zeile wird invers dargestellt)

– OK schließt das Fenster und die gewählte Selektionsgruppe ist gleichzeitig selektiert

– Bestehende Gruppen werden über Edit→Selection Sets... im Fenster „*Selection Sets Selection*" gewählt: Gruppe selektieren und Schalter Select drücken. Falls keine Gruppe mehr selektiert werden soll, Fenster mit Close schließen

Dynamisches Navigieren:

Gezieltes **Selektieren von** übereinanderliegenden bzw. **nicht sichtbaren Objekten**. Diese Selektionsart wird vor allem bei Zusammenstellungen und großen Modellen gebraucht.

Vorgehen:

– Den Mauszeiger auf den gewünschten Geometriebereich legen. Damit wird der Selektionsbereich festgelegt.
– Eine Cursortaste (Pfeiltaste) drücken → der Auswahlnavigator erscheint. Neben dem Cursorpfeil erscheint ein Symbol für das aktuell vorselektierte Element (Punkt, Kurve, Fläche).
– In einem Textfeld werden sämtliche Geometrielemente, die hinter dem sichtbaren Element liegen, nummeriert (1/3 = 1 von 3) angezeigt. Der Hintergrund (*BackGround*) zeigt an, dass man sämtliche Elemente durchgesehen hat.

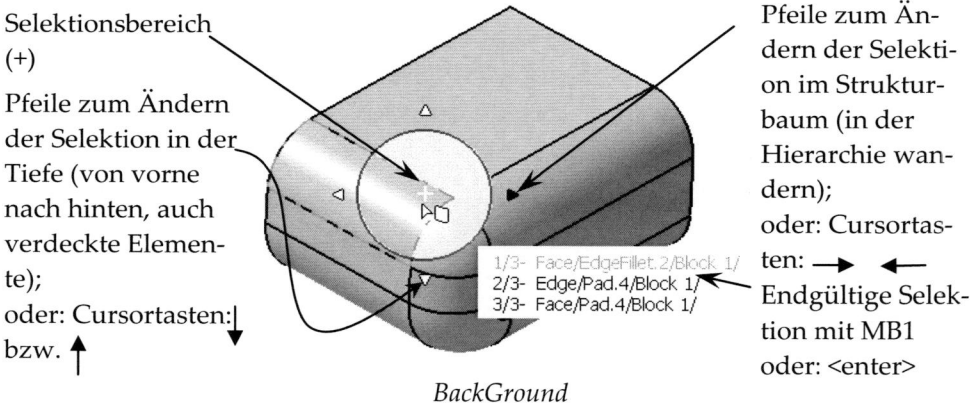

Selektionsbereich (+)

Pfeile zum Ändern der Selektion in der Tiefe (von vorne nach hinten, auch verdeckte Elemente); oder: Cursortasten: bzw. ↑

Pfeile zum Ändern der Selektion im Strukturbaum (in der Hierarchie wandern); oder: Cursortasten: → ← Endgültige Selektion mit MB1 oder: <enter>

1/3- Face/EdgeFillet.2/Block_1/
2/3- Edge/Pad.4/Block 1/
3/3- Face/Pad.4/Block 1/

BackGround

Im Mitteilungsfeld (linker unterer Bildschirmrand) wird das vorselektierte Element benannt: z.B.: 1/3 *Face/EdgeFillet.1/Block 1 preselected*

Beenden dieses Modus:

– Nach der Selektion erfolgt dies von selbst
– Selektieren irgendwo im Hintergrund
– <Esc> drücken.

1.5.2   Deselektieren

Die Selektion von Elementen kann wieder aufgehoben werden: Irgendwo im Hintergrund des Grafikbereichs MB1 oder <Esc> drücken.

1.6   Werkzeugleisten (*toolbars*)

— **Einstellmöglichkeiten**: Siehe Hauptmenü Tools Customize...

— **Ein-/Ausblenden** von Werkzeugleisten: Siehe Hauptmenü: View Toolbars >.
   Das selbe Auswahlmenü erreicht man auch, wenn man mit MB 3 eine Werkzeugleiste selektiert.

Anm.: Das Verändern ist nur möglich, wenn die Voreinstellung Tools → Customize... Register „*Options*": ☐ *Lock position of toolbars* ist (Schalter deaktiviert).

— Werkzeugleisten können am linken Rand mit MB1 auf jeden beliebigen Bildschirmbereich bzw. jeden Fensterrand gezogen werden:

Allerdings müssen in den jüngsten Releases auch gleichnamige Werkzeugleisten (*Standard*, *View*,..) beim ersten Aufruf jeder Arbeitsumgebung aufs Neue an die gewünschte Stelle gezogen werden, d.h. die Position der Leisten wird für jede Arbeitsumgebung separat abgespeichert.

Kurzerklärung der Icons beim Überdecken mit Cursor (ohne Betätigung von MB1):

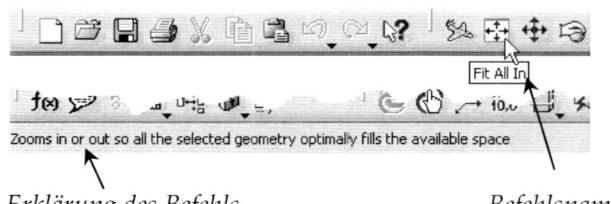

Erklärung des Befehls   *Befehlsname*

— Icon 🔖 (*What's This?*) selektieren→ Fragezeichen auf fragliches Icon stellen und MB1 drücken: Ein Kasten mit genaueren Erklärungen erscheint. Beenden dieser Hilfe durch Selektieren außerhalb dieses Kastens

— Befehls-Icons können mittels *Drag&Drop* **direkt auf Grafikobjekte** gezogen werden. Dies ermöglicht ein rascheres Ausführen der Befehle

— Doppelklick auf ein Icon ermöglicht beliebiges **Wiederholen** dieses Befehls, z.B. *Fillet* 🔲 .

Beenden dieses Modus durch erneutes Klicken dieses Icons

– Icons mit mehreren **Optionen**: z.B. Icon „*Select*"  :

Selektieren dieses Dreiecks zeigt alle Optionen:

Anm.: Ziehen des Cursors auf Doppelstrich lässt gesamte Werkzeugleiste permanent sichtbar bleiben. Schließen mit ☒.

– „Verschwundene" Werkzeugleisten können mit dem Hauptmenü wiederhergestellt werden, siehe Kap. 1.2 unter: T̲ools → C̲ustomize. Wenn Werkzeugleisten auch mit dem Hauptmenü nicht mehr sichtbar gemacht werden können, hilft folgende Maßnahme: CATIA beenden, im Verzeichnis „*CATSettings*" die Datei „*DialogPosition.CATSettings*" löschen und CATIA erneut starten.

1.7 Befehle

1.7.1 Wiederholen von Befehlen

Durch diese Option können in der Arbeitsumgebung „*Wireframe and Surface Design*" beliebig viele Elemente bestimmter Typen erzeugt werden: Punkte auf Kurven, Gerade im Winkel zu Kurven, Parallelebene, äquidistante Flächen, Parallelkurven und Transformationen.

– Objekt definieren bzw. vorhandenes selektieren, das mehrfach erzeugt werden soll: Z.B. Parallelfläche

– 2 Möglichkeiten:
ENTWEDER: Hauptmenü (Arbeitsumgebung „*Wireframe and Surface Design*"):
I̲nsert → A̲dvanced Replication Tools > → O̲bject Repetition...

ODER: Icon „*Object Repetition*" ⌖ drücken, bei Punkten und Ebenen ⟋ drücken

– Dialogfenster „*Object Repetition*" erscheint

– Anzahl der zu erzeugenden Objekte eingeben (*Instance(s)*):

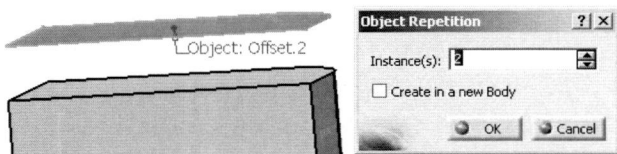

– Bei aktiviertem Button „*Create in a new Body*" werden die neuen Elemente in einem neuen Geometrischen Set erzeugt; andernfalls werden sie im aktuellen Geometrischen Set erzeugt

– Mit OK werden die angegebenen Elemente erzeugt:

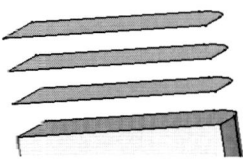

1.7.2 Schnelleingabefeld (*power input*)

Wenn das Symbol rechts neben dem Eingabefeld hervorgehoben dargestellt wird, kann eine Eingabe vorgenommen werden:

Radius 7mm

Es können auch Befehle eingegeben werden, z.B.: *c:sketch* <enter>.

Bei Überfahren eines Icons mit der Maus, wird die nötige entsprechende Eingabe, d.h. der Befehl, links neben dem Eingabefeld angezeigt.

1.8 Makros

Ein Makro ist eine programmierte Abfolge von Befehlen. Damit lässt sich eine Zeitersparnis beim Konstruieren erzielen, wenn bestimmte Befehlsfolgen oft benutzt werden.

Ein bestehendes **Makro wird gestartet** über:

– Tools → Macro > → Macros ... durch Wahl des gewünschten Makros im Fenster „*Macros*" und Drücken des Buttons Run
– Hinzufügen eines Icons, das das Makro aufruft, zu einer bestehenden oder zu einer benutzerdefinierten Werkzeugleiste (siehe Hauptmenü: Tools → Customize ...)

Aufnehmen eines Makros:

Hauptmenü: Tools → Macro > → Start Recording ...

– Dialogfenster „*Record Macro*" erscheint
– Darin kann der Systemnamen des Makros „Macro1" mit einer Wunschbezeichnung überschrieben werden:

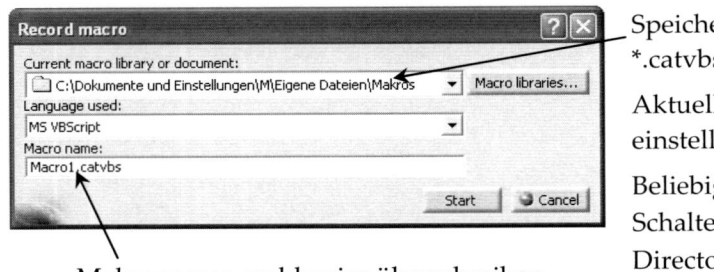

Speicherort für Makro-Datei
*.catvbs angeben:

Aktuelles Dokument (Vor-
einstellung)

Beliebiges Verzeichnis:
Schalter Macro libraries... >
Directories > Schalter Create
New library... .

Makronamen wahlweise überschreiben

– Start drücken - Aufnahme des Makros beginnt
– Dialogfenster „Record Macro" verschwindet und Schaltfläche „Stop Recording"
erscheint:
– Nun wird die gewünschte Befehlsfolge in der üblichen Weise durchgeführt.
Die Aufnahme wird durch Drücken von „Stop Recording" oder im Hauptmenü
über Tools → Macro → Stop Recording **beendet**
– Das Makro wird abgespeichert und kann aufgerufen werden.

1.9   Methodik

1.9.1   Strukturbaum (*specification tree*)

Der Strukturbaum ist mit der Geometrie logisch verbunden. Er stellt die Erzeugnisgliederung (siehe auch Kap. 5.7) und von oben nach unten die „Entstehungsgeschichte" eines Teils anschaulich dar. Die einzelnen Bestandteile des Baumes hei-
ßen Objekte (*object*). Hierarchisch untergeordnete Objekte sind an das übergeordnete angehängt, z.B. Objekt „Quader" ist Objekt „PartBody" untergeordnet. Und das
Objekt „Quader" wiederum basiert auf der Skizze „Sketch.1". Gleichrangige Objekte
hängen an demselben Stamm, z.B. sind die Objekte „PartBody" und „Body.1"
gleichrangig:

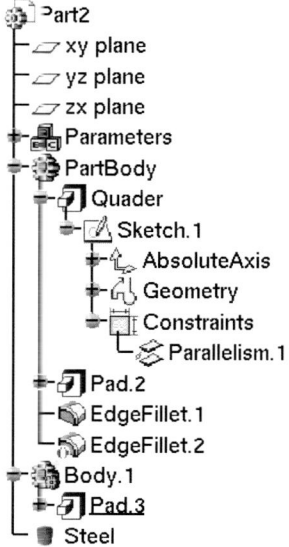

— Zur geometrischen **Manipulation**: siehe Hauptmenü:
— View → Specifications Overview
  → ☑ Specifications F3
— Einstellung der Darstellungsart und des Verhaltens des Strukturbaumes:
  Tools → Options ... :unter Kategorie „*General*" darin „*Display*" Registerkarte
  „*Tree Appearance*" bzw. „*Tree Manipulation*" wählen
— Das **aktuelle Objekt** wird <u>unterstrichen</u> dargestellt. Alle nachfolgenden Kons-
  truktionen beziehen sich auf dieses Objekt: Ein neues Feature wird dem aktuel-
  len Body eingefügt, eine neue Gerade wird dem aktuellen Geometrischen Set
  eingeordnet   usw.
  Mit dem Kontextmenü kann jedes Objekt zum aktuellen erklärt werden:
  Mit MB3 das Objekt selektieren → Define in Work object
— Erläuterung zu einigen vorkommenden **Objekten** im Strukturbaum:

 (Haupt-) Produkt (*Product*). Das „Blatt" symbolisiert ein Dokument (=
  Komponente eines Produkts: Einzelteil oder Unterbaugruppe). Eingefügt mit „*New Product*"

 Unterprodukt (oder: Unterbaugruppe) (*Subproduct*). Eingefügt mit „*Insert New Component*"

 Vertreter einer Komponente in einem Produkt. Das rote Achsenkreuz
  weist auf vorhandene geometrische Darstellung der Komponente hin.

 Vertreter einer Komponente in einem Produkt. Die Geometrie ist nicht
  dargestellt (*unload* – nicht im Arbeitsspeicher).

Komponente, die teilweise auf Geometrie eines anderen Teils zugreift (*contextual part*). Das grüne Zahnrad symbolisiert, dass die Komponente das Originalteil ist. Siehe auch Kap. 5.2.8.

Zweiter oder folgender Einbau einer Komponente, die teilweise auf andere Geometrie zugreift. Das braune Zahnrad symbolisiert, dass die Komponente nicht das Originalteil ist.

Referenz eines Teils. Ein solche Verzweigung besteht mindestens aus einem Körper (*PartBody*) und drei Hauptebenen

Ein CATIA V4 Modell mit dargestellter Geometrie (*.model –Datei)

(Haupt-)Ebene. Hauptebene (immer vorhanden): XY-, YZ-, ZX-Ebene

Hauptkörper (*PartBody*). Der erste Körper im Strukturbaum ist der Hauptkörper. Ein Körper (=Volumenmodell) besteht aus Konstruktionselementen (*Features*)

Körper (*body.N*). Jeder weitere Körper nach dem Hauptkörper gehört dazu

Geometrisches Set (*Geometrical Set*): Eine Zusammenfassung von Drahtgitterelementen (Punkte, Kurven, Ebene, Flächen)

Konstruktionselement (*Feature*): z.B. Block (*Pad*)

Skizze. Erzeugt über Sketcher

Absolute Achse

Punkt oder Ursprung (*Origin*)

Horizontale oder vertikale Hauptrichtung (*HDirection, VDirection*)

Kreis: Drahtgitter und Oberflächenelement

Gerade: Drahtgitter und Oberflächenelement

Parallelität: Geometrische Einschränkung (*Constraint*)

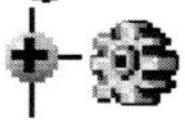

Knoten, Verzweigung. Durch Selektieren des Knotens mit MB1 wird der untergeordnete Bereich dargestellt:

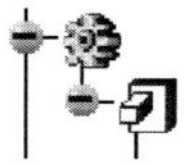

— Die Darstellung der Objekte weist auch auf den **Status der Geometrie** hin:

Objekte von Geometrie, die sichtbar ist, also im *Show*-Bereich  , sind normal dargestellt:

Objekte von Geometrie, die nicht sichtbar ist, also im *NoShow*-Bereich, sind gedimmt dargestellt:

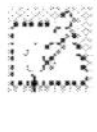

Anm.: Vorausgesetzt, die Voreinstellung in der Kategorie „*General*" und darin „*Display*" ist im Register „*Tree Appearance*": „*Tree Show/NoShow mode*" <Schalter aktiviert >.

Weitere **Symbolzusätze**:

 Produkt ist nicht mehr im Arbeitsspeicher (*unload*). Der Link zum entsprechenden File ist <u>nicht</u> vorhanden

 Produkt ist nicht mehr im Arbeitsspeicher (*unload*). Der Link zum entsprechenden File ist vorhanden

 Dokument ist nicht Letztstand und muss aktualisiert werden

 Komponente ist deaktiviert (im Strukturbaum unberücksichtigt, also gleichsam nicht vorhanden)

 Knoten der Komponente ist deaktiviert. Der Link zum entsprechenden File ist vorhanden und die Geometrie sichtbar

 Fehlerhaftes Konstruktionselement

Bezugselement (*datum*) definieren

– Icon „*Create Datum*" drücken
– Geometrie, die ab jetzt konstruiert wird, ist unabhängig von der benutzten Geometrie, d.h. es gibt keine logische Abhängigkeit zwischen den Elementen. Diese Elemente können daher auch nicht durch Aufrufen des Dialogfensters umdefiniert werden und werden im Strukturbaum gesondert dargestellt:

 Surface.1

Ändern des **Strukturbaums** (vgl. auch Kap. 3.1.2)

Im Strukturbaum können die Elemente mit dem Mauszeiger behandelt werden wie Dateien in einem Verzeichnis, d.h. eingefügt (*Drag&Drop*), verschoben, kopiert und gelöscht werden:

Einfügen

a) neues Element

– Hauptmenü: Insert → *Body, Geometrical Set,...* je nach Arbeitsumgebung Z. B. Geometrisches Set einfügen: Dialogfenster „*Insert Geometrical Set*" erscheint:

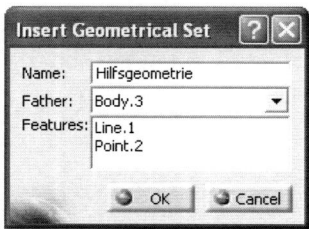

- gewünschten Namen eingeben (*Name*) oder Feld leer lassen
- das Objekt selektieren, unter dem Set eingefügt werden soll (*Father*)
- wahlweise Elemente im Strukturbaum selektieren, die im Set enthalten sein sollen (*Features*)
- neues Set „Hilfsgeometrie" ist eingefügt. Gewählte Elemente sind in das Set verschoben worden

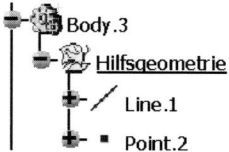

b) Einfügen aus dem Zwischenspeicher: MB3 → Paste

Verschieben mit MB1 (*Drag&Drop*)

Kopieren ENTWEDER: mit MB3 → Copy ODER: verschieben + <Strg>

Anm.: Diese Funktion muss in den Voreinstellungen aktiviert werden (Kap. 1.15)

Löschen mit MB3 → Delete

- Festlegen eines Körpers als aktuellen Körper (*body*)
- In der Werkzeugleiste „*Tools*" im Eingabefeld den Pfeil selektieren und einen Körper auswählen:

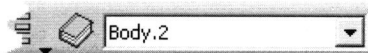

Anm.: Dieses Feld ist nur in den Arbeitsumgebungen für Drahtgitter und Oberflächen verfügbar: *Wireframe* und *Shape Design*.

Der selektierte Körper wird im Strukturbaum <u>unterstrichen</u> und ist der aktuelle Körper, auf den sich nachfolgende Konstruktionen beziehen:

Body.2 ist hier der aktuelle Körper.

Anm.: Dasselbe erreicht man auch über das Kontextmenü: Selektieren des Körpers mit MB3 im Strukturbaum → Define In Work Object.

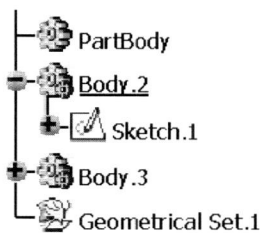

PartBody

Body.2

Sketch.1

Body.3

Geometrical Set.1

Der Name des Körpers kann direkt im Eingabefeld mit einer **Wunschbezeichnung** überschrieben werden.

Anm.: Die Namensänderung ist ebenfalls über das Kontextmenü möglich: → Properties → Registerkarte „*Feature Properties*" selektieren und Name im Feld „*Feature Name*" überschreiben.

Aussehen des Strukturbaumes einstellen

Das Aussehen und Verhalten des Strukturbaumes kann über die **Voreinstellungen** festgelegt werden.

– Im Hauptmenü: Tools → Options...
– Dialogfenster „*Options*" erscheint.
  Kategorie „*General*" selektieren und darin den Zweig „*Display*".

Im Register „*Tree Appearance*" wird festgelegt:

Tree Type	Anordnung der Objekte
Tree Orientation	Ausbreitungsrichtung des Baumes bei bestimmten Anordnungsarten
Tree Item Size	Größe der Objekte im Grafikbereich
Tree Show/NoShow Mode	Einschalten jenes Modus, in dem versteckte Objekte gedimmt dargestellt werden

Im Register „*Tree Manipulation*" wird festgelegt

Scroll	Laufmodus für Drag&Drop einstellen
Automatic expand	Strukturbaum wird immer vollständig dargestellt
Zoom on Tree	Aktivieren der Zoom-Funktion (vgl. Kap. 1.2: View)

Unter dem Zweig „*Parameters and Measure*" (unter Kategorie „*General*") wird unter anderem die Darstellung von Parametern im Strukturbaum eingestellt: Im Register „*Knowledge*" wird festgelegt, ob die Parameterwerte gezeigt werden (*With value*) und/oder die dazugehörige Beziehung (*With formula*)

Mit OK werden die Voreinstellungen gespeichert und das Fenster geschlossen.

1.9.2   Parameter

Über den Befehl „*Formula*" 𝟙ₑₐ in der Werkzeugleiste „*Knowledge*" wird das Fenster „*Formulas*" geöffnet. Damit lassen sich Parameter ändern, erzeugen und durch mathematische Beziehungen miteinander verknüpfen. Durch Selektion eines Objekts (*PartBody*, *Body.1*, ...) werden nur jene Parameter dargestellt, die zu diesem Objekt gehören. Im Fenster steht dann entsprechend „Filter On *Body.1*":

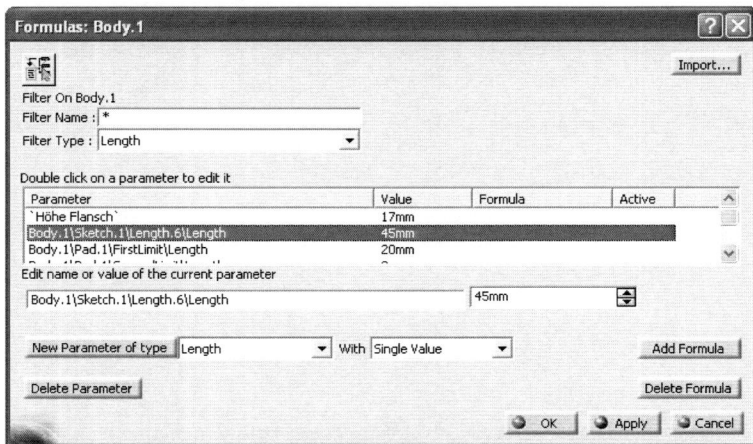

Die Auswahl vorhandener Parameter kann weiter durch das Feld „*Filter Type*" eingeschränkt werden, z.B. nach Längenangaben (*Length*). Zum Ändern eines Parameterwertes selektiert man die entsprechende Zeile in der Spalte „*Parameter*" und überschreibt den Wert im Wertefenster:

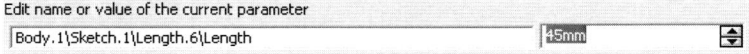

Der Name des Parameters kann ebenso geändert werden.

Ein Doppelklick auf eine Zeile in der Spalte „*Parameter*" öffnet den Formel-Editor, womit mathematische **Beziehungen** erzeugt werden können, siehe Kap. 2.5.9.

Der Schalter New Parameter of type ermöglicht beliebige **Parameter zu erzeugen**. Im Feld daneben wird der Typ (*Length*, *Angle*, *Mass*, ...) eingestellt und dann der Schalter selektiert. Ein Parameter mit einem systemvergebenen Namen wird angezeigt. Der Name und der Wert können überschrieben werden:

Mit Apply wird der Parameter erzeugt und im Strukturbaum dargestellt:

Erforderliche **Voreinstellung**: Hauptmenü T̲ools → O̲ptions…: Kategorie „*General/Parameters and Measure*, Register „*Knowledge*": *Parameter Tree View* ☑ *With value*. Sowie Kategorie "*Infrastructure/Part Infrastructure*: Register "*Display*": *Display in Specification* ☑ *Tree Parameters*.

Mit |OK| wird das Fenster geschlossen.

Soll ein vorhandener **Parameter verwendet** werden, geschieht dies über den Formeleditor. Beispielsweise soll in einer Skizze ein Abstandsmaß dem Parameterwert „Abstand zwischen Hauptlager" entsprechen. In der Skizze wird das Maß mit MB3 selektiert: |Length.N object >| → |Edit Formula|. Im Fenster „*Formula Editor*" wird die gewünschte Gleichheit durch Selektion des entsprechenden Parameters im Strukturbaum erzeugt:

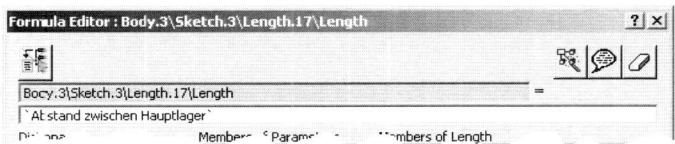

Mit |OK| wird das Fenster geschlossen und das Längenmaß mit einem *f(x)*-Symbol versehen. Wird der Parameter geändert, ändert sich auch das Maß entsprechend.

Werkstoff-Parameter: Voreinstellung ist: *Material=None*

Zuweisen eines Werkstoffes:

− Farbwiedergabe auf „schattiert mit Material" einstellen, damit das Ergebnis sichtbar ist: 🔲 selektieren bzw. in älteren Releases Einstellung nach Kap. 1.2 |View| – |Render Style| vornehmen

− Objekt des Körpers, dem Werkstoff zugewiesen werden soll, im Strukturbaum selektieren: 🔲 , 🔲 Body.1 , …

− Icon „*Apply material*" 🔲 drücken:

− Datenbankfenster „*Library*" erscheint. Darin sind Werkstoffe nach Familien (Register) unterteilt.
   Ein Doppelklick auf einen Werkstoff öffnet das Fenster mit dessen Eigenschaften. Damit lassen sich Schraffuren, Farben etc. ändern und Festigkeitskennwerte anzeigen

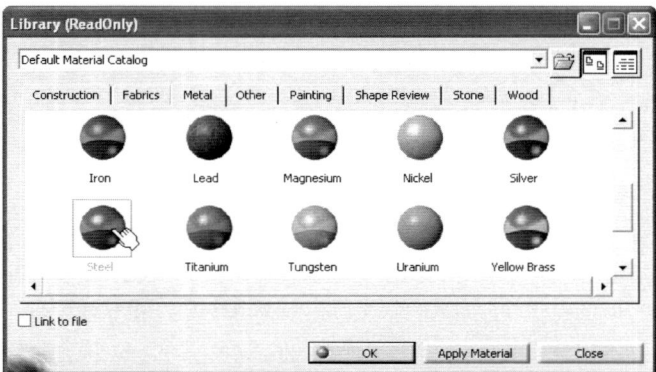

Den gewünschten Werkstoff selektieren

– Der Schalter „*Link to file*" erzeugt eine logische Verknüpfung zwischen der Werkstoffbibliothek und dem Objekt im Strukturbaum. Änderungen des ursprünglichen Materials werden automatisch aktualisiert. Dieser Werkstoff kann editiert werden und erhält ein eigenes Symbol: ⌐🔴 Steel . Änderungen werden in der Werkstoffbibliothek abgespeichert, wenn dies durch Schreibrechte möglich ist. Eine Warnung im Fenster „*Properties*" weist darauf hin:

> ⚠Warning: The material you are editing is part of the following material library:
> C:\Programme\Dassault Systemes\B18\intel_a\startup\materials\Catalog.CATMateri ⌄

– Mit |OK| wird das Fenster geschlossen und der Werkstoff dem Körper zugewiesen

– Im Strukturbaum wird der Werkstoff angehängt ⌐🔴 **Steel** und der Parameterwert geändert: ⌐🔲 Parameters / └🔲Material=Steel

<u>Anm.:</u> Die Anzeige des Parameterwertes erfolgt nur bei entsprechender Voreinstellung, siehe oben.

Die mechanischen und grafischen Materialeigenschaften können editiert werden: Doppelklick auf das Materialobjekt öffnet das Fenster "*Properties*".

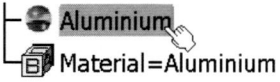

└🔲 Material=Aluminium

Im Register "*Rendering*" kann das Erscheinungsbild beeinflusst werden. Die mechanischen Eigenschaften stehen im Register "*Analysis*" und darüber hinaus bei Verbundwerkstoffen in "*Composites*". Das Aussehen von Schnitten in einer Zeichnung findet sich im Register "*Drawing*".

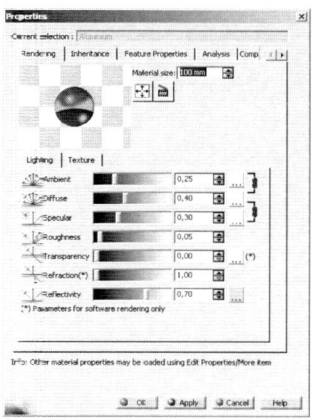

Wenn mehreren Bereichen im Strukturbaum (Teil, Geometrisches Set, Oberfläche, ...) unterschiedliche Werkstoffe zugewiesen wurden, so wird nur der Werkstoff der höchsten Ebene berücksichtigt (Voreinstellung). Änderung dieses Verhaltens durch Doppelklick auf einen Werkstoff im Fenster „*Library*" und Einstellen des gewünschten Verhaltens im Register „*Inheritance*".

Über das Hauptmenü können beliebige Werkstoffe definiert werden: Start → Infrastructure > → Material Library. In dieser Arbeitsumgebung können neue Werkstofffamilien und zugehörige **Werkstoffe festgelegt** und als Werkstoffkatalog (*.CATMaterial) abgespeichert werden.

1.9.3 Konstruktionstabelle (*Design Table*)

Vorhandene Parameter können mit Werten einer Tabelle verknüpft werden. Diese Tabelle kann mit einer eigenständigen Tabellenkalkulationsanwendung (z. B. MS Excel, Lotus usw.) oder direkt in CATIA erzeugt werden. Solche Konstruktionstabellen bieten sich dann an, wenn zusammengehörende Parameter einer Teileart einer Größenstufung unterliegen. Typische Vertreter sind Normteile oder Varianten einer Baureihe.

Diese Parameter seien in einem Teiledokument vorhanden. Die unteren vier dienen der Beschreibung von Zylinderstiften:

Folgend wird eine Konstruktionstabelle für Varianten von Zylinderstiften erstellt:

Icon „*Design Table*" 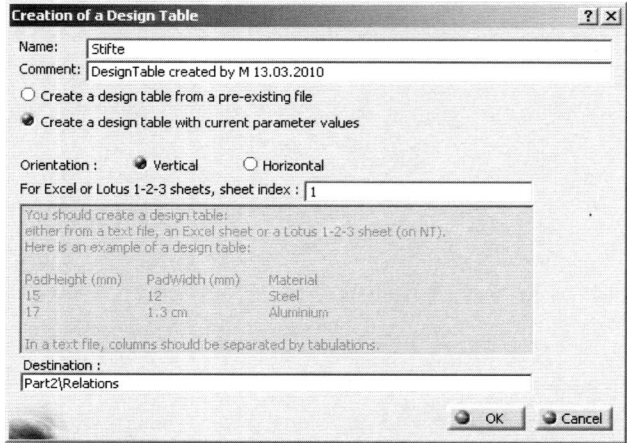 (Werkzeugleiste „*Knowledge*") selektieren.

Im erscheinenden Fenster „*Creation of a Design Table*" kann unter „*Name*" ein beliebiger Name für die Tabelle eingegeben werden. Weiters wird entschieden, ob auf eine vorhandene Datei zurückgegriffen (⦿ *Create a design table from a pre-existing file*) oder eine neue erzeugt wird (⦿ *Create a design table with current parameter values*). Mit „*Orientation*" wird festgelegt, wie die Parameter in der Tabelle angeordnet sind.

Möglichkeiten:

a) Konstruktionstabelle aus vorhandener Datei

Zunächst muss eine Tabellendatei mit einer geeigneten Anwendung (z.B. MS Excel, Lotus) erstellt worden sein:

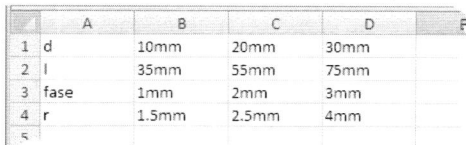

Datei: Stifte.xls

Die Einheiten müssen dazugeschrieben werden, sonst nimmt CATIA die Voreinstellungen. Bei rationalen Zahlen muss ein Dezimalpunkt (kein Komma) verwendet werden.

Nach OK im Fenster „*Creation of a Design Table*" (hier: *Orientation: Horizontal*) wählt man im folgenden Fenster "*File Selection*" die gewünschte Tabelle aus, z.B. „Stifte.xls". Nach Öffnen schlägt CATIA eine automatische Zuordnung zwischen der Tabelle und den Parametern vor, die man besser manuell vornimmt, also Antwort Nein wählen. Die Zuordnung wird parameterweise im folgenden Fenster im Register „*Associations*" vorgenommen. Die Anzeige der Parameter kann mit „*Filter*

Typ: Renamed parameter" vorteilhaft eingeschränkt werden. In der Spalte „Parameter" den Parameter selektieren, der einer Bezeichnung der Tabelle (*Colums*) zugeordnet werden soll. Ebenso die betreffende Bezeichnung selektieren und dann Associate drücken. Im rechten Fensterteil wird die getroffene Zuordnung angezeigt. Die Position der selektierten Zeile (und damit die Reihenfolge in der Konstruktionstabelle) kann mit den Pfeil-Icons ⇧ ⇩ geändert werden.

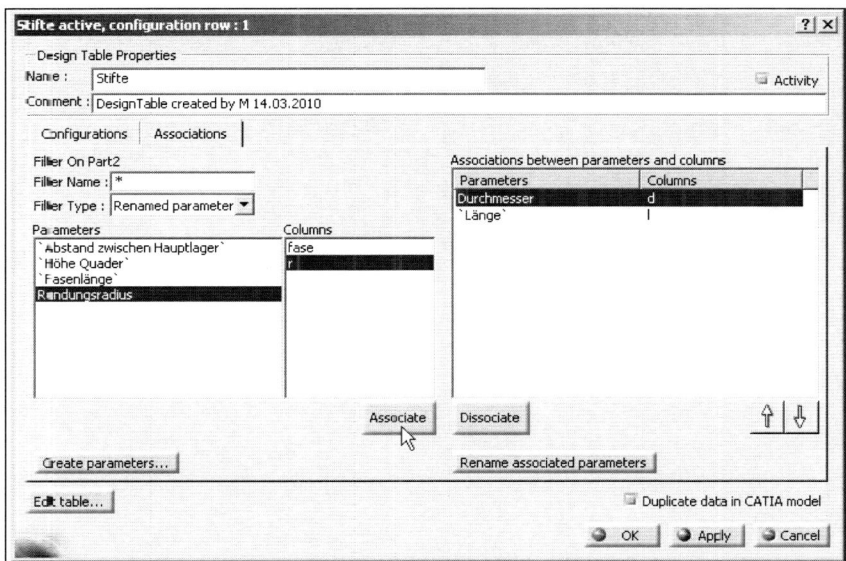

Edit Table... öffnet die ausgewählte Tabellendatei in der ursprünglichen Umgebung der Anwendung, womit der Tabelleninhalt geändert werden kann.

Sind alle Parameter zugewiesen, wird mit OK die Konstruktionstabelle erzeugt und im Strukturbaum ein Objekt angehängt:

Die Konstruktionstabelle heißt „Stifte" und die aktive Variante ist Variante 1 (*Configuration*).

Stifte
   Configuration=1
   Sheet.1

Doppelklick auf das Objekt der Tabelle zeigt die Konstruktionstabelle und ermöglicht die Wahl einer anderen Variante (= Zeile). Die aktive Variante (*Configuration*) wird in spitzer Klammer dargestellt.

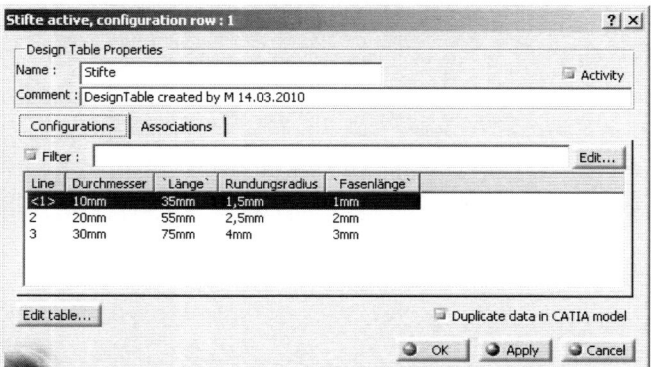

Die Wahl einer anderen Variante erfolgt durch Selektion der entsprechenden Zeile und zunächst Apply zum Überprüfen der Geometrie.

Wurde beispielsweise ein Stift mit den vorhandenen Parametern konstruiert (siehe Kap. 1.9.2 Parameter verwenden), kann über die Konstruktionstabelle durch alleiniges Wählen einer Variante die Gestalt vollständig geändert werden:

Variante <1>   Variante <2>   Variante <3>

Die zugewiesenen Parameter können nur mehr über die Konstruktionstabelle verändert werden. Dies wird im Strukturbaum durch das Ratgebersymbol  angezeigt.

b) Konstruktionstabelle aus vorhandenen Parametern

Aus einem Teiledokument sollen Varianten gebildet werden. Ein Geberscheibe wird mit Parametern dargestellt:

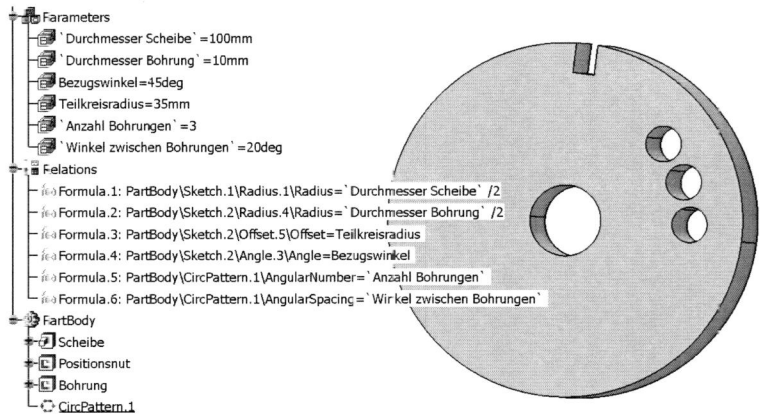

Man beachte, dass auch Durchmessermaße im Skizzierer tatsächlich Radiusmaße sind. Deshalb muss im Formeleditor für das betreffende Maß der halbe Parameterwert eingegeben werden.

Zunächst wird wie oben unter a) das Einfügen einer Konstruktionstabelle mit ▦ begonnen. Im erscheinenden Fenster wird diesmal jedoch ◉ *Create a design table with current parameter values* aktiviert. Weitere Angaben sind für das folgende Beispiel: *Name*: Geberscheiben und *Orientation:* ◉ *Vertical*.

Nach OK werden die zu verwendenden Parameter im Fenster „*Select parameters to insert*" ausgewählt: Einen gewünschten Parameter im linken Fensterteil selektieren und mit ⇨ in den rechten Teil (*inserted parameters*) verschieben:

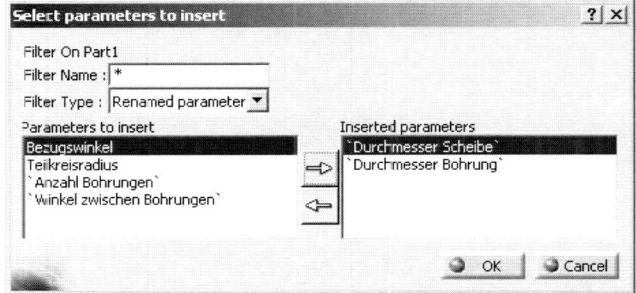

Nach OK kann im Fenster „*Save As*" Name und Speicherort sowie Dateityp (*.xls, *.txt) der Tabelle festgelegt werden, z. B.: Geberscheiben.xls. Nach Speichern zeigt ein Fenster die erste Zeile (bzw. Spalte) der erzeugten Konstruktionstabelle:

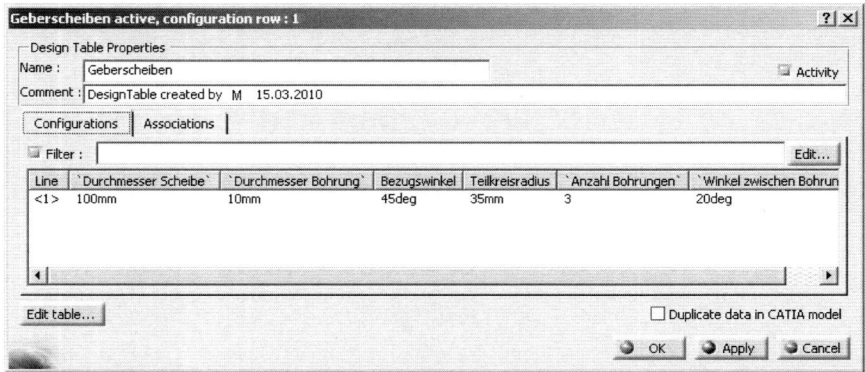

Mit $\boxed{\text{Edit table...}}$ können weitere Einträge in der Tabelle vorgenommen und damit Varianten erzeugt werden:

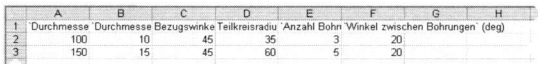

Nach dem Speichern dieser Tabellendatei weist das Fenster „*Knowledge Report*" auf eine entsprechend durchgeführte Änderung der Daten des Teiledokuments hin.

Im Strukturbaum wird ein Objekt für die Konstruktionstabelle angehängt. Damit können wie oben unter a) Varianten aktiviert und die Tabelle editiert werden

<u>Anm.</u>: Voreinstellung, damit die Tabelle im Strukturbaum gezeigt wird: $\boxed{\text{Tools}}$ → $\boxed{\text{Options...}}$: *Infrastructure/Part Infrastructure*: Register „*Display*": *Display In Specification Tree*: ☑ *Relations*.

1.9.4 Powercopy

Bereits erstellte Geometrie kann in andere Teiledokumente eingefügt werden. Im Unterschied zu einem benutzerdefinierten Konstruktionselement (UDF) bleibt bei einem Powercopy der Strukturbaum vollständig erhalten. Die erforderlichen Schalter stellt die Werkzeugleiste „*Product Knowledge Template Toolbar*" zur Verfügung:

Vorgehensweise: Zunächst muss die Geometrie, die als Vorlage dienen soll, erstellt werden. Als Beispiel wird von einem Wellenstummel ein Powercopy erzeugt:

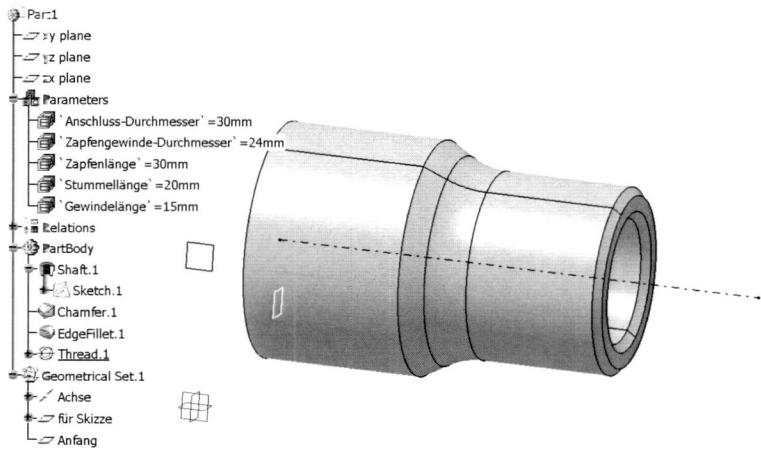

Die Elemente, die als Bezug für die Geometrie dienen, werden auch im Powercopy als Bezug gebraucht. Damit „Überraschungen" beim Einbau vermieden werden, verwendet man tunlichst keine Hauptebenen und richtet die Geometrie in einer Skizze nicht nach der H- oder V-Achse aus (siehe auch Empfehlungen Kap. 1.9.6). Beim Wellenstummel liegt die Skizze für die Drehung in der Ebene „für Skizze" und die Drehachse (*axis*) in der Skizze ist auf eine Gerade „Achse" ausgerichtet (*coincidence*). Das Längenmaß des Wellenanschlusses ist von der Ebene „Anfang" aufgetragen:

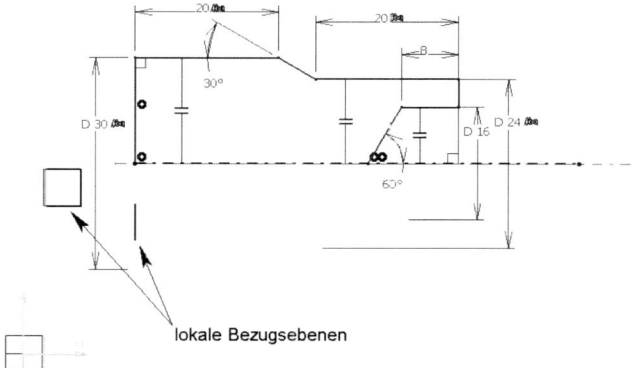

lokale Bezugsebenen

Mit „*Create a Power Copy*" [Symbol] beginnt die Erzeugung des Powercopy. Das Fenster „*Powercopy Definition*" erscheint. Mit MB1 werden im Strukturbaum Elemente, die in das Powercopy übernommen werden sollen, ausgewählt. Die gewählten Elemente werden in der linken Fensterhälfte dargestellt. In der rechten Hälfte scheinen die erforderlichen Bezugselemente, die beim Einfügen des Powercopy abgefragt werden, auf. Durch Selektieren eines Objekts in diesem Fenster wird es wieder entfernt.

Gewählt werden für das Beispiel: *Parameter* und *PartBody*. Die beiden Ebenen und die Achse sind dadurch die erfoderlichen Eingaben beim späteren Einfügen des Powercopy.

Als Bezeichnung wird unter *Name*: „Wellenstummel" eingegeben:

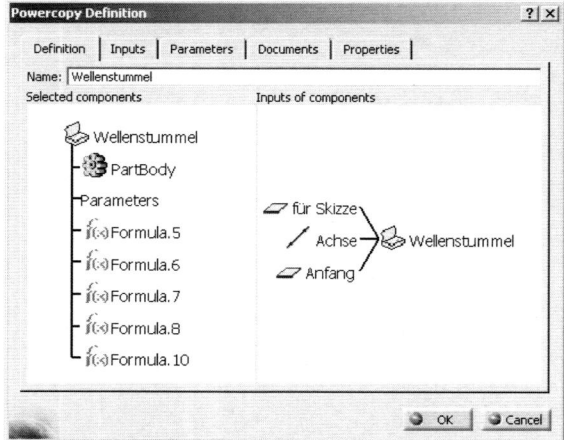

Im Register „*Inputs*" können die Bezeichnungen und die Reihenfolge der Eingabeelemente (diese Bezeichnungen werden beim Einbau gezeigt) geändert werden.: Man selektiert das Element und überschreibt gegebenenfalls in der Zeile *Name* die Bezeichnung. Mit <enter> wird die neue Bezeichnung übernommen:

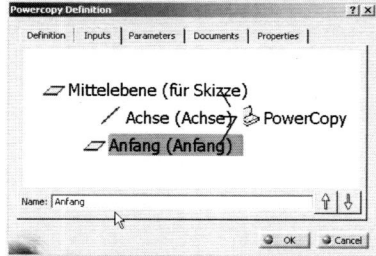

Nach OK wird ein entsprechendes Objekt an den Strukturbaum angehängt. Ein Doppelklick auf das Objekt des erzeugten Powercopy öffnet das Definitionsfenster erneut. Darin können somit Änderungen durchgeführt werden.

Abschließend wird diese Datei als „Wellenstummel.CATPart" gespeichert und geschlossen. Nur von einer geschlossenen Datei kann ein Powercopy eingefügt werden. Ein Powercopy kann auch in einem Katalog gespeichert werden, Kap. 1.9.6.

Das Powercopy kann nun in eine andere Datei eingefügt werden:

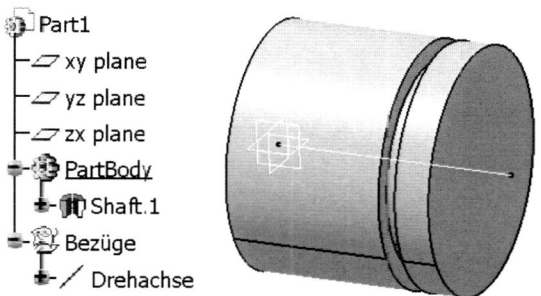

Vor dem Einbau empfiehlt es sich den *PartBody* zu aktivieren, ansonster wird das Powercopy nach dem aktuellen Objekt im Strukturbaum eingebaut.

Der Aufruf eines Powercopy wird mit dem Icon „*Instantiate From Document*" eingeleitet. Im Fenster „*File selection*" wird die gewünschte Datei mit Öffnen gewählt. Hier „Wellenstummel". Ein Warnfenster weist darauf hin, dass gewisse Elemente in jedem Fall vom System an vorgegebenen Stellen in den Strukturbaum eingefügt werden. Mit OK schließen.

Im darauffolgenden Fenster „*Inser Object*" kann unter *Destination* die Stelle im Strukturbaum für die Geometrie ausgewählt werden. Es empfiehlt sich *After Part-Body*: Weiters müssen nun alle angezeigten Eingabeelemente (Spalte „*Inputs*") einem Element der vorliegenden Datei zugewiesen werden. Gewählte Geometrieelemente werden in der Spalte „*Selected*" angezeigt. Erneute Selektion einer Zeile ermöglich die Wahl eines anderen Geometrielements. Prieview ermöglich eine Kontrolle, ob die grünen Pfeile in die richtige Richtung weisen und so das gewünschte Ergebnis liefern. Falls nicht, wird die Orientierung durch Selektion der Pfeilspitze umgekehrt.

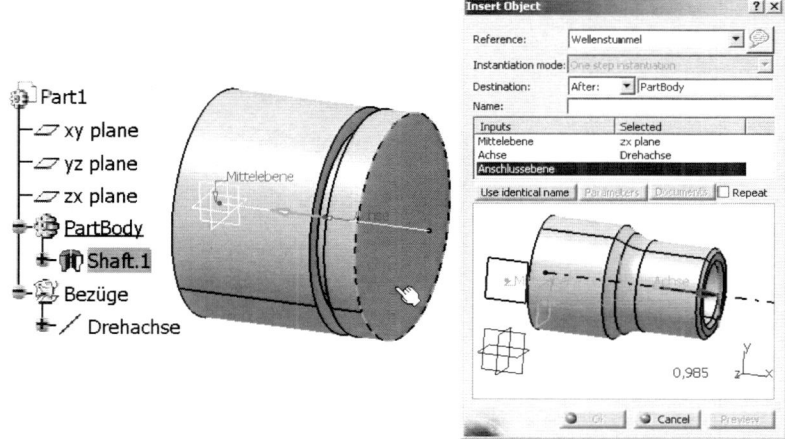

Mit OK wird die Geometrie eingefügt und der Strukturbaum um die bei der Festlegung des Powercopy ausgewählten Elemente erweitert. Über die Parameter und Skizzenmaße kann die Gestalt so verändert werden, als ob sie direkt in diesem Teiledokument erzeugt worden wäre.

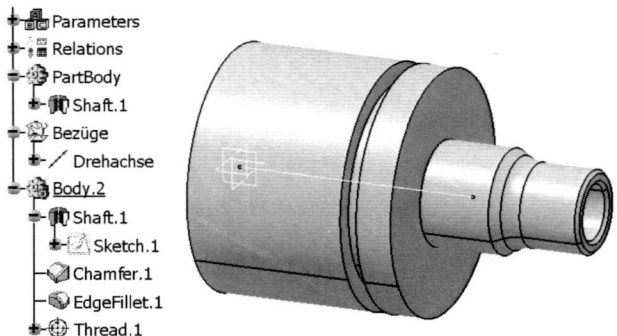

1.9.5   Benutzerkomponente (UDF - *user defined feature*)

Ein benutzerdefiniertes Konstruktionselement (UDF) kann wie Standardelemente (Block, Welle, ...) in ein Modell eingefügt werden. Diese Elemente können komplexe Geometrie aufweisen und so beispielsweise unternehmensinterne Vorgaben beinhalten (Formbohrungen, Stempelführungen, Gussbutzen, ...) und die Konstruktionen vereinheitlichen bei gleichzeitiger Erleichterung der Konstruktionstätigkeit. Kurz: Ein UDF ist im Grunde wie ein Powercopy mit dem einzigen Unterschied, dass im Strukturbaum nur ein Objekt (also nicht die detaillierte Entstehungshistorie) eingefügt wird. Der Ablauf von der Erzeugung eines UDF bis zum Einbau ist daher auch entsprechend ähnlich dem Vorgang beim Powercopy (Kap. 1.9.4).

Zunächst muss die Geometrie, die zur Verfügung gestellt werden soll, konstruiert werden. Weil ein UDF ein Konstruktionselement ist, muss es als solches wählbar sein. Am einfachsten wird dies durch eine boolesche Verknüpfung (*assemble* – zusammenbauen) am Ende der Erstellung erreicht:

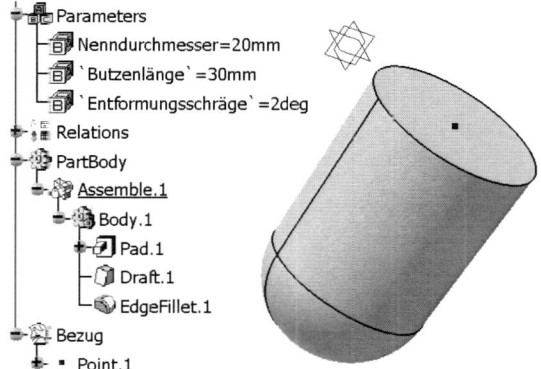

Für die Bezugsgeometrie gilt es – wie beim Powercopy – einige Richtlinien zu beachten (Kap. 1.9.6), sonst wird die Geometrie beim Einbau leicht instabil. Für den obigen Schraubenbutzen wurde die Skizze zwar auf einer Hauptebene (*xy plane*) erzeugt, der Mittelpunkt ist jedoch auf einen erzeugten Punkt (*Point.1*) ausgerichtet. Dadurch wird dieser Punkt auch zum erforderlichen Eingabeelement (*Input*).

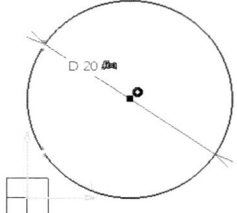

Der Butzen könnte auch als Rotationskörper erzeugt werden, nur wird in dem Fall die Skizzenebene ebenfalls zu einem erforderlichen Eingabeelement. Diese ist aber für den Anwender des UDF nicht sinnvoll. Besser ist die Ebene der Schraubenauflage und der Mittelpunkt der Bohrung. Damit die Abrundung bei Geometrieänderungen keinen Fehler erzeugen kann, wird sie durch eine Beziehung gesteuert (*Formula.6*):

Relations
Formula.4: Body.1\Sketch.2\Radius.22\Radius=Nenndurchmesser /2
Formula.5: Body.1\Pad.1\FirstLimit\Length=`Butzenlänge`
Formula.6: Body.1\EdgeFillet.1\CstEdgeRibbon.1\Radius=Nenndurchmesser /2-(sin(`Entformungsschräge`)*`Butzenlänge`)
Formula.7: Body.1\Draft.1\Angle=`Entformungsschräge`

Nun kann das UDF erstellt werden: Icon „*Create a UserFeature*" . Durch Selektion der gewünschten Objekte, wird das UDF definiert. Hier dient nur das Objekt „*Assemble.1*" als Vorlage:

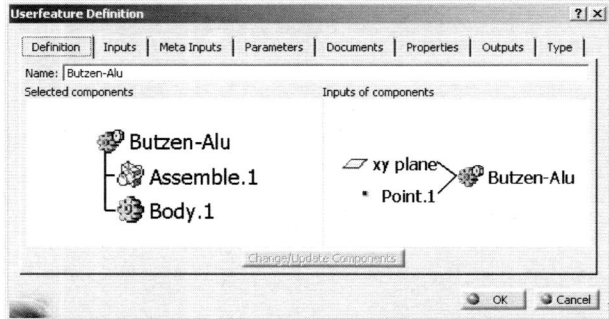

Unter *Name* kann eine Wunschbezeichnung für das UDF eingegeben werden. Die erforderlichen Eingabeelement (*xy plane*, *Point.1*) werden angezeigt. Die beim Einbau angezeigten Bezeichnungen und die Reihenfolge können im Register „*Inputs*" geändert werden:

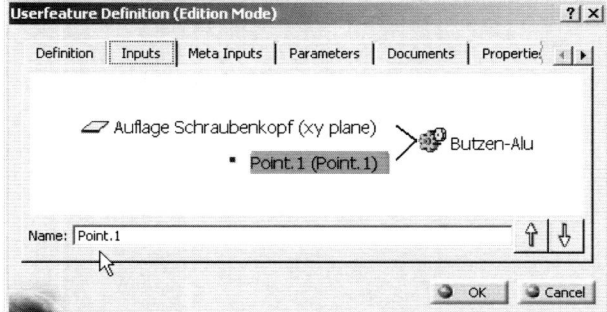

Nach Selektion der entsprechenden Zeile kann das Feld „*Name*" überschrieben und/oder die Zeile mit den Pfeiltasten vertikal bewegt werden.

Weiters ist bei einem UDF im Gegensatz zum Powercopy erforderlich, die Parameter, die der Anwender ändern können soll, zu veröffentlichen (*publish*): Dies geschieht im Register „*Parameters*":

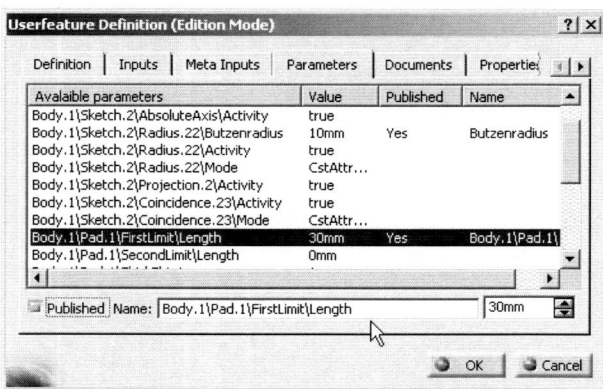

Der gewünschte Parameter wird selektiert und der Schalter ▣ *Published* aktiviert. Beim (lästigen) Suchen der Parameter hilft das Objekt *Relations* im Strukturbaum, weil die vollen Bezeichnungen zu sehen sind. Die Anzeige im Feld *Name* kann überschrieben werden, was das Verständnis des Anwenders dieses UDF bei einer sprechenden Bezeichnung erleichtert.

Mit OK wird das UDF erzeugt und ein entsprechendes Objekt im Strukturbaum eingefügt:

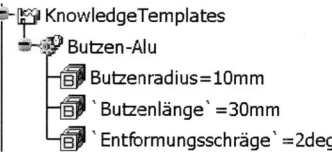

Der Name und die veröffentlichten Parameter sind zu sehen.

Ein Doppelklick auf das Objekt „*UserFeatureN*" (hier: Butzen-Alu) öffnet das Fenster „*Userfeature Definition*" wieder, womit die Eingaben geändert werden können. Das Teiledokument wird abschließend gespeichert und geschlossen.

Ein UDF kann auch in einem Katalog gespeichert werden, Kap. 1.9.6.

Das UDF ist somit für die Anwendung bereit. Es soll beispielhaft in eine Wand eines Gussteils eingebaut werden:

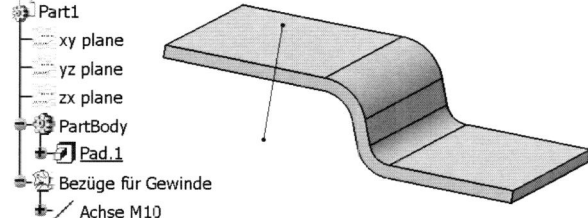

Icon „*Instantiate From Document*" ⬙ drücken und im Fenster „*File Selection*" die Datei mit dem (gewünschten) UDF wählen.

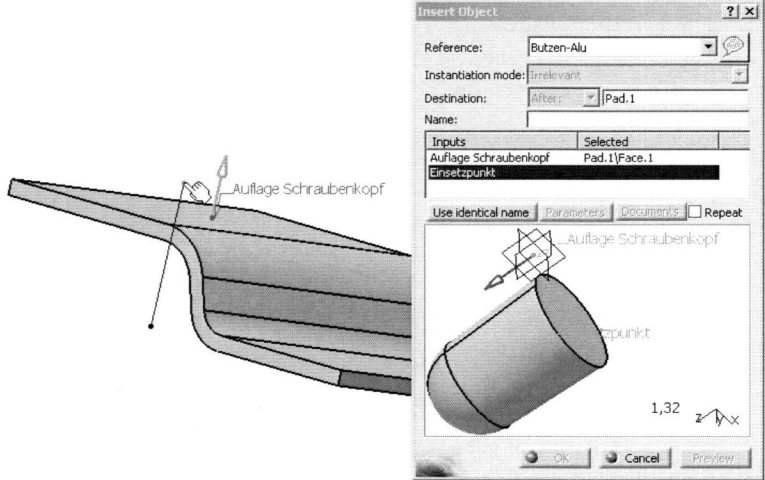

Die Eingabeelemente (*Inputs*) müssen zur Positionierung des UDF selektiert werden. Dabei kann die Orientierung der grünen Pfeile durch Selektion des Pfeils umgekehrt werden. Mit Preview kann überprüft werden, ob die eingestellte Position des UDF passt ohne das Fenster zu schließen.

Mit OK wird das UDF als Feature eingefügt. Im Strukturbaum ist somit nur ein Objekt „Butzen-Alu.1" nach dem aktuellen angehängt worden. Änderungen der UDF-Abmessungen sind nur über die veröffentlichten Parameter möglich. Die restliche Geometrie kann wie üblich weitermodelliert werden. So ist hier z. B. eine Verrundung zwischen dem Butzen und der Wand eingefügt worden:

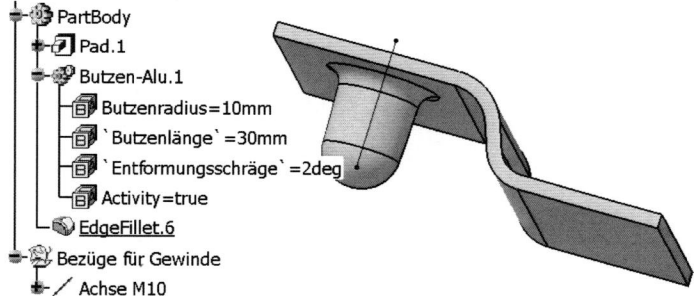

1.9.6 Datenwiederverwendung

Dateien, die ein Powercopy oder ein Benutzerelement (UDF) – kurz Geometrievorlage – enthalten, können in einem beliebigen Verzeichnis oder auch in einem Katalog gespeichert werden. Letzteres hat den Sinn, dass mehrere Benutzer, z.B. eines Unternehmens, auf dieselben Daten zugreifen können.

Das Ablegen von Dateien in einem **Katalog** ermöglicht das Icon „*Save in Catalog*"

(Werkzeugleiste „*Product Knowledge Template Toolbar*"). Der Aufruf von sämtlichen Katalogen, also benutzererzeugte und CATIA-Standardteilesammlungen,

erfolgt über den Schalter „*Catalog Browser*"   (Werkzeugleiste „*Tools*").

Damit Powercopy und UDF ihren Zweck erfüllen und in beliebiger Lage eingebaut werden können müssen einige **Hinweise** bei der Konstruktion beachtet werden.

– Bei der Erzeugung von Skizzen Hauptebenen vermeiden. Einschränkungen (Constraints) von Skizzengeometrie nie auf Hauptebenen beziehen, sondern auf Elemente der Trägergeometrie.

– Der Einsatz von lokalen Koordinatensystemen erleichtert das Umsetzen der vorhergehenden Richtlinie.

– In Skizzen den Bezug auf die H- und V-Achse vermeiden. Ebenso sollen Gerade nicht horizontal oder vertikal eingeschränkt werden (Symbol h bzw. v), sondern parallel oder rechtwinklig zu einem empfohlenen Bezug. Anderenfalls wird die Geometrie bei Einbau unter beliebigem Winkel instabil.

– Nur vollständig bestimmte Skizzen (alle Geometrieelemente grün) benutzen. Unvollständig bestimmte Skizzen lässt CATIA zwar zu, solche Geometrie neigt aber beim Einbau zu Instabilität.

– Parameter mit sprechenden Namen benutzen.

– Elemente, die der Anwender für die Festlegung der Geometrievorlage erwartet und benutzen soll (Bezugsebenen, Einsetzpunkte, Achsen, ...), müssen auch beim Konstruieren benutzt worden sein – CATIA nimmt sie dann als Eingabeelemente (Inputs). Diese Eingabeelemente mit selbsterklärenden Namen versehen, damit der Anwender versteht, was von ihm erwartet wird.

1.10   Änden von Geometrie

1.10.1   Löschen von Geometrie

– Zu löschendes Element selektieren: ENTWEDER direkt mit MB1 ODER mit MB3

– Im Hauptmenü: Edit → Delete
bzw. über Kontextmenü Delete
bzw. Taste <Entf> drücken

– Das Dialogfenster „*Delete*" erscheint:

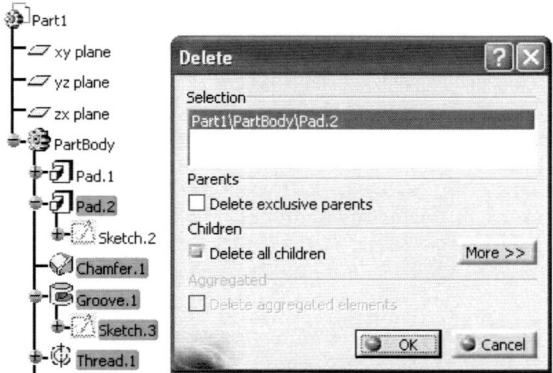

Anm.: Voreinstellung dafür: ⌐Tools⌐ → ⌐Options...⌐: *Infrastructure/Part Infrastructure*, Register *General: Delete Operation* – ⬛ *Display the Delete dialog box*.

Zwei Buttons ermöglichen in einigen Fällen das Löschen von logisch verknüpften Elementen (*Parents, Children*) zu beeinflussen:

Parents: Delete exclusive parents	beim Aktivieren des Buttons wird Geometrie, mit dessen Hilfe das selektierte Element gezeichnet wurde (Elterngeometrie), ebenfalls gelöscht, wenn die Elterngeometrie von keinem anderen Element sonst benutzt wird (exklusive Elterngeometrie). Im Beispiel ist das das Element *Sketch.2*
Children: Delete all children	beim Aktivieren des Buttons wird Geometrie, die auf dem selektierten Element fußt (Kindgeometrie), ebenfalls gelöscht.
	Im Beispiel sind das die Kindelemente *Chamfer.1, Groove.1* und *Thread.1*

Anm.: Beim Aktivieren der Buttons werden die betroffenen Elemente im Strukturbaum hervorgehoben und ermöglichen so eine Kontrolle, welche Elemente entfernt werden.

Mit dem Schalter ⌐More>>⌐ erhält man im vergrößerten Fenster die Möglichkeit einer gezielte Auswahl der zu löschenden Kindelemente. Im Feld „*Elements*" die Zeile des zu löschenden Kindelements selektieren und Button ⌐Delete/Undelete⌐ drücken. Damit ändert sich der *Status* entsprechend. So werden alle Elemente mit dem wunschgemäßen Status versehen:

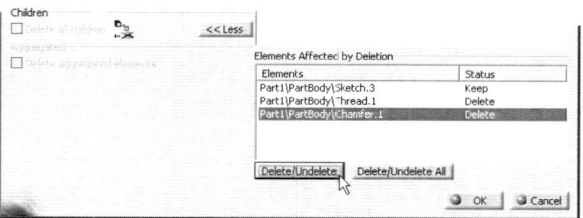

Werden Elemente selektiert, die ohne Elternelement unterbestimmt sind, erscheint eine Warnung ⚠ und der Status lautet: *Keep, need to be replaced*. Nach dem Löschvorgang muss für solche Elemente eine Neudefinition erfolgen – das Fenster *„Update Diagnosis"* erscheint, siehe Kap. 1.11.

− Mit OK wird der Löschvorgang durchgeführt. Im Fall selektierter Kindelemente erscheint zur Absicherung das Fenster *„Confirm Deletion"*:

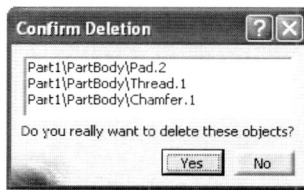

− Mit Yes wird der Löschvorgang endgültig durchgeführt. Mit No kehrt man wieder in das Fenster *„Delete"* zurück.

1.10.2 Editieren der Dialogfenster

Die Dialogfenster, die bei der Erzeugung eines Objektes (Punkt, Ebene, Fläche, Körper, ...) benutzt wurden, können auf verschiedene Weise wieder editiert werden:

− Geometrieelement mit MB3 selektieren → im Kontextmenü ganz unten: xxx.N object > → Definition...
− Im Strukturbaum Eintrag des Objektes mit MB3 selektieren → weiter wie oben
− Doppelklick auf das Element im Geometriebereich oder den Eintrag im Strukturbaum
− Element selektieren → im Hauptmenü: Edit → xxx.N object > → Definition...

Im erscheinenden Dialogfenster können die Parameter wie bei der Erzeugung des Objekts geändert werden. Mit Preview werden die Änderungen wirksam und das Definitionsfenster bleibt offen. Mit OK werden die Änderungen wirksam und das Fenster wird geschlossen. Cancel schließt das Fenster ohne Änderungen.

1.11 Aktualisieren von Änderungen (*update*)

Nach Änderungen von Parameterwerten muss das Teil bzw. die Baugruppe neu berechnet werden. Die Geometrie wird aktualisiert. Je nach Voreinstellung erfolgt dies automatisch oder benutzergewollt.

→ Ein Körper, der Änderungen erfahren hat, aber nicht aktualisiert ist, wird vom System rot dargestellt.

Voreinstellung über Hauptmenü: Tools → Options... → *Infrastructure/Part Infrastructure* bzw. *Assembly Design*: Registerkarte „*General*":

Automatic	Bei Änderungen wird sofort eine Aktualisierung der Geometrie durchgeführt.
Update Manual	Die Aktualisierung muss vom Anwender selbst gestartet werden: Icon „*Update*" ⊘

– Wenn eine Aktualisierung vom Benutzer gestartet werden soll, ist das Icon „*Update*" ⊘ in der Werkzeugleiste „*Tools*" zu drücken

– Wenn nur ein einzelnes Element aktualisiert werden soll, wird es mit MB3 selektiert und im Kontextmenü Local update gewählt.

Beim Aktualisieren können **geometrische Fehler** auftreten, ein Bezugselement wurde gelöscht oder ein unbrauchbarer Parameterwert wurde eingegeben. Die Aktualisierung wird an der entsprechenden Stelle unterbrochen und ein Fenster zeigt den Problembereich an.

Im folgenden Beispiel kann eine Verrundung (*Edge Fillet*) nach dem Ändern irgendeines Parameterwertes nicht mehr erzeugt werden:

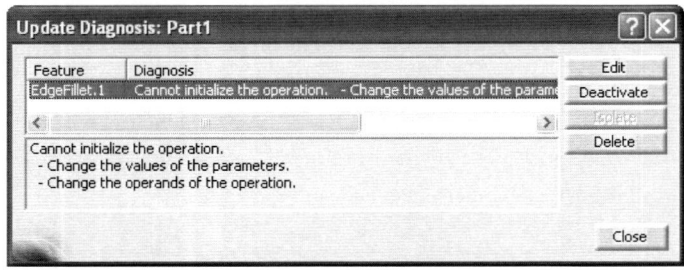

Das System bietet vier Schalter zur Reparatur an:

Edit	Das betroffene Element wird editiert, das Definitionsfenster erscheint und gegebenenfalls vermisste Bezugselemente werden gelb dargestellt. Durch Selektieren neuer Bezugselemente, wird die Definition wieder vollständig
Deacti-vate	Das betroffene Element wird deaktiviert, d.h. nicht berücksichtigt bei der weiteren Aktualisierung. Im Strukturbaum wird das Element als

inaktiv gekennzeichnet: ⊢🔲 EdgeFillet.1

Anm.: Über Kontextmenü kann ein Objekt wieder aktiviert werden: →
Object.N > → Activate .

Isolate   Das betroffene Element wird isoliert, d.h. logische Verknüpfungen zu
anderen Elementen werden entfernt (siehe auch Kap. 5.2.8.1). Nicht
immer möglich – hängt vom Element ab

Delete   Das betroffene Element wird gelöscht und aus dem Strukturbaum entfernt.

Ein Beispiel soll eine Reparatur veranschaulichen: An einem Bauteil waren an zwei
Butzen Verrundungen angebracht.

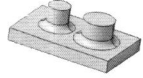

Nach dem Löschen eines Butzens tritt eine Fehlermeldung auf, dass eine Karte für
die Verrundung fehlt. Diese Verrundung kann also nicht mehr dargestellt werden,
weil ein wichtiges Elternelement fehlt. Durch Wahl des Schalters „*Edit*" kann im
Definitionsfenster eine andere Kante gewählt werden oder wie im vorliegenden
Fall nur die übriggebliebene Kante des zweiten Butzens mit OK bestätigt werden.

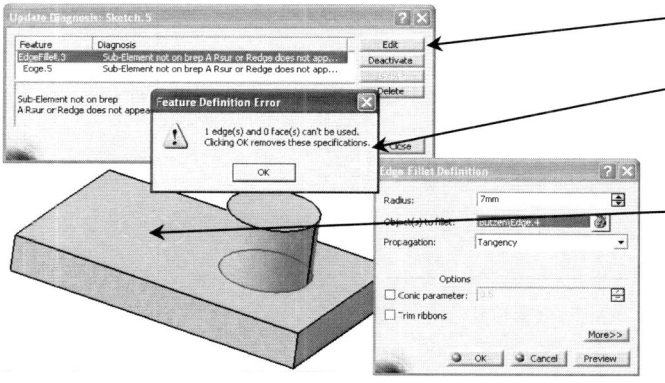

1. *Edit* wird selektiert

2. Eine Erklärung folgt: 1
Kante für die Verrundung
wird vermisst

3. Nach OK kann eine
neue Kante statt der gelb
strichliert dargestellten
selektiert werden

oder: mit OK im Fenster „*Edge Fillet Definition*" bleibt nur die Kante des zweiten
Butzens für die Verrundung und der Fehler ist behoben:

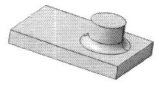

1.12   Eigenschaften editieren (*properties*)

Die Eigenschaften (*properties*) von Teilen, Körpern, Konstruktionselementen, Kurven, Punkten usw. können angezeigt und geändert werden. Dazu werden Dialogfenster aufgerufen in denen die Daten direkt eingegeben werden können.

1.12.1   Teile (*part*)

– Im Strukturbaum Objekt „*Part.N*" mit MB3 selektieren
– Im Kontextmenü → Properties
Anm.: Das Fenster wird auch mit <Alt> + <enter> aufgerufen
– Dialogfenster „*Properties*" erscheint
– Folgende Kategorien sind darin wählbar:

Mechanical	siehe Kap. 1.12.3
Mass	Angabe von Masse, Volumen, benetzte Oberfläche, Trägheitsmomente (ein Werkstoff muss wegen der Dichteangabe natürlich festgelegt worden sein)
Color management	Angabe unter welcher Erbeinstellung das Teil entstanden ist
Graphic	Angabe und Änderung grafischer Attribute
Product	Stücklistenangaben zum Bauteil: Bezeichnung, Änderungsindex, Kaufteil, Kommentar, ...

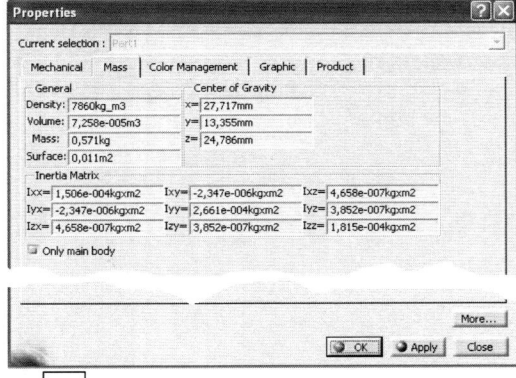

– Mit OK werden die Daten gespeichert und das Fenster geschlossen

1.12.2   Körper (*body*)

– Im Strukturbaum Objekt „*(Part)Body.N*" mit MB3 selektieren
– Im Kontextmenü → Properties bzw. <Alt> + <enter>
– Das Dialogfenster „*Properties*" erscheint:

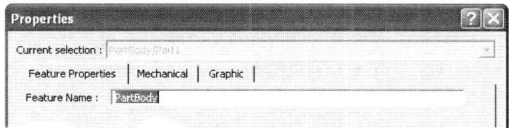

— Darin sind folgende Kategorien wählbar:

Feature Properties Name des Körpers kann im Feld „*Feature Name*" über-schrieben werden. Angabe des Erstellungsdatums und das Datum der letzten Änderung

Mechanical siehe Kap. 1.12.3

Graphic Änderung von grafischen Attributen: Farbe, Transparenz, Kantenstärke, ...

— Mit OK werden die Daten gespeichert und das Fenster geschlossen.

1.12.3 Konstruktionselemente (*feature*) und Drahtgittergeometrie (*wireframe*)

— Im Strukturbaum Objekt „*feature.N*" mit MB3 selektieren
— Im Kontextmenü → Properties. Das Dialogfenster „*Properties*" erscheint:

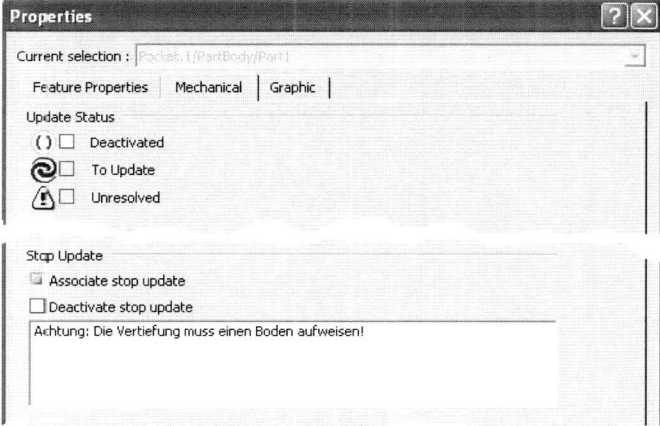

— Darin sind folgende Kategorien wählbar:

Feature Properties Name des Konstruktionselements kann im Feld „*Name*" überschrieben werden. Angabe des Erstellungsdatums und das Datum der letzten Änderung

Mechanical Status-angabe: *Deactivated* Beim Aktivieren des Buttons, wird Feature inaktiv, d.h. nicht berücksichtigt beim Aktualisieren des Teils

To Update	Das Feature muss aktualisiert werden (nur Anzeige)
Unresolved	Das Feature kann durch einen geometrischer Fehler vom System nicht berechnet werden (nur Anzeige)

Stop Update: Der Schalter „*Associate Stop update*" unterbricht eine manuelle Aktualisierung (Werkzeugleiste „*Tools*" Icon „*Manual Update mode*" 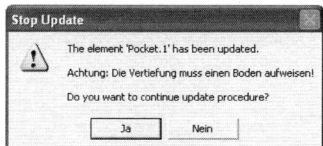 beim entsprechenden Konstruktionselement und zeigt in einem Fenster den eingegebenen Text:

Bei Yes wird die Aktualisierung fortgesetzt, bei No wird die laufende Aktualiserung abgebrochen.

Wird die Aktualisierung im automatischen Modus vorgenommen, erscheint nur ein Mitteilungsfenster ohne Wahlmöglichkeit.

Graphic   Änderung von grafischen Attributen:

- *Color/Transparency*: Farbe von Elementen und Transparenz
- *Lines and Curves*: Linientyp (Volllinie, strichliert, ...), Linienstärke (*Thickness*)
- *Points*: Darstellungsart der Punkte (*Symbol*)
- *Global Properties*: Allgemeine Eigenschaften: Sichtbarkeit (*Shown*), Selektierbarkeit (*Pickable*), gedimmte Darstellung (*Low Intensity*)

- Mit OK werden die Daten gespeichert und das Fenster geschlossen

→ Die grafischen Eigenschaften können auch über die **Werkzeugleiste „*Graphic Properties*"** geändert werden:

- Objekt, dessen Attribute geändert werden sollen, selektieren
- In der Werkzeugleiste gewünschtes Aussehen einstellen:

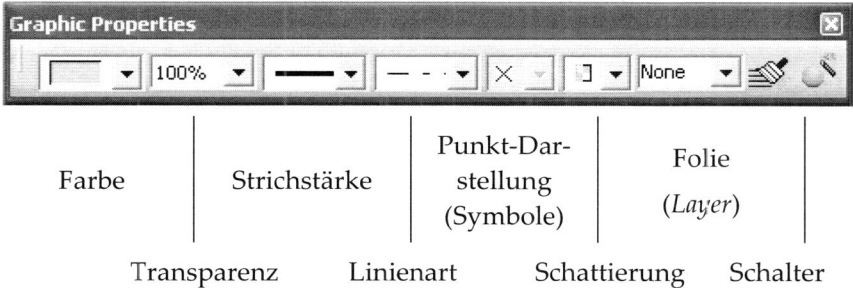

Farbe	Strichstärke	Punkt-Dar-stellung (Symbole)	Folie (*Layer*)

Transparenz   Linienart   Schattierung   Schalter

Option „*Auto*" übernimmt grafisches Attribut der Komponente, die hierarchisch übergeordnet ist.

Zu **Schattierung**: *No specific rendering*: Der Körper wird im globalen Ansichtsmodus (Werkzeugleiste „*View Mode*") dargestellt. Mit den übrigen Optionen kann einem Körper eine **individuelle Darstellunsart** zugewiesen werden. Diese Einstellung kommt allerdings nur zum Tragen, wenn mit dem Icon „*Customize View Parameters*" [?] ▫ *Rendering style per object* aktiviert wird.

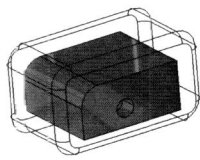

Schalter „*Painter*" ermöglicht **Kopieren** aller grafischen Attribute eines Elements: Zu änderndes Element bzw. zu ändernde Elemente selektieren, drücken und dann Vorbild selektieren, dessen Aussehen übernommen werden soll.

Schalter „*Graphic Properties Wizard*" : Anschauliche Darstellung der **Vererbung von grafischen Eigenschaften** eines Elements.

Element selektieren, das untersucht werden soll, und drücken:

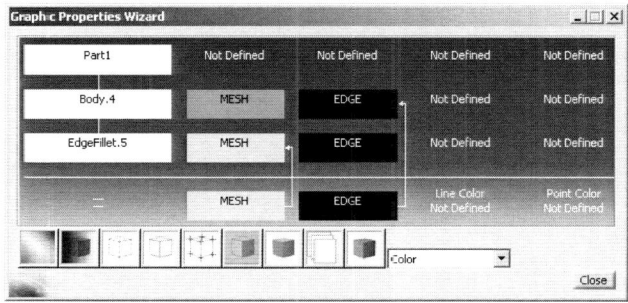

In dem Fall ist „*Color*" gewählt. Die Farbe des Part ist nicht festgelegt, der übergeordnete Körper ist grün und die selektierte Fillet-Fläche ist gelb. Als Ergebnis ist die sichtbare Farbe auch gelb. Dieser Assistent ist vor allem bei der Analyse anscheinend widersprüchlicher Darstellung bei Folienbelegung (*Layer*) und Sichtbarkeit (*Show*) hilfreich.

1.13 Analysewerkzeuge

Vorhandene Geometrie kann zur Kontrolle und um eine Übersicht von importierter Geometrie zu erhalten analysiert werden. Dazu stehen verschiedene Möglichkeiten zur Verfügung:

– Entstehungsgeschichte von Teilen siehe Kap. 3.5.1
– Modellstruktur siehe Kap. 4.7.4
– Logische Verknüpfungen siehe Kap. 5.2.8.3 (auch Kap. 5.20)
– Zusammenstellung siehe Kap. 5.15
– Oberflächen (Entformbarkeit, Krümmungsverlauf, Flächenübergang) siehe Kap. 3.5
– Gewinde siehe Kap. 4.3.5.3.

Die Analyse des Festigkeitsverhaltens von Bauteilen und Baugruppen wird in einer eigenen Arbeitsumgebung vorgenommen: Strukturanalyse, Kap. 8.

1.13.1 Messen

Zum Messen dienen Befehle der Werkzeugleiste „*Measure*":

1.13.1.1 Relationen zwischen Geometrieelementen

– Icon „*Measure Between*" ⊞ drücken
– Das Dialogfenster „*Measure Between*" erscheint:

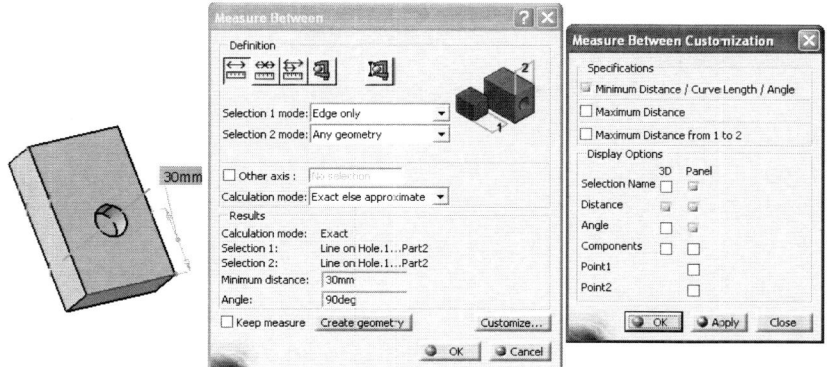

— Mit den Buttons im Fensterbereich „Definition" wird die Art des Messfortschritts eingestellt:

 *Between* (Voreinstellung) Abstände zwischen beliebigen Bezügen und Zielelementen messen

 *Chain* Zielelement der vorherigen Messung wird Bezugselement für nächste Messung

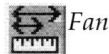 *Fan* Bezugselement bleibt immer dasselbe

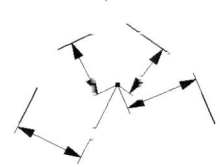

 Measure Item Messung eines Elements. Entspricht dem Icon „Measure item" der Werkzeugleiste „Measure", Kap. 1.13.1.2

Measure Thickness Messung der Dicke eines Elements. Entspricht dem Icon „Measure item" der Werkzeugleiste „Measure", siehe Kap. 1.13.1.2

— Mit Buttons „Selection N mode" lässt sich eine Vorauswahl von Bezugs- und Zielelementen treffen. Nur diese sind dann selektierbar (Zylinderachsen, Kugelmittelpunkte mit Other selection...):

Any geometrie	alle Elemente selektierbar	*Intersection*	Schnittpunkte (zwei Selektionen nötig)
Picking point	beliebige Punkte mit MB1	*Coordinate*	Koordinateneingabe
Point only	nur Punkte werden erkannt	*Arc center*	Kreismittelpunkte

— Mit dem Schalter „Other Axis" kann ein anderes Achsensystem als das aktive zur Berechnung der Koordinaten selektiert werden

- Mit dem Schalter „*Calculation mode*" wird das Berechnungsverfahren eingestellt: Exakt und/oder genähert

- Im Feld „*Results*" (=*Panel*) und/oder im Grafikbereich (=*3D*) werden die selektierten Elemente (=*Selection 1* und 2) je nach Einstellung unter $\boxed{\text{Customize...}}$ angeführt: Der minimale Abstand zwischen diesen Elementen (*Minimum distance*), die Komponenten dieses Abstandsvektors (*Components*) und die Koordinaten der verwendeten Punkte für den Abstand auf den selektierten Elementen (*Reference point, Target point*)

- Die grün angezeigten Maßlinien und die Maßzahlen im Grafikfenster können mit MB1 gezogen werden

- Aktivieren des Schalters „*Keep Measure*" lässt die erzeugten Maße auch nach Verlassen des Dialogfensters stehen und erweitert den Strukturbaum um einen entsprechenden Eintrag

- Der Schalter $\boxed{\text{Create geometry}}$ erzeugt aus den grün dargestellten Messbezügen (Punkte und Gerade) Geometrie in einem Geometrischen Set. Dabei kann die Geometrie logisch abhängig $\diagup$ (*Associative geometry*) oder unabhängig $\diagdown$ (*Non associative geometry*) sein

- Verlassen des Mess-Modus mit $\boxed{\text{OK}}$.

1.13.1.2 Eigenschaften bestimmen

Die Eigenschaften von Teilbereichen (Punkte, Kanten, Flächen) oder ganzen Körpern können bestimmt werden:

- Farbwiedergabe auf „Schattiert mit Kanten" einstellen:

- Icon „*Measure Item*" drücken

- Das Dialogfenster „*Measure Item*" erscheint:

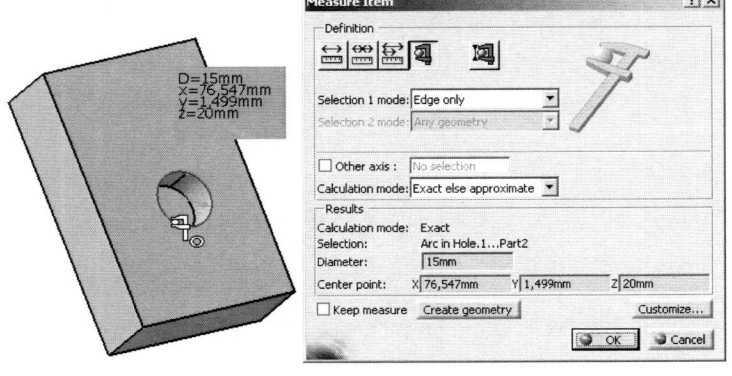

Der Wahlschalter „*Selection 1 mode*" ermöglicht eine Vorauswahl des Selektions-elements, siehe auch Kap. 1.13.1.1.

Mode „*Thickness*" (= 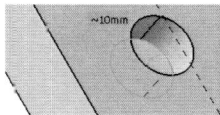) misst vom selektierten Punkt normal auf die Fläche des Punktes zur nächsten Fläche:

Die Schalter „*Other Axis*", „*Keep Measure*", Create Geometry und „*Calculation mode*" sind unter 1.13.1.1 erklärt

— Teilbereich oder Körper selektieren: Kante, Fläche, Feature, ...
— Mit dem Schalter Customize... werden die gewünschten Messgrößen durch Selektion entsprechender Buttons im Fenster „*Measure Item Customization*" gewählt
— Die grünen Maßzahlen können mit MB1 im Grafikfenster gezogen werden
— Mit OK Messvorgang beenden.

1.13.1.3 Trägheitsgrößen bestimmen

— Icon „*Inertia*" 🔘 drücken
— Teil, Fläche, Körper oder Produkt (am gezieltesten) im Strukturbaum selektieren
— Das Fenster „*Measure Inertia*" erscheint. Es zeigt alle verschiedenen Messgrößen des selektierten Elements
— Mit dem Schalter Customize werden die gewünschten Messgrößen durch Selektion entsprechender Buttons im erscheinenden Fenster „*Measure Inertia Customization*" gewählt.
— Im Geometriebereich werden die Hauptträgheitsachsen dargestellt und das Bauteil mit einem Rahmen versehen, dessen Kanten parallel zu den Achsen stehen
    Folgender Farbcode wird bei den Trägheitsachsen eingesetzt:
    rot   Achse zum Trägheitsmoment M1 gehörig
    grün   Achse zum Trägheitsmoment M2 gehörig
    blau   Achse zum Trägheitsmoment M3 gehörig
— Mit dem Schalter CreateGeometry kann der **Schwerpunkt** und das Trägheitsachsenkreuz als Geometrie erzeugt werden. Dabei kann die Geometrie logisch abhängig ■ (*Associative geometry*) oder unabhängig ⚡ (*Non associative geometry*) sein

– Mit dem Schalter Export werden die Ergebnisse in ein Textfile (*.txt) geschrieben

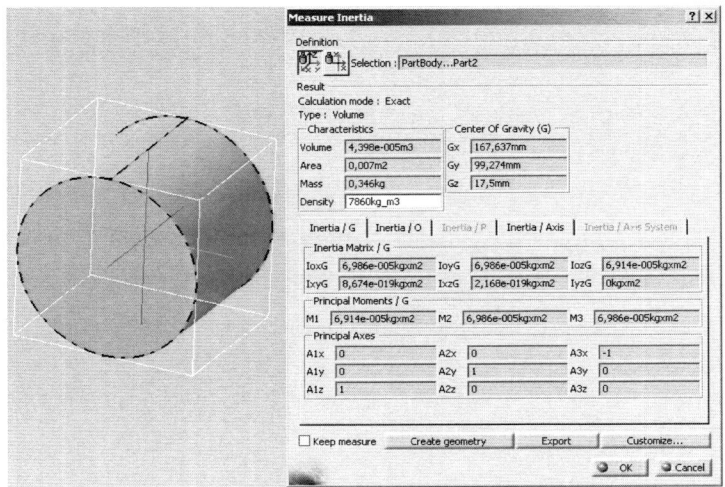

Icon „*Measure Inertia 2D*" 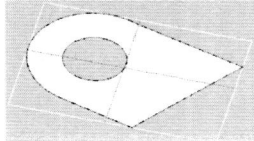 sorgt für gezieltes Selektieren von nur 2-dimensionalen Elementen (Bauteilflächen, ebene Oberflächen). So lassen sich Flächeninhalt (*Area*), Flächenschwerpunkt (*Center of Gravity*) und Flächenträgheitsmomente (*Inertia Matrix*) ermitteln. Im Fall einer ebenen Fläche sieht das Ergebnis so aus:

1.13.2 Logische Abhängigkeiten (Eltern-Kind-Beziehungen)

– Im Strukturbaum Feature mit MB3 selektieren, dessen logische Abhängigkeiten dargestellt werden sollen, z.B. *Pad.1*
– Im Kontextmenü: → Parent/Children ...
– Im erscheinenden Fenster „*Parents and Children*" wird die Abhängigkeit des selektierten Elements dargestellt.
– Wird ein Element im Fenster selektiert, so wird es auch im Strukturbaum und im Geometriebereich hervorgehoben
– Mit dem Kontextmenü lassen sich auch gezielt nur die Eltern oder nur die Kinder eines Elements ein- bzw. ausblenden:
  – Mit MB3 Element im Fenster „*Parents and Children*" selektieren
  – Kontextmenü → Show Parents, Show Children, Hide Parents, ...

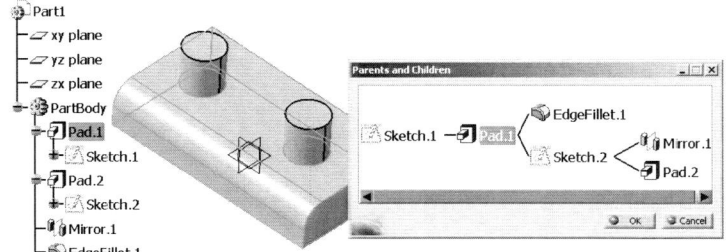

- Im dargestellten Fenster wurden mit MB3 auch die Kinder von *Sketch.2* eingeblendet. Nun ist ersichtlich, dass *Pad.1* (Kind) auf der Skizze *Sketch.1* (Elternteil)
basiert und seinerseits Grundlage (= Elternteil) für eine Rundung und die Skizze *Sketch.2* ist. Mit dieser wiederum wurde *Pad.2* gezeichnet

1.14 Koordinatensystem

Neben dem vorhandenem absoluten Koordinatensystem können lokale Systeme
eingeführt werden.

- Icon „*Axis*" ⊥ in der Werkzeugleiste „*Tools*" drücken
- Dialogfenster „*Axis System Definition*" erscheint
- Das Koordinatensystem wird definiert durch Angabe eines Ursprungspunktes
(*Origin*) und dreier orthogonaler Geraden (*X, Y, Z Axis*). Die Elemente werden
selektiert oder über das Kontextmenü (mit MB3 Feld selektieren) erst erzeugt.
Mit dem Button „*Reverse*" wird die Orientierung einer Achse umgedreht:

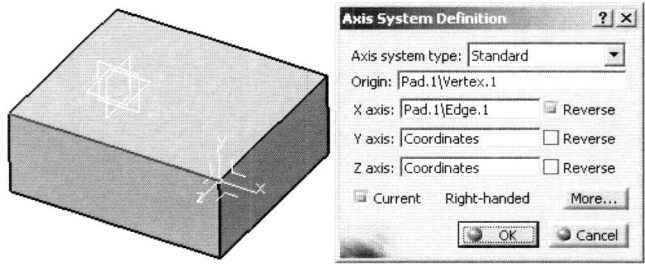

- Der Button „*Current*" erklärt das erzeugte **Koordinatensystem** zum aktuellen,
d.h. sämtliche nachfolgenden Konstruktionen beziehen sich bei Koordinatenan-
gaben auf dieses Achsenkreuz. Neben diesem Schalter steht, was für ein System
definiert wurde:

  right- handed   Rechtskoordinatensystem
  left-handed   Linkskoordinatensystem

- Mit dem Schalter More... erweitert sich das Fenster und sämtliche Angaben
(Ursprung; X-,Y-,Z-Achse) können über Koordinateneingabe gemacht werden

- Mit OK wird das Dialogfenster geschlossen und das Achsenkreuz erzeugt.
  Im Strukturbaum ist obendrein zu erkennen, ob es das aktuelle ist oder nicht:

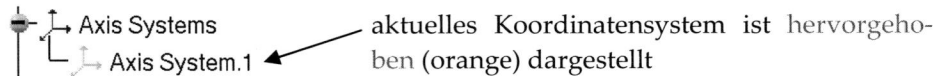

aktuelles Koordinatensystem ist hervorgehoben (orange) dargestellt

Wechseln des **Koordinatensystems:**

- Objekt „*Axis System.N*" mit MB3 selektieren →Axis System.N object > → Set As Current bzw. Set As Not Current

Ändern eines **Koordinatensystems:**

- Doppelklick auf das Achsenkreuz öffnet das Dialogfenster „*Axis System Definition*", womit dieses umdefiniert werden kann.

1.15   Voreinstellungen

Folgende Voreinstellungen sind für die Beispiele in den folgenden Kapiteln vorgenommen, wenn nicht anders angegeben.

Anm.: In Dialogfenstern kommen Schalter (Button) vor, die eine reine Ein/Aus-Funktion aufweisen. Die beiden möglichen Schalterstellungen werden vom System folgend dargestellt:

      ▫   Schalter und damit Funktion aktiviert

      ☐   Schalter und damit Funktion deaktiviert

Optionale Einstellungen

- Hauptmenü: Tools → Options...: Das Fenster „*Options*" erscheint, vgl. Kap. 1.2:
- Kategorie („Strukturbaum" in diesem Fenster): *General*, Register „*General*":
  - User Interface Style: ● *P2*
  - Drag & Drop: ☐ „*Enable Drag & Drop for Cut, Copy, Paste use*" (Schalter deaktiviert)

Anm.: Diese Einstellung wird besonders Anfängern empfohlen, weil sie unerwartete Ergebnisse und Fehler beim unvorsichtigen Selektieren vermeidet.

Kategorie: Infrastructure/Product Structure, Register „Tree Customization":

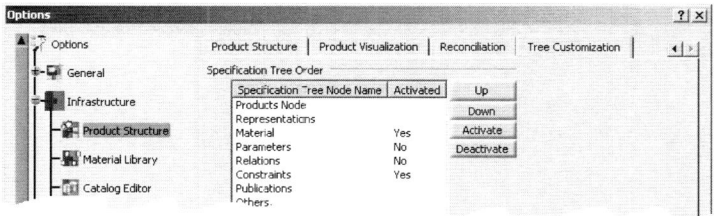

- Specification Tree Order: *Constraints Yes.*
  Selektieren von *Activate* bzw. *Deactivate* schaltet zwischen diesen Möglichkeiten um

Kategorie: *Infrastructure/Part Infrastructure*, Register „General":

- External References: *Keep link with selected object*
- Update: *Automatic*
    Synchronize all external references when updating

Kategorie: *Infrastructure/Part Infrastructure*, Register „Part Document": ☐ Enable hybrid design inside part bodies and bodies (Einstellung deaktiviert, siehe Kap. 3)

Kategorie: *Mechanical Design/Assembly Design*, Register „General":

- *Update: Automatic*
- *Access to geometry: Automatic switch to Design mode*

Register „*Constraints*":

- *Paste components: ● Without the assembly constraints*
- *Constraints creation: ● Use any geometry*
- Kategorie: *Mechanical Design/Sketcher*, Register „*Sketcher*":
- Grid: *Display*
- Sketch Plane: *Position sketch plane parallel to screen*

Kategorie: *Mechanical Design/Drafting*, Register „*General*":

- View axis: *Display in the current view*

Register „Layout":

  View Creation: *View name*   *Scaling factor*   *View frame*
- Register „*View*":
- Geometry generation/Dress up: *Generate axis*   *Generate threads*
                                 Generate center lines   *Generate fillet*

Mit OK werden die Voreinstellungen gespeichert.

Falls kein Teiledokument geöffnet ist, ein beliebiges öffnen oder neu anlegen.

Im Hauptmenü: ⌊View⌋ → ⌊Toolbars >⌋ → ☑ Workbenches. Die **Werkzeugleiste** **„Workbenches"** erscheint. Sie ist gegebenenfalls noch leer und muss erst mit Icons gefüllt werden. Dies geschieht im nächsten Schritt. Die Werkzeugleisten in zwei Zeilen anordnen: Mit MB1 den Strich der Werkzeugleiste „*Tools*" selektieren, MB1 gedrückt halten, zum Rand des Grafikbereiches ziehen und MB1 los lassen. Die Werkzeugleiste „*Tools*" ändert ihre Länge beim Konstruieren stark und sollte genügend Platz dafür haben:

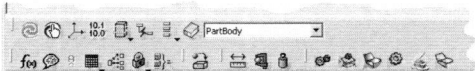

Startmenü und Werkzeugleiste „Workbenches" einrichten: Im Hauptmenü: ⌊Tools⌋ → ⌊Customize...⌋: Das Fenster „*Customize*" erscheint. Im Register „*Start Menu*" folgende Zeilen unter „*Available*" nacheinander selektieren und ▭▷ drücken: *Assembly Design, DMU Kinematics, Drafting, Generative Shape Design, Part Design, Product Structure, Wireframe and Surface Design.*

Im Register „*Options*" folgende Einstellungen vornehmen:

▣ *Tooltips*   ☐ *Lock position of toolbars*

<u>Anm.:</u> Je nach vorgefundener Einstellung kann ein Neustart von CATIA notwendig werden, damit die Voreinstellung wirksam wird. Ein Warnfenster weist darauf hin.

Mit ⌊Close⌋ werden die Voreinstellungen im Ordner: ...\DassaultSystemes\CATSettings\ als ‚*.CATSettings-File gespeichert

2 Arbeitsumgebung „*Sketcher*"

Die Arbeitsumgebung „*Sketcher*" ermöglicht dem Konstrukteur auf beliebigen Ebenen oder ebenen Flächen schnelles, intuitives Erzeugen von **2D-Geometrie** (Skizze), die Drahtgittergeometrie ist oder als Grundlage zur Beschreibung von Oberflächen und Volumenkörpern dient. Zwischen den Geometrieelementen können Einschränkungen, Beziehungen und Bedingungen vergeben werden Die skizzierte Geometrie kann editiert und geändert werden, wodurch sich Flächen und Körper, die auf dieser Geometrie fußen, entsprechend mitändern.

2.1 Grundfunktionen

2.1.1 Aufruf des Sketchers

– Dafür gibt es mehrere Möglichkeiten:
– Über Hauptmenü: Start → Mechanical Design > → Sketcher
– Über Icon „*Sketcher*"
– Danach muss die gewünschte Skizzierebene selektiert werden. Diese wird anschließend parallel zur Bildschirmebene ausgerichtet. Die Ebene kann auf verschiedene Art gewählt werden:
  – Ebene selektieren
  – Ebene Fläche selektieren
  – Gemeinsamselektion von: Einer Kante oder Geraden eines Körpers und einer ebenen Bauteilfläche. Danach Icon „*Sketcher*" drücken. Die selektierte Kante bzw. deren Projektion in die Ebene verläuft parallel zu H-Richtung im Sketcher und der projizierte Ursprung des aktuellen Koordinatensystems wird der Koordinatenursprung des HV-Achsensystems
– In manchen Fällen ist es vorteilhaft, das Achsensystem der Skizze vollständig zu definieren, d.h. von vorhandener Geometrie abhängig zu machen und nicht das vom System projizierte Achsensystem verwenden zu müssen. Dazu dient der Befehl „*Positioned Sketch*":
  – Icon selektieren; Fenster „*Sketch Positioning*" erscheint
  – Voreinstellung bei „*Type*" auf „*Positioned*" belassen. „*Sliding*" entspricht dem Icon , bei dem ja das Achsensystem durch Projektion des aktuellen Koordinatensystems in die Skizzenebene entsteht und so beim Verschieben der Skizzenebene sich relativ zur Skizzengeometrie verschieben (*slide*) kann
  – eine Ebene als Skizzenebene selektieren (*Reference*), also wie bei

- den Koordinatenursprung festlegen: Im Feld „*Origin*" die Art einstellen (*Part Origin, Projection point, ...*) und das zugehörige Geometrieelement selektieren
- Richtung und Orientierung der Achsen bestimmen: Im Feld „*Orientation*" die Art einstellen (*X Axis, Through point, ...*) und das zugehörige Geometrieelement selektieren. Mit den Schaltern ● *H Direction, V Direction* einstellen, welche Achse durch die Selektion definiert wird. Mit ▪ *Reverse H* bzw. *V* wird die Orientierung der jeweiligen Achse umgekehrt:

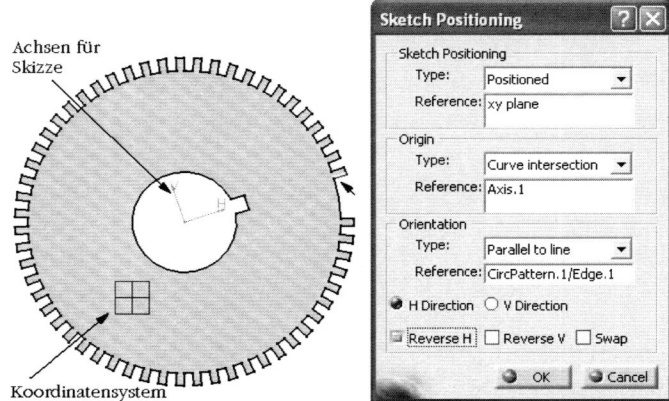

- Zur Konstruktion der Wellenaufnahme für das Geberrad wurde der Achsenursprung als Durchstoßpunkt (*Curve intersection*) der Achse der zylinderförmigen Scheibe gewählt und die Richtung der H-Achse ist parallel (*Parallel to line*) zur Zahnflanke vor der großen Lücke (Pfeil)
- Mit OK wird das Fenster geschlossen und das Skizzieren kann beginnen. Das Objekt der Skizze kennzeichnet den Typ mit festgelegten Achsensystem ✛◳
- Erneutes Öffnen des Fensters „*Sketch Positioning*" erfolgt über das Kontextmenü: Mit MB3 das Objekt der Skizze selektieren → Sketch.N object > → Change Sketch Support...

Aufruf einer vorhandenen Skizze. Es bieten sich mehrere Wege an:

- Im Strukturbaum auf Objekt „*Sketch.N*" doppelklicken
- Über Kontextmenü MB3 auf „*Sketch.N*"
  → Sketch.N object > → Edit
- Doppelklick auf ein Skizzenelement
- Die Arbeitsumgebung „*Sketcher*" wird gestartet und die selektierte Ebene als Ansichtsebene eingestellt:

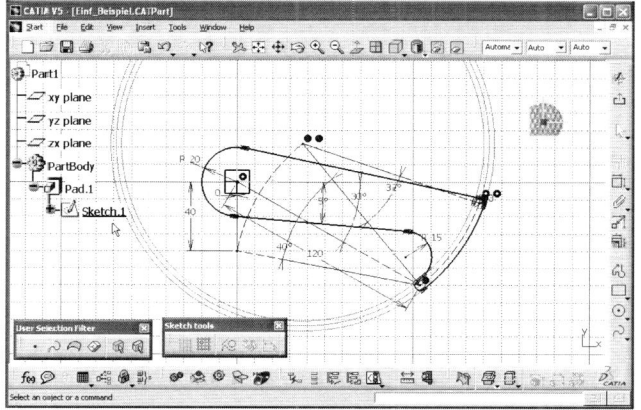

2.1.2   Ansichtssteuerung

Zoomen und Ziehen der Geometrie erfolgt mit der Maus oder den anderen Möglichkeiten der Ansichtssteuerung (→ Kap. 1.4.).

Anm.: Nach dem (Ver-)Drehen der Ansichtsebene erhält man die bildschirmparallele Ansicht auf die Skizzierebene am schnellsten über das Icon „*Normal View*" wieder zurück (Achtung: 2 mal klicken kehrt die Ansichtsrichtung um, d.h. +H-Achse zeigt nach links).

2.1.3   Grundbefehle

Zum Einstellen des Sketchers stehen folgende Grundbefehle zur Verfügung:

	Sketcher aufrufen ohne Festlegung des Achsensystems
	Sketcher aufrufen mit Festlegung des Achsensystems
	Sketcher verlassen
<Strg>	Aktuelle (= dynamisch angezeigte) Einschränkung fixieren
<Um-schalt>	Aktuelle (= dynamisch angezeigte) Einschränkung deaktivieren
	Vorhandene Gitterpunkte fangen: Beim Skizzieren springt die Maus immer zum nächstgelegenen Schnittpunkt des Rasters. Anm.: Diese Einstellung ist auch über Hauptmenü möglich: Tools → Options ... .
	Umschalten zwischen Hilfs- und Drahtgittergeometrie
	Erzeugt die beim Skizzieren festgestellten geometrischen Einschränkungen (horizontal, rechtwinklig, parallel, ...)
	Eingegebene Parameter beim Skizzieren (Länge, Winkel, Radius,..)

werden maßliche Einschränkungen

2.1.4   Voreinstellungen

Eventuelle Änderungen der Voreinstellung des Sketchers werden über das Hauptmenü durchgeführt:

Tools → Options … → unter „Mechanical Design" in Registerkarte „Sketcher":

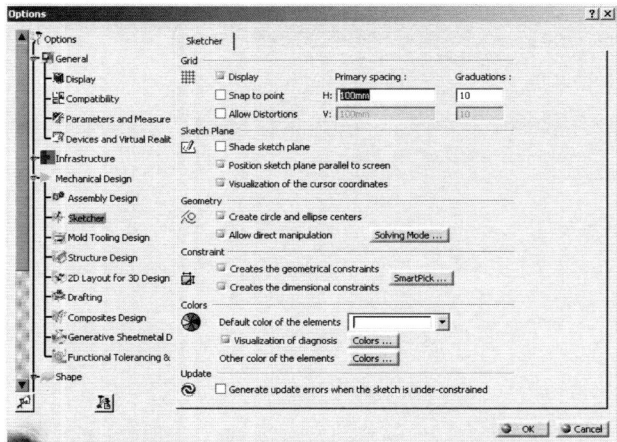

Einige der **Einstellmöglichkeiten**:

Grid: Rasterlinien ein/ausblenden
                Primary spacing: Abstand zwischen Hauptrasterlinien einstellen
                Graduations: Anzahl der Hilfsrasterlinien zwischen Hauptraster
                einstellen
Sketch Plane: Skizzierebene schattiert darstellen: ein/ausschalten
                Skizzierebene bildschirmparallel ausrichten
                Cursorkoordinaten laufend anzeigen
Geometry: Bei Kreisen und Ellipsen deren Mittelpunkt darstellen: ein/ausschalten
Constraint: SmartPick: Einstellungen:
                Automatisches Erkennen einzelner Einschränkungen: ein/ausschalten.
Update   Ausgeben eines Fehlers, falls Skizzengeometrie nicht vollständig definiert ist

2.2   Einführungsbeispiel

Folgender Hebel soll als Profilkörper modelliert werden:

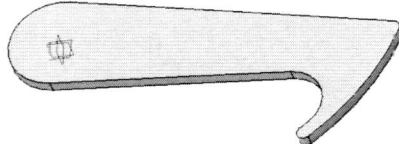

Die Skizze für das ebene Erzeugungsprofil dieses Körpers mit den Hilfslinien sieht so aus:

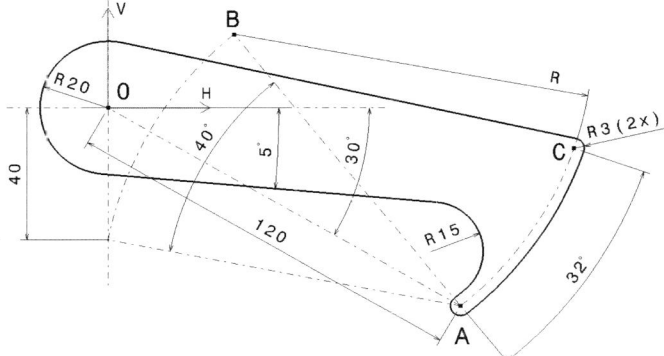

— Neues Dokument erzeugen: Icon „New"  selektieren und im Fenster „New" Type „*Part*" wählen. *Hybriddesign* nicht ermöglichen und mit |OK| bestätigen.

— Zunächst muss das Erzeugungsprofil des Hebels in einer beliebigen Ebene erzeugt werden:

— Sketcher aufrufen: Icon „*Sketch*" drücken

— Zeichenebene wählen. Es gibt zwei Möglichkeiten:
a: Direkt im Geometriebereich

b: Im Strukturbaum

— Die Arbeitsumgebung „*Sketcher*" wird gestartet und die selektierte Ebene als Ansichtsebene eingestellt (Voreinstellung: *Position sketch plane parallel to screen*)

— Für dieses Beispiel: „*Snap to Point*" deaktivieren

— Icon „*Dimensional Constraint*" und „*Geometrical Constraints*" in der Werkzeugleiste „*Sketch tools*" aktivieren. Dadurch werden Einschränkungen, die während des Skizzierens vom System erkannt werden, nach dem Drücken von MB1 festgehalten.

Anm.: 1. Die Werkzeugleiste *„Sketch tools"* könnte ausgeblendet sein (MB3 auf grauen Fensterrand) 2. Aktivierte Icons werden orange dargestellt.

— Erzeugen einer **Hilfslinie** (*Construction line*) zwischen den Punkten 0 und A: Hilfslinien dienen nur der Konstruktion einer Skizze und sind im Drahtgittermodell nicht sichtbar, d.h. sie werden nicht zur Erzeugung eines Körpers benutzt.

  — Icon *„Construction/Standard Element"* 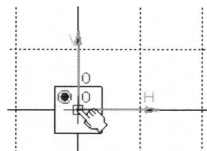 aktivieren

  — Icon *„Line"* ✏ drücken, d.h. die folgende Linie ist also eine Hilfslinie.
    Mit MB1 den Startpunkt der Linie wählen. In diesem Beispiel soll das der Koordinatenursprung sein. Beim Ziehen der Maus über den Ursprung erscheint das Symbol „Coincident" ⬤: Solange dieses Symbol sichtbar ist MB1 drücken. Dadurch wird die temporäre Einschränkung (Constraint), dass diese beiden Punkte zusammenfallen, permanent vergeben.

— Die **Werkzeugleiste *„Sketch tools"*** ändert sich in Abhängigkeit des jeweiligen Befehls. Im Falle der zu zeichnenden Geraden sieht sie so aus:

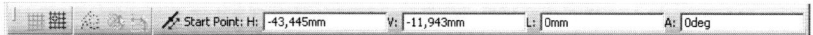

Die Werte H, V, L usw. werden beim Bewegen der Maus ständig aktualisert, sofern sie nicht schon festgehalten sind. Dadurch ist die Bedeutung eines Feldwertes leicht zu erkennen.

Festlegen eines Wertes erfolgt durch Eingabe in das gewünschte Feld. Über die Taste <Tab> wechselt man zwischen den Eingabefeldern.

Anm.: Das Feld kann auch mit MB1 aktiviert und mit Doppelklick überschrieben werden.

— Im Beispiel soll die **Länge** der Geraden **120 mm** betragen, d.h. im Feld L (*length*) muss „120" eingegeben werden. Eingabe mit <enter> abschließen

— Der **Winkel** zur Horizontalen soll **30°** sein. Zur Orientierung stellt man mit MB1 die dynamisch angezeigte Gerade in den gewünschten Bereich und gibt danach im Feld A (*angle*) „330" oder „-30" ein

— Die Maßlinie und die Maßzahl können mit MB1 verschoben werden.
  Die Darstellung im Grafikbereich sieht mittlerweile so aus:

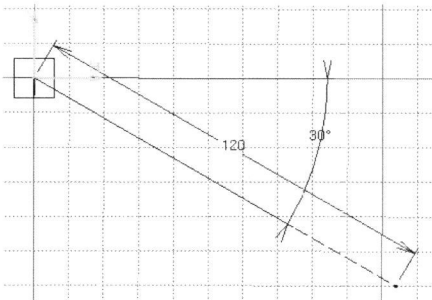

Erzeugen des Hilfs-**Kreisbogens** vom Punkt A nach B:

- Das Icon „*Construction Element*" 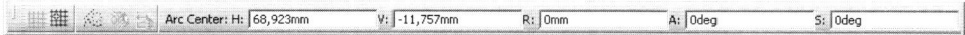 muss noch aktiv, also orange sein
- Icon „*Arc*" drücken.

Anm.: Das Icon befindet sich in der Werkzeugleiste „*Circle*": und dieses wiederum in der Leiste „*Profile*":

- Der Mittelpunkt soll im Punkt A liegen. Mit MB1 Punkt wie oben bei „Startpunkt der Hilfslinie" festlegen
- Die Werkzeugleiste „*Tools*" ändert sich zur Konstruktion des Kreisbogens:

| Arc Center: H: 68,923mm | V: -11,757mm | R: 0mm | A: 0deg | S: 0deg |

Zur Festlegung des Anfangspunktes A laut Angabe im Feld H (horizontal) „0" und im Feld V (*vertical*) „- 40" eingeben

- Mit der Maus den dynamischen Kreisbogen zur Festtellung des Vorzeichens in den gewünschten Bereich bringen und danach im Feld S (*angular sector*) „- 40" eingeben
- Die Bildschirmdarstellung sieht nun so aus:

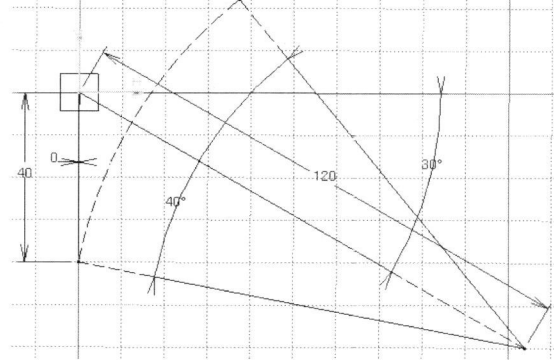

Erzeugen des kreisförmig gezogenen **Ovals** von A nach C, dessen Mittelpunkt B und dessen Startpunkt A ist:

– Icon „*Cylindrical Elongated Hole*"  drücken

<u>Anm.:</u> Dieses Icon ist in der Werkzeugleiste „*Profile*" unter „*Predefined Profile*":

– Icon „*Construction Element*" deaktivieren. Diese Geometrie wird also als Kontur zur Erzeugung des Profilkörpers verwendet.
– Das Icon „*Dimensional Constraint*" muss weiter aktiviert bleiben:
– Punkt B selektieren: Festlegung des Mittelpunkts des Ovals. Vorgehensweise wie oben bei „Startpunkt der Hilfslinie"
– Punkt A selektieren
– Im Feld S (*angular sector*) „32" eingeben: Das Oval erstreckt sich also über 32°.

In der Werkzeugleiste „*Tools*" im Feld *Radius* „3" eingeben: Der Radius des Ovals wird somit festgelegt.
– Die Darstellung am Bildschirm sieht nun so aus:

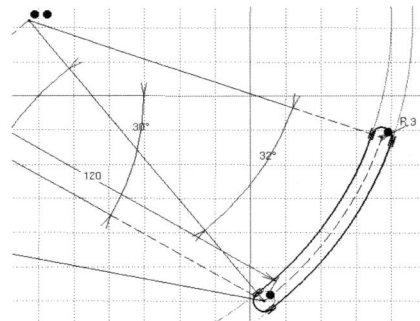

Erzeugen des restlichen Kurvenzuges um den Koordinatenursprung:

– Icon „*Profile*" drücken
– Die Werkzeigleiste „*Sketch tools*" sieht nun so aus:

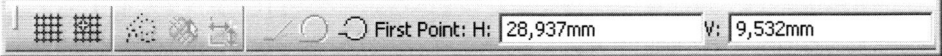

– Einen beliebigen Punkt auf dem oben erzeuten Oval selektieren, dabei achten, dass das Symbol „*Coincidence*" sichtbar ist. Nur dann liegt der Anfangspunkt dieses Kreisbogens auf dem Oval:

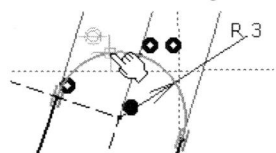

- Beliebigen Endpunkt der Geraden oberhalb des Ursprungs selektieren
- An die erzeugte Gerade schließt ein Kreisbogen tangenzial an. Zur Erzeugung dieses Kreisbogens gibt es zwei Möglichkeiten:

  1. Icon „Tangent Arc" ⬚ in der Werkzeugleiste „Sketch tools" drücken und Kreisbogen zeichnen
  2. Beim Festlegen des beliebigen Endpunktes der Geraden MB1 gedrückt halten

  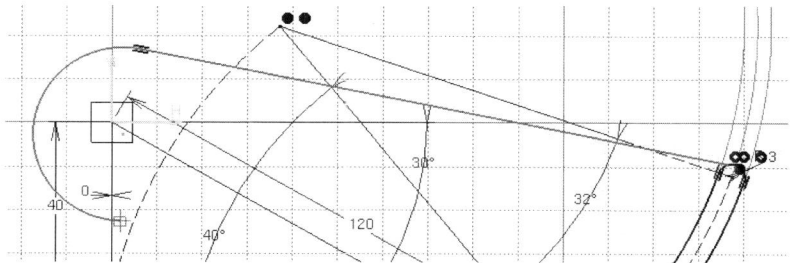

  und Maus von diesem Punkt wegziehen, dann erst MB1 loslassen

  und Kreisbogen zeichnen
- Danach in der Werkzeugleiste „Sketch tools" im Feld R (radius) „20" eingeben
- Beliebigen Endpunkt des Kreisbogens selektieren:

An diesen Kreisbogen schließt eine Gerade tangenzial an: Damit die Gerade tangenzial zum Bogen wird, Maus ziehen, bis Symbol „Tangency" ⟋ erscheint. Dann <Strg> drücken und halten, damit die Bedingung „tangenzial" unabhängig von der Mausbewegung bleibt. Gerade bis zu einem beliebigen Endpunkt ziehen:

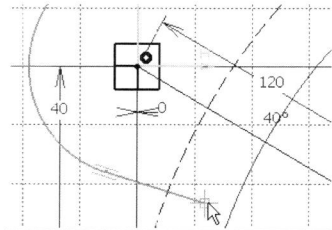

Anm.: Vor dem Drücken von <Strg> achten, dass nur die gewünschte Einschränkung sichtbar ist. Sonst kommt es leicht zu unerwarteter (und unerwünschter) Überbestimmung der Geometrie.

- Abschließend folgt ein tangenzialer Kreisbogen an obige Gerade. Vorgehensweise: Eine der beiden oben beschriebenen Varianten, Radius = 10 mm.
  Das Profil muss zur Erzeugung des Körpers geschlossen sein, d.h. der Endpunkt dieses Kreisbogens muss am Oval liegen. Dazu Maus über Oval ziehen

bis Symbol „*Coincidence*" erscheint und dann Konstruktion mit Doppelklick oder <Esc> abschließen:

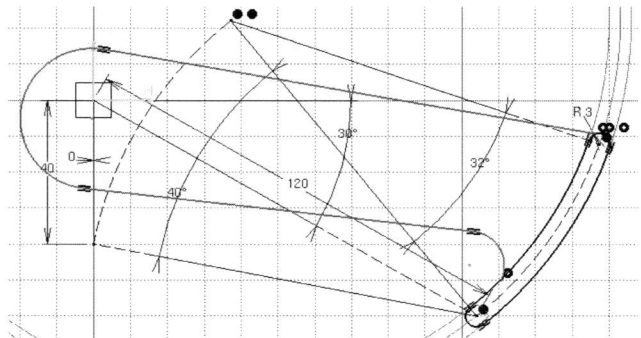

– Nun müssen noch einige notwendige **Einschränkungen** nachträglich angebracht werden, z.B. die Tangenzialität zwischen den Kreisbögen des Kurvenzugs mit denen des Ovals:

– Dazu werden jeweils zwei zu verbindende Elemente gemeinsam selektiert (MB1 + <Strg>) und dann das Icon „*Constraints Defined in Dialog Box*" (Werkzeugleiste „*Constraint*", das Icon wird erst nach der Selektion wählbar) gedrückt. Z.B. werden die Gerade und der Kreisbogen des Ovals gemeinsam selektiert:

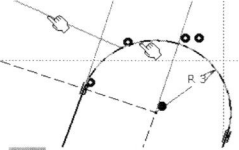

– Icon 🔲 drücken, Fenster „*Constraint Definition*" er scheint:

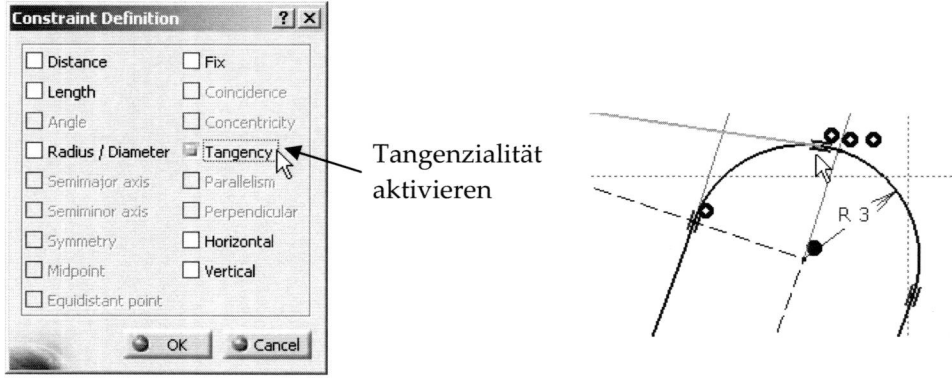

Die beiden selektierten Elemente werden tangential und das Symbol „*Tangency*" ist sichtbar.

Fenster durch Drücken von OK schließen

Ebenso werden die beiden Kreisbögen tangenzial gemacht:

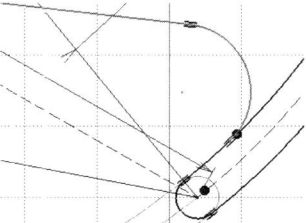

Abschließend wird der Kreisbogen um den Ursprung im Ursprung zentriert, d.h. der Mittelpunkt und der Koordinatenursprung müssen zusammenfallen. Die Vorgehensweise ist prinzipiell wie vorher, nur das im Fenster „Constraint Definition" nach der gemeinsamen Selektion der beiden Punkte der Schalter „Coincidence" aktiviert werden muss:

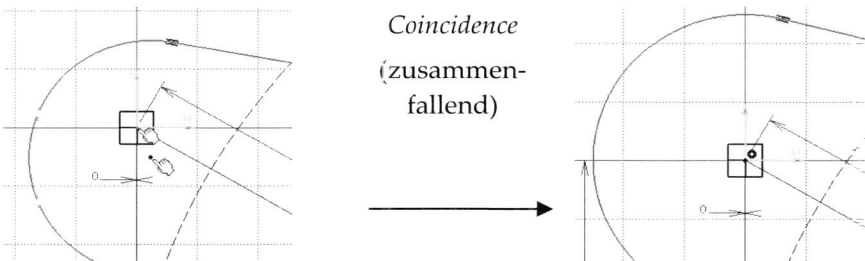

Coincidence

(zusammen-
fallend)

Da die Geometrie noch nicht vollständig bestimmt ist, lassen sich einzelne Elemente innerhalb ihrer Freiheitsgrade mit MB1 verschieben. Das Ergebnis sieht nun so aus:

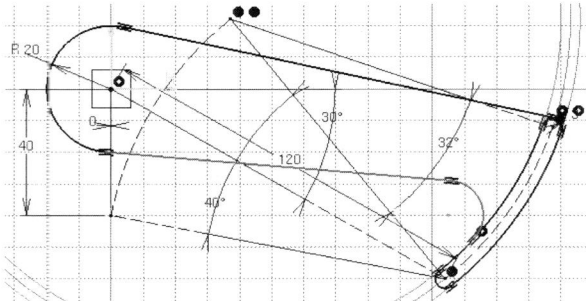

Zur Erzeugung eines Profilkörpers muss der Kurvenzug geschlossen sein und darf auch keine Verzweigungen aufweisen. Einige Elemente müssen also noch getrimmt werden:

— In der Werkzeugleiste „Operation" das Icon **„Trim"** mit Doppelklick selektieren.

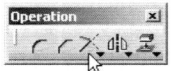

Dadurch bleibt die Trim-Funktion aufrecht bis zum erneuten Drücken dieses Icons

— In der Werkzeugleiste *„Tools"* das Icon *„Trim All Elements"* aktivieren: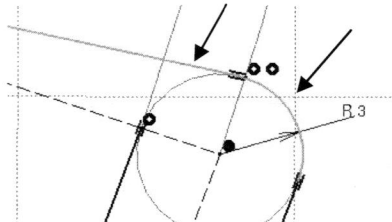
  Dann die zu entfernenden Teile der Bogen und Geraden an den Bereichen se-
  lektieren, die erhalten bleiben sollen, diese werden bis zum Tangentenpunkt
  verkürzt:

— Durch erneutes Drücken des Icons *„Trim"* diesen Modus beenden
— Die Skizze sieht nun so aus:

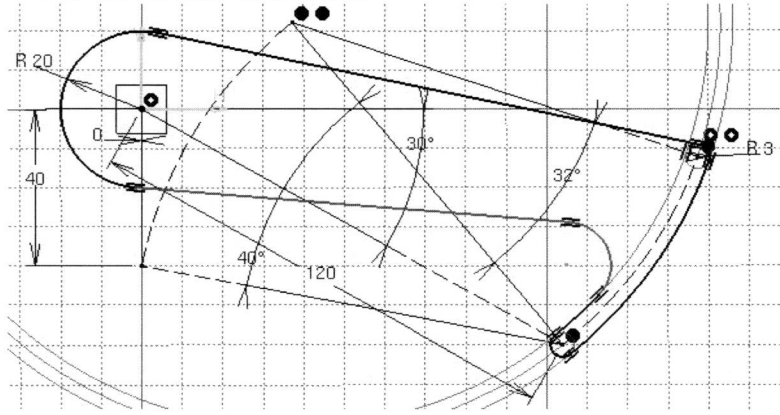

— Die fehlenden maßlichen **Einschränkungen** werden <u>nach</u> Selektion des Icons
  „Constraint" vergeben:
   — Z.B. Kreisbogen für Festlegung des Radius R15 selektieren. Der Bogen erhält
     ein Radiusmaß. Doppelklick auf den erzeugten Radius-Maßpfeil öffnet das
     Fenster *„Constraint Definition"*. Darin kann im Feld Radius der Wunschwert
     „15" eingeben werden. Mit OK oder <enter> wird die Maßzahl geändert und
     die Geometrie entsprechend angepasst:

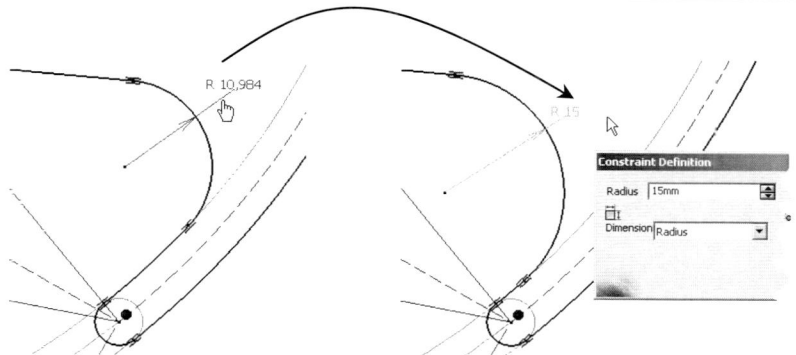

- Für Winkelbemaßung 5° Icon „*Constraint*" drücken, dann H-Achse und Gerade selektieren. Am Mauszeiger hängt daraufhin die Maßzahl. Diese in den gewünschten Bereich ziehen und da MB1 drücken:

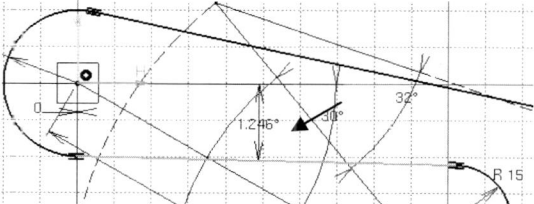

Den erforderlichen Winkelwert 5° wie oben beim Radius R15 eingeben (Pfeil)

- Das Profil ist nun vollständig und kann zur Erzeugung eines Profilkörpers herangezogen werden

- Durch Drücken des Icons „*Exit Workbench*" den *Sketcher* verlassen

- Das System startet automatisch die Arbeitsumgebung „*Part Design*" und das gezeichnete Profil ist bereits selektiert (orange hervorgehoben)

- In der Werkzeugleiste „*Sketch-based Features*" das Icon „*Pad*" (Profilkörper) drücken

- Im erscheinenden Dialogfenster „*Pad Definition*" die Höhe *Length*: „5" eingeben:

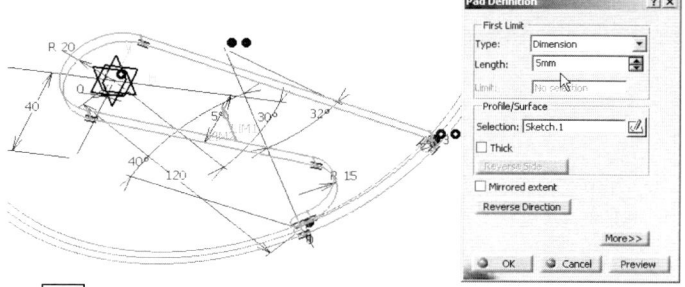

- Mit OK Erzeugung des Körpers beenden

Der **Profilkörper wird erzeugt**. Die Skizze wird ausgeblendet (in den *NoShow*-Bereich verschoben) und im Strukturbaum wird ein Objekt *Sketch.1* an das erzeugte Konstruktionselement *Pad.1* angehängt, was bedeutet, dass der Block *Pad.1* logisch von der Skizze abhängig ist:

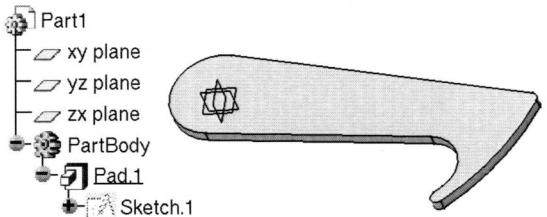

2.3   Befehle zum Erzeugen von Geometrie

Über folgende Icons wird Geometrie auf der gewählten Skizzierebene erzeugt:

Kurvenzug erstellen. Ende mit Doppelklick

Profile   oder <Esc>

Line

Tangent Arc

Three Point Arc

Beim Erstellen eines Kurvenzugs Gerade oder Kreisbogen tangenten- oder punktstetig anhängen

Vordefinierte Profile:

Oriented Rectangle

Elongated Hole

Centered Rectangle

Cylindrical Elongated Hole

Keyhole

Hexagon

Point on hexagon: H: 38.941mm   V: 47.454mm   Dimension: 17mm   Angle: 80.763deg

Schlüsselweite

Kreise und Kreisbögen

Circle

Arc

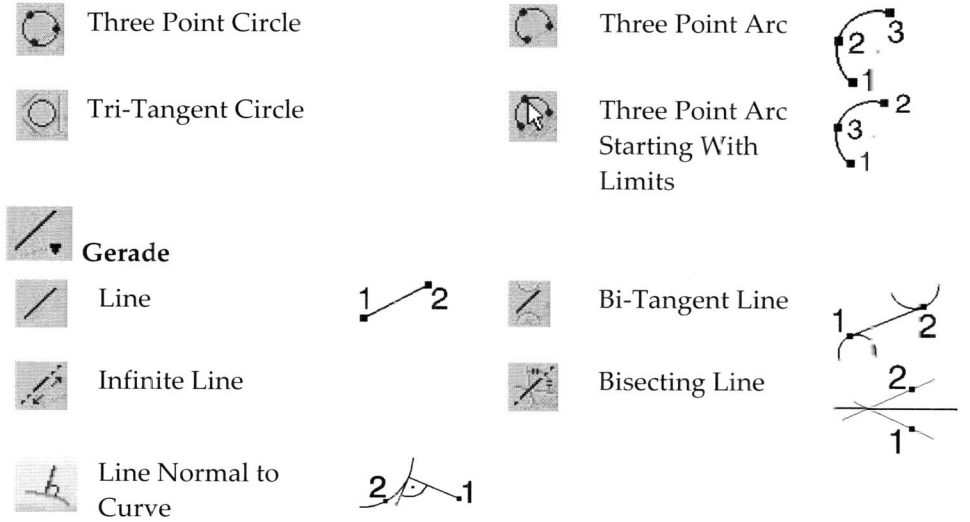

Three Point Circle		Three Point Arc	
Tri-Tangent Circle		Three Point Arc Starting With Limits	
Gerade			
Line	1 2	Bi-Tangent Line	
Infinite Line		Bisecting Line	
Line Normal to Curve	2 1		

Achse: Achsen werden für Nuten (*groove*), Wellen (*shaft*) und Rotationsflächen gebraucht. Als Voreinstellung verwendet das System die in der Skizze vorhandene Achse, d.h. sie muss beim Definieren einer Fläche oder eines Körpers nicht mehr selektiert werden. Es kann daher pro Skizze <u>nur eine</u> Achse gezeichnet werden. Beim Zeichnen einer weiteren Achse wird die vorhandene vom System in Hilfsgeometrie umgewandelt.

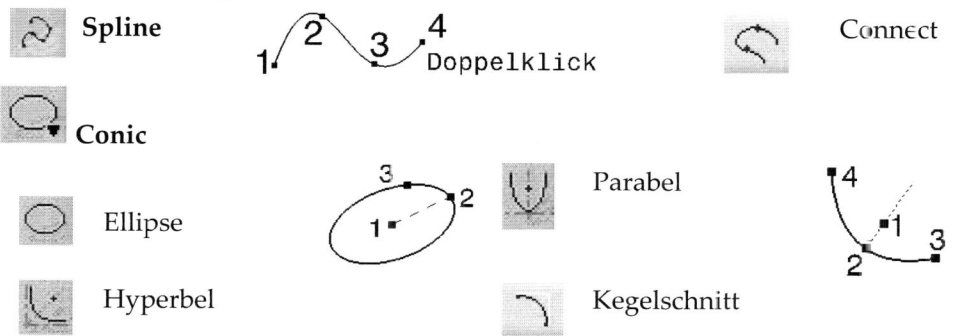

Spline	1 2 3 4 Doppelklick			Connect
Conic				
Ellipse	3 1 2	Parabel		
Hyperbel		Kegelschnitt		

zu *Ellipse*:

Durch Doppelklick auf eine skizzierte Ellipse lässt sich diese im Fenster „*Ellipse Definition*" umdefinieren:

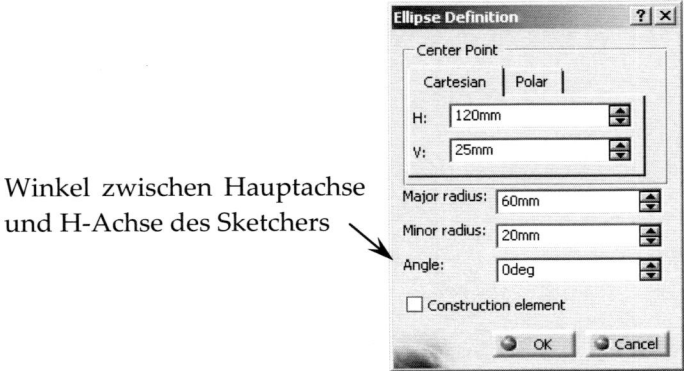

Winkel zwischen Hauptachse
und H-Achse des Sketchers

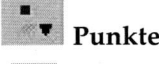 **Punkte**

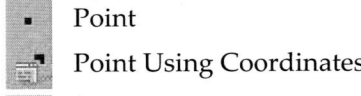 Point

Point Using Coordinates

Equidistant Point

 Intersection Point

Projection Point

zu *Point Using Coordinates*:

Die Angabe erfolgt in kartesischen oder Polarkoordinaten ausgehend vom Ursprung oder von einem zu selektierendem Referenzpunkt:

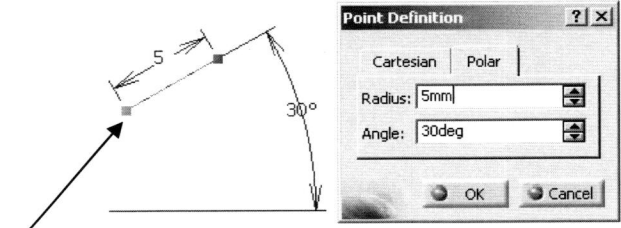

Referenzpunkt

Hier gezeigt: Polarkoordinaten von einem Referenzpunkt aus

zu *Equidistant Point*:

1. Gerade selektieren

2. *Bezugspunkt selektieren*

3. Definitonsart einstellen: *Points & Spacing, ...*

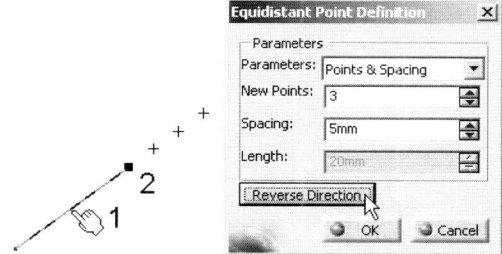

2.3.1 Befehle für Operationen an skizzierter Geometrie

Löschen von Elementen (Geometrie und Einschränkungen):

- Über Kontextmenü (MB3)→ Delete Del
- Mit Taste <Entf>

Weiß dargestellte Geometrie, also Elemente mit mindestens einem Freiheitsgrad, kann mit MB1 im Rahmen der Festlegung (Bemaßung und andere Einschränkungen) verschoben werden.   Dabei können auch mehrere Elemente gemeinsam selektiert (MB1 + <Strg>) und verschoben werden.

Anm.: Mehrfachselektion ist auch über Aufziehen eines Rechteckes mit MB1 möglich. Alle Elemente innerhalb des Rechteckes werden selektiert:

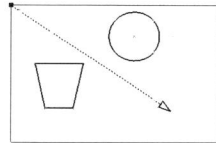

- Über das Icon *„Construction/Standard Element"* werden selektierte **Hilfs- oder Standardelemente** in den jeweils anderen Typ umgewandelt
- Über das Icon *„Axis"* wird eine selektierte Gerade nachträglich zu einer **Achse**.
  Eine Achse wird z.B. für Rotationskörper vom System benutzt, ohne dass diese selektiert werden muss
- Mittels Kontextmenü lassen sich **Attribute** eines Elements ändern: Mauszeiger auf Element → MB3 → Properties Alt+Enter → das Fenster *„Properties"* erscheint. Einstellungsmöglichkeiten siehe Kap. 1.12.
- **Icons** zum Ändern von vorhandener Geometrie:

 **Corner**

Mehrfachselektion von Eckpunkten und Eingabe des Radius im Feld *„Radius"* möglich: Selektieren → Icon drücken → Radius eingeben

	Alle Elemente trimmen		Zuerst selektiertes Element trimmen
	Kein Element trimmen		Stützkurven trimmen
	Aus getrimmten Stützkurven wird Hilfsgeometrie		Aus Stützkurven wird Hilfsgeometrie

Chamfer

	Alle Elemente trimmen		Zuerst selektiertes Element trimmen
	Kein Element trimmen		Stützkurven trimmen
	Aus getrimmten Stützkurven wird Hilfsgeometrie		Aus Stützkurven wird Hilfsgeometrie

Trim

Alle Elemente trimmen

Zwei Elemente in dem Bereich selektieren, der erhalten bleiben soll (4 Möglichkeiten).

Zuerst selektiertes Element trimmen

Quick Trim: Entfernen bis zu Schnitt-

punkten:

Close	Kreis- u. Ellipsenbögen schließen. Getrimmte Splines wiederherstellen	
Complement	Umschalten zwischen Komplementärkurventeilen	
Break Elements	Aufbrechen eines Elements in zwei Teile:	

1. Zu trennendes Element selektieren

2. „Messer" selektieren.

<u>Anm.:</u> Ein trennender Punkt muss nicht auf dem Element liegen:

Punkt

Gerade wird
hier getrennt

Transformationen

	Mirror:	*siehe unten*		Symmetry:	Umklappen
	Translate:	*siehe unten*		Rotate:	siehe unten
	Scale:	siehe unten		Offset:	Elemente mit konstantem Abstand (*Offset*) von vorhandenem Element erzeugen

Mirror:

– Zu spiegelnde(s) Element(e) selektieren (1)

– Icon drücken

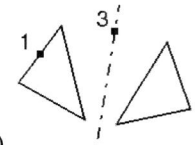

– Achse bzw. Gerade selektieren (3)

Symmetry bewirkt im Grunde dasselbe, nur die Urspungsgeometrie wird gelöscht

Translate Elements:

– Icon drücken

– Im Fenster „*Translation Definition*" Anzahl der Kopien (*Instance(s)*) eingeben, falls Kopieren aktiviert ist (*Duplicate mode*)

– Zu verschiebende Elemente selektieren (3)

– Startpunkt des Verschiebevektors skizzieren bzw. selektieren (4)

– Abstand zwischen den Kopien (*Value*) eingeben

– Endpunkt des Verschiebevektors für Richtung skizzieren (6)

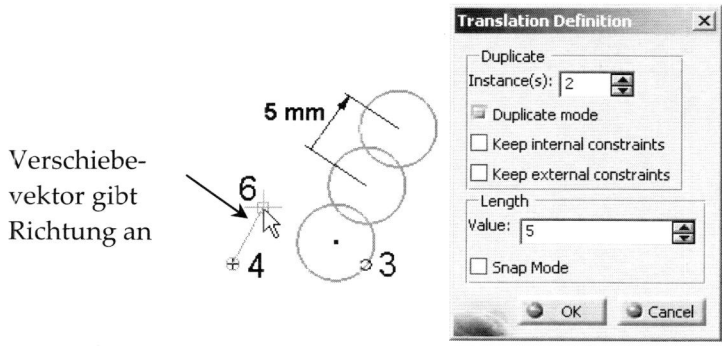

Rotate Elements:

– Icon drücken
– Im Fenster *„Rotation Definition"* Anzahl der Kopien (*Instance(s)*) eingeben, falls Kopieren aktiviert ist (*Duplicate mode*)
– Zu rotierende Elemente selektieren (3)
– Drehpunkt skizzieren (4)
– ENTWEDER: (Dreh-)Winkel zwischen den Kopien (*Value*) eingeben
  ODER: Endpunkt für ersten Schenkel für Winkel zwischen Elementen skizzieren. Endpunkt für zweiten Schenkel skizzieren. (5)
  Im *Snap Mode* werden dabei ganzzahlige Winkel im Abstand von 5° aufgesucht:

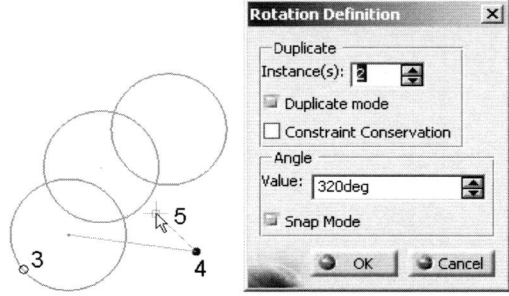

Scale Elements:

– Icon drücken
– Fenster *„Scale Definition"* Anzahl der Kopien (*Instance(s)*) eingeben, falls Kopieren aktiviert ist (*Duplicate mode*)
– Zu skalierende Elemente selektieren (3)
– Referenzpunkt skizzieren (4)
– ENTWEDER: Skalierungsfaktor (*Value*) eingeben
  ODER: Endpunkt der temporären Geraden skizzieren (5). Im *Snap Mode* wird der Skalierungsaktor dabei in 0,1 Schritten aufgesucht:

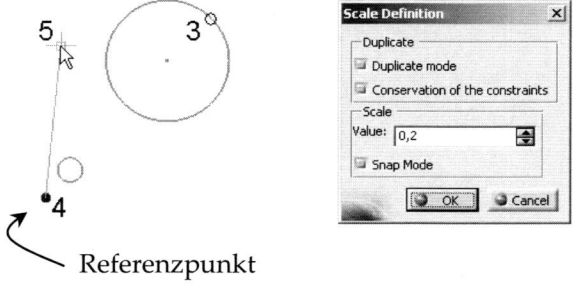

Referenzpunkt

 3D Geometrie

| Project 3D Elements: | Siehe unten | Intersect 3D Elements: | Siehe unten |

Project 3D Silhouette

Project 3D Elements:

- Im Sketcher Icon drücken
- 3D Elemente selektieren: Kante(n), Achse (Rotationskörper) oder Fläche
- Selektierte Elemente werden in die Skizzierebene projiziert. Bei einer Fläche wird deren Umriss projiziert:

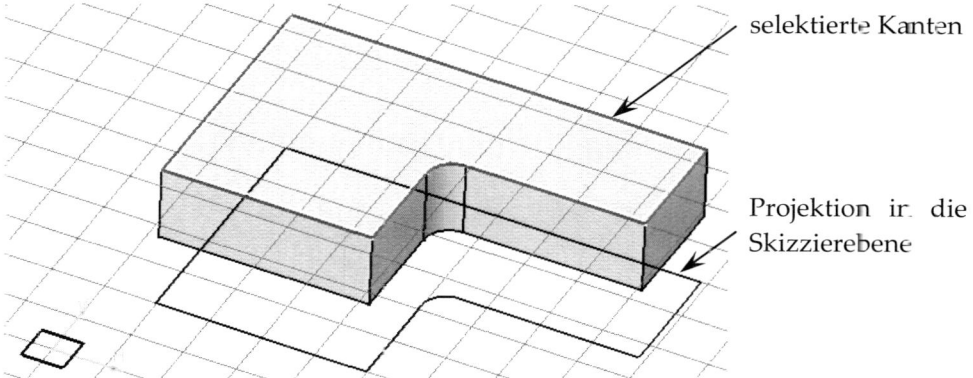

selektierte Kanten

Projektion in die Skizzierebene

<u>Anm.</u>: Die projizierten Elemente werden **gelb** dargestellt, wenn sie mit der Ursprungsgeometrie logisch verknüpft sind. Sie sind also nicht direkt änderbar. Aufheben dieser Verknüpfung: Mit MB3 selektieren: Mark.N object > → Isolate Element wird weiß, d.h. ist unabhängig und änderbar.

Intersect 3D Elements with sketch plane:

- 1. Im Sketcher Icon drücken
- 2. 3D Elemente selektieren: Kante(n) oder Fläche
- 3. Selektierte Elemente werden mit Skizzierebene geschnitten und das Ergebnis gelb, wie logisch abhängige Geometrie, dargestellt. Diese Ergebnisgeometrie kann dennoch mit den Befehlen der Werkzeugleiste „*Operations*" (Trimmen, Rundung, Fase) verändert werden.

<u>Anm.:</u> Bei zylindrischen Flächen bedeutet die Selektionsreihenfolge Mehraufwand, wenn die Fläche und nicht die Achse gewählt werden soll. Die Fläche muss mit *Other Selection* oder dynamischem Navigator selektiert werden. Schneller ist die umgekehrte Reihenfolge: Zuerst zylindrische Fläche selektieren, dann erst Icon ⬚⬚ drücken.

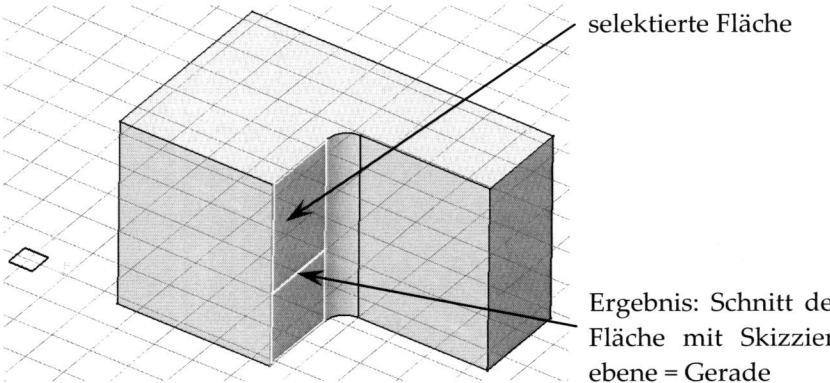

selektierte Fläche

Ergebnis: Schnitt der Fläche mit Skizzierebene = Gerade

2.4 Geometrieelemente

2.4.1 Arten von Geometrieelementen

Es gibt grundsätzlich zwei Arten:

Hilfselemente - - - - - - - - - - -

Standard -(Drahtgitter-) Elemente ——————

Hilfselemente dienen nur zur Unterstützung bei der Konstruktion von Standardelementen, z.B. Mittellinien, gedachte Verlängerungen etc. Sie werden nicht zur Erzeugung von Körpern herangezogen und sind deshalb nur im *Sketcher* sichtbar.

Standardelemente werden zur Erzeugung von Körpern gebraucht und werden in andere Arbeitsumgebungen exportiert.

Die Erzeugung beider Arten erfolgt prinzipiell gleich. Die gewünschte Art wird mit dem Icon „*Construction/Standard Element*" eingestellt: ▨.

Ist das Icon aktiviert, also orange hervorgehoben, ist das nachfolgend erzeugte Element ein Hilfselement.

Über das Icon „*Construction/Standard Element*" können selektierte Elemente auch nachträglich umdefiniert werden: Element selektieren und Icon ▨ drücken.

<u>Anm.:</u> Dies ist auch über Doppelklick auf das zu ändernde Element im erscheinen-
den Fenster „... *Definition*" möglich:

Umschalten zwi-
schen Standard-
und Hilfselement

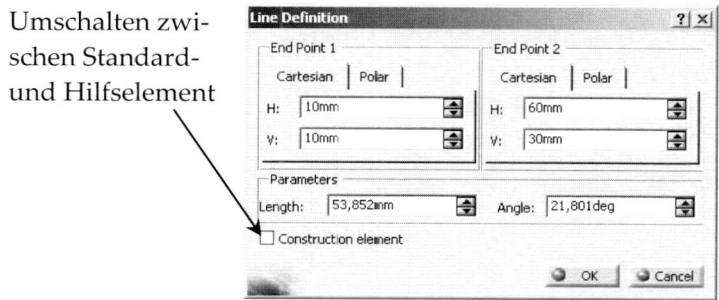

2.4.2   Erzeugen von Geometrieelementen

Nach Drücken eines entsprechenden Icons aus der **Werkzeugleiste** *„Profile"*

werden Anfangs- und/oder Endpunkte des Elements mit MB1 skizziert.

Gleichzeitig ändert sich die **Werkzeugleiste** *„Tools"* in Abhängigkeit des jeweiligen Elements. Im Falle einer zu zeichnenden Gerade sieht sie so aus:

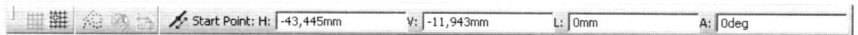

Die Werte H, V, L usw. geben die Koordinaten der Punkte an (hier: Anfangspunkt
- *Start Point*) und werden beim Bewegen der Maus ständig aktualisiert, sofern sie
nicht schon festgehalten sind (Feld ist grau hinterlegt und nicht mehr editierbar).
Dadurch ist die Bedeutung eines Feldwertes leicht zu erkennen.

Bezeichnung möglicher Felder:

H	Horizontale Koordinate eines Punktes	*horizontal*
V	Vertikale Koordinate eines Punktes	*vertical*
L	Länge eines Elementes	*length*
A	Winkel einer Geraden zur Horizontalen ±	*angle*
S	Winkel eines Kreissektors ±	*angular sector*
R	Radius eines Kreis(bogens)	*radius*

Das Festlegen eines Wertes erfolgt durch Eingabe in das gewünschte Feld (mit
<enter> abschließen). Über die Taste <Tab> wechselt man zwischen den Eingabe-
feldern.

<u>Anm.:</u> Das Feld kann auch mit MB1 aktiviert und nach einem Doppelklick über-
schrieben werden.

2.5   Einschränkungen (*constraints*)

Es gibt geometrische und maßliche Einschränkungen, mit denen die Geometrie festgelegt wird, d.h. eindeutig bestimmt wird.

Beziehungen zwischen Geometrieelementen (parallel, normal, ...) werden über **geometrische Einschränkungen** (*geometrical constraints*) gesteuert. Auch für einzelne Elemente können Festlegungen getroffen werden: Fixiert, horizontal, vertikal und Länge.

Beim Skizzieren erscheinen beim Bewegen der Maus mögliche Einschränkungen dargestellt als Symbole (*Smart picking*). Wird MB1 gedrückt während ein Symbol sichtbar ist, so ist die dazugehörige Einschränkung für das skizzierte Element erzeugt, wenn der Schalter „*Geometrical Constraints*"   aktiviert ist. Damit diese Symbole auch angezeigt werden, muss das gleichnamige Icon   der Werkzeugleiste „*Visualization*" aktiviert sein.

Drücken der **Taste <Strg>** hält eine temporäre Einschränkung während des Skizzierens fest, d.h. auch, wenn der Mauszeiger weiterbewegt wird.

Umgekehrt erfolgt das Deaktivieren einer temporären Einschränkung mittels der **Taste <Umschalt>** während des Skizzierens.

Maßliche Einschränkungen (*dimensional constraints*) sind die Bemaßungen, die an der Geometrie angebracht werden.

Einschränkungen zwischen bzw. an selektierten Elementen nachträglich festlegen

Maßliche Einschränkungen durch Parametereingabe (Werkzeugleiste „*Sketch tools*") während des Skizzierens festlegen

Geometrische Einschränkungen während des Skizzierens festlegen

Bemaßung nachträglich an vorhandene Elemente anbringen

Systembestimmtes Festlegen von Einschränkungen durchführen

Dynamische Änderung von Einschränkungen animieren

Selektierte Elemente zu einer Einheit zusammenfassen

Maßtoleranzen editieren

Anzeige der Einschränkungssymbole **ein/ausschalten**:

Hauptmenü Tools → Options... unter „*General/Parameters and Measure*" in der Registerkarte „*Constraints and Dimensions*" Filter... drücken und „*Show all*" bzw. „*Hide all*" einstellen.

Icon „*Geometrical Constraints*" 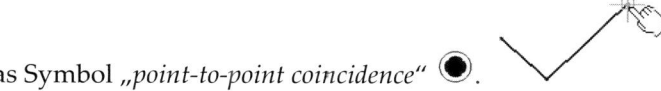 der Werkzeugleiste „*Visualization*" aktivieren.

2.5.1 Spontane Einschränkungen

Mittels dynamischer Maus lassen sich während des Skizzierens folgende Einschränkungen einstellen (*Smart Pick*):

– Punkt liegt auf **Rasterpunkte**: Voraussetzung Icon „*Snap to grid*" aktiviert:
– Gerade ist **horizontal** bzw. **vertikal**, d.h. parallel zu H bzw. V-Achse: Beim Ziehen der Maus nach dem Selektieren des ersten Geradenpunktes wird die temporär dargestellte Gerade in der angebenen Ausrichtung blau.
– Punkt liegt auf einem **vorhandenem Punkt**: Beim Ziehen der Maus erscheint

das Symbol „*point-to-point coincidence*" ●.
Dies gilt auch für End-, und Mittelpunkte von vorhandenen Kurven, sowie Mittelpunkte von Kreisen.
– Punkt liegt **auf einer Kurve**: Beim Ziehen der Maus erscheint das Symbol

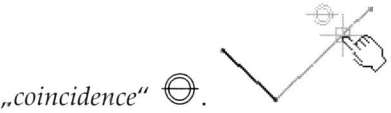

„*coincidence*" ⊖.
– Damit findet man auch den **Schnittpunkt zweier Kurven**. Dies gilt auch, wenn der Schnittpunkt auf der gedachten Verlängerung der Kurven liegt:
Sobald das Symbol „*coincidence*" erscheint, hält man es mit <Strg> fest und kann nun den Mauszeiger über das zweite Element ziehen, bis blaue Verlängerungen der Kurven und das Symbol „*coincidence*" am Schnittpunkt erscheinen
Drückt man nun MB1, befindet sich der selektierte Punkt genau am Schnitt-

punkt der beiden Kurven:
– **Normale Gerade** zu einer Geraden: Beim Ziehen der Maus erscheint das Symbol „*perpendicular*" . Drückt man nun MB1, verläuft die skizzierte Gerade normal zur ersten

- **Parallele Gerade** zu einer Geraden: Beim Ziehen der Maus erscheint das Symbol „*parallel*" ![Symbol]. Drückt man nun MB1, verläuft die skizzierte Gerade parallel zur ersten

- **Tangenziales Element** zu einem Element: Beim Ziehen der Maus erscheint das Symbol „*tangent*" ![Symbol]. Drückt man nun MB1, verläuft das skizzierte Element parallel zum ersten

- **Punkt horizontal/vertikal ausgerichtet** auf vorhandenem Punkt (*horizontality and verticality*): Beim Ziehen der Maus erscheint blau ein horizontaler/vertikaler Ordner ausgehend von vorhandener Geometrie. Drückt man nun MB1, hat der erzeugte Punkt diesselbe H bzw. V-Koordinate wie jener, von dem der Ordner ausging. In diesem Fall wird allerdings keine Bedingung erzeugt!

Bemaßung: Wenn eine Parametereingabe während des Skizzierens über die Wertefelder der Werkzeugleiste „*Sketch tools*" erfolgt und das Icon „*Internal Constraints*" ![Icon] aktiviert ist, werden die entsprechenden Parameter (Radius, Länge, H- bzw. V-Koordinate etc.) vom System als Bemaßung am gezeichneten Element angebracht.

Das Icon „*Dimensional Constraints*" ![Icon] der Werkzeugleiste „*Visualization*" muss für die Anzeige aktiviert sein.

Wenn sich der Mauszeiger außerhalb sinnvoller Elemente befindet, also keine Selektion möglich ist, erscheint das Symbol: ![Symbol]

Liste der möglichen Einschränkungen

Diese Symbole werden in der Skizze (dynamisch und nach dem Aktivieren permanent) angezeigt:

![Symbol]	fixiert (*fix*)	![Symbol]	tangenzial (*tangent*)
![Symbol]	Zusammenfallend (*coincident*)	**R 25**	Radius, Abstand, Länge (*radius, distance, length*)
![Symbol]	vertikal (*vertical*)	**D 50**	Durchmesser (*diameter*)
![Symbol]	Horizontal (*horizontal*)	![Symbol]	Konzentrisch (*concentric*)
![Symbol]	parallel (*parallel*)	![Symbol]	symmetrisch (*symmetry*)

rechtwinklig (*perpendicular*)   Punkt auf Mittelpunkt einer
                                                               Geraden (*concentricity*)

Die möglichen Einschränkungen beim Ziehen des Mauszeigers werden vom System nach einer bestimmten Reihenfolge erkannt (Voreinstellung: Tools → Options...: *Mechanical Design/Sketcher*: SmartPick...). Weiters wird der Abstand zum Element berücksichtigt mit dem eine Verknüpfung hergestellt wird. Das näher liegende Element wird zuerst berücksichtigt.

2.5.2   Benutzerdefiniertes Erzeugen von Einschränkungen

In einigen Fällen kann es erforderlich sein, dass der Konstrukteur selbst bzw. nach dem Skizzieren Einschränkungen vergibt:

− Mit der **Taste <Strg>** wird eine augenblicklich angezeigte **Einschränkung festgehalten**, auch wenn der Mauszeiger woanders hin bewegt wird

− Mit der **Taste <Umschalt>** wird eine augenblicklich angezeigte **Einschränkung deaktiviert**

− **Bemaßung** wird über das Icon „*Constraint*" ⊡ angebracht. Der Schalter „*Dimensional Constraints*" ⊡ der Werkzeugleiste „*Visualization*" muss für die Sichtbarkeit aktiviert sein. Zu bemaßende Elemente selektieren und Maßzahl an die gewünschte Stelle ziehen; eventuell über das Kontextmenü (MB3) - vor dem Positionieren der Maßzahl mit MB1 - mögliche Einstellungen vornehmen, z.B.:

  − *Horizontal measure dimension*: horizontales Maß

  − *Position the dimension*: Maßzahl platzieren nach der Selektion nur eines Elements, z.B. bei Radius/Durchmessermaß

  − *Radius/Diameter*: Umschalten auf fliegende Durchmesserbemaßung bei Rotationskörpern: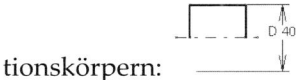

Maßlinien und Maßzahlen können nachträglich mit MB1 verschoben werden. Doppelklick auf eine Maßzahl öffnet das Fenster „*Constraint Definition*":

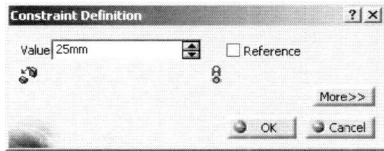

− Durch Überschreiben des Feldwertes „*Value*" wird das **Maß geändert**

− *Reference* ist ein **Klammermaß**, also keine steuernde Einschränkung. Ein Klammermaß zeigt nur den Längen- bzw. Winkelwert an, der sich aufgrund anderer, steuernder Maße ergibt. Beim Ändern von Maßen ändert sich das Klammermaß entsprechend mit.

Beim Drücken dieses Buttons wird dieses Maß ein Klammermaß und umgekehrt

— Bei Kreisen wird in diesem Fenster das Umschalten zwischen **Radius**- und **Durchmesserbemaßung** ermöglicht (Button *Radius/Diameter*)

— Über den Button More>> erweitert sich dieses Fenster und bietet die Möglichkeit Maßbezüge zu ändern:

Nach Selektieren der Zeile des zu ändernden Maßbezuges, hier *Line.4*, im Bereich „*Supporting Elements*" wird der Button Reconnect... wählbar. Nach dem Drücken dieses Buttons kann nun ein anderes Bezugselement für das Maß in der Skizze selektiert werden, hier einen Punkt, und damit das Maß an dieses Element gehängt werden:

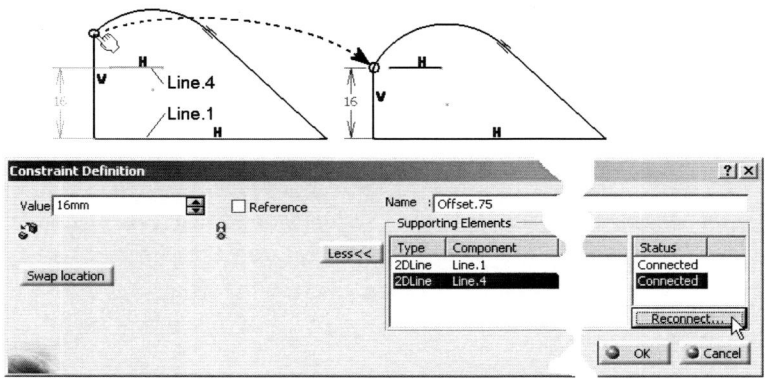

2.5.3   Beziehungen zwischen geometrischen Elementen

Beziehungen zwischen Elementen werden über das Icon „*Constraints Defined in Dialog Box*" 🔲 erzeugt:

— Die betreffenden Elemente gemeinsam selektieren (<Strg> + MB1)

— Icon 🔲 drücken. Das Fenster „*Constraint Definition*" erscheint:

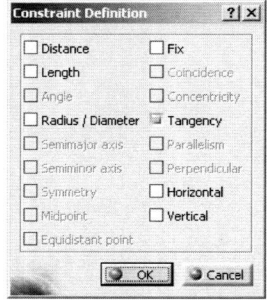

- Mögliche Bedingungen werden durch Aktivieren der Buttons eingestellt. Die Symbole zu den Einschränkungen werden im *Sketcher* sofort angezeigt

- Das Fenster mit OK verlassen

- Über die Option „*Distance*" im Fenster „*Constraint Definition*" wird z.B. der Abstand zweier Kreise festgelegt:

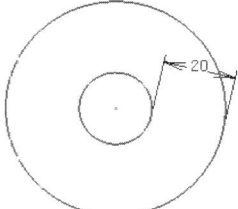

Ändern von vorhandenen Bedingungen:

Durch Selektieren eines oder mehrerer Elemente und Drücken des Icons ![icon] lassen sich sämtliche Einschränkungen im erscheinenden Dialogfenster „*Constraint Definition*" nachträglich ändern.

<u>Anm.:</u> Mit diesem Icon lassen sich auch Einschränkungen an nur <u>einem</u> Element anbringen: Horizontale Ausrichtung, vertikale Ausrichtung, fixiert und Mittelpunkt.

2.5.4   Systemgesteuertes Festlegen von Einschränkungen

- Elemente, die bemaßt werden sollen, (gemeinsam) selektieren: Als <u>Beispiel</u> wird diese Geometrie vollständig selektiert:

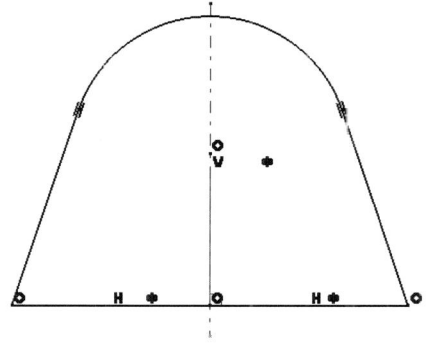

- Icon „*Auto Constraint*" ![icon] drücken

- Fenster „ *Auto Constraint*" erscheint:

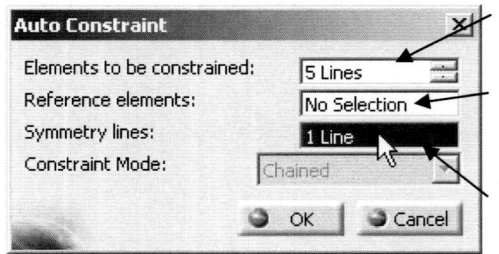

Hier wird angegeben welche Elemente selektiert wurden

Nach Drücken dieses Feldes lassen sich Bezugselemente (H-, V-Achse, ...) selektieren

Durch Drücken dieses Feldes lässt sich eine Gerade durch Selektion als Symmetrieachse definieren.

Eventuell Einstellungen (Symmetrieachse,..) vornehmen und OK drücken. Im Beispiel wird die vertikale Hilfsgerade selektiert

– Das System nimmt eine Festlegung der Geometrie vor.

– Im Beispiel sieht das Ergebnis so aus:

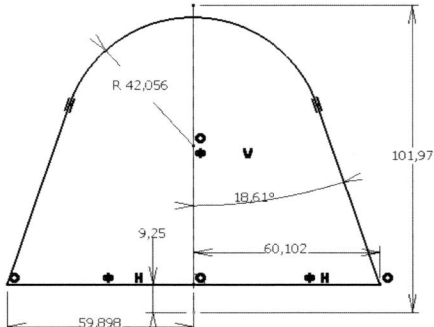

Anm.: Die Elemente sind noch weiß, weil das System keine Bemaßung zu vorhandener Geometrie (H-, V-Achsen, Ebene, Kanten, ...) vorgenommen hat und so noch Freiheitsgrade verbleiben. Durch zusätzliche Selektion von zwei Bezugselementen (z.B. H-, V-Achse) lässt sich die Geometrie vollständig festlegen.

2.5.5 Kontrolle der Festlegung von Geometrie

Farben zeigen den Status der Festlegung der Geometrie durch Einschränkungen an, wenn der Schalter „Diagnostics" ![icon] in der Werkzeugleiste „Visualization" aktiviert ist:

Weiß	aktuelles Element, noch nicht vollständig bestimmt	Grün	fixiertes Element eindeutig bestimmtes Element
Orange	selektiertes Element	Rot	unvollständige Geometrie

| Gelb | geschütztes (nicht änderbares) Element | Violett | überbestimmtes Element: Mindestens eine Einschränkung muss gelöscht werden |
| Braun | unverändertes Element | Grau | Hilfselement |

Beispiel: Rechtwinkliges Dreieck: Durch Hinzufügen oder Entfernen von Einschränkungen ändert sich die Farbe der Geometrie:

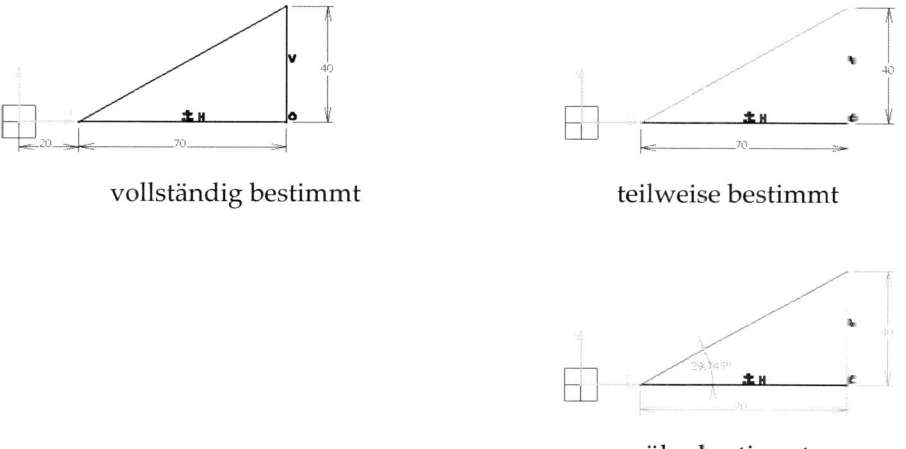

vollständig bestimmt   teilweise bestimmt

überbestimmt

2.5.6 Animieren von Geometrie

Eine Kontrolle über die verbleibenden Freiheitsgrade und damit eine Aussage, wie sich die skizzierte Geometrie bei Änderung einer Maßzahl verhält, ermöglicht das Icon „Animate Constraints" . Damit lassen sich aber auch einfache, zweidimensionale Kinematikuntersuchungen z. B. an Koppelgetrieben durchführen.

Beispiel:

Vorarbeit: Geometrie eines Kurbeltriebes skizzieren.

Dabei muss der Mittelpunkt des Kolbens immer auf der Achse liegen: Für diese Bedingung wird ein zusätzlicher Punkt über Icon „Point" zusammenfallend (coincident) mit dem Mittelpunkt der Kolbenunterkante eingezeichnet. Eleganter geht es mit der Bedingung „Midpoint". Nach der gemeinsamen Selektion von Kolbenunterkante und Zylinderachse (<Strg> + MB1)

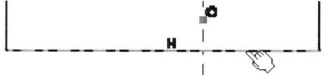

wählt man im Fenster „Constraint Definition" (Icon) Midpoint:

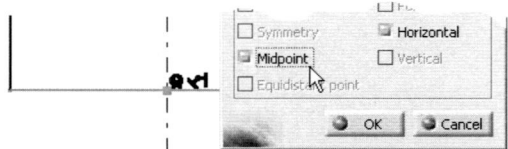

Durch diesen Punkt muss die Mittelachse gehen. Ebenso muss ein Pleuelendpunkt mit diesem Punkt zusammenfallen. Die fertige Skizze sieht so aus:

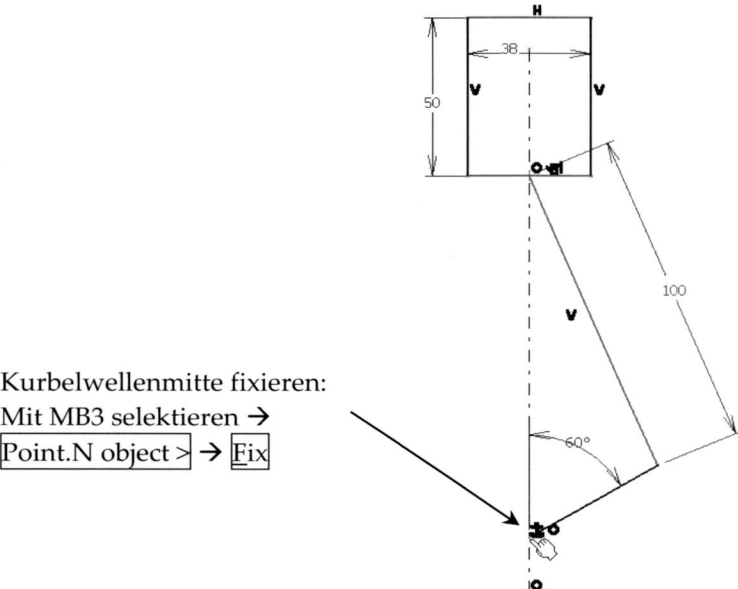

Kurbelwellenmitte fixieren:
Mit MB3 selektieren →
Point.N object > → Fix

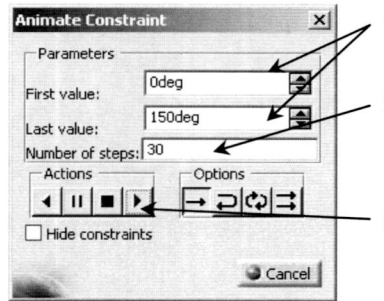

– Die Winkel-Maßzahl „60" selektieren und Icon „*Animate Constraint*" drücken. Das Fenster „*Animate Constraint*" erscheint:

1. In diesen Feldern gewünschten Anfangs- bzw. Endwert des selektierten Maßes eingeben

2. Anzahl der Animationsschritte eingeben. Je höher die Zahl, desto langsamer läuft Animation ab

3. Animation starten

Folgende Befehle und Optionen sind in dem Fenster möglich:

Befehle: ◀ *Run Back*: Ablaufen der Animation vom Endwert zum Startwert, also Umkehrung

❚❚ *Pause*: Anhalten der Animation am derzeitigen Wert

■ *Stop*: Anhalten der Animation am Startwert

▶ *Run*: Ablaufen der Animation vom Startwert zum Endwert

Optionen: → *One shot*: Einmaliger Durchlauf der Animation

⮌ *Reverse*: Ein Durchlauf und anschließend ◀

⟳ *Loop*: Ständiges Wiederholen der Option ⮌

⇒ *Repeat*: Ständiges Wiederholen der Animation ▶

⬚ *Hide constraints*   Aus-/Einblenden der Symbole für Einschränkungen

Zusätzlich kann ein Referenzmaß (Klammermaß, siehe Kap. 2.5.2) eingefügt werden. Dieses zeigt laufend einen interessierenden Abstand oder ähnliches an ohne eine maßliche Überbestimmung hervorzurufen.

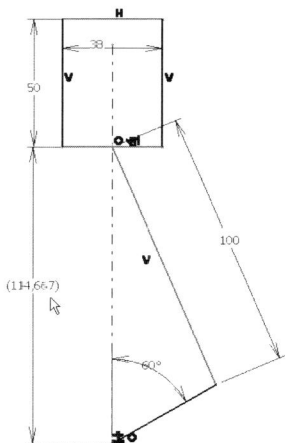

2.5.7   Deaktivieren von Einschränkungen

− Einschränkung mit MB3 selektieren

− Im Kontextmenü: ⃞xxx.object >⃞ → ⃞Deactivate⃞

− Die Einschränkung wird außer Kraft gesetzt und mit Klammern dargestellt:

 ◖73⇒│

− Im Gegensatz zum Löschen kann sie aber jederzeit mit dem Kontextmenü wieder aktiviert werden

2.5.8   Umbenennen von Einschränkungen

− Einschränkung mit MB3 selektieren
− Im Kontextmenü: |xxx.object >| → |Rename Parameter|
− Fenster „*Edit Parameter*" erscheint:

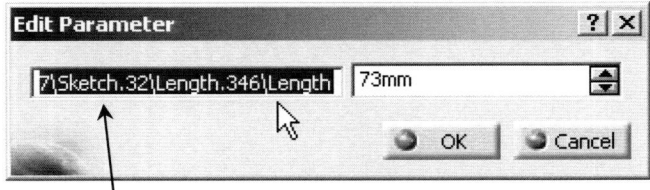

Der Name kann überschrieben werden

− |OK| drücken - die Einschränkung wird umbenannt.

2.5.9   Beziehungen zwischen Parametern festlegen

− Maßzahl eines Maßes, das von einem anderem oder einer Formel gesteuert werden soll, mit MB3 selektieren
− Im Kontextmenü: |Dimension.N object| → |Edit formula|
− Fenster „*Formula Editor*" erscheint:

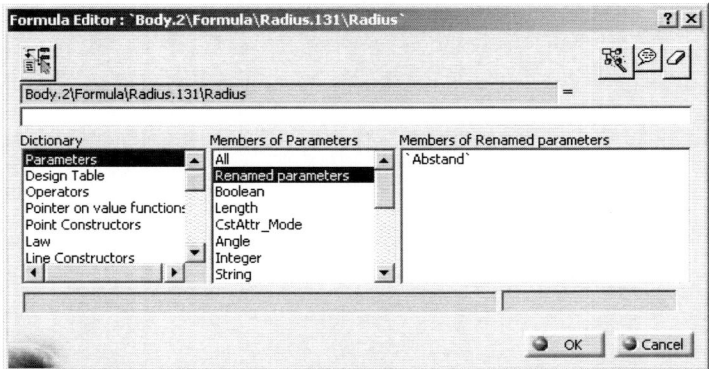

Im Textfeld die Gleichung „*Dimension* = " vervollständigen: Durch direkte Eingabe einer Beziehung oder durch Selektion des Maßes in der Skizze, das ein Term der Gleichung werden soll (z.B.: Radius.1) und gegebenenfalls ergänzen dieses Terms (z.B.: „Radius.1 +30mm"; „Radius.1 /2" oder „Radius.1 *0.5"). Bei Konstanten empfielt es sich, die Einheiten dazu zuschreiben, sonst werden die voreingestellten Einheiten herangezogen. Bei einer Länge verwendet CATIA so etwa mm statt m!

Mit dem Schalter „*Erase*" 🗑 wird der Inhalt des Textfeldes (2. Teil der Gleichung) gelöscht.

Einige Schalter können hilfreich sein:

Incremental

Schrittweises Arbeiten: Schrittweise bedeutet, dass Komponenten nacheinander ausgewählt werden müssen, damit auf ihre Parameter zugegriffen werden kann. Im Gegensatz zum nicht-schrittweisen Modus, wo von Beginn an alle Parameter aufgelistet sind

Ein Zusatzfenster erläutert u.a., welche Funktionen ein selektiertes Feature benutzen und welche Ausgabe von einer Funktion zurückgeliefert wird.

Language browser panel

In einem neuen Fenster können Kommentare und Hyperlinks eingegeben werden.

📝 *URLs & Comment*

– In der Spalte „*Members of Parameters*" können bestimmte Parameterarten ausgewählt werden. Dadurch wird die Anzeige möglicher Parameter in der Spalte rechts daneben („*Members of ...*") entsprechend eingeschränkt (gefiltert).
  Wird z.B. „*Length*" gewählt, werden nur Längen angezeigt. „*Renamed Parameters*" listet alle benutzervergebenen Parameternamen in der Spalte „*Members of* " auf.

– Wird ein Feature (im Grafikbereich oder Strukturbaum) selektiert, werden alle zugehörigen Maße eingeblendet:

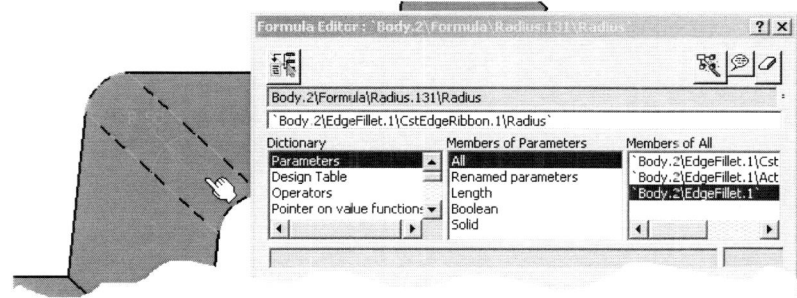

– Damit können diese Maße zur Beziehungsdefinition im Grafikbereich oder in der Spalte selektiert werden. Hier wurde der Radius der Hohlkehle selektiert. Eine Formel kann aber auch so aussehen:

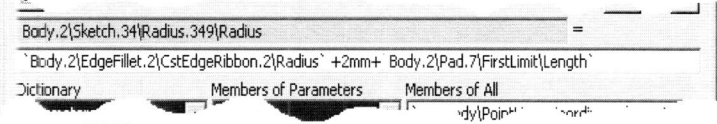

– Mit OK wird die Beziehung erstellt. Das entsprechende Maß wird im *Sketcher* mit einem Formel-Symbol dargestellt: Dieses Maß ist nun von einer Beziehung abhängig und daher nicht mehr frei änderbar. Ein Doppelklick auf die Maßzahl

öffnet zwar das Fenster „*Constraint Definition*", der Wert des Maßes kann aber nicht editiert werden.

Ein Schalter $\boxed{f(x)}$ ermöglicht jedoch die Definition der Beziehung im Fenster „*Formula Editor*" zu ändern:

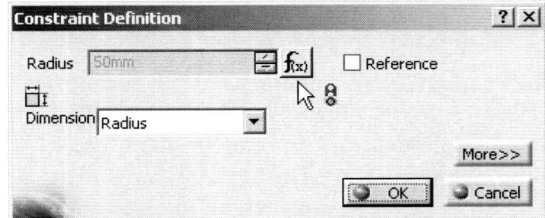

2.6   Skizzierstrategien

Mit Hilfe des dynamischen Navigators fällt das Skizzieren zwar leicht, einige grundlegende Hinweise helfen jedoch keine unerwarteten und unerwünschten Ergebnisse beim Ändern zu erhalten.

— Als Basis für eine Skizze ist eine **Ebene** (*xy plane*, *Plane.N*, ...) besser als eine ebene Fläche eines Bauteils. Eine Ebene kann mit einem sprechenden Namen versehen werden und bleibt bei Bauteiländerungen erhalten. Bauteilflächen können bei Änderungen entfallen, verformt oder in ihrer Lage so geändert werden, dass das Konstruktionselement einen Fehler erzeugt

— Beim **Selektieren** einer Ebene darauf achten, dass es tatsächlich die gewünschte ist. Deshalb entweder direkt im Strukturbaum selektieren oder zumindest die Anzeige im Mitteilungsfeld beachten („*Plane.5/Open_body.10/PartBody preselected*") bevor MB1 gedrückt wird. Dies ist besonders in der Umgebung „*Assembly Design*" wichtig.

— Wenn mehrere Körper auf dieselbe Skizze zugreifen sollen, ein **Skelettteil** verwenden, näheres siehe Kap. 5.22.1

— Beim Skizzieren zunächst qualitative (Gestalt, geometrische Einschränkungen) und dann erst quantitative **Festlegungen** (Zahlenwerte der maßlichen Einschränkungen) treffen. Beim Festlegen der Geometrie Details bewusst übertrieben groß darstellen (Winkel, Nuten, Abstände, ...). Das Zeichnen fällt so leichter. Die gewünschte Größe erhält die Geometrie ohnedies durch die Bemaßung:

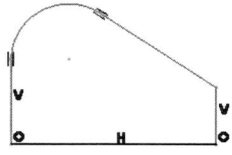  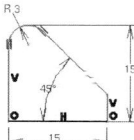

Qualitativ festgelegt   Maße angebracht   Maßzahlen festgelegt

- Beim schrittweisen Ändern der Maße kann es auch bei vollkommen festgelegter Skizze vorteilhaft sein, die **Änderungen** in kleinen Schritten zu vollziehen. Man vermeidet dadurch ungewollte Ergebnisse, die das weitere Ändern erschweren. Und man wird aus dem gleichen Grund mit den kleineren Maßzahlen beginnen:

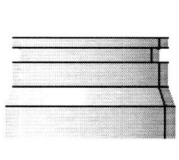 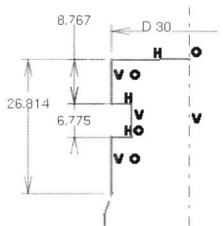 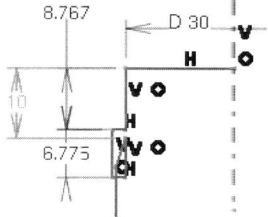

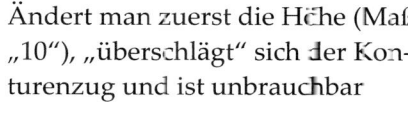

Ein Wellenende mit Nut soll skizziert werden

Die Nutabmessungen werden zunächst groß skizziert

Ändert man zuerst die Höhe (Maß „10"), „überschlägt" sich der Konturenzug und ist unbrauchbar

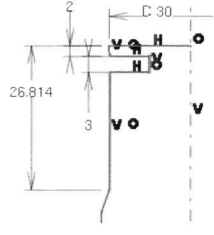 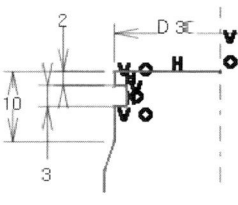

Besser: Zuerst kleine Nutabmessungen ändern, dann das größere Maß „10".

- Zur Sicherstellung der Eindeutigkeit beim Vergeben von Einschränkungen empfiehlt sich bei **kleinen und/oder übereinanderliegenden Elementen** folgende Vorgehensweise.
  Beispiel: Ein Kreismittelpunkt und der Koordinatenursprung sollen zusammenfallen. In der Skizze existiert jedoch schon ein Kreis mit derselben Bedingung. Würde man nun beim Vergeben dieser Einschränkung einfach den Bereich des Ursprungs in der Skizze selektieren, besteht die Gefahr, dass tatsächlich die beiden Kreismittelpunkte zusammenfallen!

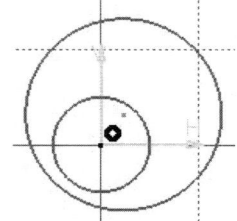

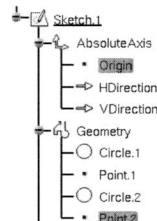

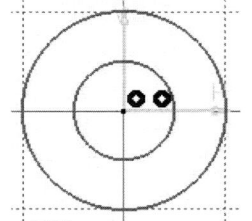

Die Kreismitte wird zunächst absichtlich <u>neben</u> dem Ursprung gezeichnet. Damit vermeidet man, dass eine spontane Einschränkung vergeben wird	Im Strukturbaum werden der Ursprung und die Kreismitte des zweiten Kreises (*Circle.*2) gemeinsam (<Strg> + MB1) selektiert	Icon 🖼 selektieren und im Fenster „*Constraint Definition*" „*Coincidence*" aktivieren: Die selektierten Punkte fallen zusammen

– Beim Vergeben von maßlichen Einschränkungen beachten, welche Elemente den **Bezug** bilden. Vom Bezug hängt nämlich ab, wie die Geometrie bei einer Wertänderung der Maßzahl geändert wird.

Beispiel: Beim Bemaßen einer Trapezabmessung gibt es zwei Möglichkeiten.

Nach dem Drücken des Icons „*Constraint*" 🖼 wird nur eine Gerade selektiert oder es werden zwei parallele Seiten selektiert. Das Aussehen des Maßes ist in beiden Fällen gleich, nicht aber die Einschränkung:

Fall 1:

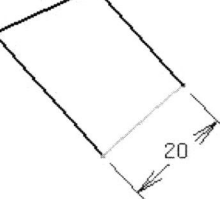

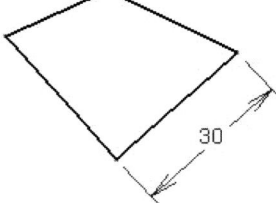

Eine Gerade wird für das Maß selektiert, d.h. eigentlich wird die Länge dieser Gerade und <u>nicht</u> der Parallelabstand der beiden anliegenden Seiten bemaßt	Wird das Maß geändert, ändert sich die Länge der Seite und damit das Aussehen des Trapezes

Fall 2:

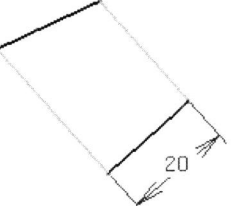 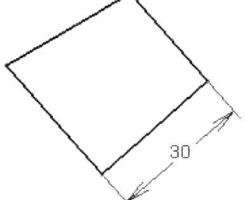

Zwei parallele Gerade werden für das Maß selektiert, d.h. der Parallelabstand der Geraden wird bemaßt	Wird das Maß geändert, bleibt die grundlegende Form des Trapezes erhalten

- Die **Skizzengeometrie nicht zu komplex** ausführen. Bei überladenen Skizzen wird das Weiterskizzieren durch den dynamischen Navigator, der mit sämtlichen Elementen Einschränkungen vorschlägt, erschwert. Auch das Ändern der Skizzengeometrie ist schwieriger. Besser ist es, solche Geometrie auf mehrere getrennte Konstruktionselemente - also auch mehrere Skizzen - zu verteilen

- **Verrundungen** von Kanten und **Hohlkehlen** (also Rundungen, deren Radius klein gegenüber den Bauteilabmessungen ist) als eigenes Konstruktionselement erzeugen. So können diese Elemente nachträglich bei der Berechnung leicht unterdrückt werden[1] (vgl. Kap. 4.11). Gestaltgebende Rundungen werden natürlich in der Skizze festgelegt:

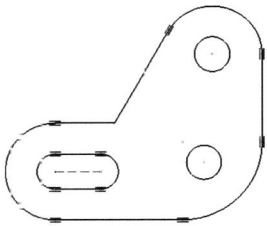

- **Punkte** in Skizzen für Volumenkörper dürfen in älteren Releases (vor R14) keine Standardgeometrie (+), siehe Kap. 2.4.1, sein. Beim Erzeugen eines Volumenkörpers weist eine Fehlermeldung darauf hin. Sämtliche Punkte in der Skizze müssen in diesem Fall in Hilfsgeometrie (•) umgewandelt werden: *Construction/Standard Element*

- Skizzen für **Volumenkörper** müssen eine eindeutig geschlossene Kontur beschreiben. Dabei dürfen zwar mehrere Kurvenzüge in einer Skizze vorkommen, diese dürfen einander jedoch nicht schneiden. Der Volumenkörper, der durch

---

1 Bei Berechnungsnetzerstellungen für FEM (Finite Elemente Methode) oder CFD (Computational fluid dynamics) werden diese Elemente meist nicht gebraucht und daher unterdrückt.

Verschiebung oder Drehung einer solchen Skizze entsteht, hätte Flächen, die gleichzeitig Innen- und Außenflächen wären.

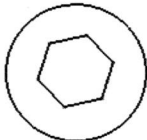

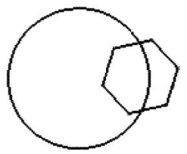

Diese Skizze ist für einen Volumenkörper brauchbar.

Durch die Überschneidung der Konturen ist diese Skizze für Volumenkörper nur bedingt brauchbar (siehe Kap. 4.3.1).

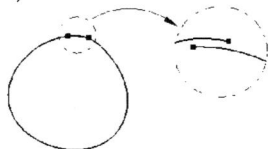

Eine offene Kontur kann nur zur Definition von Oberflächen herangezogen werden, für Volumenkörper ist sie unzulässig.

Diese Kontur ist nur scheinbar geschlossen. Die Vergrößerung zeigt, dass die beiden Endpunkte tatsächlich nicht zusammenfallen. Beim Skizzieren ist also darauf zu achten, dass Punkte, die zusammenfallen müssen, auch die entsprechende Einschränkung erhalten. Dieser Fehler kann auch beim unbedachten Spiegeln entstehen, wenn Geometrie die Symmetrielinie überragt und dadurch überlappende Elemente entstehen.

2.7   Weitere Funktionen

2.7.1   Schneiden eines Körpers mit der Skizzierebene

Wenn sich die Skizzierebene innerhalb eines Körpers befindet, kann es vorteilhaft, manchmal unumgänglich sein, die Schnittkontur des Körpers mit der Skizzierebene beim Skizzieren neuer Geometrie zu sehen:

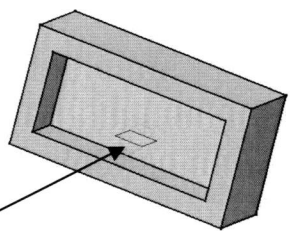

Skizzierebene

– Nach dem Öffnen des *Sketchers* kann mit dem Icon „*Cut Part by Sketch Plane*" in der Werkzeugleiste „*Visualization*" die Schnittansicht des Körpers mit der selektierten Skizzierebene eingeblendet werden:

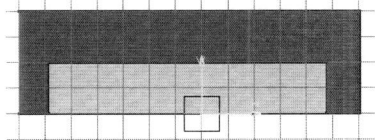

- Durch Drücken des Icons „*Normal View*" ✎ und darauffolgendes zweimaliges Drücken des Icons ▦ lässt sich die Orientierung der Ansicht umkehren, d.h. „Ansicht von vorne" wird „Ansicht von hinten" usw.

2.7.2 Ändern der Skizzierebene einer vorhandenen Skizze

- Im Strukturbaum Objekt „*Sketch.N*" mit MB3 selektieren
- Im Kontextmenü: Sketch.N object > → Change Sketch Support...
- Das Fenster „*Sketch Positioning*" wird geöffnet
- Soll nur eine andere Ebene gewählt werden (= Voreinstellung: *Type: Sliding*), neue Ebene oder Fläche selektieren, auf der die Skizze basieren soll
- Die Skizze befindet sich nun auf der selektierten Ebene. Abhängige Geometrie, z.B. ein Konstruktionselement ändert sich entsprechend mit:

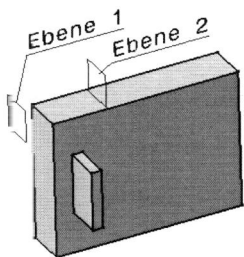

Skizze der Rippe auf Ebene 1

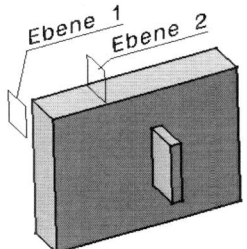

Skizze auf Ebene 2 → Körper ändert sich entsprechend

- Soll das Achsensystem festgelegt werden oder ist die Skizze vom Typ mit festgelegter Achse (*Type: Positioned*), können die Einstellungen bzw. Änderungen mit dem Fenster „*Sketch Positioning*" vorgenommen werden, siehe Kap. 2.1.1.

2.7.3 Kopieren von Skizzenteilen

Geometrieelemente können über „Kopieren und Einfügen" (*Copy & Paste*) zwischen Skizzen vervielfacht werden.

- In einer geöffneten Skizze die Geometrieelemente, die kopiert werden sollen, selektieren:

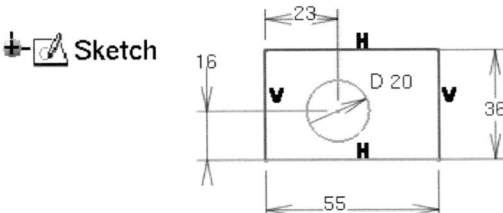

- Den Mauszeiger auf eines dieser Elemente stellen und MB3 drücken → Copy
- Skizze verlassen:
- Neue Skizze auf gewünschter Ebene erzeugen:
- Mit MB3 das Objekt dieser neuen Skizze „*Sketch.N*" selektieren → Paste: Die Geometrie wird in die neue Skizze kopiert:

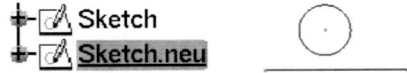

Eventuelle Einschränkungen werden nicht mitkopiert. Bemaßungen und geometrische Einschränkungen müssen also in der neuen Umgebung gewünscht erzeugt werden.

2.7.4   Gezieltes Selektieren

Je mehr Feature bereits im Grafikbereich sind, desto wichtiger werden Möglichkeiten beim Erstellen der Skizzengeometrie den Hintergrund gezielt zu unterdrücken. Völlig ausblenden ist nicht immer eine brauchbare Lösung, weil dann die Umgebungsinformation fehlt und keine Beziehungen (Maße, Einschränkungen, relative Lage) zu bereits vorhandener Geometrie hergestellt werden können.

Die Werkzeugleisten „*User Selection Filter*" und „*Visualization*" stellen brauchbare Schalter zur Verfügung.

Werkzeugleiste „*User **Selection Filter**"*

Wenn ein oder mehrere Icons selektiert sind, werden nur die gewählten Elemente beim Überfahren mit der Maus (ein Filtersymbol weist auf den aktiven Modus hin) im Grafikbereich erkannt, es kann also kein anderes versehentlich selektiert werden:

Nur Punkte werden erkannt

 Nur Kurven werden erkannt

 Nur Flächen werden erkannt

 Nur Volumenkörper

 Nur Feature (Körper, Rundungen, Fasen, Taschen, ...) werden erkannt

Nur Einzelelemente (Punkte, Kanten, Flächen, ...) werden erkannt

Beispiel:

Das Icon „*Surface Filter*" ist aktiviert. Beim Bewegen verändert sich der Mauszeiger entsprechend:

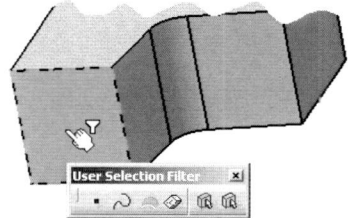   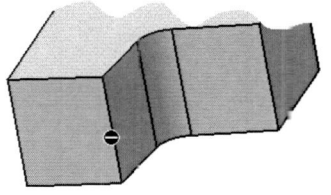

Die Fläche kann selektiert werden   Die Kante kann nicht selektiert werden

Bei umfangreicher Geometrie, also im Allgemeinen bei fortschreitender Konstruktion, erweist sich der dynamische Navigator als eher störend denn hilfreich. Mit

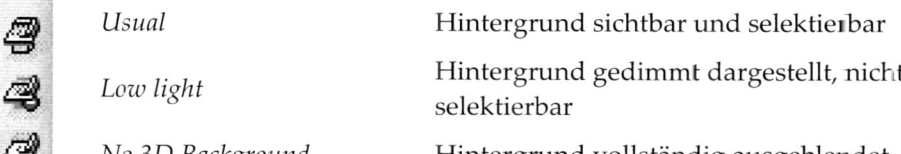

der Werkzeugleiste „*Visualization*" lässt sich das **Hintergrundverhalten** zweckmäßig einstellen, damit gezielt selektiert und ungestört skizziert werden kann:

	Usual	Hintergrund sichtbar und selektierbar
	Low light	Hintergrund gedimmt dargestellt, nicht selektierbar
	No 3D Background	Hintergrund vollständig ausgeblendet

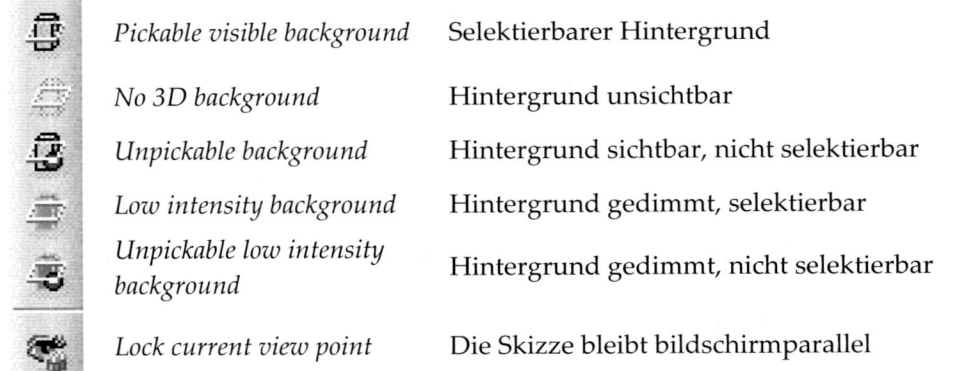

	Pickable visible background	Selektierbarer Hintergrund
	No 3D background	Hintergrund unsichtbar
	Unpickable background	Hintergrund sichtbar, nicht selektierbar
	Low intensity background	Hintergrund gedimmt, selektierbar
	Unpickable low intensity background	Hintergrund gedimmt, nicht selektierbar
	Lock current view point	Die Skizze bleibt bildschirmparallel

Drei Beispiele, wie mit den obigen Optionen der Hintergrund einer Skizze eingestellt sein kann:

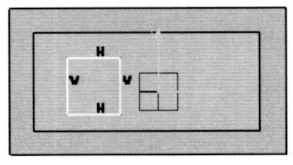 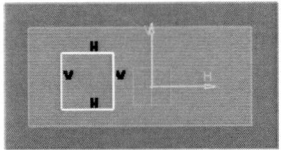 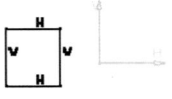

selektierbar   gedimmt   unsichtbar

3 Drahtgitter und Oberflächen

Drahtgittergeometrie (*wireframe*) und darauf aufbauend Oberflächen (*surface*) werden mit der Arbeitsumgebung *„Wireframe and Surface Design"* und „Generative Shape Design" erzeugt. Mit CATIA lassen sich damit zusammen mit Volumenmodellen Hybridmodelle darstellen, also eine gleichzeitige Verwendung von unterschiedlichen Modellsystemen in einem CAD-Modell.

CATIA bietet auch eine eigene Voreinstellung *„Hybriddesign"* an und meint damit aber die gleichzeitige Darstellung von Drahtgitter und Volumenelementen in einem Körper (*Body*) im Strukturbaum. Diese Einstellung wird nicht empfohlen, weil sie den Strukturbaum sehr lang und unübersichtlich werden lässt. Außerdem sind dann auch Drahtgitterlemente der Entstehungsgeschichte unterworfen. So sind z. B. Ebenen, die später konstruiert wurden, beim Überarbeiten (aktives Feature) eines älteren Features nicht sichtbar. Ohne diese Voreinstellung „Hybriddesign" werden Drahtgitterelemente in Geometrischen Sets unabhängig von Körpern im Strukturbaum zusammengefasst.

3.1 Grundlagen

3.1.1 Aufruf der Arbeitsumgebung

- ENTWEDER: Über Hauptmenü: Start →
  Mechanical Design > → Wireframe and Surface Design
- ODER: Mittels Icon *„All general options"* ▪ → im Fenster „Welcome to Catia"
  Icon *„Wireframe and Surface Design"* 🖉 bzw. „Generative Shape Design" 🖉 drücken. Im Fenster „New Part" keinen Schalter anhaken und OK drücken

Anm.: Wenn eine andere Arbeitsumgebung geöffnet ist, befindet sich deren Icon an der Stelle des Icons ▪.

Die Arbeitsumgebung wird gestartet und ein leeres Teiledokument (* CATPart) wird geöffnet. Im Grafikbereich sind die drei Hauptebenen XY-, YZ- und ZX-Ebene dargestellt.

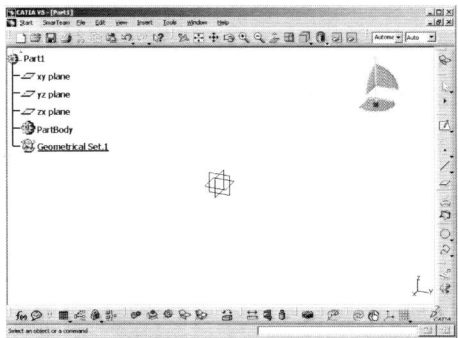

3.1.2   Modellstruktur

Die erzeugte Geometrie und deren logische Abhängigkeit wird in Geometrischen Sets (*Geometrical Set*) im Strukturbaum dargestellt:

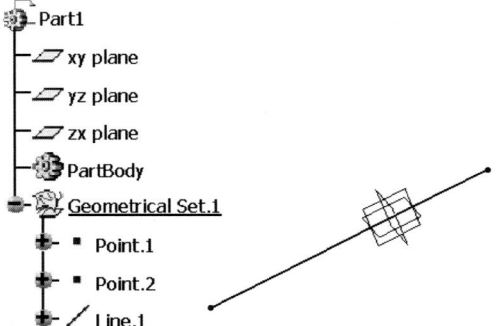

Mit dem Kontextmenü kann die systemvergebene Bezeichnung geändert werden: Objekt „*Geometrical Set.N*" mit MB3 selektieren → Properties → im erscheinenden Fenster „*Properties*" im Register „*Feature Properties*" im Feld „*Feature Name*" Bezeichnung wunschgemäß überschreiben.

3.1.2.1 Einfügen eines neuen Geometrischen Sets

Hauptmenü: Insert → Geometrical Set... : Im erscheinenden Fenster kann ein beliebiger Name für das Set eingegeben werden. Über das Feld „*Father*" kann das Set auch einem vorhandenen Körper untergeordnet werden. Nach OK wird im Strukturbaum ein neues Geometrisches Set angehängt.

3.1.2.2 Aktiver Körper

Ein Objekt ist das aktive. Im Strukturbaum wird das entsprechende Objekt unterstrichen dargestellt. Auf dieses beziehen sich alle folgenden Konstruktionsschritte, d.h. neu erzeugte Elemente werden im Strukturbaum unterhalb des aktiven Objekts angehängt:

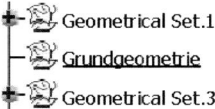

Mit dem Kontextmenü wird ein beliebiges Set zum aktiven erklärt:

Objekt „*Geometrical Set.N*" im Strukturbaum mit MB3 selektieren → Define in Work Objekt → dieses Set ist nun das aktive.

3.1.2.3 Verschieben eines Elements zu einem anderen geometrischen Set (*Geometrical Set*)

— Im Strukturbaum Element, das verschoben werden soll, mit MB3 selektieren. Im Beispiel wird „*Extrude.1*" selektiert:

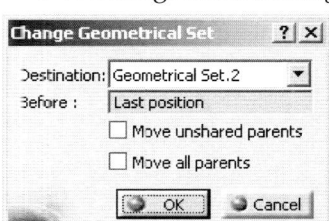

— im Kontextmenü: xxx.object > → Change Geometrical Set...
— Das Dialogfenster „*Change geometrical set*" erscheint:

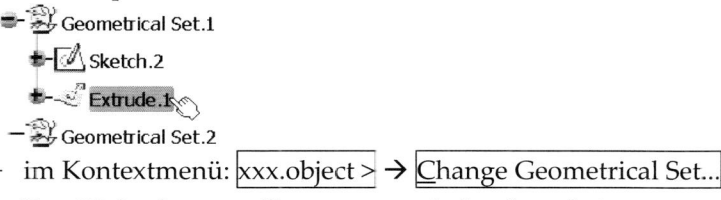

Erklärung der Schalter: Siehe unten

— Im Feld „*Destination*" oder im Strukturbaum den Körper selektieren, wo das ausgewählte Element hin kommen soll. Im Beispiel: *Geometrical Set.2*
— Mit OK Wechsel der Stammkörper abschließen
— Das Element wechselt zum gewählten Körper: Im Beispiel von Geometrical Set.1 zu Geometrical Set.2:

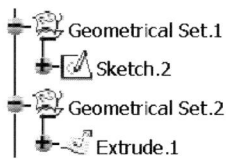

— Mit dem Schalter „*Change body unshared parents*" wechseln Elternelemente mit, die nur zum selektierten Element <u>allein</u> gehören. Im Beispiel fußt die Fläche *Extrude.1* auf der Skizze *Sketch.2*.

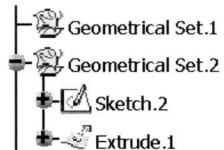

— Mit dem Schalter „*Change body all parents*" wechseln alle zum selektierten Element gehörende Elternelemente zu anderen geometrischen Sets mit.

Anm.: Damit können geometrische Sets als Ganzes zu Hauptkörpern verschoben werden und diesen somit hierarchisch untergeordnet werden. Vgl. dazu auch Kap. 4.11.

3.1.2.4   Kopieren und Einfügen (*copy and paste*)

Elemente können kopiert und in den Strukturbaum bei einem beliebigen geometrischen Set eingefügt werden:

— Element selektieren, das kopiert werden soll: Entweder direkt mit MB1 oder im Strukturbaum mit MB3:

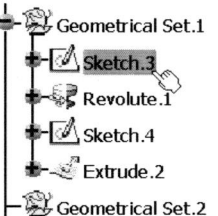

— Im Hauptmenü: Edit → Copy   bzw. im Kontextmenü: Copy

— Im Strukturbaum das Objekt *Geometrical Set.N* selektieren, wo die Kopie des Elements eingefügt werden soll

— Im Hauptmenü: Edit → Paste   bzw. im Kontextmenü, je nach dem wie das Element selektiert wurde

— Das Element wird zum selektierten Set hinzugefügt und mit einer neuen Nummer versehen, d.h. die beiden Elemente können unabhängig voneinander bearbeitet werden:

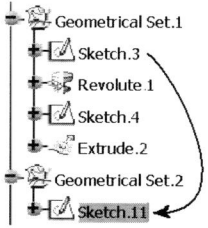

3.1.2.5 **Gruppieren** von Elementen

Elemente können zu beliebigen Gruppen zusammengefasst werden und der Strukturbaum so übersichtlicher gestaltet werden:

- Mit MB3 im Strukturbaum Objekt eines geometrischen Sets *Geometrical Set.N* selektieren.

  Im Kontextmenü: Geometrical Set.N object > → Create Group...

- Das Dialogfenster „*Group*" erscheint:

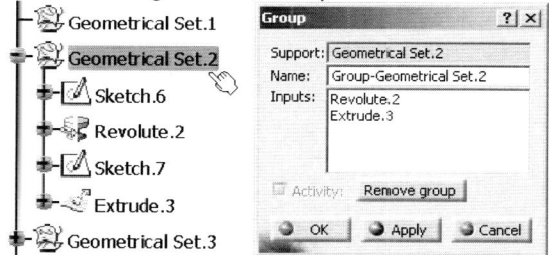

Im Feld „*Name*" kann die Bezeichnung für die Gruppe wahlweise überschrieben werden. Hier wird die zu bildende Gruppe z. B. „Flächen" getauft

- Elemente selektieren, die Mitglieder der Gruppe sein sollen und damit im Strukturbaum sichtbar bleiben (*Inputs*)
- Mit OK Gruppenbildung abschließen:

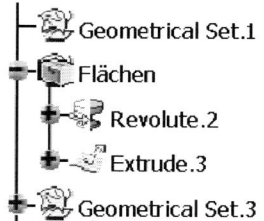

Der Strukturbaum von oben sieht nun z.B. so aus: Aus dem Körper *Geometrical Set.2* wurde eine Gruppe *Flächen*, in der nur noch die beiden Flächen im Strukturbaum aufgelistet werden. Die beiden Skizzen gehören auch zur Gruppe, sind aber versteckt. Sie können über Expandieren gezeigt werden, siehe unten.

Verändern einer vorhandenen **Gruppe**:

- Mit MB3 Objekt einer Gruppe im Strukturbaum selektieren. Im Kontextmenü
  Geometrical Set.N object > → Ed̲it Group ...

- Das Dialogfenster „*Group*" erscheint. „*Activity*" zeigt an, ob die Gruppe kompri-
  miert oder expandiert dargestellt wird. In diesem Fenster kann die Gruppe
  - umbenannt werden
  - entfernt werden (Button Remove group)
  - in ihrer Zusammensetzung geändert werden: Neue Elemente im Struktur-
    baum selektieren (kommen zur Gruppe hinzu) bzw. vorhandene selektieren
    (kommen weg).

Expandieren/Komprimieren des **Strukturbaumes:**

Mit MB3 *Gruppe* im Strukturbaum selektieren.

Im Kontextmenü Geometrical Set.N object > →

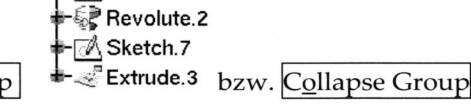

Expand Group   bzw. C̲ollapse Group

Gruppe zu anderem Körper verschieben:

- Mit MB3 *Gruppe* im Strukturbaum selektieren.
  Im Kontextmenü Geometrical Set.N object > → C̲hange Body...

- Dialogfenster „*Change Set*" erscheint:

- Körper selektieren, zu dem die Gruppe verschoben werden soll (*Destination*).
  Hier: Geometrisches Set 3

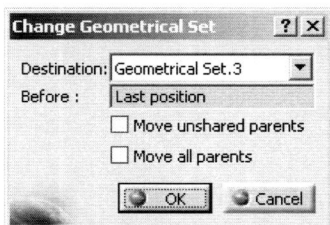

- Mit OK Vorgang abschließen. Im Beispiel wurde die Gruppe „*Flächen*" zum
  Körper *Geometrisches Set*.3 verschoben

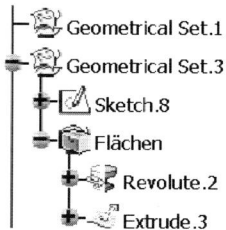

— Geometrical Set.1
— Geometrical Set.3
  — Sketch.8
  — Flächen
    — Revolute.2
    — Extrude.3

3.1.2.6 Reihenfolge im Strukturbaum ändern (*reorder*)

Die Reihenfolge von Objekten im Strukturbaum kann geändert werden, wenn die logische Abhängigkeit der Elemente (Eltern-/Kindbeziehungen) es zulässt:

— Objekt, dessen untergeordnete Elemente anders angeordnet werden sollen, selektieren.
  Sollen Elemente eines geometrischen Sets umgestellt werden, dieses selektieren. Sollen Teile des gesamten Strukturbaumes umgestellt werden, das Objekt „*PartN*" selektieren

— Im Kontextmenü: $\boxed{Element \text{ object} >}$ → $\boxed{\text{Reorder Children}}$

— Das Fenster „*Reorder Children*" erscheint und ermöglicht untergeordnete Elemente umzuordnen. Die Hauptebenen (*xy plane*, ...) können nicht umsortiert werden.

— Zeile mit dem Element selektieren, das verschoben werden soll

— Mit den Buttons ⬆ bzw. ⬇ wird die Zeile hinauf bzw. hinunter verschoben

— Mit $\boxed{OK}$ wird die endgültige Reihenfolge festgelegt.

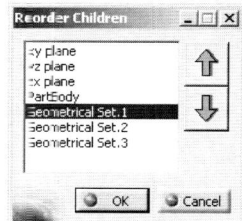

3.2 Einführungsbeispiel

Folgender Körper soll in der Arbeitsumgebung „*Wireframe and Surface Design*" als Oberflächenmodell erzeugt werden. Der Punkt „A" ist der Koordinatenursprung, „a" ist die Drehachse des kegelförmigen Grundkörpers.

Anm.: Sämtliche 2D-Elemente (Punkte, Gerade, Kurven, ...) werden in dem Beispiel mit den Werkzeugen dieser Arbeitsumgebung gezeichnet. Sie könnten auch mittels *Sketcher* (Kap. 2) gezeichnet werden. Nur muss in dem Fall jedes

Element in einer eigenen Skizze erzeugt werden, damit das System es als einzelnes Element selektieren kann.

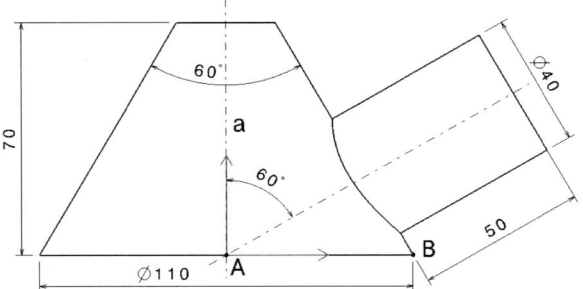

Vorgehensweise:

Öffnen der Arbeitsumgebung: über Hauptmenü: Start → Mechanical Design > → Wireframe and Surface Design

Punkt „A" erzeugen:

− Icon „*Point*" ▪ selektieren
− Im erscheinenden Fenster „*Point Definition*" *Point Type* Coordinates einstellen. Die Voreinstellung (0/0/0) wird mit OK akzeptiert
− Objekt Point.1 in „A" umtaufen: MB3 auf *Point.1* → Properties → Register *Feature Properties – Feature Name*: A.

Achse „a" des Kegels erzeugen:

− Icon „*Line*" ∕ selektieren
− Im erscheinenden Fenster „*Line Definition*" *Line Type* Point-Direction einstellen. Schalter 🐚 aktivieren, dadurch bleibt diese Einstellung und ändert sich nicht bei einer „Fehl"-Selektion
− Das Feld *Point* ist bereits selektiert (schwarzer Balken), d.h. das System erwartet die Selektion eines Punktes zur Geradendefinition: Punkt „A" im Grafikbereich selektieren
− Der schwarze Balken springt in das Feld *Direction* , d.h. die Richtung der Geraden muss eingegeben werden. Es ist keine Gerade zur Selektion vorhanden, daher erfolgt die Eingabe über das Kontextmenü:
Mit MB3 das Feld *Direction* selektieren → Z Component auswählen
− In der Zeile *End* „100" eingeben:

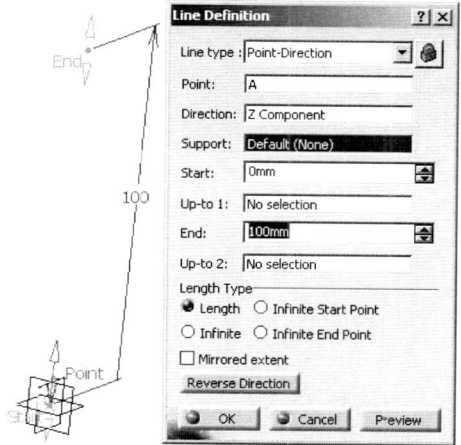

- Mit OK die Gerade erzeugen
- Gerade analog zu oben in „Drehachse" umtaufen

Kegelmantel als Rotationsfläche **erzeugen**:

- Erzeugende des Kegelmantels zeichnen:
  - ZX-Ebene als Zeichenebene festlegen: Icon „*Work on Support*" ▦ selektieren und Objekt *zx plane* im Strukturbaum selektieren
  - Im erscheinenden Fenster „*Work on Support*" OK drücken: Die selektierte Ebene wird bildschirmparallel ausgerichtet und mit einem Raster dargestellt. Rechts unten im Grafikbereich ist die Lage der Achsen ersichtlich: Z-Achse nach oben, X-Achse nach rechts positiv. Falls die X-Achse nach links positiv ist, wird die Ansichtsrichtung auf die Arbeitsebene umgekehrt: Objekt *Working Support.1* im Strukturbaum selektieren und Icon „*Normal View*" drücken. Die Ansichtsrichtung wird geändert:

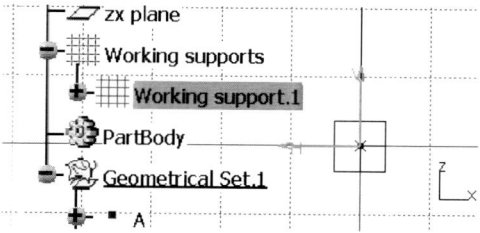

- Icon „*Line*" ╱ selektieren
- Im erscheinenden Fenster „*Line Definition*" Line Type Angle/Normal to curve einstellen
- Das Feld *Curve* ist bereits selektiert, eine Kurve zur Festlegung des Winkels kann ausgewählt werden: Gerade „Drehachse" selektieren

- Im Feld Support ist die vom System erkannte Arbeitsebene ZY-Ebene bereits eingegeben
- Der Startpunkt „B" der Geraden ist noch nicht vorhanden und muss erst konstruiert werden: Das Feld *Point* mit MB3 selektieren → Create Point → im erscheinenden Fenster „*Point Definition*" Coordinates einstellen, im Feld *X=* kann direkt „110/2", also ein mathematischer Ausdruck, eingeben werden:

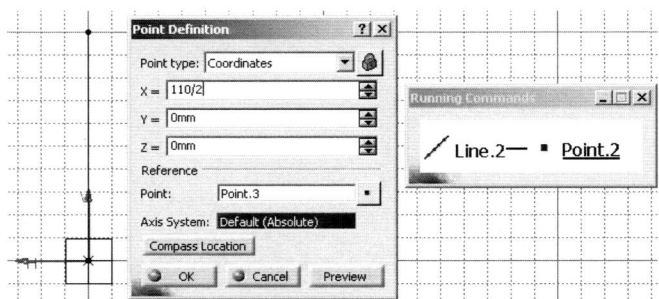

- Mit OK Punktdefinition abschließen
- Im Feld *Angle* Winkel „330" eingeben
- Das Feld *Start* weist den Wert „0", das Feld *End* „100" auf
- Mit OK die Geradenkonstruktion beenden:

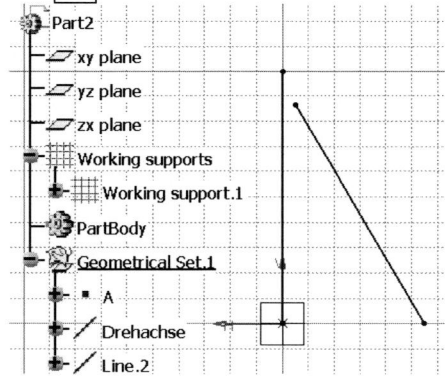

Kegelfläche erzeugen: Icon „*Revolve*" selektieren

- Im erscheinenden Fenster „*Revolution Surface Definition*" als *Profile* (Erzeugende) die eben erzeugte Gerade selektieren und als *Revolution Axis* (Drehachse) die Gerade „Drehachse".
Den Wert des Winkels *Angle 1* mit „360" überschreiben:

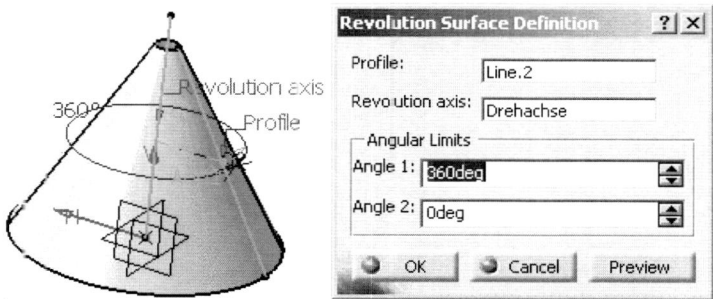

– Mit OK wird die Kegelfläche erzeugt

Kegelfläche auf die Höhe 70 mm **begrenzen**:

– Icon „*Plane*" selektieren und im erscheinenden Fenster „*Plane Definition*" Offset from Plane einstellen. Als Referenzebene die XY-Ebene im Strukturbaum selektieren. Der Abstand „70" wird im Feld *Offset* eingegeben:

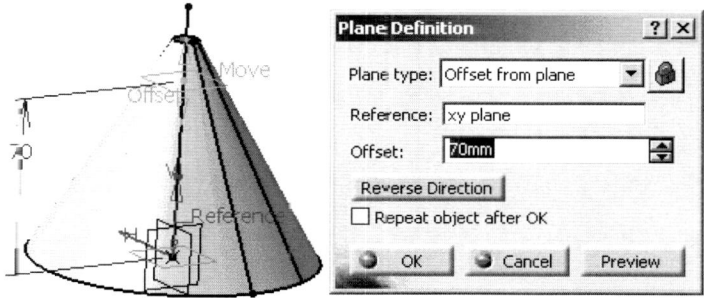

– Mit OK wird die Ebene erzeugt

– Icon „*Split*" in Werkzeugleiste „*Operations*" selektieren. Die Kegelfläche im Grafikbereich selektieren. Im erschienenen Fenster „*Split Definition*" fehlt noch die Angabe der Trennelemente (*Cutting elements*): Die eben erzeugte Ebene selektieren.

Mit dem Schalter Other Side wird der Bereich eingestellt, der nach dem Trennen erhalten bleiben soll:

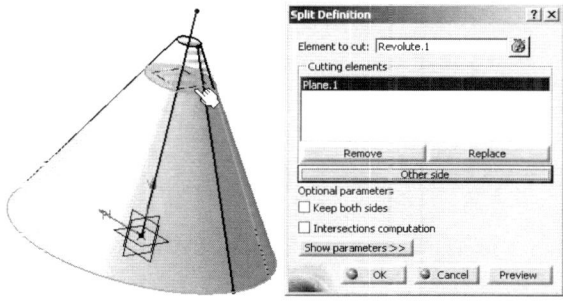

– Mit OK wird die Trennoperation durchgeführt

Deckfläche des Kegelstumpfes als Füllfläche **erzeugen**:

– Icon „*Fill*" selektieren

– Die kreisförmige Randkurve der Kegelstumpffläche wählen:

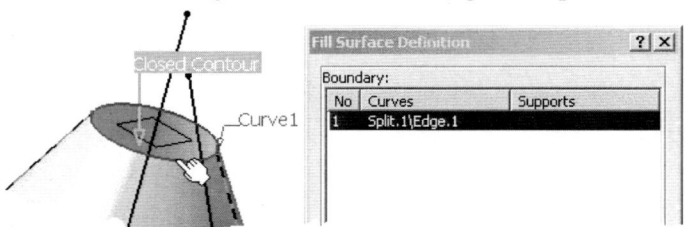

– Mit OK wird die Deckfläche erzeugt

Zylinder als Rotationsfläche **erzeugen**:

– Zylinderachse zeichnen:

    – Die Arbeitsebene wie bei *Kegelmantel erzeugen* mit dem Icon „*Normal View*"
       bildschirmparallel ausrichten: *Working support.1* →

    – Icon „*Line*" selektieren

    – Im erscheinenden Fenster „*Line Definition*" *Line Type* Angle/Normal to curve
       einstellen

    – *Curve*: Gerade „Drehachse" selektieren

    – *Point*: Punkt „A" wählen

    – *Angle*: „60" eingeben

    – Die voreingestellten Werte im Feld *Start* (0) und *End* (100) passen bereits

    – Mit OK wird die Gerade erzeugt:

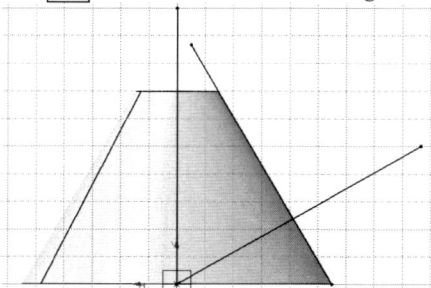

    – Gerade in „Achse Zylinder" umtaufen

– Erzeugende des Zylinders zeichnen:

    – Startpunkt der Erzeugenden auf Umrisserzeugender des Kegels bestimmen:

Icon „*Point*" ▪ selektieren. Im erscheinenden Fenster „*Point Definition*" $\boxed{\text{On}}$ $\boxed{\text{curve}}$ einstellen.

Curve: Kegelerzeugende (*line.2*) selektieren.

Im Fensterbereich „*Reference*" das Feld *Point* mit MB3 selektieren und im Kontextmenü $\boxed{\text{Create Intersection}}$ wählen.

Im erscheinenden Fenster „*Intersection Definition*" als *Element 1* die Kegelerzeugende und als *Element 2* die Zylinderachse selektieren:

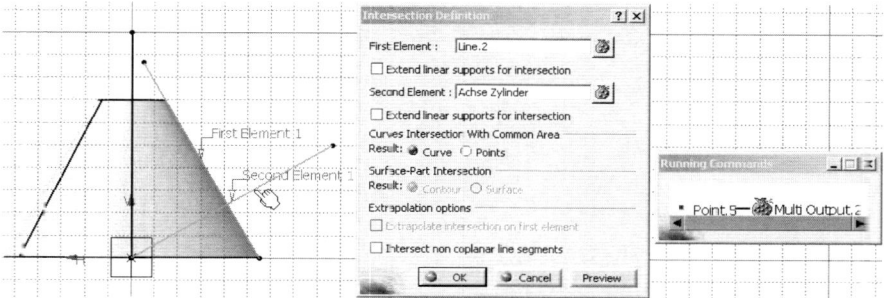

— Der Schnittpunkt beider Geraden wird mit $\boxed{\text{OK}}$ erzeugt und das ursprüngliche Fenster erscheint wieder. In diesem wird der Abstand des zu zeichnenden Punkts vom eben erzeugten Referenzpunkt im Feld *Length* mit 20 (=∅ 40/2) eingegeben:

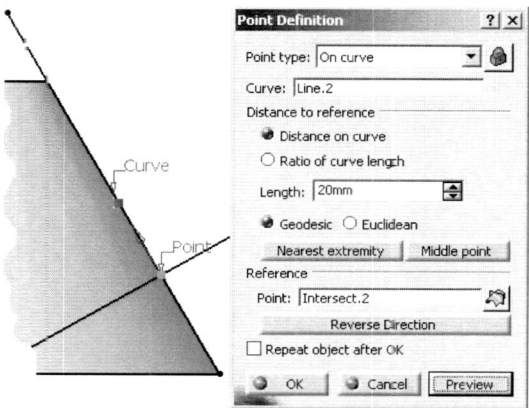

Mit $\boxed{\text{OK}}$ wird der Startpunkt erzeugt

— Parallele Gerade zu Zylinderachse zeichnen:
Icon „*Line*" selektieren und im erscheinenden Fenster „*Line Definition*" $\boxed{\text{Point-}}$ $\boxed{\text{Direction}}$ einstellen.

Point: Eben erzeugten Startpunkt selektieren
Direction: Zylinderachse selektieren.
Start: 0 (Voreinstellung).

End: „50" für Länge des Zylinders laut Angabe eingeben:

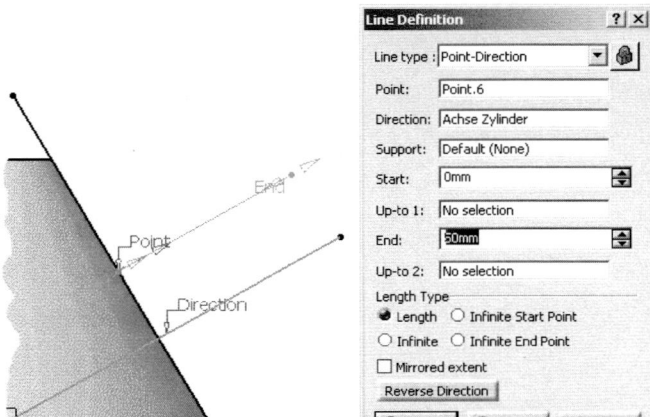

–   Mit OK wird die Zylindererzeugende erzeugt

Zylinderfläche als Rotationsfläche erzeugen:

–   Icon „*Revolve*" 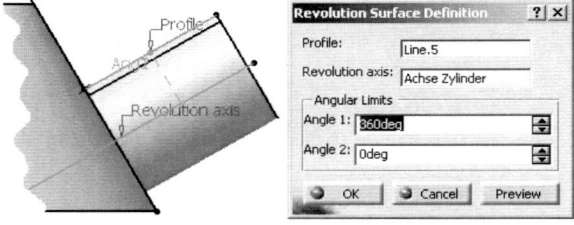 drücken und im erscheinenden Fenster „*Revolution Surface Definition*" folgende Eingaben vornehmen:
    Profile: Zylindererzeugende selektieren.
    Revolution Axis: Zylinderachse selektieren.
    Angle 1 bzw. *Angle 2*: Die voreingestellten Werte „360" bzw. „0" passen bereits:

–   Mit OK wird der bereits gezeigte Zylinder erzeugt
–   Der Zylinder ist allerdings zu kurz – er berührt den Kegelmantel nur in 2 Punkten. Zur Verschneidung der beiden Rotationsflächen muss der Zylindermantel verlängert werden. Dies geschieht entweder durch Verlängern der Zylindererzeugenden (Doppelklick auf das Objekt *Line.4* im Strukturbaum und im erscheinenden Fenster Wert *Start* auf „–10" ändern) oder durch Verlängern der Fläche direkt: Icon „*Extrapolate*" in der Werkzeugleiste „*Operations*" selektieren und im erscheinenden Fenster „*Extrapolate Definition*" folgende Eingaben vornehmen: *Boundary*: Randkurve des Zylinders selektieren, die den Kegelmantel berührt. Die Kurve wird nach der Selektion rot dargestellt.

Extrapolated: Zylinderfläche selektieren.
Im Fensterbereich *Limit* Length einstellen.

– *Length*: „10" eingeben. Schalter „*Assemble result*" aktivieren:

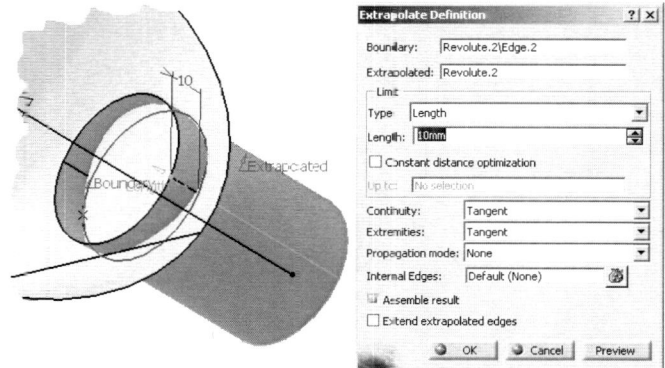

– Mit OK wird die Fläche um 10 mm verlängert

Zylinder- und Kegelfläche miteinander verschneiden:

– Icon „*Trim*" 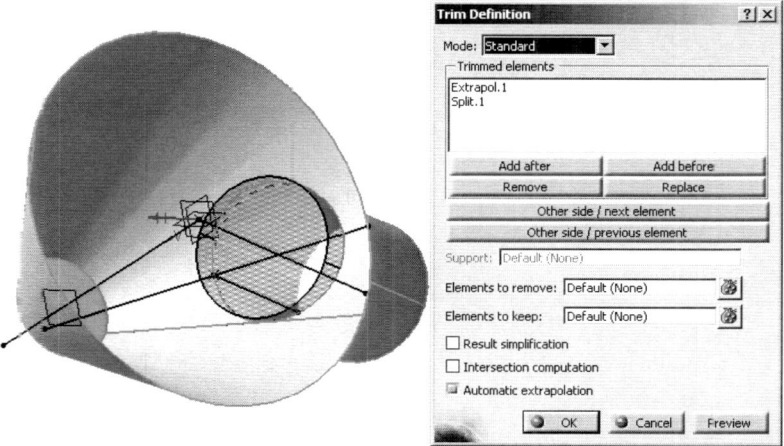 selektieren (das Icon wird über den schwarzen Erweiterungs-
pfeil selektierbar) und im erscheinenden Fenster „*Trim Definition*" folgende
Eingaben vornehmen:
Element 1: Zylinderfläche selektieren.
Element 2: Kegelfläche selektieren.
Mit den Schaltern Other side/next element und Other side/previous element
den Bereich der Flächen einstellen, der erhalten bleiben soll (= farbiger Flächen-
bereich):

Mit OK eingestellte Flächen bestätigen

Mit dem Icon „*Working Supports Activity*" 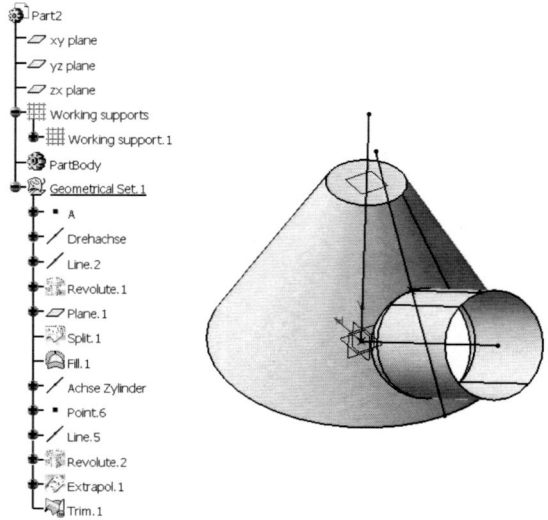 wird die Arbeitsebene verlassen und
das Modell ist vollständig:

Mit Modell unter beliebigen Namen in gewünschtes Verzeichnis speichern: *Auf-
satzstueck.CATPart*

3.3   Drahtgitter (*wireframe*)

Zum Erstellen von Drahtmodellen (*wireframe*) werden Punkte, Linien, Ebene und
Kurven benötigt, die zunächst erzeugt und in weiterer Folge manipuliert (verschieben, drehen, ...) und/oder modifiziert (verlängern, verkürzen, ...) werden.

Bei der Festlegung von Grundelementen kann die **Erzeugungsart** vom Benutzer
festgelegt werden oder automatisch durch die Selektion der ersten Bezugselemente
gewählt werden. Letzteres kann allerdings auch störend sein, wenn man aus Versehen ein falsches Bezugselement erwischt und das System auf eine andere Erzeugungsart umschaltet. Neben dem obersten Feld „*Type*" gibt es daher einen Wahlschalter:

 Wenn sichtbar, dann wählt das System die Erzeugungsart

Wenn sichtbar, dann bleibt die eingestellte Erzeugungsart

3.3.1   Punkt (*point*)

Icon „*Point*" ▪ drücken – Dialogfenster „*Point Definition*" erscheint: über Button
„*Point type*" gewünschte Erzeugungsart einstellen:

Coordinates: Punkt über Koordinateneingabe festlegen:

- X-, Y- und Z-Koordinaten eingeben
- Wahlweise mit Preview Vorschau anzeigen
- Mit OK Punkt erzeugen

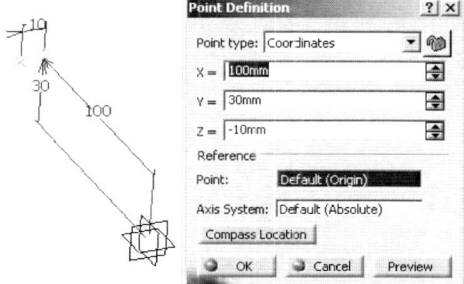

On curve: Punkt auf einer vorhandenen Kurve erzeugen:

- Kurve selektieren, auf der Punkt liegen soll
- Wahlweise Referenzpunkt selektieren. Wenn der Punkt nicht auf der Kurve liegt, wird er darauf projiziert. Voreinstellung ist ein Endpunkt (*extremity*) der Kurve

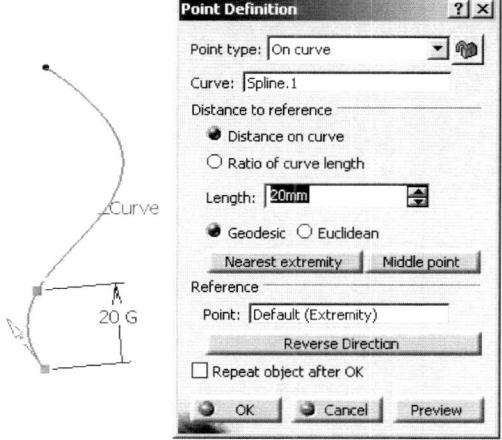

- Abstand des Punktes vom Referenzpunkt wählen (*Length*):
  - Längenangabe (*Distance*)
  - Verhältnis zu Kurvenlänge (*Ratio*)
  - *Geodisc*: Länge entlang der Kurve (Maßzahl im Grafikbereich mit „G" gekennzeichnet)
  - *Euclidean*: Raumabstand vom Referenzpunkt
- Wahlweise Mittelpunkt erzeugen: Button Middle point

- Button Reverse Direction für:
  - Umschalten zwischen Endpunkten, wenn kein Referenzpunkt angegeben wurde
  - Erzeugen des Punktes auf der gegenüberliegenden Seite vom selektierten Referenzpunkt aus

Bei geschlossenen Kurven sucht das System den Endpunkt aufgrund der internen Darstellung oder einen Extremwert.

On Plane: Erzeugen eines Punktes auf einer Ebene:

- Ebene selektieren
- Wahlweise Referenzpunkt (*Reference*) selektieren. Wenn kein Punkt angegeben wird, wird der in die Ebene projizierte Koordinatenursprung verwendet
- Koordinaten H und V eingeben
- Mit OK Punkt erzeugen

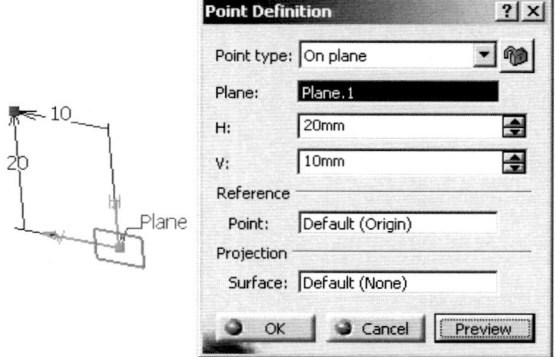

On Surface: Punkt auf einer Oberfläche erzeugen:

- Oberfläche selektieren
- Wahlweise Referenzpunkt (*Reference*) selektieren, der ggf. auf Oberfläche projiziert wird. Voreinstellung: Mittelpunkt der Fläche
- Wahlweise Referenzrichtung (*Direction*) selektieren: Gerade oder Ebene (Normalvektor wird verwendet) oder über Kontextmenü X-,Y- bzw. Z- Achse zur Festlegung der Richtung vom Referenzpunkt zum neuen Punkt angeben
- Abstand (*Distance*) vom Referenzpunkt zu neuem Punkt eingeben.
  Coarse: Schneller, aber ungenauer Berechnungsmodus
  Fine: Exakter, aber langsamer Berechnungsmodus

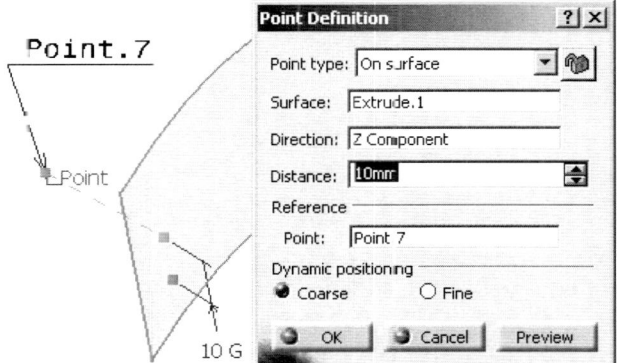

Circle/Sphere/Ellipse Center: Mittelpunkt eines Kreises bzw. Kreisbogens, einer Kugel oder einer Ellipse erzeugen:

– Element ((Kreis-)Bogen, Kugel, Ellipse) selektieren
– Mittelpunkt wird erzeugt

Tangent on curve: Tangentenpunkte auf einer Kurve zu einer gegebenen Richtung:

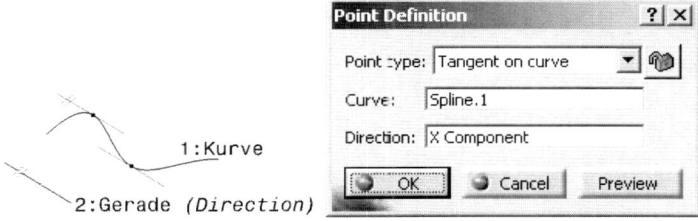

– Kurve (*Curve*) selektieren, auf der Punkt(e) liegen soll(en)
– Tangentenrichtung (Direction) selektieren oder mit MB3 konstruieren
– Punkt wird mit OK erzeugt
– Eventuell muss bei mehreren Punkten eine Auswahl getroffen werden: Fenster „*Multi-Result Management*", siehe Kap. 3.7.3, Mehrfachlösungen.

3.3.2 Gerade (*line*)

Icon „*Line*" ✏ drücken – Dialogfenster „*Line Definition*" erscheint: über Button „*Line type*" gewünschte Erzeugungsart einstellen und Stützgeo-metrie selektieren bzw. Werte eingeben. Anstelle der Werteeingabe (*Start, End*) können die grünen temporären Punkte direkt mit MB1 gezogen werden. Durch *Start* und *End* kann die Gerade über die beiden Randpunkte hinaus verlängert bzw. verkürzt werden. Selektion von *Up-to-1* ermöglicht die Wahl eines Elements (Ebene, Kurve, Punkt), bis zu dem die Gerade verlängert wird.

Point-Point: Gerade zwischen zwei Punkten festlegen:

– ENTWEDER: Zwei Punkte selektieren
  ODER über Kontextmenü (MB3 auf Feld *Point N*:):
  – *Create Point*: Punkt erst erzeugen
  – *Create Intersection*: Schnittpunkt vorhandener Elemente benutzen
– Wahlweise Ebene selektieren (*Support*): In diese Ebene wird die erzeugte Gerade projiziert
– Über Schalter wird die Art der Längenfestlegung eingestellt:

Length	Längenangabe über Anfangs- und Endstrecke
Infinite	unendlich lange Gerade
Infinite Start Point	nur Endpunkt wird festgelegt
Infinite End Point	nur Anfangspunkt wird festgelegt
Mirrored Extend	symmetrische Ausdehnung nach beiden Seiten

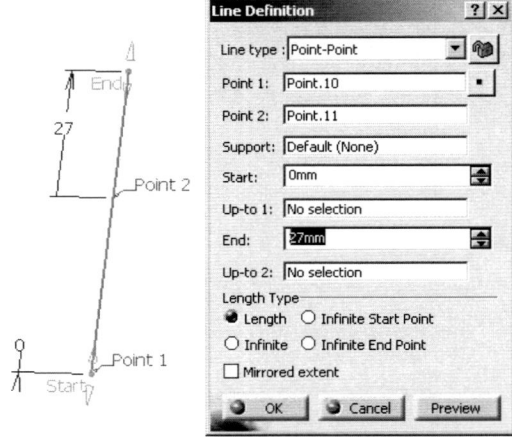

Point - Direction: Gerade definieren über Startpunkt und Richtung:

– Punkt selektieren
– Richtung selektieren (*Direction*) oder über Kontextmenü X-,Y- bzw. Z-Achse wählen
– Abstand von selektiertem Punkt eingeben (*Start*)
– Abstand von selektiertem Punkt eingeben (*End*)
– Button Reverse Direction trägt Gerade in gegenüberliegende Richtung auf

Button „*Support*": siehe Point-Point

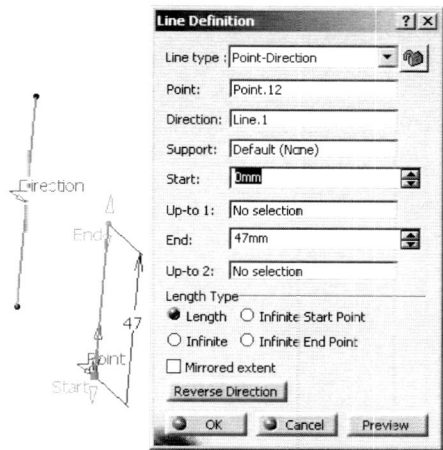

Angle/Normal to curve: Gerade in einer Tangentialebene an eine Fläche in einem Winkel zu einer Kurve auf dieser Fläche.

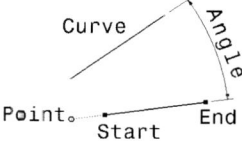

– Kurve selektieren (*Curve*)
– Hilfsfläche festlegen: Fläche bzw. Ebene, die diese Kurve enthält, selektieren (*Support*)
– Referenzpunkt selektieren (*Point*)
– Winkel zwischen Kurve und Gerade in Hilfsfläche eingeben (*Angle*)
– Abstand von Referenzpunkt eingeben (*Start*)
– Abstand von Referenzpunkt eingeben (*End*)
– *Geometry on support*: Beim Aktivieren wird Gerade auf Fläche projiziert
– Button Normal to Curve: Stellt Winkel von 90° ein
– Button Reverse Direction: Gerade in entgegengesetzte Richtung erzeugen

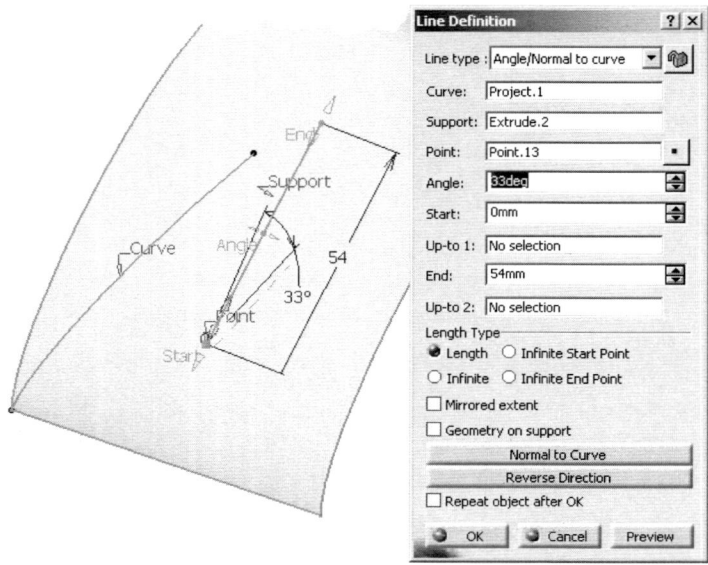

Tangent to curve: Gerade tangential an eine Kurve in einem Punkt:

- Kurve selektieren (*Curve*)
- - Mono-Tangent: Tangente an Kurve:
- - Tangentenpunkt selektieren (*Element 2*)
- - Abstand vom Tangentenpunkt eingeben (*Start*)
- - Abstand vom Tangentenpunkt eingeben (*End*)

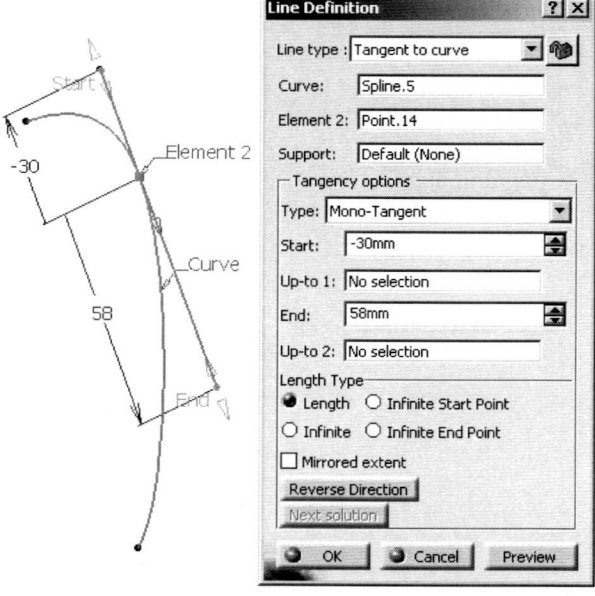

- Button Reverse Direction: Erzeugen der Gerade in entgegengesetzter Richtung
- *Support*: Fläche selektieren. Gerade wird darauf projiziert
- BiTangent: Tangente an zwei Kurven:

- Mit dem Schalter Next Solution wird zwischen möglichen Lösungen ausgewählt

Normal to surface: Gerade normal zu einer Fläche in einem Punkt:

- Fläche selektieren (*Surface*)
- Referenzpunkt selektieren (*Point*)
- Abstand vom Referenzpunkt eingeben (*Start*)
- Abstand vom Referenzpunkt eingeben (*End*)
- Button Reverse Direction: Erzeugen der Gerade in entgegengesetzter Richtung:

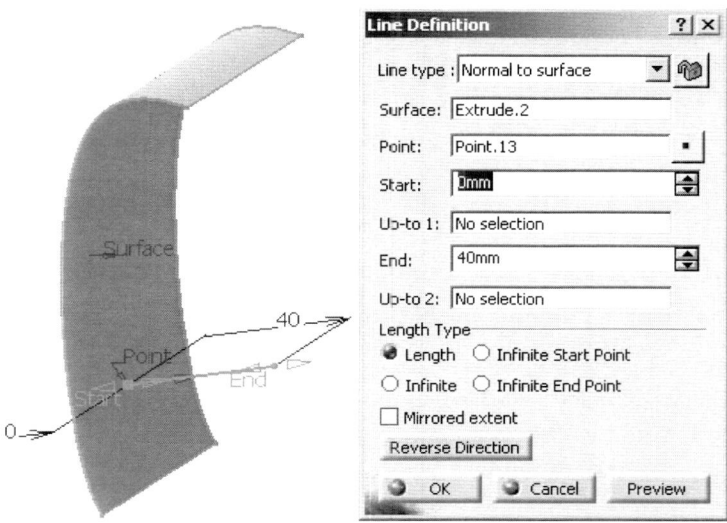

3.3.3 Ebene (*plane*)

Icon „*Plane*" ⬦ drücken – Dialogfenster „*Plane Definition*" erscheint: über Button „*Plane type*" gewünschte Erzeugungsart einstellen und Stützgeometrie selektieren bzw. Werte eingeben. Das grün dargestellte temporäre Ebenensymbol (nicht die Ebene selbst!) kann direkt mit M31 auf „*Move*" gezogen werden.

Equation: Ebene durch Gleichung angeben:

- Koeffizienten *A*, *B*, *C* und *D* der Ebenengleichung eingeben
- statt *D* kann auch ein Punkt selektiert werden, den die Ebene enthält (*Point*)
- Der Schalter Normal to compass erzeugt eine Ebene parallel zur Vorzugsebene des Kompasses. Koeffizient *D* ist noch unbestimmt.

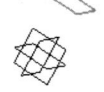

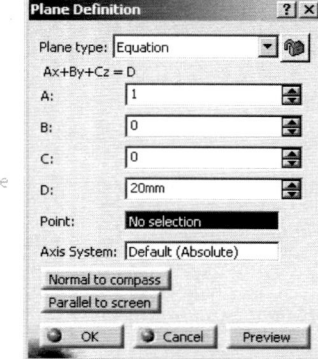

- *Axis System*: Ein benutzerdefiniertes Koordinatensystem (*Axis System.N*) kann gewählt werden. Die Gleichung bezieht sich auf dieses
- Der Schalter Parallel to screen erzeugt eine bildschirmparallele Ebene. Koeffizient *D* ist noch unbestimmt
- Mit Preview ist eine Vorschau möglich
- Mit OK Erzeugung der Ebene abschließen.

Through three points: Ebene durch drei Punkte im Raum bestimmt:

- Drei Punkte selektieren oder über Kontextmenü (MB3) Punkte erst erzeugen.

Through two lines: Ebene durch zwei Gerade bestimmt:

- Zwei Gerade selektieren.
  Wenn die Geraden nicht koplanar sind, wird der Vektor der zweiten zu einem Punkt der ersten projiziert und die Ebene aufgespannt, außer der Schalter „Forbid non coplanar lines" ist aktiviert:

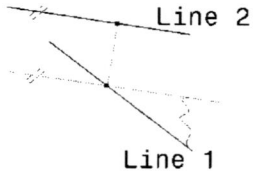

Through point and line: Ebene durch einen Punkt und eine Gerade bestimmt:

- Punkt und Gerade selektieren:

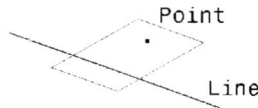

Through planar curve: Ebene einer ebenen Kurve erzeugen:

– Ebene Kurve (Kreis, Kreisbogen, Ellipse, …) selektieren.

Tangent to surface: Ebene tangenzial an eine Oberfläche in einem Punkt erzeugen:

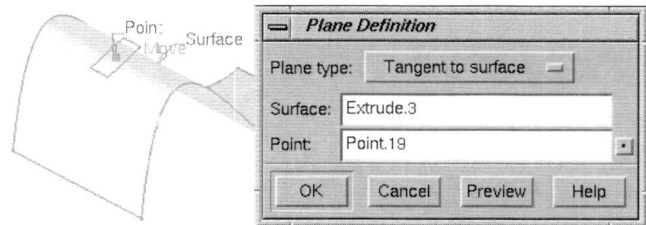

– Oberfläche selektieren (*Surface*)
– Punkt selektieren (*Point*) oder über Kontextmenü erst erzeugen
– Mit Preview ist eine Vorschau möglich
– Mit OK Erzeugung der Ebene abschließen.

Normal to curve: Ebene normal auf Tangentenvektor einer Kurve in einem Punkt:

– Kurve selektieren (*Curve*)
– Punkt selektieren (*Point*) oder über Kontextmenü erst erzeugen.
  Der Punkt wird, wenn er nicht auf der Kurve liegt, auf diese projiziert

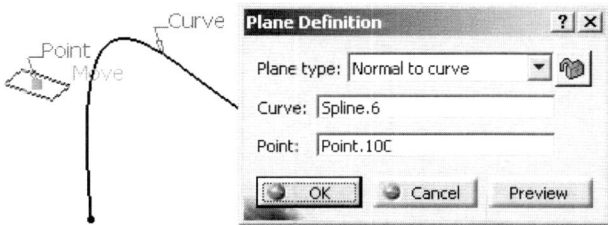

– Mit Preview ist eine Vorschau möglich
– Mit OK Erzeugung der Ebene abschließen.

Offset from plane: Parallelebene zu einer vorhandenen Ebene erzeugen:

– Ebene selektieren (*Reference*)
– Abstand zu Referenzebene eingeben (*Offset*)
– Button Reverse Direction trägt Abstand in die entgegengesetzte Richtung auf

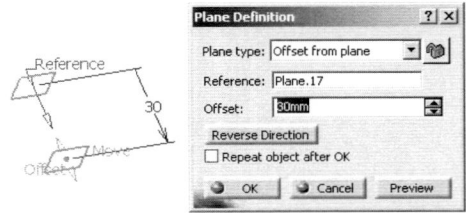

– Mit Preview ist eine Vorschau möglich
– Mit OK Erzeugung der Ebene abschließen.

Parallel through point: Ebene parallel zu einer vorhandenen Ebene durch einen Punkt erzeugen:

– Ebene selektieren (*Reference*)
– Punkt selektieren (*Point*).

Angle/Normal to Plane: Ebene in einem Winkel zu einer vorhandenen Ebene durch eine Gerade:

– Gerade selektieren (*Rotation axis*)
– Referenzebene selektieren (*Reference*)
– Winkel eingeben (*Angle*)
– Button Normal to plane trägt Winkel 90° ein

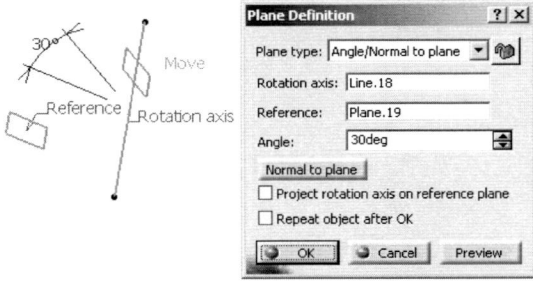

– Mit Preview ist eine Vorschau möglich
– Mit OK Erzeugung der Ebene abschließen

Mit anderen Worten: Die Ebene entsteht durch Rotation einer Referenzebene um diese Gerade: Die Gerade *Axis* muss auf Ebene *Plane 1* liegen und ist die Spur von Ebene *Plane 2*:

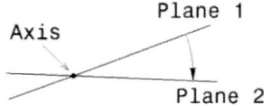

Liegt die Gerade *Axis* nicht auf der Referenzebene, kann sie mit dem Schalter „*Project rotation axis on reference plane*" darauf projiziert werden.

Mean through points: Ausgleichsebene durch eine Punktewolke:

- Punkte selektieren (*Points*)
- Durch Selektion im Feld „*Points*" kann der gewählte Punkt (hier: *Point.92*) entfernt (*Remove*) oder durch einen anderen ersetzt (*Replace*) werden
- Mit Preview ist eine Vorschau möglich
- Mit OK Erzeugung der Ebene abschließen.

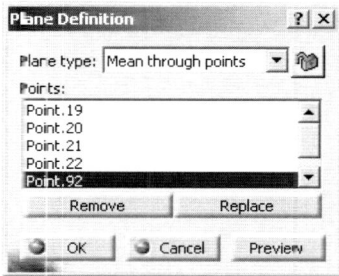

3.3.4 Kreis (*circle*)

Icon „*Circle*" drücken – Dialogfenster „*Circle Definition*" erscheint: über Button „*Circle type*" gewünschte Erzeugungsart einstellen und Hilfsgeometrie selektieren bzw. Werte eingeben. Die grün dargestellten temporären Endpunkte können direkt mit MB1 gezogen werden:

Center and radius: Kreis bestimmt durch Mittelpunkt, Radius bzw. Durchmesser und Ebene:

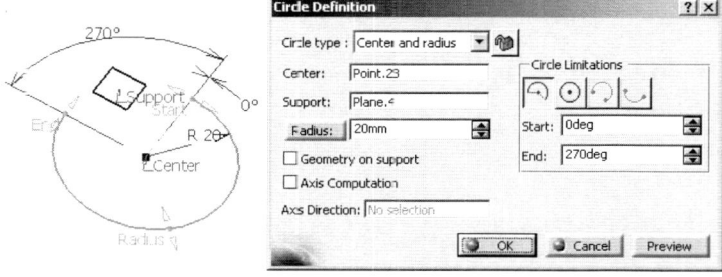

- Mittelpunkt selektieren (*Center*)
- Ebene, in der Mittelpunkt liegt selektieren (*Support*). Wird eine Fläche selektiert, liegt der Kreis tangenzial dazu
- Radiuswert eingeben (*Radius*) bzw. Durchmesserwert: Wahlschalter Radius selektieren
- Im Feld „*Circle Limitations*" kann über Buttons ein Kreisbogen oder ein Vollkreis eingestellt werden

- Im Fall eines Kreisbogens kann Startwinkel (*Start*) und Endwinkel (*End*) eingegeben werden.
- *Axis Computation*: Die Achsen des Kreises werden als selektierbare Gerade erzeugt. Über *Axis Direction* wird die Richtung einer Hauptachse (*Axis.3*) gewählt. Sie muss parallel zur Kreisebene liegen.

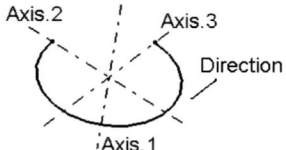

Center and point: Kreis bestimmt durch Mittelpunkt, Durchgangspunkt und Ebene:

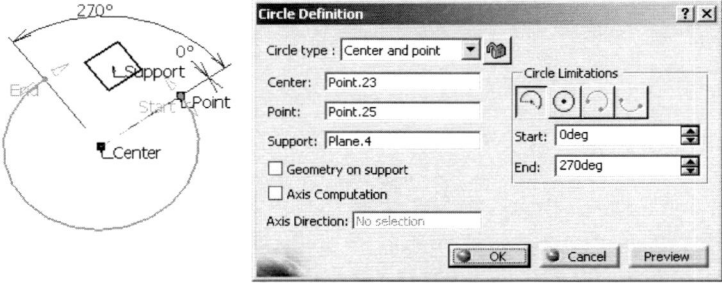

- Mittelpunkt selektieren (*Center*)
- Durchgangspunkt selektieren (*Point*).
- Kreisebene selektieren (*Support*)
- Im Feld „*Circle Limitations*" kann über Buttons ein Kreisbogen oder ein Vollkreis eingestellt werden
- Im Fall eines Kreisbogens kann Startwinkel (*Start*) und Endwinkel (*End*) eingegeben werden.

Two points and radius: Kreis durch zwei Punkte mit bestimmten Radius bzw. Durchmesser:

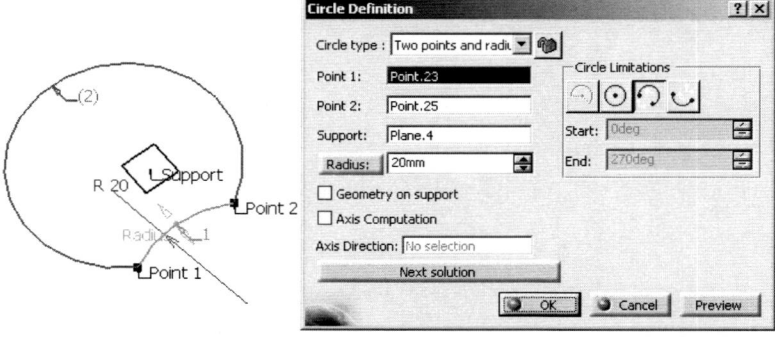

- Zwei Punkte selektieren (*Point N*)
- Kreisebene selektieren (*Support*). Wird eine Fläche selektiert, liegt der Kreis tangenzial zu ihr im ersten Punkt
- Radius bzw. Durchmesser eingeben (*Radius*)
- Im Feld „*Circle Limitations*" kann über Buttons ein Vollkreis oder ein Kreisbogen eingestellt werden. Im Fall eines Kreisbogens können zwei Lösungen (kurzer Kreisbogen oder dessen Komplement) gewählt werden.
Der Button Next Solution ermöglicht dasselbe durch Umschalten zwischen den beiden Lösungen.

Three points: Kreis wird durch drei Punkte bestimmt:

- Drei Punkte selektieren (*Point N*)
- Im Feld „*Circle Limitations*" kann über Buttons ein Kreisbogen oder ein Vollkreis eingestellt werden. Im Fall eines Kreisbogens können zwei Lösungen gewählt werden.

Bitangent and radius: Kreis definiert durch zwei Tangenten und Radius bzw. Durchmesser:

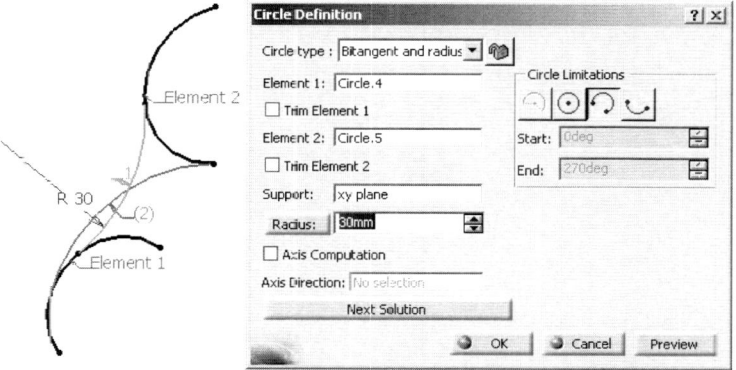

- Kurve, an die Kreis tangenzial sein soll, selektieren (*Element 1*)
- Zweite Kurve (oder Punkt) selektieren (*Element 2*)
- Gegebenenfalls Kreisebene selektieren (*Support*)
- Radius- bzw. Durchmesserwert eingeben (*Radius*)
- Im Feld „*Circle Limitations*" kann über Buttons ein Kreisbogen oder ein Vollkreis eingestellt werden. Im Fall eines Kreisbogens können zwei Lösungen gewählt werden: Next Solution oder direkt im Grafikbereich *(1)* bzw. *(2)* selektieren.
- Die Schalter *Trim Element 1* bzw. 2 ermöglichen ein Trimmen der Stützgeometrie. Die getrimmten Elemente bilden eine logische Einheit (→ *Join*). Das Beispiel zeigt *Trim Element 1* aktiviert und Lösung 1 gewählt

Bitangent and point: Kreis definiert durch zwei Tangenten und einen Tangenten-punkt:

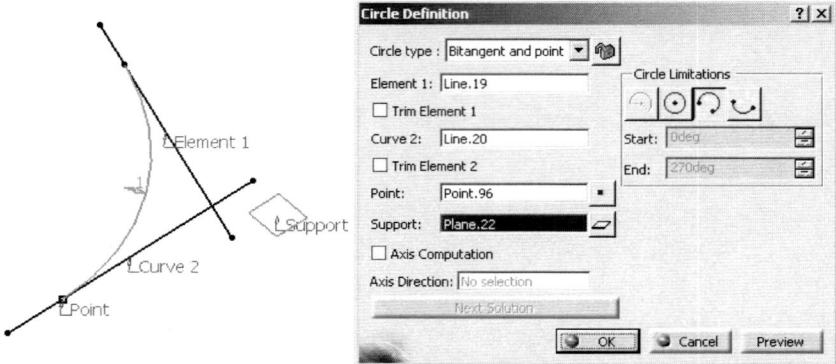

— Kurve, an die Kreis tangenzial sein soll, selektieren (*Element 1*)
— zweite Kurve selektieren (*Curve 2*)
— Tangentenpunkt dieser Kurve selektieren (*Point*)
— Kreisebene selektieren (*Support*)
— Mit dem Schalter Next Solution zwischen möglichen Lösungen umschalten
— Im Feld „*Circle Limitations*" kann über Buttons ein Kreisbogen oder ein Vollkreis eingestellt werden. Im Fall eines Kreisbogens können zwei Lösungen gewählt werden.

Tritangent: Kreis über drei Tangenten festgelegt:

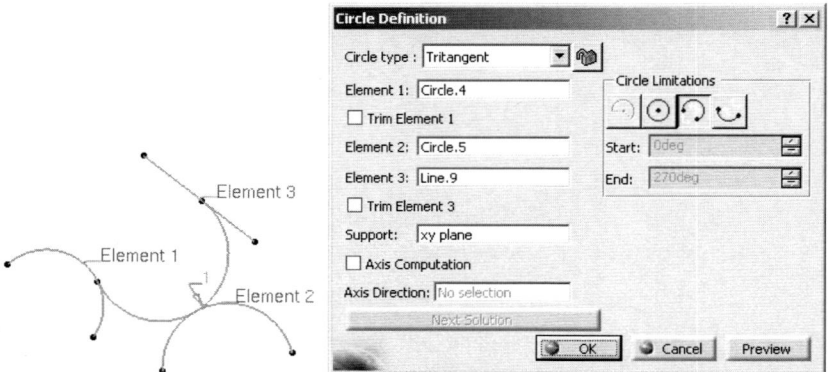

— Drei Kurven, die tangenzial zum Kreis sein sollen, selektieren (*Element N*)

- Gegebenenfalls Kreisebene selektieren (*Support*)
- Im Feld „*Circle Limitations*" kann über Buttons ein Kreisbogen oder ein Vollkreis eingestellt werden. Im Fall eines Kreisbogens können zwei Lösungen gewählt werden.

Anm.: Als mögliche Lösungen werden nur solche vorgeschlagen, die *ohne* Verlängerung der Stützgeometrie dargestellt werden können.

Center and tangent: Kreis durch Tangente, Mittelpunktslage und Radius bzw. Durchmesser bestimmt

- Punkt oder Kurve selektieren, die den Mittelpunkt enthält (*Center Element*)
- Kurve selektieren, zu der Kreis(bogen) tangenzial ist (*Tangent curve*)
- Gegebenenfalls Kreisebene selektieren (*Support*)
- Radius- bzw. Durchmesserwert eingeben (*Radius*):

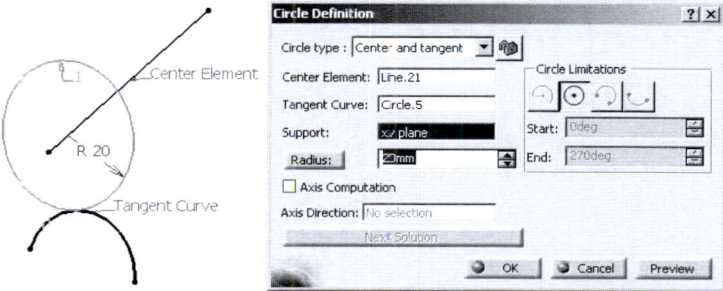

3.3.5 Spline (*spline*)

- Icon „*Spline*" drücken
- Dialogfenster „*Spline Definition*" erscheint:

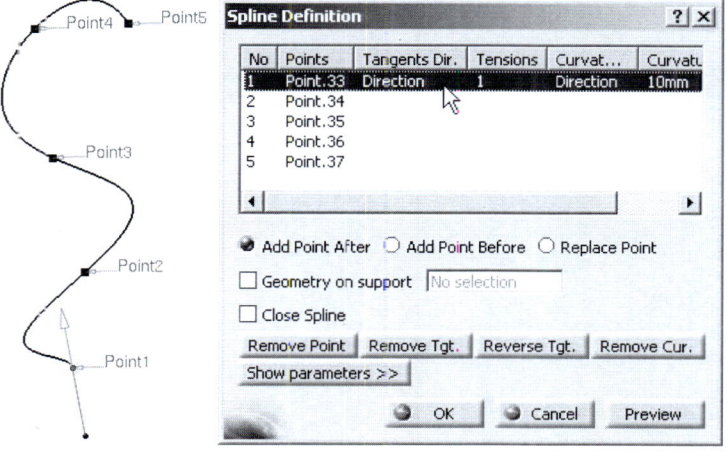

- Punkte, durch die der Spline gehen soll, in der gewünschten Reihenfolge selektieren
- *Geometry on support*: Beim Aktivieren dieses Buttons wird Spline auf selektierte Ebene bzw. Fläche projiziert
- Tangentenbedingungen werden nach Selektion im Feld „*Tangents Dir.*" neben dem entsprechenden Punkt durch Selektion einer Geraden festgelegt.
  Der Button Reverse Tgt. erlaubt die Tangentenrichtung umzukehren. Entfernen einer Tangente durch Selektion im Feld „*Tangents Dir.*" dann Button Remove Tgt.
- Weitere Bedingungen werden über den Button Show parameters >> einem selektierten Punkt zugewiesen: Die Reihenfolge der Eingabe muss jene der Kopfspalte sein:
  - Zeile neben betreffendem Punkt in Spalte „*Tangents Dir.*" selektieren
  - Eingabefeld „*Tangent Dir.*" selektieren
  - Gerade o.ä. selektieren
  - In Eingabefeld „*Tangent Tension*" Wert für Anschmiegeverhalten an Tangente eingeben
  - Bei „*Explicit*" Eingabefeld „*Curvature Dir.*" selektieren und Gerade selektieren, auf der der Krümmungsmittelpunkt liegt, usw.

Anm.: Das Kontextmenü bietet hier Möglichkeiten der Eingabe.

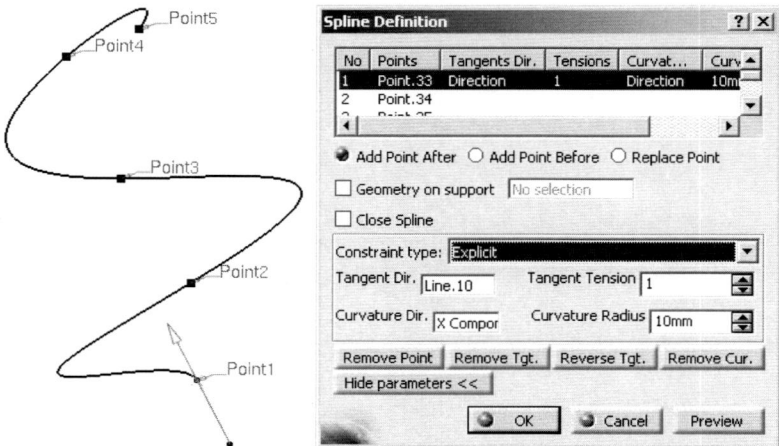

3.3.6   Schraublinie (*helix*)

- Icon „*Helix*"   drücken. Icon befindet sich unter „*Spline*"
- Dialogfenster „*Helix Curve Definition*" erscheint:

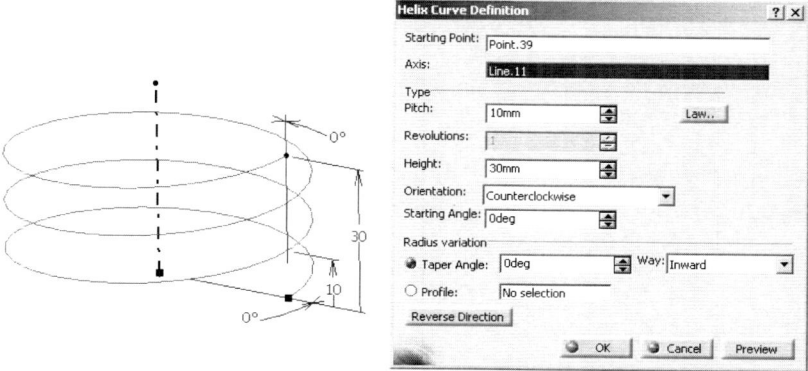

- Startpunkt der Schraublinie selektieren (*Starting Point*)
- Achse, um die dieser Punkt gedreht werden soll, selektieren (*Axis*)
- Art der Steigung festlegen: Schalter Law...:

Constant: Konstante Steigung
S -ype: Steigung variiert zwischen zwei Grenzwerten
               beim Verschrauben: Von *Pitch* zu *Pitch 2*.
               Dieser Typ ermöglicht auch die Angabe der
               Schraubgänge bei const. Steigung (gleiche
               Werte für *Start-* und *End value* eingeben).
               Close kehrt zum Defintionsfenster zurück

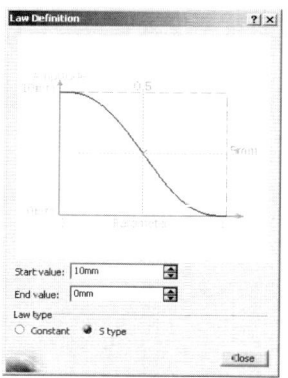

- Im Feld „*Height*" Gesamthöhe der Schraublinie eingeben
- Mit „*Orientation*" wird die Richtung der Verschraubung festgelegt: *Clockwise* (linksgängig), *Counterclockwise* (rechtsgängig)
- Die Schraublinie kann auch von der Zylinderform abweichen:
  - *Taper Angle*: Kegelwinkel einer Kegelfeder.
    Bereich: > -90° bis <+90°. (0° → Radius const.)
  - *Way*: Richtung der Verjüngung:

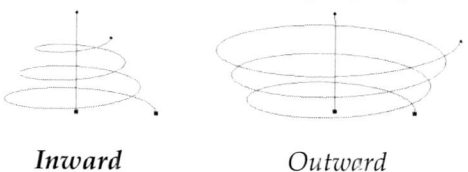

    Inward   *Outward*

Es ist alternativ auch die Angabe einer beliebigen ebenen Kontur (*Profile*) möglich:

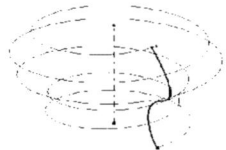

<u>Anm.:</u> Der Startpunkt muss auf der Kontur liegen. Die Konturebene muss die Schraubachse enthalten.

Der gezeigte Startpunkt der Schraublinie kann auch durch Eingabe eines Winkels (*Starting Angle*) festgelegt werden. Die Verschraubung beginnt beim Startpunkt und die Schraublinie wird erst ab dem Startwinkel dargestellt.

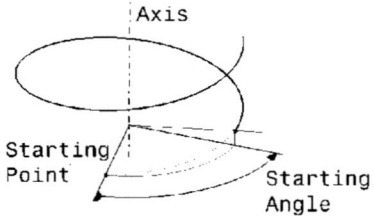

– Mit dem Button Reverse Direction kehrt man die Richtung des Schraublinien-fortschritts entlang der Achse um

– Mit Preview erhält man eine Vorschau auf die Kurve mit den gewählten Parametern

– Mit OK wird die Schraublinie erzeugt.

3.3.7   Spirale (*spiral*) (nur Arbeitsumgebung „*Generative Shape Design*")

Eine Spirale entsteht bei Drehung eines Punktes um einen festen Punkt (Mittelpunkt), wobei der Abstand zu diesem Mittelpunkt sich stetig ändert.

– Icon „*Spiral*" ⊚ (unter Icon „*Spline*") drücken

– Das Dialogfenster „*Spiral Curve Definition*" erscheint:

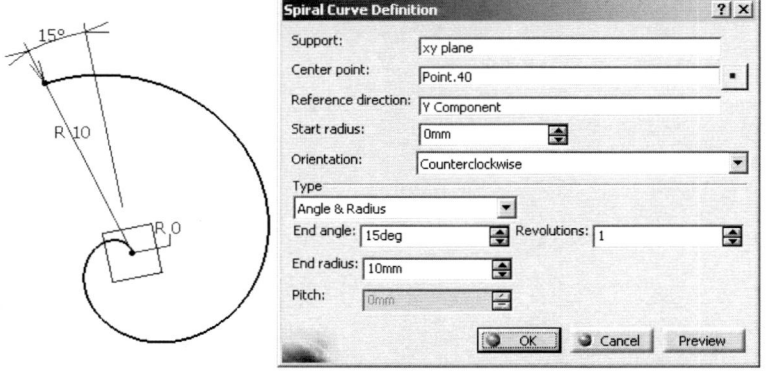

- Eben selektieren, in der Spirale dargestellt werden soll (*support*)
- Mittelpunkt der Spirale selektieren (*Center point*)
- Referenzrichtung wählen, von der der Winkel gemessen wird (*Reference direction*)
- Anfangsabstand der Spirale vom Mittelpunkt eingeben (*Start radius*)
- Umfahrungssinn der Spirale angeben: im/entgegen Uhrzeigersinn (*Clockwise/Counterclockwise*)
- Definitionsart einstellen (*Type*):

Angle & Radius	Endwinkel und Endradius
Angle & Pitch	Endwinkel und Radiuszuwachs
Radius & Pitch	Endwinkel und Radiuszuwachs

- Je nach Definitionsart fehlende Parameter eingeben:
  End angle: Endwinkel, gemessen von der Referenzrichtung
  End radius: Endwert des Abstands des Spiralpunktes vom Mittelpunkt
  Pitch: Zunahme des Radius pro 360°
  Revolutions: Anzahl der Umfahrungen (=360°) des Erzeugungspunktes um den Mittelpunkt
- Preview liefert eine Vorschau
- Mit OK Spirale erzeugen und Dialogfenster schließen.

3.3.8 Polygonzug (*polyline*)

Erzeugen eines Polygonzugs über Punkte.

- Icon „*Polyline*" (unter Icon „*Line*") drücken
- Das Dialogfenster „*Polyline Definition*" erscheint:

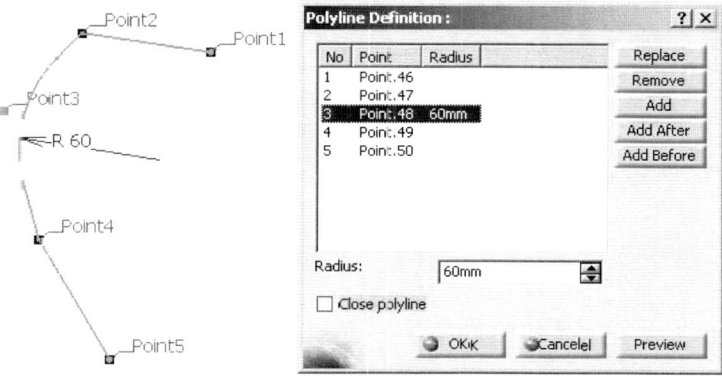

- ENTWEDER: Vorhandene Punkte selektieren
  ODER: in einer Arbeitsebene Punkte mit MB1 definieren

- Selektierte Punkte lassen sich nach Selektion der entsprechenden Zeile ersetzen (*Replace*) und entfernen (*Remove*). Neue Punkte können nach Selektion einer entsprechenden Zeile nach dem selektierten Punkt (*Add After*) oder vor dem selektierten Punkt (*Add Before*) eingefügt bzw. am Ende hinzugefügt (*Add*) werden

- Zwischen zwei Geraden, die einander in einem Punkt treffen, kann ein Kreisbogen mit beliebigen Radius eingefügt werden: Die Zeile des betreffenden Punktes selektieren und im Feld „*Radius*" den Radiuswert eingeben

- Der Polygonzug kann durch eine Gerade vom ersten zum letzten Punkt geschlossen werden: Schalter „*Close polyline*" aktivieren

- Preview liefert eine Vorschau

- Mit OK Polygonzug erzeugen und Dialogfenster schließen.

3.3.9   Leitkurve (Rückgratkurve - *spine*) (nur Arbeitsumgebung „*Generative Shape Design*")

Ein Spine ist eine Kurve, die auf einer Ebenenschar normal steht, d.h. deren Tangenten mit den Flächennormalen der Ebenen zusammenfallen. Diese Kurve wird mitunter zur Definition von Oberflächen gebraucht, z.B. bei Ziehflächen und Verbundflächen.

- Icon „*Spine*" 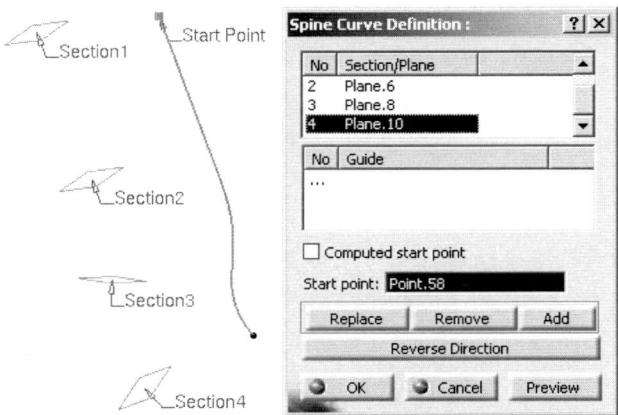 (unter Icon „*Spline*") drücken

- Das Dialogfenster „*Spine Curve Definition*" erscheint

- Nacheinander die Ebenen selektieren, durch die die Rückgratkurve gehen soll (*Section/Plane*).
  Nach Selektion eines Eintrages im Feld „*Section/Plane*" kann dieser mit den Schaltern Replace , Remove und Add ersetzt, entfernt oder nach ihm ein neuer hinzugefügt werden

- Wahlweise einen Startpunkt wählen (*Start Point*) oder nach Selektion dieses Feldes mit MB3 erst erzeugen. Dieser Punkt wird in die erste Ebene (*Section 1*) projiziert und der Spine beginnt in diesem Punkt
- Mit Reverse Direction wird die Anfangsrichtung des Spine umgedreht, was sich bei Spines definiert durch Leitkurven (*Guide*) bemerkbar macht

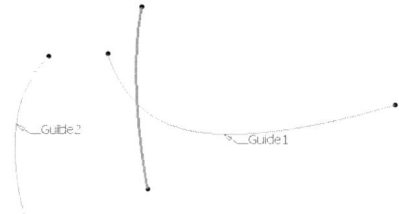

- Preview liefert eine Vorschau
- Mit OK Spine erzeugen und Dialogfenster schließen.

3.3.10 Ausrundungen (Ecke - *corner*)

- Icon „*Corner*" (unter Icon „*Circle*") drücken
- Dialogfenster „*Corner Definition*" erscheint
- Kurve oder Punkt selektieren (*Element 1*)
- Zu verbindendes zweites Element selektieren (*Element 2*)
- Falls erforderlich, Ebene, in der Kreisbogen liegen soll, selektieren (*Support*)
- Rundungsradius eingeben (*Radius*)

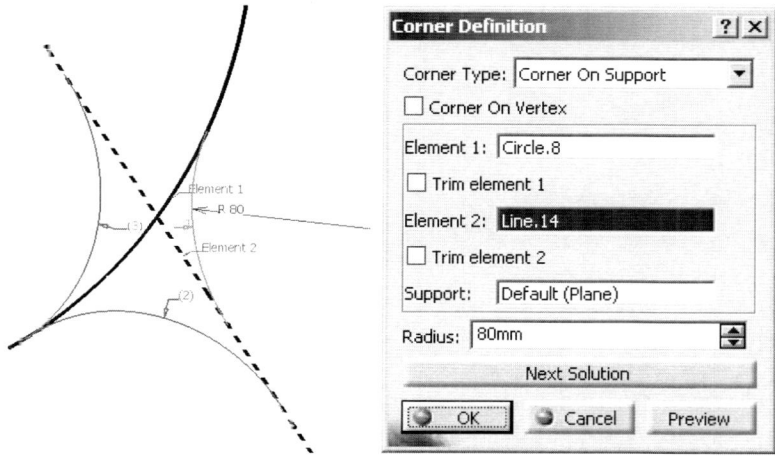

- Bei Mehrfachlösungen mit dem Schalter Next Solution die gewünschte einstellen oder direkt im Grafikbereich *(1)*, *(2)* usw. selektieren

- Die Schalter ☐ „*Trim element 1*" bzw. „*2*" trimmen die selektierten Elemente bis zu Tangentenpunkten, so dass eine durchgehende tangentenstetige Kurve entsteht, die eine Einheit darstellt (→ *Join*)
- Die Erzeugungsart „*Corner Type*" 3D Corner ermöglicht die Festlegung der Kreisebene durch ihren Normalvektor (*Direction*); z.B. kann für einen Kreisbogen in der XY-Ebene die Z-Achse mit MB3 (Z *component*) selektiert werden
- Beim Schalter ☐ „*Corner On Vertex*" kann nur das *Element 1* selektiert werden, das ein Endpunkt einer Kurve sein muss. Der Kreisbogen beginnt in diesem Punkt
- Mit OK abschließen.

3.3.11 Verbindungskurve (*connect curve*)

- Icon „*Connect Curve*" ⤻ (unter Icon "*Circle*") drücken
- Das Dialogfenster „*Connect Curve Definition*" erscheint:
- Punkt auf einer Kurve (*First Curve*) selektieren (P*oint*), die verbunden werden soll
- Diese Kurve selektieren (*Curve*)
- Bei zweiter Kurve ebenso verfahren (*Second Curve*)

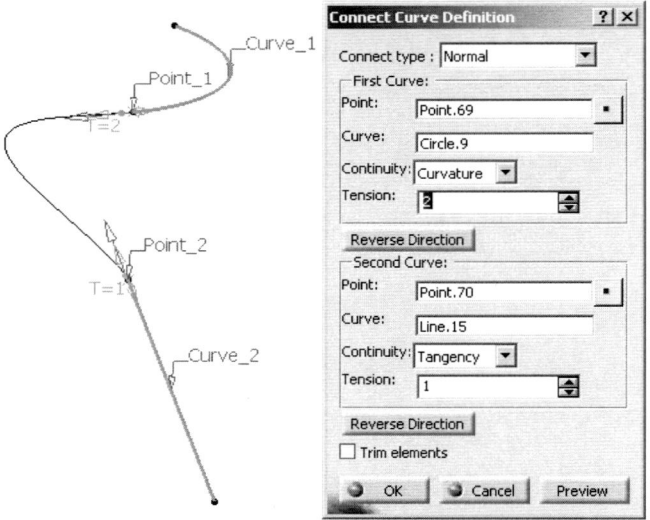

- Der Schalter „*Connect type*" ermöglicht eine systemvergebene Verbindungskurve (Normal) oder Angabe einer Bezugskurve (Base Curve), die die Orientierung der Verbindung vorgibt
- Über Buttons Continuity gewünschte Übergangsbedingung am selektierten Kurvenpunkt einstellen:

- – *Point*: Verbindung punkstetig im Punkt
- – *Tangency*: Verbindung tangentenstetig im Punkt
- – *Curvature*: Verbindung krümmungsstetig im Punkt
- Wahlweise Werte für „*Tension*" eingeben, um das Anschmiegverhalten des Splines im Übergangspunkte zu definieren. Durch Selektion der roten Pfeile lässt sich die Orientierung der Tangente umkehren:

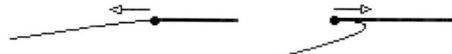

- Button „*Trim Elements*" trimmt selektierte Elemente bis zu Verbindungspunkten, so dass eine durchgehende Kurve entsteht, die eine logische Einheit darstellt (→ *Join*)
- Mit OK abschließen.

3.3.12 Parallelkurven (*parallel curves*) (nur Arbeitsumgebung "Generative Shape Design")

- Icon „*Parallel Curve*" ⟨ ⟩ drücken

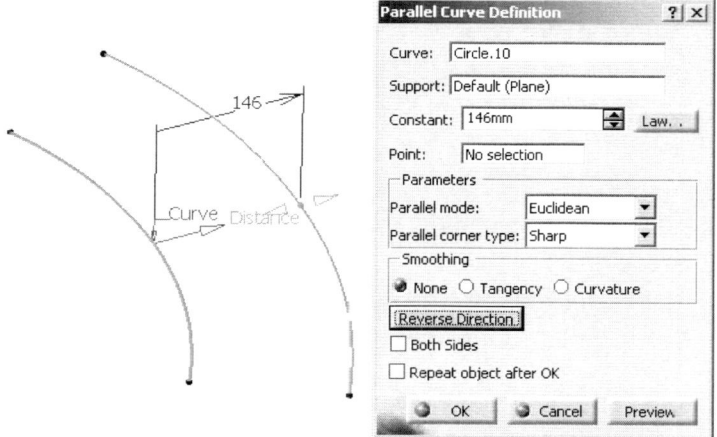

- Dialogfenster „*Parallel Curve Definition*" erscheint
- Kurve selektieren, von der eine Parallelkurve erzeugt werden soll (*Curve*)
- Projektionsebene selektieren (*Support*)
- Abstand der Parallelkurve zu selektierter Kurve eingeben (*Offset*)
- Der Schalter Law... ermöglicht die Festlegung eines Werteverlaufes des Abstands:
  Der Abstand ändert sich von „*Start value*" zu „*End value*" linear (*linear*), kubisch (*S type*) oder folgt einer zu definierenden Gesetzmäßigkeit (*Advanced*), siehe Kap. 3.6.12.

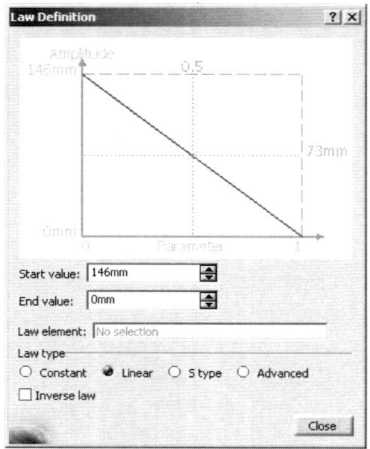

Der Schalter „*Inverse law*" vertauscht Anfangs- und Endwert:

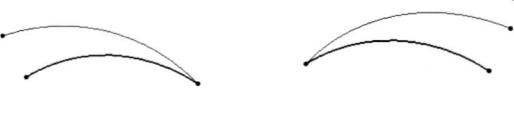

*Der Abstand ändert sich z.B. linear von „0" zu einem
bestimmten Wert.*

— Mit Schalter „*Parallel mode*" Abstandsverlauf zwischen Kurven einstellen:

Euclidean   minimal möglicher Abstand ohne Berücksichtigung der Support-
Fläche.

Geodisc   minimal möglicher Abstand unter Berücksichtigung des Verlaufs der
Support-Fläche.

Nur konstanter Abstand möglich, d.h. Law... nicht wählbar

— Schalter „*Parallel corner type*" regelt Verlauf bei Unstetigkeiten der selektierten
Kurve:

Sharp   die Kurvenabschnitte werden   *Round*   an Unstetigkeit wird ausge-
verlängert: rundet:

— Im Feld „*Smoothing*" kann eine Glättung der Parallelkurve bis zu einem definierten Grenzwert (*Deviation*) vorgenommen werden. Dabei kann Tangentenstetigkeit (*Tangency*) oder Krümmungsstetigkeit (*Curvature*) unterstützt werden.
Schalter ▣*3D Smoothing* führt eine Glättung ohne Festlegung einer Stützfläche
durch

– Button Reverse Direction trägt die Kurve in entgegengesetzter Richtung auf

– Button „*Both Sides*" trägt beim Aktivieren die Parallelkurven in beide Richtungen auf

– Button „*Repeat object after OK*" startet den Wiederholungsmodus (Kap. 1.7.1) nach Abschluss dieses Befehls

– Mit OK abschließen.

3.3.13 Erzeugen von Flächenrandkurven (Begrenzung - *boundary*)

– Icon „*Boundary*" 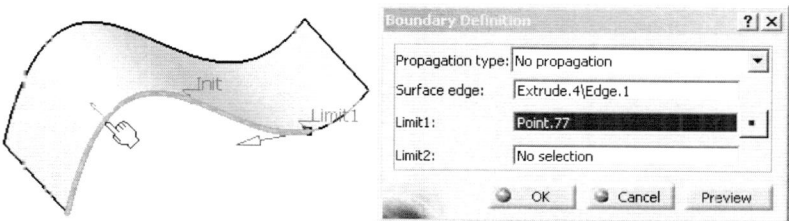 (Werkzeugleiste „*Operations*") drücken

– Fenster „*Boundary Definition*" erscheint:

– Einen Flächenrand selektieren (*Surface edge*).
Wird die Fläche direkt selektiert, so wird die vollständige Flächenberandung erzeugt und es kann keine Umfahrungsart mehr gewählt werden.

– Über Button „*Propagation type*" die gewünschte Umfahrungsart der Randkurve einstellen:

– *Complete boundary*: Die Fläche wird vollständig umfahren, ebenso werden Randkurven an Flächenausschnitten erzeugt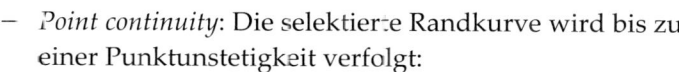

– *Point continuity*: Die selektierte Randkurve wird bis zu einer Punktunstetigkeit verfolgt: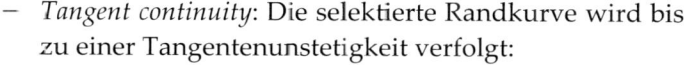

– *Tangent continuity*: Die selektierte Randkurve wird bis zu einer Tangentenunstetigkeit verfolgt: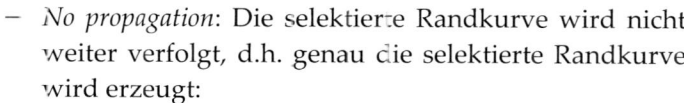

– *No propagation*: Die selektierte Randkurve wird nicht weiter verfolgt, d.h. genau die selektierte Randkurve wird erzeugt: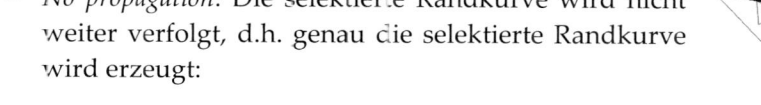

– Die erzeugte Randkurve kann mit zwei Elementen, z.B. Punkte auf der Kurve, begrenzt werden (*Limit N*).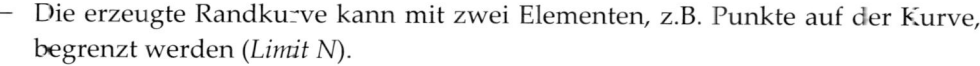

An den Endpunkten werden temporär rote Pfeile gezeigt. Durch Selektion der Pfeilspitzen lässt sich der komplementäre Rand der Fläche erzeugen.

3.3.14   Schneiden von Elementen mit anderen Elementen (*intersection*)

Folgende Geometrieelemente können miteinander geschnitten werden:

– Drahtgitterelemente
– Oberflächen
– Drahtgitterelemente und eine Oberfläche

– Icon „*Intersection*" [Icon] drücken
– Dialogfenster „*Intersection Definition*" erscheint
– Elemente selektieren, deren Schnitt dargestellt werden soll (First und Second Element).

  Falls mehr als ein Element geschnitten werden soll, den Schalter [Icon] drücken und Elemente im Grafikbereich wählen. Das Fenster „*First Elements*" ermöglicht auch selektierte Elemente wieder zu entfernen oder zu ersetzen

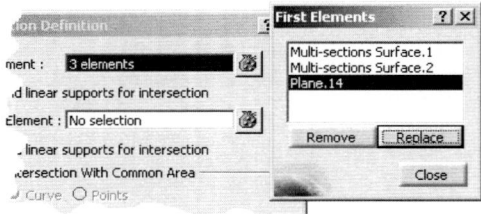

– Mit OK Schnittkurve erzeugen:

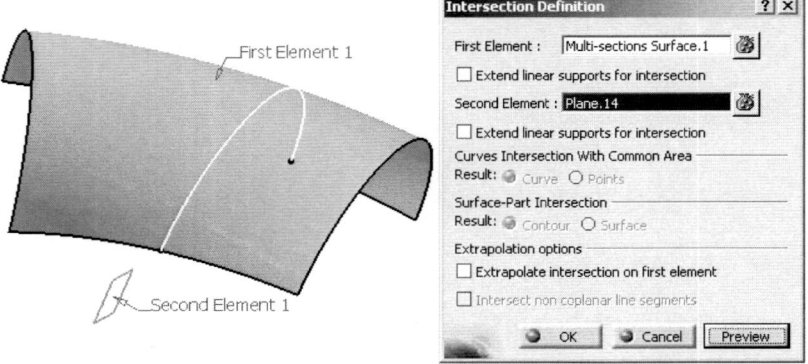

Der Schalter „*Extend linear supports for intersection*" verlängert Gerade bis zu einem Schnittpunkt. Nur damit werden Schnittpunkte erzeugt, die nicht auf den selektierten Geraden liegen:

Der Schalter „*Intersect non coplanar line segments*" erzeugt auch bei kreuzenden Geraden (sind nicht in einer Ebene) einen Schnittpunkt. Dieser wird zwischen den beiden erzeugt:

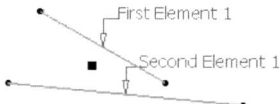

3.3.15 Erzeugen von Projektionen auf Elemente (*projection*)

Projiziert werden kann:

- Ein Punkt auf eine Fläche oder Drahtgittergeometrie
- Drahtgittergeometrie auf eine Fläche

- Icon „*Projection*" ⬧ drücken
- Fenster „*Projection Definition*" erscheint
- Zu projizierendes Element selektieren (*Projected*). Es können auch mehrere Elemente selektiert werden, siehe Kap. 3.3.14
- Projektionsfläche wählen (*Support*)

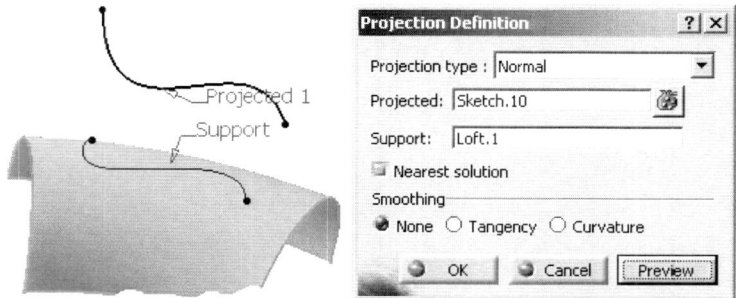

- Über Button „*Projection type*" Projektionsart einstellen:

Normal	Projektion wird normal auf Projektionsfläche erzeugt
Along a direction	Es wird entlang der angegebenen Richtung (*Direction*) projiziert. Die Richtung kann über eine Gerade oder Ebene (Normalvektor wird verwendet) selektiert werden. Weiters bietet das Kontextmenü (MB3 auf Feld „*Direction*") Möglichkeiten einen Vektor zu bestimmen: X-, Y- oder Z-Achse bzw. direkte Ortsvektoreingabe

– Im Fall mehrerer Lösungen bietet der Button „*Nearest solution*" die Wahl der räumlich nächstgelegenen Projektion (vgl. Kap. 3.7.3)

– Im Feld „*Smoothing*" kann eine Glättung der Parallelkurve bis zu einem definierten Grenzwert (*Deviation*) vorgenommen werden. Dabei kann Tangentenstetigkeit (*Tangency*) oder Krümmungsstetigkeit (*Curvature*) unterstützt werden.

3.3.16   Erzeugen von Raumkurven durch Kombination von Kurven (*combined curve*) (nur Arbeitsumgebung „*Generative Shape Design*")

Eine ebene Kurve kann als Projektion einer Raumkurve auf eine Ebene aufgefasst werden. Umgekehrt lässt sich eine Raumkurve aus zwei ebenen Kurven rekonstruieren. Eine Raumkurve kann allerdings auch aus Projektion zweier Raumkurven erzeugt werden.

– Icon „*Combine*"   (unter Icon „*Projection*") drücken

– Dialogfenster „*Combine Definition*" erscheint:

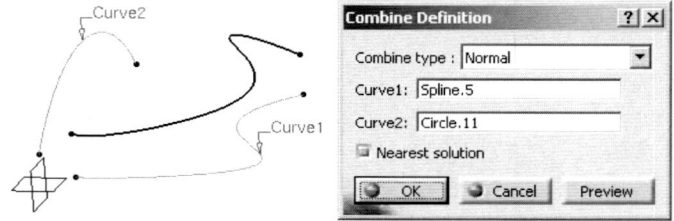

– Art der Projektion der beiden Kurven wählen: Schalter „*Combine type*" :

Normal   Projektion der Kurven entlang des Normalvektors ihrer Trägerebene. Die Kurven müssen planar sein

Along   Projektion der Kurven entlang zweier benutzerdefinierten Rich-
directions   tungen (*Direction1, 2*):
                  Die Richtungen werden als Gerade oder Ebene selektiert bzw. Feld
                  „*Direction1*" bzw. „*2*" mit MB3 selektieren und Option wählen

– Der Schalter „*Nearest solution*" ermöglicht die Wahl der Lösung, die am nächsten zur zuerst selektierten Kurve liegt, falls mehrere Lösungen existieren

– Mit OK wird die Kurve erzeugt.

Diese Funktion bietet sich bei der Konstruktion von komplizierten Raumkurven basierend auf einfachen 2D-Entwürfen an. Beispielsweise können Mittellinien von Saugrohren oder Abgaskrümmern zunächst zweidimensional in zwei Rissen gezeichnet und dann über *Combine* zu einer Raumkurve vereinigt werden.

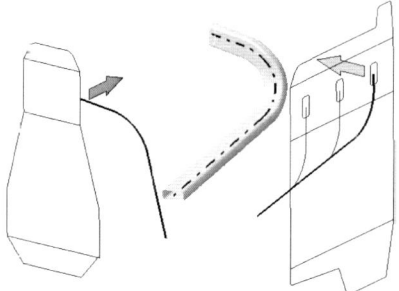

3.3.17 Arbeitsfläche definieren (Stützelement - *support*)

Geometrie wird am einfachsten in einer Ebene oder auf einer Fläche erzeugt. Eine Ebene (*plane*) oder eine Oberfläche (*surface*) kann als bestimmte Arbeitsfläche für nachfolgende Geometrieerzeugung festgelegt werden:

— Icon „*Work on Support*" ▦ drücken
— Dialogfenster „*Work On Support*" erscheint
— Fläche oder Ebene selektieren, die Arbeitsfläche werden soll
— Gegebenenfalls einen Punkt selektieren (*Point*). Dieser wird auf die Arbeitsfläche projiziert und so zum Ursprung des HV-Achsensystems
— Die selektierte Fläche ist die Arbeitsfläche. Im Fall einer Ebene wird ein Raster eingeblendet.
Alle nachfolgenden Geometriedefinitionen finden auf dieser Arbeitsfläche statt, d.h. es genügen zwei Koordinaten (H und V) zur vollständigen Festlegung im Raum.
— Verlassen dieser Arbeitsfläche durch Drücken des Icons „*Working Supports Activity*" ⛶
— Ein blaues HV-Achsenkreuz und eine Objekt „*Working support.N*" im Strukturbaum werden angelegt. Das Achsenkreuz kann ausgeblendet werden
— **Umbenennen** der Arbeitsfläche: Objekt „*Working support.N*" im Strukturbaum mit MB3 selektieren:
→ Properties im Fenster „*Properties*" Feld „*Name*" im Register „*Feature Properties*" überschreiben.

Erneutes Aufsuchen einer bereits festgelegten Arbeitsfläche

— Im Strukturbaum Objekt „*Working support.N*" oder im Grafikfenster blaues HV-Achsenkreuz selektieren:

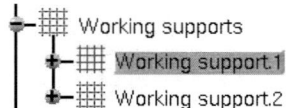

- Icon „*Working Supports Activity*" drücken
- Die gewünschte Arbeitsfläche wird aktiviert.

Ansichtsebene parallel zu Arbeitsebene einstellen

- Icon „*Normal View*" drücken
- Objekt „*Working support.N*" selektieren
- Die Ansichtsebene ist parallel zur selektierten Arbeitsebene.

Am elegantesten wird eine Arbeitsebene mit dieser Kombination aktiviert und bildschirmparallel gedreht: „*Working support.N*" → →

3.4   Oberflächen (*surface*)

In den Arbeitsumgebungen „*Wireframe and Surface Design*" und „*Generative Shape Design*" lassen sich sowohl einfache als auch komplexe Oberflächen erzeugen. Sämtliche Schalter in der Umgebung „*Wireframe and Surface Design*" stellt die Werkzeugleiste „*Surfaces*" zur Verfügung.

Nach dem Drücken des Icons aus der Werkzeugleiste „*Surfaces*" für die gewünschte Erzeugungsart erscheint ein Dialogfenster und die Stützgeometrie zur Definition der Fläche kann selektiert werden. Werteeingabe erfolgt entweder direkt im Wertefeld oder durch Ziehen der <u>grünen</u> Pfeile mit MB1 im Grafikbereich. Selektieren der <u>roten Pfeilspitze</u> kehrt die Erzeugungsrichtung um.

Der Button Preview ermöglicht eine Vorschau auf die Oberfläche mit den gewählten Parameterwerten.

Mit dem Button OK wird die Oberfläche erzeugt und das Dialogfenster geschlossen.

Doppelklick auf eine Oberfläche öffnet das entsprechende Dialogfenster erneut. Damit kann die Fläche umdefiniert werden.

Die Flächenarten im Einzelnen sind folgende:

3.4.1   Zylinderfläche (*extruded surface*)

Sind Flächen, deren generierendes Element (ebenes Profil) entlang eines Vektors gezogen wird.

- Icon „*Extrude*" 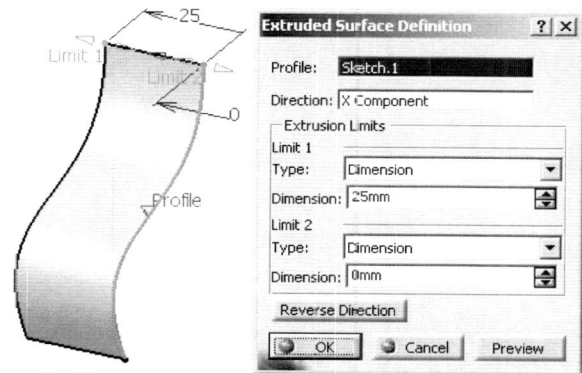 drücken
- Dialogfenster „*Extruded Surface Definition*" erscheint
- Profil selektieren (*Profile*)
- Ziehrichtung (*Direction*) selektieren: Gerade, Ebene (Normalvektor wird verwendet) oder über Kontextmenü X-, Y-, oder Z-Achse
- *Type: Dimension*: Längenausdehnung der Fläche als Maßzahl (*Dimension*) eingeben

  Type: Up-to element: Begrenzendes Element (Punkt, Ebene, Fläche) für Längenausdehnung selektieren
- Button Reverse Direction trägt Längen in entgegengesetzte Richtung auf:

- Mit OK wird die Fläche erzeugt.

3.4.2 Rotationsfläche (*revolution surface*)

Sind Flächen, deren generierendes Element (Profil) um eine Achse rotiert wird.

- Icon „*Revolve*" 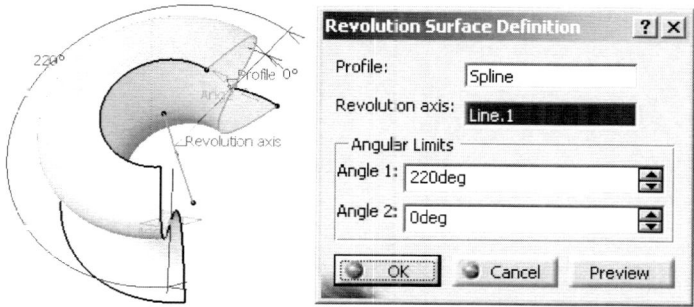 drücken
- Dialogfenster „*Revolution Surface Definition*" erscheint:

- Profil selektieren (*Profile*)

– Drehachse selektieren (*Revolution axis*). Wenn das Profil eine Skizze (*Sketch*) mit einer Achse (Type: *axis*) ist, so wird die Achse vom System erkannt. Eine andere Gerade kann jedoch dennoch selektiert werden

– Begrenzungswinkel der Drehung eingeben (*Angle N*).

3.4.3   Kugelfläche (*sphere*)

– Icon „*Sphere*" ⚫ drücken

– Das Dialogfenster „*Sphere Surface Definition*" erscheint:

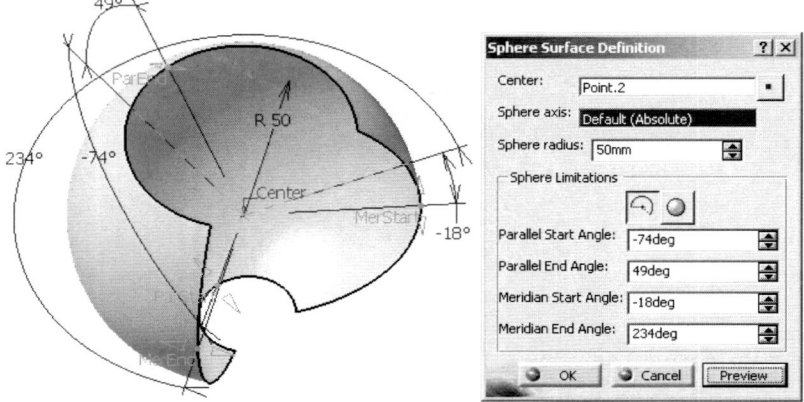

– Kugelmittelpunkt selektieren bzw. über Kontextmenü erzeugen (*Center*)

– Wahlweise Kugelachse selektieren (*Sphere axis*). Die Achse definiert die Lage von Kleinkreisen und Meridian der Kugel

– Über Schalter Begrenzungsart der Kugelfläche einstellen

⚫ Teilfläche	*Parallel Start Angle*	Polarwinkel des oberen Kleinkreispunktes (-90° bis 90°) - 90° → Kleinkreisradius = 0
	Parallel End Angle	Polarwinkel des unteren Kleinkreispunktes (-90° bis 90°) 90° → Kleinkreisradius = 0
	Meridian Start Angle	Lage einer Meridianhälfte
	Meridian End Angle	Lage einer Meridianhälfte
⚫ Vollkugel	Vollständige Angabe durch Radius und Mittelpunkt	

– Mit OK wird die Kugelfläche erzeugt.

3.4.4 Äquidistante Fläche (*offset surface*)

– Icon „*Offset*" 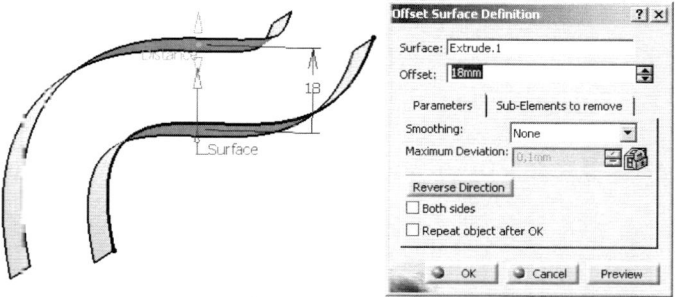 drücken

– Dialogfenster „*Offset Surface Definition*" erscheint:

– Referenzfläche selektieren (*Surface*)
– Abstand (*Offset*) von der selektierten Oberfläche eingeben

Anm.: Die äquidistante Fläche muss geometrisch möglich sein.

Wenn der Abstand Richtung Rundungsmittelpunkt größer als der Krümmungsradius ist, würden gekrümmte Flächen eine Schleife bilden und es kommt zu einem Fehler. In einem solchen Fall den Abstand verkleinern oder die Referenzfläche ändern.

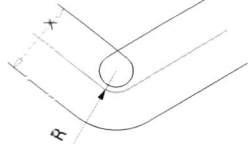

– Das Register „*Sub-Elements*" ermöglich das gezielte Entfernen von Teilflächen, die keine äquidistante Fläche mit den gegebenen Parametern zulassen. Ein Fenster macht auf diese Möglichkeit aufmerksam (Yes drücken). Die Flächen im Grafikbereich selektieren. Diese werden beim Erstellen der äquidistanten Flächen nicht berücksichtigt.

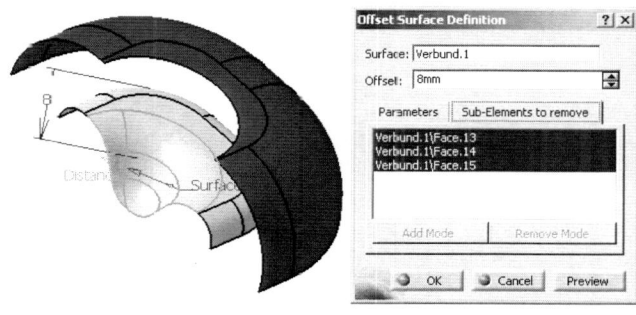

- Button [Reverse Direction] dient zur Erzeugung der Fläche in der entgegengesetzten Richtung
- Button [Both sides] erzeugt Flächen nach beiden Richtungen hin
- Mit [OK] Erzeugung der Fläche abschließen.

3.4.5 Translation (Ziehfläche - *swept surface*)

Translationsflächen entstehen durch Ziehen eines ebenen Profils (*profile*) entlang einer Führungskurve (*guide curve 1*). Die Stellung des Profils im Raum definiert eine Rückgratkurve (Leitkurve - *spine*), auf die das Profil immer normal steht. Zusätzlich kann eine weitere Führungskurve (*guide curve 2*) die Stellung des Profils in der Profilebene weiter einschränken.

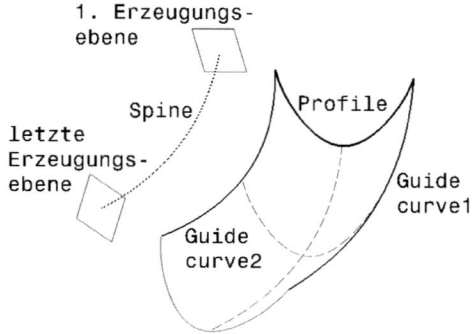

- Icon „*Sweep*" drücken
- Dialogfenster „*Swept Surface Definition*" erscheint:

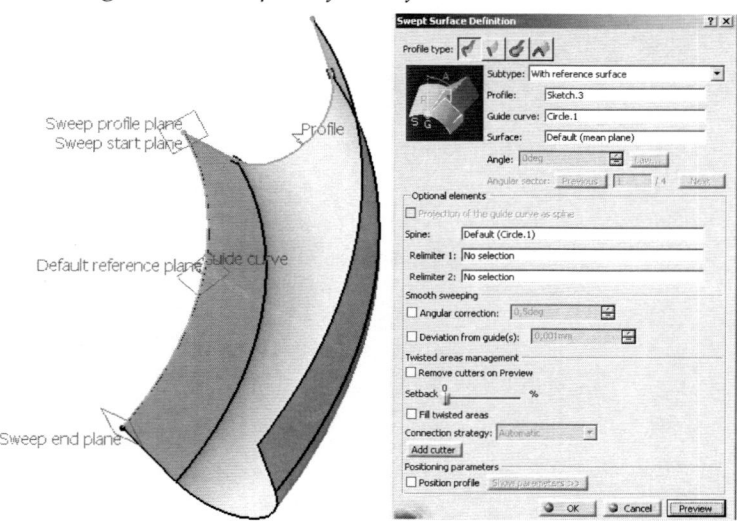

- Art des Profiles wählen: Button „*Profile type*":

Explizit Beliebiges ebenes Profil kann selektiert werden

 Line Das Profil ist eine Gerade, die durch Werteeingabe (Länge, Winkel) bestimmt wird:

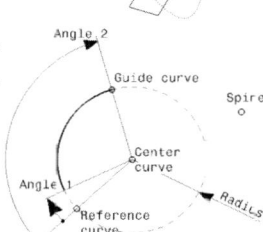

 *Circle* Das Profil ist ein Kreis, der durch Werteeingabe (Führungskurven, Radius) bestimmt wird:

 Conic Das Profil ist ein Kegelschnitt

- Profil selektieren (*Profile*)
- Führungskurve selektieren (*Guide curve*)
- Leitkurve selektieren (*Spine*). Falls kein Spine selektiert wird, wird die Führungskurve gleichzeitig Spine. Den Einfluss des Spines zeigt eine Ansicht mit projizierenden Profilebenen:

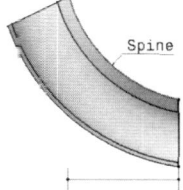

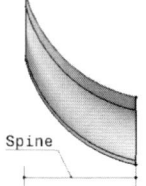

Spine = Führungskurve
(Voreinstellung)

Spine ist eine definierte Kurve:
Hier eine Gerade

- Die Längsausdehnung der Ziehfläche kann durch Punkte oder Ebene (*Relimiter* 1 und 2) innerhalb der möglichen Ausdehnung begrenzt werden. Ein grüner Pfeil ermöglicht die Festlegung der Erzeugungsrichtung, falls nur eine Begrenzung selektiert ist

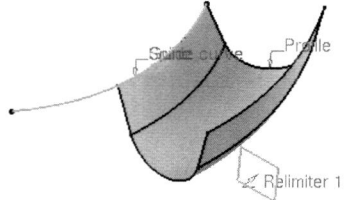

- Wahlweise zweite Führungskurve selektieren (*Second Guide*)
- Wahlweise eine Referenzebene selektieren (Register: *Reference*. Feld: *Surface*): Von dieser Ebene wird in der Profilebene der Winkel (*Reference angle*) gemessen
- Teilbereiche der Fläche können entfernt werden: Button Add Cutter drücken und mit MB1 einen beliebigen Punkt auf der Leitkurve 1 anfahren. An der Stelle wird ein Profil erzeugt, das mit MB1 gezogen werden kann. Der Bereich zwischen den Profilen bleibt ausgespart. Mit ⬚ *„Remove Cutters on Preview"* kann über Preview die Unterbrechung rückgängig gemacht werden. Nach dem Verlassen des Fensters kann man sich über *Multi-Result Management* (Kap. 3.7.3) entscheiden, welches Ergebnis bleiben soll

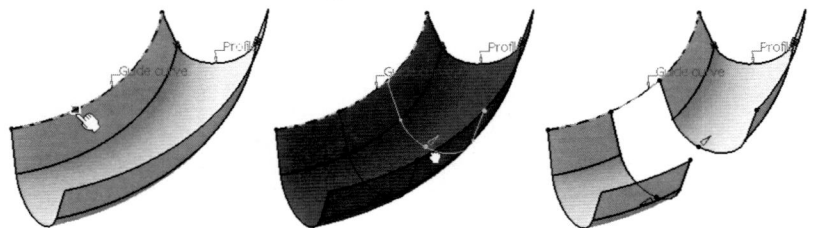

- Das Profil kann von Hand über die grünen Pfeile gezogen und gedreht werden oder über den Button ⬚ *„Position profile"* manuell in der ersten Erzeugungsebene platziert werden (der Schalter Show Parameters >> erweitert das Fenster und zeigt die entsprechenden Parameterwerte)
- Das Achsenkreuz des Sketches (HV), in dem das Profil gezeichnet wurde, wird grün dargestellt (XY) und in den Anfangspunkt der Führungskurve gestellt:

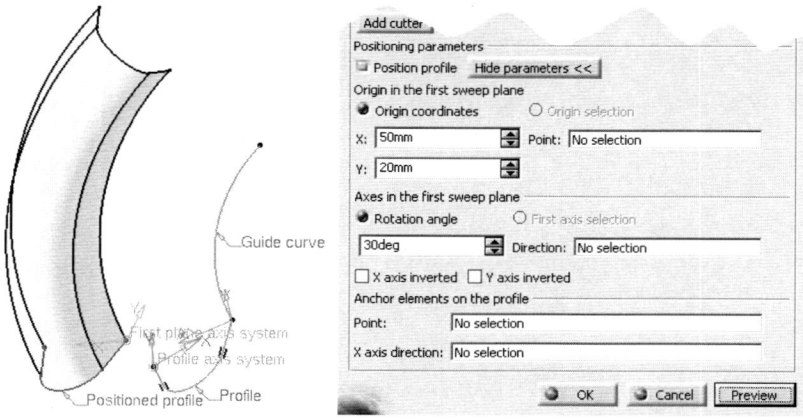

- Dieses grüne Achsenkreuz kann in der ersten Erzeugungsebene verschoben werden:
- durch Koordinateneingabe im Feld X und Y

- durch Drehung um den Ursprung: Feld *„Axes in the first sweep plane"* bzw. Selektion einer Geraden als neue X-Richtung (*Direction*)
- durch Spiegelung: Buttons *„X axis inverted"* und *„Y axis inverted"*
- Weiters kann ein neuer Ursprung für das grüne Achsenkreuz am Profil selektiert werden (*Anchor elements on the profile*).
- Nicht jede Kombination Profil – Leitkurve führt zu einem brauchbaren Ergebnis. Ist der Krümmungsradius der Leitkurve für ein Profil relativ zu klein, bekommt die Fläche einen Knick oder ist verdrillt. Bei Preview werden bloß die Konturen der Fläche dargestellt und ein Fenster weist auf die topologischen Probleme hin.
- Die Einstellung ☑ *„Fill twisted areas"* und ein Wert von *Setback* > 0 % (von der Leitkurvenlänge) können helfen die Fläche dennoch darzustellen.

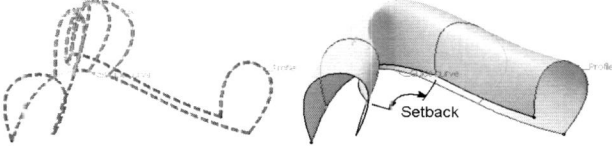

Beispiel zu Translation (*Swep Surface*) mit Kreisbogen als Spantkurve (Profile type: *Circle*):

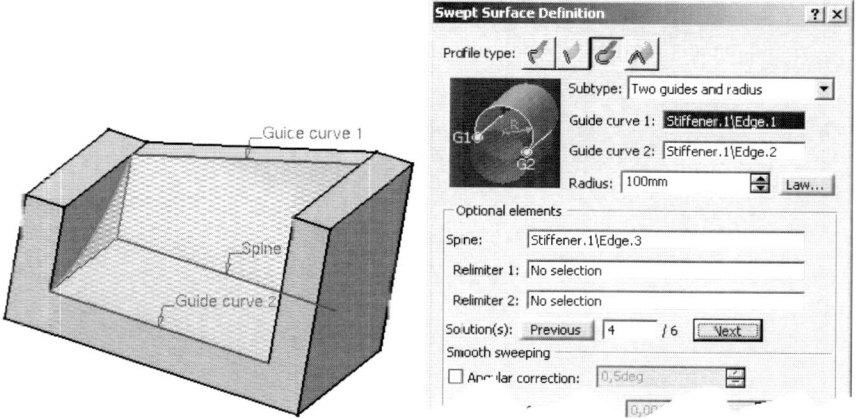

Mit Button Solution(s): ⫷ bzw. ⫸ schaltet man zwischen mehreren möglichen Lösungen um. In diesem Fall sind vier Anordnungen des Kreisbogens und zwei Vollkreise (also sechs Lösungen) möglich.

3.4.6 Füllfläche (*fill surface*)

Füllflächen werden an zusammenhängenden Kurven und/oder Rändern bestehender Flächen aufgespannt. An Randkurven zu Nachbarflächen kann eine Tangentenbedingung vergeben werden:

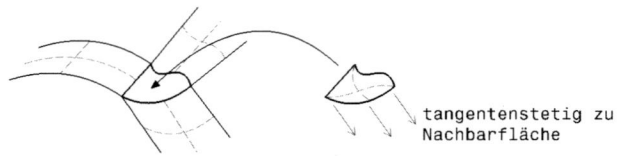

tangentenstetig zu
Nachbarfläche

– Icon „*Fill*" 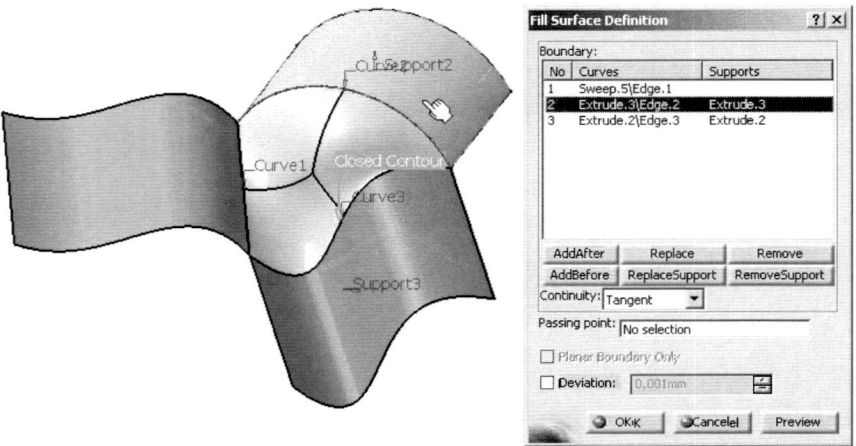 drücken
– Dialogfenster „*Fill Surface Definition*" erscheint:

– Drei oder mehr Kurven bzw. Flächenrandkurven in einem Umfahrungssinn
selektieren (*Curves*). Die Reihenfolge ist wichtig, weil das System prüft, ob die
Kurven punktstetig sind. Wählt man Kurven, die nicht an einander hängen, erscheint eine Fehlermeldung (*There is a gap of … mm*), dass der Abstand zwischen
den Endpunkten zu groß ist.
Mit den Buttons Replace, Remove und Add lassen sich selektierte Kurven ent-
fernen, durch andere ersetzen oder neue hinzufügen
– Zusätzlich kann man Hilfsflächen zur Erzeugung der Füllfläche angeben (*Sup-
port*). In der Zeile, wo die Kante einer Fläche aufscheint, die Spalte Support,
dann die entsprechende Fläche im Grafikbereich selektieren.
Über den Button „*Continuity*" lässt sich die Art des Überganges einstellen:
  Point: Punktstetigkeit
  Tangent: Tangentenstetiger Übergang von der Füllfläche zu selektierter Fläche
– Ein Punkt, durch den die Füllfläche gehen soll, kann definiert werden: Feld
„*Passing point*" selektieren, dann den Punkt im Grafikbereich wählen. Auch in
dem Fall kann der Übergang zur Nachbarfläche tangentenstetig ausgeführt
werden:

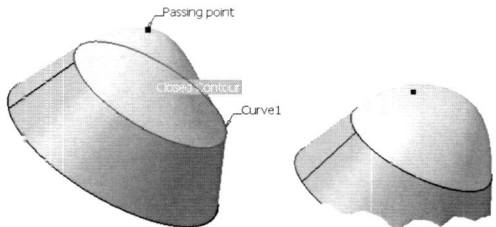

– Die Füllfläche kann eine **ebene Fläche** sein: Vor der Eingabe der Randkurven Schalter *„Planar Boundary Only"* aktivieren.

3.4.7 Fläche mit Mehrfachschnitten (*multi-sections surface* früher: *loft surface*)

Sind Flächen, die durch Verbinden mehrerer ebener Elemente (Spanten oder Schnitte - *Section*) entstehen. Zusätzlich können Führungskurven (*Guide curve*) und ein Rückgrat (eine Leitkurve - *Spine*) angegeben werden. Die Führungskurven müssen durch Punkte der Spanten gehen. Die Spantenebenen stehen immer normal auf das Rückgrat. Wenn kein Spine angegeben wird, errechnet sich das System eine entsprechende Kurve. Die Spanten werden mit Längskurven miteinander verbunden. Dabei muss der Anfangspunkt eines Spants definiert werden es gibt ja zwei Möglichkeiten. Die Angabe eines Anfangs erfolgt durch Wahl einer Pfeilrichtung nach dem Selektieren eines Spants.

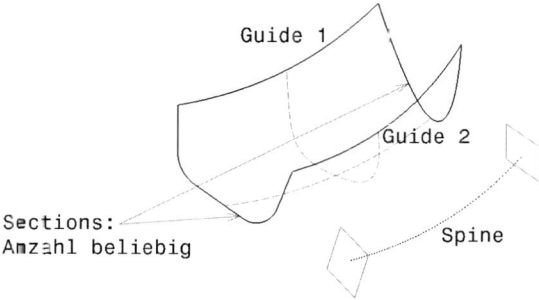

Bei geschlossenen Spanten ist neben der Festlegung eines Anfangspunktes auch der Umfahrungssinn beim Verbinden einzelner Spanten wichtig.

– Icon *„Multi-Sections Surface"* drücken

– Dialogfenster *„Multi-Sections Surface Surface Definition"* erscheint

– Spanten (*Section*) selektieren. Auf dieselbe Richtung der roten Pfeile (= Umfahrungssinn bei Erzeugung) achten. Andernfalls ist die Fläche verdrillt. Umkehrung der Pfeilrichtung durch Selektion der Pfeilspitze.

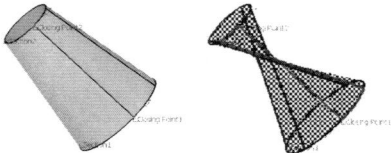

Umfahrungssinn
gleichsinnig   gegensinnig

− Die Zeile in der Spalte „*Tangent*" neben einer Spante selektieren ermöglicht eine Tangentenbedingung zu vergeben durch Selektion einer anschließenden Fläche (hier: Fläche *Extrude* bei *Section 3*):

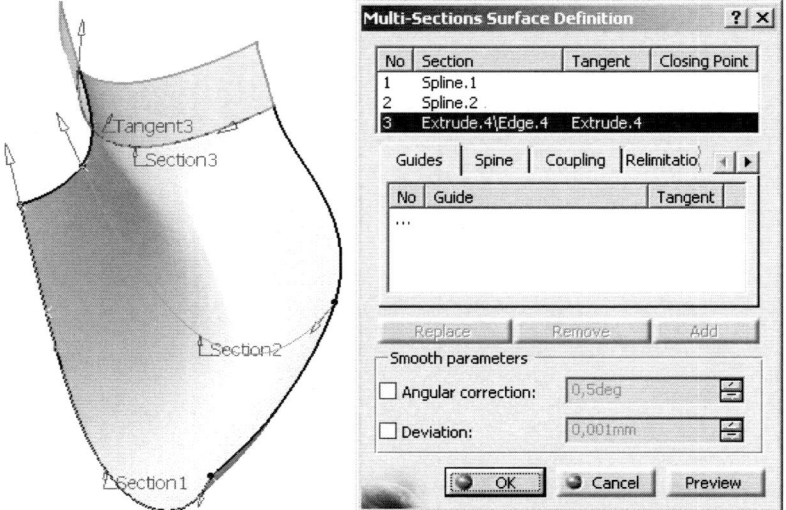

− In der Spalte „*Closing Point*" kann der Anfangspunkt (Extrempunkt oder vorhandener Punkt auf Kurve) eines geschlossenen Spants bestimmt werden. Die Anfangspunkte werden miteinander verbunden und bilden die erste Erzeugende. So ist die Flächenausrichtung festgelegt. Ändern der Anfangspunkte mit Kontextmenü: ⟦Replace Closing Point⟧ einen anderen Punkt auf <u>dieser</u> Kurve selektieren:

1. Erzeugende

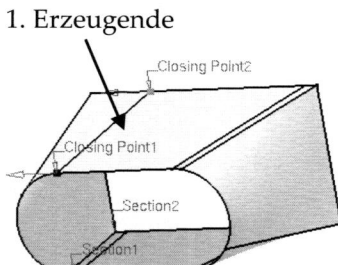

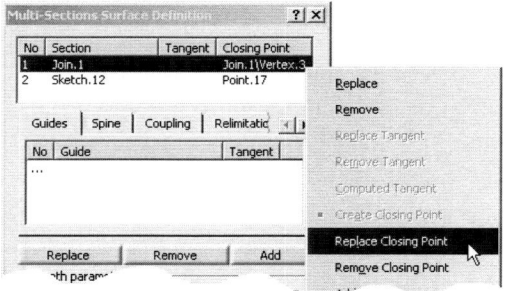

– Wahlweise Registerkarte „*Guide*" selektieren, dann die Führungskurve(n) selektieren

– Wahlweise Registerkarte „*Spine*" selektieren, dann die Spine-Kurve selektieren

– In bestimmten Fällen kann es notwendig sein dem System vorzugeben, welche Spantenpunkte miteinander durch Längskurven verbunden werden sollen. Dies ermöglicht das Register „***Coupling***":

  – Register „*Coupling*" wählen

  – Die Zeile im Feld „*Coupling*" selektieren und [Add] drücken

  – Als Verbindungsmethode zwischen Spanten (*Sections Coupling*) „*Ratio*" (= gleichmäßige Aufteilung der Stützpunkte über einen Umfang) wählen

  – Im erscheinenden Fenster „*Coupling*" werden Punktepaare definiert, die miteinander verbunden werden:

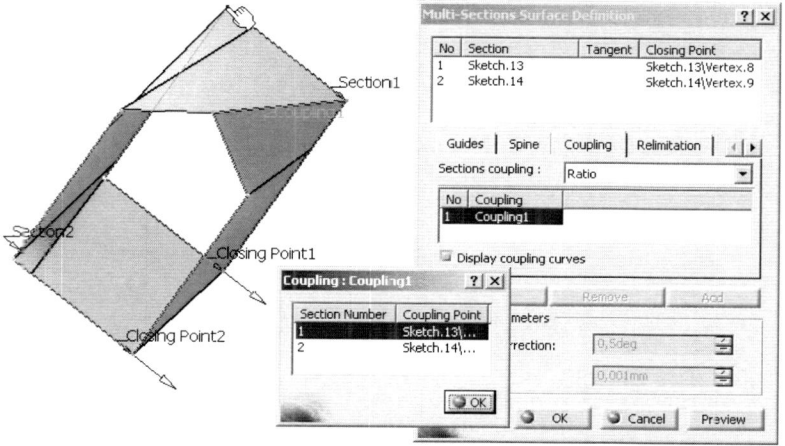

– Jedes Punktepaar (*CouplingN*) wird in der Reihenfolge der Spanten selektiert, d.h. zuerst Punkt auf *Section 1*, dann Punkt auf *Section 2* usw. und mit [OK] definiert

– Weitere Punktepaare werden mit [Add] hinzugefügt:

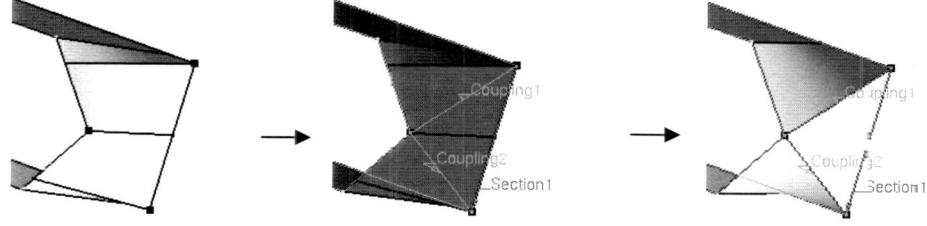

Hier werden z.B. zwei Punktepaare (aus drei Punkten) definiert, die die Flächen anders aufteilen

170   3 Drahtgitter und Oberflächen

Beispielsweise kann ein Verbindungsstück damit wunschgemäß gestaltet werden:

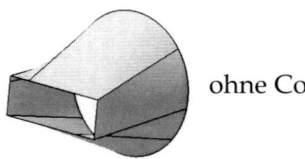 ohne Coupling

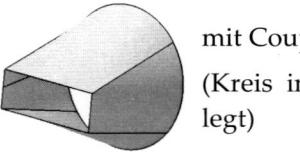 mit Coupling
(Kreis in 4 Teile zerlegt)

− Mit OK die Fläche erzeugen
− Doppelklick auf die Fläche öffnet das Dialogfenster erneut. Damit kann die Fläche umdefiniert werden.

3.4.8   Übergangsfläche (*blend*)

Zwischen zwei vorhandenen Flächen kann eine Fläche erzeugt werden, die über zwei Randkurven diese Flächen punkt-, tangenten- oder krümmungsstetig miteinander verbindet.

− Icon „*Blend*" drücken
− Dialogfenster „*Blend Definition*" erscheint

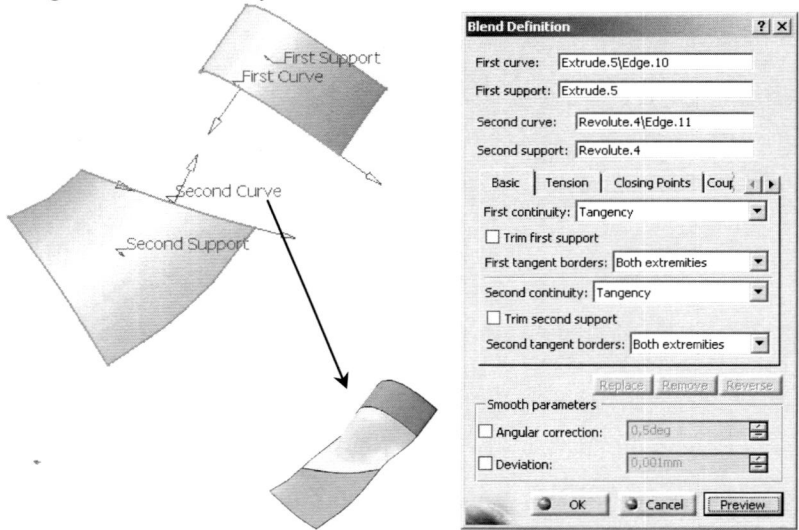

− Bei erster Fläche Randkurve (*First curve*) und Fläche selbst (*First support*) selektieren
− Ebenso bei der zweiten Fläche verfahren. Die Orientierung der beiden Randkurven gleichsinnig einstellen: Rote Pfeile weisen in selbe Richtung (Umkehren durch Selektion des entsprechenden Pfeils)
− Preview liefert eine Vorschau auf die Verbundfläche

– Im Register „*Basic*" kann der Übergang zwischen den jeweiligen Flächen und
  deren Randkurven eingestellt werden.
  Übergang zwischen Flächen (*first/second continuity*)

Point   punktstetiger Übergang auf Übergangsfläche
Tangency   tangentenstetiger Übergang
Curvature   krümmungsstetiger Übergang

– ▣ *Trim first/second support* vereinigt die jeweilige Fläche mit der Übergangsfläche zu einer Einheit:

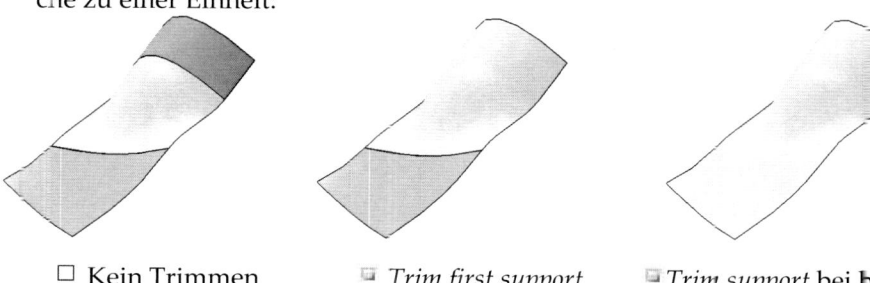

□ Kein Trimmen   ▣ *Trim first support*   ▣ *Trim support* bei beiden

– Das Feld „*First/Second tangent borders*" ermöglicht eine Beeinflussung der freien
  Randkurven (*border*) der Übergangsfläche.

First bezieht sich auf die erste, *second* auf die zweite Fläche (*support*). *Start* bzw. *end*
bezieht sich auf die Orientierung der Randkurven (rote Pfeile).

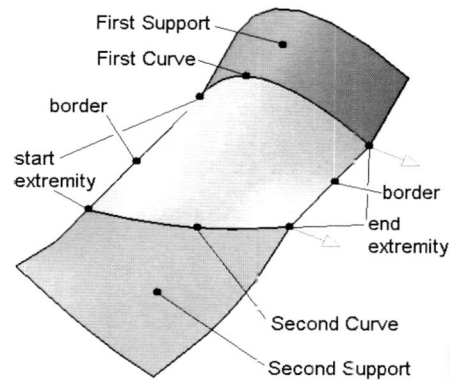

Die Randkurven sind tangentenstetig

an beiden Randpunkten (*extremities*)	*Both extremities*
an keinem Randpunkt	*None*
nur am Anfangspunkt	*Start extremity only*
nur am Endpunkt	*End extremity only*

– Mit OK wird die Übergangsfläche erzeugt und ein Objekt *Blend.N* im Strukturbaum angehängt.

3.4.9   Erzeugen von Ausrundungsflächen (*fillet*) (nur Arbeitsumgebung: *Generative Shape Design*)

Eine Verrundung entsteht durch Abrollen einer Kugel zwischen zwei Flächen. Der Kugelradius entspricht dabei dem Filletradius.

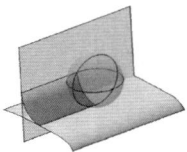

Die unterschiedlichen Möglichkeiten zur Definition einer Verrundung (*Fillet*) finden sich in der Werkzeugleiste „*Fillets*"  : (Innerhalb der Werkzeugleiste „*Operations*".)

Die Erzeugungsarten von Fillets sind im Einzelnen:

3.4.9.1   Verrundung zwischen zwei topografisch zusammenhängenden Flächen (*shape fillet*):

– Icon „*Shape Fillet*" ⟆ drücken
– Dialogfenster „Fillet Definition" erscheint
– Die Erzeugungsart festlegen (Fillet type):
   BiTangent Fillet: Verrundung zwischen zwei Flächen
   TriTangent Fillet: Verrundung zwischen drei Flächen. Entspricht im Grunde dem Befehl ⟆, siehe Kap. 3.4.9.5
– Flächen selektieren, die durch Rundung miteinander verbunden werden sollen (Support 1 und 2).
   Es gibt vier Möglichkeiten, wo das Fillet angebracht werden kann. Mit den roten Orientierungspfeilen durch Selektion der Pfeilspitzen die gewünschte Richtung einstellen. Die Pfeile zeigen zum Rundungsmittelpunkt:

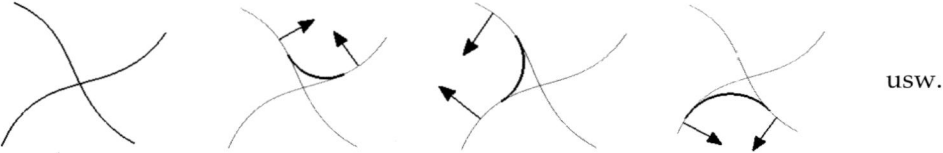

usw.

– Radius der Rundung eingeben (*Radius*)

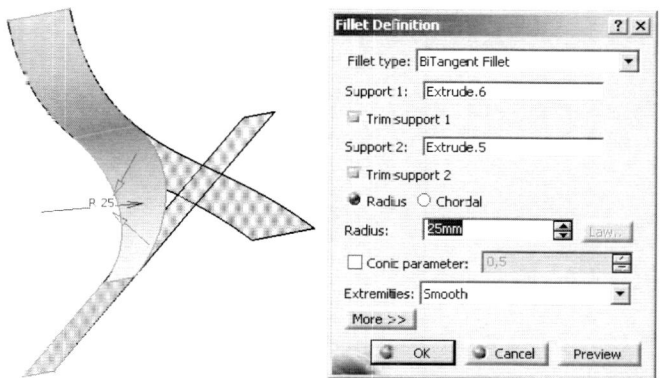

- Über Button „*Extremities*" Verlauf der Randkurven einstellen:

Smooth: Randkurven verlaufen tangentenstetig von den Rändern der beiden Stützflächen zu den Rändern des Fillets:

Straight: Randkurven verlaufen ohne Tangentenstetigkeit von den Rändern der Stützflächen zum Filletrand. An der Stelle der beiden Pfeile ist ein Knick im Randkurvenverlauf:

Maximum: Der Filletrand folgt der längeren der beiden Randkurven der Stützflächen:

Minimum: Der Filletrand folgt der kürzeren der beiden Randkurven der Stützflächen:

- Wahlweise Trimmen der Anschlussflächen wählen (*Trim support N*. Das Ergebnis ist eine tangentenstetige Fläche

– Mit $\boxed{\text{More} >>}$ wird das Feld „*Hold Curve*" sichtbar. Damit kann eine Kurve auf einer Stützfläche zur Randkurve des Fillets werden. Der Radius ergibt sich in dem Fall natürlich aus der Tangentenbedingung und variiert somit über den Verlauf des Fillets, der durch Wahl eines Spines bestimmt wird.

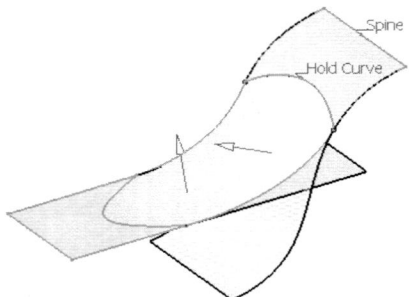

– Vorschau mit $\boxed{\text{Preview}}$
– Verlassen des Fensters mit $\boxed{\text{OK}}$.

3.4.9.2 Verrundung entlang einer Flächenkante (*edge fillet*):

– Icon „*Edge Fillet*" ✎ drücken
– Kante oder Fläche mit Kante (= Tangentenunstetigkeit) selektieren
– Dialogfenster „*Fillet Definiton*" erscheint:

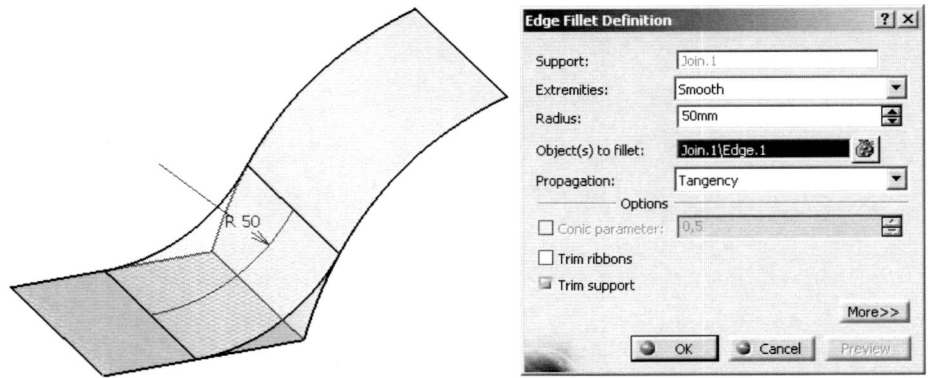

– Den Verlauf der Filletränder über Button „*Extremities*" einstellen, siehe „Verrundung zwischen Flächen", Kap. 3.4.9.1
– Filletradius eingeben (*Radius*)
– Über Button „*Propagation*" den Fortschrittsmodus bei der Erzeugung des Fillets entlang der selektierten Kante einstellen:

Tangency	die selektierte Kante wird bis zu einer Tangentenunstetigkeit verfolgt	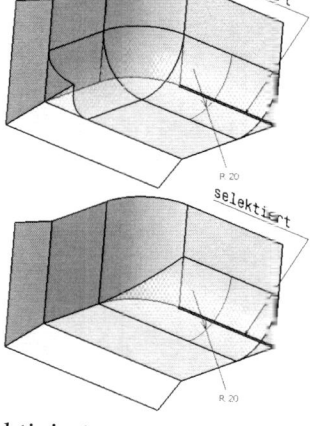
Minimal	nur die selektierte Kante wird verrundet	

– Stützflächen trimmen: Schalter „*Trim support*" aktiviert
– Schalter „*Trim ribbons*": Bestimmt das Verhalten beim Aufeinandertreffen von Filleträndern.

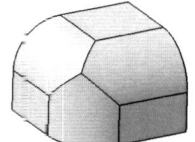   aktiviert   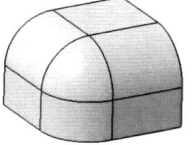   deaktiviert

Weitere Hinweise siehe Kap. 4.4.1.1

• Schalter More >> erweitert das Dialogfenster. Im erweiterten Fenster können Kanten selektiert werden, die unverrundet bleiben sollen (*Edge(s) to keep*), und es können externe Begrenzungsflächen der Rundungsflächen angegeben werden (*Limiting element(s)*):

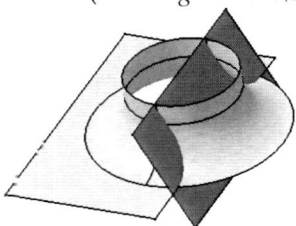

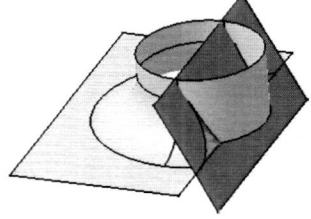

Beim Verrunden der Kante zwischen Zylinder und Ebene läuft die Rundung ohne Begrenzung rundum

Wird eine andere Begrenzung gewünscht, muss als *Limiting element* eine Fläche (z.B. die dunkle Ebene) selektiert werden

Laufen mehrere Kanten zu einer Ecke zusammen, werden nicht alle Kanten vollständig verrundet oder das System erzeugt überhaupt keine Rundung („Geometrie ist zu komplex"). In dem Fall hilft der Schalter Blend Corner(s):

1. Kanten selektieren, die verrundet werden sollen, in diesem Fall vier

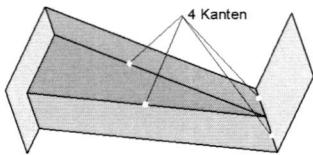

2. Schalter Blend Corner(s) drücken. Das System zeigt auftretende Ecken an (*Corner.N*). Alle gefundenen Ecken werden überarbeitet. Die allgemeine Länge der Kantenabschnitte wird im Feld „*Setback distance*" eingegeben

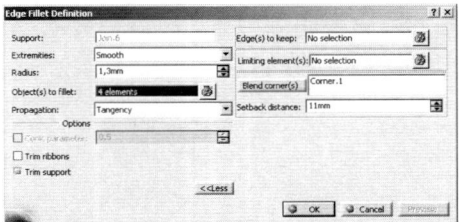

3. Durch Doppelklick auf die Maßzahl können Längen von Abschnitten individuell geändert werden

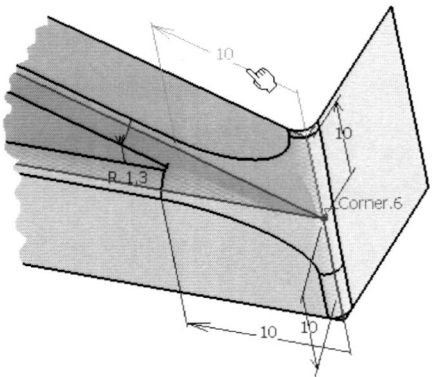

4. Innerhalb des festgelegten Kantenbereichs wird die Geometrie so geändert, dass eine Verrundung möglich wird

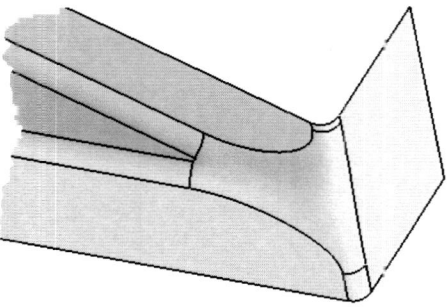

– Mit OK Erzeugung des Fillets abschließen.

3.4.9.3 Verrundung mit variablen Filletradius (*variable radius fillet*)

– Icon „*Variable Radius Fillet*" drücken
– Kante selektieren, die verrundet werden soll
– Dialogfenster „*Variable Edge Fillet*" erscheint:

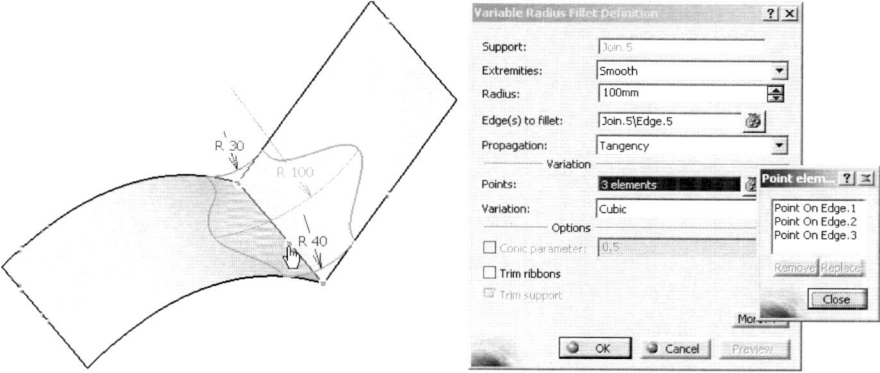

– Die zwei Endpunkte (*vertex*) werden mit dem Voreinstellungs-Radiuswert dargestellt
– Den Verlauf der Filletränder über Button „*Exremities*" einstellen, siehe „Verrundung zwischen zwei Flächen"
– Radiuswert für einen Endpunkt eingeben (*Radius*)
– Über Button „*Propagation*" den Fortschrittsmodus bei der Erzeugung des Fillets entlang der selektierten Kante einstellen, siehe „Verrundung entlang einer Flächenkante"
– Über das Feld „*Points*" können zusätzliche Radiuswerte eingegeben werden: Das Feld selektieren, danach einen beliebigen Punkt auf der Kante selektieren. Einen Radiuswert für diese Stelle eingeben. Nachträgliches Ändern von Radiuswerten durch Doppelklick auf die Maßzahl im Grafikbereich

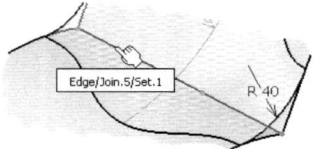

- Der Button „*Variation*" bestimmt den Verlauf zwischen den angegebenen Radien:

Cubic   exponentieller Verlauf zwischen den angegebenen Radiuswerten

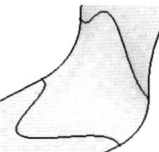

Linear   linearer Übergang zwischen den angegebenen Radiuswerten

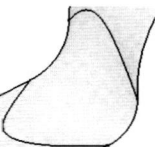

- Schalter ⟨More >>⟩ siehe Kap. 3.4.9.2. Außerdem bietet der Schalter „*Circle Fillet*" die Möglichkeit die Fläche durch Kreise normal zu einer Leitkurve (*Spine*) darzustellen.
- Mit ⟨OK⟩ Erzeugung des Fillets abschließen.

3.4.9.4   Verrundung zwischen zwei getrennten Oberflächen (*face-face fillet*)

Diese Verrundungsart wird herangezogen für zwei Flächen eines Körpers, die einander nicht berühren, oder falls mehr als zwei scharfe Kanten zwischen den Flächen existieren. Logisch völlig unabhängige Flächen müssen vorher mit dem Befehl „*Join*" verknüpft werden.

- Icon „*Face-Face Fillet*" drücken
- erste Fläche selektieren, die durch Verrundung verbunden werden soll (*Support:* im folgenden Fenster)
- Dialogfenster „*Face-Face Fillet Definition*" erscheint:

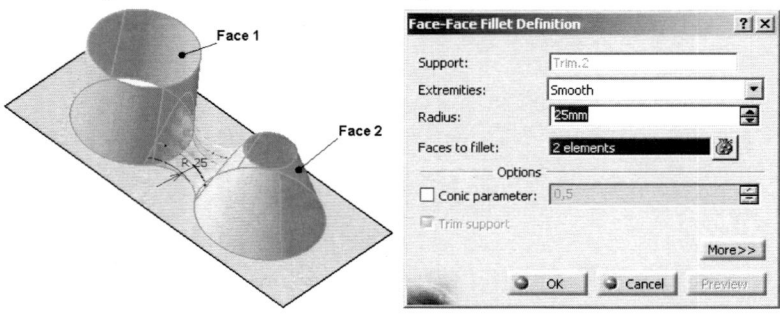

- Zweite Fläche selektieren, die durch Verrundung verbunden werden soll (*Faces to fillet*)
- Den Verlauf der Filletränder über Button *„Exremities"* einstellen, siehe Kap. 3.4.9.1
- Radiuswert eingeben (*Radius*).

Anm.: Der Wert muss größer sein als der Abstand zwischen den beiden Flächen, sonst ist das Ergebnis topografisch nicht möglich.

- Mit OK Erzeugung des Fillets abschließen:

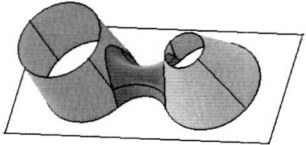

3.4.9.5 Verrundung zwischen drei verbundenen Oberflächen mit Entfernung einer Fläche (*tritangent fillet*)

- Icon *„Tritangent Fillet"* 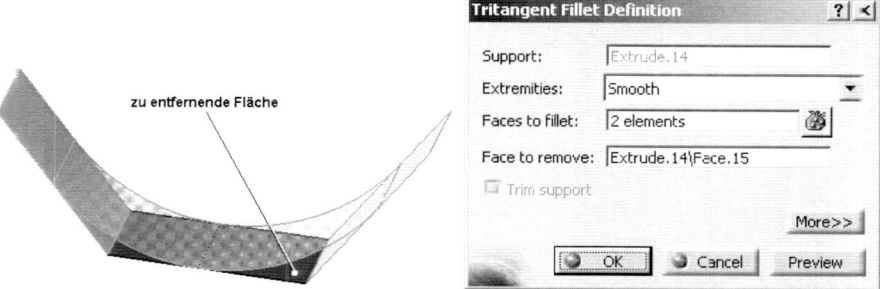 drücken
- Einen Flächenteil selektieren, der verrundet werden soll. Sämtliche Flächenteile müssen zu einer logischen Einheit gehören, also z. B. mit *„Join"* verbunden sein (Element *Support* im folgenden Fenster)
- Dialogfenster *„Tritangent Fillet Definition"* erscheint:

- Zweiten Flächenteil selektieren, der verrundet werden soll (*Faces to fillet*)
- Mittlere Fläche, die entfernt werden soll, selektieren (*Face to remove*). Das Fillet verläuft tangenzial zu dieser und dadurch ergibt sich der Radius
- Den Verlauf der Filletränder über Button *„Extremities"* einstellen, siehe Kap. 3.4.9.1
- Mit OK Erzeugung des Fillets abschließen:

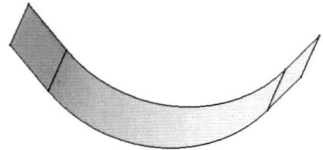

3.4.9.6   Abstandsverrundung (*Chordal fillet*)

Im Prinzip ist diese Verrundung nichts anderes als eine Kantenverrundung bei der statt dem Radius R die Sehnenlänge (*chordal length*) eingegeben wird. Weiters besteht die Möglichkeit den Sehnenwert variabel zu gestalten.

− Icon „*Chordal Fillet*" 🐾 drücken
− Kante selektieren, die verrundet werden soll
− Sehnenlänge eingeben:

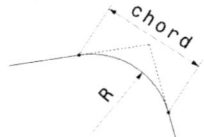

− Gegebenenfalls weitere Kante(n) selektieren, die verrundet werden soll(en)
− Weitere Einstellungen wie bei Kantenverrundung (Kap. 3.4.9.2) und bei Verrundung mit variablen Radius (Kap. 3.4.9.3) vornehmen.

3.4.10   Hinzufügen einer Materialeigenschaft (*applying material*)

− Farbwiedergabe auf „schattiert mit Material" 🔲 (Werkzeugleiste „*View*") einstellen, damit das Ergebnis sichtbar ist.
− Fläche wählen, die Materialeigenschaften bekommen soll
− Icon „*Apply Material*" 🗃 drücken
− Im Datenbankfenster (*Library*) gewünschten Werkstoff selektieren
− Mit OK Fenster schließen und damit Material selektierter Fläche zuweisen. Im Strukturbaum wird ein entsprechendes Objekt angehängt.

Genaueres dazu siehe Kap. 1.9.2.

3.5 Analyse von Geometrie

Vorhandene Geometrie kann zur Kontrolle und um eine Übersicht von importierter Geometrie zu erhalten analysiert werden. Dazu stehen verschiedene Möglichkeiten zur Verfügung.

3.5.11 Stammbaum (historical graph) (nur in Arbeitsumgebung „*Generative Shape Design*")

Der Stammbaum zeigt die Entstehungsgeschichte eines Elements. Damit lassen sich z.B. alle beteiligten Elemente einer Fläche herausfinden: Beim Ziehen mit der Maus im Fenster *„Historical Graph"* werden die überfahrenen Elemente sowohl im Stammbaum, als auch im Grafikbereich hervorgehoben.

- Icon *„Show Historical Graph"* ▦ (in Werkzeugleiste *"Tools"*) drücken
- Element selektieren, für das der Stammbaum gezeigt werden soll
- Fenster *„Historical Graph"* erscheint. Zur Erläuterung der Darstellung siehe auch Eltern/Kind-Beziehung (Kap. 1.13.2).

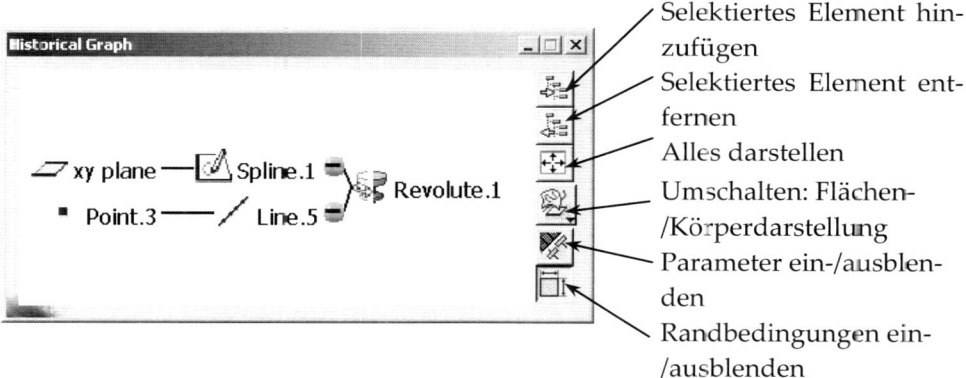

- Selektiertes Element hinzufügen
- Selektiertes Element entfernen
- Alles darstellen
- Umschalten: Flächen-/Körperdarstellung
- Parameter ein-/ausblenden
- Randbedingungen ein-/ausblenden

- Durch erneutes Drücken des Icons ▦ wird die Anzeige des Stammbaums beendet.

3.5.12 Prüfen von Übergängen zwischen Elementen(*connections check*)

Der Übergang zwischen zwei Oberflächen kann auf Spalte, Tangentenunstetigkeiten und Krümmungsunstetigkeiten untersucht werden (Verbindungsüberprüfung):

- Icon *„Connect Checker Analysis"* ▧ drücken
- Dialogfenster *„Connect Checker"* erscheint. Zwei oder mehr Flächen, deren Abstand untersucht werden soll, mit dem Icon ▦ auswählen (*Source*)

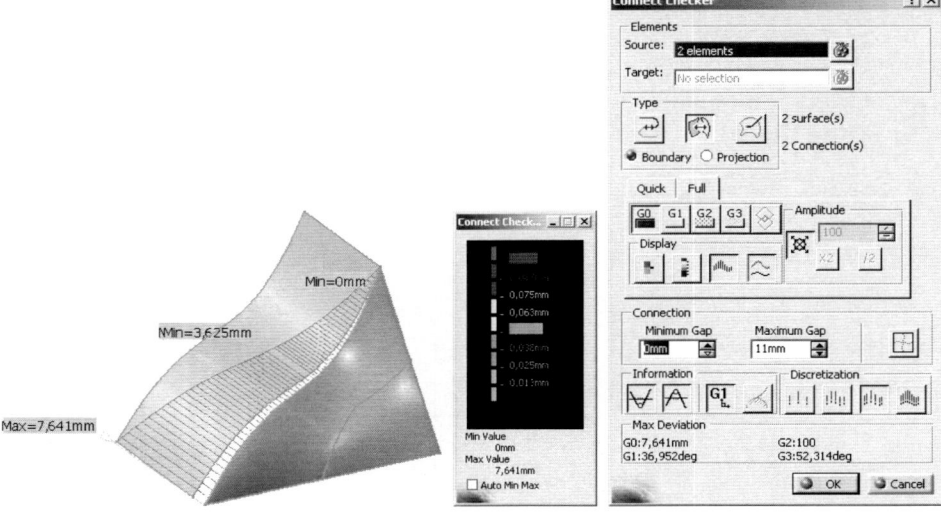

- Im Feld *„Type"* **Analyseart** wählen:

$\rightleftarrows$ Abstand zwischen Kurven

     Abstand zwischen Flächen

     Abstand zwischen Kurven und Flächen

Boundary: Der Abstand der Randkurven wird geprüft

- Im Feld *„Quick"* bzw. *„Full"* Analysegegenstand wählen:

G0	*Distance*	Abstand der Flächenränder in mm
G1	*Tangency*	Differenz der Tangentensteigungen in °
G2	*Curvature*	Krümmungsabweichungen in %
G3		

     Overlap   Überlappungsbereiche

- Im Feld *„Connection"* Extremwerte eingeben, unterhalb (*Minimum Gap*) bzw. oberhalb (*Maximum Gap*) dem keine Analyse vorgenommen wird und mit MB1 in den Hinterrgund klicken, damit Neuberechnung durchgeführt wird. Sind die Werte zu groß bzw. zu klein, gibt es kein Suchergebnis und ein Fenster weist auf mögliche Eingabefehler hin

- Mit dem Schaltern im Feld *„Display"* die Werteanzeige wählen:

     Color Scale   Zwei Farbspektren zeigen Extremwerte der Analyse an

     Comb   Werte werden als Nadeln dargestellt

     Envelope   Die Nadelspitzen werden miteinander verbunden

- Im Feld *„Amplitude"* wird der Maßstab für die Werteanzeige eingestellt:

⊠	*Automatic*	Zoomabhängige Darstellung, immer im Bildausschnitt vollständig sichtbar
	100	Benutzerdefinierter Maßstab

– Über Schalter im Feld „*Information*" können die Extremwerte in Fähnchen im Grafikbereich geschrieben werden

– Im Feld „*Discretization*" Auflösung der Anzeige einstellen:

Light	10 Nadeln werden entlang des Flächenrands der ersten selektierten Fläche dargestellt
Coarse	15 Nadeln werden dargestellt
Medium	30 Nadeln werden dargestellt
Fine	45 Nadeln werden dargestellt

– Im Register „*Quick*" kann eine **Kurzanalyse** durchgeführt werden:
Die Nadeldarstellung verschwindet und die Maximalwerte für G0, G1 usw. werden in den entsprechenden Feldern eingeben. Diese Bereiche werden an den Flächen in der zugehörigen Farbe dargestellt, d.h. z.B. jene Ränder, die mehr als 0,001 mm voneinander entfernt sind, werden rot gekennzeichnet.

– Mit Cancel Analyse beenden und löschen

– Mit OK Analyse beenden und als Element im Strukturbaum hinzufügen. Ausblenden dieses Objekts blendet auch die Anzeige im Grafikbereich aus.

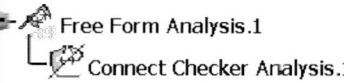

    Free Form Analysis.1
        Connect Checker Analysis.1

3.5.13 Analyse der Entformbarkeit (*draft analysis*) (nur in Arbeitsumgebung „*Generative Shape Design*")

Die Entformbarkeit (Auszugsschrägen) von Guss- und Schmiedeteilen kann geprüft werden (kleinster Ziehwinkel, Hinterschnitt, ...):

– Farbwiedergabe auf „schattiert mit Material" stellen, damit die Ergebnisse sichtbar werden: Icon ▣ selektieren

– Wahlweise Kompass auf eine Fläche oder Ebene ziehen und Oberfläche(n) selektieren. Der Kompass bestimmt die **Entformungsrichtung** mit seiner Z-Achse

– Icon „*Draft Analysis*" ◢ drücken

– Fenster „*Draft Analysis*" erscheinen:

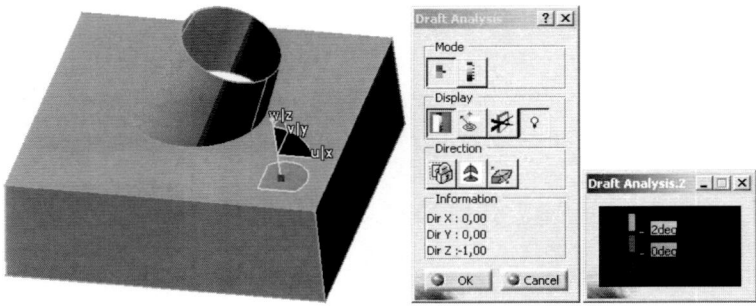

Der Schalter [image] im Bereich „*Display*" zeigt ein Farbspektrum, das die Extremwerte der Analyse angibt. Im Fensterbereich „*Mode*" kann die Art des Spektrums mit zwei Schaltern ausgewählt werden: *Quick analysis* [image] oder *Full analysis mode* [image]. Die Bereiche der Winkelwerte können durch Doppelklicken der Wertefelder im dadurch geöffneten Fenster „*Value Edition*" direkt eingegeben werden.

Mit dem Schalter [image] wird das Hervorheben der selektierten Flächen abgeschaltet. Eine plastische Beleuchtung der Analysefarben im Grafikbereich ermöglicht das Icon [image]

On the fly analysis [image]

— Mit dem Button „*Under the running point*" kann die Fläche mit dem Mauszeiger abgefahren werden. Dabei wird an der entsprechenden Stelle der Normalvektor grün, ein Tangentialvektor blau und die Ziehrichtung rot dargestellt

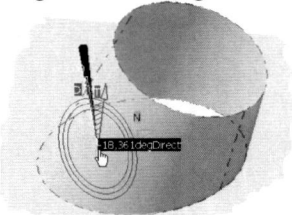

Ziehrichtung ändern

— Der Schalter [image] im Feld „*Direction*" ermöglicht das Ein- und Ausschalten des Kompasses zur Definition der Ziehrichtung.

Die aktuelle Richtung wird als Ortsvektor im Feld „*Information*" angeführt. Durch Selektion des Schalters „*Inverse*" [image] wird die Orientierung der Ziehrichtung umgedreht. Mit dem Schalter [image] wird die Ziehrichtung festgehalten oder änderbar eingestellt.

– Doppelklick auf den Kompass öffnet das Fenster „*Compass Manipulation*", womit der Kompass und damit die Ziehrichtung gezielt über Werteeingabe bewegt werden kann

– Verlassen des Dialogfensters mit OK lässt die Farbgebung auf der Fläche unverändert, so dass ein Vergleich mit anderen Analysen möglich ist. Wird das Objekt „*Draft Analysis.1*" ausgeblendet, werden auch die Analysefarben im Grafikbereich unsichtbar.

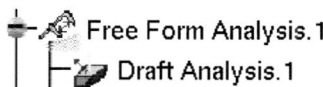

3.5.14   Krümmungsuntersuchung (*curvature analysis*)

Der Krümmungsverlauf einer Fläche kann untersucht werden:

– Farbwiedergabe auf „schattiert mit Material" stellen, damit die Ergebnisse sichtbar werden: Icon

– Oberfläche selektieren, die untersucht werden soll

– Icon „*Surfafic Curvature Analysis*" drücken

– Fenster „*Surfacic Curvature Analysis*" erscheint:

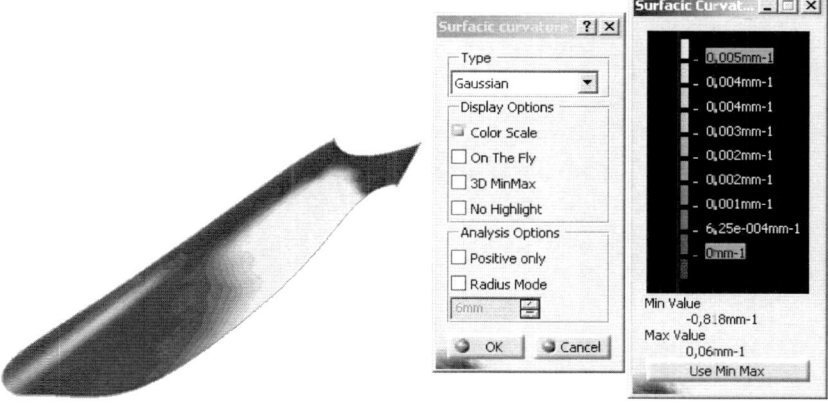

Ein Farbspektrum (Schalter „*Color Scale*") gibt die Extremwerte der Analyse an. Der Verlauf des Farbspektrums kann ausgewählt werden: *Gaussian, Minimum, Maximum, Limited* und *Inflection Area*. Die Bereiche der Krümmungswerte können durch Doppelklicken der Wertefelder im dadurch geöffneten Fenster „*Value Edition*" direkt eingegeben werden. Am Besten ist es, den oberen oder unteren Extremwert einzugeben. Die restliche Skala stellt sich dann von selbst ein.

Der Schalter „*On The Fly*" ermöglicht eine Analyse, in dem direkt am Mauszeiger die aktuellen Krümmungswerte angezeigt werden.

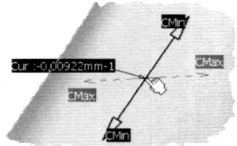

Der Schalter 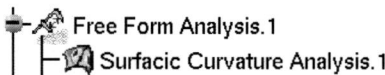 „3D MinMax" blendet Fähnchen mit den Extremwerten der Krümmung im Grafikbereich ein.

- Verlassen des Dialogfensters mit |OK| lässt die Farbgebung auf der Fläche unverändert, so dass ein Vergleich mit anderen Analysen möglich ist
- Im Strukturbaum wird ein Objekt angehängt. Wird das Objekt *Surfacic Curvature Analysis.1* ausgeblendet, werden auch die Analysefarben im Grafikbereich unsichtbar

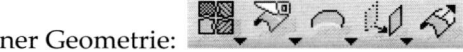

3.6   Operationen an vorhandener Geometrie

In der Werkzeugleiste „*Operations*" finden sich Befehle zum Bearbeiten vorhandener Geometrie:

<u>Anm.:</u> Die Befehle zu den Icons „*Fillet*" (Ausrundungen) werden im Kap. 3.4.8 *Oberflächen* erläutert.

Wenn die Auswahl mehrerer Elemente hilfreich ist, befindet sich der Schalter neben dem Selektionsfeld. Vor einer erneuten Selektion diesen Schalter wählen. Die Eingabeliste wird im Detail angezeigt. Danach im Grafikbereich weitere Elemente selektieren. Im Selektionsfeld steht bloß die Anzahl der Elemente. Selektierte Zeilen können mit den Schaltern |Remove| oder |Replace| gelöscht oder ersetzt werden.

Mit |Close| wird das Detailfenster geschlossen.

3.6.1   Verbund von Elementen erzeugen (Zusammenfügen - *join*)

Kurven und Oberflächen können miteinander logisch verbunden werden. Nach dem Verbinden werden sie wie <u>ein</u> Element behandelt. Dies ist z.B. bei der Erzeugung von Flächen aus Kurvenabschnitten erforderlich.

- Icon „*Join*" drücken
- Fenster „*Join Definition*" erscheint
- Zu verbindende Element selektieren.
  Mit Buttons Add Mode und Remove Mode können gemachte Eingaben ergänzt bzw. zurückgenommen werden

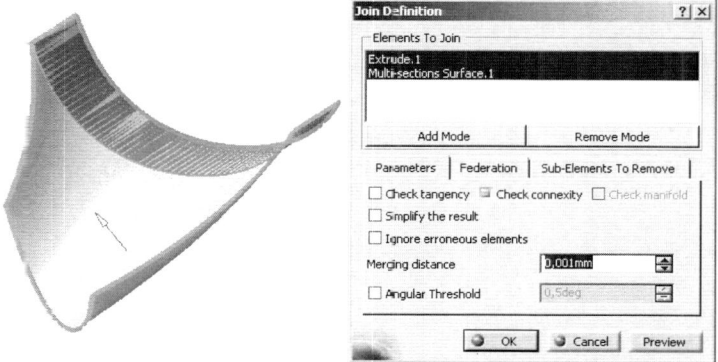

- Im Register „*Parameters*" kann die Tangentenstetigkeit zwischen den Elementen geprüft werden (Schalter: *Check tangency*). Wenn eine Unstetigkeit (Knick) auftritt, erscheint eine Meldung (*Tangency error*) und der Verbund wird nicht erzeugt. Soll der Verbund trotzdem erzeugt werden, muss der Schalter vorher deaktiviert werden. Mit Preview kann das Analysergebnis angezeigt werden ohne den Verbund zu erzeugen

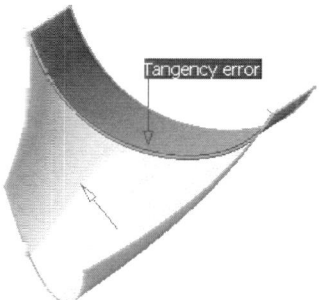

- Im Register „*Parameters*" kann auch der Abstand zwischen den Elementen geprüft werden (Check connexity). Wenn er größer ist als die Toleranz (*Merging distance*), erscheint eine Fehlermeldung (*Non Connex Result*): Mit Yes wird eine Diagnose angezeigt. Bei No wird der Verbund nicht erzeugt. Soll der Verbund dennoch erzeugt werden, den Schalter deaktivieren.

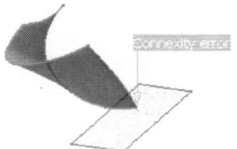

- Ein punktstetiger Flächenverband (d.h. keine Klüfte und keine Überlappungen) ist beispielsweise zur Erzeugung von Volumenkörpern aus Flächen zwingend erforderlich
- Mit OK Verbund der selektierten Elemente erzeugen
- Das Element „Join.N" wird am Strukturbaum angehängt
- Aufheben eines Verbundes durch Löschen des Elements „Join.N".

3.6.2   Trennen von verbundenen Flächen (Zerlegen - *disassemble*)

Flächen, die mittels „Join"-Befehl verbunden wurden, können wieder getrennt werden.

<u>Anm.:</u>   Dieser Befehl ist auch bei Kurven durchführbar.

- Icon „*Disassemble*" ![icon] drücken
- Das Dialogfenster „*Disassemble*" erscheint:

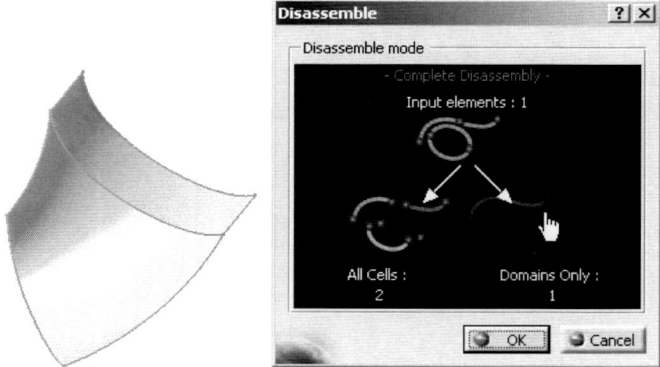

- Nach der Selektion des zu trennenden Verbundes wird im Fenster angezeigt, wie viele Einzelelemente (*All Cells*) bzw. zusammenhängende Bereiche (*Domains*) der Verbund enthält.
- Im Fenster wird eingestellt, ob der Verbund in sämtliche Einzelelemente zerlegt wird (*All Cells*) oder in zusammenhängende Bereiche (*Domains only*)
- Die Einstellung mit OK bestätigen

– Die Trennung wird durchgeführt. Das Ergebnis sind unabhängige Flächen bzw. Flächenverbunde, die einzeln weiterbearbeitet werden können:

 Join.1
   Surface.1
   Surface.2

– Die ursprünglichen Flächen befinden sich im *NoShow*-Bereich. Ein „echtes" Rückgängigmachen des „*Join*"-Befehls erfolgt daher durch Löschen des Objekts „*Join.N*" im Strukturbaum.

3.6.3 Schließen von Klüften zwischen Flächen (Reparatur - *healing*)

Flächen, die einander nicht exakt berühren, können miteinander verbunden werden, indem der Spalt zwischen Ihren Rändern aufgefüllt wird. Sie weisen dann gemeinsame Randkurven auf.

– Icon „*Healing*" drücken
– Das Dialogfenster „*Healing Definition*" erscheint:

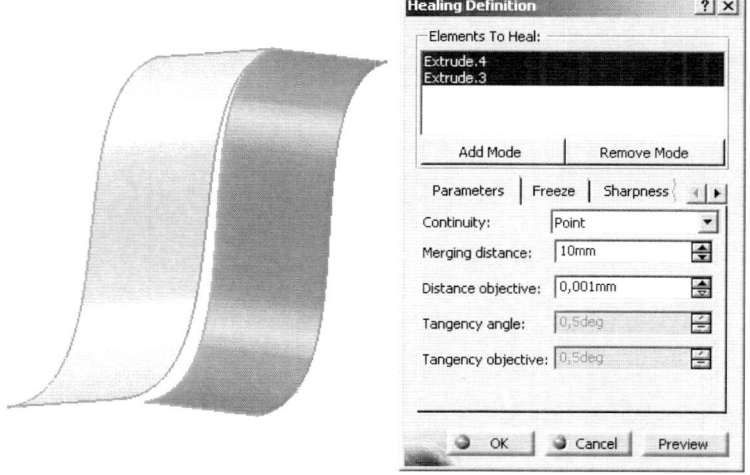

– Flächen selektieren, die miteinander verbunden werden sollen (*Elements To Heal*).
  Mit den Schaltern Add Mode bzw. Remove Mode können weitere Elemente hinzugefügt bzw. selektierte wieder entfernt werden
– Mit dem Schalter „*Continuity*" wird zwischen Punkt- (*Point*) und Tangentensteigkeit (*Tangent*) gewählt.
  Im letzteren Fall lässt sich der Differenzwinkel zweier Tangenten festlegen, ab dem eine Korrektur vorgenommen wird

– Im Feld *„Merging distance"* wird die Breite des Spaltes angegeben, bis zu dem
  ein Auffüllen vorgenommen wird. Spalte, die größer sind als dieser Bereich,
  werden nicht behandelt

– Im Register *„Freeze"* lassen sich Flächen bestimmen, die nicht am Auffüllen
  beteiligt sein sollen (*Faces to freeze*), d.h. die unverändert bleiben:

– Die Schalter *„Freeze Plane elements"* bzw. *„Freeze Canonic elements"* ermöglicht
  alle ebenen bzw. alle kanonischen (Zylinder, Kegel, Kugel) Flächen vom Auffüllen auszuschließen, d.h. sie bleiben unverändert und nur die übrigen Flächen

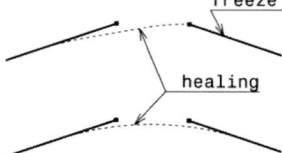

  werden geändert:

– Im Register *„Visualization"* kann die Ergebnisanzeige eingstellt werden. Mit den
  Schaltern *„Shown solution(s)"* ● *All* und ▣ *Display information interactively* aktiviert werden im Grafikbereich nach Drücken von Preview die aufgefüllten Stellen mit einem Symbol angezeigt. Beim Überfahren dieser Symbole mit dem
  Mauszeiger erscheint eine Zahlenangabe des überbrückten Abstands

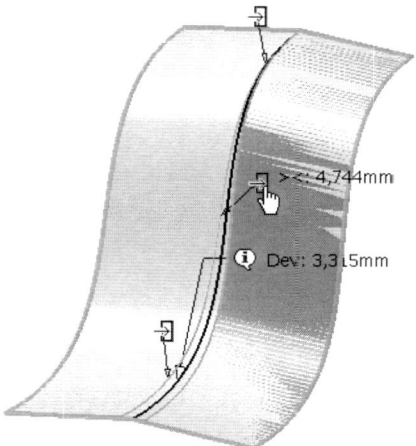

- Preview liefert eine Vorschau und aktiviert geänderte Einstellungen in den einzelnen Registern
- Mit OK werden die Spalte aufgefüllt und beteiligte Flächen entsprechend geändert, sofern sie nicht von Änderungen ausgeschlossen wurden und das Dialogfenster geschlossen. Das Ergebnis ist eine Fläche, ohne Spalte:

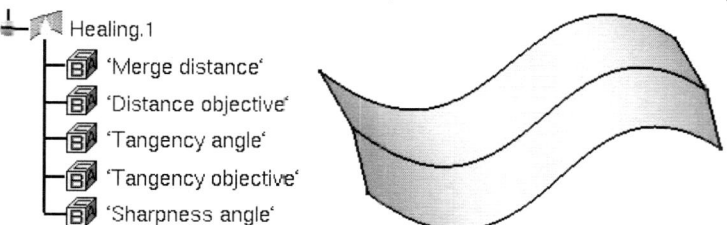

- Die ursprünglichen Flächen befinden sich im *NoShow*-Bereich.

3.6.4 Trennen von Elementen (*split*)

Getrennt werden können:

- Ein Drahtgitterelement durch einen Punkt, ein anderes Drahtgitterelement oder eine Fläche
- Eine Fläche durch ein Drahtgitterelement oder eine andere Fläche
- Icon „*Split*" drücken
- Dialogfenster „*Split Definition*" erscheint:

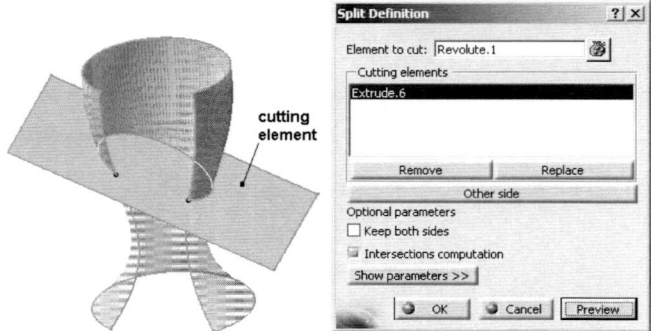

− Element selektieren, das getrennt werden soll (*Element to cut*). Teilbereiche dieser Geometrie können von der Trennoperation ausgenommen werden. Mit dem Schalter Show parameters >> wird das Fenster erweitert, in dem die Selektion im Detail geändert werden kann.

− Beispielsweise könnte im Feld „*Elements to remove*" eine Teilfläche eines Flächenverbandes (*Join*), die einen Fehler beim Trennen verursachen würde, ausgeklammert werden. Umgekehrt werden im Feld „*Elements to keep*" Flächenteile selektiert, die erhalten bleiben sollen. Treten tangentiale, also nicht eindeutige Flächenbereiche auf, müssen ebenfalls diese Detailselektionen herangezogen werden. Beim Selektieren müssen Ränder gewählt werden, die eindeutig zu einem Teilbereich gehören.

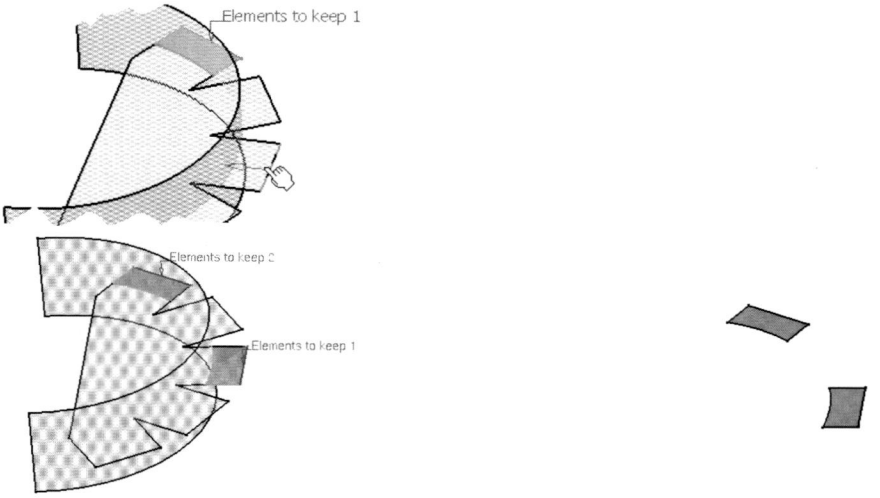

| Elemente, die erhalten bleiben sollen, werden selektiert | →*split*: | Nur diese Elemente bleiben übrig |

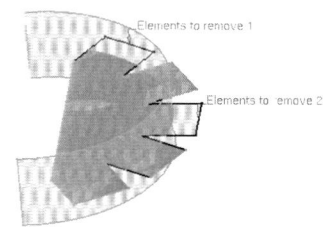
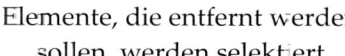
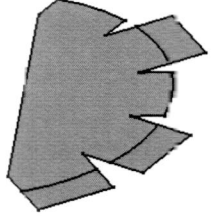

Elemente, die entfernt werden sollen, werden selektiert	→*split*:	Nur diese Elemente werden entfernt

- Trenn-Element(e) selektieren (*Cutting elements*). Im obigen Beispiel eine Ebene. Das Trennelement kann auch eine Drahtgittergeometrie auf der Oberfläche sein:

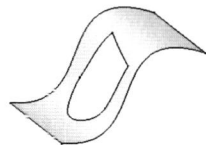

Mit den Schaltern Remove bzw. Replace können selektierte Elemente wieder entfernt bzw. gegen andere getauscht werden

- Mit Button Other Side den Teil der Fläche wählen, der behalten werden soll. Der wegfallende Teil wird dabei transparent dargestellt.
  Der Schalter „*Keep both sides*" ermöglicht beide Teile zu erhalten
- Durch Aktivieren des Schalters „*Intersections computation*" werden die Schnittkurven erzeugt
- Mit OK Vorgang beenden
- Nur der gewählte Flächenteil bleibt übrig. Die ursprüngliche (ganze) Fläche befindet sich im *NoShow*-Bereich.

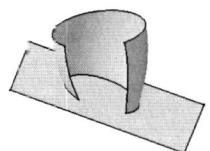

3.6.5   Wiederherstellen getrennter Flächen (*untrim*)

Flächen, die entlang einer Kurve oder durch andere Flächen getrennt wurden (*Split*), können wiederhergestellt werden.

- Icon „*Untrim*" 🔲 drücken
- Fenster „*Untrim*" erscheint:

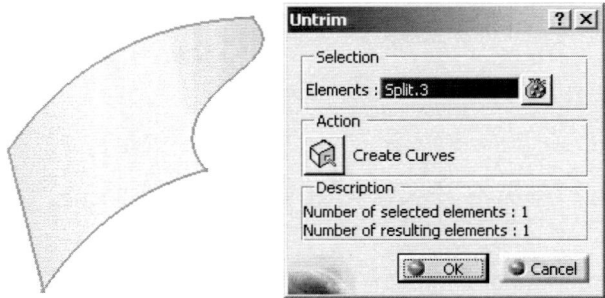

- Fläche selektieren, deren ursprüngliche Randkurven wiederhergestellt werden sollen
- Mit 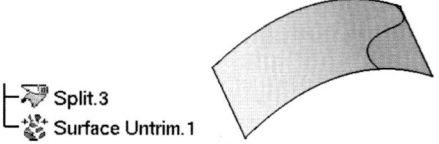 werden sämtliche Randkurven der wiederhergestellten Fläche erzeugt
- Mit OK wird die Fläche vollständig wiederhergestellt. Ist mehrfach getrennt worden, wird die Ursprungsfläche dargestellt:

Split.3
Surface Untrim.1

Ein teilweises Rückgängigmachen ist nur mittels Icon „Undo" möglich

- Die ursprüngliche Fläche befindet sich im *NoShow*-Bereich. Ein „echtes" Rückgängigmachen des „*Split*"-Befehls erfolgt daher durch Löschen des Objekts „*Split.N*" im Strukturbaum.

3.6.6 Trimmen von Elementen (*trim*)

Getrimmt werden können zwei Drahtgitterelemente oder zwei Oberflächen.

- Icon „*Trim*" (unter Icon „*Split*") drücken
- Dialogfenster „*Split Definition*" erscheint:

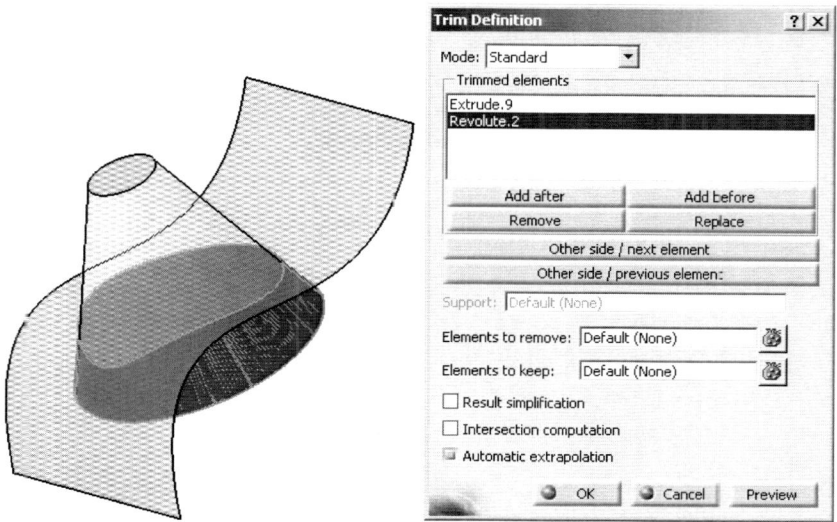

- Zwei Flächen oder Drahtgitterelemente selektieren, die getrimmt werden sollen (*Trimmed elements*)
- Zu den Möglichkeiten der Felder „*Elements to remove*" und „*keep*" siehe Kap. 3.6.4
- Über Buttons „*Other side/next (previous) element*" den Teil der Elemente bestimmen, der behalten werden soll. Dabei werden wegfallende Teile transparent dargestellt
- Schalter „*Intersection computation*" siehe Kap. 3.6.4
- <img> „*Automatic extrapolation*" führt eine tangentenstetige Verlängerung der Schnittkurven durch, wenn dies vollständig, d.h. als eine geschlossene Kurve möglich ist.

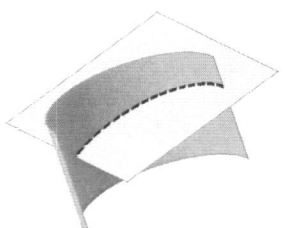

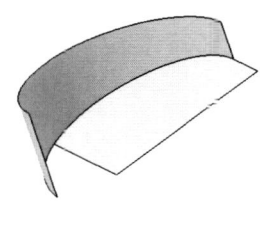

Ohne automatische Verlängerung ist Trimmen hier nicht möglich (offene Schnittkurve)

Automatisches Trimmen aktiviert (keine Fehlermeldung)

Trimoperation durchgeführt

– Mit $\boxed{\text{OK}}$ wird die Operation durchgeführt:
– Das Trim-Element wird dem Strukturbaum hinzugefügt
– Die beiden ursprünglichen Elemente befinden sich im *NoShow*-Bereich.

3.6.7 Erzeugen von Kopien von Hilfsgeometrie von Elementen (*extract*)

Auf implizite Teilgeometrie von vorhandener Geometrie kann zur Erzeugung neuer Elemente zurückgegriffen werden. Diese Teilgeometrie muss allerdings vorher aus dem logischen Verband der bestehenden Geometrie herausgelöst (extrahiert) werden. Extrahiert werden können:

– Punkte
– Drahtgittergeometrie
– Flächen
– Volumenkörper

3.6.7.1 Extrahieren (Ableiten) von Körpergeometrie

– Icon „*Extract*" 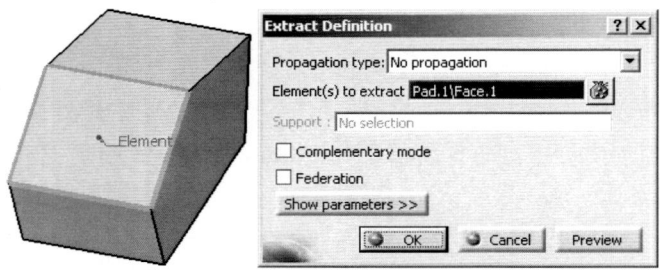 drücken
– Fenster „*Extract Definition*" erscheint:

– Zu extrahierendes Element selektieren
– Mit Schalter „*Propagation type*" Fortschrittsmodus der Selektion einstellen:

No propagation	Nur selektiertes Element wird erzeugt
Point continuitiy	Alle Elemente die punktstetig am selektierten anschließen werden selektiert
Tangent continuitiy	Alle Elemente die tangentenstetig am selektierten anschließen werden selektiert

– Sollen **mehrere Flächen** extrahiert werden, mit 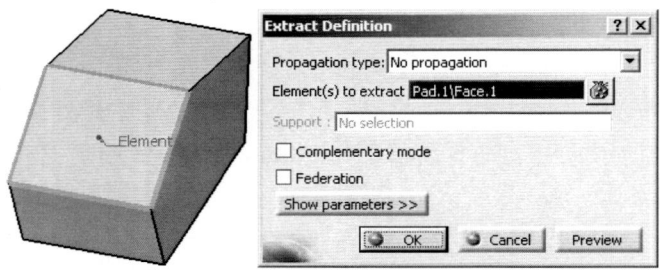 die Auswahl vornehmen. Die Eingabeliste wird ein einem eigenen Fenster im Detail sichtbar. Selektierte Zeilen können mit den Schaltern $\boxed{\text{Remove}}$ oder $\boxed{\text{Replace}}$ gelöscht oder ersetzt werden (siehe Kap. 3.6 Einleitung). Das Ergebnis sind einzelne Objekte „Ex-tract.N" und damit steht es im Gegensatz zu „Federation"

– Wird eine **Kante** selektiert und ist der Fortschrittsmodus „Point continuity" ein-gestellt, wird nach einem Hinweis das Feld „Support" wählbar, mit dem die Flä-che selektiert werden muss, dessen Randkurve extrahiert werden soll.

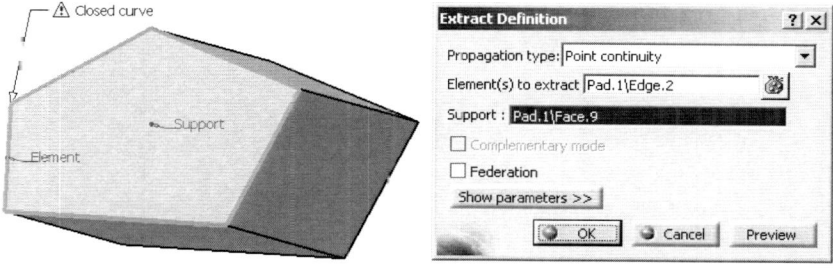

– Die Selektion kann durch einen Schalter vereinfacht werden. Ist □ „Comple-mentary mode" aktiviert, werden alle Flächen ausgewählt, die nicht selektiert wurden

– Sämtliche zugleich abgeleitete Flächen können durch den Schalter „Federation" zu einer **logischen Einheit** zusammengefasst werden. Das Ergebnis ist ein Ele-ment dessen Objekt mit einem „F" gekennzeichnet ist: 🔲 Extract.1

– Mit OK Element mit den getroffenen Einstellungen erzeugen. Hier: 2 Flächen eines Körpers:

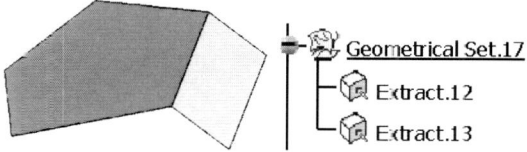

3.6.7.2 Extrahieren von Skizzengeometrie (nur Arbeitsumgebung „Generative Shape Design")

– Icon „Extract Multiple Edge" 🔲 drücken
– Das Dialogfenster „Multiple Extract Definition" erscheint:

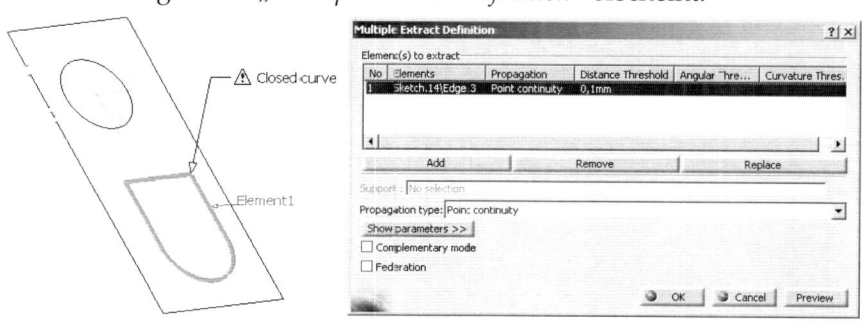

– Element(e) einer Skizze selektieren, von denen eine Kopie erstellt werden soll (*Element(s) to extract*).
Selektierte Elemente können mit dem Button Remove von der Eintragsliste wieder entfernt werden

– Mit OK wird eine Kopie der selektierten Elemente erzeugt und an den Strukturbaum angehängt. Diese Geometrie ist zwar logisch abhängig von der ursprünglichen Skizzengeometrie, kann aber wie reguläre Geometrie verwendet werden.

3.6.8   Transformationen (*transformations*)

Die Werkzeugleiste „*Transformation Features*" ermöglicht Transformationen von bestehender Geometrie bei Erhaltung der Gestalt. Operationen an Geometrie mit Änderung der Gestalt siehe Kap. 3.6.1 – 3.6.6.

3.6.8.1   Erzeugen von Translationen von Elementen (*translate*)

– Icon „*Translate*" drücken

– Fenster „*Translate Definition*" erscheint

– Element selektieren, das translatiert werden soll (*Element*)

– Festlegen, wodurch die Translation definiert wird (*Vector Definition*):

  Direction, distance   Richtung und Abstand
  Point to point   Anfangspunkt und Endpunkt
  Coordinates   Orstvektor durch Koordinaten festgelegt

– Für den Fall „*Direction, distance*" Verschiebungsrichtung definieren (*Direction*):
ENTWEDER: Gerade oder Ebene (Normalvektor wird verwendet) selektieren
ODER: Über Kontextmenü (MB3 auf Feld) Hauptachsrichtungen oder Ortsvektor einstellen:

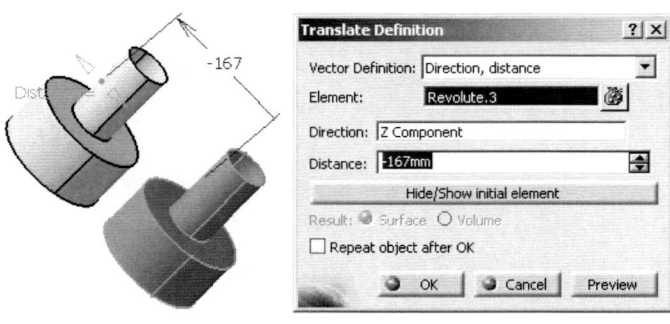

- Verschiebeweg eingeben (*Distance*) oder über grüne Pfeile Geometrie direkt im Grafikfenster ziehen
- Mit dem Wechselschalter Hide/Show initial element wird das Ursprungselement ein- bzw. ausgeblendet
- Mit OK wird die Operation durchgeführt. Das Ursprungselement bleibt erhalten, ist jedoch je nach getroffener Einstellung sichtbar bzw. unsichtbar:

Revolute.3

Translate.2

3.6.8.2 Erzeugen von Rotationen von Elementen (*rotate*)

- Icon „*Rotate*" drücken
- Fenster „*Rotate Definition*" erscheint:

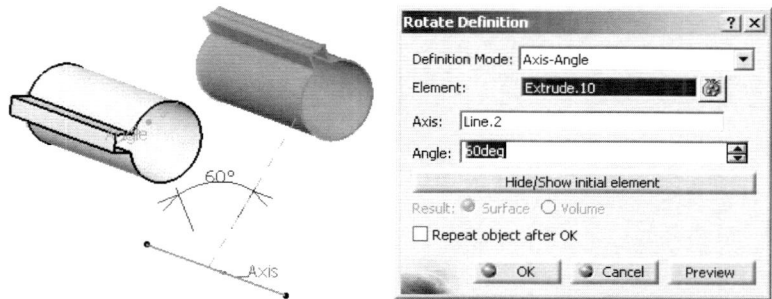

- Eingabeart wählen (*Definition Mode*):

Axis-Angle	Drehachse und Drehwinkel
Axis-Two Elements	Drehachse und 2 Elemente zur Festlegung des Drehwinkels

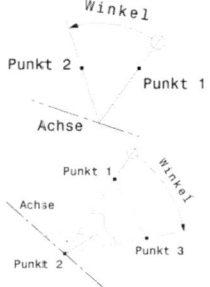

Three Points	3 Punkte bestimmen Drehung. Durch Punkt 2 geht Drehachse, die normal auf Dreiecksebene 1-2-3 steht. Punkte 1 und 3 legen Winkel fest

- Element selektieren, das rotiert werden soll (*Element*)
- Bestimmungselemente selektieren: Drehachse (*Axis*) bzw. Punkte oder Gerade (*First/Second element*).
- Falls erforderlich Drehwinkel eingeben (*Angle*) oder mittels grüner Pfeile mit MB1 in gewünschte Stellung ziehen
- Wechselschalter Hide/Show initial element: siehe Kap. 3.6.8.1

– Mit OK wird die Operation durchgeführt. Das Ursprungselement bleibt erhalten, wird aber gegebenenfalls ausgeblendet.

3.6.8.3 Erzeugen von Symmetrien von Elementen (*symmetry*)

– Icon „*Symmetry*" drücken

– Fenster „*Symmetry Definition*" erscheint:

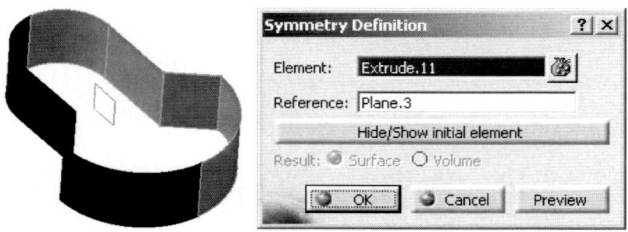

– Element selektieren, von dem ein symmetrisches Objekt abgebildet werden soll (*Element*)

– Bezugselement selektieren (*Reference*). Die Art der Symmetrie hängt vom Bezugselement ab:

Ebene (*plane*)   Spiegelsymmetrie

Gerade (*line*)   Axialsymmetrie

Punkt (*point*)   Punktsymmetrie

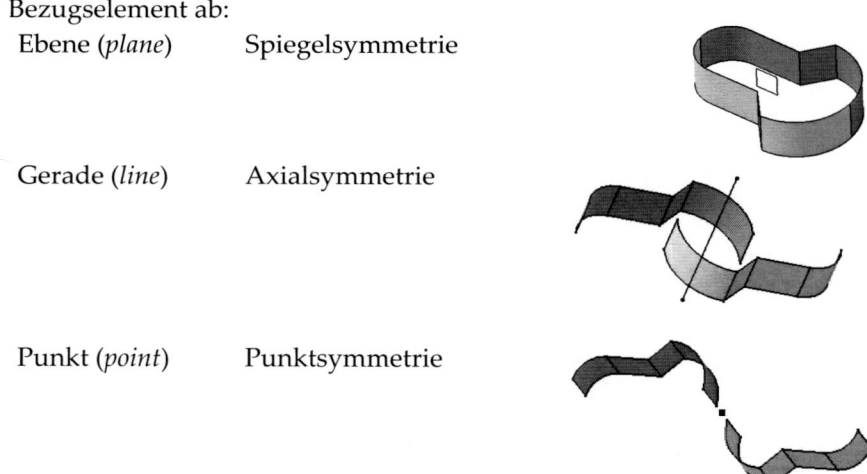

– Wechselschalter Hide/Show initial element : siehe Kap. 3.6.8.1

– Mit OK wird die Operation durchgeführt. Das Ursprungselement bleibt erhalten und wird gegebenenfalls ausgeblendet.

3.6.8.4 Skalieren von Elementen (*scaling*)

– Icon „*Scaling*" drücken

– Fenster „*Scaling Definition*" erscheint:

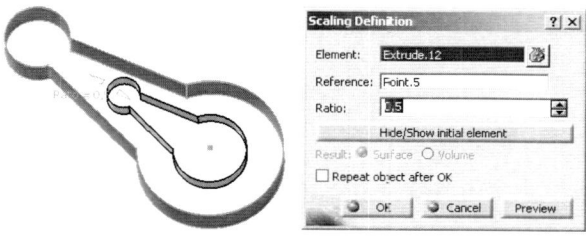

- Element selektieren das vergrößert/verkleinert werden soll (*Element*)
- Bezugselement selektieren (*Reference*). Mögliche Elemente sind:

| Punkt (*point*) | Streckung von Punkt aus | Beispiel: Siehe oben |
| Ebene (*plane*) bzw. ebene Oberfläche (*planar surface*) | Streckung von Ebene aus | 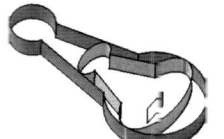 |

- Skalierungsfaktor eingeben (*Ratio*) oder über grüne Pfeile einstellen
- Wechselschalter Hide/Show initial element: siehe Kap. 3.6.8.1
- Schalter „*Repeat object after OK*" öffnet das Fenster „*Object Repetition*" nach dem Selektieren von OK. Darin kann die Anzahl weiterer Skalierungen eingegeben werden.

Das Ergebnis kann wahlweise in einem eigenen Set erzeugt werden (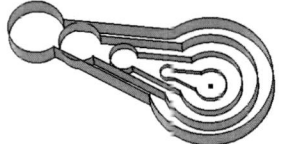 *Create in a new Body*):

- Mit OK wird die Operation durchgeführt. Das Ursprungselement bleibt erhalten und wird je nach Einstellung gezeigt oder nicht.

3.6.8.5 Affinität erzeugen (*affinity*)

Eine Affinität ist eine geometrische Ähnlichkeit mit unterschiedlichen Maßstäben in X-, Y- und Z-Richtung.

- Icon „*Affinity*" 🔧 drücken
- Fenster „*Affinity Definition*" erscheint
- Element selektieren das verändert werden soll (*Element*)
- Achsensystem definieren das für Transformation herangezogen wird (*Axis system*):
  - *Origin*: Punkt selektieren für Ursprung
  - *XY Plane*: Ebene selektieren für XY-Ebene
  - *X axis*: Gerade selektieren für X-Achse

– Verzerrungsmaßstäbe in X-, Y- und Z-Achsrichtung eingeben (*Ratios X, Y, Z*)

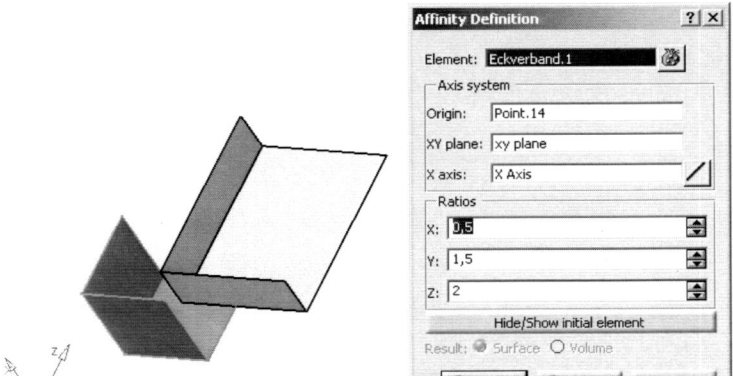

– Wechselschalter Hide/Show initial element : siehe Kap. 3.6.8.1
– Vorschau mit Preview
– Erzeugen der Transformation mit OK.

3.6.8.6 Transformation zwischen Achsensystemen

– Icon „*Axis To Axis*" 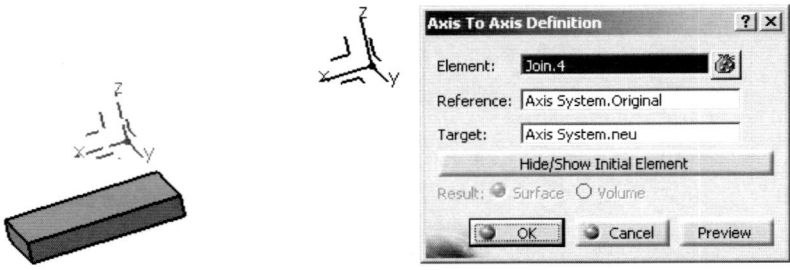 drücken
– Das Dialogfenster „*Axis To Axis Definition*" erscheint:

– Element(e) selektieren, das transformiert werden soll (*Element*). Zu den Möglichkeiten des Schalters ⌨ siehe Kap. 3.6

– Bezugsachsensystem im Grafikbereich oder das entsprechende Objekt im Strukturbaum selektieren (*Reference*). Das ist z.B. jenes, in dem das selektierte Element konstruiert wurde

– Achsensystem selektieren, in das das Element transformiert werden soll (*Target*)

– Wechselschalter Hide/Show initial element: siehe Kap. 3.6.8.1. Mit OK wird das Element im gewählten Achsensystem erzeugt:

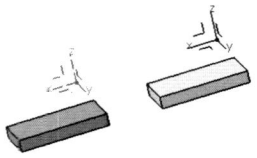

3.6.9 Verlängern von Elementen (extrapolieren - *extrapolate*)

Verlängert werden können Kurven, deren Verlauf durch die vorhandene Geometrie eindeutig bestimmt ist, und Oberflächen, die durch solche Kurven bestimmt sind.

3.6.9.1 Verlängern von Kurven

- Icon „*Extrapolate*" drücken
- Fenster „*Extrapolate Definition*" erscheint
- Endpunkt einer Kurve, über den hinaus verlängert werden soll, selektieren (*Boundary*)
- Kurve, die verlängert werden soll, selektieren (*Extrapolated*):

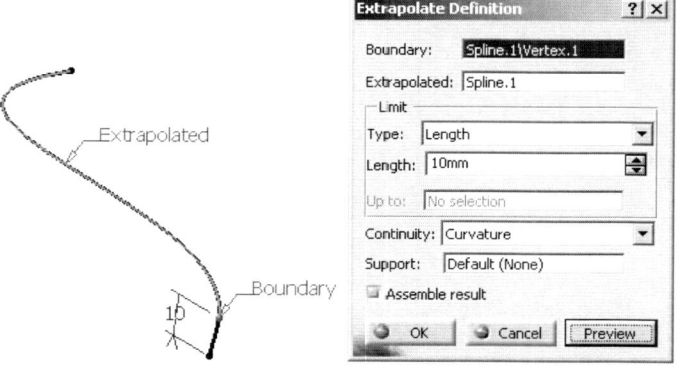

- Art und Größe der Begrenzung einstellen (*Limit*):
  Über Button „*Type*" die Art wählen:

  Length   Längenangabe im Feld „*Length*" Beispiel: Siehe oben vornehmen.
  Dabei ist dies im Fall *Curvature* (Button *Continuity*) die wahre Länge der Verlängerung.

  Up to element Selektion eines Begrenzungselements (Fläche oder Ebene) im Feld „*Up to*"

- Mit Button „*Continuity*" Übergang von bestehender Kurve zu Verlängerung einstellen:

		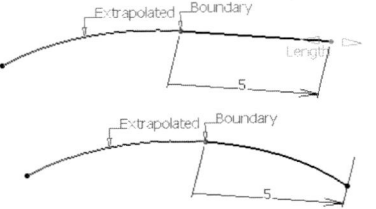
Tangent	Die Verlängerung verläuft tangenzial als Gerade im selektierten Endpunkt der Kurve	
Curvature	Die Verlängerung verläuft krümmungsstetig zu der vorhandenen Kurve weiter	

- Im Feld „*Support*" kann eine Fläche (Ebene oder Oberfläche) selektiert werden, auf der die zu verlängernde Kurve liegt. Die Verlängerung liegt dann ebenfalls auf dieser Fläche

- ⬜ *Assemble result* liefert <u>eine</u> Kurve. Ist der Schalter deaktiviert, ist das Ergebnis zwei Kurven: Die ursprüngliche und das Verlängerungsstück

- Mit OK wird die Verlängerung durchgeführt.

3.6.9.2   Verlängern von Oberflächen

Im Prinzip sind die Vorgehensweise und damit die Optionen wie bei „Verlängern von Kurven", siehe Kap. 3.6.9.1

- Icon „*Extrapolate*" ✍ drücken
- Fenster „*Extrapolate Definition*" erscheint
- Flächenrandkurve selektieren, wo die Fläche verlängert werden soll (*Boundary*)
- Fläche, die verlängert werden soll selektieren (*Extrapolated*)
- Art und Größe der Begrenzung einstellen (*Limit*):

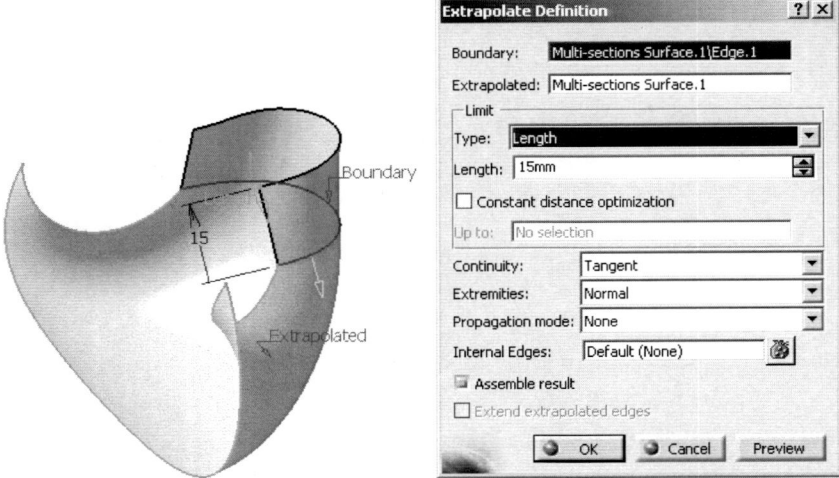

- Schalter „*Constant distance optimization*" führt zu einem gestreckten, unverzerrten **Kurvenverlauf** jenes Rands, der durch die Verlängerung verschoben wird:

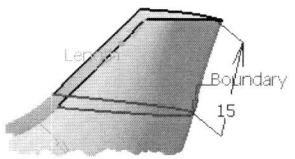

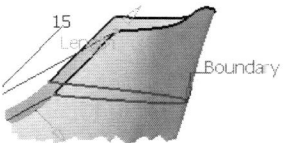

aktiviert   deaktiviert

– Über Feld „*Extremities*" Verlauf der „neuen" Randkurven einstellen:

Normal   Die „neuen" Randkurven stehen normal auf
           die vorhandene, selektierte Randkurve

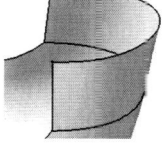

Tangent   Die „neuen" Randkurven verlaufen tangen-
           tenstetig zu den vorhandenen

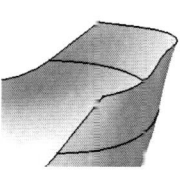

Wenn unter „*Internal Edges*" ein Flächenrand selektiert wird, verläuft der neue Rand an dieser Stelle auch bei „*Extremities: Normal*" tangentenstetig weiter.

– Mit dem Fortschrittsmodus (*Propagation mode*) wird eingestellt, ob nur über die selektierte Randkurve hinaus verlängert wird (*None*), diese weiter verfolgt wird bis zu einem Knick (*Tangency continuity*) oder über sämtliche zusammenhängende Ränder (*Point continuity*)

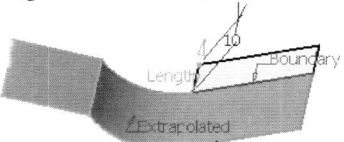

Propagation mode: None

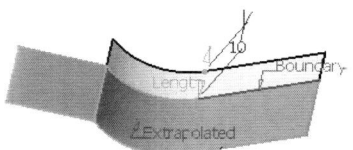

Propagation mode: Tangency

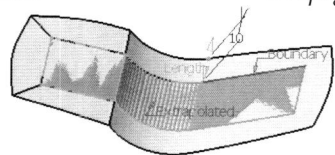

Propagation mode: Point continuity

– Mit dem Schalter „*Assemble result*" einstellen, ob das Ergebnis eine oder zwei Flächen sind
– Mit OK Verlängerung der Fläche abschließen. Die ursprüngliche Fläche befindet sich im *NoShow*-Bereich.

3.6.10   Erzeugen von Mustern von Elementen (*pattern*) (nur Arbeitsumgebung „*Generative Shape Design*")

Ein Muster wird eingesetzt, wenn ein Element nach einer bestimmten Regel mehrfach vorhanden sein soll, z.B. Bohrungen, Aussparungen etc.

3.6.10.1 Kartesisches Muster (Rechteckmuster - *rectangular pattern*)

– Icon „*Rectangular Pattern*" ▦ drücken
– Die weitere Vorgehensweise ist in Kap. 4.6.5.1 erläutert.

3.6.10.2 Polares Muster (Kreismuster - *circular pattern*)

– Icon „*Circular Pattern*" ⬩ drücken
– Die weitere Vorgehensweise ist in Kap. 4.6.5.2 erläutert.

3.6.11   Umkehren der Orientierung (Ausrichtung) von Elementen (*invert*) (nur Arbeitsumgebung „*Generative Shape Design*")

Die Orientierung von Kurven und Oberflächen kann eingestellt werden:

– Hauptmenü: Insert → Operations > → Invert Orientation ...
– Fenster „*Invert Definition*" erscheint:

– Element selektieren, dessen Orientierung geändert werden soll (*To Invert*).
  Roter Pfeil erscheint am Element. Dessen Orientierung kann über Button Click to Invert oder durch Selektion der Pfeilspitze umgekehrt werden. Umgekehrt ermöglicht der Schalter Reset Initial das Herstellen der ursprünglichen Orientierung von bereits behandelten Kurven
– Mit OK Einstellung speichern.

3.6.12   Definieren einer Gesetzmäßigkeit (Regel - *law*) (nur Arbeitsumgebung „*Generative Shape Design*")

Bei der Erzeugung bestimmter Elemente können statt fester Werte Werteverläufe definiert werden: z.B. bei Parallelkurven, Schraublinien und Ziehflächen.

– Gewünschten Werteverlauf wie unten gezeigt als Gerade (X-Achse eines Diagramms) und eine beliebige Kurve (Y-Werte) darstellen

- Icon „Law" 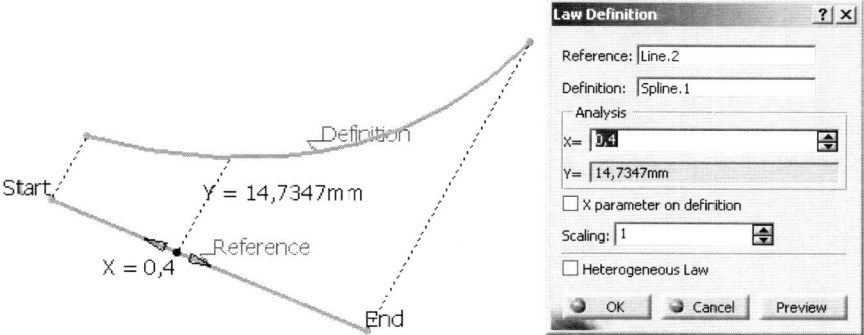 (Werkzeugleiste „Law")drücken
- Das Dialogfenster „Law Definition" erscheint:

- Referenzgerade selektieren (*Reference*)
- Bestimmungskurve selektieren (*Definition*). Die Wertepaare werden bestimmt durch:
  X-Wert: von 0 (*Start*) bis 1 (*End*) auf der Referenzgerade
  Y-Wert: Abstand zwischen Kurve und Punkt bei X-Wert
- Im Feld „*Analysis*" wird zu einem beliebigen X-Wert der entsprechende Y-Wert angezeigt und im Grafikbereich dargestellt.
  Bei aktiviertem Schalter „*X parameter on definition*" verläuft der X-Wert auf der Bestimmungskurve von 0 bis 1 und Y ergibt sich aus dem Abstand zur (Referenz-)Geraden
- Die Y-Werte können über den Wert „*Scaling*" verkleinert bzw. vergrößert werden ohne die Basisgeometrie (Gerade und Kurve) zu verändern
- Der Schalter „*Heterogeneous Law*" erweitert das Fenster und ermöglicht die Y-Werte mit einer physikalischen Einheit zu versehen

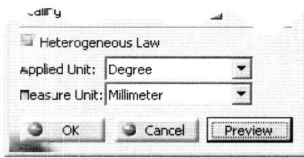

- Mit OK wird die Gesetzmäßigkeit erzeugt und dem Strukturbaum angehängt.

Editieren einer Gesetzmäßigkeit

- Doppelklick auf das „*Law*"-Objekt im Strukturbaum: Öffnet das Dialogfenster „*Law Definition*"
- Icon „*Law Editor*" (Werkzeugleiste „*Knowledge*", unter Icon) drücken: Öffnet das Fenster „*Law Editor*" in dem Erzeugungsdatum und Zugehörigkeit gezeigt werden.

Beispiel einer Anwendung

- Icon „*Parallel Curve*" 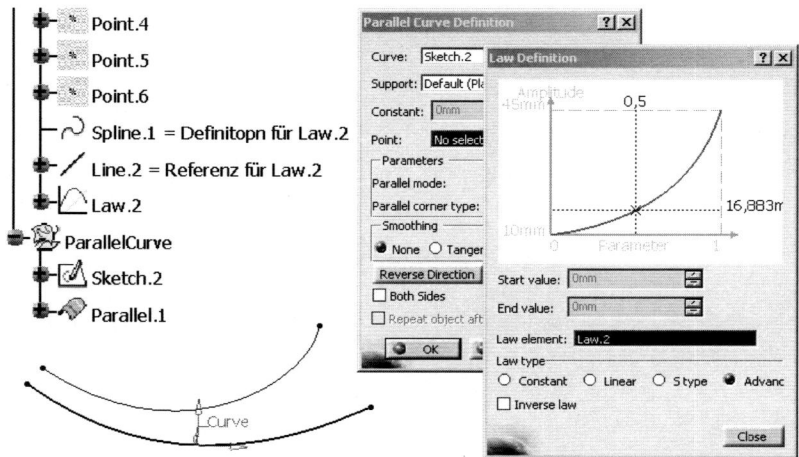 drücken
- Kurve selektieren, zu der eine Parallelkurve dargestellt werden soll
- Im Dialogfenster *Mode* Law wählen, ● *Advanced* einstellen und vorhandens Objekt „*Law.N*" im Strukturbaum selektieren (*Law element*)
- Der Abstand der Parallelkurve ist nicht konstant sondern wird von der gewählten Gesetzmäßigkeit *Law.N* bestimmt. In dem Fall bestimmt *Law.2* den Abstand der Parallelkurve *Parallel.1* von der Kurve *Sketch.2*:

3.7   Weitere Funktionen

3.7.1   Verschachtelung von Befehlen (*stacking of commands*)

Zur Festlegung eines Geometrieelements können bestimmte andere Elemente herangezogen werden, die erst während der Festlegung („*on the fly*") konstruiert werden. Typische Elemente sind:

- Punkte
- Gerade
- Ebene
- Schnittkurven
- Projektionskurven

Die Vorgehensweise ist wie folgt:

Bei der Festlegung eines Elements, die über Dialogfenster abgewickelt wird, werden Stütz-Elemente gebraucht. Wenn ein solches Stützelement erst selbst erzeugt werden soll, dann wird das Eingabefeld mit MB3 selektiert und im Kontextmenü

Create *Element* oder Create Intersection gewählt. Dadurch wird der laufende Definitionsprozess unterbrochen und das Dialogfenster für das Stützelement bzw. für den Schnitt öffnet sich. Gleichzeitig weist ein Fenster auf die Reihenfolge der laufenden Zwischenkonstruktionen hin.

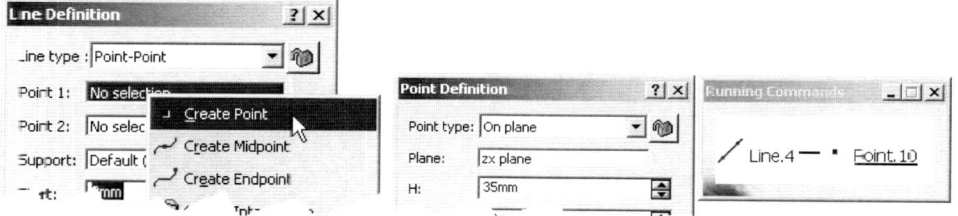

Die Geometrie wird in der üblichen Weise erzeugt und das Dialogfenster mit OK geschlossen. Dadurch wird das eben erzeugte Stützelement gleich selektiert und der Definitionsprozess fortgesetzt.

3.7.2 Einschränkungen

Geometrische Einschränkungen (*constraint*)

Zwischen Geometrieelementen können (nachträglich) Bedingungen vergeben werden:

- Betreffende Elemente gemeinsam selektieren (MB1 + <Strg>)

- Icon „*Constraints Defined in dialog Box*" (Werkzeugleiste „*Constraints*") drücken

- Dialogfenster „*Constraint Definition*" erscheint:

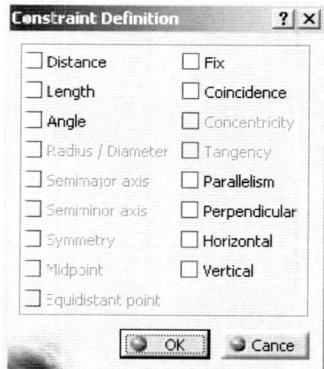

In diesem Fenster können mögliche Einschränkungen durch Aktivieren der entsprechenden Schalter festgelegt werden Fenster mit OK schließen.

Maßliche Einschränkungen werden mit dem Icon „*Constraint*" ⬛ vergeben: Icon drücken und Element(e) selektieren.

<u>Anm.:</u> Weitere Erläuterungen zu Einschränkungen finden sich im Kap. 2.5, Arbeitsumgebung „*Sketcher*".

3.7.3   Mehrfachlösungen (*multi-result management*)

Wenn das Ergebnis einer Operation nicht eindeutig ist (z.B. Schnitt einer Geraden mit einem Kreis → 2 Punkte), erscheint ein Fenster „*Multi-Result Management*". Damit wird geklärt, ob nur eine bestimmte Lösung behalten werden soll (*keep only one sub-element*) oder ob alle Lösungen akzeptiert werden (*keep all the sub-elements*).

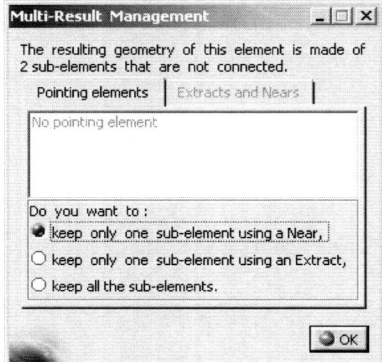

Wenn das Ergebnis nur ein Element sein soll, kann es durch Angabe eines in der Nähe vorhandenen Elements bestimmt werden (*using a Near*). Dafür erscheint das Fenster „*Near Definition*":

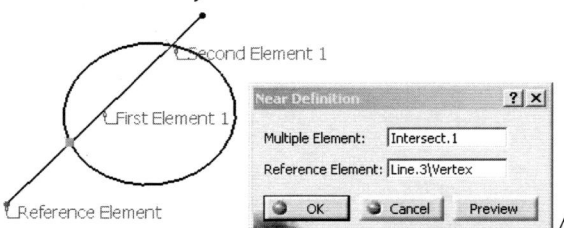Als *Reference Element* wird ein Geometrieelement (Punkt, Gerade, Ebene, …) selektiert oder über MB3 erst erzeugt, das räumlich näher bei der gewünschten Lösung liegt. Im dargestellten Beispiel wird ein Endpunkt der Schnittgeraden als Referenzelement benutzt, um den benötigten Schnittpunkt zu kennzeichnen.

Bei der Wahl von „*using an Extract*" verläuft die weitere Vorgehensweise bei beim „Ableiten von Körpergeoemtrie": Siehe Kap. 3.6.7.1.

4 Volumenkörper

Volumenkörper werden aus einzelnen **Konstruktionselementen** (*features*, z.B. Quader, Zylinder, Kegel usw., aufgebaut. Diese Konstruktionselemente werden miteinander boolesch verknüpft (zusammengefügt, abgezogen, nur gemeinsames Volumen, ...) und so komplexe Körper erzeugt.

4.1 Grundlagen

Die Arbeitsumgebung „*Part Design*" ermöglicht das Erstellen und Ändern von Volumenkörpern (*Solids*).

4.1.1 Aufruf der Arbeitsumgebung

Hierfür gibt es mehrere Möglichkeiten:

− ENTWEDER: Über Hauptmenü:
 Start → Mechanical Design > → Part Design

− ODER: Mittels Icon „*Part Design*" ⚙

− Im Fenster „*New Part*" Hybriddesign ausschließen: ☐ *Enable hybrid design* (siehe Kap. 3 Einleitung).

Ein Teile-Dokument (**.CATPart*) wird geöffnet und die Arbeitsumgebung wird gestartet:

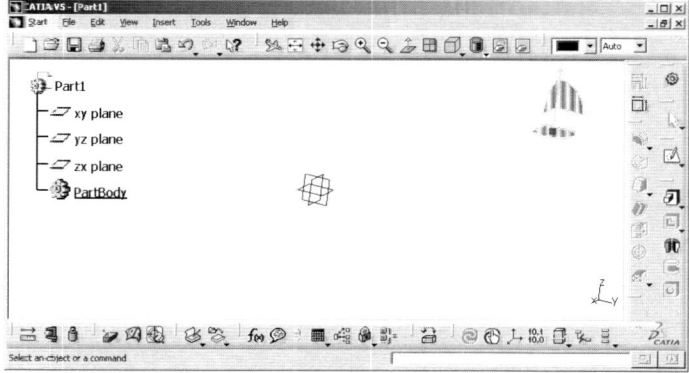

Die Oberfläche sieht grundsätzlich so aus wie in Kap. 1.1, Grundlagen, beschrieben.

Drei Grundebenen sind bereits vorhanden. Die Stützgeometrie zur Definition der Volumenkörper wird über die Arbeitsumgebung „*Sketcher*" gezeichnet oder über die Arbeitsumgebung „*Wireframe and Surface Design*" konstruiert.

4.1.2   Vergeben von geometrischen Einschränkungen (*constraints*)

Zwischen Geometrieelementen können Einschränkungen vergeben werden.

Dies geschieht mit den Icons *„Constraint"* 🔲 und *„ Constraints Defined in dialog Box"* 🔲 auf dieselbe Art wie bei 2D-Geometrie, weshalb zur Erläuterung auf das Kap. 2.5 verwiesen wird.

4.2   Einführungsbeispiel

Folgendes Bauteil, ein Kurbelwellenabschnitt, soll modelliert werden:

Vorgangsweise:

Das Teil weist mehrere Symmetrien auf, die vorteilhaft ausgenutzt werden können. So wird zunächst nur eine Wangenhälfte konstruiert

Eine Wangenhälfte konstruieren

Begrenzungsgeometrie für eine Kurbelwange erzeugen:

— Wangenfläche innen parallel zu XY-Ebene im Abstand 20 mm festlegen:

— Icon *„Plane"* ▱ aus der Werkzeugleiste *„Reference Elements"* drücken. Als *Plane type* Offset from plane einstellen. Als *Reference* XY-Ebene selektieren und Abstand (*Offset*): 20 mm eingeben (vgl. Kap. 3.3.3.h). Mit OK Ebene erzeugen und über das Kontextmenü mit sprechendem Namen versehen (vgl. Kap. 1.12.3).

— Ebenso Ebene für Wangenseite außen parallel zu XY-Ebene im Abstand 40 mm erzeugen:

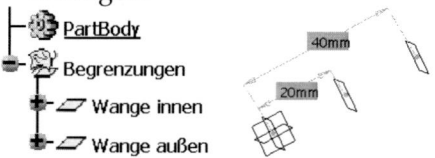

Grundkörper der Wange als **Profilkörper** erzeugen:

– Icon „*Sketch*" 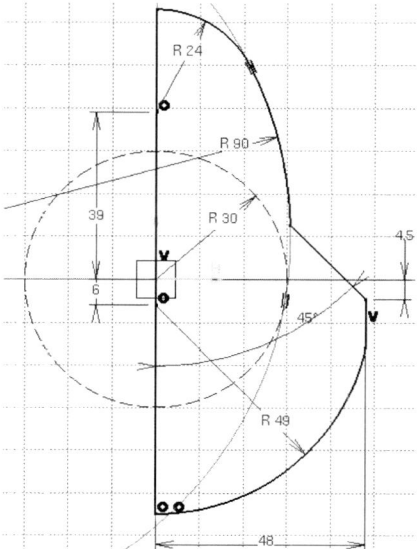 drücken und Ebene „Wange innen" als Skizzierebene selektieren. Die Schalter und aktivieren (Kap. 2.5)

– Folgendes Profil zeichnen:

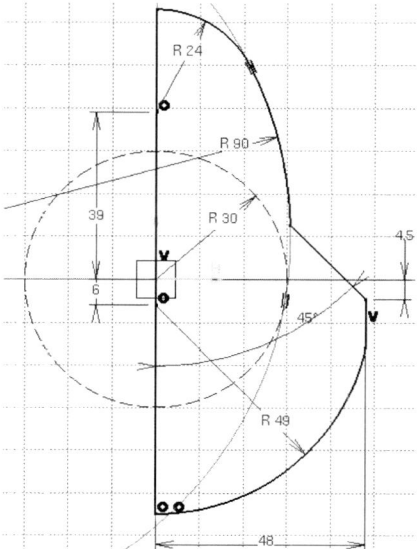

– *Sketcher* verlassen durch Drücken des Icons „*Exit Workbench*"

– Zur Erzeugung des Profilkörpers Icon „*Pad*" drücken. Das skizzierte Profil ist bereits selektiert (hervorgehoben = orange dargestellt) und das Dialogfenster „*Pad Definition*" erscheint:

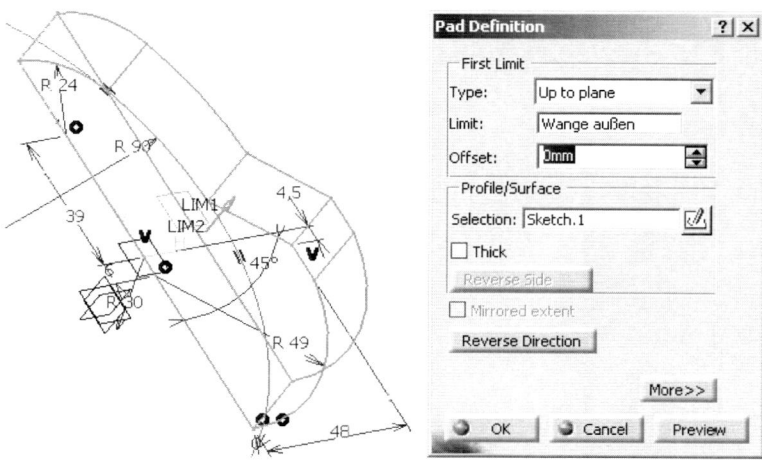

– Im Fensterbereich „*First Limit*" Type |Up to plane| einstellen und die Ebene „Wange außen" als Begrenzung selektieren.
– Mit |OK| Erzeugung des Profilkörpers abschließen

Anbringen einer **Entformungsschräge**:

– Icon „*Draft Angle*" 🔲 drücken
– Das Dialogfenster „*Draft Definition*" erscheint
– Als Ziehwinkel 5° eingeben (*Angle*)
– Flächen selektieren, die mit Entformungsschräge versehen werden sollen (*Faces(s) to draft*): Die zwei Seitenflächen selektieren
– Neutrales Element selektieren (*Neutral Element: Selection*): Zuerst weißes Feld (*No selection*), dann die YZ-Ebene selektieren. Die neutrale Randkurve wird rosa dargestellt.
  Die Entformungsrichtung selektieren: Weißes Feld im Bereich „*Pulling Direction*", dann YZ-Ebene selektieren. Ein Pfeil zeigt die Entformungsrichtung. Gegebenenfalls Orientierung durch Selektion der Pfeilspitze umkehren:

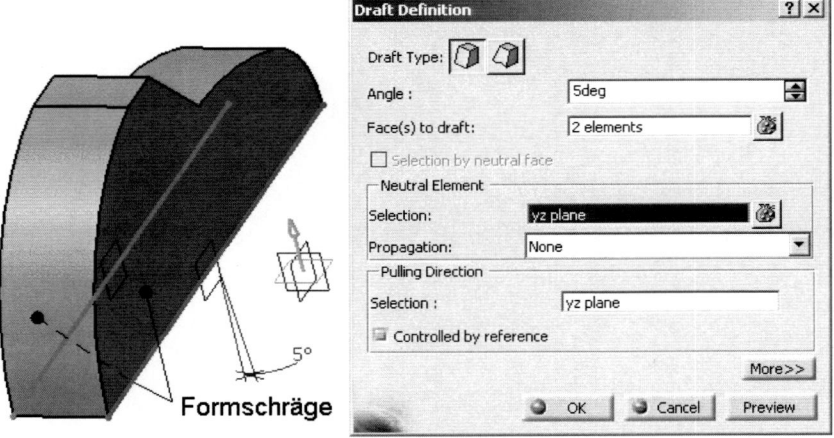

– Mit |OK| Anbringen der Entformungsschräge abschließen:

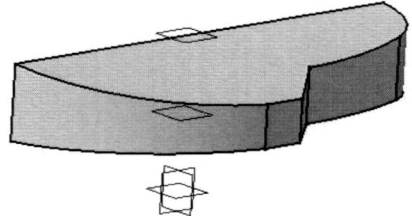

Verrunden der Kanten:

- Icon „*Edge Fillet*" 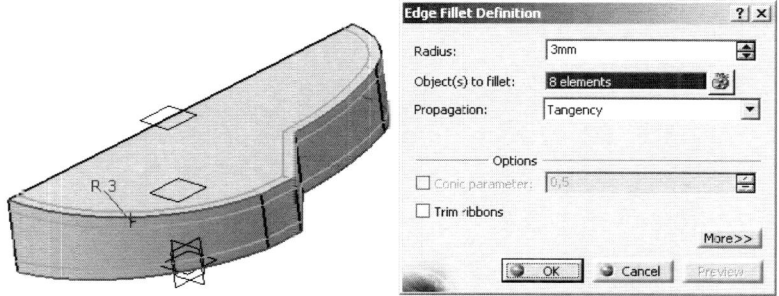 drücken
- Das Dialogfenster „*Edge Fillet Definition*" erscheint mit Voreinstellungswerten
- Einen Kantenabschnitt selektieren, der verrundet werden soll (*Object(s) to fillet*). Im Weitergabemodus (*Propagation*) Tangency werden alle tangential anschließenden Kanten vom System ebenfalls selektiert:

- Radius der Rundung mit 3 mm eingeben (*Radius*). Preview zeigt den Verlauf der Rundung.
- Mit OK Verrundung durchführen

Ändern des Profilkörpers: Der Wert der Entformungsschräge soll geändert werden

- Konstruktionselement mit Doppelklick selektieren, z. B. im Strukturbaum:

- Das Dialogfenster „*Draft Defintion*" erscheint. Als Winkelwert 3° eingeben (*Angle*). Mit OK Fenster wieder verlassen und Teil wird automatisch auf Letztstand gebracht (aktualisiert)

Ändern der **Farbe** des Bauteils:

- Im Strukturbaum mit MB3 „*PartBody*" selektieren
- Im Kontextmenü: Properties wählen (oder <Alt> + <enter>). Das Dialogfenster „*Properties*" erscheint:
  In der Registerkarte „*Graphic*" im Feld „*Color*" eine beliebige Farbe wählen
- Mit Apply erhält man eine Vorschau auf das Ergebnis ohne dass Fenster zu Verlassen
- Mit OK wird das Dialogfenster geschlossen und die Einstellungen gespeichert:

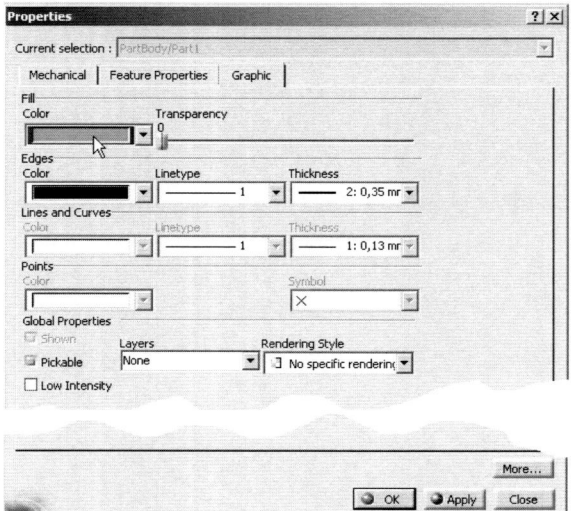

Grundkörper durch **Spiegeln** des Bauteils vervollständigen:

Zunächst Wange durch Spiegeln erzeugen

- Icon „*Mirror*" (Werkzeugleiste „*Transformation Features*") drücken
- Symmetrieebene selektieren: YZ-Ebene wählen
- Das Dialogfenster „*Mirror Definition*" erscheint:

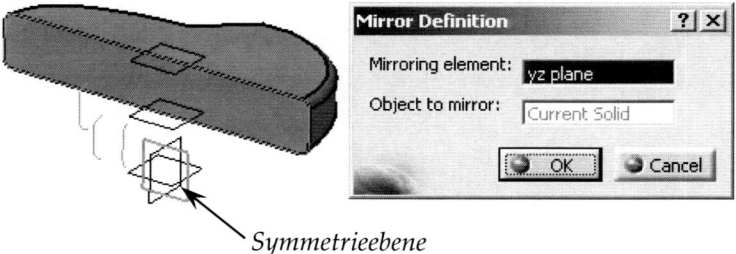

  Symmetrieebene

- Mit OK Spiegelung an der selektierten Ebene durchführen

Den Hubzapfen modellieren:

Hubzapfen Rohkontur erzeugen

- Icon „*Sketch*" drücken
- Ebene „Wange innen" selektieren
- Mit Icon „*Circle*" einen Kreis zeichnen, dessen Mittelpunkt auf der V-Achse liegt. Sein Durchmesser soll 37 mm betragen. Der Abstand des Mittelpunktes von der H-Achse ist 39 mm:

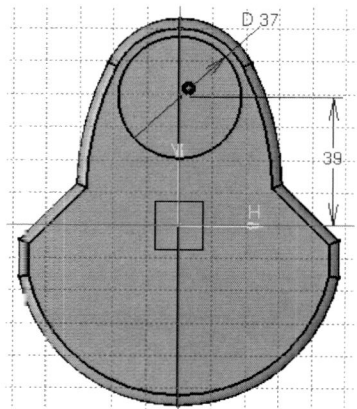

Anm.: Mittels des Formel-Editors wäre eine elegante Variante möglich: Der Abstandswert wird mit dem Maß „39" in der ersten Skizze der Wange gleichgesetzt (vgl. Kap. 2.5.9).

− *Sketcher* mit Icon „*Exit Workbench*" verlassen

− Icon „*Pad*" selektieren. Der skizzierte Kreis ist bereits selektiert und das Dialogfenster „*Pad Definition*" erscheint:

− Als erste Begrenzung für die Längenausdehnung des Zapfens (*First Limit*) Up to next wählen. Damit wird der Zapfen bis zu den Wangenflächen erzeugt

− Über den Schalter More >> das Fenster erweitern und als zweite Begrenzung für den Zapfen (*Second Limit*) Up to plane wählen und die XY-Ebene selektieren:

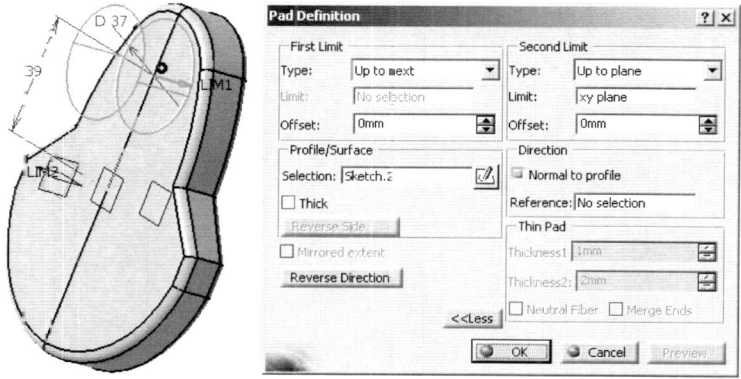

− mit OK Hubzapfen erzeugen:

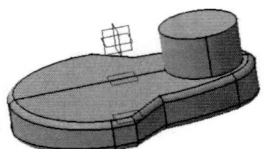

Übergang Hubzapfen zur Wange verrunden:

−   Icon „*Edge Fillet*" 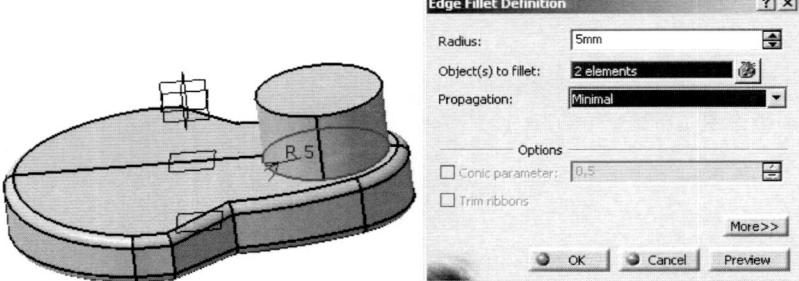 drücken
−   Das Dialogfenster „*Edge Fillet Definition*" erscheint mit Voreinstellungswerten
−   Die beiden Kanten selektieren, die verrundet werden sollen (*Object(s) to fillet*)

−   Radius der Rundung mit 5 mm eingeben (*Radius*)
−   Mit OK Verrundung durchführen

Den Wellenzapfen analog zu Pkt. 5 erzeugen, jedoch als Skizzierebene Ebene „Wange außen" selektieren und Kreis mit ∅51 zeichnen:

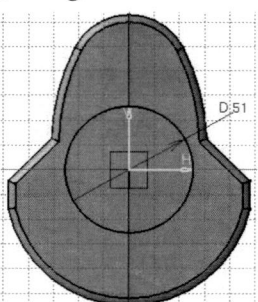

Die zweite Längenangabe des Zapfens mit 25 mm als Werteingabe (*Type: Dimension*) vornehmen:

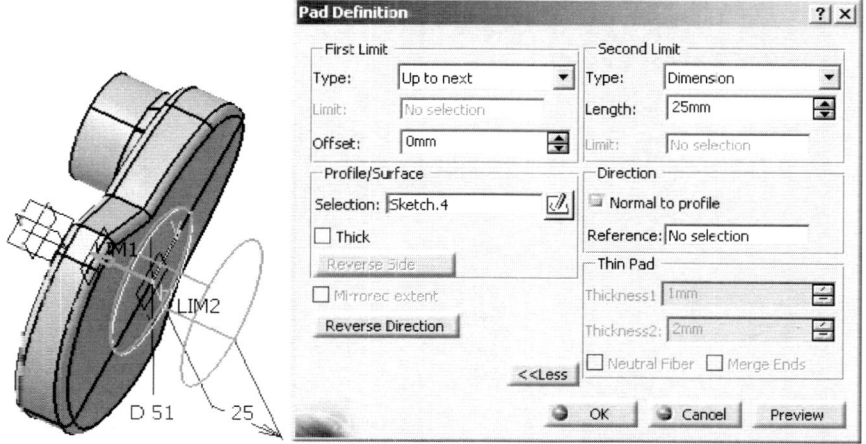

Übergang Wellenzapfen zu Wange analog zu oben mit Radius R5 verrunden:

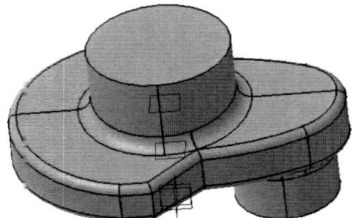

Hubzapfen „spanend bearbeiten":

– Icon „*Sketch*" ⬚ drücken
– YZ-Ebene selektieren
– Die Achse des Zapfens mit Icon „*Project 3D Elements*" ⬚ in die Skizzierebene projizieren (beim Überfahren der Zylinderfläche mit dem Mauszeiger wird die Achse bereits dynamisch angezeigt)
– Das gewünschte Profil der Bearbeitung zeichnen:

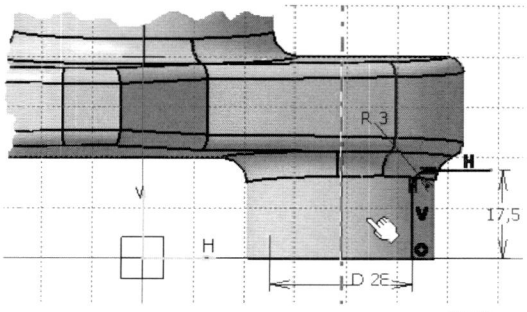

– *Sketcher* mit Icon „*Exit Workbench*" ⬚ verlassen

– Icon „*Groove*" 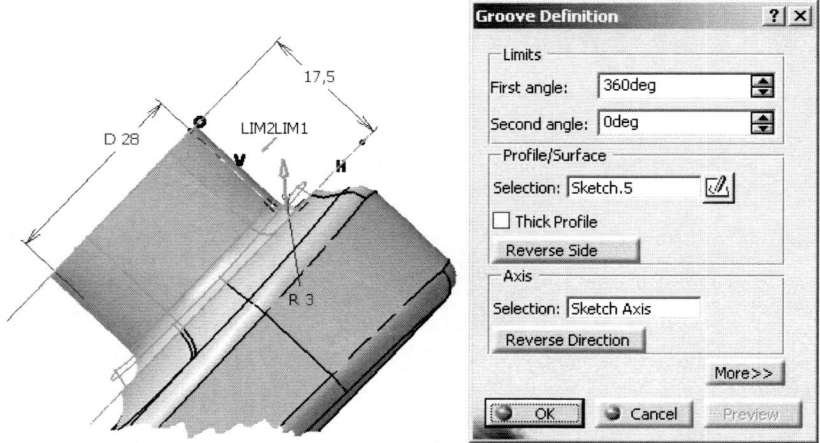 selektieren
– Das Dialogfenster „*Groove Definition*" erscheint
– Darin mit dem Schalter Reverse Side den orangen Pfeil so einstellen, dass er nach außen zeigt, d.h. in dieser Richtung wird Material entfernt:

Die Achse ist bereits in der Skizze enthalten und muss daher nicht selektiert werden.

– Mit OK die Bearbeitung durchführen:

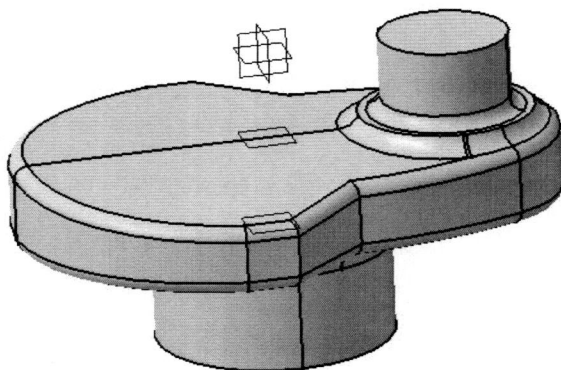

– Analog zu oben Wellenzapfen spanend bearbeiten.

Die Skizze dazu sieht so aus:

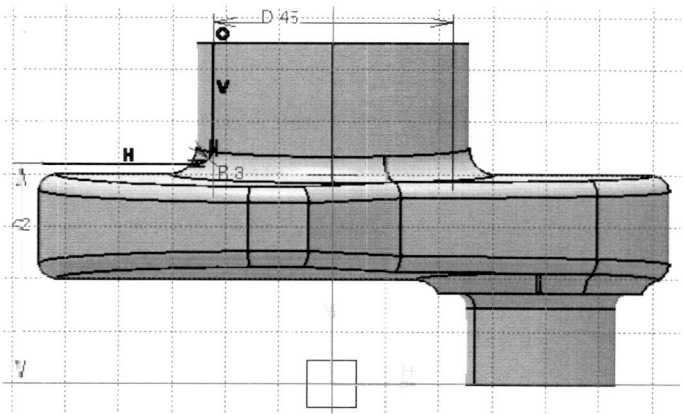

Teil durch Spiegelung vervollständigen

– Durch Spiegelung an der XY-Ebene lässt sich der Wellenabschnitt vervollständigen.
Der Strukturbaumbaum zeigt die „Entstehungsgeschichte" dieses Bauteils:

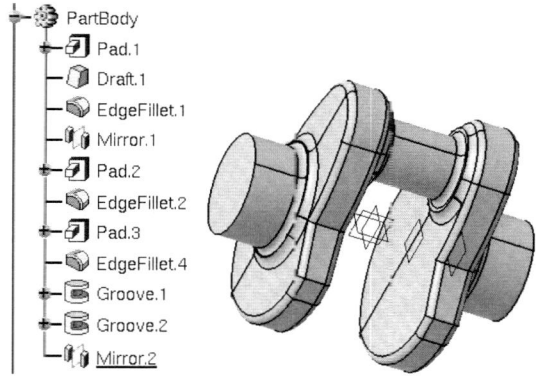

– Datei mit abspeichern und Namen und Speicherort festlegen: Kurbewel-
le.CATPart

4.3 Skizzenbasierende Konstruktionselemente (*sketch-based features*)

Diese Konstruktionselemente fußen auf einer ebenen Geometrie, wie sie im *Sketcher* oder in der Arbeitsumgebung *„Wireframe and Surface Design"* (Drahtgittergeometrie) festgelegt worden ist. Die Basisgeometrie muss einige grundlegende Voraussetzungen erfüllen, damit daraus ein Volumenkörper entstehen kann. Näheres siehe Kap. 2.6.

→ Allgemein erfolgt die Definition eines Körpers über ein Dialogfenster:

Dialogfenster allgemein

– Die Parameterwerte (Höhe, Länge, Winkel, ...) werden entweder direkt in ein Wertefeld eingegeben oder über Ziehen der grünen Texte im Grafikbereich *„Lim 1"* bzw. *„Lim 2"* intuitiv eingestellt

– Orientierungen von Vektoren können durch Selektion der Pfeilspitze bzw. durch den Schalter Reverse Side umgekehrt werden

– Während der Festlegung eines Körpers kann mit dem Icon *„Sketch"* die skizzierte Geometrie editiert und geändert werden. Mit dem Icon *„Exit Workbench"* wird die solchermaßen unterbrochene Definition des Körpers fortgesetzt

– Die Funktionen des Schalters *„Thick"* werden unter Kap. 4.3.1 erläutert

– Der Schalter Preview liefert eine Vorschau auf den Körper mit den eingestellten/eingegebenen Parameterwerten ohne dass das Fenster verlassen wird

– Der Schalter Cancel bricht die laufende Definition eines Körpers ab und schließt das Dialogfenster

– Mit dem Schalter OK wird der Körper erzeugt, ein entsprechendes Objekt an den Strukturbaum abgehängt und das Dialogfenster verlassen.

4.3.1 Block (*pad*)

Ein Block entsteht durch Verschieben eines ebenen Profils in einer oder zwei Richtungen. Ein Block ist also ein Prisma.

– Icon *„Pad"* drücken

– Das Dialogfenster *„Pad Definition"* erscheint

– Geometrie (ebenes Profil= Skizze) selektieren, mit der der Körper erzeugt werden soll (*Profile*). Es wird eine Vorschau mit Voreinstellungswerten gezeigt:

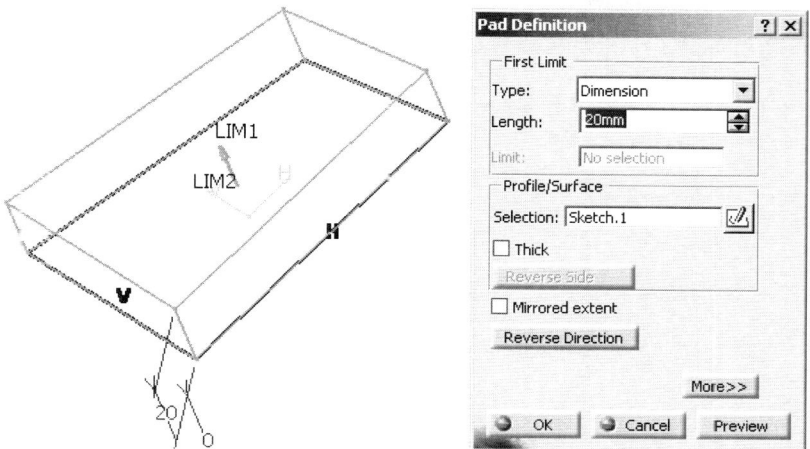

– Im Feld „*First Limit*" wird über den Button „*Type*" die Art der ersten Tiefenbegrenzung des Körpers eingestellt:

Dimension   Längenangabe im Feld „*Length*"   Beispiel: Siehe oben

Up to next   Profil wird bis zur nächsten vorhandenen Fläche eines Körpers gezogen

Up to last   Profil wird bis zur letzten vorhandenen Fläche eines Körpers gezogen

Up to plane   Profil wird bis zu einer selektierten Ebene gezogen

Up to surface   Profil wird bis zu einer selektierten Oberfläche gezogen.
<u>Anm.:</u> Das Profil muss vollständig auf der Fläche liegen (geschlossener Rand!)

– Der Schalter „*Mirrored extent*" erzeugt den Körper spiegelsymmetrisch zur Profilebene, d.h. die Skizze liegt mittig im Block

- Der Schalter ⟨Reverse Direction⟩ dreht die Erzeugungsrichtung (oranger Pfeil) um

- Der Button ⟨More>>⟩ ermöglicht die Definition einer zweiten Tiefenangabe (*Second Limit*) ausgehend von der Profilebene:

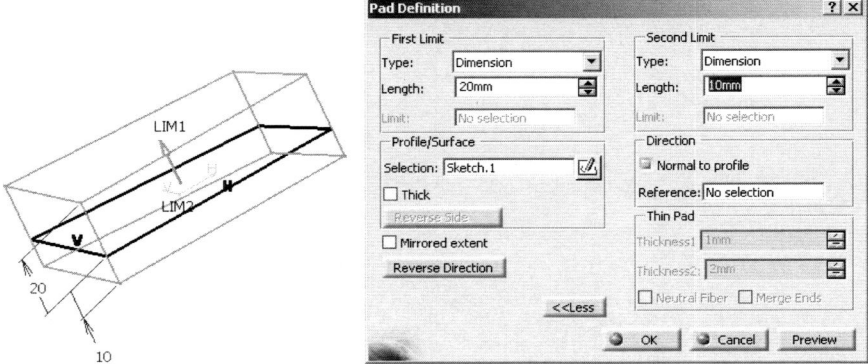

Schalenkörper

- Der Schalter ▢ „*Thick*" vergrößert ebenfalls das Fenster. Im erweiterten Fensterbereich können im Feld „*Thin Pad*" Wandstärken festgelegt werden, die nach innen (*Thickness1*) und/oder nach außen (*Thickness2*) aufgetragen werden:

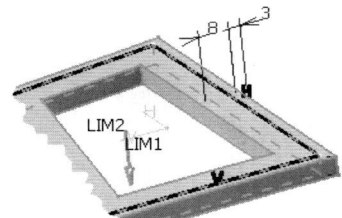
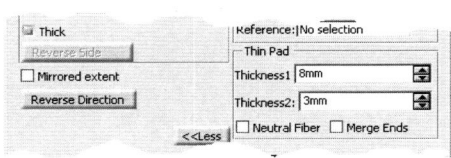

Mit ▢ „*Neutral Fiber*" wird die Skizze zur Mittellinie, es wird also die Wandstärke symmetrisch nach innen und außen verteilt. Mit dieser Option können auch offene Kurven zur Erzeugung eines Blocks herangezogen werden:

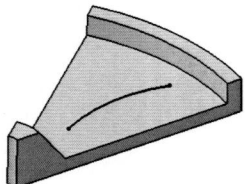
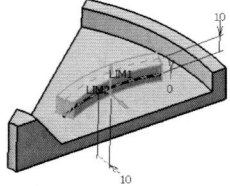
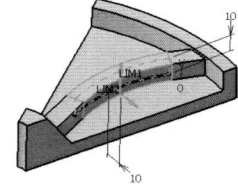

| mit „*Thick*" kann die Kurve als Basis für einen Block dienen | z.B. mit „*Neutral Fibre*" die Kurve in die Mitte des Blocks legen | mit „*Merge Ends*" wird der Block bis zu vorhandenen Bauteilrändern verlängert |

Schiefwinkliges Prisma

- Über Feld „*Direction*" kann eine beliebige Richtung (*Reference*), eine Gerade oder Kante, zur Erzeugung das Profilkörpers angegeben werden (Default: *Normal to Profile*):

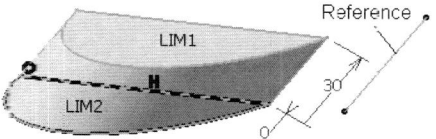

Das Profil wurde entlang der selektierten Gerade verschoben → schiefwinkliges Prisma

- Mit OK wird der Körper mit den eingestellten Parametern erzeugt und das Dialogfenster geschlossen.

Mehrere Profile

→ Das Profil kann auch aus mehreren geschlossenen Kurvenzügen bestehen. Diese dürfen einander allerdings nicht schneiden:

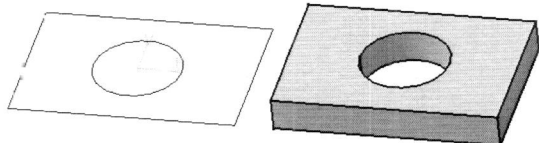

→ Auch offene Profile können benutzt werden vorausgesetzt, es ergibt sich eine Begrenzung durch vorhandene Geometrie (auf Orientierung der orangen Pfeile achten). In diesem Beispiel ist der Körper nur durch einen Kreisbogen bestimmt, dessen Enden mit der Einschränkung versehen sind, immer auf den senkrechten Wänden des Sechsecks zu liegen:

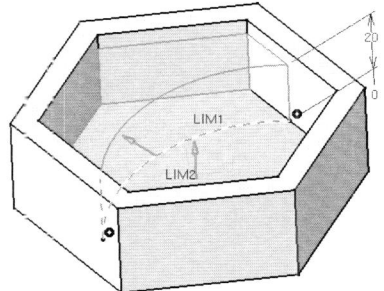

Als *Limit 1* ist 20 mm (niedriger als die senkrechten Wände des Prismas!) und als *Limit 2* ist Up to next (also die Wände das Prismas) gesetzt.

Gezielte Selektion von Skizzenelementen:

Wenn eine Skizze komplexe Geometrie enthält kann bei Blöcken und Taschen eine Teilauswahl erfolgen:

– Das Feld *„Selection"* des Dialogfensters *„Pad Definition"* bzw. *„Pocket Definition"* mit MB3 selektieren. Im Kontextmenü Go to profile definition wählen.

– Das Dialogfenster *„Profile Definition"* erscheint. Zeile selektieren und Remove drücken. Nun können Elemente einzeln in einer Skizze selektiert werden, wenn der Button ● *„Sub-elements"* aktiviert ist:

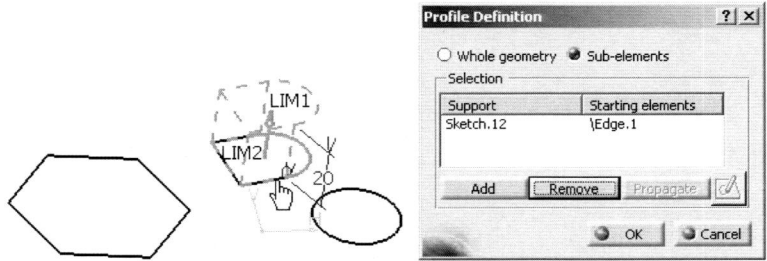

Mit den Schaltern Remove und Add können Elemente, deren Zeile selektiert (invers dargestellt) ist, wieder aus der Liste entfernt oder neue hinzugefügt werden

– Treten Mehrdeutigkeiten auf, bietet das System eine Auswahl der gewünschten Fortsetzung.
Beispiel: An der Verzweigung zur Diagonalen gibt es zwei Möglichkeiten (rote Punkte, Pfeile). Einmal entsteht ein dreieckförmiger Block, einmal ein quaderförmiger. Durch Selektion der gewünschten Kurve wird der Körper eindeutig festgelegt.

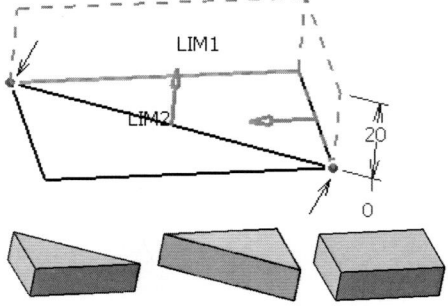

– Mit OK wird das Fenster verlassen und die Definition des Blocks bzw. des entsprechenden Körpers fortgesetzt.

4.3.2   Tasche (*pocket*)

Eine Tasche ist ein prismatischer Hohlraum in einem Körper. Sie entsteht durch Entfernen eines Blocks (*pad* siehe Kap. 4.3.1) von einem vorhandenen Körper. Die Erzeugung einer Tasche ist daher zunächst gleich wie die eines Blocks, nur dass nach Abschluss der Definition des Körpers dieser mit dem vorhandenen Teil boolesch verknüpft wird:

- Icon „*Pocket*" 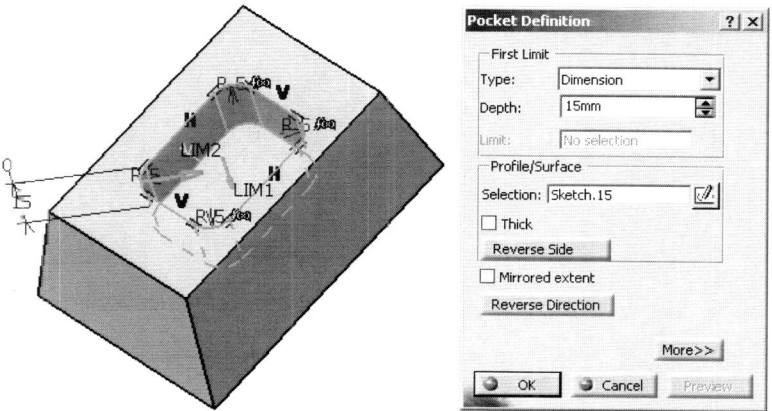 drücken

- Ebene Geometrie selektieren, mit der die Tasche erzeugt werden soll (*Profile*). Meist wird diese Geometrie eine Skizze sein, die auf einer Bauteilfläche gezeichnet wurde

- Das Dialogfenster „*Pocket Definition*" erscheint und zeigt eine Vorschau mit Voreinstellungswerten

- Die Einstellung der Tiefenausdehnung (*First/Second Limit*) der Tasche erfolgt analog zu einem Profilkörper, siehe Kap. 4.3.1.
  Auch eine beliebige Erzeugungsrichtung (*Direction*) wird wie bei einem Profilkörper definiert

- Mit OK wird der Körper mit den eingestellten Parametern erzeugt und das Dialogfenster geschlossen.

Mehrere Profile in Skizze

→ Das Profil kann auch aus mehreren geschlossenen Kurvenzügen bestehen. Diese dürfen einander allerdings nicht schneiden:

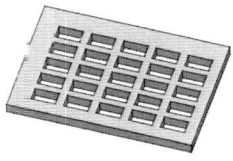

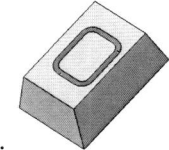

Schalter „*Thick*" siehe Kap. 4.3.1.

4.3.3   Welle (*shaft*)

Eine Welle entsteht durch Rotation eines ebenen Profils um eine Achse. Diese Achse kann mit dem Icon „*Axis*" ⁞ im *Sketcher* gleich beim Konstruieren des Profils eingezeichnet werden oder es wird erst bei der Erzeugung der Welle irgendein entsprechendes Geometrieelement (Gerade, Kanten, ...) selektiert.

− Icon „*Shaft*" 🔩 drücken
− Geometrie selektieren, mit der die Welle erzeugt werden soll
− Das Dialogfenster „*Shaft Definition*" erscheint und zeigt eine Vorschau mit Voreinstellungswerten:

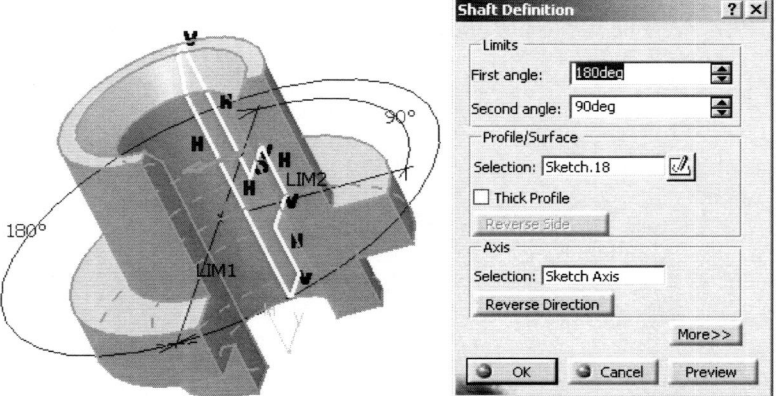

Anfangs- und Endlage des Profils werden über Winkel eingestellt (*First, Second angle*).

Drehachse

Als Drehachse kann eine beliebige Gerade, Kante oder Achse einer Rotationsfläche (wird beim Überfahren mit dem Mauszeiger vom dynamischen Navigator erkannt) selektiert werden (*Axis*), sonst wird eine vorhandene Achse in der Skizze benutzt (Voreinstellung)

Mit OK wird der Körper mit den eingestellten Parametern erzeugt und das Dialogfenster geschlossen.

Profilvoraussetzungen

⇥ Das Profil muss vollständig auf einer Seite der Drehachse liegen und darf diese nicht überragen, sonst würden ja ineinander liegende Volumenkörper bei Rotation entstehen.

Der Schalter „*Thick Profile*" (siehe auch Kap. 4.3.1) ermöglicht allerdings die Verwendung offener Kurven. Damit lassen sich rasch dünnwandige Rotationskörper erzeugen:

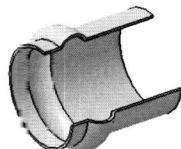

⇥ Das Profil muss nicht zur Drehachse geschlossen sein, wenn vorhandene Geometrie den entstehenden Rotationskörper eindeutig begrenzt, so dass sich doch ein geschlossenes Volumen ergibt. Ein Beispiel soll das veranschaulichen:

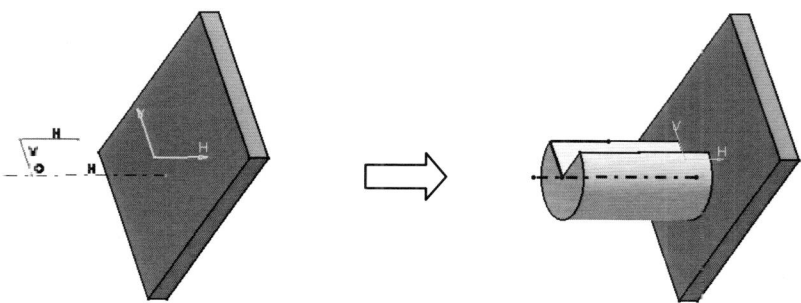

4.3.4   Nut (*groove*)

Eine Nut ist eine rotationssymmetrische Aussparung. Sie entsteht durch Entfernen eines Rotationskörpers (Welle, *shaft*) von einem vorhandenem Körper. Die Erzeugung ist daher zunächst gleich wie bei der Welle (Kap. 4.3.3), nur dass nach Abschluss der Definition des Körpers dieser mit dem vorhandenen Teil boolesch verknüpft wird:

− Icon „*Groove*" ![icon] drücken
− Geometrie selektieren, mit der die Ausnehmung erzeugt werden soll
− Das Dialogfenster „*Groove Definition*" erscheint und zeigt eine Vorschau mit Voreinstellungswerten:

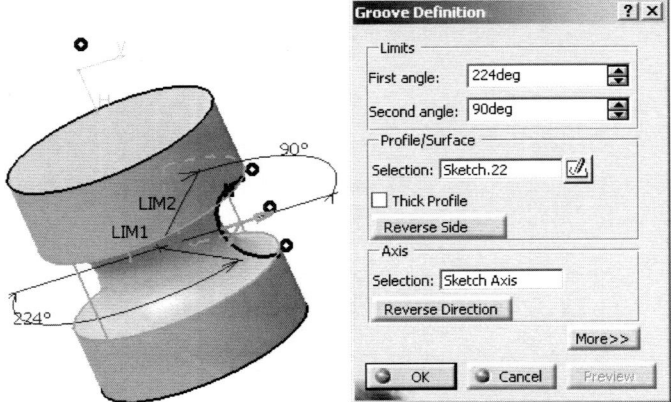

Anfangs- und Endlage des Profils werden über Winkel eingestellt (*First, Second angle*). Als Drehachse kann eine beliebige Gerade, Kante oder Achse einer Rotationsfläche (wird beim Überfahren mit dem Mauszeiger vom dynamischen Navigator erkannt) selektiert werden (*Axis*), sonst wird eine vorhandene Achse in der Skizze benutzt (Voreinstellung)

Beim Erzeugen der Skizze sind die Schalter *„Project 3D Elements"* 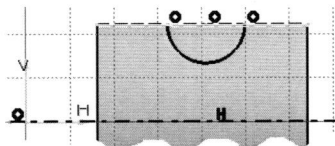 für die Verwendung der Drehachse einer vorhanden Rotationsfläche und *„Project 3D Silhouette Edges"* für die Einschränkung „Punkt auf Kurve" (Umrisserzeugende) vorteilhaft.

Schalter *„Thick Profile"* siehe Kap. 4.3.1

Mit OK wird der Körper mit den eingestellten Parametern erzeugt und das Dialogfenster geschlossen.

→ Das skizzierte Profil muss vollständig auf einer Seite der Achse liegen. Es muss durch die Rotation eine geschlossene Fläche entstehen.

Beispiel: Die Gerade ergibt bei der Rotation um die Achse zwar nur eine offene Kegelfläche, durch den Boden des Quaders ist das zu entfernende Volumen aber vollständig bestimmt.

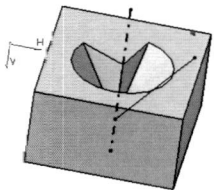

4.3.5   Bohrung (*hole*)

Eine Bohrung entsteht durch Entfernen eines Rotationskörpers von einem vorhandenen Körper. Die Bohrung wird auf einer Fläche angebracht und ihre Position intuitiv oder maßlich fixiert. Die Bohrung kann zusätzlich mit Senkungen und Freistellungen sowie einem Gewinde versehen werden.

– Icon „*Hole*" 🔘 drücken
– Falls vorhanden, Einsetzpunkt der Bohrung selektieren. Ebene oder ebene Fläche eines Körpers selektieren, auf der die Bohrung platziert wird. (Falls zuvor Punkt selektiert wurde, wird dieser auf die Ebene projiziert)
  Zu speziellen Fällen der Positionierung von Bohrungen siehe Kap. 4.3.5.1
– Das Dialogfenster „*Hole Definition*" erscheint und zeigt eine Vorschau mit Voreinstellungswerten:

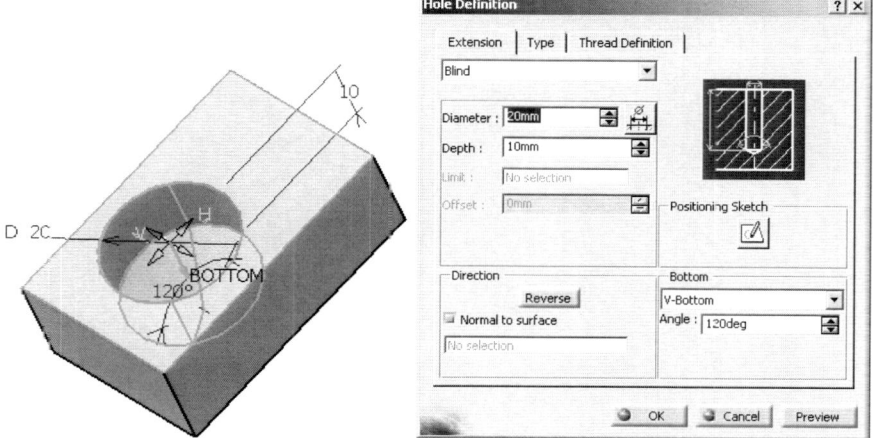

Die unterschiedlichen **Ausführungen** von Bohrungen werden mit dem Button im Register „*Type*" eingestellt:

Simple:	*Tapered*:	*Counterbored*:	*Countersunk*:	*Counterdrilled*:
Einfach	Konisch	Mit Freistel-lung	Mit Ansen-kung	Stufenbohrung

Von der gewählten Ausführung der Bohrung hängt ab, welche Tiefenangaben gemacht werden können: Dazu dient der Wahlschalter in der Registerkarte „*Extension*":

 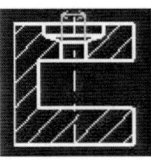 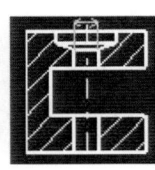  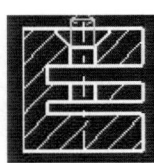

Blind:	*Up to next*:	*Up to last*:	*Up to plane*:	*Up to surface*:
Sackloch	Bis zur näch-sten Fläche	Durchgangs-bohrung	Bis zu selek-tierter Ebene	Bis zu selektier-ter Oberfläche

Diameter ist der Bohrungsdurchmesser, *Depth* die Tiefe bei Sacklöchern (*Blind*).

Der Durchmesser kann mit Toleranzen versehen werden. Der Schalter ⊞ öffnet das Fenster „*Limit of Size Definition*". Darin können Allgemeintoleranzen (*General Tolerance*), obere und untere Abmaße (*Upper und Lower Limit*) sowie ISO-Toleranzen (*Tabulated values*) im Grafikbereich angezeigt werden. Der Schalter ● *Information* zeigt die Maßzahl in Klammer (Referenzmaß).

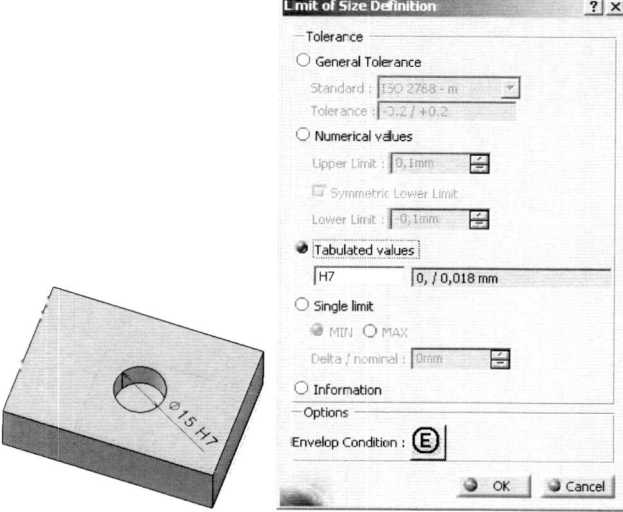

Im Strukturbaum wird eine tolerierte Bohrung gekennzeichnet:

- Im Feld *„Direction"* wird die Orientierung der Bohrung eingestellt (Schalter
  Reverse) und die Richtung der Bohrungsachse:
  - Schalter *„Normal to surface"*: Üblicher Fall der rechtwinkligen Bohrung
  - Selektion einer beliebigen Geraden im Feld darunter
- Im Feld *„Bottom"* wird der Bohrungsgrund festgelegt:
  - *V-Bottom*: Kegelspitze mit bel. Öffnungswinkel (*Angle*)
  - *Flat*: Ebener Bohrungsgrund
- Mit der Registerkarte *„Thread Definition"* kann ein Gewinde spezifiziert werden,
  siehe Kap. 4.3.5.2
- Mit OK wird der Körper mit den eingestellten Parametern erzeugt und das
  Dialogfenster geschlossen.
- Von Bohrungen mit tolerierten Durchmessern kann der arithmetische Mittel-
  wert gebildet werden. Schalter *„Mean Dimensions"* (Werkzeugleiste
  „Tools") selektieren. Von sämtlichen Bohrungen werden die Mittelwerte darges-
  tellt und das Teil muss neu aktualisiert werden – ein Fenster weist darauf hin.

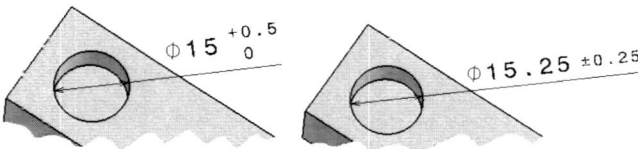

Der Schalter „*Mean Dimensions*" ermöglicht auch ein Wiederherstellen der ursprünglichen Werte mit den dazugehörigen Toleranzen.

4.3.5.1 Positionieren einer Bohrung

Während der Erzeugung der Bohrung (Icon „*Hole*" 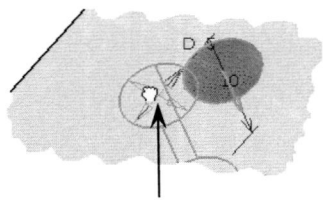) kann mit MB1 die Bohrung durch Ziehen des Einsetzpunktes auf der selektierten Positionsfläche platziert werden: Bohrungsrand mit Mauszeiger überfahren, bis Symbol Pfeilkreuz sichtbar wird, dann MB1 drücken und zum Wunschort ziehen.

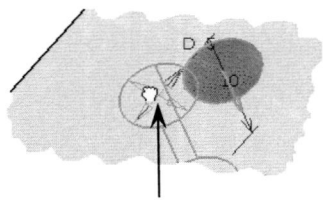

Einsetzpunkt (*Mark*)

Nach dem Verlassen des Dialogfensters „*Hole Definition*" ist die Bohrung folgendermaßen im Strukturbaum dargestellt:

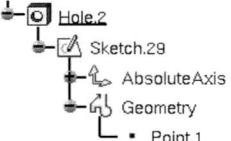

Es ist also nicht nur die Bohrung, sondern auch eine Skizze mit dem Einsetzpunkt der Bohrung vorhanden. Der Einsetzpunkt kann nun durch Aufrufen der Skizze, in der der Punkt vom System gezeichnet wurde, mit Maßen versehen werden(Doppelklick auf *Sketch.N*, hier also *Sketch.29*). Die Skizze wird wie üblich mit dem Icon „*Exit Workbench*" 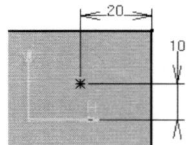 verlassen

Festlegen der Maße während der Erzeugung der Bohrung:

− Beim Bauteil zwei Kanten als Referenz für Maße gemeinsam selektieren (MB1 + <Strg>)

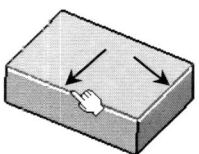

– Icon „*Hole*" 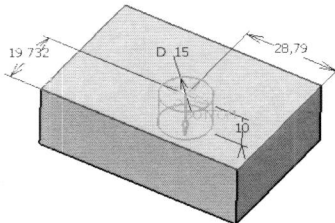 drücken und Positionsfläche der Bohrung selektieren.

Zu den möglichen Parametern des Dialogfensters „*Hole Definition*" kommen nun zwei Positions-Maße hinzu. Diese können durch Doppelklick auf die Maßzahl geändert werden (siehe auch Kap. 2.5.2).

<u>Anm.</u>: Bei einer Welle wird vom System eine Konzentrizitätseinschränkung vergeben, wenn die Kreiskante und die Kreisfläche gemeinsam selektiert werden (MB1 + <Strg>) bevor gedrückt wird. Wenn nur die Kreisfläche selektiert wird, platziert das System die Bohrung zwar auch in der Mitte, aber vergibt <u>keine</u> Einschränkung.

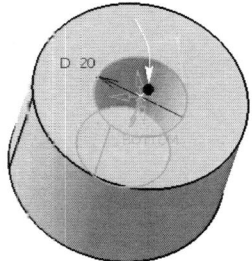

4.3.5.2 Gewindeerzeugung

Während der Bohrungsfestlegung kann ein Gewinde definiert werden:

– Im Dialogfenster „*Hole Definition*" Registerkarte „*Thread Definition*" wählen, Schalter „*Threaded*" aktivieren:
– Unter „*Type*" Art der Gewindefestlegung einstellen:

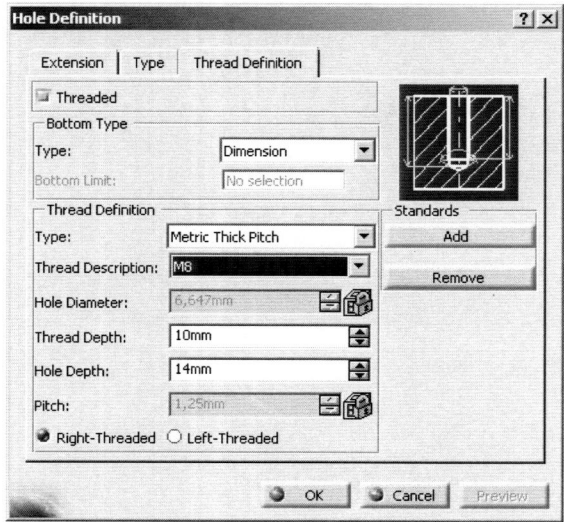

No Standard   beliebige Eingaben
Metric Thin Pitch   metrisches Feingewinde
Metric Thick Pitch   metrisches Regelgewinde

Für die Festlegung der Gewindetiefe bietet das Feld „*Bottom Type*" mehrere Arten an:

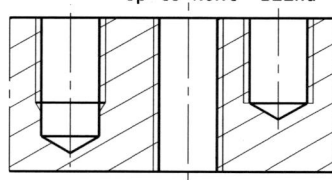

Dimension   Maßeingabe

Support Depth   Selbe Tiefe wie Kernloch

Up-To-Plane   Bis zu einer Ebene. Diese wird über das Feld „*Bottom Limit*" selektiert.

Die das Gewinde kennzeichnenden Parameter werden vom System je nach gewählter Art voreingestellt.

Thread Diameter: Gewindenenndurchmesser

Hole Diameter: Kernlochdurchmesser

Thread Depth: Gewindetiefe

Hole Depth: Kernlochtiefe

Pitch: Steigung

Right-Threaded: Rechtsgängig *Left-Threaded*: Linksgängig

Mit den Schaltern Add bzw. Remove können andere Normen als File geladen bzw. entfernt werden

Mit OK wird die Definition des Gewindes beendet und die Bohrung mit Gewinde erzeugt. Im Strukturbaum wird sie durch diese Objekt dargestellt:

 Hole.5

4.3.5.3 Anzeigen von vorhandenen Gewinden

Eine Übersicht über vorhandene Gewinde liefert das Icon „*Tap - Thread Analysis*" (Werkzeugleiste „*Analysis*"):

− Icon drücken

− Das Fenster „*Thread/Tap Analysis*" erscheint:

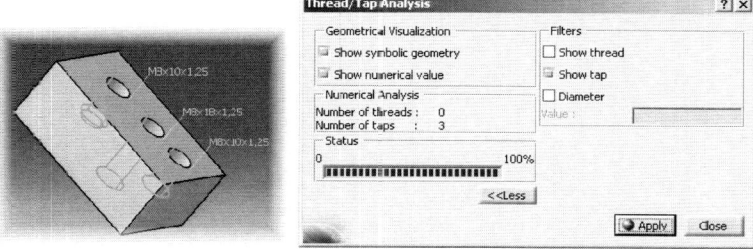

− Im Fensterbereich „*Geometrical Visualization*" kann eingestellt werden, was im Grafikbereich dargestellt wird.
  Im Fensterbereich „*Numerical Analysis*" steht wie viel Außen- (*threads*) und Innengewinde (*taps*) das Teil aufweist

Filtermöglichkeiten

− Der Schalter More >> erweitert das Fenster. Im verbreiterten Fenster kann ein Filter aktiviert werden, so dass nur Außen- (*threads*) oder Innengewinde (*taps*) dargestellt werden. Der Schalter „*Diameter*" ermöglicht die Anzeige weiter auf einen bestimmten Gewindenenndurchmesser einzuschränken (Werteeingabe im Feld „*Value*")

− Mit dem Schalter Apply wird die Analyse durchgeführt und das Ergebnis entsprechend der getroffenen Einstellungen angezeigt

− Mit Close wird die Analyse beendet und das Fenster geschlossen.

4.3.6   Rippe (*rib*)

Ein Rippe entsteht durch Verschieben eines ebenen Profils (offen oder geschlossen) entlang einer Raumkurve (Ziehkurve). Das Profil kann dabei nach bestimmten Vorschriften gedreht werden (vgl. Kap. 3.4.5 Ziehflächen). Ein offenes Profil ist dann möglich, wenn sich durch vorhandene Bauteilgeometrie natürliche Begrenzungen für die Rippe ergeben (vgl. Kap. 4.3.1).

Folgende Kombinationen der Stützkurven sind geometrisch möglich:

Ziehkurve (*center curve*)	offenes Profil (*Profile*)	geschlossenes Profil (*Profile*)	Ziehrichtung (*pulling direction*)
offene Ziehkurve	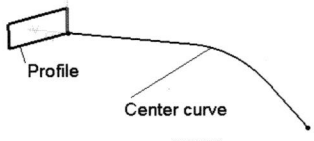	✎	✎
geschlossene ebene Ziehkurve	✎	✎	
geschlossene Raumkurve		✎	

Anm.: Raumkurven als Ziehkurven müssen tangentenstetig sein. Die Stützgeometrie wird vorteilhaft gleich in richtiger Lage konstruiert, d.h. das Profil steht so zur Ziehkurve, wie der erste Querschnitt der Rippe.

Profile

Center curve

– Icon „*Rib*" ✎ drücken
– Das Dialogfenster „*Rib Definition*" erscheint
– Geometrie selektieren, die entlang der Ziehkurve verschoben werden soll (*Profile*)
– Ziehkurve selektieren (*Center curve*):

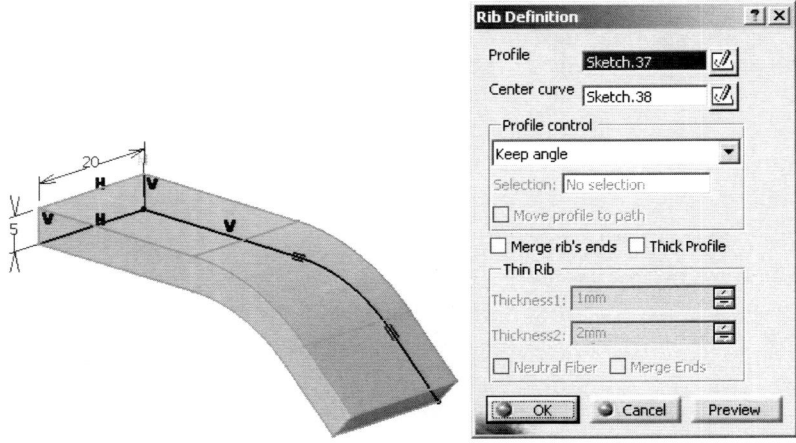

– Der Schalter „*Profile control*" regelt die Stellung des Profils während des Ziehens:

Keep angle	der Winkel zwischen Profilebene und der Tangente an die Ziehkurve bleibt wie im ersten Querschnitt	
Pulling direction	das Profil wird während des Ziehens entlang einer bestimmten Richtung (*Selection*) aus-gerichtet	
Reference surface	der Winkel zwischen der Skizzierachse „H" des Profiles und einer bestimmten Fläche (*Selection*) ist konstant. Zum Vergleich ist in dem Beispiel die gleiche Rippe mit Option „*Keep Angle*" als Drahtgittermodell zu sehen.	

– Der Button „*Merge rib´s ends*" ist in Einzelfällen möglich. Damit wird Volumen zwischen den Enden der Rippe und begrenzender Umgebungsgeometrie eingefügt. Beispiel: siehe Rille, Kap. 4.3.7

– Mit dem Schalter „*Thick Profile*" können rasch dünnwandige Ziehkörper erzeugt werden. Näheres siehe „*Thick Profile*" bei Kap. 4.3.1

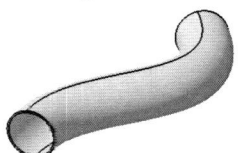

– Mit OK wird der Körper mit den eingestellten Parametern erzeugt und das Dialogfenster geschlossen.

→ CATIA berechnet den Schnittpunkt der Profilebene mit der Ziehkurve und behält bei der Erzeugung der Rippe die ursprüngliche Profilposition bei, während der Schnittpunkt der Ziehkurve entlang geführt wird. Das kann zu unerwarteten Ergebnissen führen, wenn dieser Schnittpunkt nicht auf der Ziehkurve liegt:

Profil (Kreis) und Ziehkurve sind in der Ausgangslage skizziert worden. Der Körper sieht erwartungsgemäß aus:

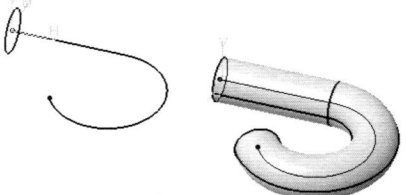

Die Profilebene (Kreis) schneidet die Ziehkurve nicht reell. Der Körper sieht nicht erwartungsgemäß aus:

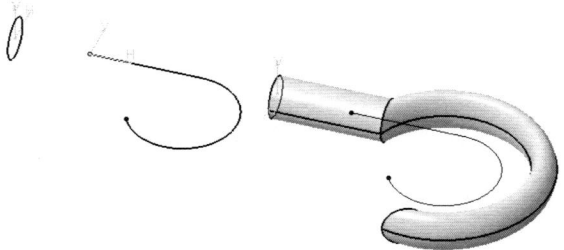

4.3.7   Rille (*slot*)

Eine Rille (Schlitz) entsteht durch Entfernen einer Rippe von einem Körper. Die Erzeugung ist daher zunächst gleich wie bei der Rippe (Kap. 4.3.6), nur dass nach Abschluss der Definition des Körpers dieser mit dem vorhandenen Teil boolesch verknüpft wird.

Folgende Kombinationen der Stützkurven sind geometrisch möglich:

Ziehkurve (*center curve*)	offenes Profil (*Profile*)	geschlossenes Profil (*Profile*)	Ziehrichtung (*pulling direction*)
offene Ziehkurve	⏚	⏚	⏚
geschlossene ebene Ziehkurve	⏚	⏚	
geschlossene Raumkurve		⏚	

Anm.: Raumkurven als Ziehkurven müssen tangentenstetig sein.

Die Stützgeometrie wird vorteilhaft gleich in richtiger Lage konstruiert, d.h. das Profil steht so zur Ziehkurve, wie der erste Querschnitt der Rille:

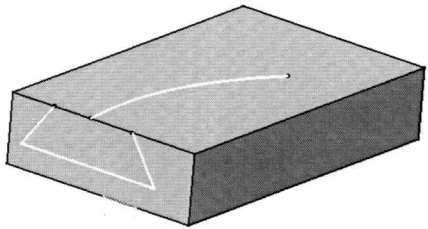

– Icon „*Slot*" 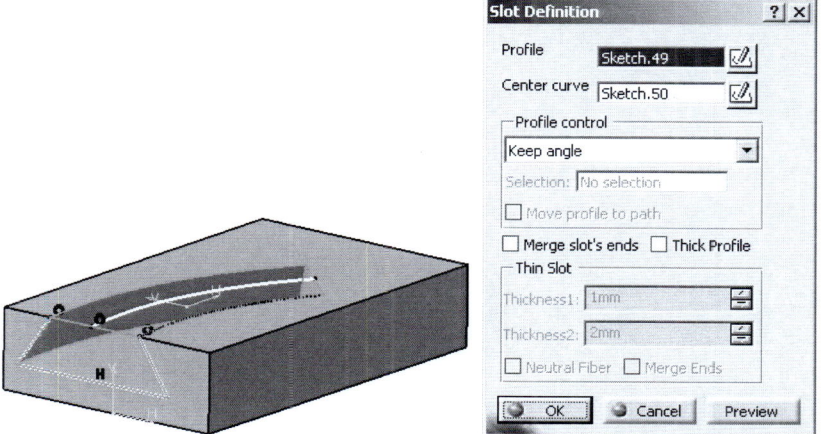 drücken

– Das Dialogfenster „*Slot Definition*" erscheint:

– Geometrie selektieren, mit der die Rille erzeugt werden soll (*Profile*)

– Ziehkurve selektieren, entlang der das Profil gezogen werden soll (*Center curve*)

– Der Schalter „*Profile control*" regelt die Stellung des Profils während des Ziehens. Die drei Möglichkeiten sind gleich jenen der Rippe und sind in dem Kapitel erklärt

„*Merge slot's ends*"

– Der Button „*Merge slot's ends*" ist in Einzelfällen wählbar. Damit wird Volumen zwischen den Enden der Rille und begrenzender Umgebungsgeometrie entfernt

– Die Stützgeometrie (Profil und Leitkurve) der Rille befindet sich vollständig innerhalb des Quaders. Mit deaktivierten Button sieht das Ergebnis so aus:

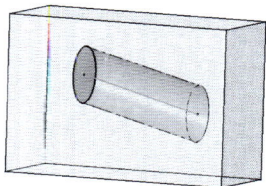

– Wird der Button aktiviert, wird die Rille bis zu angrenzenden Körperflächen verlängert:

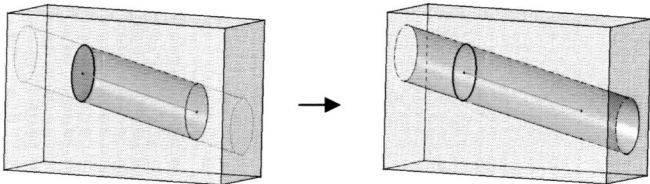

- Mit dem Schalter „*Thick Profile*" können rasch dünne Schlitzkonturen geschaffen werden.

  In dem Beispiel ist aus einer Schraublinie (*Center Curve*) und nur einer Geraden (*Profile*) die Schraubennut erzeugt worden. Näheres siehe „*Thick Profile*" unter Kap. 4.3.1

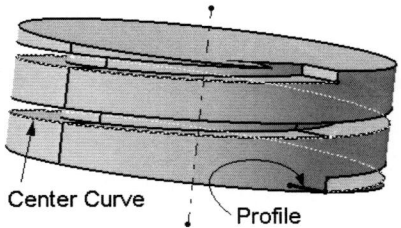

Center Curve   Profile

- Mit OK wird der Körper mit den eingestellten Parametern erzeugt und das Dialogfenster geschlossen.

4.3.8 Versteifung (*stiffener*)

Ein Versteifung entsteht durch Verschieben eines offenen, ebenen Profils, dessen Enden von vorhandener Geometrie begrenzt werden.

<u>Anm.:</u> Das offene Profil kann auch Drahtgittergeometrie sein, muss also nicht mit dem Skizzierer erzeugt worden sein.

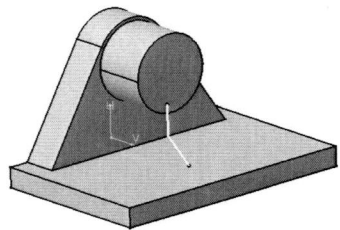

- Icon „*Stiffener*" ⬛ drücken
- Geometrie selektieren, mit der die Versteifung erzeugt werden soll
- Das Dialogfenster „*Stiffener Definition*" erscheint und zeigt eine Vorschau mit Voreinstellungswerten
- Fehlermeldungen weisen gegebenenfalls darauf hin, dass die Erzeugungsrichtung vom Teil weg zeigt, d.h. dass sich keine Begrenzungen für die Versteifung

ergeben. In diesem Fall die Richtung mit dem Schalter $\boxed{\text{Reverse Direction}}$ im Feld „*Depth*" umkehren. Achtung: Es gibt durch *Thickness* und *Depth* 4 Möglichkeiten, wobei unter Umständen nur eine topologisch möglich ist.

– Die grundsätzliche Erzeugungsart der Rippe einstellen (*mode*):

   From Side   Die Rippenebene ist die Skizzenebene

   From Top   Die Rippe dehnt sich normal zur Skizzenebene aus

– Im Feld „*Thickness*" wird die Dicke der Versteifungsrippe eingegeben:

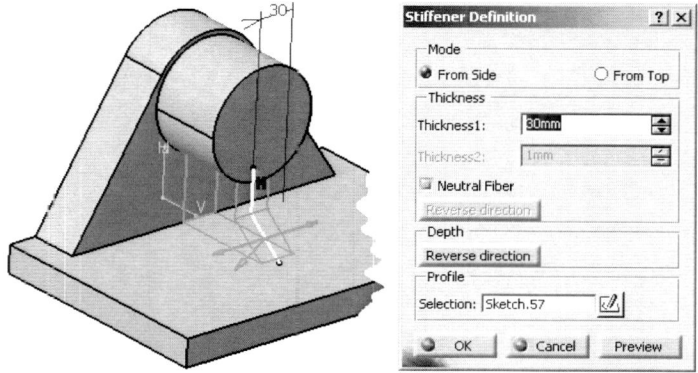

– Mit dem Schalter „*Neutral Fiber*" wird eingestellt, ob die selektierte Geometrie Mittellinie (= *neutral fibre*) oder Rand der Versteifung ist.

Im einseitigen Fall ermöglicht der darunterliegende Schalter $\boxed{\textit{Reverse direction}}$ die Wahl der Seite:

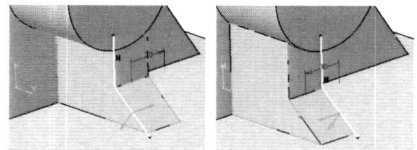

– Im Feld „*Depth*" kann mit dem Schalter $\boxed{\textit{Reverse direction}}$ die Versteifung in die zweite Richtung erzeugt werden, was topologisch nur möglich ist, wenn das Profil vollständig von umgrenzender Geometrie umgeben ist:

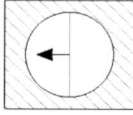   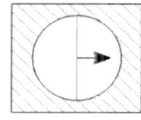

    Lösung 1   Lösung 2

From Top

– Die Erzeugungsart „*From Top*" kann vorteilhaft für die Verippung von Gehäusen eingesetzt werden:

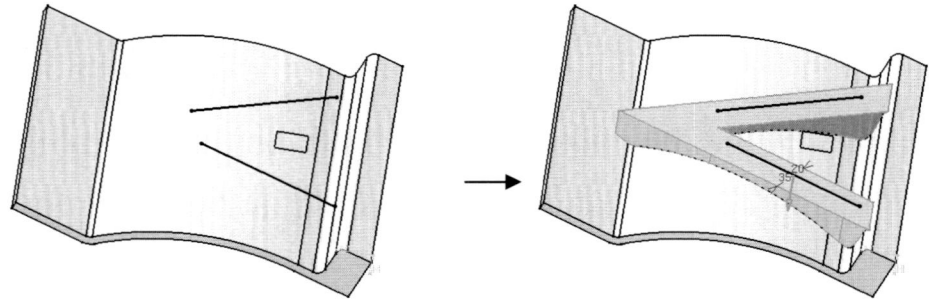

| In einer Skizzenebene wird der gewünschte Rippenverlauf skizziert. | Im Mode „*From Top*" erfolgt die Extrusion normal auf die Skizzenebene und Material (*Thickness*) wird in der Skizzenebene aufgetragen. |

Wird in dieser Erzeugungsart der Schalter „*Neutral Fiber*" deaktiviert, können zwei Dicken angegeben werden, die in der Skizzenebene nach links und rechts von dem skizzierten Rippenverlauf aufgetragen werden

– Mit OK wird der Körper mit den eingestellten Parametern erzeugt und das Dialogfenster geschlossen.
  Allgemein wird man die Kontur (bzw. Mittellinie der Versteifung) mit den umgebenden Bauteilrändern über Einschränkungen in der Skizze so festlegen, dass bei Änderungen der Umgebung keine topologischen Fehler (= offene Rippenkontur) entstehen.

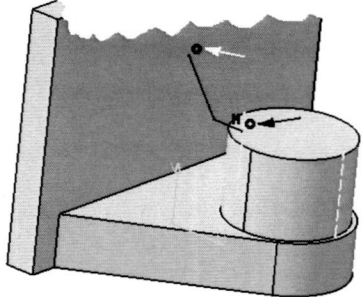

4.3.9   Volumenkörper mit Mehrfachschnitten (*multi-sections solid*, früher: *loft*)

Ein Körper mit Mehrfachschnitten entsteht durch Verbinden ebener Profile, wobei auch Leitkurven angegeben werden können. Diese Querschnitte dürfen einander nicht schneiden und die Leitkurve muss durch Punkte der Querschnitte gehen (vgl. auch Kap. 3.4.7).

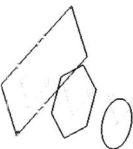

- Icon „*Multi-sections Solid*" 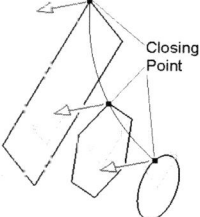 drücken
- Das Dialogfenster „*Multi-sections Solid Definition*" erscheint
- Ebene Querschnitte selektieren, mit denen der Körper erzeugt werden soll (*Sections*):

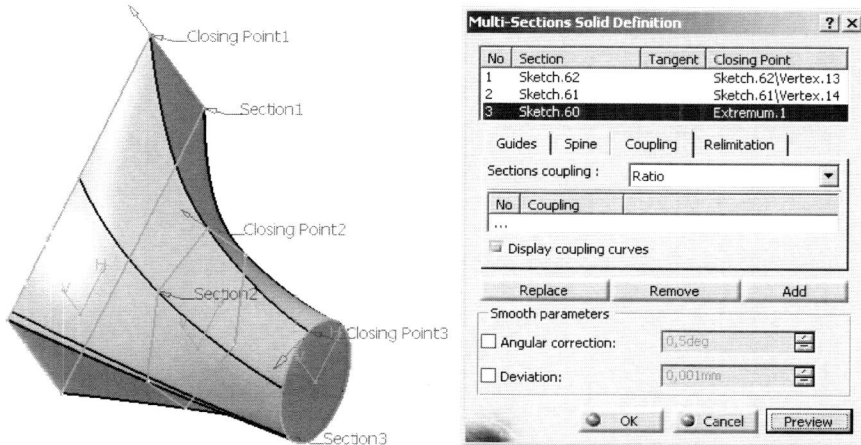

- Punkte mit Tangentenunstetigkeit (*Coupling: Tangency*) oder gleichmäßig verteilte Umfangspunkte (*Coupling: Ratio*) werden miteinander verbunden. Mit den roten Pfeilen gleichsinnige Umfahrung der Querschnitte einstellen Im Feld „*Sections*" können zusätzlich durch Selektion weiterer Spalten Tangentenbedingungen (*Tangent*) und ein bestimmter Anfangspunkt (*Closing Point*) zu den einzelnen Querschnitten angegeben werden (genaueres dazu siehe Kap. 3.4.7 *Multi-sections surface*)

Wahlweise Leitkurven (*Guides*) und eine Rückgratkurve (Leitkurve - *Spine*) selektieren

- Nach Selektion einer bereits gewählten Kurve, werden die Schalter Replace, Remove und Add aktiv. Diese ermöglichen das Ersetzen, Löschen und Hinzufügen einer Kurve
- Mit Preview erhält man eine Vorschau auf die eingestellten Parameter ohne Verlassen des Dialogfensters
- Mit OK wird der Körper mit den eingestellten Parametern erzeugt und das Dialogfenster geschlossen.

4.3.10 Entfernter Volumenkörper mit Mehrfachschnitten (*removed multi-sections solid* früher: *remove loft*)

Mit dieser Option lässt sich ein Körper mit Mehrfachschnitten von einem vorhandenen abziehen. Der Abzugskörper wird zunächst definiert wie in Kap. 4.3.9 beschrieben. Anschließend wird er vom vorhandenen Körper abgezogen.

- Icon „*Removed Multi-sections Solid*" drücken
- Das Dialogfenster „*Removal Loft Definition*" erscheint:

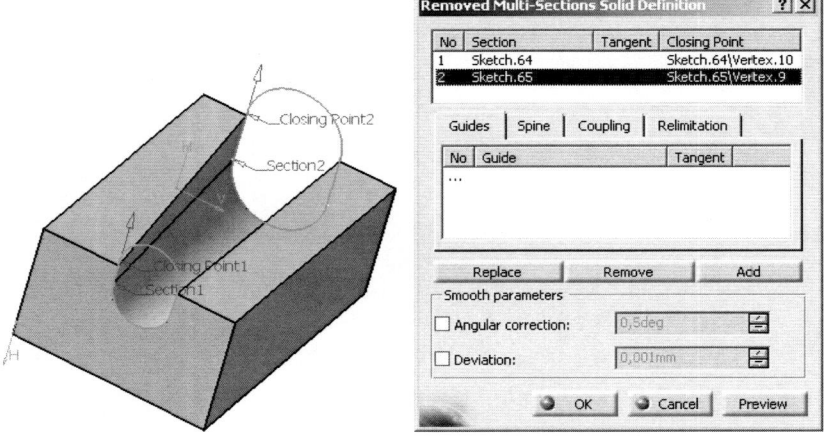

- Querschnitte selektieren, mit denen der Körper erzeugt werden soll (*Sections*)
- Wahlweise Leitkurven (*Guides*) und eine Rückgratkurve (Leitkurve - *Spine*) selektieren
- Mit Preview erhält man eine Vorschau auf die eingestellten Parameter ohne Verlassen des Dialogfensters
- Mit OK wird der Körper mit den eingestellten Parametern erzeugt und das Dialogfenster geschlossen.

4.3.11 Kombinierter Volumenkörper (Durchschnittskörper - *solid combine*)

Aus der schneidenen Projektion zweier Skizzen kann ein Körper erzeugt werden, indem das gemeinsam Volumen der beiden Projektionsprismen mit Material gefüllt wird. Dieser Ergebniskörper kann (wenn auch umständlicher) über die boolesche Verknüpfung „*Intersect*" aus zwei Blöcken erreicht werden.

− Icon „*Solid Combine*" 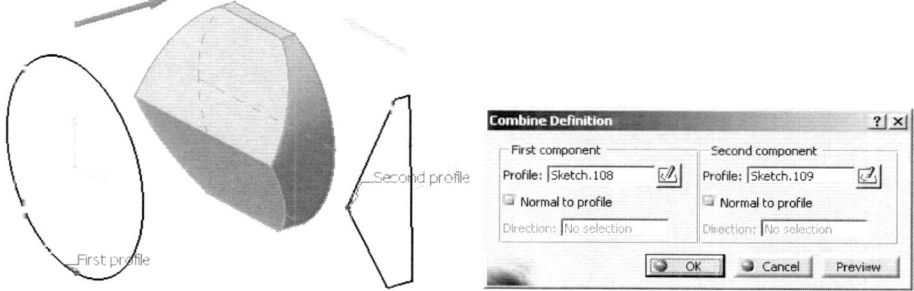 drücken (unter Icon "*Stiffener*")

− Zwei Skizzen (*First/Second Profile*) selektieren, die in einem Winkel zueinander stehen und deren Normalprojektion den gewünschten Körper ergibt. Als Beispiel sei ein Dachbrennraum eine Verbrennungsmotors aus Draufsicht (Zylinderdurchmesser) und Seitenansicht zu konstruieren:

− Die beiden Skizzen können auch in beliebiger Richtung projiziert werden: Schalter „*Normal to profile*" deaktivieren und unter *Direction* Gerade oder Ebene selektieren

− Mit OK wird der Körper erzeugt.

Damit kann beispielsweise eine Pyramide dargestellt werden:

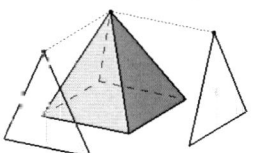

4.4 Assoziative Konstruktionselemente (*dress-up features*)

Assoziative Konstruktionselemente entstehen auf der Basis vorhandener Elemente. Sie sind demnach vom Grundfeature abhängig und ändern sich entsprechend bei einer Modifikation das Grundelements (Elternelement) mit. Zu diesen Elementen gehören Rundungen, Fasen, Hohlkörper, Ziehschrägen, ... Die Icons dazu befinden sich in der Werkzeugleiste „*Dress-Up Features*".

4.4.1   Verrundungen (*fillets*)

Befehle zum Verrunden befinden sich unterhalb des Schalters „*Edge Fillet*":

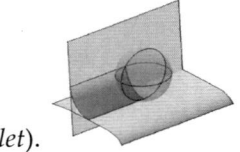

Eine Verrundung entsteht durch Abrollen einer Kugel entlang zweier Flächen. Dadurch entsteht eine tangentenstetige dritte Fläche, die die beiden anderen verbindet. Geschieht dies an einer Innenkante, spricht man von einer Hohlkehle (*fil-*

let).

Wird dabei eine Außenkante entfernt, handelt es sich um eine Verrundung (*round*).

Zur prinzipiellen Vorgehensweise, d.h. wann das Verrunden zweckmäßig in die Modellierung einfließen soll, siehe Kap. 4.11.

Regeln zum Verrunden

Für das problemlose Verrunden müssen einige Regeln beachtet werden:

- Die Verrundung muss bereits **früh** im Konstruktionsprozess **geplant** werden
- Die Verrundung mit dem **größten Radius** muss **zuerst** konstruiert werden, danach die Verrundungen mit dem jeweils kleineren Radius (→ Entstehung mit Kugel bedenken):

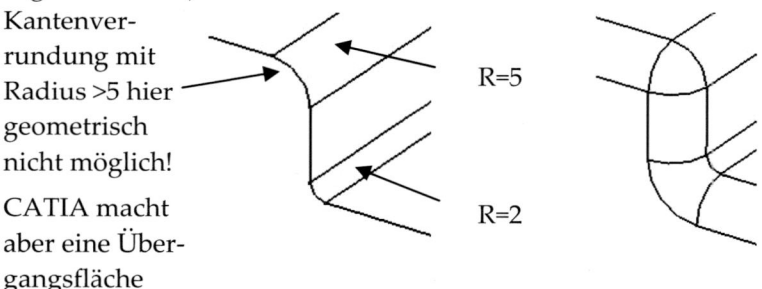

Kantenver-
rundung mit
Radius >5 hier
geometrisch
nicht möglich!

R=5

CATIA macht
aber eine Über-
gangsfläche

R=2

- Verrundungen mit konstantem Radius müssen vor Verrundungen mit **variablem Radius** konstruiert werden
- **Formschrägen** müssen vor Verrundungen konstruiert werden, damit Berührungskontinuität gewährleistet ist
- Bestimmte **Schalenelemente** müssen erstellt werden, bevor Verrundungen konstruiert werden können
- Bei der Verrundung eines **Eckpunktes** mit der Kante beginnen, die sich von den anderen topologisch unterscheidet:

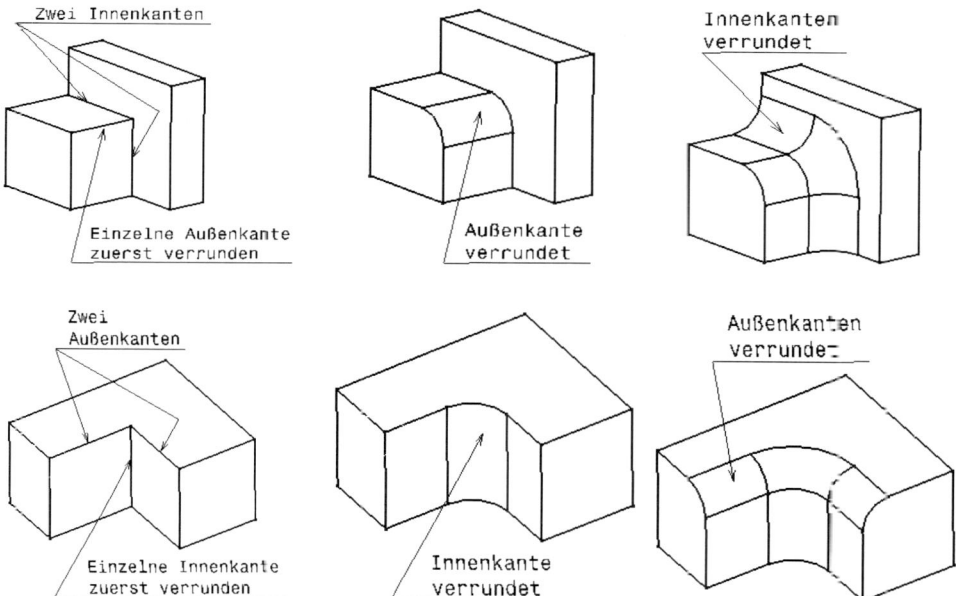

— Manche Verrundungen können an einzelnen Konstruktionselementen einfacher erzeugt werden, wenn diese noch nicht mit dem Gesamtkörper verknüpft sind. In dem Fall wird zuerst das Konstruktionselement als eigener Körper erzeugt, verrundet und dann erst boolesch mit dem Gesamtkörper verknüpft. *Beispiel*:

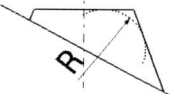 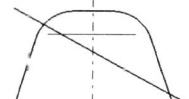 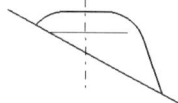 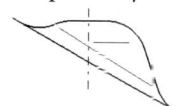

Die Verrundung der Butzenkante gelingt ab einer gewissen Radien- größe nicht mehr	Abhilfe:1. Der But- zen wird als eige- ner Körper erzeugt und verrundet	2. Der Butzen wird mit dem Gesamt- körper verschmol- zen (boolesch ver- knüpft)	3. Nun kann auch die entstandene umlaufende Kante zwischen Butzen und Gesamtkörper verrundet werden

— Den Schalter Preview nutzen, um ohne das Dialogfenster „*Fillet Definition*" zu verlassen, rasch den Verlauf der Rundungsränder (*Ribbons*) und mögliche Feh- lerstellen zu erkennen

— Komplexe Rundungen können fallweise einfacher bzw. Stück für Stück zu- nächst als Oberfläche(n) erzeugt werden und dann in den Volumenkörper in- tegriert werden (siehe Kap. 4.5.4).

4.4.1.1 Kantenverrundung (*edge fillet*)

Erzeugen einer Verrundung entlang von Körperkanten

- Icon „*Edge Fillet*" 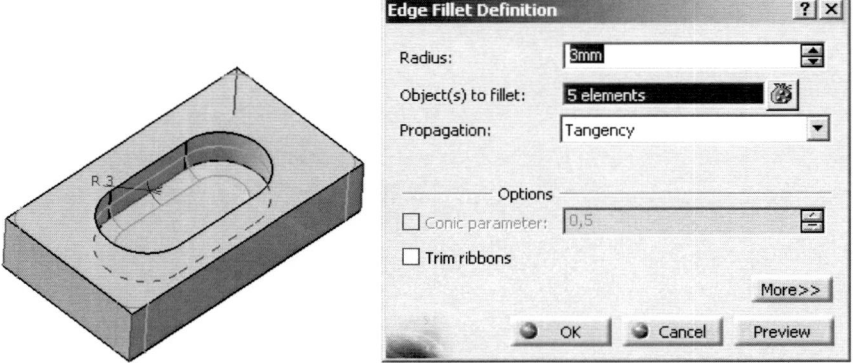 drücken
- Das Dialogfenster „*Edge Fillet Definition*" erscheint:

- Kante(n) selektieren, die verrundet werden soll (*Object(s) to fillet*)
- Radius eingeben (*Radius*)
- Mit dem Button „*Propagation*" Weitergabemodus der selektierten Kanten einstellen:

Tangency	Die selektierte Kante wird bis zu einer Tangentenunstetigkeit weiterverfolgt	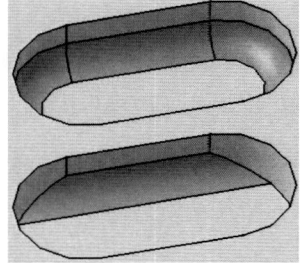
Minimal	Nur die selektierte Kante wird verrundet	

„Trim ribbons"

- Wenn der Weitergabemodus „*Tangency*" eingestellt ist kann der Schalter „*Trim ribbons*" aktiviert werden.
  Wenn Rundungen einander überlappen, entsteht ein Fehler („*Geometry is too complex*"). Werden die überlappenden Filletränder getrimmt, können die Rundungen erzeugt werden:

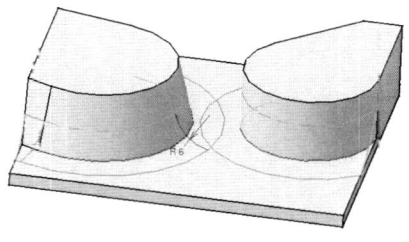 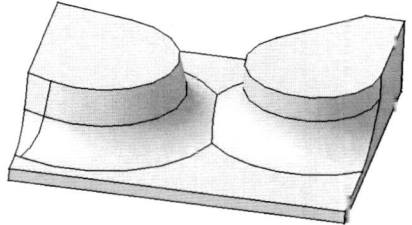

Schalter „*Trim ribbons*" aktiviert

– Mit dem Schalter More >> wird das Fenster erweitert. Im erweiterten Fenster können Kanten selektiert werden, die unverrundet bleiben sollen *Edge(s) to keep*), und es können externe Begrenzungsflächen der Rundungsflächen angegeben werden (*Limiting element*):

– Angabe einer **Begrenzungsfläche**: Feld „*Limiting Element*" selektieren und danach Bauteilfläche wählen, die seitliche Begrenzung der Rundung werden soll:

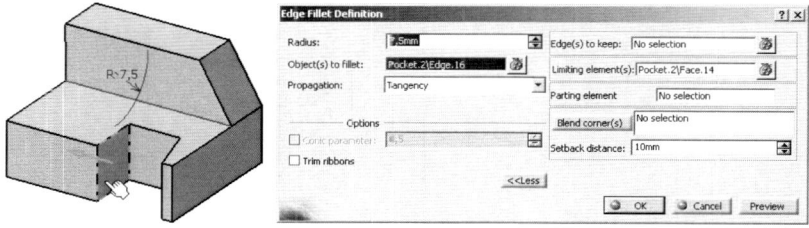

Der orange Pfeil auf der Begrenzungsfläche weist zur Materialseite der Rundung. Umkehren der Orientierung durch Selektion der Pfeilspitze.

Ohne Begrenzung würde das System versuchen, die Kante vollständig auszurunden, was in diesem Fall zu einem Fehler führt, weil der Rundungsradius zu groß ist und die Rundungsfläche über die Aussparung läuft. Mit der Angabe einer Begrenzung schließt die Rundung mit der selektierten Begrenzungsfläche ab.

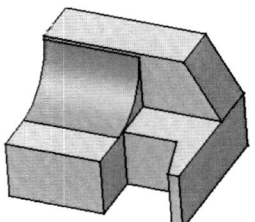

– Angabe einer **Kante**, die **unverrundet** bleibt: Feld „*Edge(s) to keep*" selektieren und danach Kante(n) wählen, die ohne Rundung bleiben soll(en):

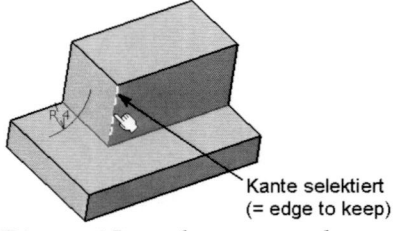 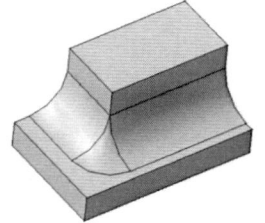 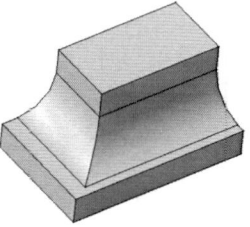

Die zwei Innenkanten werden mit einer Hohlkehle versehen. Die Außenkante wird als *Edge to keep* selektiert	Die Rundung läuft um die Kante	Zum Vergleich das Ergebnis, wenn nur die beiden Innenkanten ausgerundet werden

– Die Angabe eines trennenden Elements (*parting element*) kann hilfreich sein, wenn Rundungen über unterbrochene Flächen laufen sollen. In dem Beispiel wird eine Bauteilfläche als trennendes Element herangezogen. Die Rundung wird an der Stelle ausgespart und führt zu keinem Fehler.

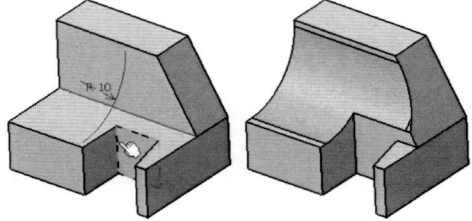

– Laufen mehrere Kanten zu einer Ecke zusammen, werden nicht alle Kanten vollständig verrundet oder das System erzeugt überhaupt keine Rundung („Geometrie ist zu komplex"). In dem Fall hilft der Schalter Blend Corner(s):

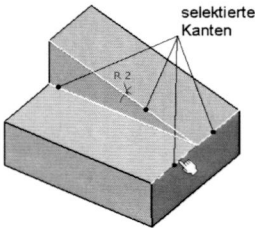 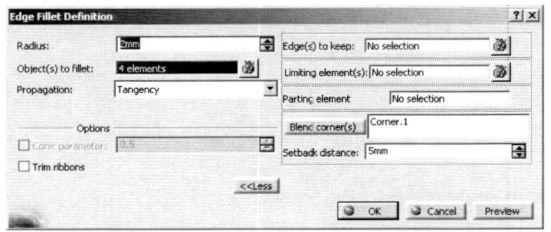

1. Kanten selektieren, die verrundet werden sollen, in diesem Fall vier

2. Schalter Blend Corner(s) drücken. Das System zeigt auftretende Ecken an (*Corner.N*). Alle gefundenen Ecken werden überarbeitet. Die allgemeine Länge der Kantenabschnitte wird im Feld „*Setback distance*" eingegeben

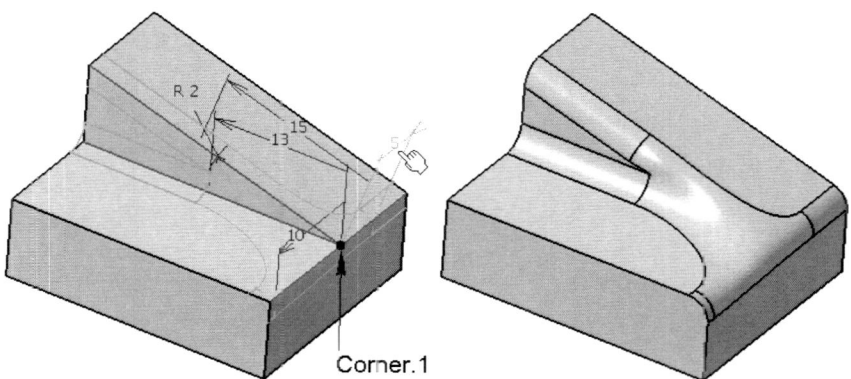

Corner.1

3. Durch Doppelklick auf die Maßzahl können Längen von Abschnitten (*setback distance*) individuell geändert werden

4. Innerhalb des festgelegten Kantenbereichs wird die Geometrie so geändert, dass eine Verrundung möglich wird

− Mit OK wird der Körper mit den eingestellten Parametern erzeugt und das Dialogfenster geschlossen.

4.4.1.2 Rundung mit variablem Radius (*variable radius fillet*)

Der Radius einer Verrundung muss nicht konstant sein, er kann zwischen Anfang und Ende der Verrundung linear oder exponentiell zu- bzw. abnehmen. Auch die Angabe von Zwischenwerten ist möglich.

− Icon „*Variable Radius Fillet*" ![icon] drücken
− Das Dialogfenster „*Variable Edge Fillet*" erscheint
− Kante(n) selektieren, die verrundet werden soll (*Edge(s) to fillet*):

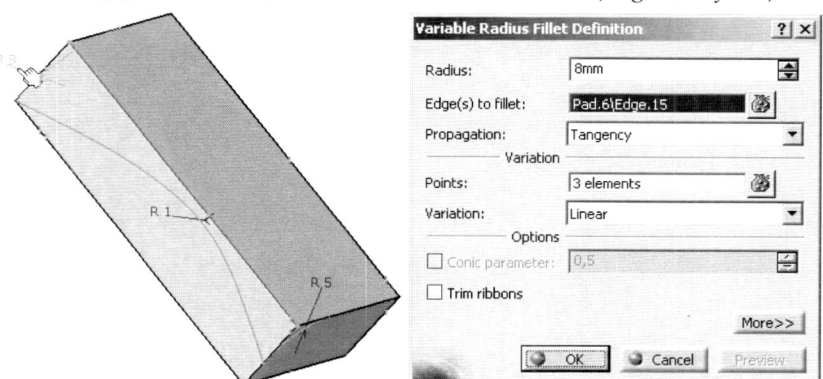

− Zuweisen eines Radiuswertes in einem Punkt: Feld „*Points*" selektieren und danach Punkt auf der Kante oder Ebene, die Kante schneidet, selektieren. Dann

Radius eingeben (*Radius*). Die anderen Radienwerte können durch Doppelklick auf die Maßzahl im Grafikbereich editiert werden.

Beispiel für eine Ebene zur Angabe eines Radiusstützpunktes: Beim Verschieben der Ebene wandert der Stützpunkt mit.

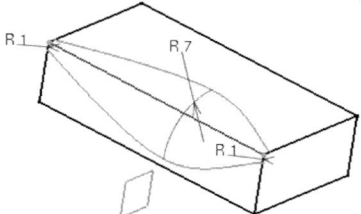

Entfernen eines Radiusstützpunktes: Feld „Points" selektieren und danach vorhandenen Punkt selektieren. Der Punkt wird entfernt.

— Der Schalter „*Propagation*" erfüllt die selbe Aufgabe wie bei einer einfachen Kantenverrundung, siehe Kap. 4.4.1.1

— Über den Button „*Variation*" stellt man den Verlauf des Übergangs zwischen den angegebenen Radiuswerten ein:

Cubic	exponentieller Verlauf zwischen den angegebenen Radiuswerten

Linear	linearer Verlauf zwischen den angegebenen Radiuswerten

— Die übrigen Funktionen, die das Fenster bietet, entsprechen denen der Flächenverrundung, Kap. 3.4.9.3.

— Mit OK wird der Körper mit den eingestellten Parametern erzeugt und das Dialogfenster geschlossen.

4.4.1.3 Flächenverrundung (*face-face fillet*)

Die Flächenverrundung wird verwendet, wenn zwei Flächen, die einander nicht berühren oder zwischen denen mehr als zwei scharfe Kanten liegen, durch eine Verrundung miteinander verbunden werden sollen. Die beiden Kegelflächen weisen keine gemeinsame Kante auf und sollen miteinander durch eine Rundung verbunden werden:

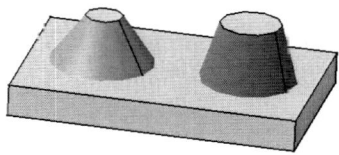

- Icon „*Face-Face Fillet*" drücken
- Das Dialogfenster „*Face-Face Fillet Definition*" erscheint:

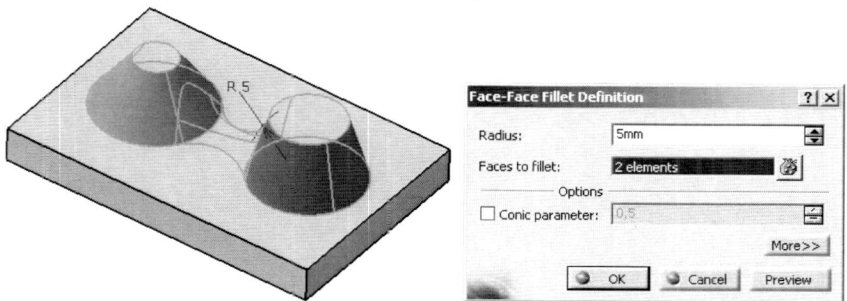

- Die Flächen, die durch eine Verrundung verbunden werden sollen, selektieren (*Faces to fillet*)
- Radiuswert eingeben (*Radius*).
  Der Wert muss größer sein als der Abstand der beiden Flächen, sonst ist die Verrundung topologisch nicht möglich
- Mit OK wird der Körper mit den eingestellten Parametern erzeugt und das Dialogfenster geschlossen:

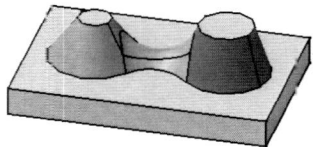

4.4.1.4 Rundung mit Entfernen einer Fläche (*tritangent fillet*)

Zwei Flächen, die über eine dritte miteinander verbunden sind, können durch eine Kugel, die zu allen drei Flächen tangenzial bleibt, verrundet werden. Dabei wird die mittlere Fläche durch die Verrundung ersetzt.

- Icon „*Tritangent Fillet*" drücken
- Das Dialogfenster „*Tritangent Fillet Definition*" erscheint:

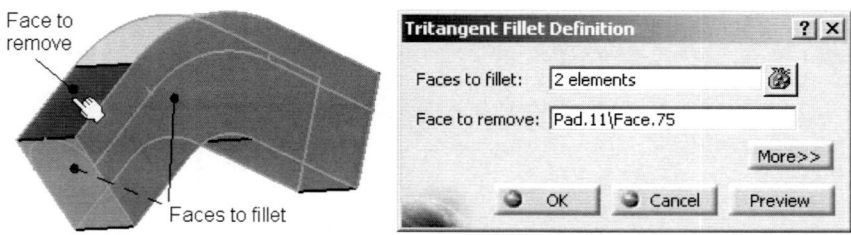

- Zwei Flächen selektieren, die miteinander verbunden werden sollen (*Faces to fillet*)
- Eingeschlossene Fläche selektieren, die entfernt werden soll (*Face to remove*). Diese Fläche wird dunkelrot
- Mit OK wird der Körper mit den eingestellten Parametern erzeugt und das Dialogfenster geschlossen:

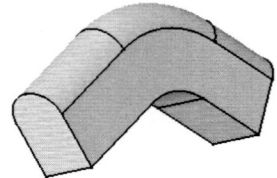

4.4.1.5 Abstandsverrundung (*chordal fillet*)

Diese Art der Verrundung entspricht der Kantenverrundung, nur dass in dem Fall nicht der Rundungsradius R sondern die Sehenlänge (*chordal length*) eingegeben wird.

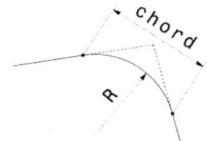

- Icon „*Chordal Fillet*" 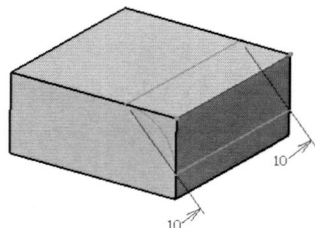 drücken
- Zu verrundende Kanten selektieren und gewünschte Sehnenlänge eingeben. Diese kann auch unterschiedlich sein, siehe Rundungen mit variablem Radius

- Mit OK Verrundung erzeugen.

4.4.2   Fase (*chamfer*)

Eine Fase entsteht durch Entfernen bzw. Hinzufügen eines keilförmigen Körpers entlang einer Körperkante.

- Icon „*Chamfer*" 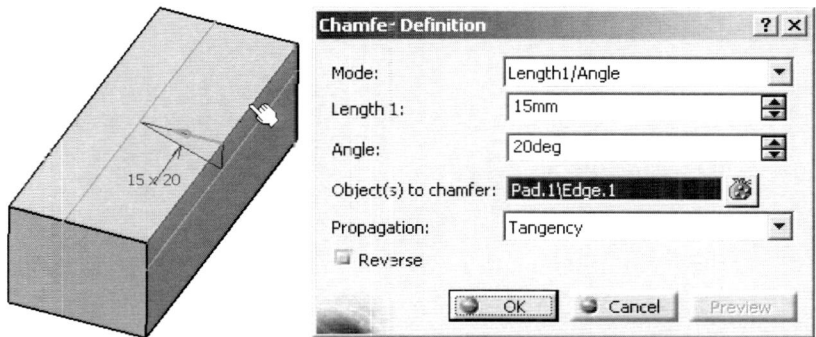 drücken
- Das Dialogfenster „*Chamfer Definition*" erscheint:

Die Kante(n) selektieren, die angefast werden sollen (*Object(s) to chamfer*).
Wird eine Fläche selektiert werden alle Randkurven dieser Fläche gebrochen

- Mit dem Button „*Mode*" die Art der Bemaßung festlegen:

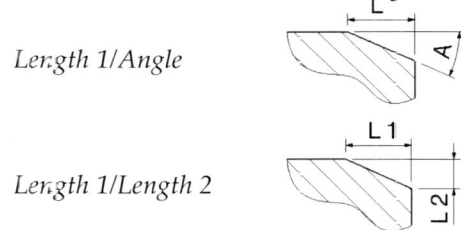

Length 1/Angle

Length 1/Length 2

- Mit dem Schalter „*Reverse*" vertauscht man die Seiten 1 und 2 zur Festlegung der Fase. Der orange Pfeil weist in Richtung 1
- Die entsprechenden Werte von Länge und Winkel eingeben (*Length, Angle*)
- Mit dem Schalter „*Propagation*" wird der Weitergabemodus von der selektierten Kante eingestellt:

  Tangency   Die selektierte Kante wird bis zu einer
  Tangentenunstetigkeit weiterverfolgt

Minimal   Die selektierte Kante wird bis zu einer
              natürlichen Begrenzung der Fase wei-
              terverfolgt

– Mit OK wird der Körper mit den eingestellten Parametern erzeugt und das
  Dialogfenster geschlossen. An einer Innenkante sieht das Ergebnis so aus, es
  wird also Material aufgetragen:

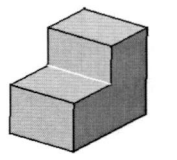 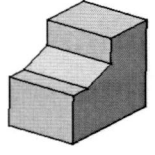

4.4.3   Entformungsschräge (*draft*)

Bei Gussteilen ist zur Entformung des Kernes und zur Entfernung des Gussteiles
aus dem Stahlwerkzeug eine Formschräge erforderlich. Auch Schmiedeteile müssen aus Herstellungsgründen Flächen aufweisen, die von der Schlagrichtung weg
geneigt sind.

Formschrägen werden mindestens durch zwei Bezugselemente definiert: Die Ziehrichtung und das neutrale Element. Ein weiteres, optionales Bezugselement ist das
trennende Element.

Erläuterung der wichtigsten Bezugselemente:

Ziehrichtung

(*pulling direction*)

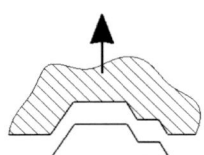

Die Richtung, in der das formgebende Werkzeug vom
Teil gehoben wird.

In CATIA wird die Austrittsrichtung durch einen
orangen Pfeil dargestellt. Die Orientierung wird
durch Selektion dieses Pfeils umgekehrt. Eine beliebige Richtung wird durch Selektion des Feldes „*Pulling
Direction*" und anschließender Selektion der Wunsch-
richtung (Gerade, Kante, Ebene...) festgelegt.

Neutrales Element (*neutral element*)

Bezugselement, von dem aus die Formschräge berechnet wird. Das Modell wird an der Stelle, die als

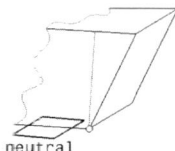

neutral

neutrales Element (Fläche, Ebene) definiert wurde, nicht geändert. Es wird in CATIA als blaue Fläche mit einer rosa vorgehobenen neutralen Kante dargestellt. Die neutrale Kante wird automatisch an alle angrenzenden Teilflächen weitergegeben. Das neutrale Element muss über <u>alle</u> Flächen laufen, die abgeschrägt werden sollen.

Trennendes Element

(parting element)

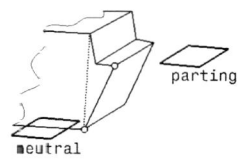

parting

neutral

Benutzerspezifisches Element, das den Körper in zwei Teile (obere und untere Formhälfte) teilt; dadurch werden zwei Teilflächen für die Formschräge definiert. Das trennende Element ist optional und kann mit dem neutralen Element identisch sein.

Beim Anbringen von Formschrägen müssen einige **Regeln** beachtet werden:

— Die Formschräge muss früh im Konstruktionsprozess geplant werden

— Es muss gewährleistet sein, dass die neutrale Kante (= Schnittkurve neutrales Element mit zu behandelnden Flächen) über alle abzuschrägenden Teilflächen läuft. Die neutrale Kante wird automatisch an alle Teilflächen weitergegeben, die Berührungskontinuität zur gewählten Teilfläche aufweisen:

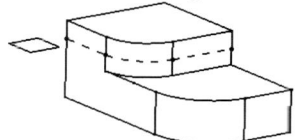
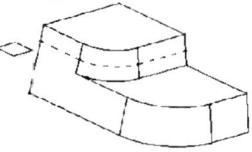
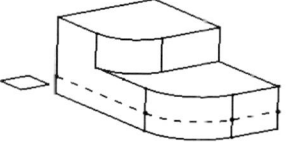

Neutrale Kante, die zumindest teilweise über alle zu behandelnden Teilflächen läuft: Formschräge wird erzeugt

Neutrale Kante, die <u>nicht</u> über alle Teilflächen läuft: unbrauchbar!

— Auszugschrägen müssen vor einer geplanten Verrundung konstruiert werden, damit Berührungskontinuität gewährleistet ist (siehe auch Modellierungsstrategien, Kap. 4.11).

Erzeugen einer Entformungsschräge:

— Icon „*Draft Angle*" drücken

— Das Dialogfenster „*Draft Definition*" erscheint und eine voreingestellte Ziehrichtung wird als oranger Pfeil dargestellt (die voreingestellte Ziehrichtung ist die zuletzt definierte)

— Die Art der Definition einstellen:

 *constant*   Formschräge mit konstantem Winkel

 *variable*   Formschräge mit veränderlichem Winkel

– Flächen, die mit einer Formschräge versehen werden sollen, selektieren (*Face(s) to draft*). Diese werden dunkelrot dargestellt:

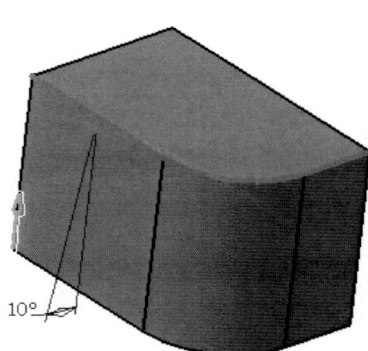

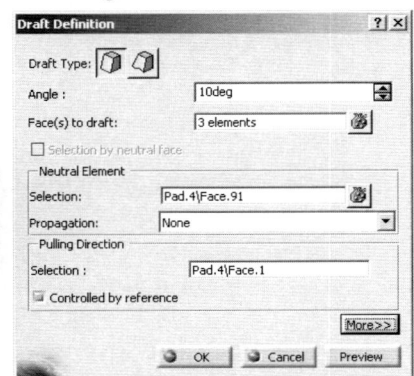

Der Schalter „*Selection by neutral face*" ermöglicht die Selektion mehrerer Flächen eines Körpers nur durch Wahl des neutralen Elements: Alle Flächen, die neutrale Fläche berühren, werden ausgewählt

Neutrales Element

– Im Feld „*Neutral Element*" Feld „*Selection*" selektieren danach neutrales Element (Ebene, Fläche) wählen. Dieses wird blau dargestellt. Die sich ergebende(n) neutrale(n) Kante(n) wird (werden) rosa hervorgehoben. Mit dem Button „*Propagation*" wird der Weitergabemodus ausgehend von der selektierten Fläche bestimmt:

None   Nur die selektierte Fläche ist neutrales Element

Smooth   Tangentenstetig anschließende Flächen werden zum neutralen Element zusammengefasst

Ziehrichtung

– Im Feld „*Pulling Direction*" kann eine beliebige Ziehrichtung festgelegt werden: Das Feld „*Selection*" selektieren und dann eine Gerade oder Ebene (Normalvektor wird verwendet) wählen. Wahlweise die Orientierung des Pfeils durch Selektion der Pfeilspitze umkehren.

Wird der Schalter „*Controlled by reference*" aktiviert, so ändert sich die Ziehrichtung bei einer Änderung der selektierten Gerade bzw. Fläche entsprechend mit

Entformungswinkel

– Entformungswinkel eingeben (*Angle*). Negative Werte sind möglich. Bei kleinen Winkeln kann es geschickt sein, zunächst große Werte zu wählen, an denen man die Richtung der Neigung gut kontrollieren kann (10°). Wenn die Richtung passt, ändert man den Wert auf die gewünschte Größe. Bei Wahl des Schalters „*Variable*" 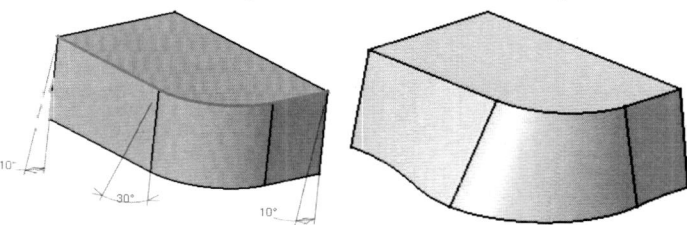 wird das Fenster zusätzlich um das Feld „*Points*" erweitert. Darin werden Punkte oder Ebene als Stützpunkte für andere Winkelwerte selektiert, vgl. Rundung mit variablem Radius Kap. 4.4.1.2:

− Mit OK wird der Körper mit den eingestellten Parametern erzeugt und das Dialogfenster geschlossen

Komplexe Konturen

− Bei komplexeren Konturen empfiehlt es sich zuerst einen eigenen Körper zu modellieren, an dem die Entformungsschräge angebracht wird, und dann erst diesen mit dem restlichen Grundkörper boolesch zu verknüpfen (vereinigen, entfernen, ...)

Draft Form

− Wenn der Entformungswinkel größer ist als der Neigungswinkel benachbarter Flächen, wird die Entformungsschräge nicht erzeugt („*The neutral element is too steep*"). In dem Fall hilft der Schalter „*Draft Form*" im erweiterten Fenster (More>>). Man ändert die Einstellung zu Square und die Schräge wird erzeugt:

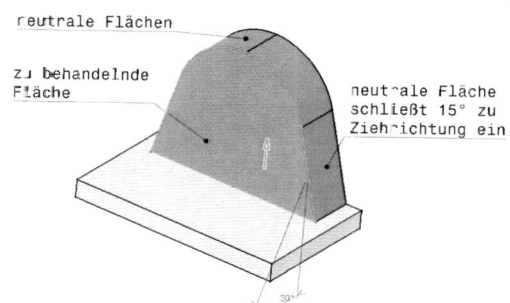

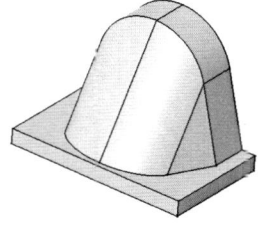

Ab einem Winkel von 15° lässt sich die Entformungsschräge mit der Form „*Cone*" nicht mehr darstellen.

Draft Form „Square" führt die Entformungsschräge auch mit größeren Winkeln aus, z.B. 30°.

Entformungsschräge mit Teilungsfläche:

Die Vorgehensweise ist zunächst wie oben, nur dass im Dialogfenster „*Draft Definition*" der Button ‖More »‖ zum Erweitern des Fensters gedrückt wird

- Im Feld „*Parting Element*" Feld „*Selection*" selektieren danach trennendes Element (Ebene, Fläche) wählen, bzw. Schalter „*Parting = Neutral*" aktivieren
- Orientierung der Ziehrichtung einstellen. Der Pfeil weist zu dem Teil, der abgeschrägt wird:

hier: Ebene ist trennendes und neutrales Element

- Mit ‖OK‖ Formschräge anbringen:

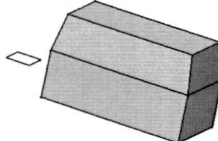 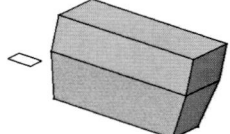 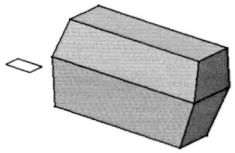

Ergebnis mit obiger Ziehrichtung | Ergebnis mit umgedrehter obiger Ziehrichtung | Ergebnis mit Schalter „*Draft both sides*" aktiviert

4.4.4   Schalenkörper (*shell*)

Ein Schalenkörper entsteht durch Aushöhlen eines vorhandenen Körpers bis nur noch dessen Außenflächen übrigbleiben. Diese werden nach innen und/oder nach außen mit einer bestimmten Wandstärke aufgedickt. Die Wandstärke kann an gewählten Flächen anders als an den übrigen Flächen sein.

- Icon „*Shell*" 🔲 drücken
- Das Dialogfenster „*Shell Definition*" erscheint
- Wandstärke, die von der Außenfläche nach innen oder nach außen aufgetragen werden soll, eingeben (*Default inside* bzw. *Default outside thickness*).
  Im gezeigten Beispiel bleibt die Außenkontur gleich (*outside thickness*: 0):

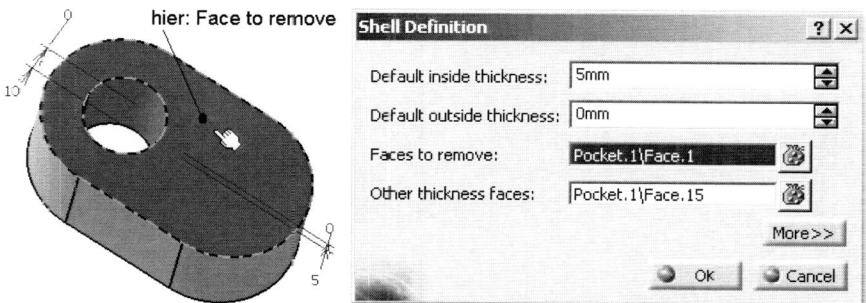

hier: Face to remove

Shell Definition	? X
Default inside thickness:	5mm
Default outside thickness:	0mm
Faces to remove:	Pocket.1\Face.1
Other thickness faces:	Pocket.1\Face.15
	More>>
	OK Cancel

- Wahlweise Fläche(n) selektieren, die entfernt werden sollen (*Faces io remove*). Diese Flächen werden rosa dargestellt und an ihnen wird keine Wandstärke angebracht

<u>Anm.</u>: Diese Flächen dürfen Innen- und Außenkanten gleichzeitig aufweisen:

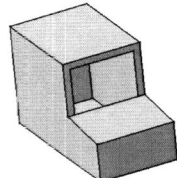

- Wahlweise Fläche(n) selektieren, die andere Wandstärke aufweisen sollen (*Other thickness faces*)
- Werte für andere Wandstärke eingeben (*Other inside/outside thickness*). Im Beispiel für die Bohrungsfläche: *Inside thickness*: 0 und *outside thickness*: 10
- Mit OK wird der Körper mit den eingestellten Parametern erzeugt und das Dialogfenster geschlossen:

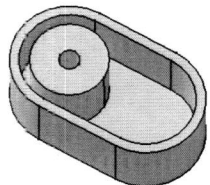

4.4.5 Aufmaß (*thickness*)

An Flächen eines Volumenkörpers kann eine Bearbeitungszugabe angebracht werden.

- Icon „*Thickness*" drücken
- Das Dialogfenster „*Thickness Definition*" erscheint:

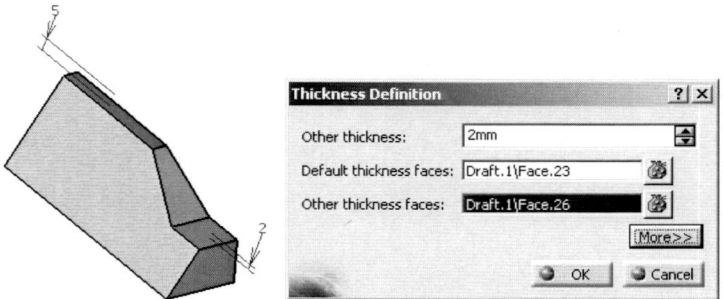

– Fläche(n) selektieren, die mit Aufmaß versehen werden sollen (*Default thickness faces*)

– Aufmaß eingeben (*Default thickness*). Der Wert kann auch negativ sein, d.h. Material wird entfernt

– Gegebenenfalls weitere Flächen selektieren, die anderes Aufmaß erhalten (*Other thickness faces*). Dadurch wird im Dialogfenster die erste Zeile zu „*Other thickness*" geändert

– Aufmaß für diese Flächen eingeben (*Other thickness*)

– Mit [OK] wird der Körper mit den eingestellten Parametern erzeugt und das Dialogfenster geschlossen:

4.4.6   Außen - /Innengewinde (*thread/tap*)

An Wellen und in Bohrungen können Gewinde definiert werden, die in einer Zeichnungsableitung normgerecht dargestellt werden.

Anm.: An Bohrungen können Gewinde im Zuge ihrer Definition erstellt werden, siehe Kap. 4.3.5.2.

Die Vorgehensweise ist in beiden Fällen, d.h. bei Wellen und Bohrungen, zunächst gleich:

– Icon „*Thread/Tap*" ⊕ drücken

– Das Dialogfenster „ *Thread/Tap Definition*" erscheint

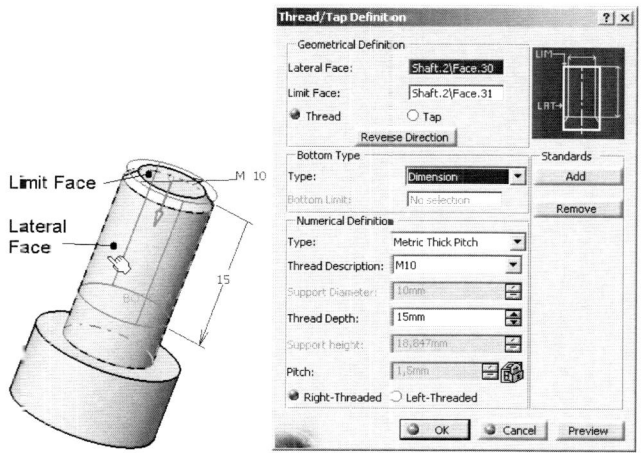

- Zylindrische Fläche selektieren, die den Bezug für das Gewinde (Nenndurchmesser bzw. Kernloch) darstellt (*Lateral Face*)

- Eine <u>ebene</u> Begrenzungsfläche zur Festlegung der Gewindetiefe/-länge selektieren (*Limit Face*). Ist am Körper keine ebene Fläche vorhanden, kann eine Ebene (*plane*) benutzt werden:

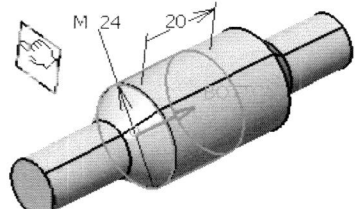

- Mit dem Button |Reverse Direction| wird das Gewinde in entgegengesetzter Richtung von der Begrenzungsfläche aufgetragen

- Im Feld „*Bottom Type*" wird die Art der Gewindelängengabe eingestellt:

  Dimension　　　　Eingabe einer Länge
  Support Depth　　Gewinde ist so lange wie die Zylinderfläche (*Lateral Face*)
  Up-To-Plane　　　Gewinde reicht bis zu einer Ebene (*Bottom Limit*)

- Im Feld „*Numerical Definition*" werden die Gewindeparameter eingegeben bzw. angezeigt:

- Unter „*Type*" Art der Gewindefestlegung einstellen:

  No Standard　　　　beliebige Eingaben
  Metric Thin Pitch　　metrisches Feingewinde
  Metric Thick Pitch　　metrisches Regelgewinde

Die abhängigen Parameter werden vom System je nach gewählter Art voreingestellt.

Thread Diameter: Gewindenenndurchmesser

Support Diameter: Durchmesser der selektierten Fläche (*Lateral Face*); nicht änderbar, weil nur zur Information

Thread Depth: Gewindetiefe

Support height: Länge der selektierten Fläche (*Lateral Face*); nicht änderbar, weil nur zur Information

Pitch: Gewindesteigung

Right-Threaded: Rechtsgängig *Left-Threaded:* Linksgängig

– Mit den Schaltern Add bzw. Remove können andere Normen als File geladen bzw. entfernt werden

– Mit OK wird die Definition abgeschlossen und das Gewinde erzeugt. Je nach Art des Gewindes sieht das zugehörige Objekt im Strukturbaum folgend aus:

   Außengewinde (*Thread*)   Innengewinde (*Tap*)

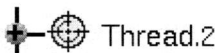   

4.5 Flächenbasierende Konstruktionselemente (*surface based features*)

Zur Erzeugung von Volumenkörpern können auch Flächen und Flächenverbände herangezogen werden. Die Befehle dazu stellt die Werkzeugleiste *„Surface-Based*

Features" zur Verfügung:

4.5.1 Teilung (*split*)

Ein Körper kann entlang einer Ebene oder Fläche geteilt werden.

– Icon *„Split"* 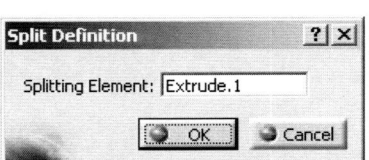 drücken

– Ebene oder Fläche selektieren, mit der der Körper geschnitten werden soll (*Splitting element*). Die Fläche muss den Körper vollständig durchdringen

– Das Dialogfenster *„Split Definition"* erscheint:

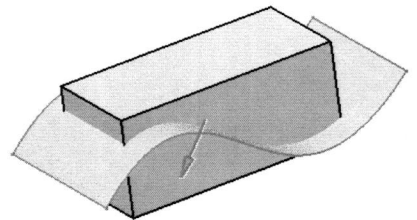

Mit dem orangen Pfeil einstellen, welcher Teil behalten werden soll: Der Pfeil weist zu der Seite, die erhalten bleibt. Umkehren der Pfeilorientierung erfolgt durch Selektion der Pfeilspitze

– Mit OK wird der Körper mit den eingestellten Parametern erzeugt und das Dialogfenster geschlossen:

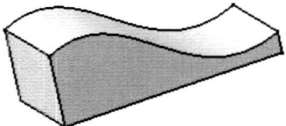

4.5.2 Äquidistante Fläche (*thick surface*)

An einer Fläche wird Material nach beiden Seiten hin aufgetragen.

– Icon „*ThickSurface*" 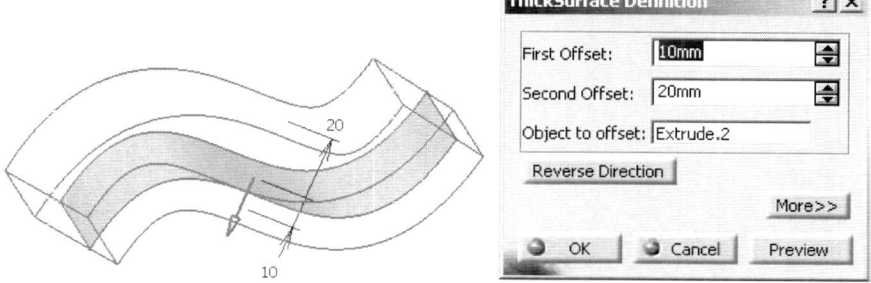 drücken
– Fläche selektieren, die aufgedickt werden soll (*Object to offset*)
– Das Dialogfenster „*ThickSurface Definition*" erscheint
– Aufmaß in erste Richtung eingeben (*First Offset*): Der Wert kann auch ≤ 0 sein, d.h. die Fläche liegt außerhalb des Körpers. Der orange Pfeil weist in die erste Richtung
– Aufmaß in zweite Richtung eingeben (*Second Offset*):

Mit dem Schalter Reverse Direction wird die Orientierung der ersten Richtung umgedreht und entsprechend die Maße für erste und zweite Richtung vertauscht

– Mit OK wird der Körper mit den eingestellten Parametern erzeugt und das Dialogfenster geschlossen:

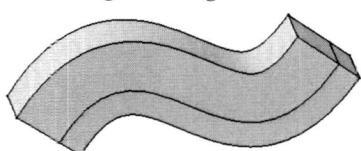

4.5.3   Flächenverband schließen (*close surface*)

Ein Flächenverband kann durch ebene Randflächen geschlossen werden und die resultierende Oberfläche beschreibt einen Volumenkörper:

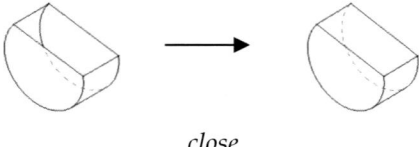

close

<u>Anm.:</u> Dieser Befehl ermöglicht auch, aus bereits geschlossenen Flächenverbänden Volumenkörper zu erzeugen.

- Icon „*Close Surface*" ✎ drücken
- Fläche(nverband) selektieren, die (der) geschlossen werden soll (*Object to close*)
- Das Dialogfenster „*CloseSurface Definition*" erscheint:

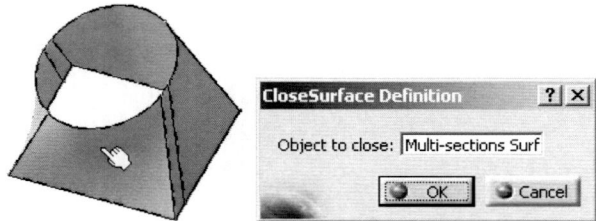

- Mit OK wird der Flächenverband mit ebenen Flächen geschlossen und der so definierte Volumenkörper erzeugt sowie das Dialogfenster geschlossen:

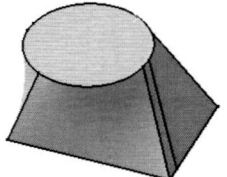

4.5.4   Flächenintegration (*sew surface*)

Flächen können zur Erzeugung von Körperbereichen herangezogen werden, indem der Bereich zwischen dem Flächenverband und dem vorhandenen Körper mit Material gefüllt wird.

- Icon „*Sew Surface*" 🗐 drücken
- Fläche selektieren, die mit dem Körper verbunden werden soll. Dabei gibt es zwei grundsätzliche Möglichkeiten:
  1) Die Flächenrandkurven liegen am Volumenkörper

Die Randkurven der Fläche liegen vollständig auf dem Körper bzw. es tritt keine freie Stelle zwischen Fläche und Körper auf, d.h. das eingeschlossene Volumen wird vollständig durch Bauteil- und Oberflächen berandet. Die Integration kann ohne Zusatzfunktionen erstellt werden.

2) Der Flächenverband überragt den Volumenkörper

Zur Erstellung der Flächenintegration müssen die gemeinsamen Stoßstellen zwischen Volumenkörper und Flächen ermittelt werden. Dies ermöglicht der Schalter „Intersect body".

– Das Dialogfenster „Sew Surface Definition" erscheint

– Mit dem orangen Pfeil wird angegeben, welche Seite der Fläche mit Material aufgefüllt wird. Umkehren der Pfeilorientierung durch Selektion der Pfeilspitze.

<u>Anm.:</u> Die Konstruktion der Fläche im unten gezeigten Beispiel wird in Kap. 3.4.5 beschrieben.

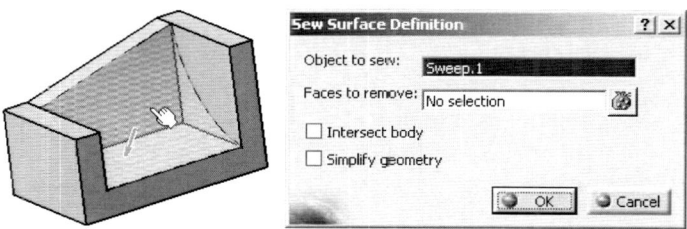

Simplify geometry

– Ist der Schalter „Simplify geometry" aktiviert, werden tangentenstetige Flächen, die durch eine Scheinkante getrennt sind, zu einer Fläche zusammengefasst

– Mit OK wird der Körper mit Integration der Fläche erzeugt und das Dialogfenster geschlossen:

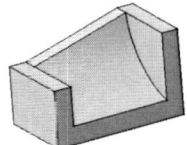

Intersect body

Hätte die Flächen den Körper überragt, wäre die Option „Intersect body" erforderlich gewesen:

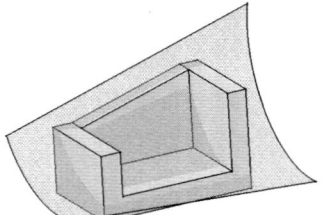
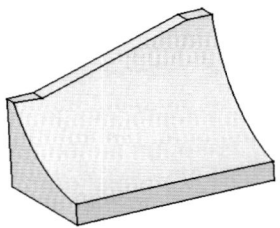

Die zu integrierende Fläche überragt Der Befehl „*Sew*" wird mit dem akti-
den Körper   vierten Schalter „*Intersect body*" ausge-
                                     führt. Das führt in dem Fall auch zu
                                     Materialabtrag.

Durch Wahl von Flächen des aktuellen Körpers kann die Flächenintegration begrenzt werden (*Faces to remove*).

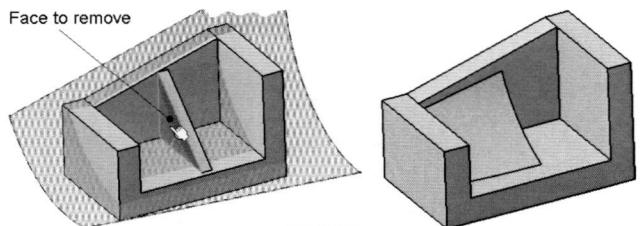

Die dreieckförmige Fläche begrenzt die Integration.

Je nach Wahl der begrenzenden Fläche(n) lassen sich unterschiedliche Ergebnisse
erzielen:

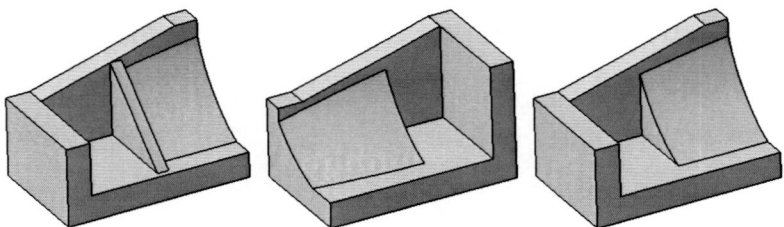

4.6 Transformationen von Körpern (*transformations*)

An vorhandenen Körpern (*Bodies*) können Transformationen durchgeführt werden. Die Stützgeometrie (Drahtgitter, Flächen) und abhängige Körper werden entsprechend mitgezogen. Die Transformation wird am aktuellen Körper durchgeführt (MB3→ Define in work object). Die Befehle hierfür finden sich in der Werk-

zeugleiste „*Transformation Features*":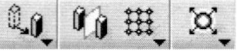

Ablauf einer Transformation allgemein

Nach Aufruf der Funktion erscheint ein Fragefenster, ob die Transformationsparameter erhalten bleiben sollen. Bei No wird der Befehl wieder abgebrochen und man könnte, wie im Fenster vorgeschlagen, den Körper mit Hilfes des Kompasses bewegen (Kap. 5.2.11). Bei Yes wird der Befehl fortgesetzt und ein Dialogfenster zur Eingabe der nötigen Parameterwerte wird geöffnet. Vektoren werden grün dargestellt und können direkt mit MB1 gezogen werden.

Nach der Transformation wird ein enstsprechendes Objekt (*Translate.1*, *Rotate.1*, ...)

an den Strukturbaum angehängt.

Durch Doppelklick auf dieses Objekt können die Parameter der Transformation wieder editiert werden.

4.6.1 Translation (*translation*)

Verschiebung eines Körpers entlang eines Vektors.

- Icon „*Translation*" 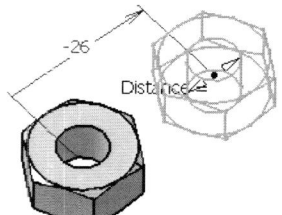 drücken
- Das Dialogfenster „*Translate Definition*" erscheint:

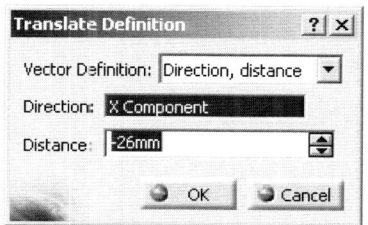

- Richtungseingabe: Zunächst wird festgelegt, wie der Vektor definiert werden soll (*Vector Definition*):

Direction, distance	Entweder direkt Gerade oder Ebene (Normalvektor wird verwendet) selektieren bzw. mit MB3 Feld „*Direction*" selektieren. Im Kontextmenü können die Hauptachsen oder ein Ortsvektor gewählt werden. Dann Verschiebeweg eingeben (*Distance*).
Point to point	Anfangs- und Endpunkt (*Start/End point*) selektieren bzw. mit MB3 erst erzeugen.
Coordinates	Koordinaten eines Ortsvektors (X, Y, Z) eingeben.

- Mit OK wird der Körper verschoben und das Dialogfenster geschlossen.

4.6.2   Rotation (*rotation*)

Drehung eines Körpers um eine Achse.

– Icon „*Rotation*" 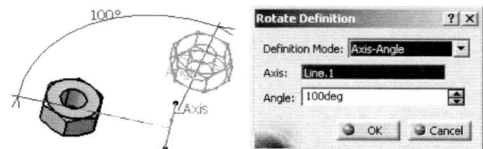 drücken
– Das Dialogfenster „*Rotation Definition*" erscheint
– Je nach gewählter Angabeart (*Definition Mode*) Gerade als Drehachse (*Axis*) oder Punkte bzw. Gerade selektieren, siehe Kap. 3.6.8.2
– Drehwinkel eingeben (*Angle*):

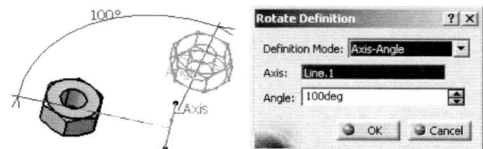

– Mit OK wird der Körper gedreht und das Dialogfenster geschlossen.

4.6.3   Symmetrie (*symmetry*)

Spiegelung eines Körpers an einer Ebene oder Herstellung einer Punkt- bzw. Liniensymmetrie (vgl. auch Kap. 3.6.8.3). Nicht mit „*Mirror*" verwechseln!

– Icon „*Symmetry*"  drücken
– Das Dialogfenster „*Symmetry Definition*" erscheint:

Als Referenzelement eine Ebene, einen Punkt bzw. eine Gerade selektieren (*Reference*)

– Mit OK wird der Körper entsprechend der gewählten Symmetrie transformiert und das Dialogfenster geschlossen.

4.6.4   Spiegelung (*mirror*)

Spiegelung eines Körpers an einer Ebene mit Kopieren, d.h. das Ergebnis ist ein Körper mit doppeltem Volumen. Nicht mit „*Symmetry*" verwechseln!

Anm.: Mit diesem Befehl können auch einzelne Konstruktionselemente gespiegelt werden. Diese müssen allerdings <u>vor</u> dem Drücken des Icons „*Mirror*" (gemeinsam) selektiert werden.

– Icon „*Mirror*" drücken

– Das Dialogfenster „*Mirror Definition*" erscheint:

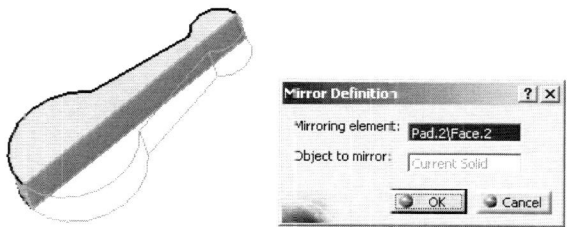

Ebene oder ebene Fläche selektieren, an der der Körper bzw. die Konstruktions-elemente gespiegelt werden soll (*Mirroring element*)

– Mit OK wird der Körper (*Object to mirror: Current Solid*) gespiegelt und das Dialogfenster geschlossen:

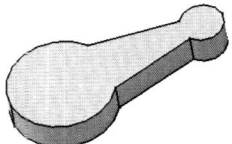

Werden einzelne Feature <u>vor</u> dem Drücken des Icons selektiert, werden nur diese gespiegelt (*Object to mirror*: *Feature list* statt *Current Solid*).

4.6.5 Mustern von Körpern

Ein Muster wird verwendet, wenn ein Körper oder ein Konstruktionselement (Bohrungen, Nuten, Zähne, ...) nach einer bestimmten Regel wiederholt eingesetzt werden soll. Je nach Regel gibt es verschiedene Musterarten:

Kartesische, polare und benutzerdefinierte Muster.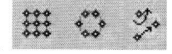

4.6.5.1 Kartesisches Muster (*rectangular pattern*)

Ein kartesisches Muster entsteht durch Translation des Körpers oder Grundele-ment entlang eines oder zweier Vektoren.

– Icon „*Rectangular Pattern*" drücken

- Das Dialogfenster „*Rectangular Pattern Definition*" erscheint
- Das Feld „*Object to Pattern*", dann das Konstruktionselement selektieren, das gemustert werden soll, z. B. eine Bohrung:

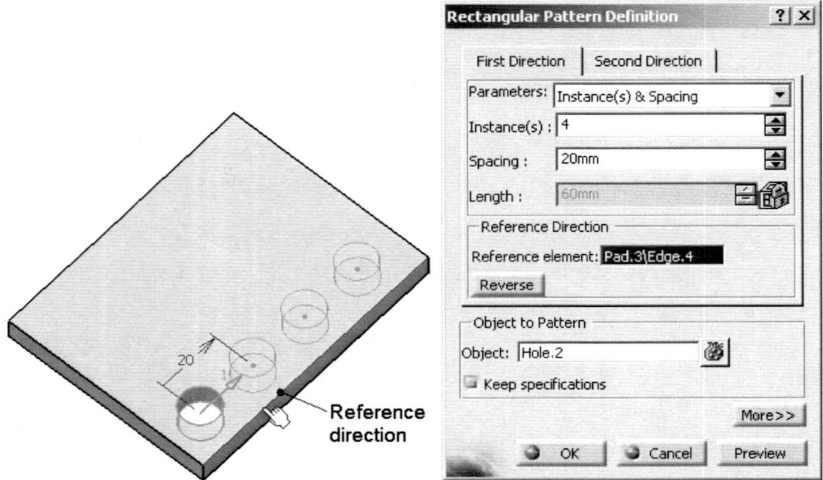

Im Feld „*Object to Pattern*" ist das selektierte Feature genannt. Hier die Bohrung „*Hole.2*"

- Folgende Möglichkeiten der Musterfestlegung werden im Feld „*Parameters*" eingestellt:

Instance(s) & Length   Anzahl der Musterelemente und Gesamtlänge des Musters (Abstand dazwischen ergibt sich)

Instance(s) & Spacing   Anzahl der Musterelemente und Abstand zwischen Kopien (Gesamtlänge des Musters ergibt sich)

Spacing & Length   Abstand zwischen Kopien und Gesamtlänge des Musters (Anzahl der Musterelemente ergibt sich)

- Erste Verschieberichtung definieren (*First Direction*):

Feld „*Reference Element*" selektieren, danach Gerade, Kante oder Ebene (Normalvektor wird verwendet) wählen.

Button Reverse kehrt Orientierung der ersten Richtung um. Eine Vorschau auf das Muster wird gezeigt. Wenn ein Element an einer bestimmten Stelle nicht erwünscht ist, wird dieses entfernt durch Selektion des orangen Platzierungspunktes. Angezeigt wird dies sofort durch das Fehlen der Vorschau an der Stelle. Erneutes Selektieren dieses Punktes fügt das Element wieder ein.

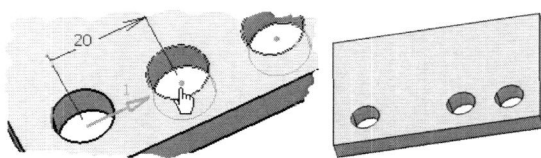

— Eine zweite Verschieberichtung muss nicht definiert werden. Wenn eine solche erwünscht ist, wird sie nach dem Selektieren des Registers *„Second Direction"* wie die erste festgelegt. Das Ergebnis ist dann ein Rechteckmuster:

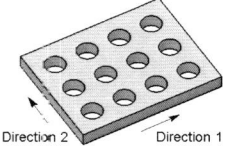

— Der Schalter *„Keep specifications"* im Bereich *„Object to Pattern"* ist von Bedeutung bei Konstruktionselementen, die mit der Option *„Up to Next"*, *„Up to Last"* usw. erzeugt wurden. Er bewirkt das auch die gemusterten Elemente ihre Tiefendefinition behalten, was dazu führt, dass jedes Element seine eigene Höhe aufweist:

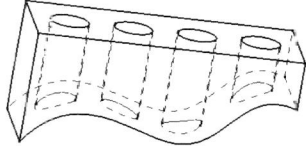

— Mit OK wird das Muster erzeugt und das Dialogfenster geschlossen.

Mit dem Schalter More >> ist ein Verschieben des Originalelements innerhalb des Musters möglich:

Im erweiterten Dialogfenster kann die Stelle des Originals in der ersten Richtung angegeben werden (*Row in direction 1*) und in der zweiten (*Row in direction 2*). Umkehrung der Orientierung durch Selektion der orangen Pfeile.

Weiters kann eine Drehung um den Platzierungspunkt des Originals durch Angabe eines Winkels (*Rotation angle*) durchgeführt werden:

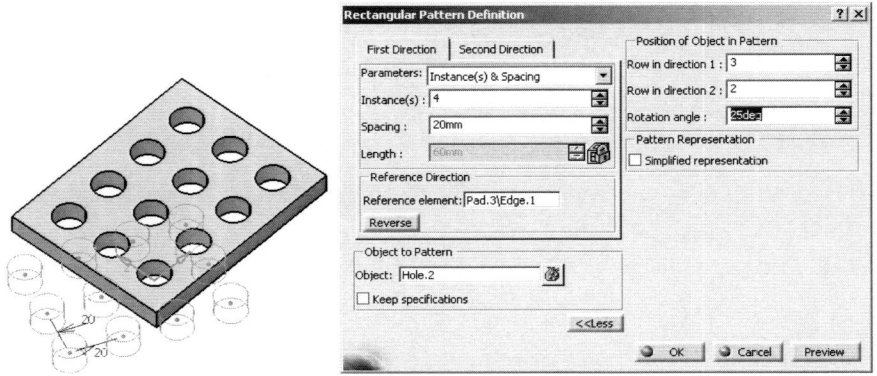

4.6.5.2   Polare Muster (*circular pattern*)

Polare Muster entstehen durch wiederholtes Drehen eines Elementes und Verschieben entlang eines radialen Vektors.

- Icon „*Circular Pattern*" ⊕ drücken
- Das Dialogfenster „*Circular Pattern Definition*" erscheint
- Das Feld „*Object to Pattern*", dann das Konstruktionselement selektieren, das gemustert werden soll, z. B. eine Bohrung
- Die erste Richtung zur Wiederholung des Elements ist eine Drehung (Register: *Axial Reference*).

  Folgende Möglichkeiten der Musterfestlegung werden im Feld „*Parameters*" eingestellt:

Instance(s) & total angle	Anzahl der Musterelemente und Gesamtwinkel des Musters (Winkel dazwischen ergibt sich)
Instance(s) & angular spacing	Anzahl der Musterelemente und Winkel zwischen Kopien (Gesamtwinkel des Musters ergibt sich)
Angular spacing & total angle	Winkel zwischen Kopien und Gesamtwinkel des Musters (Anzahl der Musterelemente ergibt sich)
Complete Crown	Gleichmäßige Aufteilung der Elemente über 360°°
Instance(s) & unequal angular spacing	Anzahl der Musterelemente und imdividuelle Winkel zwischen Kopien (Gesamtwinkel des Musters ergibt sich). Die Winkel sind im Grafikbereich mit Doppelklick änderbar

- Drehpunkt bzw. -achse definieren (*Reference Direction*): Feld „*Reference Element*" selektieren, danach Gerade, Kante oder Kreisfläche (Normalvektor im Mittelpunkt wird verwendet) wählen.

  Button Reverse kehrt Orientierung des Winkels um.

– Eine Vorschau auf das Muster wird gezeigt. Wenn ein Element an einer bestimmten Stelle nicht erwünscht ist, wird dieses entfernt durch Selektion des orangen Platzierungspunktes. Erneutes Selektieren dieses Punktes fügt das Element wieder ein:

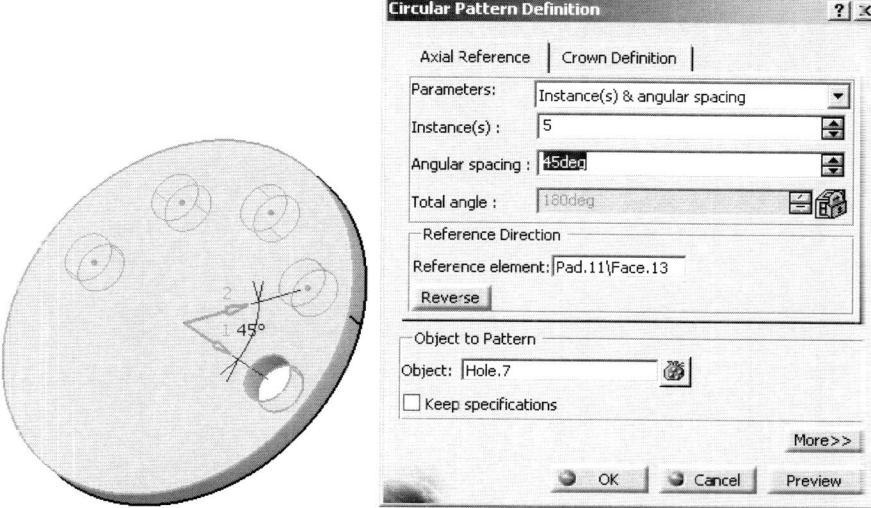

– Im Feld „*Object to Pattern*" ist das selektierte Feature genannt: Hier die Bohrung „*Hole.7*"
– Schalter „*Keep specifications*" im Bereich „*Object to Pattern*": Siehe Kap. 4.6.5.1
– Wahlweise kann eine zweite Richtung zur Mustererzeugung herangezogen werden: Der radiale Abstand vom ursprünglichen Element (*Crown Definition*). Im Dialogfenster Registerkarte „*Crown Definition*" selektieren
– Folgende Möglichkeiten der Musterfestlegung werden im Feld „*Parameters*" eingestellt:

Circle(s) & crown thickness	Anzahl der Musterringe und Gesamtausdehnung des Musters (Abstand dazwischen ergibt sich)
Circle(s) & circle spacing	Anzahl der Musterringe und Abstand zwischen Kopien (Gesamtausdehnung des Musters ergibt sich)
Circle spacing & crown thickness	Abstand zwischen Kopien und Gesamtausdehnung des Musters (Anzahl der Musterringe ergibt sich)

Erläuterung der Para-
meter:

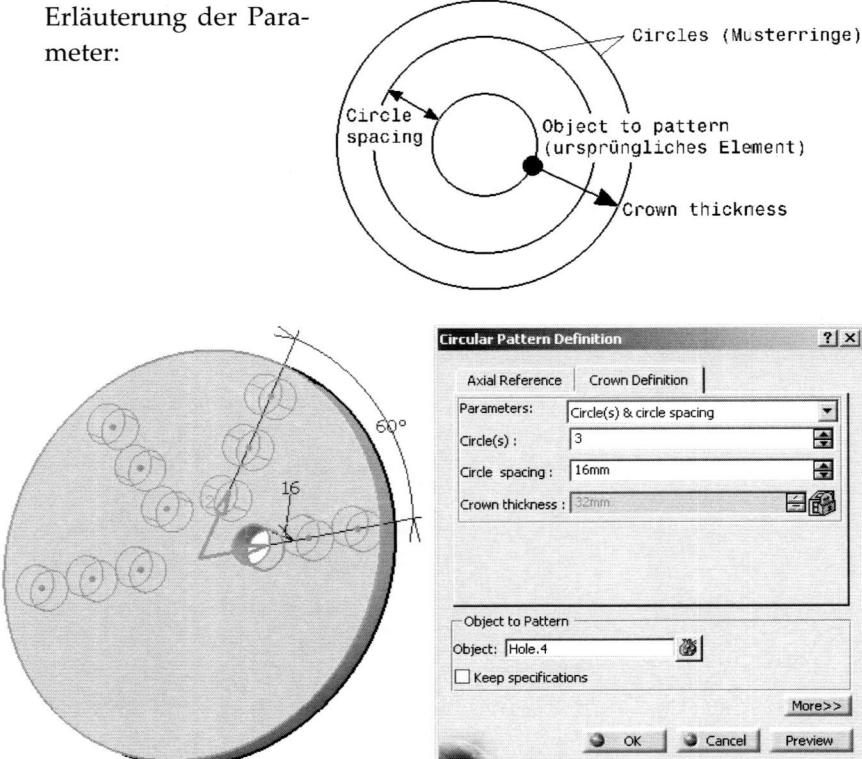

– Mit dem Schalter [More >>] ist ein Verschieben des Originalelements innerhalb des Musters möglich: Im erweiterten Dialogfenster kann die Stelle des Originals in der Richtung des Winkels angegeben werden (*Row in angular direction*) und in der radialen Richtung (*Row in radial direction*). Umkehrung der Orientierung durch Selektion der orangen Pfeile.
Weiter kann eine Drehung um die Referenzachse durch Angabe eines Winkels (*Rotation angle*) durchgeführt werden. In dem Beispiel ist das Muster um 10° verdreht (*Row in angular direction* und *Rotation angle*) und um 25 mm in radialer Richtung verschoben (*row in radial direction* und *Circle spacing*).

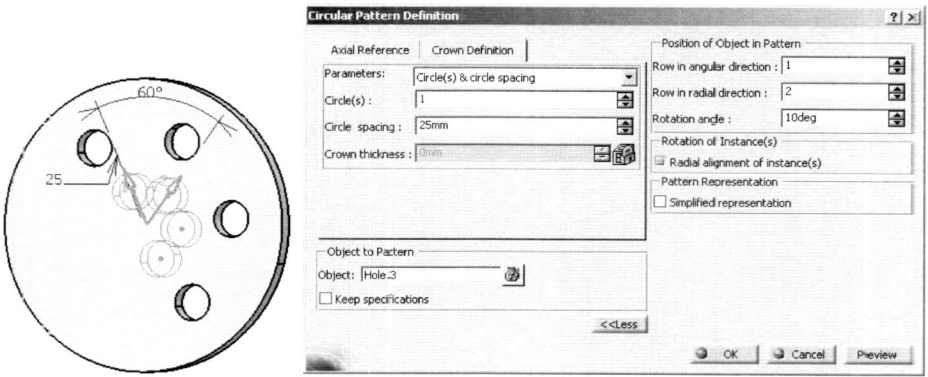

Der Button „*Radial alignment of instance(s)*" ermöglicht das radiale Ausrichten der Kopien:

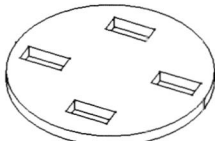   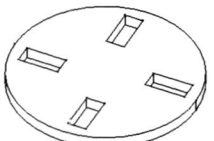

gemusterte Elemente nicht radial ausge-   gemusterte Elemente radial ausgerichtet (= kreisförmige Translation)   richtet (= Rotation)

− Mit OK wird das Muster erzeugt und das Dialogfenster geschlossen.

4.6.5.3 Benutzerdefiniertes Muster (*user defined Pattern*)

Kopieren von Elementen an Platzierungspunkte, die in einer Skizze (*Sketch*) festgelegt sind.

− In einer Skizze Punkte in gewünschter Anordnung zeichnen, z.B. mit „*Equidistant Points*" . An diesen Punkten können in weiterer Folge Konstruktionselemente platziert werden.

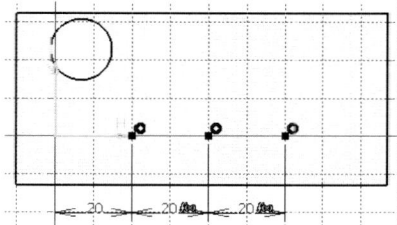

− Icon „*User Defined Pattern*" drücken
− Das Dialogfenster „*User Pattern Definition*" erscheint
− Zuerst Feld „*Object to pattern: Object*", dann Element (Tasche, Profilkörper, ...) selektieren, das gemustert werden soll

- Die Skizze selektieren, in der die Platzierungspunkte gezeichnet sind (*Positions*). Einzelne Kopien können wie bei den übrigen Mustern durch Selektion der Platzierungspunkte entfernt werden:

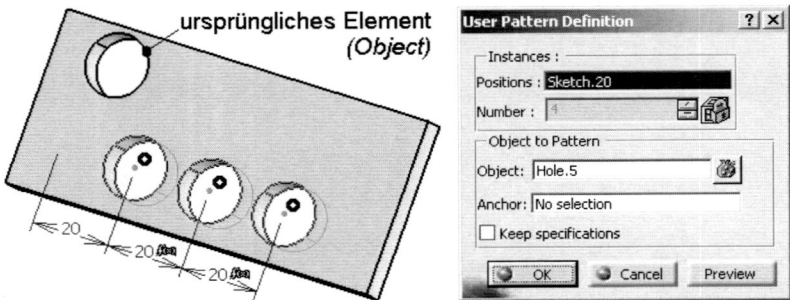

Im Feld „*Object to Pattern*" ist das selektierte Feature genannt. Der Schalter „*Keep specifications*" ist bei den kartesischen Mustern (Kap. 4.6.5.1) erläutert. Zur Platzierung der Kopien kann ein bestimmter Punkt herangezogen werden (*Anchor*). Der voreingestellte Wert ist der Mittel/Schwer-Punkt des Konstruktionselements. Mit einem bestimmten Ankerpunkt sieht das obige Muster so aus:

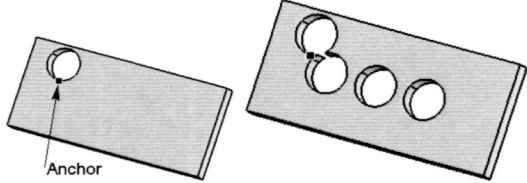

- Mit OK wird das Muster erzeugt und das Dialogfenster geschlossen.

4.6.6   Skalieren (*scaling*)

Ändern der Größe eines Körpers mit geometrischer Ähnlichkeit: Vergrößern, verkleinern, verzerren.

- Icon „*Scaling*" ⬚ drücken
- Das Dialogfenster „*Scaling Definition*" erscheint
- Bezugselement zur Festlegung der Größenänderung selektieren (*Reference*), Punkt oder Ebene:

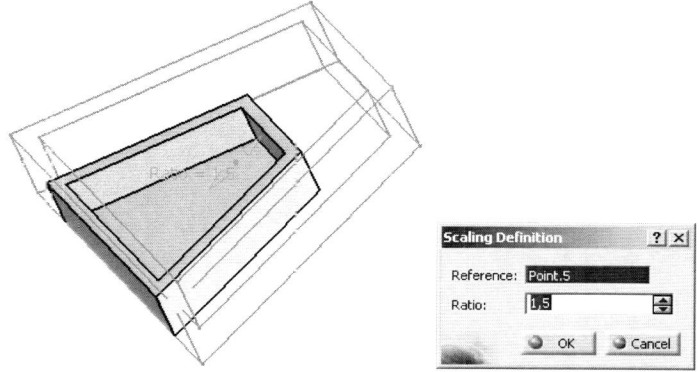

Vom selektierten Element hängt die Art der Ähnlichkeit ab:

Punkt: geometrisch kongruenter Körper

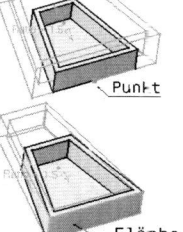

Ebene, ebene Fläche: Affinität bezüglich einer Richtung

− Den Skalierungsfaktor eingeben (*Ratio*) oder die grünen Pfeilspitzen mit MB1 ziehen

− Mit OK wird der Körper skaliert und das Dialogfenster geschlossen.

4.6.7   Weitere Funktionen

Der Schalter „*AxisToAxis*"   ermöglicht im Grunde dasselbe wie bei Oberflächen, daher wird auf das entsprechende Kap. 3.6.8.6 „Transformation zwischen Achsensystemen" verwiesen.

Die Funktion „*Affinity*"   ist ebenfalls bereits bei den Oberflächen behandelt worden und kann im Kap. 3.6.8.5 „Affinität erzeugen" nachgelesen werden.

4.7   Ändern von Teilen (*modifying parts*)

In der Regel sind mehr als 50 % der Arbeitsschritte beim CAD-Konstruieren Änderungsschritte. CATIA bietet daher Werkzeuge zur Änderung von Geometrie, der Position, der Konstruktionsreihenfolge, der Parameterwerte usw.

4.7.1   Ändern von Parameterwerten

– Konstruktionselement selektieren. Dazu gibt es mehrere Möglichkeiten :

  – Direkt auf eine Fläche doppelklicken

  – Im Strukturbaum entsprechendes Symbol doppelklicken

  – Element mit MB3 selektieren → xxx.object > → Definition...

– Das Dialogfenster, das zur Definition des Features gedient hat, erscheint und die Parameterwerte lassen sich ändern. Auch vorhanden Selektionen von Zusatzangaben können über das Kontextmenü wieder rückgängig gemacht werden, also wieder die Voreinstellung aufgerufen oder die Selektion ersatzlos entfernt (*No selection*) werden.

  Beispiel: Bei einer Welle (*Shaft*) ist eine Gerade *line.1* als Drehachse eingestellt. Über MB3 auf diese Zeile (*Selection*) kann im Kontextmenü „*Clear Selection*" aufgerufen werden, wodurch die Voreinstellung, nämlich die Skizzenachse (*Sketch axis*), wieder aktiv wird.

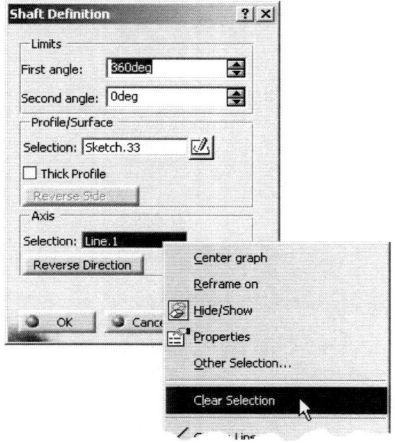

– Der Körper wird nach dem Verlassen des Fensters (OK) automatisch aktualisiert.

4.7.2   Parameterwerte editieren

– Konstruktionselement, z.B. „*Hole.3*", (im Strukturbaum) mit MB3 selektieren

– Im Kontextmenü: Hole.3 object > → Edit Parameters sämtliche Parameter, die zur Definition des Elements benutzt werden, werden dargestellt und können durch Doppelklick auf die Maßzahl im erscheinenden Fenster „*Constraint Definition*" geändert werden:

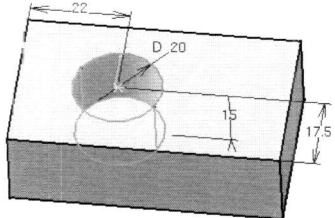

Die notwendige Aktualisierung des Teils wird mit dem Icon „*Update All*" 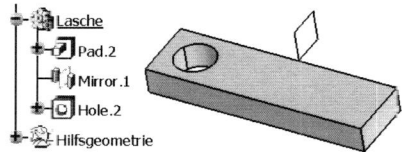 ge-startet. Der Schalter „*Manual Update mode*" aktiviert den manuellen Aktualisie-rungsmodus, bei dem in jedem Fall nach einer Änderung das Neuberechnen des Teils mit dem Icon „*Update All*" gestartet werden muss

— Verlassen des Editiermodus ohne Änderung von Parameterwerten durch Drü-cken des Icons „*Select*".

4.7.3   Konstruktionsreihenfolge nachträglich ändern (*reorder*)

Die „Entstehungsgeschichte" eines Teils ist im Strukturbaum chronologisch fest-gehalten. Manchmal ist es erforderlich die Reihenfolge, in der die Konstruktions-elemente erzeugt wurden, zu ändern. Ein Beispiel soll das verdeutlichen:

— Ein Teil wurde als Spiegelung eines Profilkörpers (*Pad.2*) erzeugt. Später kam eine Bohrung (*Hole.2*) dazu. Diese Bohrung wird nun nicht mitgespiegelt, weil sie ja erst <u>nach</u> der Spiegelung erzeugt wurde:

— Soll sich diese Spiegelung nun auch auf die Bohrung beziehen, so muss diese im Strukturbaum <u>vor</u> der Spiegelung eingefügt werden:
  — Dazu wird z. B. das Element *Mirror.1* im Strukturbaum mit MB3 selektiert
  — Im Kontextmenü: Mirror.1 object > → Reorder...
  — Das Fenster „*Feature Reorder*" erscheint
  — Im Strukturbaum Stelle selektieren, nach (*After*) der das Element eingefügt werden soll: *Hole.2*:

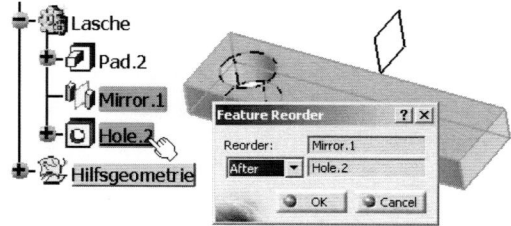

- Im Feld „*After*" steht nun *Hole.2*. Mit OK wird die Eingabe bestätigt und das Teil aktualisiert. Aktivieren des letzten Objekts „*Mirror.1*" liefert auch im Grafikbereich das gewünschte Ergebnis:

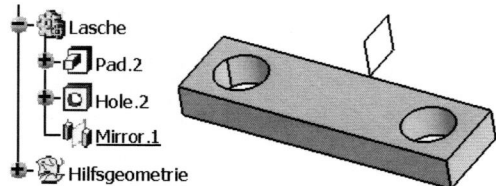

- Die Reihenfolge der Features im Strukturbaum wurde wunschgemäß geändert und die Bohrung wird nun ebenfalls gespiegelt.

Das Fenster „*Feature Reorder*" bietet auch die Möglichkeit Objekte vor (*Before*) einem anderen zu platzieren. Mit „*Inside*" kann ein Objekt zu einem anderen Körper verschoben werden.

Objekte, die bei der Wahl einer neuen Position unmöglich sind (Zirkularreferenz, ungeeignetes Element, ...), werden mit einem gelben Kasten gekennzeichnet und können nicht selektiert werden.

4.7.4 Navigieren durch die Modellstruktur (*scanning*) und Einfügen von Konstruktionselementen

- Hauptmenü: Edit → Scan or Define in Work Object...
- Werkzeugleiste „*Scan*" erscheint. Diese ermöglicht das Navigieren durch die Gliederung des Teils:

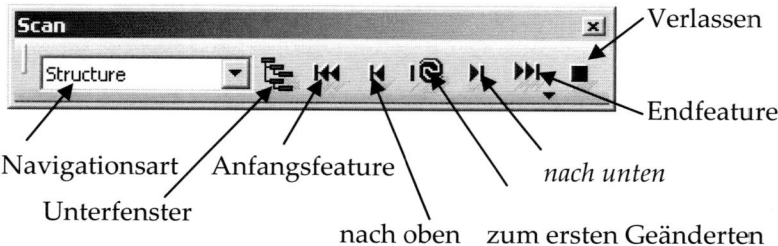

- Es werden zwei Arten der Navigation angeboten:

Structure Damit lässt sich die Erzeugung des Teils anschaulich nachvollziehen. Durch Drücken der „*nach oben*" bzw. „*nach unten*" Icons wird nur das lokale Teil dargestellt. Im Strukturbaum wird dessen Bezeichnung unterstrichen. Skizzen werden übersprungen, so dass immer ein Körper zu sehen ist.

Update Alle Objekte des Strukturbaums werden in der Reihenfolge einer Aktualisierung, die nicht der Strukturbaum-Reihenfolge entsprechen muss, dargestellt. Es empfiehlt sich das Unterfenster „*Display Graph*" mit [Icon] zu öffnen. Mit [Icon] wird das erste Element, das nicht Letztstand ist, aktualisiert. So kann das Teil Schritt für Schritt aktualisiert werden. [Icon] (unter Schalter „*Endfeature*") ermöglicht das selbständige Durchlaufen einer Aktualisierung.

Konstruktionselement einfügen

- Drückt man das Icon „Verlassen" [Icon], so bleibt das lokale Teil bestehen, d.h. man befindet sich in einem früheren Stadium des Teils. Dieses lokale Teil kann nun bearbeitet werden, die folgenden **Operationen** werden an der entsprechenden Stelle im Strukturbaum **eingefügt**

- Will man wieder das endgültige Teil bearbeiten, selektiert man mit MB3 *PartBody* bzw. *Body.N* und wählt Define in Work Object im Kontextmenü

Anm.: Um ein Feature gezielt lokal zu bearbeiten, selektiert man dieses mit MB3 im Strukturbaum und wählt Define in Work Object im Kontextmenü.

4.7.5 Aktivität von Konstruktionselementen

Einzelne Konstruktionselemente können – soweit dies im logischen Zusammenhang möglich ist – deaktiviert werden. Im Gegensatz zum Löschen bleibt ein entsprechender Eintrag im Strukturbaum erhalten. Dieser ermöglicht auch ein späteres Aktivieren dieses Elements. Deaktivierte Elemente werden nicht berücksichtigt: Sie sind nicht zu sehen und verändern auch das Volumen des Körpers nicht.

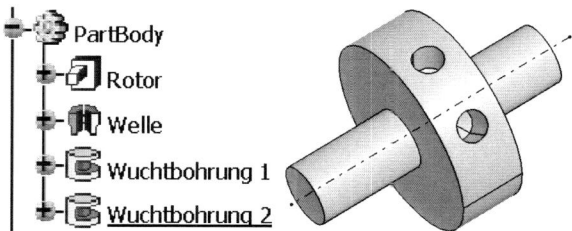

Die Wuchtbohrung 1 soll nun unterdrückt werden, damit die dadurch hervorgerufenen Änderungen auf Schwerpunkt und Massenträgheitsmoment des Rotors untersucht werden können: MB3 auf Objekt „Wuchtbohrung 1" → Wuchtbohrung 1

object > → Deactivate: Das Fenster „Deactivate" erscheint. ▫Deactivate aggregated elements: Logisch abhängige Elemente werden ebenfalls deaktiviert, z.B. Rundungen, Fasen etc.

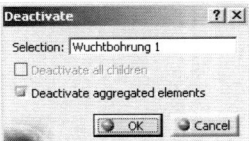

Mit OK wird die Bohrung deaktiviert. Je nach Voreinstellung und Größe des Körpers kann es vorkommen, dass die Änderungen erst mit „Update all" ⊚ wirksam werden:

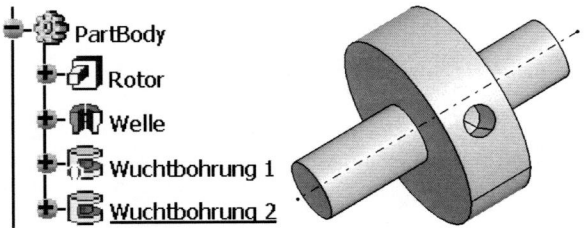

Das Objekt der Bohrung ist mit einem Klammersymbol versehen. Die Bohrung ist entfernt und der Schwerpunkt hat sich entsprechend geändert.

Die deaktivierte Bohrung kann wieder aktiviert werden: MB3 auf das entsprechende Objekt → Wuchtbohrung 1 object > → Activate: Im erscheinenden Fenster „Activate" gegebenenfalls ▫Activate aggregated elements aktivieren und mit OK schließen. Die Bohrung ist wieder sichtbar und der Körper hat wieder den ursprünglichen Schwerpunkt.

4.8   Texteinträge

Zur vollständigen Bauteilbeschreibung sind neben der Geometrie weitere Angaben erforderlich, die mitunter nur mit Text oder standardisierten Symbolen gemacht werden können.

4.8.1   Anmerkungen erzeugen

–   Icon „Text with Leader" ABC drücken
–   Bauteilfläche selektieren, an der Pfeil mit Kote angebracht werden soll. Der Pfeil wird mit dem selektierten Element logisch verknüpft: Beim Verschieben des Elements wird der Pfeil mitbewegt
–   Fenster „Text Editor" erscheint:

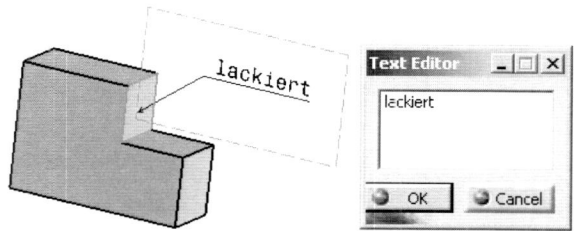

- Gewünschten Text in das Fenster eintragen. Zeilenumbruch mit <Umschalt> + <enter> durchführen. Mit OK oder <enter> abschließen

- Der Text wird an das Teil angefügt und im Strukturbaum dargestellt:

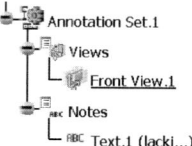

Der Text kann mit bzw. ohne Kote und bildschirmparallel angezeigt werden:

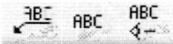

4.8.2 Ändern des grafischen Erscheinungsbildes

- Mit MB3 Objekt „*Text.1*" selektieren → Properties

- Fenster „*Properties*" erscheint:
  - Im Register „*Text*" ist einstellbar:
    Frame: Rahmen: Art (*Frame*) und Strichstärke (*Thickness*) sowie Farbe (*Color*)
  - *Position*: Ankerpunkt der Kote (*Anchor Point*), Zeilenabstand (*Line Spacing*), Textbündigkeit (*Justification*), Größe des Textfeldes (*Word wrap*) und damit Kotenlänge
  - *Orientation*: Textausrichtung und Angabe eines Winkels (*Fixed Angle,* dann Werteingabe im Feld *Angle*)

- Im Register „*Font*" des Fensters „*Properties*" ist einstellbar:
  - Schriftart und –größe sowie Schriftfarbe
  - Unter-, durch- bzw. überstrichen
  - Hoch- bzw. tiefgestellt

- Im Register „*Graphic*" des Fensters „*Properties*" ist die Farbe des Pfeils einstellbar

- im Register „*Display*" kann der Text bildschirmparallel ausgerichtet werden

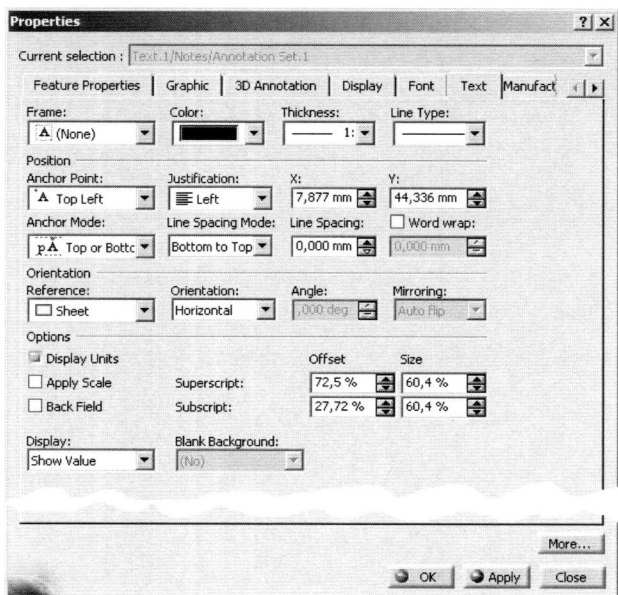

— Doppelklick auf den Text im Grafikfenster öffnet das Fenster „*Text Editor*" und
  Text kann editiert werden
— Selektion des Textes im Grafikfenster mit MB1 ermöglicht Ziehen der Griffe
  und somit Lageänderung des Textes:

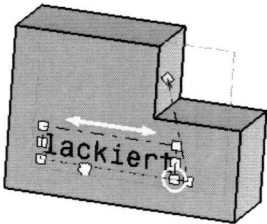

— Selektion der Pfeilspitze (gelber Punkt) mit MB3 → Symbol Shape > ermöglicht
  verschiedenste Enden der Linie darzustellen: Kein Symbol, Kreis (hohl, voll), ...
  Weitere Möglichkeiten sind im Kap. 6.5.6.2 beschrieben.

4.8.3   Ändern der Textebene

Neue Textebene

— Erzeugen einer neuen Textebene:
  Im Strukturbaum mit MB3 Objekt „*Annotation Set.N*" selektieren →
  Views/Annotation Planes > → Front View: Ebene, ebene Fläche oder Achsensystem selektieren auf der der Text liegen soll. Die neue Textebene wird als Objekt „*Front View.N*" an den Strukturbaum angehängt. Diese Textebene kann

ausgeblendet werden, ohne dass darauf liegende Texte mit ausgeblendet werden.

— Texte, die erzeugt werden, werden der aktuellen Ansichtsebene zugewiesen. Ein Doppelklick auf eine Ansichtsebene aktiviert diese (Merkmale: unterstrichen und roter Rand)

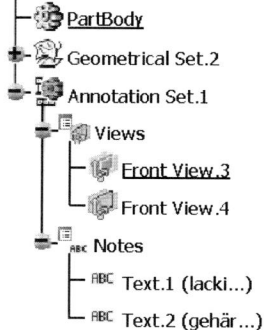

Textebene wechseln

— Die Ansichtsebene eines Textes kann nachträglich geändert werden. Verschieben eines Textes zu einer anderen Textebene:

Text mit MB3 selektieren → Transfer To View/Annotation Plane: Objekt der gewünschten Textebene „*Projected View.N*" im Strukturbaum selektieren, der Text wechselt die Ebene:

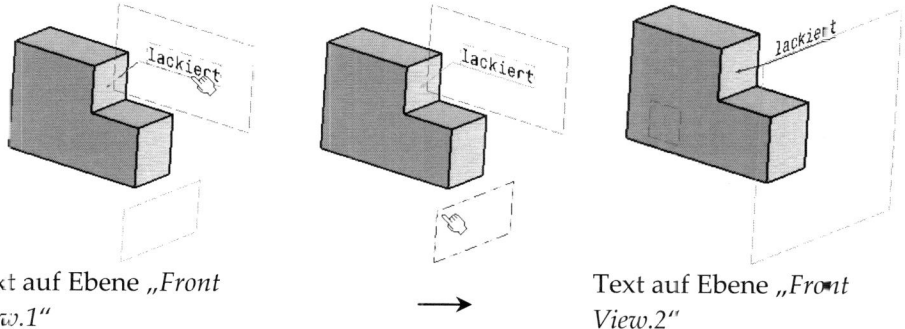

Text auf Ebene „*Front View.1*" → Text auf Ebene „*Front View.2*"

4.9 Operationen mit Hauptkörpern

Hauptkörper (*bodies*) können miteinander logisch (boolesch) verknüpft werden und so neue Körper erzeugen. Die möglichen Operationen sind in der Werkzeugleiste „*Boolean Operations*" zusammengefasst: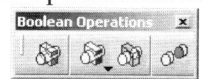

Boolesche Verknüpfungen

Ein Objekt mit dem Namen der Verknüpfung wird an den Strukturbaum angehängt und kann auch wieder gelöscht werden.

Es gibt folgende Verknüpfungen:

Operation	Ausgangszustand	Ergebnis
Körper hinzufügen Assemble		abhängig von Definition der beteiligten Körper: z.B.: Block + Tasche Block + Block
Material hinzufügen Vereinigung Add		 <u>ein</u> Körper
Material hinzufügen mit Flächentrimmen Union Trim		
Material entfernen Subtraktion Remove		 Selektionsreihenfolge (1., 2.) für Ergebnis entscheidend
Nur gemeinsames Material übriglassen (Kreuzung) Intersect		
Teilkörper entfernen Remove Lumps		

Allgemeine Vorgehensweise

– Körper.1 sei der aktuelle Körper, das zugehörige Objekt im Strukturbaum ist also unterstrichen

– Icon „*Verknüpfung X*" drücken, z.B. „*Add*"

– Körper selektieren (*Körper.2*). Dieser wird dem folgenden Körper untergeordnet

– Dialogfenster „*Verknüpfung X*" erscheint:

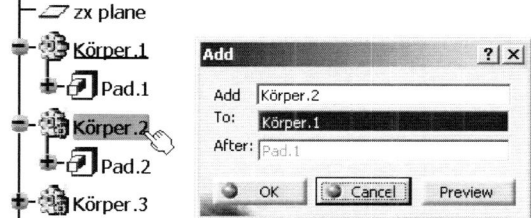

Anm.: Wenn nur zwei Körper vorhanden sind, erscheint das Fenster nicht, weil die Operation eindeutig ist.

– Körper selektieren, der mit dem aktuellen Körper verknüpft werden soll (*To*)

– Mit OK Operation abschließen

– Ergebnis ist Körper „Körper.1" mit einem untergeordneten Feature „*Add.N*", das den Körper „Körper.2" enthält: Die Angabe „*After*" im Dialogfenster bezieht sich also auf die Reihenfolge im Strukturbaum.

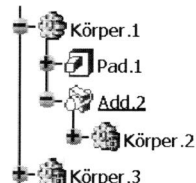

4.9.1   Einfügen eines neuen Hauptkörpers

Das Einfügen eines Körpers ist in Kap. 1.9 allgemein geschildert.

In der Arbeitsumgebung „*Part Design*" gibt es auch ein Icon „*Body*"   (in der Werkzeugleiste: *Insert*) zum Einfügen eines Hauptkörpers. Der eingefügte Hauptkörper wird im Strukturbaum angehängt (*Body.N*) und ist der aktuelle Körper. Er ist <u>unabhängig</u> von den anderen vorhandenen Hauptkörpern.

4.9.2   Zusammenfügen (*assemble*)

Am Beispiel dieser Operation wird gleichzeitig eine andere Vorgehensweise als oben im allgemeinen Teil dargelegt demonstriert:

– Einen Hauptkörper, der der Grundkörper bleiben soll, zum aktuellen machen
– Körper selektieren, der mit dem gewählten Körper zusammengefügt werden soll:

Körper.3 = Grundkörper

Tasche soll hinzugefügt werden

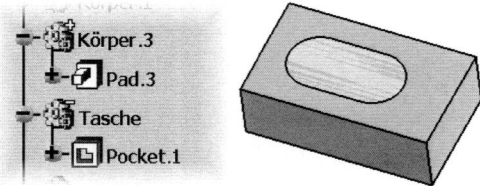

– *Körper.3* stellt Materie dar, was durch ein „+" neben dem grünen Zahnrad symbolisiert wird. Die *Tasche* hingegen ist zwar als unabhängiger Körper im Grafikbereich sichtbar, stellt aber einen Hohlraum dar. Deshalb ist neben dem grünen Zahnrad ein „–".

– Icon „*Assemble*" ![icon] drücken ODER: Körper mit MB3 selektieren → Tasche object > → Assemble...

– Das Dialogfenster „*Assemble*" erscheint: Es zeigt, dass der Hauptkörper „*Tasche*" zum Hauptkörper „*Körper.3*" hinzugefügt wird.

– Mit OK Verknüpfung durchführen
– Das Ergebnis sieht jetzt so aus:

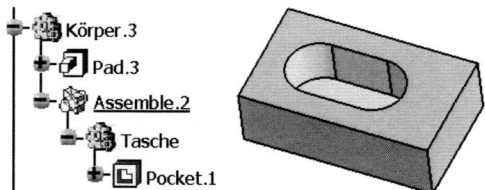

4.9.3   Vereinigung mit Trimmfunktion (*union trim*)

Wenn bei einer Vereinigung von Körpern, die einander mehrfach überragen, nur Teilbereiche das Ergebnis bilden sollen, kann mit der Operation „*UnionTrim*" gewählt werden, welche Teile behalten bzw. entfernt werden sollen:

- Icon „*Union Trim*" 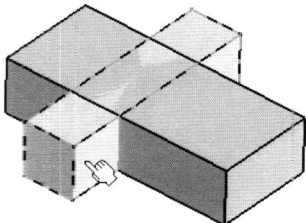 drücken
- Den Körper der Vereinigung selektieren, der gleichzeitig getrimmt werden soll. Hier das schmale Querstück:

- Das Dialogfenster „*Trim Definition*" erscheint
- Den zweiten Körper für die Operation selektieren.
  Jene Flächen die in der folgenden Festlegung <u>nicht</u> selektiert werden können (weil sie nicht eindeutig auf einer Seite liegen), werden <u>rot</u> dargestellt:

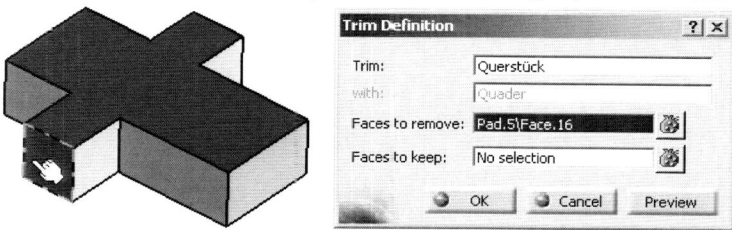

Zwei Arten die gewünschte Trim-Operation während der Vereinigung zu definieren werden angeboten:

Faces to remove	Nur die selektierten Flächen (violett dargestellt) werden entfernt
Faces to keep	Nur die selektierten Flächen (hellblau dargestellt) werden behalten

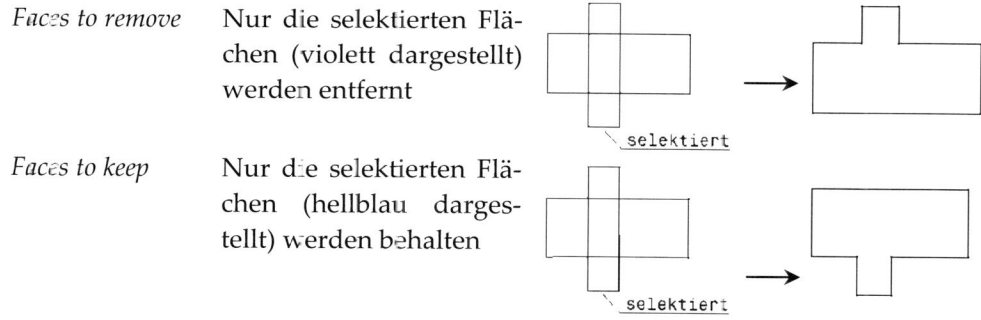

Mit OK wird die Operation durchgeführt. Das Ergebnis ist <u>ein</u> Körper:

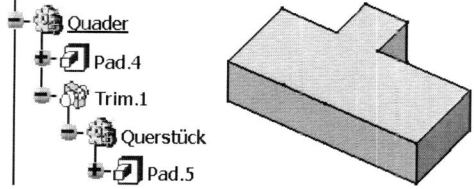

4.9.4 Entfernen von Stücken (*remove lumps*)

In einem CAD-Modell entstehen mitunter Körper, die aus räumlich getrennten Teilen bestehen. Dieser Befehl ermöglicht das Entfernen von Teilkörpern durch Angabe jener Flächen, die entfernt werden sollen. Auch die umgekehrte Definition ist möglich, d.h. es erfolgt eine Auswahl der zu behaltenden Flächen.

Außerdem bietet der Befehl eine elegante Methode zum Bereinigen eines Körpers, in dem unerwünschte Hohlräume entstanden sind.

– Icon „*Remove Lump*" drücken
– Mehrteiligen Körper selektieren, von dem ein Teil entfernt werden soll
– Das Dialogfenster „*Remove Lump Definition (Trim)*" erscheint

Welcher Teil behalten werden soll oder nicht, wird durch Wahl einer Fläche bestimmt:

Faces to remove	Der Teil, der mit der selektierten Fläche (violett dargestellt) zusammenhängt, wird entfernt
Faces to keep	Der Teil, der mit der selektierten Fläche (hellblau dargestellt) zusammenhängt, wird behalten

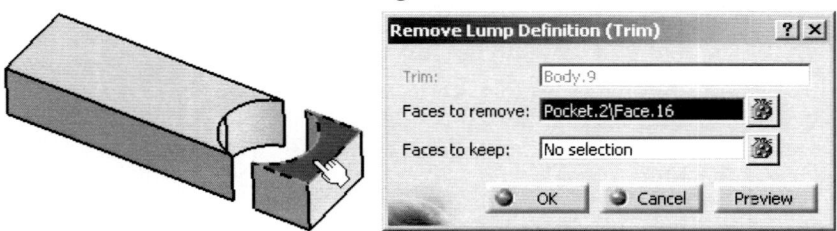

– Mit OK wird die Operation durchgeführt und ein entsprechendes Objekt an den Strukturbaum angehängt:

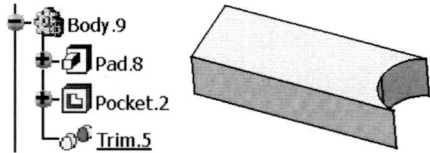

Durch Doppelklick auf das Objekt „*Trim.N*" kann das Definitionsfenster wieder aufgerufen werden und somit die Eingaben geändert werden, z. B das andere Stück entfernt werden.

Beispiel zu unerwünschten Hohlräumen:

Bei der Erzeugung eines Hohlkörpers ist durch „Zusammenwachsen" zweier Butzen ein Hohlraum entstanden, der entfernt werden soll:

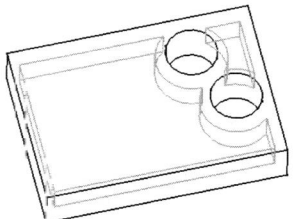

Beim Abarbeiten des Fensters „*Remove Lump Definition*" wird im Feld „*Faces to remove*" die Deckfläche des Hohlraumes selektiert. dadurch werden alle Körperteile entfernt, die mit dieser Deckfläche zusammenhängen - also der Hohlraum

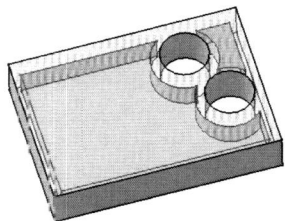

Anm.: Zum Selektieren der Innen(!)fläche verwendet man vorteilhaft den dynamischen Navigator (Kap. 1.5.1).

Nach Abschluss dieser Operation ist nur mehr der gewünschte Körper übrig:

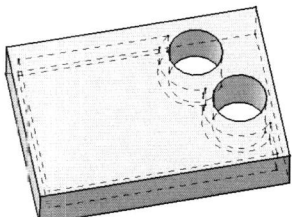

4.10   Verwendung mehrerer Teile gleichzeitig (*multi-document environment*)

4.10.1   Kopieren von Körpergeometrie von einem Teil zu einem anderen

− Im Strukturbaum des zu kopierenden Teils (Dokument „*Name*") Objekt „*Body.N*" mit MB3 selektieren → Copy Ctrl+C

Anm.: Wenn Teile eines offenen Körpers (Flächen, ...) mit kopiert werden sollen, muss das Objekt „*Open Body*" dem Objekt „*Body.N*" untergeordnet sein, siehe Kap. 3.1.2.3.

– Über das Hauptmenü zu dem Dokument wechseln, wo die Kopie eingefügt

werden soll: |Window| →

– Im Strukturbaum dieses Teils (Dokument „*Part1*") das Objekt „*PartN*" 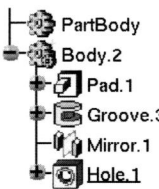 mit
MB3 selektieren → |Paste Special...|

– Das Dialogfenster „*Paste Special*" erscheint:

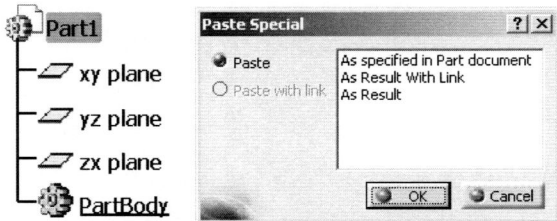

Folgende Kopiermöglichkeiten werden angeboten:

As specified in Part document	Ein eigenständiger, unabhängiger Körper entsteht, dessen Stützgeometrie mit importiert wurde (= Kopie)	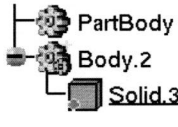
AsResultWithLink	Ein vom ursprünglichen Teil abhängiger Körper wird importiert (= Referenz). Dieser ändert sich, wenn das Original geändert wird.	
	Dieser hat keine Stützgeometrie (diese befindet sich ja beim Originalteil), kann aber weiter bearbeitet werden:	
AsResult	Eine Kopie vom ursprünglichen Teil wird importiert. Dieser Körper hat jedoch keine logische Verbindung mit dem Original	

– Mit |OK| wird der Körper in das Teil 1 (Dokument „*Part1*") importiert.

4.10.2 Aktualisieren eines Referenzkörpers

Wenn ein Körper mit der Option „*AsResultWithLink*" eingefügt wird, bleibt die
logische Verbindung zum Ursprungsteil aufrecht: Jede Änderung, die im Urs-

prungsteil 1 am Körper durchgeführt wird, wird im Zielteil 2 übernommen. Feature „Zylinder" wird im Teil 2 eingefügt

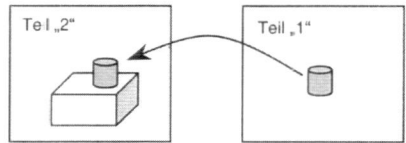

Der Status eines als „AsResultWithLink" importierten Körpers wird im Strukturbaum angezeigt:

├─▨ Solid.3	Ein grüner Punkt bedeutet der Körper ist auf Letztstand
├─▨ Solid.3	Ein Fragezeichen bedeutet das zum importierten Körper gehörige Dokument ist nicht im Arbeitsspeicher. Es kann in den Arbeitsspeicher geladen werden: MB3 auf das Objekt „Solid.N" → Solid.3 object > → Load
├─▨ Solid.3	Ein Trennsymbol weist daraufhin, dass die logische Verbindung zum Ursprungsteil nicht mehr existiert. Das ist z.B. der Fall, wenn das Dokument des Ursprungsteiles umbenannt oder in ein anderes Verzeichnis verschoben wurde, d.h. das System kann das Dokument nicht mehr finden
├─▨ Body.2 └─▨ Solid.1	Ein rotes Kreuz weist daraufhin, dass der „Originalkörper" geändert wurde und der Referenzkörper daher nicht Letztstand darstellt. In diesem Fall wird das Objekt „PartN" zusätzlich mit dem Update-Symbol versehen:

Wenn der Originalkörper geändert wurde, muss der Referenzkörper aktualisiert werden, damit alle Änderungen in ihn einfließen:

ENTWEDER: Objekt „Solid.1" mit MB3 selektieren → Synchronize

ODER: Ganzes Teil Aktualisieren: Icon „Update All" ⊚ drücken.

4.10.3   Externe Referenzen (external references)

Wird ein Teiledokument in der Arbeitsumgebung „Assembly Design" aktiviert, wird die Arbeitsumgebung „Part Design" geöffnet. Dabei kann bei der Erzeugung von Konstruktionselementen auch Geometrie (Punkte, Achsen, Ebene, Flächen, ...) anderer Teiledokumente. die in der Zusammenstellung eingebaut sind, selektiert werden. Diese Geometrie wird im Strukturbaum in dem Objekt „External references" abgelegt. Näheres siehe Kap. 5.20.

4.10.4 Importieren von Daten eines MODEL-Files (= CATIA V4 Teiledokument)

– V4 Modell (*.model) wie V5 Dokument öffnen: Icon „*Open*" 📂 drücken und gewünschte Datei selektieren

– Geometrie, die importiert werden soll, selektieren (meist im Register „*MASTER*". Bei komplexer Geometrie mit MB1 Rechteck aufziehen oder Möglichkeiten des Icons „*Select*" 🔍 nutzen

– Icon „*Copy*" 📄 drücken

– Neues Teiledokument erzeugen: Icon „*New*" drücken und Type „*Part*" selektieren

– Icon „*Paste*" 📋 drücken: Die Geometrie wird als neuer Körper in das neue Dokument eingefügt

– Dokument mit beliebigen Namen abspeichern.

<u>Anm.:</u> Gesamte V4 Dateien lassen sich eleganter mit dem Hauptmenü umwandeln, siehe Kap. 1.2: Tools → Utility... . Weiter gibt es den Befehl „*Send to V4ToV5Migration*" ⬆ . Damit lassen sich Geometrie und Achsensysteme gezielt in ein V5-Dokument importieren.

4.11 Modellierungsstrategien

Damit komplexe Teile problemlos aufgebaut werden können, müssen einige Grundregeln beachtet werden. Ein systematischer Aufbau erleichtert auch das Ändern und das Arbeiten mit dieser Geometrie für andere Konstrukteure.

Vorbereitung

– Bei komplexen Teilen und Zusammenbauten Aufbau eines Skelett-Teils (andere Bezeichnung: Binpart), das Bezüge (Achsen, Ebene, Punkte) enthält (genaueres siehe Kap. 5.22.1). Das Skelettteil kann auch 2D-Entwürfe enthalten, die die Basis für die 3D-Konstruktion sind

– Basisebenen und -achsen mit sprechenden Namen erzeugen:

– Anschluss- bzw. Bezugsgeometrie festlegen bzw. kopieren: z.B. Flanschflächen von Nachbarbauteilen.

Von komplexen Teilen nur die relevanten Flächen ableiten (*extract*: 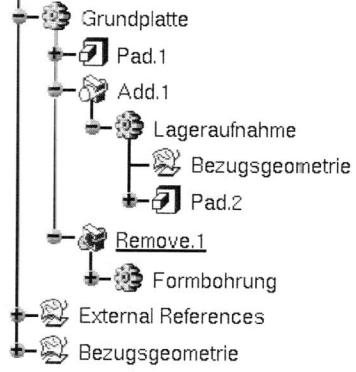) und kopieren (*copy* →*paste special - AsResultWithLink*) so bleibt die Datei klein und handhabbar

— Eventuell Störgeometrie (Bewegungsfreiräume von Nachbarteilen) und Montagefreiräume einbringen und auf getrennte Folie (*Layer*) legen

— Für wiederkehrende Angaben Parameter mit sprechenden Namen (Kap. 1.9.2) benutzen, so z. B. für Wandstärken, Blechdicken, Achsabstände, Bohrungsdurchmesser, Bohrungstiefen, Rundungsradien (innen und außen), Fasenwinkel usw. Das lässt auch umfangreiche Modelle änderungsfreundlich und übersichtlich bleiben.

Grobkonzept

— Grobkonzept für Modellierung festlegen:

   — Erstellung des bzw. der Grundkörper. Bei symmetrischen Bauteilen nur eine Hälfte modellieren

   — Weitere Verfeinerungselemente anbringen

   — Kombination (boolesche Verknüpfung) der Einzelkörper zu Gesamtteil. Bei symmetrischen Bauteilen durch Spiegeln der Hälfte den Gesamtkörper erzeugen

— Aufwändigere Einzelelemente zunächst als eigenen Körper (*body*) modellieren, dann Rundungen (Beispiel: Kap. 4.4.1), Entformungsschrägen etc. anbringen und erst dann diesen Körper mit dem Hauptkörper vereinigen. Dabei auf Aufbau des Strukturbaums achten und zusammengehörende Elemente entsprechend anordnen (Kap. 1.9 und Kap. 3.1.2):

Feinmodellierung

— Mit eigentlicher Modellierung des Grundkörpers beginnen:

- Zunächst qualitativ und erst in Folge quantitativ richtig skizzieren, näheres siehe Kap. 2.6
- Vorhandene Symmetrien ausnutzen, d.h. nur eine Hälfte skizzieren und dann diese um die Symmetrieachse spiegeln
- Als Bezüge Koordinatensysteme (*axis system*), Ebene (*plane*), Gerade (*line*) und Punkte (*point*) tunlichst ähnlichen Bauteilgeometrien bevorzugen (*face, edge, vertex*). Wird nämlich ein Bauteil geändert oder die referenzierte Bauteilgeometrie gar entfernt, geben sämtliche Bezüge eine Fehlermeldung! Außerdem ist Ändern gezielter durchführbar, wenn nur ein Drahtgitterelement mit sprechendem Namen (Mittelebene, ...) geändert werden muss und sämtliche Bezüge sich mitändern

- Allgemeine Reihenfolge der Modellierungsschritte:
  - Ziehschrägen (*draft*) anbringen
  - Verrundungen (*fillet*) durchführen: Zuerst Außenradien
  - Dann Hohlkehlen (*fillet*) erzeugen - mit den großen Radien beginnen
  - Gegebenenfalls Schalenkörper (*shell*) erstellen
  - Spanende Bearbeitung anbringen

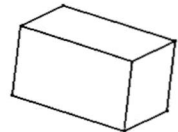 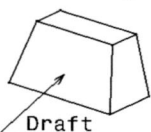 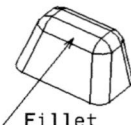 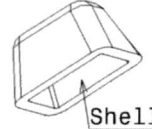 

Gewinde

- Bei Gewindebohrungen nur Kernlochbohrung darstellen. Mittels Icon „*Thread*" ⊕ Kosmetik-Feature am Teil anbringen; die normgerechte Gewindedarstellung erfolgt bei der Zeichnungsableitung automatisch

Berechnungsgerecht

- Verrundungen von Innen- und Außenkanten sollen als Konstruktionselement (*Edge fillet*, ...) und nicht in einer Skizze angebracht werden (vgl. Kap. 2.6). So können diese Elemente nachträglich leicht zum Erstellen eines FEM[2]-Netztes entfernt werden

Entwurf von 3D Geometrie

- Räumliche Kurven und Körper lassen sich auch über ebene Geometrie festlegen. Im Prinzip ist das ja die Vorgehensweise am Zeichenbrett. Sind Umgebung und Freiraum bekannt, kann in zwei orthogonalen Ebenen ein Entwurf skiz-

---

2   FEM: Finite Elemente Methode

ziert und zu einer Raumkurve bzw. zu einem Körper kombiniert werden. Zwei Beispiele sollen das veranschaulichen.

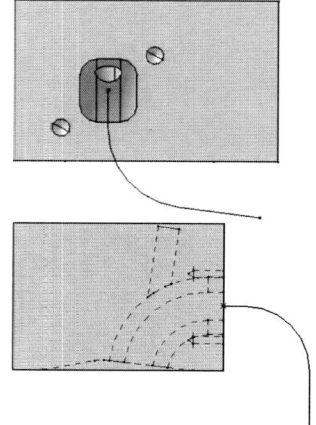

Beispiel A:

Es sei ein Abgaskrümmer zu entwerfen. Der Kanalflansch am Zylinderkopf ist bekannt. Der Verlauf der Rohrachse wird zunächst in der Draufsicht skizziert. Die Geometrie enthält zwei Gerade und einen Kreisbogen.

Ebenso wird die Seitenansicht der Rohrachse als ebene Kurve skizziert.

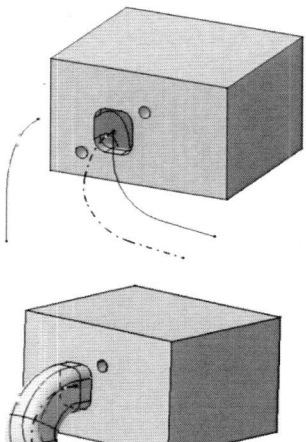

Durch Kombination der beiden ebenen Kurven entsteht eine Raumkurve, die Rohrachse (strichpunktiert). Die Kombination geschieht durch Schneiden zweier Zylinderflächen (*Extrude*), die mit Hilfe der ebenen skizzierten Kurven erzeugt worden sind. Eine andere, raschere Möglichkeit

bietet der Befehl „*Combine*" (Arbeitsumgebung „*Generative Shape Design*").

Mit dieser Raumkurve und der Kanalflanschkontur kann ein Grobentwurf des Abgaskrümmers z.B. als Ziehfläche oder als Rippe (Button: *Thick Profil*) dargestellt werden.

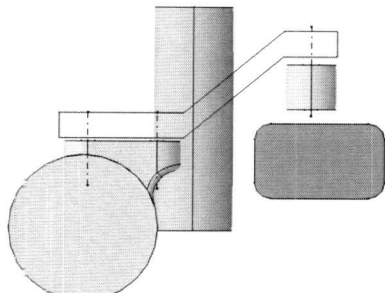

Beispiel B:

Entwurf eines Lenkhebels einer Radaufhängung. In der bekannten Umgebung benachbarter Teile wird eine Ansicht des Hebels skizziert. Der Hebel soll die Basis am Radträger (links im Bild) mit dem Auge der Spurstange (rechts) verbinden.

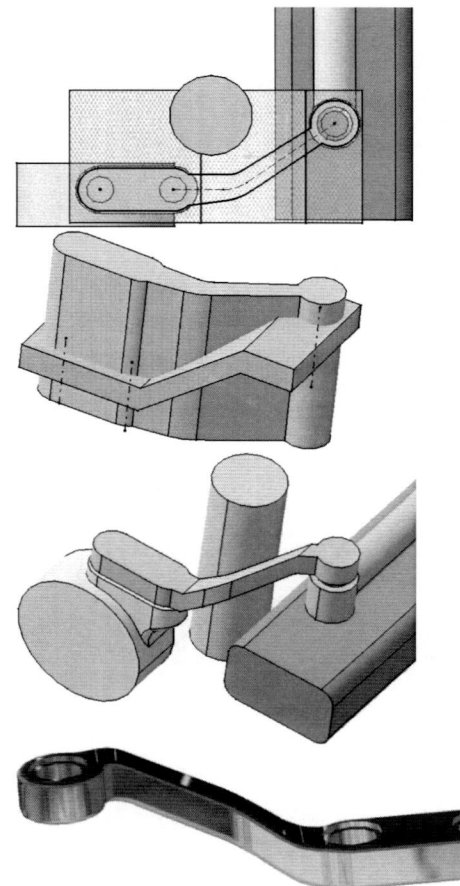

Eine zweite Ansicht des Hebels wird in der Draufsicht entworfen. Der Hebel verbindet die entsprechenden Bohrungen von Radträger und Spurstange ohne den Freiraum eines weiteren radführenden Teils zu verletzen.

Aus den beiden ebenen Skizzen werden zwei Körper (Blöcke, *pads*) erzeugt, die aufeinander normal stehen und noch voneinander unabhängig sind.

Durch boolesches Kombinieren dieser beiden Körper ergibt sich der gesuchte Grobentwurf des Hebels. Die Kombination der beiden Profilkörper wird mit „*Intersect*" durchgeführt.

Durch Verrunden von Kanten und Anbringen von spanender Bearbeitung wird der Hebel weiter detailliert.

Einfluss Herstellverfahren

– Die Vorgehensweise bei der Modellierung orientiert sich auch am Herstellverfahren des Teils. Das Abbilden des Herstellungsprozesses liefert zum einen auch Rohteildaten (für Betriebsmittelkonstruktion, zur Masseermittlung, ...) und zum anderen stellt es eine Kontrolle dar, ob das Teil wie geplant herstellbar ist (Formteilung, Hinterschnitte, Werkzeugfreigänge gegeben, Bearbeitungszugabe, Spannmöglichkeiten etc.)

Spanend hergestellte Teile:

1. Erstellen der Ausgangsform (Halbzeug)
2. Bei komplexen Einzelheiten: Erzeugen der Werkzeuge bzw. des Bewegungsraumes der Werkzeugschneide
3. Entfernen der Werkzeugkörper vom Grundkörper und weiteres direktes Anbringen von Bearbeitungen (*pocket, groove, hole, slot, ...*)

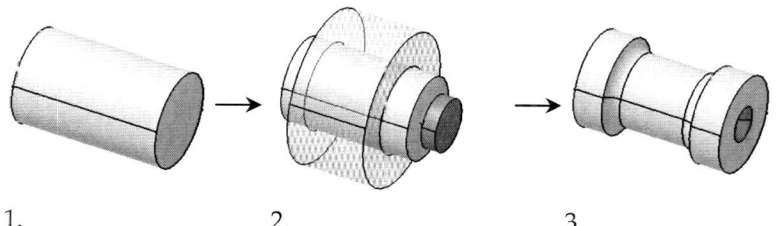

1. 2. 3.

Guss- ,Schmiedeteile und **Pressteile** (siehe auch Beispiel Kap. 9.3.1):
Methode A:

1. Gestalt als Positivmodell (Außenform) erzeugen
2. Körper der Innenformen (Kerne, Stempel, ...) von Körper der Außenformen abziehen ⇒ Rohteil
3. Am Rohteil spanende Bearbeitung (Bohrungen, Senkungen, Fräsungen, ...) anbringen ⇒ Fertigteil

<u>Anm.:</u> Für die Werkzeugkonstruktion solcher Teile bietet sich auch eine eigene Arbeitsumgebung an: „*Core & Cavity Design*".

Beispiel Gussteil:

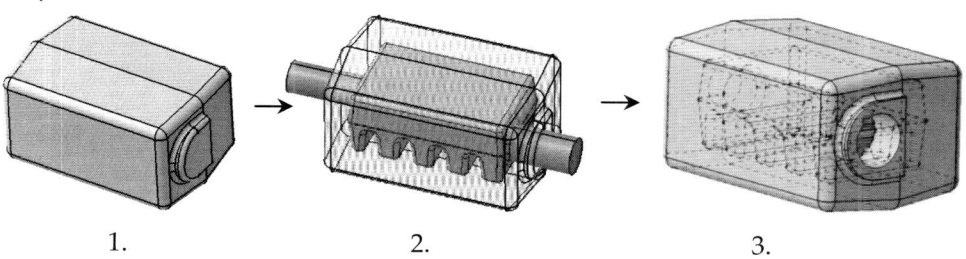

1. 2. 3.

Beispiel Schmiedeteil:

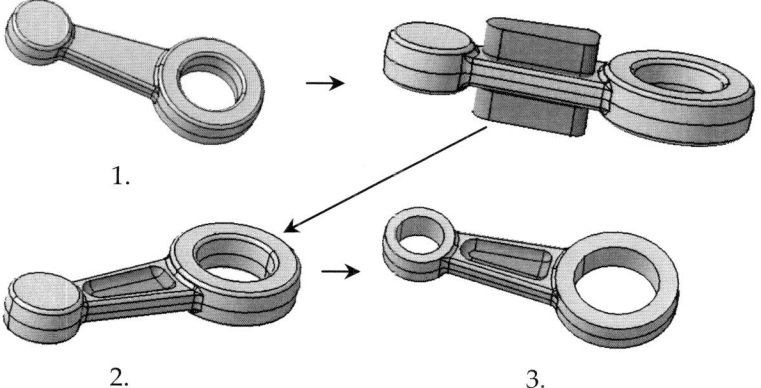

1.

2. 3.

Methode B:

1. Werkzeugformen erstellen: Gesenke, Formhälften, ...
2. Formhälften zu einem Körper zusammenfügen (*Add* 🔲)
3. Einen Vollkörper als „Rohling" erzeugen, der das abzuformende Volumen umschließt und innerhalb der Außenkontur der Formen liegt
4. Vom Rohling (aktives Element) die Hohlform entfernen (*Remove* 🔲) ⇒ Rohteil
5. Am Rohteil spanende Bearbeitung (Bohrungen, Senkungen, Fräsungen, ...) anbringen ⇒ Fertigteil

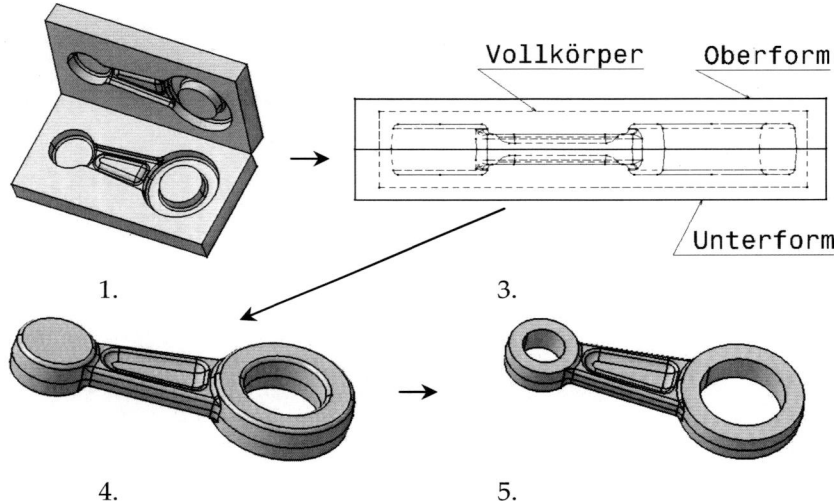

Der Strukturbaum im obigen Beispiel sieht so aus:

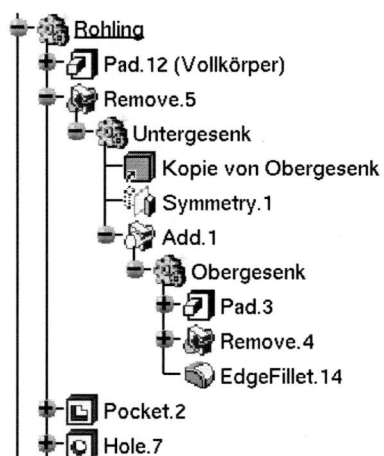

Zuerst entstand das Obergesenk.

Das Untergesenk wurde erstellt basierend auf einer Kopie (*Copy* → *PasteWithLink*) des Obergesenks; diese Kopie wurde um die Teilungsebene gespiegelt.

Dann wurde zum Unter- das Obergesenk hinzugefügt (*Add*).

In der Folge wurde vom Rohling das Ergebnis der vorangegangenen Addition abgezogen (*Remove*).

Schließlich werden spanende Bearbeitungen (*Pocket*, *Hole*, ...) angebracht

Beim Entwerfen von Guss- und Schmiedeteilen ist es oft erforderlich, die Größe und Lage von späteren funktionsbedingten Bearbeitungen (Bohrungen, Gewinde...) schon beim Gestalten des Rohteils zu kennen. Dabei bietet sich die eingangs erwähnte Methode mit einem Skelett an, kombiniert mit den relevanten Bearbeitungen als eigene Körper.

Ein Beispiel soll das verdeutlichen: Dieses Gussteil weist drei Bohrungen auf. Diese wurden zuerst als eigener Körper modelliert. Ebenso sind Außenform und Kern eigene Körper. Ein Skelett (offener Körper mit Drahgittergeometrie) gibt unter anderem die Lage der Bohrungsachsen vor. Beim hier gezeigten Skizzieren einer Aussparung im Kern können die Bohrungen eingeblendet werden und die erforderliche Wandstärke zum Kern berücksichtigt und einfach kontrolliert werden. Die Außenform dieses Teils ist in der Darstellung aus Gründen der Übersicht transparent dargestellt.

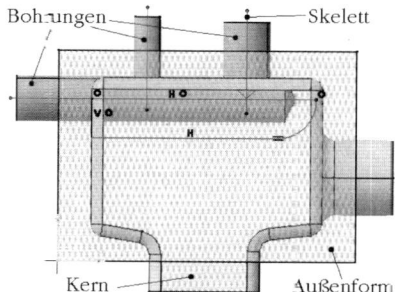 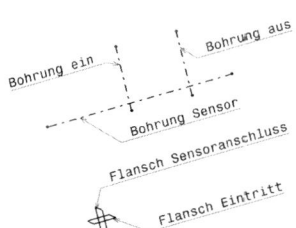

Das Skelettteil dazu sieht man rechts.

Der Kern und die Außenform können so modelliert werden, ohne dass der Konstrukteur spätere spanende Bearbeitungen vergessen könnte. Die Bohrungen sind dabei natürlich nicht als Bohrungen (*Hole*), sondern als Nuten (*Groove*) oder Taschen (*Pocket*) erzeugt worden.

Die Körper der Bearbeitung liefern auch der Produktionsplanung brauchbare Informationen über Anordnung von Werkzeugen, Zerspanvolumina und ähnliches. Die Außenform ist in untenstehender Abbildung ausgeblendet.

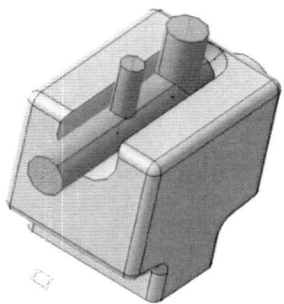

Abschließend wird der Kern von der Außenform entfernt und von diesem so entstandenen Rohteil werden die spanenden Bearbeitungen abgezogen:

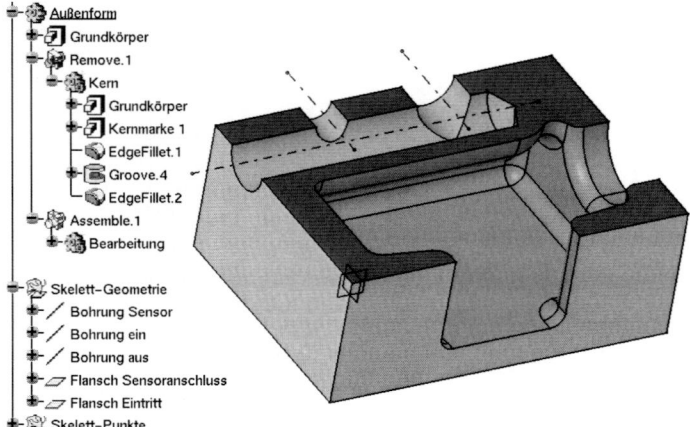

Anm.: Das Teil ist in obiger Darstellung zur Veranschaulichung mittig geschnitten dargestellt.

Für komplexere und vor allem größere Geometrien empfiehlt sich die Vorgangsweise aus Kap. 5.22.1, bei der die einzelnen Körper (Außenform, Kerne und Bearbeitungen) durch Teiledokumente ersetzt werden.

Dünnwandige Hohlkörper

Für Teile mit konstanter Wandstärke bieten sich direkt einige Möglichkeiten aus dem Befehlsvorrat von CATIA.

Blechteile, Blasformteile:
Methode A:

1. Konstruktion der Oberfläche: Entweder Außen-, Innen- oder Mittelfläche
2. Aufdicken der Flächen nach innen bzw. außen oder beidseitig je nach Lage der Flächen (*Thick Surface*)
3. Gegebenenfalls weitere Bearbeitungen anbringen: Stanzen, Lochen, ...

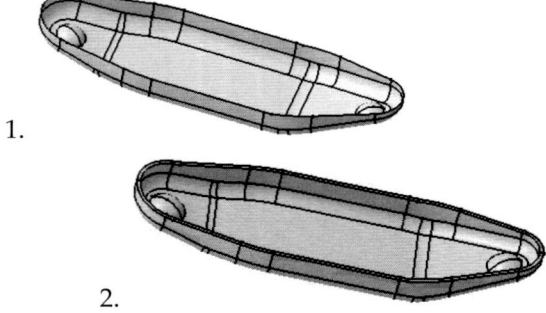

1.

   2.

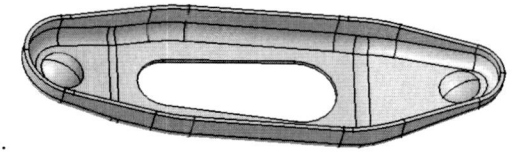

3.

Methode B:

1. Außenform als Vollkörper erzeugen
2. Formschrägen, Verrundungen usw. anbringen
3. Aushöhlen des Körpers mit Entfernen von Teilflächen (*shell*)
4. Gegebenenfalls weitere Bearbeitungen anbringen: Stanzen, Lochen, ...

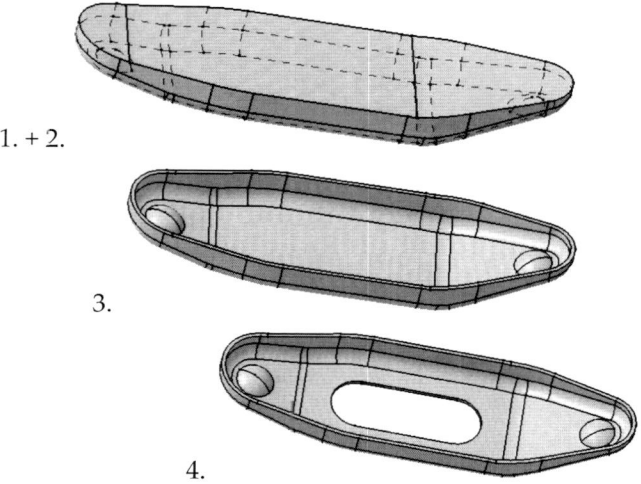

1. + 2.

3.

4.

<u>Anm.:</u> Für Blechteile bietet sich auch eine eigene Arbeitsumgebung an: „*Sheet Metal Design*".

Schweiß- und Klebeteile:

– Beim Entwurf einer Zusammenstellung von verhältnismäßig einfachen Einzelteilen kann es vorteilhaft sein nur ein Teiledokument in der Arbeitsumgebung „*Part Design*" zu verwenden. Es gibt zwar eine eigene Arbeitsumgebung für Zusammenstellungen, beim Entwerfen fehlen dem Konstrukteur jedoch Informationen benachbarter Teile und er müsste beim Herantasten an die endgültige Gestalt ständig zwischen verschiedenen Einzelteilen hin- und herwechseln.

Dazu ein Beispiel:

Ein Querlenker einer Radaufhängung soll als Schweißkonstruktion aus Rohr- und Blechteilen entworfen werden.

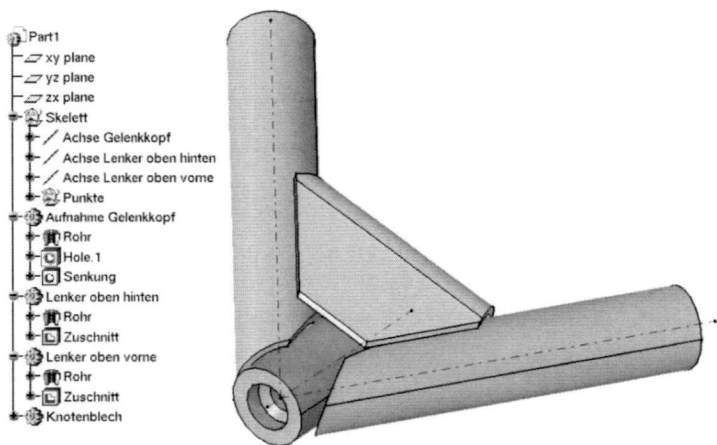

Sämtliche Teile sind als Körper (*Body*) dargestellt. Deren Geometrie fußt auf einem gemeinsamen Skelett. Von diesem Teiledokument lässt sich auch eine Zeichnung ableiten. Die Darstellung der Schweißnähte im Schnitt oder in der Seitenansicht werden mit *„Weld"* ⬜ (Werkzeugleiste *„Annotations"* in Arbeitsumgebung *„Drafting")* ergänzt. Schraffuren können individuell geändert werden (Doppelklick auf Schraffur). Sollen Einzelteile in der Zeichnung dargestellt werden, so müssen einfach die restlichen Körper vor dem Erstellen der Ansicht im Teiledokument ausgeblendet werden (*„Hide"* ⬜). Die übrigen Ansichten müssen vorher gesperrt werden (Properties → ⬜ *Lock View*).

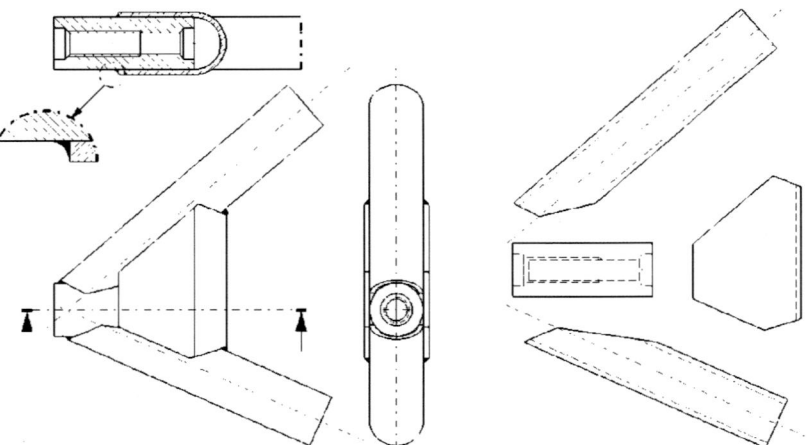

Anm.: Für Schweißkonstruktionen gibt es in der Arbeitsumgebung *„Assembly Design"* den Befehl *„Weld Feature"* ⬜.

Ändern von Teilen

– Beim Ändern von Geometrie zunächst die gewünschte Änderung durch Modi-
fizieren der Parameterwerte darstellen. Erst wenn dies nicht möglich ist, löschen und eine Neukonstruktion vornehmen. Werden nämlich Geometrieelemente gelöscht und an der selben Stelle neu erzeugt, sieht das Ergebnis zwar
gleich aus, aber das System erkennt sie nicht als gleich an. Auf dieser Geometrie
aufbauende Konstruktionselemente weisen beim Regenerieren einen Fehler auf:
„*A face, an edge or a vertex is no longer recognized.*" Diese Geometrie muss nun
beim Reparieren erneut selektiert werden, damit das System den neuen Bezug
herstellen kann.

Ein Beispiel veranschaulicht diese Eigenheit:

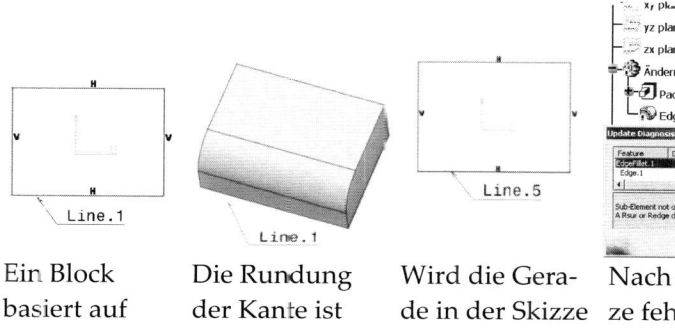

| Ein Block basiert auf einem rechteckigen Profil | Die Rundung der Kante ist dadurch von der Geraden *Line.1* der Skizze abhängig | Wird die Gerade in der Skizze gelöscht und neu gezeichnet so heißt sie nun z.B. *Line.5* | Nach dem Verlassen der Skizze fehlt nun die „richtige" Kante für die Verrundung – eine Fehlermeldung ist die Folge, obwohl eine entsprechende Kante ja vorhanden wäre. |

Die Reparatur nimmt man in weiterer Folge wie in Kap. 1.11 beschrieben vor.

5   Zusammenbau (*assembly*)

Die Teile, die mit Hilfe obiger Arbeitsumgebungen erstellt wurden, können zu einem technischen Erzeugnis (Produkt, *product*) zusammengefügt werden. Ein technisches Erzeugnis besteht i.A. aber nicht nur aus Einzelteilen, sondern auch aus anderen Produkten. CATIA ermöglicht daher in zwei Arbeitsumgebungen Teile und/oder Produkte - die sogenannten Komponenten (*components*) - zu Produkten zusammenzubauen. Zwischen den einzelnen Komponenten können Lagebeziehungen angebracht und an ihnen gemeinsame Bearbeitungen durchgeführt werden.

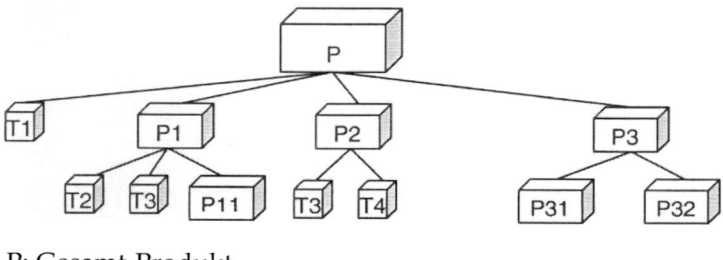

P: Gesamt-Produkt

P*i*: Produkte: Unterbaugruppe

T*i*: Teile

} Komponenten

Die beiden Arbeitsumgebungen sind „*Product Structure*" (Erzeugnisgliederung) und „*Assembly Design*" (Zusammenbau).

Product Structure

In der Arbeitsumgebung „*Product Structure*" wird die Erzeugnisgliederung vorgenommen, d.h. die Komponenten werden als Teile oder Unterbaugruppen in die Stückliste aufgenommen und wahlweise im Grafikbereich dargestellt oder nicht.

Assembly Design

In der Arbeitsumgebung „*Assembly Design*" können weiterführend zu „*Product Structure*" Lagebeziehungen zwischen den Komponenten vergeben und diese bearbeitet werden. Es ist auch möglich einzelne Komponenten direkt zu erzeugen bzw. zu bearbeiten. Dazu wird die Arbeitsumgebung „*Part Design*" innerhalb von „*Assembly Design*" gestartet und die Konstruktion eines Teils im Zusammenbau vorgenommen (*Design in context*).

Für den Konstrukteur wird zunächst die Arbeitsumgebung „*Assembly Design*" Kap. 5.8 vorrangig sein. Zur Einführung in wichtige Grundlagen wird davor das Kap. 5.2 empfohlen.

5.1 *„Product Structure"* Grundlagen

In dieser Arbeitsumgebung wird die Erzeugnisgliederung vorgenommen und der Zusammenbau betrachtet.

5.1.1 Aufruf der Arbeitsumgebung

Mehrere Möglichkeiten:

- ENTWEDER: Über Hauptmenü: Start → Infrastructure > → Product Structure
- ODER: Mittels Icon *„Product Structure"*

Ein Produkt-Dokument (*.CATProduct) wird geöffnet und die Arbeitsumgebung *„Product Structure"* wird gestartet:

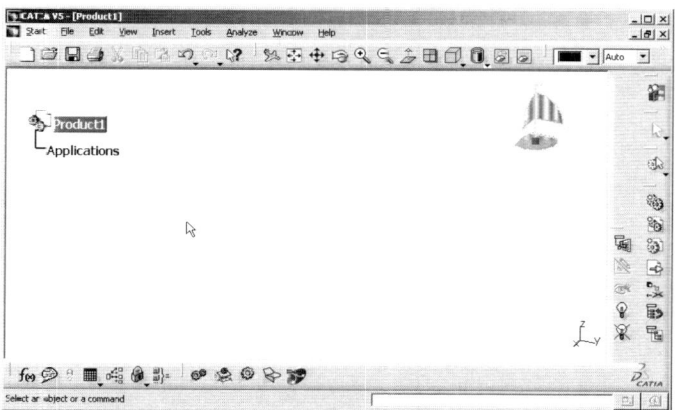

5.2 *„Product Structure"* Zusammenbau

Der Zusammenbau der Komponenten eines Produkts, also von Teiler und Zusammenstellungen, wird über die Werkzeugleiste*„Product Structure"* vorgenommen:

Aktive Komponente

Ein Doppelklick auf ein Objekt im Strukturbaum macht diese Komponente zur aktiven. Sie wird in einem blauen Kasten dargestellt und unterstrichen. Alle weiteren Aktionen beziehen sich auf die aktive Komponente.

5.2.1   Einbau einer neuen Komponente (*component*)

– Im Strukturbaum das Objekt „*Product.N*" selektieren, in das die neue Kompo-

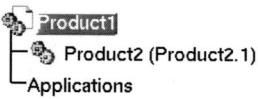

nente eingebaut werden soll (auch bei leerem Product-File):

– Icon „*Component*" 🔩 drücken

– ENTWEDER: Im erscheinenden Fenster „*Part number*" eine beliebige Teilenummer vergeben
ODER: Nur |OK| drücken

– Die neue Komponente wird an den Strukturbaum angehängt:

　　🔩 Product1
　　├─🔩 Product2 (Product2.1)
　　└─Applications

5.2.2   Einfügen eines neuen Teils (*part*)

– Icon „*Part*" 🔲 drücken

– Im Strukturbaum Objekt „*Product.N*" oder anderes Objekt, in das das Teil eingefügt werden soll, selektieren

Koordinatenursprung bestimmen

– Wenn bereits Geometrie in der Zusammenstellung vorhanden ist, erscheint das
Dialogfenster „*New Part: Origin Point*", womit zwei Möglichkeiten geboten
werden das Teil zu positionieren:

Yes Teil wird an einem beliebigen Punkt eines vorhandenen Teils positioniert →
Punkt selektieren

No Teil wird im Ursprung der übergeordneten Komponente positioniert

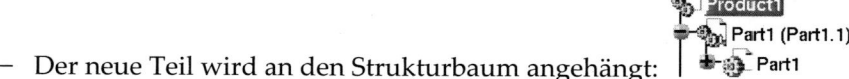

– Der neue Teil wird an den Strukturbaum angehängt:

– Doppelklick auf das Objekt „*Part.N*" öffnet die Arbeitsumgebung „*Part Design*"
mit diesem Teil. Damit kann das Teil bearbeitet werden

– Rückkehr zur Arbeitsumgebung „*Product Structure*" durch Doppelklick auf das
Objekt „*Product N*".

Anm.: Das entspricht dem Befehl im Kontextmenü: |Product n object >| → |Edit|.

5.2.3   Einfügen eines neuen Produkts (*product*)

– Im Strukturbaum Objekt „*Product.N*" selektieren:

– Icon „*Product*" drücken

– Das neue Produkt wird an den Strukturbaum angehängt:

Product1
└─ Product2 (Product2.1)

5.2.4   Einfügen einer bestehenden Komponente (*existing component*)

– Icon „*Existing Component*" drücken

– Im Strukturbaum Objekt „*Product.N*" oder anderes Objekt, in das die Komponente eingefügt werden soll, selektieren:

– Das Dialogfenster „*Insert an Existing Component*" bzw. „*File selection*" erscheint:

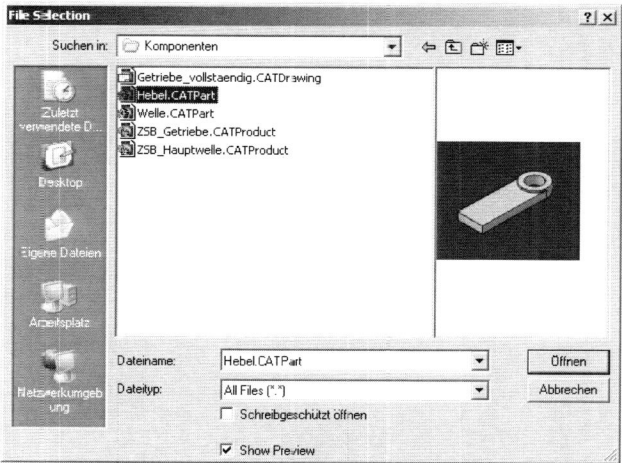

– Damit wird das File der gewünschten Komponente (Teile oder Zusammenbauten) selektiert:
Mit dem Feld „*Files of type*" bzw. „*Dateityp*" wird eine Vorauswahl getroffen:
CATIA V5 Parts, CATIA V5 Products, ProE Parts, ...

– Mit OK Auswahl abschließen

– Die Komponente wird an den Strukturbaum unter dem selektierten Objekt angehängt und ist im Grafikbereich sichtbar:

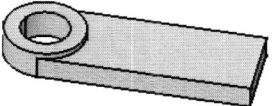

5.2.5   Entfernen einer Komponente (*unload*)

Eine Komponente kann aus dem Arbeitsspeicher entfernt werden:

− Objekt „*Part.N*" im Strukturbaum mit MB3 selektieren
− Im Kontextmenü: Components > → Unload
− Das erscheinende Informationsfenster mit OK schließen
− Das Teil verschwindet aus dem Grafikbereich und im Strukturbaum ändert sich
  das Objekt entsprechend. Ein fehlender Knoten und ein Leer-Symbol verweisen
  auf den Status dieses Teils:

entferntes Teil   entferntes Unterprodukt

Anm.: Dasselbe erzielt man mit Icon „*Unload*" [icon] .

5.2.6   Laden einer entfernten Komponente (*load*)

Eine aus dem Arbeitsspeicher entfernte Komponente kann wieder in diesen geladen werden:

− Das Objekt der entfernten Komponente im Strukturbaum mit MB3 selektieren
− Im Kontextmenü: Components > → Load
− Die Darstellung im Strukturbaum ändert sich und die Komponente ist wieder
  sichtbar im Grafikbereich.

Anm.: Dasselbe erzielt man mit Icon „*Load*" [icon] .

5.2.7   Laden individueller Komponenten von Produkten (*product initialization*)

Im Hauptmenü kann eine **Voreinstellung** erfolgen, ob abhängige Geometrie nach
dem Laden eines Produkts gezeigt wird oder nicht:

Hauptmenü: Tools → Options... im Fenster „*Options*" Gruppe „*General*" selektieren. Im Register „*General*" befindet sich im Feld „*Referenced Documents*" der Schalter „*Load referenced documents*":

Schalter aktiviert [icon]   Geometrie des Produkts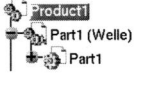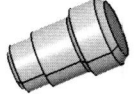
                               wird dargestellt:

Schalter deaktiviert □   Geometrie des Produkts
                            wird nicht dargestellt:

Vorausgesetzt obiger Schalter ist deaktiviert, können die im Strukturbaum eingebauten (aber eben nicht dargestellten) Komponenten geladen werden:

– Im Strukturbaum Objekt der Komponente selektieren, die geladen werden soll:

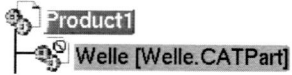

– Icon „*Selective Load*" drücken

– Das Dialogfenster „*Product Load Management*" erscheint

– Durch Drücken des Schalters in diesem Fenster erscheint die Bezeichnung
  der selektierten Komponente im Feld „*Delayed actions*":

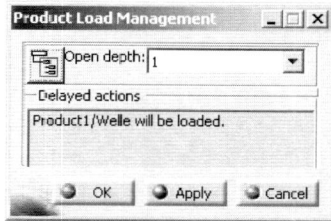

– Mit OK wird die Komponente wieder geladen:

5.2.8 Abhängigkeiten zwischen Teilen

Externe Referenz

Teile, die auf eine externe Geometrie (= Geometrie eines Teils in einem anderen
Dokument) zugreifen, sind mit dieser logisch verknüpft. Ein Objekt „*External References*" stellt die Verbindung zum anderen Dokument her. Bei einer Änderung der
externen Geometrie ändert sich das Teil entsprechend mit.

Voraussetzung ist die folgende **Voreinstellung**:

Hauptmenü: Tools → Options... → im Fenster „*Options*" die Kategorie „*Infrastructure*" und in dieser „*Part Infrastructure*" selektieren. Register „*General*" im Fensterbereich „*External References*" *Keep link with selected object* <Schalter aktiviert>.

Ein Beispiel soll diese Abhängigkeit verdeutlichen:

– In einer Zusammenstellung befinden sich zwei Körper, die auf eine Skizze aus
  einem anderem Teil (Part1) zugreifen:

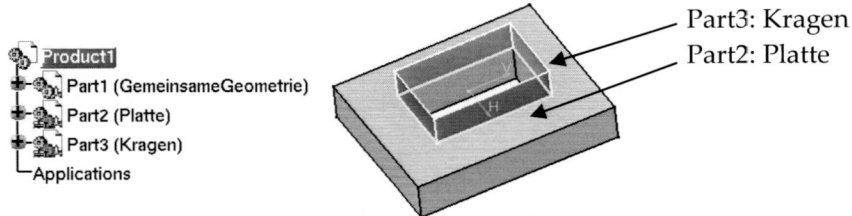

Part3: Kragen
Part2: Platte

- Wird diese Skizze im Part1 nun geändert, z.B. durch Doppelklick auf das Objekt *„Sketch.1"* und Ziehen einer Ecke der Skizze, wird die Skizzengeometrie geändert und beide Teile rot dargestellt, d.h. die Teile sind nicht Letztstand:

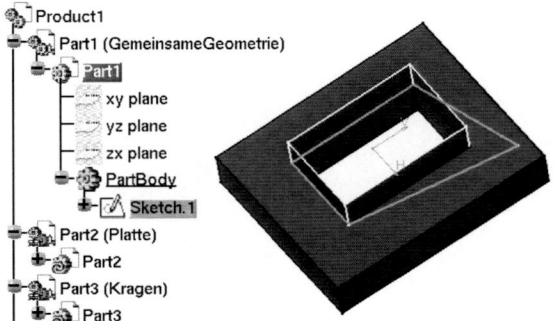

- Durch Doppelklick auf die Objekte *„Part2"* bzw *„Part3"* gelangt man wieder in die Arbeitsumgebung *„Part Design"*, wo das Aktualisieren der Teile möglich ist: Icon *„Update"*  drücken. Beide Teile folgen nun der neuen Kontur der Skizze:

5.2.8.1 Isolieren eines Teiles (*isolate part*)

Die logische Verknüpfung eines Teils zu einem anderen kann entfernt werden:

- Objekt *„Part.N"*, dessen Abhängigkeit entfernt werden soll, im Strukturbaum mit MB3 selektieren
- Im Kontextmenü: Components > → Isolate Part
- Im Strukturbaum ändert sich das zugehörige Objekt von   zu , was bedeutet, dass das Teil <u>un</u>abhängig ist.
  Das Teil selbst wird rot dargestellt.

Isoliert man im obigen Beispiel das Teil *„Part3 (Kragen)"*, so erhält man folgendes:

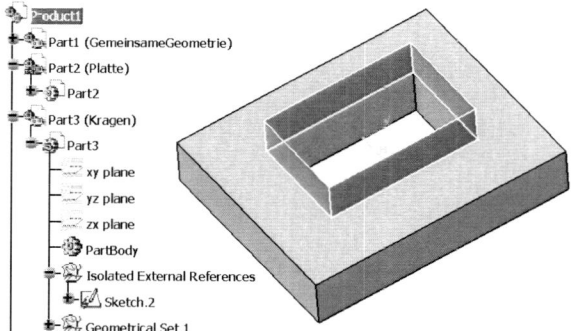

Wiederholt man nun die Änderung der Skizze „*Sketch.1*" wie im obigen Beispiel und aktualisiert wieder die Teile im Zusammenbau, so passiert das:

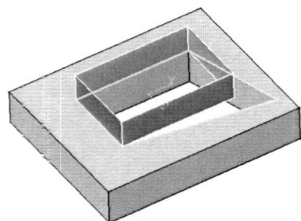

Die Änderung der Skizze ist also nur beim Teil „*Part2 (Platte)*" eingeflossen, nicht aber bei Teil „*Part3 (Kragen)*", weil dieses isoliert worden ist.

5.2.8.2 Wiederherstellen der Abhängigkeit eines Teiles von einem anderen

– Im Strukturbaum Objekt „*Part.N*" eines isolierten Teils mit MB3 selektieren

Logische Verknüpfung wiederherstellen

– Im Kontextmenü: Components > → Define Contextual Links
– Das Teil ist wieder mit benutzter Geometrie anderer Teile logisch verknüpft und im Strukturbaum ändert sich die Darstellung des entsprechenden Objekts wieder von ▢ (Zahnrad gelb) zu ▢ (Zahnrad grün).

5.2.8.3 Feststellen und Reparieren von logischen Verknüpfungen (*Desk*-Befehl)

Bei großen Produkten können komplexe Abhängigkeiten zwischen den Komponenten entstehen. Der Befehl „*Desk*" stellt Hilfen zur Bewältigung von dabei möglichen Problemen zur Verfügung.

– Produktdokument öffnen und eventuelle Fehlermeldungen mit OK schließen:

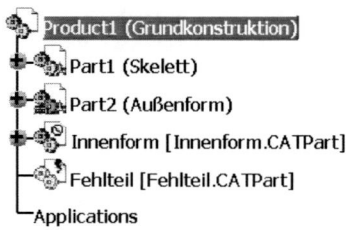

– Analyse der Struktur: Hauptmenü: ⌊File⌋ → ⌊Desk...⌋
– Ein neues Fenster erscheint und stellt alle beteiligten Komponenten dar:

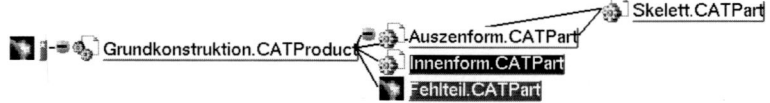

Folgendes lässt sich daraus erkennen:

– Teil „Auszenform" und Produkt „Grundkonstruktion" sind vom Teil „Skelett" logisch abhängig.

– Teil „Innenform" ist nicht im Arbeitsspeicher (schwarzer Kasten). Die Verbindung ist jedoch intakt.

– Teil „Fehlteil" ist verloren gegangen (roter Kasten), z.B. durch unachtsame Aktionen auf Betriebssystemebene: Verschieben der Datei in ein anderes Verzeichnis oder Umbenennen der Datei.

– Mit dem Kontextmenü kann die Analyse vertieft werden. Selektieren eines Kastens mit MB3 bietet folgende Möglichkeiten:

  – *Properties*: Anzeige des Dateinamens und des Speicherortes (*Path*) sowie einer 3D Ansicht

  – *Links...*: Anzeige der logischen Verknüpfungen. Z. B. für *Auszenform.CATPart*:

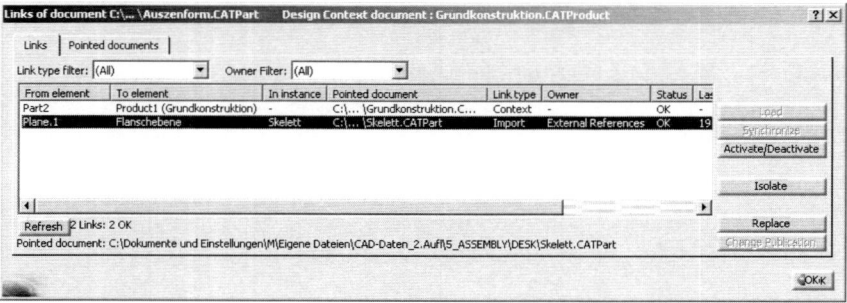

Im Register „*Links*" sind sämtliche Abhängigkeiten (externe Referenzen) von Geometrieelementen der selektierten Komponente angeführt. Nach Selektion der entsprechenden Zeile kann die Verknüpfung synchronisiert werden (Schalter $\boxed{\text{Synchronize}}$), d.h. das verknüpfte Teil wird in den Arbeitsspeicher geladen.

Im Register „*Pointed Documents*" finden sich alle mit der selektierten Komponente verknüpften Komponenten mit einer 3D Ansicht von diesen.

- *Load*: Laden der selektierten Komponente in den Arbeitsspeicher. Im Beispiel oben kann so das Teil „Innenform" geladen werden.
- *Open*: Öffnen der selektierten Komponente
- *Find...*: Angabe eines anderen Speicherortes. Damit lässt sich eine umbenannte oder verschobene Datei manuell in die Struktur einfügen. Im obigen Beispiel das Teil „Fehlteil":
  - Im erscheinenden Fenster „*File Selection*" wird die gewünschte Datei selektiert:

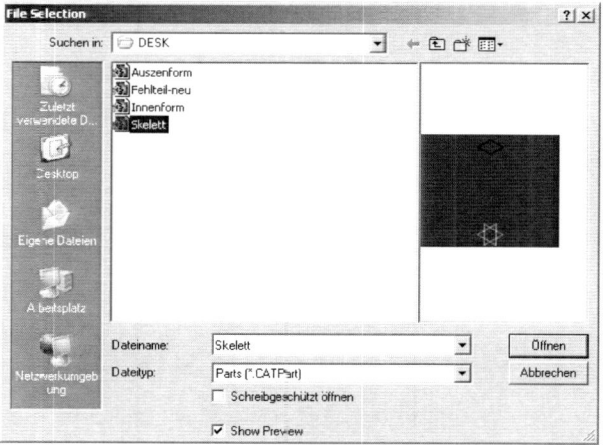

- Im Beispiel wurde die Datei „Fehlteil" versehentlich in das Unterverzeichnis Daten verschoben. Die Datei wird selektiert und der Button $\boxed{\text{Öffnen}}$ gedrückt
- Die logische Verbindung ist nun wieder hergestellt. Sollte das Teil nicht im Arbeitsspeicher sein (Kasten schwarz), kann es mit dem Kontextmenü (*Load*) im Bedarfsfall geladen werden

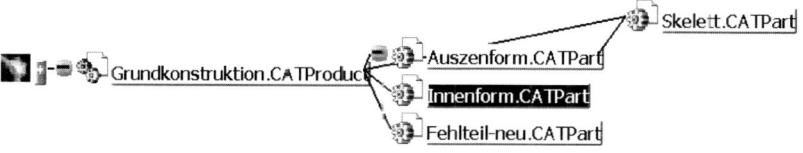

Bereinigen korrupter Daten

- Mit MB3 den Kasten einer Datei selektieren und $\boxed{\text{CATDUAV5...}}$ wählen. Dieser im Fenster „*CATDuaV5*" zu startende Vorgang entspricht dem unter

Tools→Utility... zur Verfügung stehende Analyse- und Reinigungsvorgang korrupter Dateien (vgl. Kap. 1.2). Abweichend von dem im Kap. 1.2 beschriebenen Fenster kann in „*CATDuaV5*" das Niveau der zu behandelnden Fehler (*Priorities to process*) und der Umfang der Ergebnismeldung (*Display messages*) eingestellt werden.

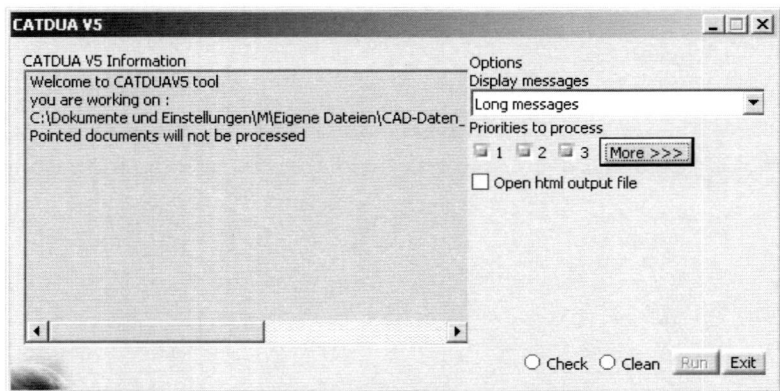

Mit Run wird der Prozess gestartet. Sobald der Vorgang beendet ist, erscheint eine entsprechende Meldung mit Angabe des Speicherortes der Ergebnismeldung. Mit Close kehrt man zum *Desk* -Fenster zurück

File umbenennen

– Im „*Desk*"-Fenster können Dateien auch umbenannt werden, allerdings ist davon nur die Datei auf der Festplatte betroffen und logische Verknüpfungen werden dadurch zerstört! Besser ist die in Kap. 5.16 gezeigte Methode.

  Icon „*Rename*" [icon] selektieren. Im erscheinenden Fenster „*Selection*" die Datei selektieren, die umbenannt werden soll und Open drücken. Im erscheinenden Fenster „*Rename* Dateiname" Wunschbezeichnung eingeben. Mit OK schließen.

  Die weiteren Befehle „*Move*" [icon] und „*Delete*" [icon] sind aus demselben Grund wie oben erläutert nicht zu empfehlen

– Verlassen des „*Desk*"-Modus durch Schließen des Fensters:

5.2.9 Ersetzen einer Komponente durch eine andere (*replace component*)

– Im Strukturbaum Objekt der Komponente, die ersetzt werden soll, selektieren, z.B. soll das Teil „*Welle alt*" ersetzt werden:

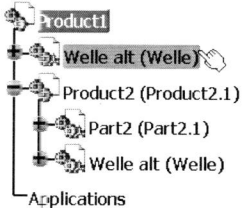

- Icon „*Replace Component*"  drücken
- Das Dialogfenster „*File Selection*" erscheint.

  In dem Fenster wird jenes File selektiert, das anstelle der Komponente in den Zusammenbau eingefügt werden soll. Das Fenster entspricht im Grunde jenem, das beim Einfügen einer bestehenden Komponente gebraucht wird (Kap. 5.2.4):

Wählt man Abbrechen, lässt sich im Fenster „*Browse*" mit dem Schalter „*Loaded document*" eine Datei aus dem Arbeitsspeicher auswählen. „*File*" öffnet wieder das erste Fenster.

Mit Öffnen wird die selektierte Datei anstelle der ursprünglichen eingefügt

- Ein Fenster („*Impacts On Replace*") zeigt, ob logische Verknüpfungen von dem Tausch betroffen sind. Mit Cancel kann der Vorgang abgebrochen werden. Eine Abfrage klärt bei mehrfach eingebauten Teilen, ob nur die selektierte oder alle vorkommenden Komponenten ausgetauscht werden sollen:

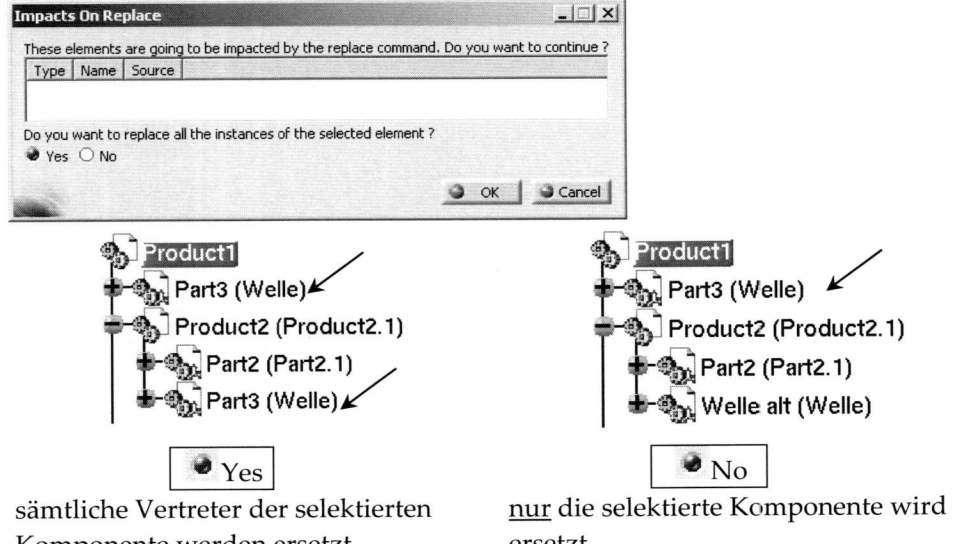

sämtliche Vertreter der selektierten   nur die selektierte Komponente wird
Komponente werden ersetzt   ersetzt

– Mit OK wird die Auswahl beendet und die neue Komponente anstelle der ursprünglichen in den Strukturbaum eingefügt.

5.2.10 Editieren von Komponenten (*editing components*)

In einer bestehenden Zusammenstellung können die Komponenten wie Dateien
behandelt werden. Ein Objekt einer Komponente wird im Strukturbaum selektiert
und mit folgenden Befehlen manipuliert:

Cut	✂	Entfernen der Komponente und Zwischenspeichern
Copy	🗐	Kopieren der Komponente im Zwischenspeicher
Paste	📋	Einfügen einer Kopie aus dem Zwischenspeicher
Delete	–	Entfernen der Komponente
Drag&Drop	–	Ziehen und Einfügen bzw. Kopieren (MB1 + \<Strg\>) eines Objektes in den Strukturbaum. Diese Funktion muss in den Voreinstellungen entsprechend aktiviert werden (siehe Kap. 1.15).

5.2.11 Bewegen von Komponenten (vgl. auch Kap. 5.17)

– Eine Komponente im Strukturbaum selektieren
– Den Kompass auf eine Fläche des entsprechenden Bauteils im Geometriebereich
ziehen

— Durch Drehen und Ziehen des Kompasses (siehe Kap. 1.4.3) wird das Teil relativ zum Zusammenbau bewegt. Dabei wird der relative Winkel bzw. Abstand zur ursprünglichen Lage dynamisch angezeigt:

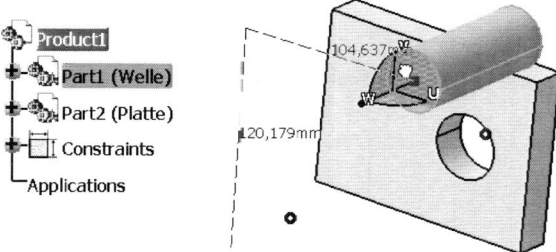

5.3   „*Product Structure*" Eigenschaften

5.3.1   Eigenschaften von Komponenten editieren

— Im Strukturbaum eine Komponente mit MB3 selektieren

— Im Kontextmenü: Properties bzw. <Alt> + <enter>

— Das Dialogfenster „*Properties*" erscheint. Darin sind vier Register eingetragen:

Graphic	Grafische Erscheinung
Product	Produktbezogene Informationen
Mechanical	Mechanische Eigenschaften
Drafting	Verhalten auf der Zeichnung

— Im Register „*Graphic*" können folgende grafische Eigenschaften der selektierten Komponente geändert werden:

   — *Color*: Farbe der Komponente

   — *Linetype*: Darstellung der Körperkanten (Volllinie, strichliert, punktiert, ...)

   — *Thickness*: Dicke der Körperkanten

   — *Transparency*: Transparenz des Körpers

   — *Pickable*: Komponente ist selektierbar oder nicht

— Im Register „*Product*" finden sich produktbezogene Eigenschaften:

----Feld „*Component*"----

— Komponentenbezeichnung (*Instance name*): Jede Bezeichnung darf innerhalb eines Produkts nur einmal vorkommen

— Beschreibung (*Description*)

— Angabe des File-Pfades (*Link*)

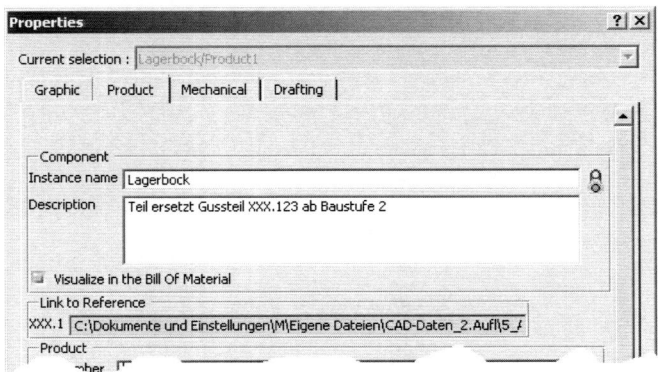

→ist der Schalter „*Visualize in the Bill Of Material*" deaktiviert scheint dieses Produkt in der Stückliste <u>nicht</u> auf.

----Feld „*Product*"----

- Teilenummer (*Part Number*)
- Änderungsindex (*Revision*)
- Beschreibung (*Definition*)
- Teilename (*Nomenclature*): Braucht für jedes Teil nur einmal eingeben werden

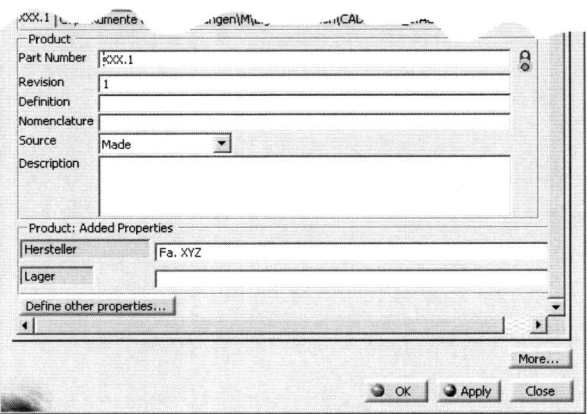

- Herkunft (*Source*):
    - *Unknown*:   Unbekannt
    - *Made*:   Eigenfertigung
    - *Bought*:   Kaufteil
- Beschreibung (*Description*)
- Mit dem Schalter Define other properties... lassen sich beliebige andere Eigenschaften festlegen
- Das Fenster „*Define other properties*" erscheint:

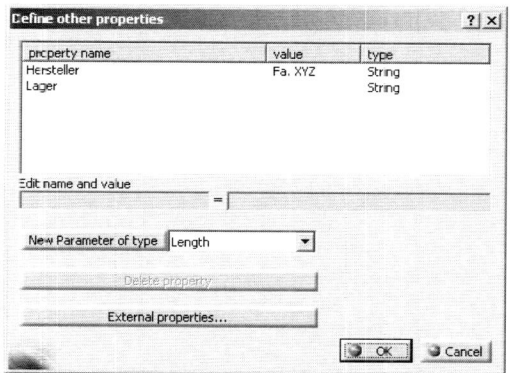

Folgende neue Parameter können u. a. erzeugt werden:

— Zahlenwerte (*Real*)
— Zeichenketten (*String*)
— Logische Verknüpfung (*Boolean*)
— Länge (*Length*)
— Winkel (*Angle*)
— Zeit (*Time*)
— Energie (*Energy*)
— Kraft (*Force*)
— Druck (*Pressure*)

Eingabe eines neuen Parameters:

— Im Feld neben dem Schalter „*New Parameter of type*" gewünschte Art einstellen (🔽)
— Schalter *New Parameter of type* drücken → der Parameter wird im Feld „*property name*" dargestellt
— Im Feld „*Edit name and value*" Parametername und rechts daneben Parameterwert wunschgemäß überschreiben
— Mit dem Schalter External properties kann ein Textfile (*.txt, *.xls) geladen werden, das Eigenschaftsangaben enthält
— Mit OK wird die Erzeugung neuer Parameter abgeschlossen und die neuen Parameter werden im Fenster „*Properties*" im neu angelegten Feld „*Product: Added Properties*" angeführt

Im Register „*Mechanical*" finden sich physikalische Eigenschaften der Komponente:

— Oberfläche, Volumen, Masse
— Schwerpunkt (*Inertia center*)
— Trägheitstensor (*Inertia matrix*)

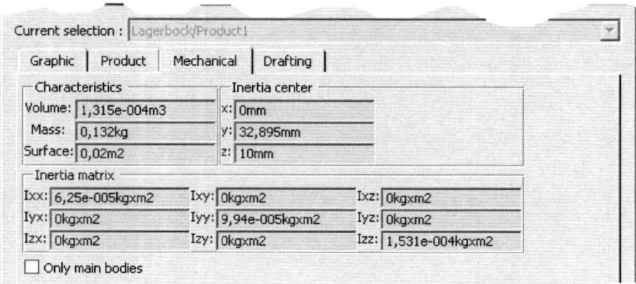

Ist der Schalter ☐ *„Only main bodies"* aktiviert, werden nur die Hauptkörper in die Berechnung einbezogen. Bei der Ermittlung von Gesamtmassen einer Baugruppe kann es so zu erheblichen Abweichungen kommen!

– Im Register *„Drafting"* wird das Verhalten der Komponente in Zeichnungen festgelegt:

Die Komponente wird in einer Zeichnung:

- nicht geschnitten dargestellt (*Do not cut ...*)
- in einer Ansicht nicht dargestellt (*Do not use ...*)
- mit verdeckten Kanten (strichliert) dargestellt (*Represented with ...*)
- Apply liefert eine Vorschau mit den eingestellten Werten, das ist z.B. bei *„Graphic"* nützlich
- Mit OK wird das Fenster *„Properties"* geschlossen und die geänderten Einstellungen übernommen.

5.4   *„Product Structure"* Teilenummer

5.4.1   Ändern der Teilenummer

Beim Einbau einer Komponente in eine Zusammenstellung kann es vorkommen, dass ein Teil dieselbe Teilenummer aufweist wie ein bereits eingebautes. Dieser Zustand ist nicht zulässig – jede Nummer darf nur einmal vorkommen, daher erscheint das Dialogfenster *„Part number conflicts"*:

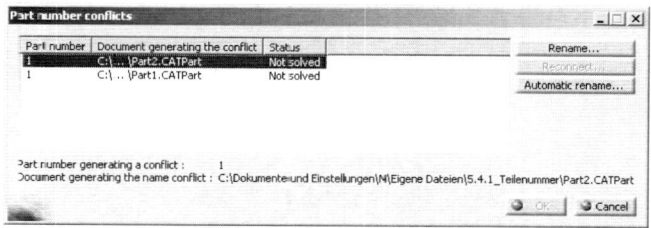

In diesem Fenster wird angezeigt:

- Welche Teile eine vorhandene Teilenummer aufweisen (*Part number*)
- Wie das entsprechende importierte File heißt (*Selected file*)
- Die Position und der Name des Dokuments, das den Teilenummerkonflikt verursacht. Das kann dasselbe File wie oben sein oder nur eine Komponente eines importierten Zusammenbaus (*Document generating the conflict*)
- Wie das File mit dem bereits vorhandenen Teil heißt (*Already imported file*)
- Der Status (*Status*):
- *not solved* → die Nummer des neue Teils muss geändert werden
- *renamed* → der Konflikt ist beseitigt
- Durch Selektion einer Zeile werden alle zugehörigen Angaben betreffend das Teil im unteren Bereich des Fensters eingetragen
- Mit dem Schalter Rename... kann die Teilenummer des selektierten Teils umbenannt werden:
    - Das Fenster „*Part Number*" erscheint. Darin wird die neue Teilenummer eingetragen:

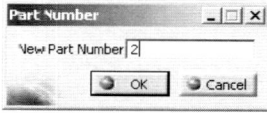

    - Mit OK wird die Teilenummer geändert und der Status im Fenster „*Part number conflicts*" ändert sich:

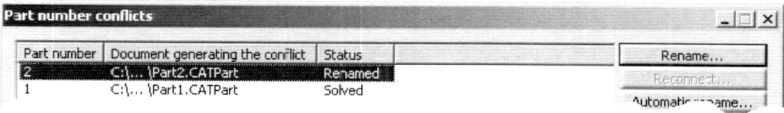

- Der Schalter Reconnect... wird wählbar, wenn eine importierte Komponente dieselbe Geometrie aufweist wie eine im vorhandenen Dokument. Mit dem Schalter wird von dieser Komponente nur eine weitere Kopie eingefügt. Das entspricht also dem Vorgang: *Copy* und *Paste*
- Wenn das Ändern der Teilenummer für alle angeführten Teile erfolgt ist kann das Fenster mit OK verlassen werden und die Komponente wird eingebaut.

5.5   „*Product Structure*" Stückliste (*bill of material*)

Sämtliche Teile und Zusammenstellungen, die in einer Zusammenstellung eingebaut sind, können in einer Stückliste auf verschiedene Arten dargestellt werden.

<u>Anm.</u>: Komponenten einer Zusammenstellung (z.B. Skelettteil) können auch von
der Stücklistenerzeugung ausgeschlossen werden → Kap. 5.3.1.

5.5.1   Aufrufen einer Stückliste

- In einem Produkt-Dokument im Hauptmenü: Analyze → Bill of Material...
- Das Dialogfenster „*Bill Of Material*" erscheint.
  Es enthält zwei Register: *Bill of Material* und *Listing Report*
- Register „*Bill of Material*":
  - Im obersten Feld wird die oberste Hierarchieebene aufgelistet
  - Darunter werden die Unterzusammenstellungen (*Subassemblies*) detailliert
    aufgelistet. Das sind Zusammenstellungen, die ihrerseits in eine Zusammen-
    stellung eingebaut sind
  - Im unteren Fensterteil (*Recapitulation of: Product*) wird eine Gesamtübersicht
    über die Anzahl der verbauten Teile gegeben

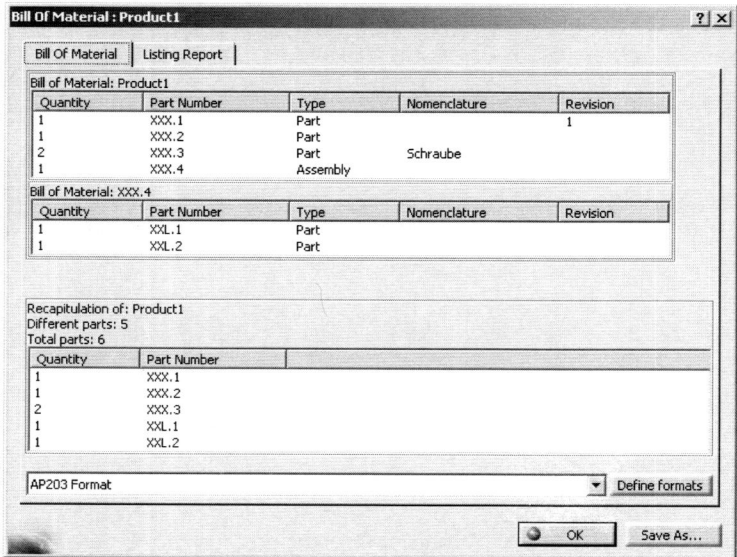

- Mit dem Schalter Save As... kann diese Stückliste als Textfile (*.txt, *.html) in
  einem beliebigen Verzeichnis unter einem beliebigen Namen gespeichert werden. Das Erstelldatum wird in das File eingetragen

– Es können **unterschiedliche Formate** der Stückliste unter beliebigen Namen festgelegt werden

  – Schalter Define formats drücken

  – Das Dialogfenster „*Bill of Material: Define Formats*" erscheint. Das Fenster zeigt zunächst das voreingestellte Format „*AP203 Format*":

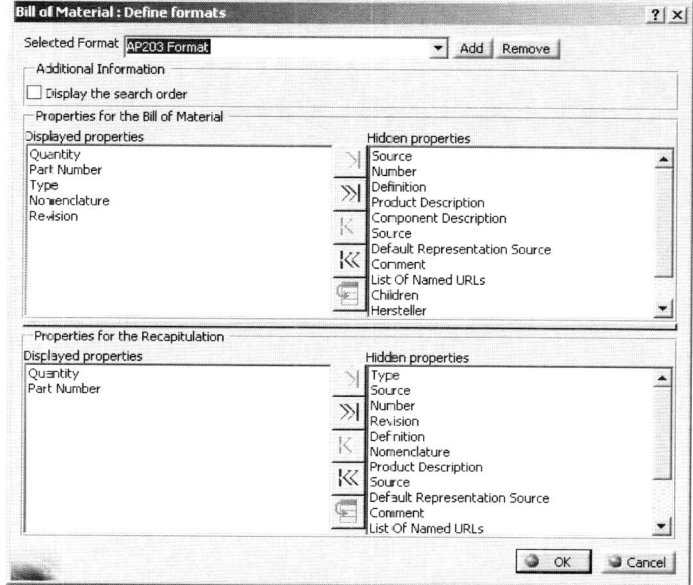

– Für neues Format Schalter Add drücken

– Zum Entfernen eines vorhandenen Formats Remove drücken

– Wird Add gedrückt erscheint *Format.1* im Formatfeld. Dieser Name kann überschrieben werden

– Danach die Stücklistenbereiche „*Bill of Material*" und „*Recapitulation*" in den gleichnamigen Fensterbereichen wunschgemäß einrichten:

    entfernt den selektierten Eintrag von der Liste, d.h. Eintrag wird von links (*Displayed properties*) nach rechts (*Hidden Properties*) verschoben

    entfernt alle Einträge von der Liste

    fügt den selektierten Eintrag zur Liste hinzu

    fügt alle Einträge der Liste hinzu

    ändert die Position des selektierten Eintrags in der Liste:

      – Eintrag selektieren

      – Icon drücken

  - Jenen Eintrag selektieren, an dessen Stelle der selektierte Eintrag kommen soll
  - Mit OK wird das neue Format erzeugt und die Stückliste zeigt nun die gewählten Einträge
- Im Feld links neben dem Schalter Define formats können sämtliche vorhandene Formate abgerufen werden. Das Aussehen der Stückliste ändert sich entsprechend
- Im Register *„Listing report"* erfolgt die Darstellung der Stückliste ähnlich dem Strukturbaum:

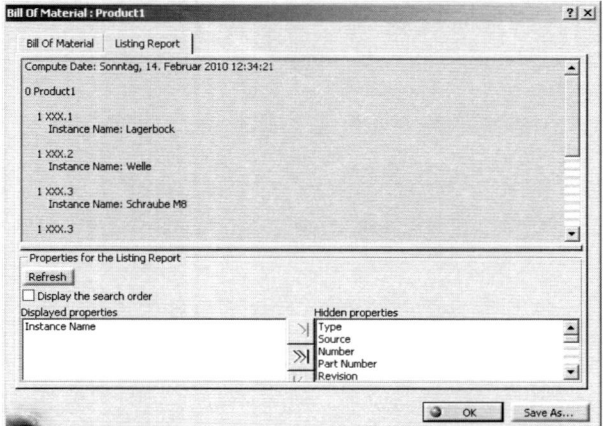

Zusätzlich können Informationen an die Einträge angehängt werden. Dazu die gewünschten Informationen mit denselben Schaltern wie oben (I< , I<<, ...) in den Fensterbereich *„Displayed properties"* bringen und mit Refresh anzeigen lassen

- Mit dem Schalter *„Display the search order"* werden die Verzeichnisse der für die Zusammenstellung benutzen Dateien angezeigt
- Mit OK Fenster *„Bill of Material"* verlassen.

5.5.2   Suchen nach Stücklisteneinträgen

Über die Suchfunktion kann auch nach den Eigenschaften von Teilen, die in der Stückliste aufscheinen, gesucht werden:

- Hauptmenü: Edit → Search...
- Das Dialogfenster *„Search"* erscheint. Darin im Register *„Advanced"* folgende Werte in den dafür vorgesehenen Feldern einstellen:

Workbench	Product Structure
Type	Part
Attribute	Name

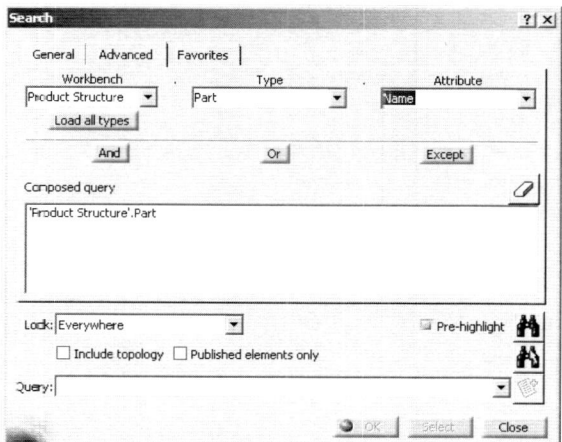

Nach dem Wählen des Attributes im Feld „*Attribute*" erscheint das Fenster „*Attribute's criterium*":

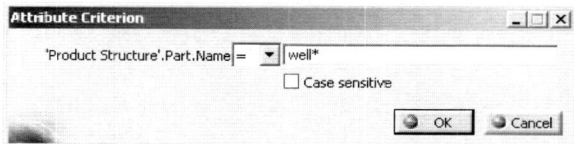

Darin wird der Term, nach dem gesucht werden soll, eingegeben, z.B. „well*" für Wellen

− Mit OK wird die Eingabe abgeschlossen

Im Fenster „*Search*" wird ein entsprechender Eintrag für das Suchkriterium (*Composed query*) vorgenommen.

Mit „*Search*" ![binoculars icon] wird die festgelegte Suche durchgeführt und im unteren Fensterbereich (*n object found*) werden die Fundstellen angeführt:

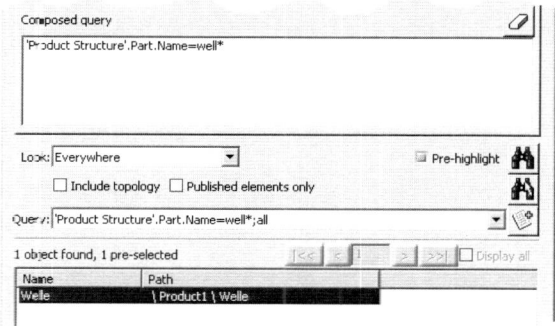

Zur Anzeige der Fundstellen im Grafikfenster Schalter Select drücken: Die betroffenen Komponenten werden hervorgehoben dargestellt und selektiert. Dasselbe erreicht man direkt mit dem Schalter „*Search and Select*" 🔍

– Zur Eingabe eines anderen Suchkriteriums zunächst das Feld „*Attribute*" erneut einstellen, dann wie oben fortfahren

Suche abspeichern

– Einmal erzeugte Suchkriterien können abgespeichert werden: Schalter Add to favorites... drücken und Wunschnamen für die Suche eingeben (*Name*):

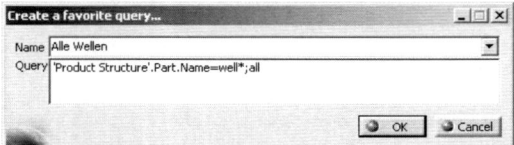

– Mit OK Speichern abschließen.

Zum <u>Aufrufen</u> einer so abgespeicherten Suche im Fenster „*Search*" das Register „*Favorites*" wählen. Darin sind sämtliche gespeicherten Suchkriterien angeführt.

Doppelklick auf das gewünschte Kriterium in der Spalte „*Name*" startet die Suche:

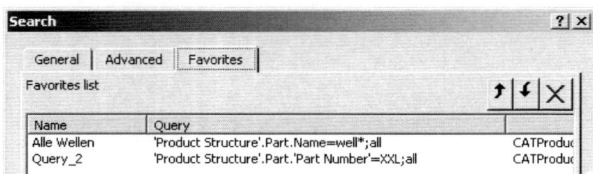

Mit OK das Dialogfenster „*Search*" verlassen.

5.6   „*Product Structure*" Darstellungsarten

Folgende **Voreinstellung** muss dafür vorgenommen werden:

– Hauptmenü: Tools → Options...
– Im Fenster „*Options*" Gruppe „*Infrastructure*" und da „*Product Structure*" selektieren
– Im Register „Cache *Management*" im Feld „*Cache Activation*" den Schalter 🔲 „*Work with the cache System*" aktivieren. Nach dieser Einstellung ist ein Neustart von CATIA erforderlich.

Die Schalter zur Beeinflussung der Darstellung sind in der Werkzeugleiste „*Representation*".

5.6.1 Ansichtsmodus (*visualization mode*)

In diesem Modus können nur die äußeren Erscheinungen von ausgewählten Komponenten gesehen werden. Diese Dokumente werden im **Cgr-Format** (*Name.cgr*) benutzt und ihre Geometrie ist nicht verfügbar, d.h. nicht editierbar und nur die äußere Hülle wird dargestellt. Das bietet insbesondere in großen Zusammenstellungen Vorteile in der Bearbeitungsgeschwindigkeit, wenn nur einige Teile zum Konstruieren benutzt werden, denn das Cgr-Format braucht wesentlich weniger Speicherplatz als das Originalformat.

– Komponente im Strukturbaum mit MB3 selektieren, die nur im Ansichtsmodus verfügbar sein soll
– Kontextmenü: Representations > → Visualization Mode
– Nur die Ansicht der Komponente ist sichtbar. Das Achsenkreuz etc. sind verschwunden. Im Strukturbaum bleibt nur das Stammobjekt, aber keine Verzweigungen:

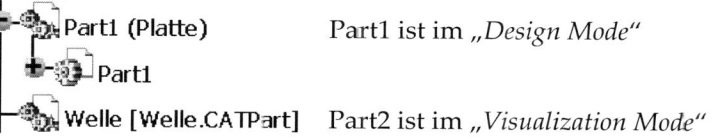

    Part1 (Platte)   Part1 ist im „*Design Mode*"
    Part1
    Welle [Welle.CATPart]   Part2 ist im „*Visualization Mode*"

Dasselbe erreicht man nach der Selektion einer Komponente mit dem Icon „*Visualization Mode*" .

5.6.2 Konstruktionsmodus (*design mode*)

In diesem Modus können die Komponenten bearbeitet werden. Er ist sozusagen das Gegenteil vom Ansichtsmodus, d.h. das Dateiformat wird vom Cgr-Format in das Originalformat gewechselt.

– Komponente, die im Konstruktionsmodus verfügbar sein soll, im Strukturbaum mit MB3 selektieren
– Kontextmenü: Representations > → Design Mode

Die Komponente kann bearbeitet werden. Hilfsgeometrie, wie Achsenkreuz und Hauptebenen, sind sichtbar.

Dasselbe erreicht man nach der Selektion einer Komponente mit dem Icon „*Design Mode*" .

5.6.3 Aktivieren/Deaktivieren von Knoten im Strukturbaum (*activate/deactivate nodes*)

Einzelne Komponenten können gezielt aus/eingeblendet werden, genauer gesagt aus dem Arbeitsspeicher entfernt werden, womit der Unterschied zum *Show/No-Show*-Modus erklärt ist. Letzterer erhöht den Speicherplatzbedarf sogar.

– Komponente im Strukturbaum selektieren, die deaktiviert werden soll

Deaktivieren

– Icon „*Deactivate Node*"  drücken
– Komponente verschwindet aus dem Grafikbereich und wird im Strukturbaum mit einem grauen Achsenkreuz-Symbol als deaktiviert gekennzeichnet. Die Komponente „*Part1*" ist deaktivert und nicht mehr im Grafikbereich sichtbar:

```
Product1
  ├─ Part1 (Platte)
  ├─ Part2 (Welle)
```

Dasselbe ist auch über das Kontextmenü Representations > erreichbar.

Aktivieren

Der umgekehrte Vorgang, also das Aktivieren einer ausgeblendeten Komponente, erfolgt mit dem Icon „*Activate Node*" 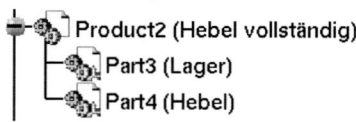 .

Auch in diesem Fall lässt sich ebenfalls das Kontextmenü Representations > verwenden.

5.6.4 Aktivieren/Deaktivieren von Verzweigungen im Strukturbaum (*activate/deactivate terminal nodes*)

Einzelne Verzweigungen können gezielt aus/eingeblendet werden:

– Verzweigung, z.B. *Product1*, im Strukturbaum mit MB3 selektieren, die ausgeblendet werden soll
– Im Kontextmenü: Representations > → Deactivate Terminal Node
– Alle Komponenten unterhalb der Verzweigung werden ausgeblendet:

```
Product2 (Hebel vollständig)
  ├─ Part3 (Lager)
  └─ Part4 (Hebel)
```

Der umgekehrte Vorgang, also das **Aktivieren einer ausgeblendeten Verzweigung**, erfolgt im Kontextmenü mit dem Befehl Activate Terminal Node.

5.6.5 Darstellungsarten verwalten (*managing representations*)

Darstellungsarten von Komponenten (STL-, IGES-, CGR-Format usw.) können geändert werden. Diese Funktion arbeitet auch mit eingebauten Modellen der CATIA Version 4 (**.model*).

– Komponente im Strukturbaum selektieren, z.B. ein CATIA V4 Teil:

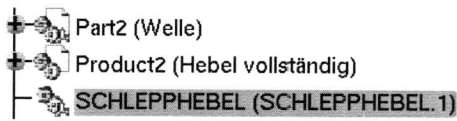

– Icon „*Manage Representations*" ⊞ drücken

– Das Dialogfenster „*Manage Representations*" erscheint:

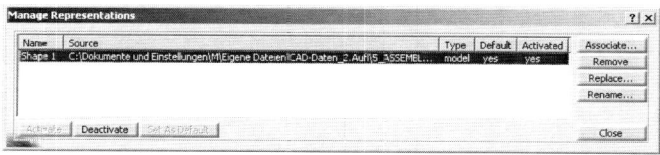

Es zeigt:

Name   Benennung der Darstellung (*shape*). Kann mit [Rename] geändert werden

Source   Filebezeichnung des Teils

Type   Fileformat (= Darstellungsart)

Default   Darstellung ist Voreinstellung oder nicht

Activated Darstellung ist sichtbar (*yes*) oder nicht (*no*)

– Mit den Schaltern [Activate] bzw. [Deactivate] können selektierte Komponenten ein- bzw. ausgeblendet werden

– Mit dem Schalter [Associate...] kann anstelle einer im Strukturbaum selektierten Komponente eine andere Darstellung gezeigt werden. Der Suchpfad zu der Datei mit dem alternativen File-Format wird in einem erscheinenden Fenster eingestellt

– Verlassen des Fensters mit [Close]

5.7 „*Product Structure*" Strukturbaum (*specification tree*)

Grundlagen dazu werden im Kap. 1.9 behandelt.

Die **aktive Verzeigung**, worauf sich alle Einbauten etc. beziehen, wird in einem blauen Kasten dargestellt. Mit einem Doppelklick auf ein Objekt wird dieses zur aktiven Verzweigung:

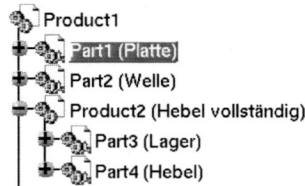

5.7.1   Strukturbaum ordnen

− Stammobjekt 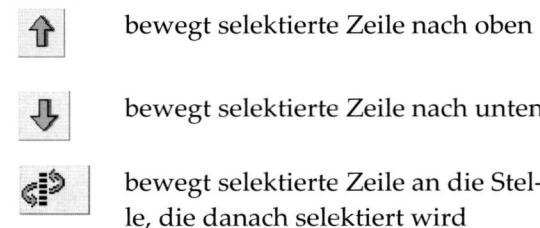 „*Product N*" im Strukturbaum selektieren

− Icon „*Graph tree Reordering*" drücken

− Das Dialogfenster „*Graph tree Reordering*" erscheint. Mit den grünen Buttons lässt sich der Strukturbaum umstellen:

bewegt selektierte Zeile nach oben

bewegt selektierte Zeile nach unten

bewegt selektierte Zeile an die Stelle, die danach selektiert wird

− Mit Apply erhält man eine Vorschau auf den umgestellten Strukturbaum

− Mit OK wird die Änderung im Strukturbaum behalten und das Fenster geschlossen.

5.7.2   Automatisches Nummerieren

− Im Strukturbaum Stammsymbol „*Product N*" selektieren

− Icon „*Generate Numbering*" drücken

− Im erscheinenden Dialogfenster „*Generate Numbering*" die gewünschte Art der Benummerung wählen (*Mode*):

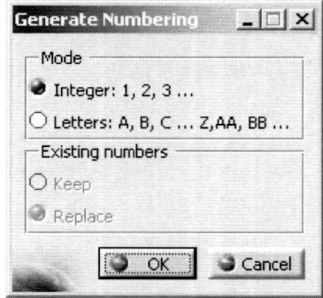

Mode:

Integer	Fortlaufende Zahlen: 1,2,3...
Leiters	Aufsteigende Buchstabenkombinationen: A,B,C, ...Z,AA,EB, ...

Falls schon eine Nummerierung existiert kann diese überschrieben werden (*Existing numbers*):

- *Keep*   Bestehende Nummerierung erhalten
- *Replace*   Auch bestehende Nummerierung ersetzen

Mit OK (Um)Nummerierung abschließen

Die Nummern sind in der Stückliste, Register *„Listing Report"*, bei Einstellung der Anzeige *„Number"* zu sehen und können in einer Zeichnungsansicht angezeigt werden (Kap. 6.5.7.1):

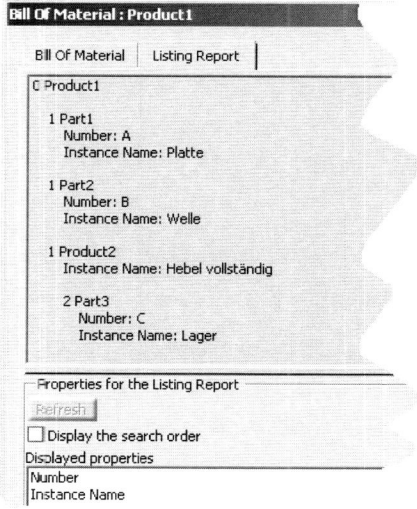

5.7.3   Benutzerdefinierte Einstellungen (*customizing*)

- Im Hauptmenü: Tools → Options...
- Dialogfenster *„Options"* erscheint.
- Kategorie *„Infrastructure"* selektieren und darin *„Product Structure"*:

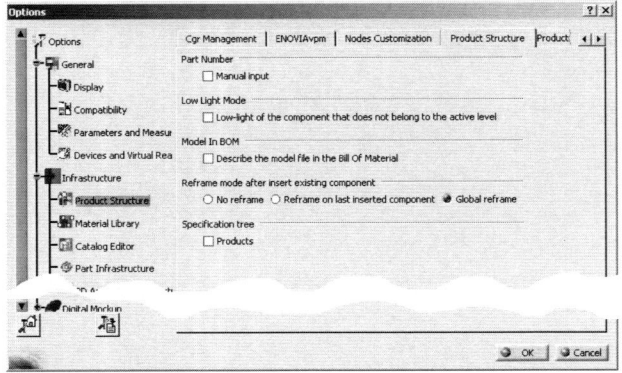

— Im Register „*Product Structure*" sind folgende Schalter interessant:

Manual Input   Beim Einbau einer neuen Komponente oder eines
                                     neuen Teils kann eine beliebige Teilenummer einge-
                                     geben werden:

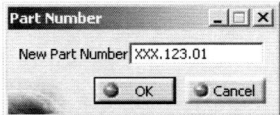

Low-light of the component   Die Komponenten, die nicht zur aktiven Verzeigung
that does not belong to the   (Doppelklick auf Objekt) im Strukturbaum gehören,
active level   werden gedimmt dargestellt

— Im Register „*Product visualization*" ist folgende Schalter von Interesse:

Do not activate Beim Öffnen eines Dokuments bleiben sämtliche Komponen-
default shapes   ten inaktiv. Die Teile, die eingeblendet werden sollen, müssen
on open   einzeln aktiviert werden (*Activate node* 🔆). Vorteilhaft bei
                   großen Baugruppen. Zum Bearbeiten müssen die Teile in den
                   Konstruktionsmodus gebracht werden (Kap. 5.6.2)

— Im Register „*Nodes Customization*" kann die Anzeige an Verzeigungen im Struk-
   turbaum eingestellt werden:
   — Schalter „*Customized Display*" aktivieren
   — Die gewünschte Anzeige bei Produkten und Komponenten mit den unter
      Configure angebotenen Schaltern einstellen. Zusätzlich kann direkt in das
      Feld „*Display Format*" geschrieben werden. Die Anzeige im Strukturbaum
      ändert sich entsprechend:

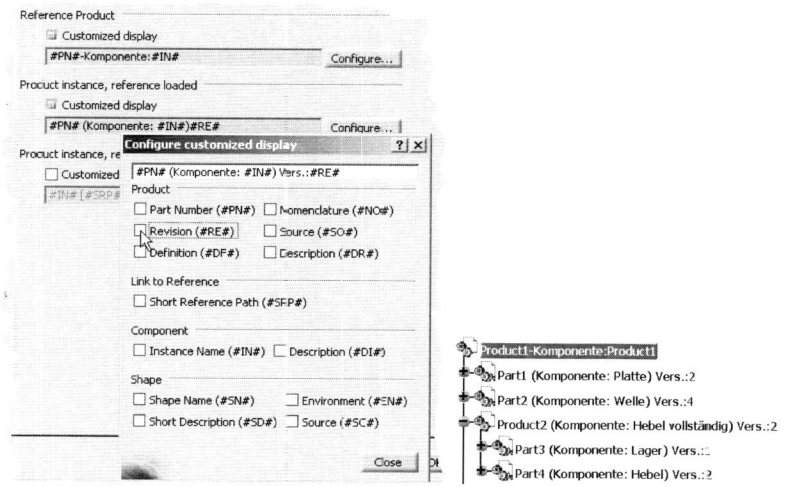

- Mit OK Einstellungen abspeichern und Fenster „*Options*" verlassen.

5.8   „Assembly Design" Grundlagen

In dieser Arbeitsumgebung werden Komponenten (= Teile und Produkte) eingebaut und ihre Lage relativ zueinander mittels Beziehungen gesteuert. Außerdem
können an Baugruppen und Einzelteilen Bearbeitungen vorgenommen werden.

5.8.1   Aufruf der Arbeitsumgebung

Dafür stehen mehrere Möglichkeiten zur Verfügung:

- ENTWEDER: Über Hauptmenü: Start → Mechanical Design > → Assembly
  Design

- ODER: Mittels Icon „*Assembly Design*"

Ein Produkt-Dokument (Product1.CATProduct) wird geöffnet und die Arbeitsumgebung „*Assembly Design*" wird gestartet:

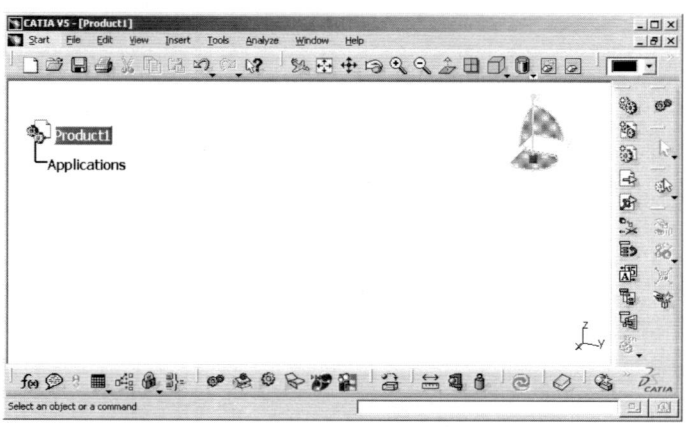

5.8.2 Voreinstellungen

- Im Hauptmenü |Tools| → |Options...|
- Im Dialogfenster *„Options"* in der Kategorie *„Mechanical Design"* den Zweig *„Assembly Design"* selektieren:

Register *„General"*:

Update	*Automatic*	Aktualisierung erfolgt von selbst nach jeder Änderung
	Manual	Aktualisierung muss vom Benutzer durchgeführt werden
Update propagation depth	*Active level*	Nur der aktive Ast der aktiven Komponente wird aktualisiert
	All the levels	Alle Äste der aktiven Komponente werden aktualisiert
Access to geometry	*Automatic switch to Design mode*	Automatisches Umschalten in den Konstruktionsmodus beim Selektieren von Komponenten, die nur im Ansichtsmodus dargestellt sind
Move Components involved in a Fix-Together	Sollen alle verbundenen Komponenten mitbewegt werden?	Das Verhalten beim Bewegen verbundener Komponenten (Kap. 5.11.3.4) wird eingestellt
	Always ja	
	Never nein	
	Ask each time Abfrage	

Register „*Constraints*":

Paste components	*Without the assembly constraints*	Beim Kopieren (z.B. *Drag&Drop*) werden die Lagebeziehungen <u>nicht</u> mitkopiert
Constraints creation	*Use any geometry*	Sämtliche geometrische Elemente im Grafikbereich können zur Definition von Lagebeziehungen herangezogen werden
Quick Constraint		Festlegung der Reihenfolge bei der Schnellvergabe von Beziehungen, siehe Kap. 5.11.4

− Mit OK Voreinstellungen abschließen.

5.9 „*Assembly Design*" Einführungsbeispiel

Folgende Bauteile sollen zusammengebaut werden:

Angabe

− I-Träger IPB 100: Länge: 300

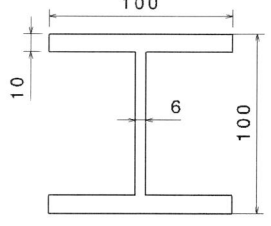 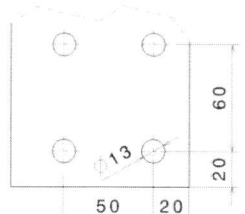

Ansicht von oben; gilt für beide Enden

− 2 x Lagerbock:

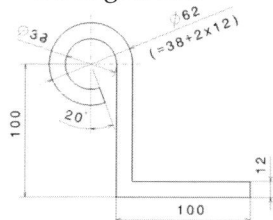 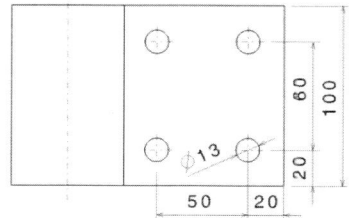

Ansicht von oben

− 8x Sechskantschraube M12x35
− 8x Sechskantmutter M12

- Welle: Aufgenommen in Lagerböcken. Soll erst mithilfe der Baugruppe konstruiert werden (*design in context*).

Vorgehensweise:

I-Träger konstruieren:

- Neues Teiledokument öffnen: Icon „*New*" ⬜ drücken und im Fenster „*New*" Type „*Part*" selektieren
- Arbeitsumgebung „*Part Design*" startet
- Querschnitt des Trägers laut Angabe mittels „*Sketcher*" ✏️ skizzieren und zunächst halben Körper (Länge= 150) als „*Pad*" ⬧ erzeugen
- Teil durch Spiegeln an der Mittelebene vervollständigen
- Eine Bohrung ⌀13 an einem Ende des Trägers erzeugen
- Restliche Bohrungen ⌀13 als Muster einfügen
- Bohrungen für das andere Ende des Trägers ebenso erzeugen
- Teiledokument als „IPB100.CATPart" abspeichern:

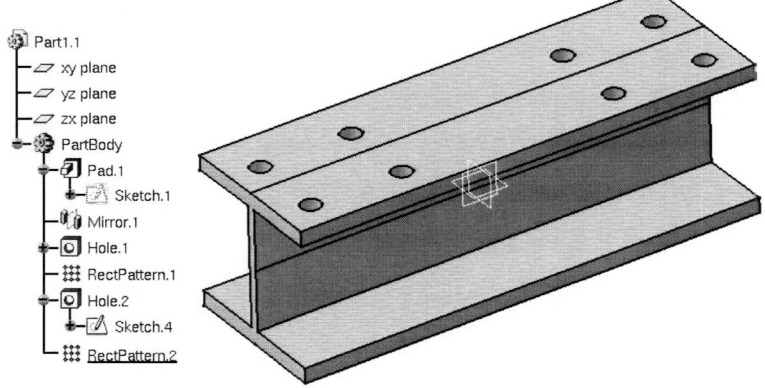

Lagerbock konstruieren

- Neues Teiledokument öffnen: Icon „*New*" ⬜ drücken und im Fenster „*New*" Type „*Part*" selektieren
- Querschnitt des Lagerbocks laut Angabe mittels „*Sketcher*" ✏️ skizzieren und Körper als „*Pad*" ⬧ erzeugen
- Bohrungen ⌀13 als Muster einfügen
- Hauptkörper mit anderer Farbe versehen und Hauptebenen ausblenden

− Teiledokument als „Lagerbock.CATPart" abspeichern:

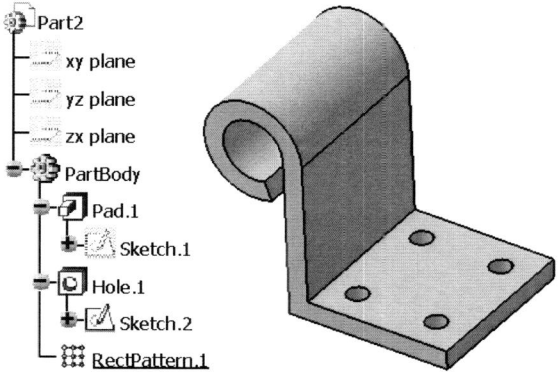

Sechskantschraube M12 konstruieren

− Neues Teiledokument öffnen: Icon „*New*" [icon] drücken und im Fenster „*New*" Type „*Part*" selektieren

− Sechseck mit Schlüsselweite 19 mittels „*Sketcher*" [icon] skizzieren und Körper als „*Pad*" [icon] erzeugen: Höhe: 0,7xGewindenenndurchmesser (= 0,7x12)

− Schaft hinzufügen: Kreis auf Sechskantfläche skizzieren und als „*Pad*" 35 lang ziehen

− Fase 1x45° am Schaftende anbringen: Icon „*Chamfer*" [icon]

− Schraubkopf mit 30° Neigung bis zu Durchmesser der Schlüsselweite abdrehen. Die Skizzenebene steht normal auf zwei Schlüsselangriffsflächen und enthält die Schraubenachse. Die Skizze dazu sieht also so aus:

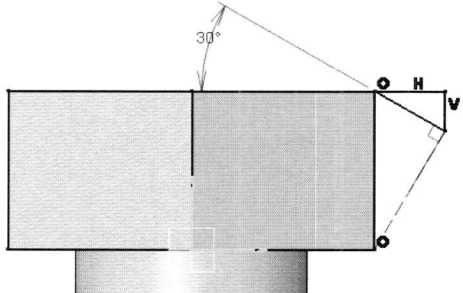

− Fase als „*Groove*" [icon] um Schraubachse erzeugen

− Gewinde anbringen: [icon] Länge: 25

− Hauptkörper mit anderer Farbe versehen und Hauptebenen ausblenden

− Teiledokument als „SK_Schraube.CATPart" abspeichern und schließen:

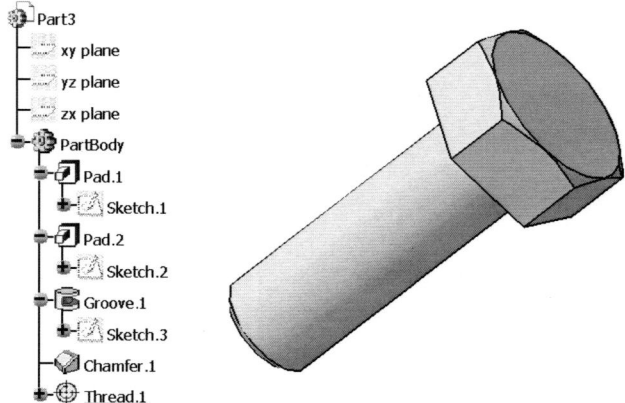

Part3
    xy plane
    yz plane
    zx plane
    PartBody
       Pad.1
          Sketch.1
       Pad.2
          Sketch.2
       Groove.1
          Sketch.3
       Chamfer.1
       Thread.1

Sechskantmutter M12 konstruieren

– Neues Teiledokument erzeugen: Hauptmenü: File → New from... im Fenster „*File Selection*" Dokument der Sechskantschraube selektieren

– In Arbeitsumgebung „*Wireframe and Surface Design*" eine Gerade durch Punkt (0/0/0) und als Richtung parallele Hauptachse (X,Y,Z) zu Schraubkopfkante wählen: Icon „*Line*" Point-Direction

– Alle Teilkörper der Schraube entfernen bis auf Schraubkopf: Pad.2 (=Schraubenschaft) und alle davon logisch abhängigen Elemente (=*Children*) außer Element „*Groove*" löschen: Im Fenster „*Delete*" More>> und im Feld „*Elements*" zu löschende Elemente selektieren und Button Delete/Undelete drücken. Mit OK bestätigen und folgendes Fenster mit Yes schließen

– Die Fase des Schraubkopfes enthält nun einen Fehler: Die Schraubachse wurde ja mitgelöscht – im Fenster „*Update Diagnosis: Part1*" Button Edit drücken, folgendes Fenster mit Yes schließen und im Fenster „*Groove Definition*" als *Axis* die oben gezeichnete Gerade selektieren und Fase mit OK erzeugen

– *Pad.1* (=Schraubkopf) umdefinieren: ☐ *Mirror extent* und *Length*: 12 x 0,8 /2: Dadurch ist Skizzenebene eine Mittelebene des Schraubkopfes mit der Höhe: 0,8 x Gewindenenndurchmesser

– Spiegeln der Fase „*Groove.1*" um die Mittelebene: „*Mirror*"

– Anbringen des Muttergewindes M12: Kopfdeckfläche und Gerade (=Achse) selektieren dann Icon „*Hole*" drücken. Im Register „*Thread Definition*" gewünschte Parameter einstellen

– Hauptkörper mit anderer Farbe versehen und Hauptebenen sowie Geometrisches Set ausblenden

– Teiledokument als „SK_Mutter.CATPart" abspeichern:

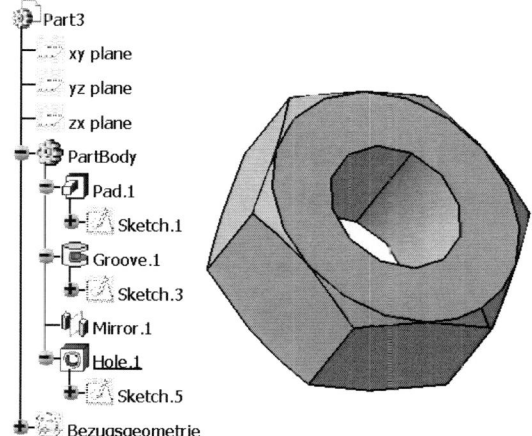

Part3
— xy plane
— yz plane
— zx plane
— PartBody
— Pad.1
— Sketch.1
— Groove.1
— Sketch.3
— Mirror.1
— Hole.1
— Sketch.5
— Bezugsgeometrie

Zusammenstellung erzeugen

– Neues Teiledokument öffnen: Icon „New" [ ] drücken und im Fenster „New"
Type „Product" selektieren ODER „Icon Assembly Design" [ ] drücken

I-Träger einbauen

– Icon „Existing Component" [ ] drücken, Objekt „Product1" selektieren und im
Fenster „File Selection" File „IPB100" selektieren. Mit OK abschließen

– Den I-Träger im Raum fixieren: Icon „Fix Component" [ ] (Werkzeugleiste
„Constraints") und Objekt „Part1" selektieren. Der Träger ist fixiert und sein
Koordinatensystem ist das der Zusammenstellung. Deshalb haben wir diese
Hauptebenen nicht ausgeblendet

– Komponentenbezeichnung ändern: Mit MB3 Objekt „Part1" selektieren → Properties → im Fenster „Properties" die Registerkarte „Product" selektieren und
das Feld „Instance name" mit „I-Träger" überschreiben.
In das Feld „Nomenclature" den Teilenamen „I-Träger" eintragen

Lagerbock einbauen

– Icon „Existing Component" [ ] drücken, Objekt „Product1" selektieren und im
Fenster „File Selection" File „Lagerbock" selektieren. Mit OK abschließen. Falls
eine Meldung erscheinen sollte, dass die Teilenummer nicht passt (Part number
conflicts), Automatic rename... drücken

– Lagerbock auf I-Träger aufsetzen:

Icon „Contact Constraint" [ ] drücken und nacheinander die beiden Flächen selektieren, die in Kontakt kommen sollen: Obergurt I-Träger und Unterseite des
Lagerbocks.

Selektieren der Unterseite des Lagerbocks:

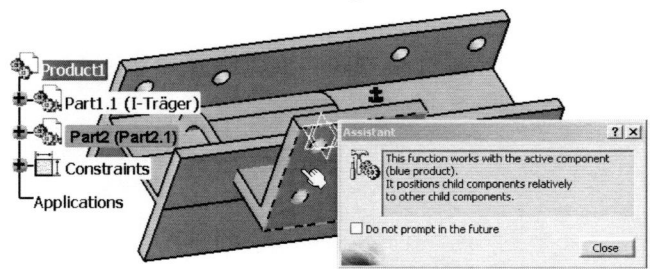

- Icon „*Coincidence Constraint*" drücken und nacheinander die beiden Elemente selektieren, die zusammenfallen sollen: Achse einer Bohrung des I-Trägers und Achse der entsprechenden Bohrung des Lagerbocks. Zum Selektieren die entsprechende Bohrungsfläche mit MB1 selektieren.

- Icon „*Angle Constraint*" drücken. Nacheinander die beiden Elemente selektieren, die einen Winkel einschließen sollen: Längsfläche Obergurt des I-Trägers und Längsfläche des Lagerbocks. Im Fenster „*Constraint Properties*" Parallelism einstellen und *Orientation: Same* festlegen. Grüne Pfeile weisen von den selektierten Flächen in dieselbe (*same*) Richtung:

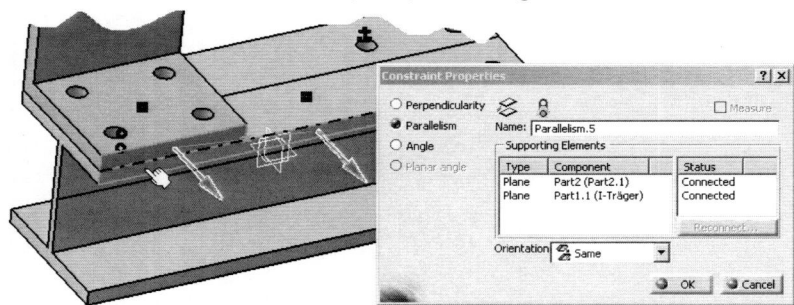

- Mit Kontextmenü (Properties) Komponentenbezeichnung analog zur Vorgangsweise bei I-Träger in „Lagerbock.1" ändern und den Teilenamen „Lagerbock" vergeben

Zweiten Lagerbock einbauen

- Mit MB1 Objekt „*Lagerbock*" selektieren und bei gleichzeitigem Halten der <Umschalt>-Taste zu Objekt „*Product1*" verschieben: Damit wird das Teil kopiert und in das Produkt eingebaut (→ *Drag&Drop*)

Anm.: Die Voreinstellung muss dafür „*Enable Drag & Drop for Cut, Copy, Paste use*" sein, also anders als in Kap. 1.15. Für die weitere Vorgehensweise muss die Voreinstellung „*Without the assembly constraints*" sein, siehe Kap. 5.8.2.

– Komponentenbezeichnung „Lagerbock.2" wie beim ersten Lagerbock vergeben
– Lagebeziehungen für diesen Lagerbock wie oben, jedoch für das andere Ende des I-Trägers vergeben. Zur besseren Übersicht relative Lage des Teils zu I-Träger mit Icon „*Manipulation*" 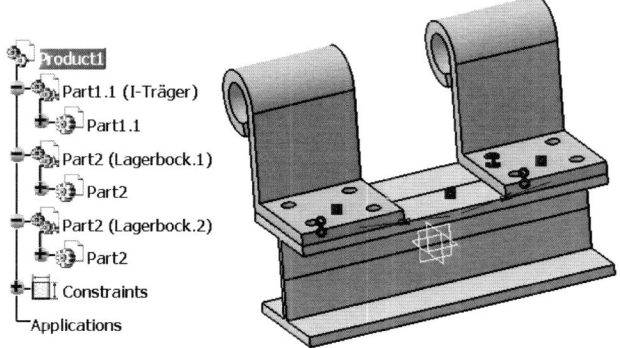 verändern (dabei Objekt „*Lagerbock.2*" selektieren):

Schraube einbauen

– Icon „*Existing Component*" drücken, Objekt „*Product1*" selektieren und im Fenster „*Insert an Existing Component*" File „SK_Schraube" selektieren. Mit OK abschließen
– Komponentenbezeichnung analog zur Vorgangsweise bei I-Träger in „Schraube.1 M12" ändern und Teilenamen „Schraube M12" vergeben
– Zur besseren Übersicht relative Lage des Teils zu I-Träger mit Kompass oder Icon „*Manipulation*" verändern
– Schraube in „gemusterte" Bohrungen des Lagerbocks einfügen:

   Icon „*Coincidence Constraint*" drücken, Schraubenachse (d.h. Zylinderfläche) und eine beliebige Bohrungsachse (d.h. Bohrungsfläche) eines Lagerbocks selektieren. Icon „*Contact Constraint*" drücken, Schraubkopfauflagefläche und entsprechende Lagerbockfläche selektieren.

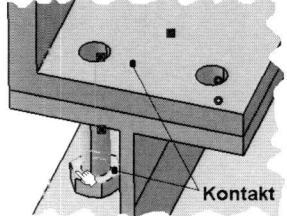

Kontakt

Ein Freiheitsgrad, nämlich die Ausrichtung der Sechskantfläche (= Rotation um die Schraubenachse), soll in diesem Beispiel undefiniert bleiben.

Objekt „*Schraube M12*" selektieren und Icon „*Reuse Pattern*" 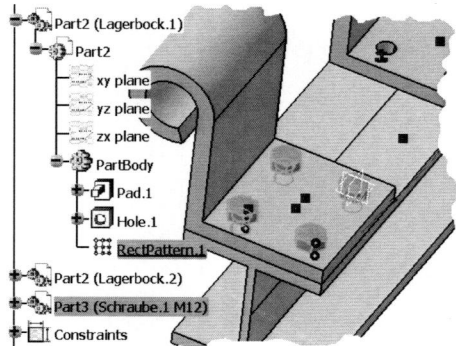 drücken. Dann Objekt „*RecPattern.1*" des bisher benutzen Lagerbocks selektieren:

- Im Fenster „*Instantiation on a pattern*" im Feld „*First Instance on pattern*" re-use the original component einstellen, im Feld „*Re-use Constraints*" Button „*All*" aktivieren (Schalter oben 🔘 *generated constraints* aktiviert) und Button „*Put new instances in a flexible component*" deaktivieren:

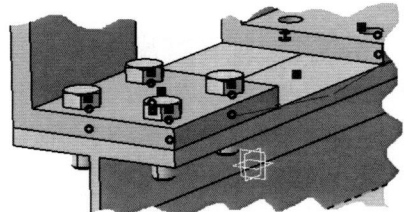

Mutter M12 einbauen

- Icon „*Existing Component*" 🔲 drücken, Objekt „*Product1*" selektieren und im Fenster „*Insert an Existing Component*" File „SK_Mutter" selektieren. Mit OK abschließen. Falls eine Meldung erscheinen sollte, dass die Teilenummer nicht passt (*Part number conflicts*), Automatic rename... drücken
- Komponentenbezeichnung analog zur Vorgangsweise bei I-Träger in „Mutter.1 M12" ändern und Teilenamen „Mutter M12" vergeben
- Zur besseren Übersicht relative Lage des Teils zu I-Träger mit Kompass oder Icon „*Manipulation*" 🔲 verändern
- Mutter auf eine Schraube im Bohrungsmuster des I-Trägers aufsetzen:

  Icon „*Coincidence Constraint*" 🔲 drücken, Mutterachse und eine Bohrungsachse des I-Trägers (!) selektieren (evt. störende Schraube ausblenden)

  Icon „*Contact Constraint*" 🔲 drücken, Mutterauflagefläche und entsprechende Fläche des I-Trägers selektieren.

Objekt „*Mutter.1 M12*" selektieren und Icon „*Reuse Pattern*" ⬚ drücken. Dann entsprechendes Objekt „*RecPattern.1*" des I-Trägers selektieren (Überfahren mit MB1 liefert Vorschau):

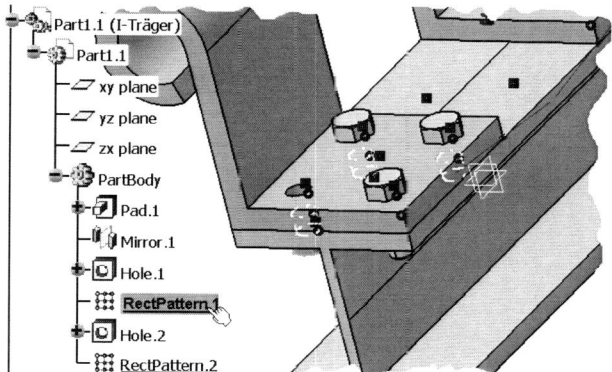

— Abschließend wie oben beim Einbau der Schraube auf das Bohrungsmuster

Schrauben in den zweiten Lagerbock einbauen

— Mittels *Drag&Drop* Objekt „*Schraube.1 M12*" bei gleichzeitigem Halten der Taste <Umschalt> auf Objekt „*Product1*" verschieben
— Komponentenbezeichnung in „Schraube.2 M12" ändern
— Zur besseren Übersicht relative Lage der kopierten Schraube zu I-Träger mit Icon „*Manipulation*" 🔧 und Selektieren des eben erzeugten Objekts verändern
— Restliche Vorgangsweise wie oben beim Einbau der Schrauben in den ersten Lagerbock

Mutter auf Schrauben setzen

— Mittels *Drag&Drop* Objekt „*Mutter.1 M12*" bei gleichzeitigem Halten der Taste <Umschalt> auf Objekt „*Product1*" verschieben
— Komponentenbezeichnung in „Mutter.2 M12" ändern
— Zur besseren Übersicht relative Lage der kopierten Mutter zu I-Träger mit Icon „*Manipulation*" 🔧 und Selektieren des eben erzeugten Objekts verändern
— Restliche Vorgangsweise wie oben beim Einbau der Muttern beim ersten Lagerbock
— Der Gesamtzusammenbau sieht mittlerweile so aus:

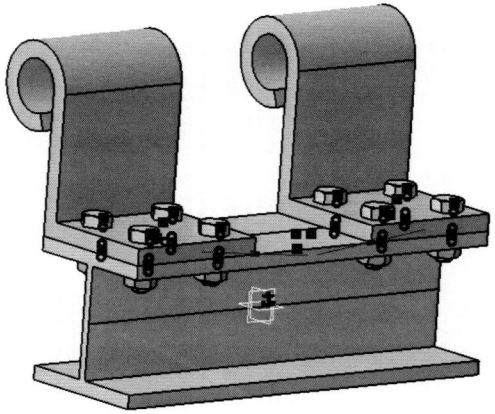

Konstruktion der Welle

– „Leeres" Teil in Produkt einbauen: Icon „*Part*" 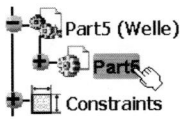 drücken, Objekt „*Product1*"
   selektieren und im erscheinenden Fenster No drücken – der Ursprung der Wel-
   le fällt also mit dem das I-Trägers zusammen

– Mit Kontextmenü ([Pro]perties]) Teilebezeichnung analog zur Vorgangsweise bei
   I-Träger in „*Welle*" ändern

– Mit Doppelklick auf das Dokument-Objekt „Welle" dieses Teil öffnen:

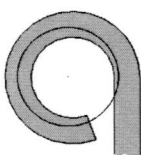

– *Part5* ist nun in einem blauen Kasten dargestellt und die Arbeitsumgebung
   „*Part Design*" ist geöffnet

– *Sketcher* starten mit Icon „*Sketcher*" und die YZ-Ebene des Teils „Welle" (!)
   am besten im Strukturbaum selektieren

– Kreis ungefähr über inneren Durchmesser des Lagerbocks zeichnen: Icon „*Circle*"

– Kreis selektieren und gemeinsam (<Strg> + MB1) eine innere Kreiskante des
   Lagerbocks selektieren und Icon „*Constraints Defined in Dialogbox*" drücken.

– Im Fenster „*Constraint Definition*" Coincidence aktivieren. Mit OK abschließen. *Sketcher* verlassen: Icon „*Exit Workbench*"

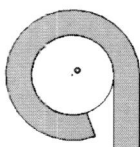

- Icon „*Pad*" 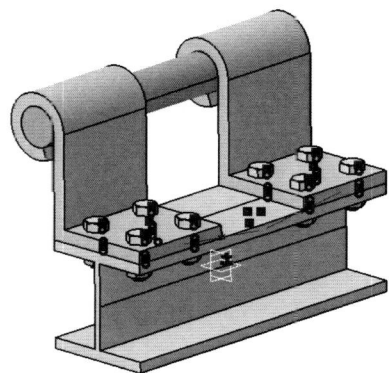 selektieren: Im Fenster „*Pad Definition*": *First Limit*: Type: Up to plane: Endfläche eines Lagerbocks selektieren; *Second Limit*: Type: Up to plane: Endfläche des anderen Lagerbocks selektieren; mit OK Welle erzeugen
- Welle mit einer anderen Farbe versehen und Hauptebenen ausblenden
- Mit Doppelklick auf Objekt „*Product1*" die Zusammenstellung wieder aktivieren:

→ Bei einer Änderung der für die Welle herangezogenen Teile ändert sich die Welle entsprechend mit. Voraussetzung: Voreinstellung: Im Register „*General*": ☐ *Keep link with selected object* (siehe Kap. 5.20). Im Strukturbaum der Welle findet sich ein entsprechendes Objekt, das den Bezug zu externer Geometrie herstellt:

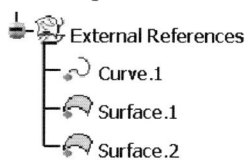

External References
  - Curve.1
  - Surface.1
  - Surface.2

Ein Beispiel soll das verdeutlichen:

- Teil „Lagerbock" mit Doppelklick auf entsprechendes Objekt „*Part2*" in Arbeitsumgebung „*Part Design*" öffnen
- Parameter des Teilkörpers „*Pad.1*" mit Kontextmenü editieren: Pad.1 object > → Edit Parameters
- Durchmessermaß „D38" mit Doppelklick im erscheinenden Fenster „*Constraint Definition*" auf Wert „27" ändern. Das Fenster mit OK schließen

- Alle Änderungen werden bei entsprechender Voreinstellung automatisch durchgeführt. Andernfalls „*Update All*" 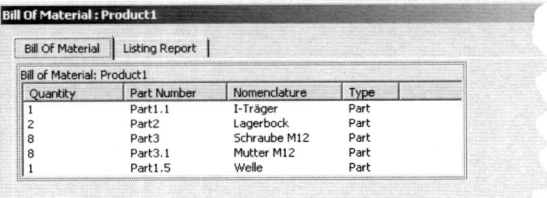 drücken

- Zusammenstellung aktivieren: Doppelklick auf Objekt „*Product1*": Nun wird auch die Welle aktualisiert. Falls dies nicht auomatisch geschieht, wieder „*Update All*" verwenden

Anzeigen der Stückliste

- Im Hauptmenü: Analyze → Bill of Material...
- Im Fenster „*Bill of Material: Product1*" Einrichten des Wunschaussehens der Stückliste über Schalter Define formats
- Im erscheinenden Fenster im Feld „*Properties for the Bill of Material*" folgendes einstellen:

  Displayed Properties: *Quantity*

  Part Number

  Nomenclature

  Type

- Mit OK abschließen:

Bill Of Material : Product1

| Bill Of Material | Listing Report |

Bill of Material: Product1

Quantity	Part Number	Nomenclature	Type
1	Part1.1	I-Träger	Part
2	Part2	Lagerbock	Part
8	Part3	Schraube M12	Part
8	Part3.1	Mutter M12	Part
1	Part1.5	Welle	Part

- Stückliste als Text-File abspeichern: Im Fenster „*Bill Of Material: Product1*" Save As... → Stückliste als „Lagerung.txt" abspeichern:

```
========================================================
= Bill of Material: Product1                           =
========================================================

+----------+----------------+-------------------+----------+
| Quantity | Part Number    | Nomenclature      | Type     |
+----------+----------------+-------------------+----------+
| 1        | Part1.1        | I-Träger          | Part     |
| 2        | Part1.2        | Lagerbock         | Part     |
| 8        | Part1.3        | Schraube M12      | Part     |
| 8        | Part1.4        | Mutter M12        | Part     |
| 1        | Part1.5        | Welle             | Part     |
+----------+----------------+-------------------+----------+
```

Produktdokument speichern

- Icon „*Save*" 💾 drücken und im erscheinenden Fenster „*Save As*" Verzeichnis aufsuchen, wo Datei gespeichert werden soll und Name „Lagerung" eingeben. Mit Save Speicherung durchführen. Ein Warnfenster erscheint, weil mit der Speicherung der Produktdatei die einzelnen Komponentendateien mit abgespeichert werden. Mit Abbrechen Warnfenster schließen, weil sonst die Welle unter einem Systemnamen gespeichert wird. Besser ist in dem Fall die Welle vorher in der Arbeitsumgebung „Part Design" zu speichern oder mit dem empfohlenen „Save Management" zu arbeiten

– Arbeiten mit „Save Management" :
  Hauptmenü: File → Save Management... → Fenster „Save Management" erscheint:

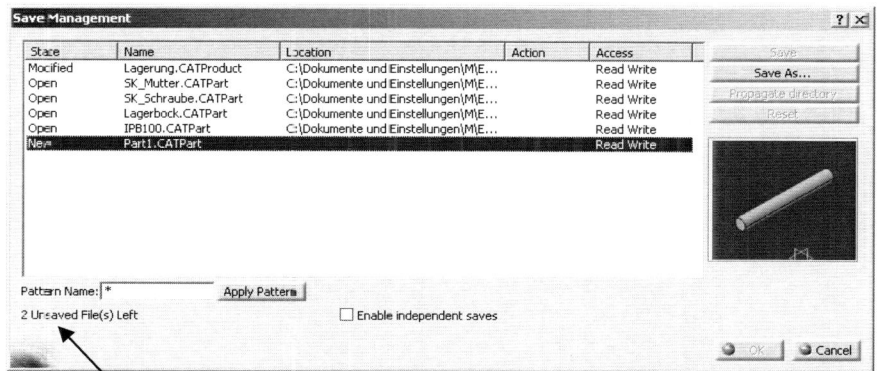

Der Hinweis am unteren Fensterrand zeigt, dass zwei Dateien noch nicht gespeichert sind. Es handelt sich dabei um das Teil „Welle" (Status „New") und das Produkt „Lagerung" (Status „Modified"). Nach Selektion der entsprechenden Zeile Schalter Save As... drücken: Im erscheinenden Fenster „Save As" Datei als „Welle" im gewünschten Verzeichnis abspeichern und durch Drücken des Schalters OK Speichern wirksam werden lassen. Nun sind alle Dateien, die für die Zusammenstellung nötig sind, abgespeichert (0 Unsaved File(s) Left).

5.10 „*Assembly Design*" Einbau von Komponenten

Der Einbau von Komponenten erfolgt prinzipiell gleich wie in der Arbeitsumgebung „Product Structure", vgl. Kap. 5.2. Es gibt allerdings noch zusätzliche Optionen.

5.10.1 Mehrfacheinbau von Komponenten (*multi-instantiation*)

– Komponente, die mehrfach eingebaut werden soll, im Strukturbaum selektieren

– Icon „Define Multi Instantiation" drücken

– Das Dialogfenster „Multi Instantiation" erscheint

– Darin werden drei Möglichkeiten der Definition der Vervielfältigung angeboten (Parameters):

Instance(s) & Spacing	Anzahl der Kopien und Abstand zwischen diesen
Instance(s) & Length	Anzahl der Kopien und Gesamtlänge des Teileverbandes
Spacing & Length	Abstand zwischen den Kopien und Gesamtlänge des Teileverbandes

− Die Richtung der Vervielfältigung wird im Feld „*Reference Direction*" eingestellt:

Axis	Drücken eines Buttons X,Y oder Z für die Achsrichtung
OR Selected Element	Gerade, Kante oder Achse selektieren

Mit dem Button Reverse lässt sich die Richtung der Vervielfältigung umkehren

− Mit dem Button „*Define As Default*" werden die Parameter gespeichert und beim Aufruf des Icons „*Fast Multi Instantiation*" wiederverwendet:

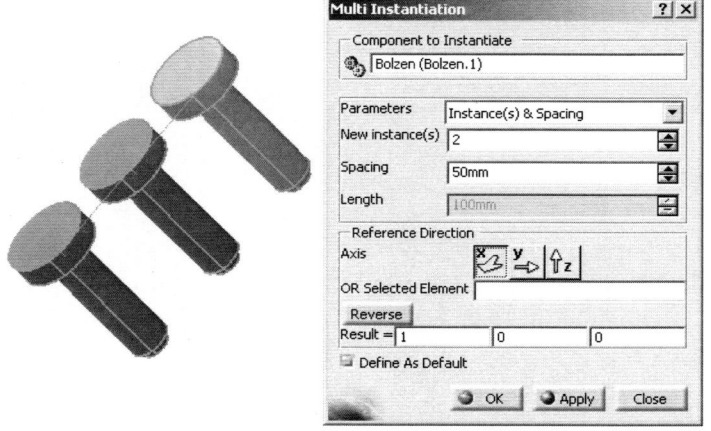

− Apply liefert eine Vorschau auf die Vervielfältigung der Komponente mit den eingestellten Parametern
− OK schließt das Fenster und erzeugt die Vervielfältigung.

5.11 „*Assembly Design*" Lagebedingungen

Die eingebauten Komponenten werden im Raum oder relativ zueinander positioniert. Die Vergabe solcher Bedingungen erfolgt über die Werkzeugleiste „*Constraints*":

Bedingungen können nur innerhalb der aktiven Komponente (→ Kap. 5.2) und zwischen unterschiedlichen Teilen vergeben werden. Falls Bedingungen zwischen zwei unterschiedlichen Unterbaugruppen vergeben werden müssen, muss das übergeordnete Produkt die aktive Komponente sein.

Folgende Tabelle zeigt die Beziehungen, die vergeben werden können, und die zugehörigen Symbole im Grafikbereich:

Beziehung	Constraint	Icon	Mögliche Elemente	Symbol im Strukturbaum	Symbol im Grafikbereich
Kongruenz: Ausrichten von Geometrie: konzentrisch, Kolinear, koplanar	Coincidence		Punkt, Gerade, Ebene, Achsensystem		
Kontakt	Contact		Ebene, Kreis, Zylinder-, Kugel-, Kegelfläche		
Kontakt (Punkt)	Contact (point)		Ebene, Kugelfläche		
Kontakt (Gerade, Kreis)	Contact (line, annular)		Ebene, Kreis, Zylinder-, Kegelfläche		
Abstand	Offset		Punkt, Gerade, Ebene		20
Winkel Ebener Winkel	Angle Planar angle		Gerade, Ebene, Achse (Zylinder, Kegel)		35°
Parallelität	Parallelism		Gerade, Ebene, Achse (Zylinder, Kegel)		
Rechtwinkligkeit	Perpendicularity		Gerade, Ebene, Achse (Zylinder, Kegel)		
Verankerung	Fix		Komponente		
Verbindung	Fix together		bel. viele Komponenten		–

5.11.1 Allgemeine Vorgehensweise beim Vergeben von relativen Bedingungen zwischen Komponenten

Zwei Komponenten sollen eine bestimmte geometrische Lage zueinander aufweisen.

— Icon der gewünschten Beziehung selektieren z.B. „Coincidence" drücken

- Ein Erläuterungsfenster *„Assistant"* erscheint, das mit dem Button *„Do not prompt in the future"* zukünftig ausgeblendet werden kann
- Bei der einen Komponente mögliches Element zur Definition der Lagebeziehung selektieren: Z.B. Ebene, Bohrungsachse, ...
- Bei der anderen Komponente mögliches Element selektieren, das zum Element der ersten positioniert werden soll: Z.B. Ebene, Achse, ...
- Eventuell Aktualisierung durchführen, damit Ergebnis im Grafikbereich sichtbar wird: Die beiden Komponenten werden gemäß der gewählten Bedingung positioniert und im Strukturbaum ein entsprechendes Objekt angehängt:

Constraints

Coincidence.18 (Lenker,Konsole)

5.11.2   Entfernen einer Lagebedingung

- Entsprechendes Objekt im Strukturbaum oder Symbol im Grafikbereich selektieren
- <Entf> drücken
- Die Beziehung wird entfernt.

5.11.3   Anmerkungen zu besonderen Bedingungen

5.11.3.1 Verankerung (*fix*)

Wird bei der ersten eingebauten Komponente bzw. für das Basisteil (Gehäuse, Grundplatte, ...) gebraucht. Es gibt zwei Möglichkeiten:

Fix in space	Komponenten wird zum absoluten Koordinatensystem verankert
Fix	Komponente wird relativ zur aktiven, übergeordneten Komponente verankert

Fix in space:

- Komponente selektieren, die verankert werden soll
- Icon *„Fix Component"* ⚓ drücken
- Im erscheinenden Fenster *„Constraint Definition"* Schalter More>> drücken
- Im vergrößerten, gleichnamigen Fenster Schalter *„Fix in space"* aktivieren (⬜) → die Komponente wird in ihrer gegenwärtigen Position verankert und Felder ermöglichen die Lage im Raum gemäß aller sechs Freiheitsgrade (Verschiebung in X-,Y- und Z-Richtung und Rotation um X-,Y- und Z-Achse) festzulegen
- Die Komponente erhält ein Ankersymbol im Grafikbereich und im Strukturbaum wird ein entsprechendes Objekt angehängt: Das Schloss beim Anker symbolisiert die Einstellung *„Fix in space"*

Fix:

— Objekt „*Fix.N*" der Komponente, die zunächst wie oben im Raum verankert wurde, doppelklicken

— Im erscheinenden Fenster „*Constraint Definition*" Schalter More>> drücken

— Im vergrößerten, gleichnamigen Fenster Schalter „*Fix in space*" deaktivieren (□) → die Komponente wird in ihrer gegenwärtigen Position relativ zur Stammkomponente (*Parent*) verankert

— Mit OK Einstellung abspeichern: Im Strukturbaum wird kein Schloss mehr neben dem Ankersymbol dargestellt:

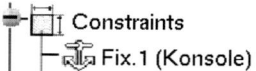

5.11.3.2 Kongruenzbedingung (*coincidence*)

— Icon „*Coincidence*" drücken

— Bei der einen zu verbindenden Komponente Punkt, Gerade oder Achse selektieren

— Bei der anderen Komponente ebenso verfahren

— Im Grafikbereich werden die entsprechenden Symbole an den Komponenten angebracht. Ebenso wird im Strukturbaum an der Verzweigung „*Constraints*" ein entsprechendes Objekt angehängt

— Die beiden Komponenten werden entsprechend der gewählten Bedingung positioniert.

Flächen ausrichten

Werden zwei Komponenten mittels Flächen ausgerichtet erscheinen zwei grüne Pfeile normal auf diesen Flächen und das Dialogfenster „*Constraint Properties*" wird eingeblendet. Damit lässt sich einstellen, welche Seiten der Flächen zueinander weisen sollen: Entweder Pfeil durch Selektion der Pfeilspitze umkehren oder im Feld „*Orientation*" *Same* bzw. *Opposite* einstellen:

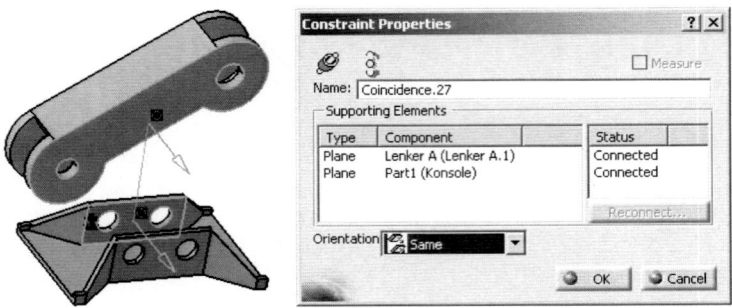

Erläuterung zum Ausrichten der Flächen:

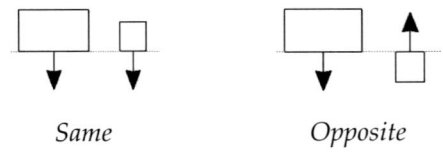

Same   *Opposite*

5.11.3.3 Winkelstellungen (*angle constraint*)

- Icon „*Angle Constraint*" 🏠 drücken
- Flächen oder Achsen der Komponenten selektieren, die eine bestimmte Stellung einnehmen sollen
- Das Fenster „*Constraint Properties*" wird geöffnet:

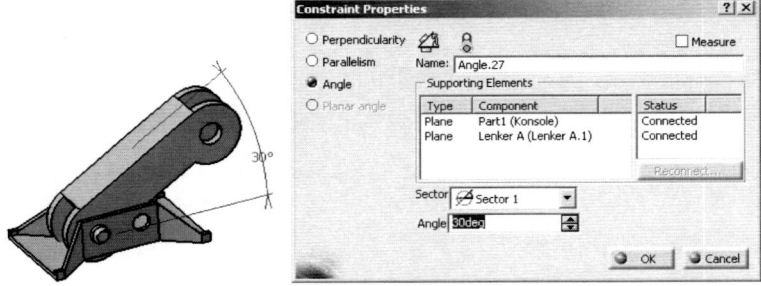

- Vier grundsätzliche Möglichkeiten werden über Buttons angeboten:

Perpendicularity	Elemente stehen normal aufeinander, d.h. Winkel = 90°°
Parallelism	Elemente sind parallel zueinander, d.h. Winkel = 0°°. Weiters kann die Orientierung der Flächen zueinander eingestellt werden, vgl. Kap. 5.11.3.2
Angle	Angabe eines Winkelwertes im Feld *Angle*. Vorher im Feld *Sector* gewünschten Quadranten für die Winkelangabe einstellen
Planar Angle	Winkel zwischen zwei Ebenen bei Selektion einer gemeinsamen Achse

– Mit $\boxed{OK}$ wird die gewünschte Beziehung zwischen den Komponenten herges-tellt.

5.11.3.4 Verbindung (*fix together*)

– Icon „*Fix together*" 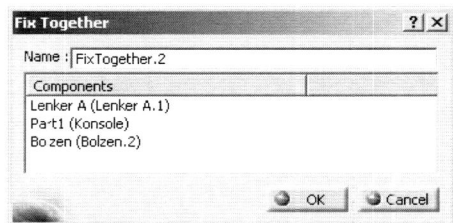 drücken
– Beliebig viele Komponenten selektieren, die miteinander verbunden werden sollen. Im Fenster „*Fix Together*" können selektierte Komponenten durch Selek-tion der entsprechenden Zeile wieder aus der Liste entfernt werden:

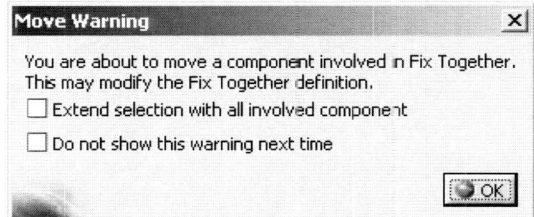

– Mit $\boxed{OK}$ Auswahl abschließen. Die gewählten Komponenten hängen nun zu-sammen und werden wie ein Teil bewegt. Beim Anbringen einer Beziehung an eine Komponente werden die anderen entsprechend mit bewegt.
Beim Versuch eine Komponente mit „*Manipulation*" (⬜*With respect to cons-traint*) oder dem Kompass (Kap. 5.2.11) frei zu verschieben wird bei entspre-chender Voreinstellung (Kap. 5.8.2: „Abfrage") eine Warnung ausgegeben:

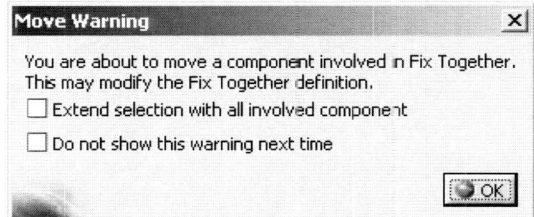

■ *Extend selection with all involved component*: Nach $\boxed{OK}$ werden alle mit Fix To-gether verbundenen Elemente bewegt.

⬜ Ist der Schalter deaktiviert, wird nach $\boxed{OK}$ nur das selektierte Element relativ zu den anderen bewegt.

5.11.4 Schnellvergabe von Beziehungen (*quick constraint*)

Dieser Befehl erzeugt die erstmögliche Beziehung, die in einer Prioritätenliste defi-niert ist. Diese Liste wird über die Voreinstellung des Hauptmenüs festgelegt:

– Hauptmenü: $\boxed{Tools}$ → $\boxed{Options...}$

- Im Fenster *„Options"* Kategorie *„Mechanical Design"* und da Zweig *„Assembly Design"* selektieren. Im Register *„Constraints"* bezieht sich der unterste Fensterbereich auf die Schnellvergabe. Die Reihenfolge der Einschränkungen kann in der Liste mittels der Buttons ⇑ ⇓ verändert werden:

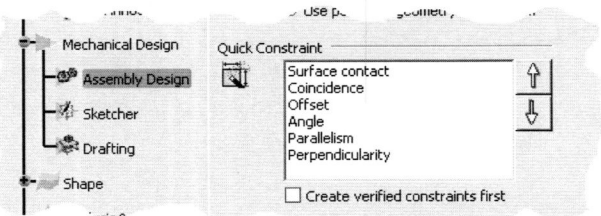

- Mit OK Voreinstellungen abspeichern

Vorgangsweise:

- Icon *„Quick Constraint"* ⬜ doppelklicken
- Achse, Fläche etc. der ersten Komponente selektieren, die mit einer anderen Komponenten positioniert werden soll
- Achse, Fläche etc. der zweiten Komponente selektieren
- Das System wählt in der Reihenfolge der Prioritätenliste die erste passende Beziehung aus
- Weitere Achse, Fläche etc. der ersten Komponente wählen
- Weitere Achse, Fläche etc. der zweiten Komponente wählen
- Das System wählt wieder die passende Beziehung aus
- Solange mit der Beziehungsvergabe fortfahren, bis die Teile vollständig im Raum fixiert sind
- Ende dieses Modus durch erneutes Drücken des Icons *„Quick Constraint"* ⬜ .

5.11.5   Wechseln von Beziehungen (*changing constraints*)

- Icon *„Change Constraint"* ⬜ drücken
- Beziehung selektieren, die gewechselt werden soll: Objekt im Strukturbaum oder Symbol im Grafikbereich
- Das Fenster *„Possible Constraint"* erscheint mit einer Auswahl an möglichen anderen Beziehungen an dieser Stelle:

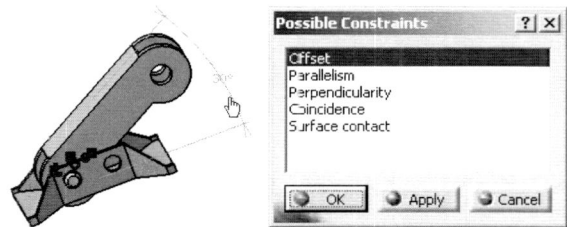

– Die gewünschte Ersatzbeziehung im Fenster selektieren und mit $\boxed{OK}$ abschlie-ßen. Die gewählte Beziehung wird anstelle der vorherigen angebracht

5.11.6 Aktivieren/Deaktivieren von Beziehungen (*activating/deactivating constraints*)

– Im Strukturbaum Beziehung mit MB3 selektieren, die deaktiviert werden soll
– Im Kontextmenü: $\boxed{Constraint.N \text{ object >}}$ → $\boxed{\text{Deactivate}}$
– Die Beziehung wird deaktiviert und im Strukturbaum mit einem Klammer-symbol dargestellt: $\vdash$ Coincidence.21 (Bolzen.2,Konsole)
– Die Umkehrung, also das Aktivieren, erfolgt wieder über das Kontextmenü: → $\boxed{\text{Activate}}$.

5.11.7 Sämtliche Beziehungen einer Komponente erkennen

Es können sämtliche Lageeinschränkungen einer Komponente ermittelt werden:

– Komponente (zweckmäßig im Strukturbaum) selektieren. Gemeinsames Selek-tieren mehrerer Komponenten ist möglich
– Im Kontextmenü (MB3):
$\boxed{Name.N \text{ object >}}$ → $\boxed{\text{Component Constraints}}$
– Sämtliche Beziehungen, in denen die gewählte Komponente einbezogen ist, werden im Strukturbaum und im Grafikbereich hervorgehoben. Hier für die Komponente „Bolzen.2":

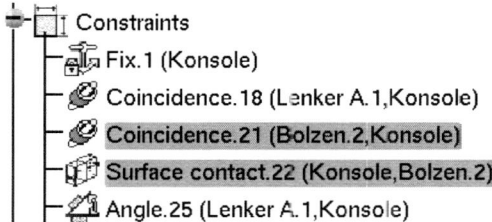

Freiheitsgrade ermitteln

Umgekehrt lassen sich auch die Freiheitsgrade einer Komponente, also die Bewe-gungsmöglichkeiten die noch offen sind, ermitteln:

– Komponente (am besten im Strukturbaum) selektieren
– Im Kontextmenü (MB3):

    Name.N object > → Component Degrees Of Freedom

– Das erscheinende Fenster *„Degrees of Freedom Analysis"* zeigt die Freiheitsgrade
   an:

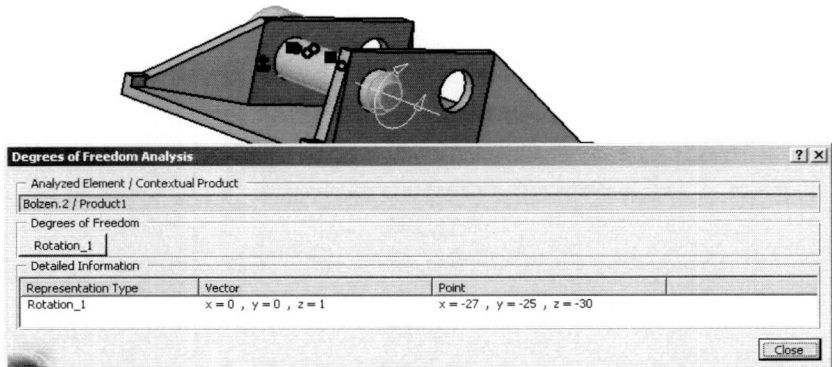

Der Bolzen kann sich noch um eine Achse drehen. Durch Drücken des bzw. der
Schalter(s) im Feld *„Degrees of Freedom"*, hier Rotation_1, wird im Grafikbereich
angezeigt, wie sich die Komponente bewegen kann: Die Achse und der Winkel
werden rot dargestellt.

Freiheitsgrad Extremwerte

– .Teile, die frei im Raum beweglich sind, haben den Freiheitsgrad = 6. Teile, deren Lage vollständig festgelegt ist, haben den Freiheitsgrad = 0. Das Fenster
   sieht in diesem Fall so aus:

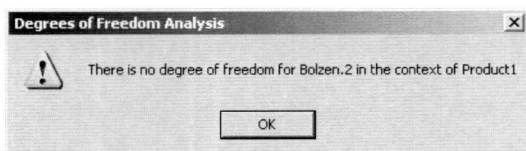

Wird versucht eine vollständig bestimmte Komponente weiter in der Lage einzuschränken, erscheint eine Fehlermeldung – das System ist überbestimmt (*overcons-
traint*) und der Fehler muss behoben werden.

5.11.8 Vergabemodi von Lagebeziehungen

Die möglichen Modi bei der Erstellung von Lagebeziehungen werden über die
Werkzeugleiste *„Constraint Creation"* eingestellt:

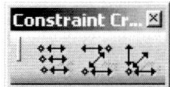

Optionen dieser Werkzeugleiste:

Default mode Beliebige Lagebeziehungen werden durch Selektion von <u>zwei</u> geometrischen Elementen von unterschiedlichen Komponenten vergeben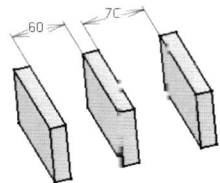

Chain mode Die Lagebeziehung wird zum jeweils <u>zuletzt</u> selektierten Element vergeben. Es muss also immer nur <u>ein</u> Element einer weiteren Komponente zur Erzeugung einer Beziehung selektiert werden.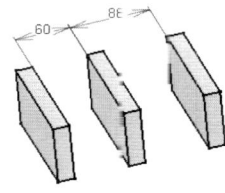

Stack mode Die Lagebeziehung wird immer vom <u>eingangs</u> selektierten Element aus vergeben. Es muss also immer nur <u>ein</u> Element einer weiteren Komponente zur Erzeugung einer Beziehung selektiert werden.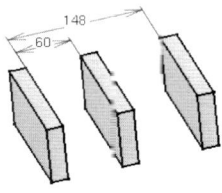

<u>Anm.:</u> Damit die Funktionsweise der Kettenvergabe wirkt, muss das Icon für die Lagebeziehung (*Offset, Angle, ...*) doppelgeklickt sein.

5.11.9 Bewegen von Unterbaugruppen

Unterbaugruppen können innerhalb der Gesamtbaugruppe beweglich gemacht werden. Eine Gesamtbaugruppe besteht im Allgemeinen aus Teilen und Baugruppen.

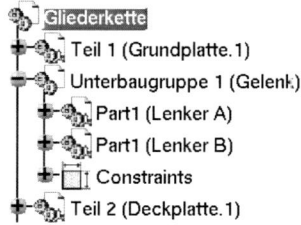

Die Baugruppe „Gliederkette" beispielsweise besteht unter anderem aus der Unterbaugruppe „Gelenk" und den Teilen „Grundplatte" und „Deckplatte".

Wenn man mit dem Kompass in der Baugruppe „Gliederkette" (d.h. Gliederkette ist aktive Komponente) einen Teil der Unterbaugruppe „Gelenk", z.B. *Part1*, zu bewegen versucht, bewegt sich die <u>gesamte</u> Unterbaugruppe.

Vorgangsweise zum Bewegen innerhalb einer Unterbaugruppe:

Beweglich machen

– Zum Beweglichmachen der Unterbaugruppe drückt man das Icon *„Flexible/Rigid Sub-Assembly"*

– Selektiert danach die Unterbaugruppe im Strukturbaum, die beweglich werden soll. Das entsprechende Objekt signalisiert die Beweglichkeit der Unterbaugruppe:

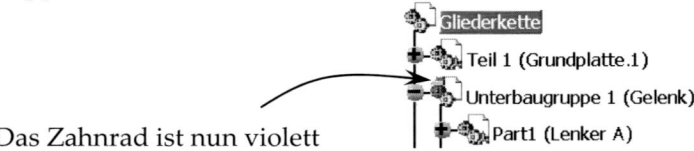

Das Zahnrad ist nun violett

– Nun können die Teile der Unterbaugruppe auch in der Gesamtbaugruppe einzeln mit dem Kompass bewegt werden

Starr machen

– Die Umkehrung, also erneutes Unbeweglichmachen der Unterbaugruppe, erfolgt durch erneutes Drücken des Icons und Selektieren der Unterbaugruppe. Ein Warnfenster erscheint und weist darauf hin, dass die Baugruppe wieder starr wird. Mit OK wird das Fenster geschlossen und das Zahnrad im Objektsymbol wieder blau.

Anm.: Statt des Icons kann auch das Kontextmenü verwendet werden: SubAssembly.N object > → Flexible/Rigid Sub-Assembly.

5.12 *„Assembly Design"* Aktualisieren (*update*)

– Die Durchführung der Aktualisierung kann voreingestellt werden → Kap. 5.8.2

Manual Update

– Wenn die Voreinstellung *„Manual Update"* ist, wird ein neu erstelltes oder geändertes Objekt im Strukturbaum, das eine Lagebeziehung symbolisiert, zunächst ohne Änderung zusätzlich mit einem *„Update"*-Symbol versehen: . Das bedeutet, dass diese Beziehung erst aktualisiert werden muss, damit die Änderung sichtbar wird:

   – Aktualisieren des gesamten Zusammenbaues:

   Icon *„Update All"*   (Werkzeugleiste *„Update"*) drücken

– Aktualisieren einer bestimmten Beziehung:
Im Strukturbaum Objekt „*ConstraintName.N*" mit MB3 selektieren → Update.

Der gesamte Zusammenbau bzw. die gewählte Lagebeziehung wird aktualisiert und die Symbole im Grafikbereich grün dargestellt. Die betroffenen Komponenten nehmen die Stellung zueinander ein, die durch diese Beziehung festgelegt wurde.

Automatic Update

Bei „*Automatic Update*" werden die vergebenen Lagebeziehungen bzw. deren Änderungen sofort umgesetzt.

5.13 „*Assembly Design*" Eigenschaften von Lagebeziehungen (properties of constraints)

Die Eigenschaften von Lagebeziehungen können editiert und geändert werden:

Fenster: *Properties*

– Im Strukturbaum Objekt „*ConstraintName.N*" mit MB3 selektieren → Properties bzw. <Alt> + <enter>
– Das Dialogfenster „*Properties*" erscheint.
Im Register „*Constraint*" findet sich nicht nur der Name der Beziehung, sondern auch die beteiligten Komponenten und deren verknüpfte Elemente
– Die Bezeichnung der Beziehung kann im Feld „*Name*" geändert werden
– Bei Flächenverknüpfungen (*Contact, Offset, Coincidence*) kann die Orientierung geändert werden (*Orientation*)
– Bei Beziehungen, die über Zahlenwerte gesteuert werden (*Angle, Offset*), kann dieser Wert geändert werden (Feld: *Offset* bzw. *Angle*) oder als Referenzmaß (Klammermaß) eingestellt werden (Schalter: *Measure*):

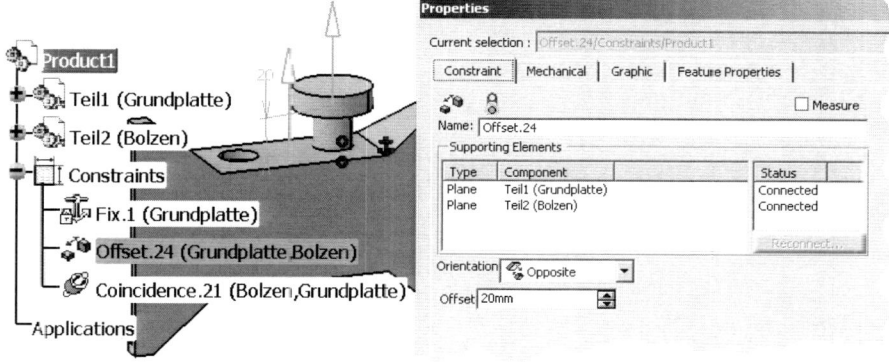

– Im Register „*Mechanical*" finden sich drei Angaben zum Status der Beziehung:

Deactivated	Ein Schalter zum Umschalten zwischen Aktivierung und Deaktivierung der Beziehung
To Update	Beziehung muss aktualisiert werden (nur Anzeige, kein Schalter)
Unresolved	Beziehung ist fehlerhaft (nur Anzeige)

− Im Register „*Graphic*" finden sich die grafischen Attribute des Beziehungssymbols

Fenster: *Constraint Definition*

Das Editieren der Angaben des Registers „*Constraint*" wird auch über einen Doppelklick auf das Objekt „*ConstraintName.N*" im Strukturbaum ermöglicht: Das erscheinende Fenster „*Constraint Definition*" mit dem Schalter More>> erweitern.

5.14 „*Assembly Design*" Muster (*pattern*)

Beim Einbau von Teilen in ein vorhandenes Muster (z.B. Schrauben in ein Bohrbild), kann dieses vorteilhaft genutzt werden:

− Ein Teil (=Einbauteil) in ein beliebiges Element (z.B. Bohrung) des Musters einbauen, d.h. mittels Lagebeziehungen mit dem Aufnahmeteil verknüpfen

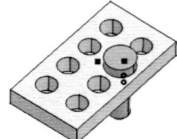

ENTWEDER:

− Das Muster, das verwendet werden soll, im Strukturbaum selektieren
− Damit gemeinsam das Teil, das mit dem Muster eingefügt werden soll, selektieren (<Strg> + MB1)
− Icon „*Reuse Pattern*" drücken

ODER:

− Das Einbauteil selektieren
− Icon „*Reuse Pattern*" drücken und dann erst das zu benutzende Muster selektieren

DANN:

− Das Dialogfenster „*Instantiation on a pattern*" erscheint. Darin sind Informationen zum Muster und zum Einbauteil enthalten:

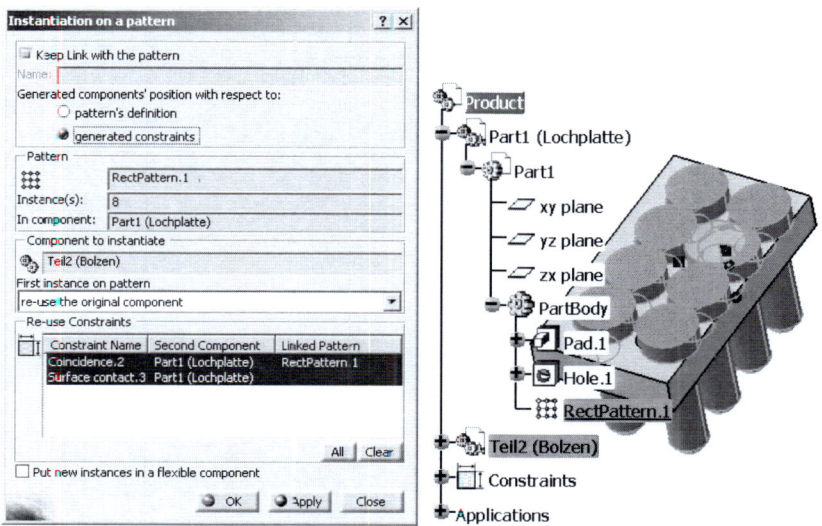

— Zur Festlegung des ersten einzubauenden Vertreters des Einbauteils gibt es drei Möglichkeiten (*First instance on pattern*):

re-use the original component Das Einbauteil wird in das Muster eingebaut, bleibt im Strukturbaum aber an der selben Stelle. Kopien des Einbauteils werden für die übrigen Stellen des Musters angelegt

create a new instance Das Einbauteil bleibt an seiner ursprünglichen Stelle und Kopien werden in das Muster eingebaut

cut&paste the original component Das Einbauteil wird in das Muster eingebaut und im Strukturbaum entsprechend verschoben. Kopien des Einbauteils werden für die übrigen Stellen des Musters angelegt

Lagebeziehungen

Mehrere Optionen werden für die Lagebeziehungen der Kopien (*Instances*) des Einbauteils angeboten:

— Ist der Schalter „*Keep Link with the pattern*" aktiviert (d.h. die logische Verknüpfung zum Muster bleibt erhalten) kann zwischen zwei Arten gewählt werden:

patterns' definition Die eingebauten Teile sind nur vom Muster abhängig. Wird das Muster geändert, wird die Anzahl und Anordnung der Teile entsprechend angepasst

generated constraints Die eingebauten Teile sind vom Muster abhängig und zusätzlich werden die gewählten (siehe unten) Lagebeziehungen angebracht

- Ist der Schalter *„Keep Link with the pattern"* deaktiviert können im Feld *„Re-use Constraints"* die vorhandenen Lagebeziehungen des Einbauteils einzeln behandelt werden:

All	Alle im Fenster angezeigten Beziehungen werden auf die Kopien angewandt
Clear	Keine Lagebeziehung wird angebracht (keine Zeile selektiert)
Zeile(n) selektiert	Nur die im Fenster selektierten Beziehungen werden angebracht

Unterbaugruppe

- Der Button *„Put new instances in a flexible component"* ermöglicht einen übersichtlichen Strukturbaum zu schaffen. Beim Aktivieren werden die Kopien des Einbauteils in einer beweglichen (Kap. 5.11.9) Komponente *„Gathered part on Pattern"* zusammengefasst:

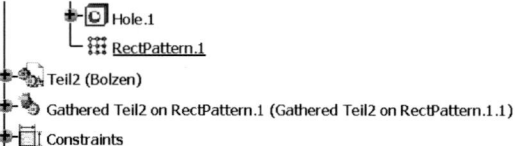

- Apply führt die eingegebenen Einstellungen aus ohne das Fenster zu schließen
- Mit OK Mustererzeugung abschließen. Das Teil bzw. Kopien davon werden entsprechend obiger Angaben eingebaut:

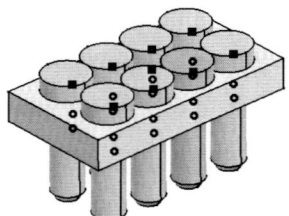

5.15 *„Assembly Design"* Analyse von Zusammenstellungen

5.15.1 Kollisionsuntersuchung

- Hauptmenü: Analyze → Compute Clash... oder Icon *„Clash"* der Werkzeugleiste *„Space Analysis"* selektieren
- Das Fenster *„Check Clash"* erscheint
- Im Feld *„Name"* wird eine systemvergebene Benennung der Untersuchung angezeigt (*Interference.N*), die überschrieben werden kann
- Im Feld *„Type"* die gewünschte Untersuchungsart einstellen:

Contact + Clash	Es wird auf Kontakt und Kollision geprüft
Clearance + Contact + Clash	Es wird auf Spiel (Grenzwert in [mm]), Kontakt und Kollision geprüft
Authorized penetration	Angabe einer zulässigen Überdeckung in [mm]. Nur Stellen mit überschrittenen Werten werden angezeigt
Clash rule	Benutzerdefinierte Festlegung, der Untersuchung

— Unter dem Feld „*Type*" festlegen, welche Teile in die Untersuchung einbezogen werden sollen:

Inside one selection	Die Verhältnisse werden innerhalb eines Teils oder einer Teilegruppe, die selektiert werden muss, geprüft
Selection against all	Der Freigang eines Teils, der selektiert werden muss, wird gegenüber allen anderen untersucht
Between all components	Alle Teile werden bei der Untersuchung berücksichtigt
Between two selections	Es werden nur zwei zu selektierende Teilegruppen in der Untersuchung berücksichtigt

Sobald Teile selektiert werden müssen, sind die Felder „*Selection 1*" bzw. „*2*" wählbar. Jedes Feld steht für eine Teilegruppe. Bevor Teile der zweiten Gruppe selektiert werden, muss das entsprechende Feld gewählt werden

— Mit Apply wird die Untersuchung gestartet und das Ergebnis im erweiterten Fenster angezeigt:

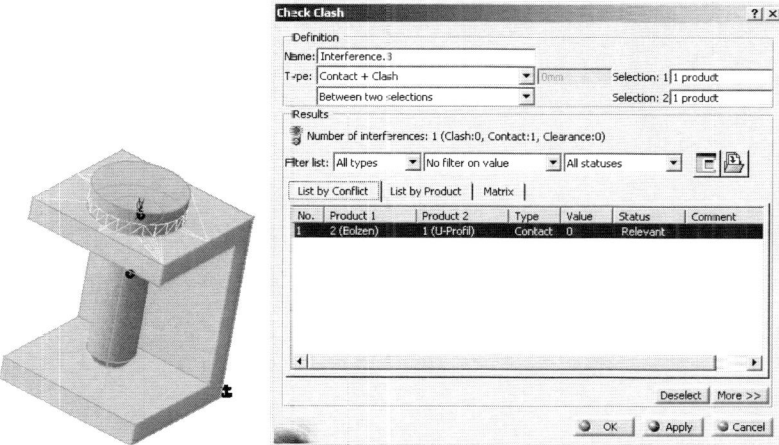

Konflikte anzeigen

— Im Fenster werden die Stellen angeführt, die nicht der Vorgabe (Mindestspiel, Grenzwert der Überdeckung überschritten, ...) entsprechen. Und zwar im Register „*List by Conflict*" nach Konfliktstellen, im Register „*List by Product*" nach Einzelteilen und unter „*Matrix*" werden Konflikte zwischen Teilen durch einen roten Punkt in einer Matrix übersichtlich dargestellt. Der Konflikt einer selektierten Zeile im Ergebnisfeld wird im Grafikbereich oder in einem eigenen Fenster (▢) dargestellt. Das Ergebnis kann mit 🖫 exportiert werden, u.a. als xml- oder cgr-Datei.

– OK schließt das Fenster und erzeugt ein Objekt „*Interference.N*" im Strukturbaum unter dem Objekt „*Applications*". Damit lassen sich die Ergebnisse mit Doppelklick wieder aufrufen. Cancel beendet die Anwendung ohne ein Objekt zu hinterlassen.

5.15.2 Spiel zwischen Teilen ermitteln

5.15.2.1 Spiel

– Hauptmenü: Analyze → Compute Clash...
– Fenster „*Clash Detection*" erscheint
– Den Wahlschalter auf Clearance stellen und im Feld daneben den gewünschten Mindestwert des Spiels eingeben
– Zwei Komponenten, deren Abstand fraglich ist, gemeinsam selektieren (<Strg> + MB1) und Apply drücken:

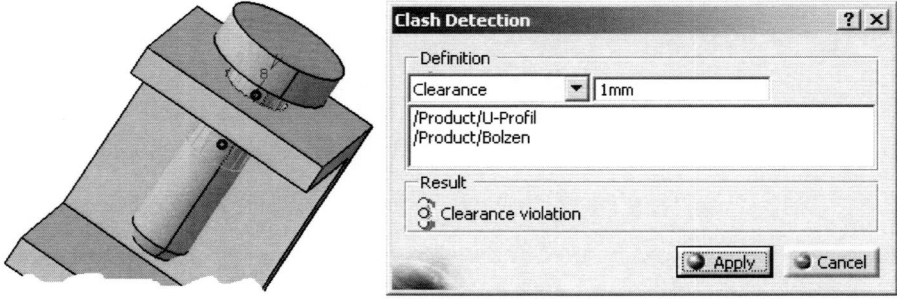

– Im Feld „*Result*" wird das Ergebnis der Berechnung angezeigt:

🔓 *No inteference* — Keine Unterschreitung des geforderten Mindestabstandes festgestellt

🔓 *Clearance violation* — Der geforderte Mindestabstand wird an einer Stelle unterschritten. Die betroffenen Bereiche werden mit einem grünen Gitter im Grafikbereich gekennzeichnet

• Mit Cancel wird das Fenster geschlossen.

5.15.2.2 Abstand und Spielbereiche

– Icon „*Distance and Band Analysis*" 🔲 in der Werkzeugleiste „*Space Analysis*" selektieren

– Das Fenster „*Edit Distance and Band Analysis*" erscheint

– Im Feld „*Name*" wird eine systemvergebene Benennung der Untersuchung angezeigt (*Distance.N*), die überschrieben werden kann

– Im Feld „*Type*" die gewünschte Untersuchungsart einstellen:

Minimum	Der Minimalabstand zwischen Teilen wird ermittelt
Along X, Y oder *Z*	Der Abstand wird nur in X-, Y- oder Z-Richtung gemessen
Band analysis	Angabe eines zulässigen Wertebereichs für das Spiel (*Minimum* und *Maximum distance*) in [mm]. Die Flächen mit korrektem Abstand werden grün, jene außerhalb des festgelegten Bereiches rot angezeigt. Die Darstellungsart kann im erweiterten Fenster beeinflusst werden

– Unter dem Feld „*Type*" festlegen welche Teile in die Untersuchung einbezogen werden sollen:

Inside one selection	Die Verhältnisse werden innerhalb einer Teilegruppe, die selektiert werden muss, geprüft
Selection against all	Der Freigang eines Teils, der selektiert werden muss, wird gegenüber allen anderen untersucht
Between two selections	Es werden nur zwei zu selektierende Teilegruppen in der Untersuchung berücksichtigt

Sobald Teile selektiert werden müssen, sind die Felder „*Selection 1*" bzw. „*2*" wählbar. Jedes Feld steht für eine Teilegruppe. Bevor Teile der zweiten Gruppe selektiert werden, muss das entsprechende Feld gewählt werden

– Mit Apply wird die Untersuchung gestartet und das Ergebnis im erweiterten Fenster angezeigt. In einem zusätzlichen Fenster „*Preview*" kann unabhängig vom Grafikfenster ein beliebiger Ausschnitt mit der üblichen Ansichtsteuerung eingestellt werden:

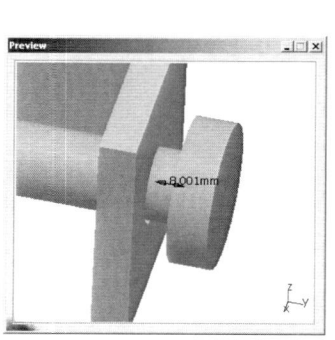
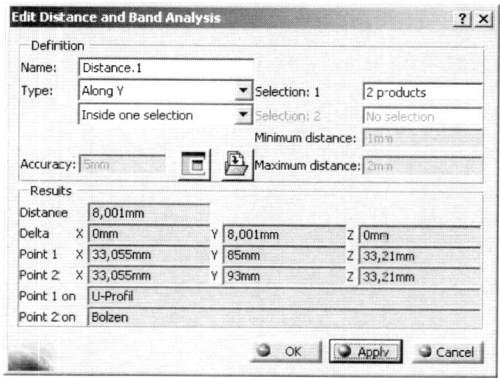

- Im Fenster werden die Stellen angeführt, die nicht der Vorgabe entsprechen. Ein Konflikt wird im Grafikbereich oder in einem eigenen Fenster (⊡) dargestellt. Das Ergebnis kann mit ⬚ exportiert werden, u.a. als xml- oder cgr-Datei
- OK schließt das Fenster und erzeugt ein Objekt „*Distance.N*" im Strukturbaum unter „*Applications*". Cancel beendet die Anwendung ohne ein Objekt zu hinterlassen.

5.15.3 Abhängigkeiten feststellen

- Stammobjekt oder eine Komponente, deren Abhängigkeiten gezeigt werden sollen, im Strukturbaum selektieren
- Hauptmenü: Analyze → Dependencies…
- Das Fenster „*Assembly Dependencies Tree*" erscheint:
  Darin wird ein Strukturbaum dargestellt, der mit MB3 und dem Kontextmenü expandiert werden kann:

  Mit MB3 Objekt in diesem Fenster selektieren → Expand all Sämtliche Beziehungen zwischen den Komponenten werden angezeigt:

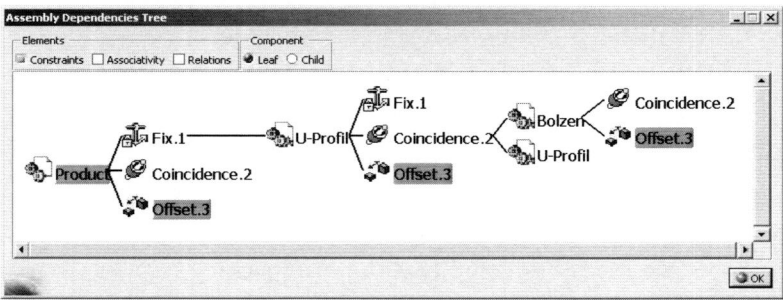

- Mit OK wird der Analysemodus beendet.

5.15.4 Lagebeziehungen analysieren

- Hauptmenü: Analyze → Constraints…
- Das Fenster „*Constraint Analysis*" erscheint
- Darin finden sich sämtliche Angaben zu vorhandenen Lagebeziehungen:

Active component	Aktive Komponente. Darauf bezieht sich die Analyse
Components	Anzahl der in die aktive Komponente eingebauten Komponenten
Not constraint	Anzahl der nicht durch Beziehungen festgelegten Komponenten

Status	Status der Lagebeziehungen
Verified	Anzahl der gültigen Lagebeziehungen
Impossible	Anzahl der geometrisch unmöglichen Beziehungen. Deren Objekte werden mit „!" im Strukturbaum dargestellt:
Not Updated	Anzahl der Lagebeziehungen, die aktualisiert werden müssen (→ Kap. 5.12)
Broken	Anzahl der fehlerhaften Beziehungen, z.B. weil eine Referenz fehlt durch Löschen einer Komponente. Abhilfe durch „*Reconnect*" im Fenster „*Constraint Definition*" (Doppelklick auf Objekt)
Deactivated	Anzahl der deaktivierten Beziehungen
Measure Mode	Anzahl der Beziehungen im Messmodus
Fix Together	Anzahl der Beziehungen im Modus „Verbindung"
Total	Gesamtanzahl aller Beziehungen der aktiven Komponente

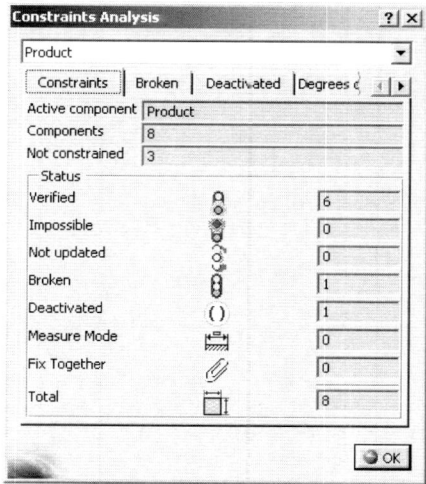

− Wenn nicht aktualisierte oder ungültige Beziehungen entdeckt werden, sind diese in zusätzlichen Registern eingetragen:

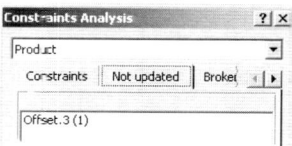

- Im Register *„Degrees of freedom"* sind die **Freiheitsgrade** sämtlicher Komponenten aufgelistet
- Mit $\boxed{\text{OK}}$ wird das Fenster geschlossen.

5.15.5 Schnittdarstellungen (*sectioning*)

Beim Konstruieren in einer Zusammenstellung ist es oft erforderlich einen ebenen Schnitt zu legen, um das gewünschte Zusammenspiel ineinander liegender Einzelteile begutachten zu können. Eine Möglichkeit bietet der Skizzierer (Kap. 2.7.1).

Erweiterte Funktionen stehen mit *„Sectioning"* ⬛ in der Werkzeugleiste *„Space Analysis"* zur Verfügung.

- Komponente oder Produkt aktivieren, das geschnitten werden soll

- Icon *„Sectioning"* ⬛ selektieren

- Die Fenster *„Sectioning Definition"* und *„Section.1"* erscheinen

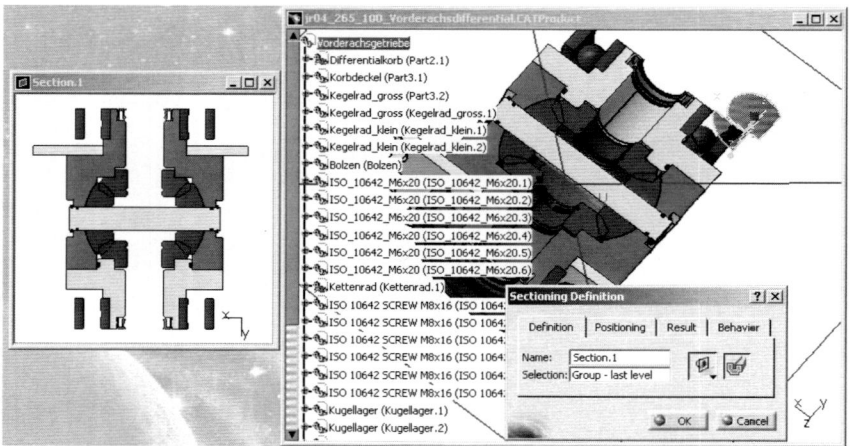

Register *„Definition"*:

- Im Feld *„Name"* steht eine systemvergebene Bezeichnung des Schnitts (*Section.N*), die geändert werden kann

- Mit den Icons *„Section Plane"* ⬛, *„Section Slice"* ⬛ und *„Section Box"* ⬛ können eine Schnittebene, zwei parallele Schnittebenen und ein Schnittquader (sechs Ebenen) zur Festlegung des Schnitts ausgewählt werden

- Der Schalter *„Volume Cut"* ⬛ stellt abwechselnd einen oder alle Schnittteile dar, d.h. die Schnittfläche ist verdeckt oder frei

Register *„Positioning"*:

Die **Schnittebene**(n) wird (werden) folgend **festgelegt**:

– Die Schalter X, Y und Z definieren die Ebene über den Normalvektor. Die Ebene kann mit MB1 parallel verschoben werden (siehe oben). Der Schalter „*Invert Normal*" dreht die Orientierung des Normalvektors um, was bei aktiviertem Volumenschnitt von Bedeutung ist. Über den im Zentrum eingeblendeten roten Kompass (U, V, W) lässt sich die Ebene mit MB1 auch beliebig drehen.

„*Reset Position*" stellt die Ausgangslage der Ebene wieder her. Mit „*Edit Position And Dimensions*" können die Ebenen über Koordinateneingabe absolut festgelegt oder relativ dazu verschoben (Translations: +Tu, +Tv, ..) und verdreht (*Rotations*: +Ru, +Rv, ...) werden. Die Ausdehnung des rot dargestellten Rechtecks zur Visualisierung der Schnittebene kann im Feld „*Dimensions*" verändert werden. Dabei stellt „*Thickness*" den Abstand zweier Schnittebenen im Modus „*Section Slice*" dar.

„*Geometrical Target*" ermöglicht die Selektion geometrischer Elemente (Bohrungs-, Zylinderachsen, Ebene) zur Festlegung der Schnittebene.

Mit wird die Schnittebene durch Selektion von drei Punkten, zwei parallelen Geraden oder einem Punkt und einer Gerade definiert.

Register „*Result*":

– Mit „*Results Window*" kann zwischen einem Vorschaufenster (*Preview*) und dem Fenster „*Section.N*" umgeschalten werden. Die Fenstersteuerung im Fenster „*Section.N*" entspricht jener, des Grafikfensters (Kap. 1.4).

– Folgende weitere Schalter werden dadurch wählbar: „*Section Fill*" färbt die Schnittflächen bunt. Unter diesem Schalter ermöglichen zwei weitere ein Koordinatennetz einzublenden und zu verändern. Ist „*Section Fill*" aktiviert, so ist „*Clash Detection*" wählbar

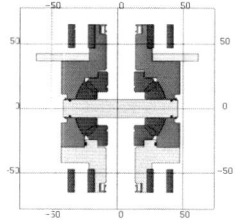

– „*Clash Detection*" zeigt beim Ziehen der Schnittebene mit MB1 (Mauszeiger im Grafikfenster auf Ebene, grüner Pfeil erscheint – mit MB1 ziehen) durch einen roten Kreis Überdeckung von Teilen an.

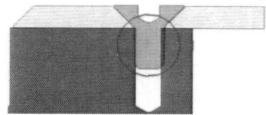

- Mit *„Export As"*  lässt sich die ebene Schnittgeometrie u.a. als Drahtgitter-Datei (CATPart) abspeichern.

Register *„Behaviour"*:

- Der Schnitt kann mit ● *„Section Freeze"* gespeichert werden, so dass spätere Änderungen an der Geometrie keine Auswirkungen zeigen
- OK schließt das Fenster und erzeugt ein Objekt *„Sections"* im Strukturbaum unter *„Applications"*. Ein Doppelklick auf das Objekt öffnet das Fenster *„Section.N"*.

```
 Applications
   Sections
      Section.1
```

Cancel beendet die Anwendung ohne ein Objekt zu hinterlassen.

Die benutzerdefinierte Voreinstellung bietet Möglichkeiten die Schnittführung zu beeinflussen: Tools → Options... → M*echanical Design/Assembly Design*, Register *„DMU-Sectioning"*.

5.16 *„Assembly Design"* Umbenennen von Komponenten

- Produktdokument öffnen, z.B. mit Icon *„Open"*
- Teiledokument des Teils, das umbenannt werden soll, aktivieren: Doppelklick auf das Objekt des Dokuments im Strukturbaum der Zusammenstellung (vgl. Kap. 5.2.2)
- Im Hauptmenü: File → Save As ...
  - Im Fenster *„Save As"* Wunschnamen eingeben (Button *„Save as new document"* deaktiviert!) und Button Save drücken
  - Fenster *„Save"* mit OK bestätigen
- Ein Fenster *„Save"* weist darauf hin, dass vorhandene Verknüpfungen mit anderen Dokumenten sich nun auf das Dokument mit dem neuen Namen beziehen und dass auch die betroffenen anderen Dateien gespeichert werden müssen, damit diese Verknüfungen aufrecht bleiben. Das Fenster mit OK schließen. Mit File → Save Management... kann geprüft werden, ob alle geänderten Dateien gespeichert wurden

- Das Teiledokument mit dem neuen Namen ist nun in der Zusammenstellung eingebaut. Kontrolle z.B. mit Kontextmenü (Kap. 5.3.1): Properties → im Fenster „Properties" Feld „Link to Reference". Mit der Schreibmarke nach rechts ziehen zeigt den Dokumentnamen auch bei langen Pfadangaben:

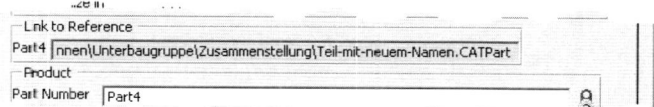

Das Teiledokument mit dem alten Namen kann von der Festplatte gelöscht werden.

5.17 „*Assembly Design*" Bewegen von Komponenten

Komponenten können egal, ob sie mit Beziehungen teilweise oder ganz festgelegt sind oder nicht, bewegt werden (vgl. Kap. 5.2.11):

- Icon „*Manipulation*" drücken
- Das Dialogfenster „*Manipulation Parameters*" erscheint
- Eine Komponente, die bewegt werden soll, selektieren: Entweder direkt im Grafikfenster oder das entsprechende Objekt im Strukturbaum. Im letzteren Fall Mauszeiger nach der Selektion auf das Teil im Grafikfenster stellen, bis das Handsymbol des Mauszeigers nach oben zeigt, und dann erst MB1 drücken.

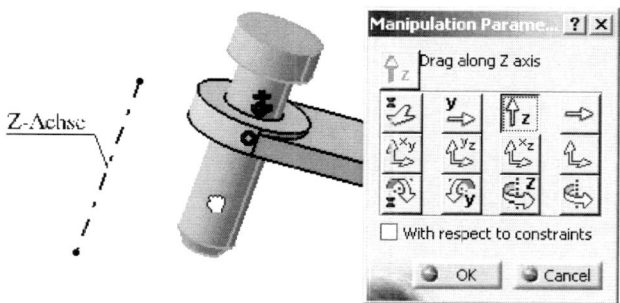

- Einen Button zur Definition der Bewegungsrichtung bzw. Achse drücken:

  Entlang einer Koordinatenrichtung verschieben

  Innerhalb einer Hauptebene verschieben

  Um eine Koordinatenachse drehen

  Die Buttons mit den unbeschrifteten Achsen ermöglichen eine beliebige Gerade, Kante, Achse bzw. Ebene zu selektieren

- Der Button „*With respect to constraints*" ermöglicht das Bewegen unter **Berücksichtigung** eventuell vorhandener **Lagebeziehungen**. Diese müssen natürlich für die Komponente mindestens einen Freiheitsgrad offen lassen, damit diese in diesem Modus bewegt werden kann. Ist der Schalter deaktiviert, werden beim Bewegen vorhandene Lagebeziehungen ignoriert und mit einem Update-Symbol versehen. Nach dem Verlassen des Fensters mit $\boxed{\text{OK}}$ wird mit „*Update All*"  die durch die Lagebeziehungen festgelegte Position wieder aufgesucht

— Die selektierte Komponente kann mit MB1 innerhalb der angegebenen Bedingungen verschoben werden

— Mit $\boxed{\text{Cancel}}$ verlässt man den Bewegungsmodus ohne die Änderungen der Lage abzuspeichern

— Mit $\boxed{\text{OK}}$ wird die neue Lage der Komponente gespeichert und das Fenster geschlossen.

5.18 „*Assembly Design*" Bearbeitungen in einer Zusammenstellung

In einer Zusammenstellung müssen Baugruppen manchmal gemeinsam bearbeitet werden: Ausspindeln von Lagergassen, Fräsen von Dichtflächen etc. Im Grunde ist das dasselbe wie beim Bearbeiten eines Teils in der Arbeitsumgebung „*Part Design*" mittels boolescher Verknüpfungen. Die Werkzeugleiste „*Assembly Features*" ermöglicht das in der Arbeitsumgebung „*Assembly Design*":

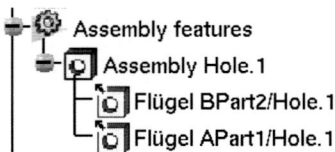

Allgemeines

Im Strukturbaum wird nach dem Verknüpfen ein Objekt „*Assembly Features*" angehängt, das alle Zusammenbaubearbeitungen enthält. Ein Doppelklick auf das entsprechende Objekt editiert das Definitionsfenster der Bearbeitung, wodurch diese geändert werden kann.

```
    Assembly features
        Assembly Hole.1
            Flügel BPart2/Hole.1
            Flügel APart1/Hole.1
```

Im Strukturbaum der betroffenen Teile wird ein Objekt mit einem Link-Symbol an das aktuelle (!) Objekt (d.h. mit diesem boolesch verknüpft) angehängt um auf die Abhängigkeit zur Zusammenstellung aufmerksam zu machen. Ein Doppelklick auf dieses Objekt ermöglicht keine Änderung der Bearbeitung in „*Part Design*", weil es sich ja auf eine Bearbeitung in einer übergeordneten Zusammenstellung bezieht. Ein Fenster macht darauf aufmerksam.

- PartBody
  - Pad.1
  - Pocket.1
  - Hole.1

Mit dem Kontextmenü kann dieser Link getrennt werden (Hole.N object > → Iso-late) wodurch das *Assembly Feature* zu einem gewöhnlichen Teilkonstruktions-element wird.

5.18.1 Bohrung (*hole*)

- Icon „*Hole*" ⬛ (unter „*Split*" ◆) drücken
- In der Zusammenstellung eine Fläche zur Platzierung der Bohrung selektieren
- Das Dialogfenster „*Assembly Features Definition*" erscheint. Darin werden alle Teile angeführt, die von der Bohrung betroffen sind:

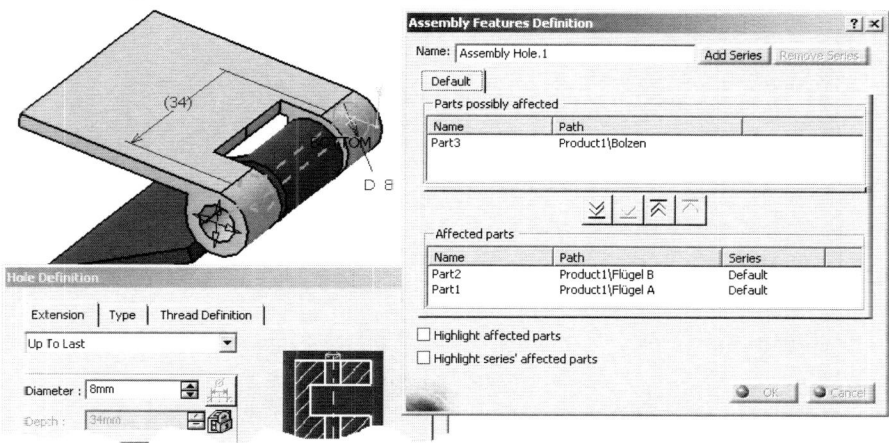

Zu bearbeitende Teile auswählen

- Nach der Selektion eines Teiles im Feld „*Parts possibly affected*" kann dieses mit dem Button ≫ in das untere Feld „*Affected Parts*" verschoben werden. Da-durch wird auch dieses Teil gebohrt. Mit dem Button ≫ können alle Teile zu-gleich in das untere Feld verschoben werden.
  Mit dem Button „*Highlight affected parts*" werden die auf obige Art selektierten Teile im Grafikbereich hervorgehoben. Teile, die nicht in das untere Fenster verschoben werden, werden nicht gebohrt

Bearbeitungsparameter festlegen

– Weiters erscheint das Dialogfenster *„Hole Definition"* zur Festlegung der Bohrungsparameter. Dies erfolgt grundsätzlich gleich wie in der Arbeitsumgebung *„Part Design"*. Daher wird zur Erläuterung auf Kap. 4.3.5 verwiesen.
   Mit OK in diesem Fenster wird die Bohrung bzw. die Bohrungen erzeugt

– Im Strukturbaum wird ein entsprechendes Objekt bei *„Assembly Features"* angehängt, das die betroffenen Teile ausweist:

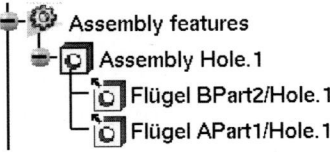

Bohrung ändern

Ein Doppelklick auf ein solches Objekt *„Assembly Hole.N"* editiert das Fenster *„Assembly Features Definition"* erneut, womit diese Operation geändert werden kann

– Die betroffenen Teile erhalten ein Objekt mit einem *„Link"*-Symbol in ihrem Strukturbaum, das auf die Zusammenbaubearbeitung hinweist:

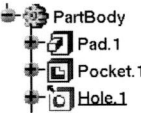

– Bemaßung der Bohrungsmitte: Grundsätzlich gleich wie in der Arbeitsumgebung *„Part Design"*:

   – ENTWEDER: Im betroffenen Teil die Skizze der Bohrungsmitte editieren (Doppelklick auf Objekt *„Positioning sketch.N"*) und bemaßen:

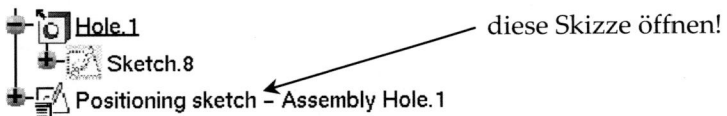

   – ODER: Vor dem Aufruf des Bohrungsicons zwei Kanten eines zu bohrenden Teils gemeinsam selektieren

   – Rückkehr zur Zusammenstellung: Gegebenenfalls *Sketcher* verlassen ⬆. Doppelklick auf Objekt *„Product N"*:

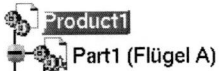

5.18.2   Trennen (*split*)

- Icon „*Split*" 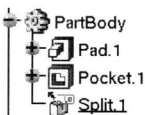 drücken
- Trennelement selektieren: Ebene, Fläche
- Das Dialogfenster „*Assembly Features Definition*" erscheint und ermöglicht die Auswahl der von dem Trennvorgang betroffenen Komponenten, vgl. Kap. 5.18.1
- Das inzwischen erschienene Fenster „*Split Definition*" zeigt das selektierte Trennelement. Ein oranger Pfeil zeigt in die Richtung der Teilehälften, die erhalten bleiben
- Mit OK wird die Operation durchgeführt. Im gezeigten Fall wurde nur ein Flügel des Scharniers getrennt: Im Strukturbaum wird ein Objekt „*Assembly Features*" angehängt:

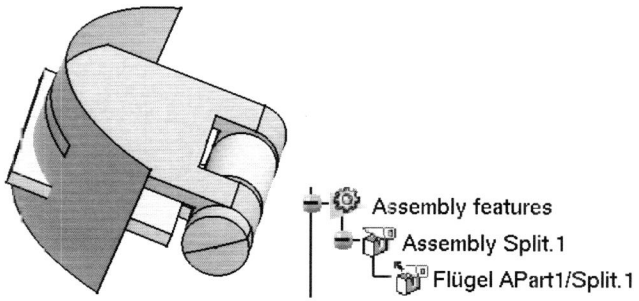

- Ein Doppelklick auf ein solches Objekt „*Assembly Split.N*" editiert das Fenster „*Assembly Features Definition*" erneut, womit diese Operation geändert werden kann
- Die betroffenen Teile erhalten ein Objekt mit einem „Link"-Symbol in ihrem Strukturbaum, das auf die Zusammenbaubearbeitung hinweist:

5.18.3   Tasche (*pocket*)

- Icon „*Pocket*" (unter „*Split*") drücken
- Eine Kontur selektieren. Diese kann mittels *Sketcher* oder über „*Generative Shape Design*" erstellt worden sein
- Das Dialogfenster „*Assembly Features Definition*" erscheint, womit alle zu bearbeitenden Teile festgelegt werden, vgl. Kap. 5.18.1

- Sobald Teile ausgewählt wurden erscheint das Dialogfenster „*Pocket Definition*",
  mit dem die Bestimmung der Parameter für die Tasche vorgenommen werden.
  Dies erfolgt gleich wie in der Arbeitsumgebung „*Part Design*", vgl. Kap. 4.3.2.
  Mit OK in diesem Fenster wird die Tasche bzw. Taschen erzeugt und ein entsprechendes Objekt im Strukturbaum angehängt:

Assembly features
Assembly Pocket.2
Flügel BPart2/Pocket.1

5.18.4 Spiegelung (*symmetry*)

Was bei realen Zusammenstellungen zwar nicht möglich ist, kann in dieser Arbeitsumgebung jedoch durchgeführt werden: Die Spiegelung einer Komponente
bzw. eines Produkts. Das stellt eine wesentliche Arbeitserleichterung für den Konstrukteur dar, denn er kann rasch ein völlig neues Teil symmetrisch zu einem vorhandenen erzeugen.

- Icon „*Symmetry*" drücken
- Das Fenster „*Assembly Symmetry Wizard*" erscheint und gibt die Arbeitsschritte
  vor:
- 1. Eine Symmetrie-Ebene selektieren
- 2. Produkt bzw. Komponente selektieren, die gespiegelt werden soll. Im erweiterten Fenster kann für jede selektierte Komponente eingestellt werden, wie die
  Datei behandelt wird:

Mirror, new component	Die Komponente wird gespiegelt und als neue Datei in den Strukturbaum eingefügt
Rotation, new instance	Die Komponente wird nur gedreht und die vorhandene Datei wird als weiterer Vertreter des Teils eingebaut
Rotation, same instance	Wie oben, aber nur die Lage einer vorhandenen Komponente wird verändert
Translation, new instance	Die Komponente wird nur verschoben und die vorhande- ne Datei wird als weiterer Vertreter des Teils eingebaut

Mit „*Geometry to be mirrored in new part*" wird eingestellt, welche Elemente eines
Teiledokuments mitgespiegelt werden: *PartBody*, andere Körper (*Bodies*), usw.

Anm.: Bei Teiledokumenten wird in älteren Releases <u>nur</u> der Hauptkörper (*Part-
Body*) gespiegelt.

Keep link in position	Die logische Abhängigkeit der Entstehung bleibt erhalten, d.h. im Strukturbaum wird ein Objekt „*Assembly Symmetry.N*" unter „*Assembly features*" angehängt
Keep link with geometry	Das neue Teil behält seine logische Abhängigkeit vom Ursprungsteil , vgl. Kap. 4.10.1

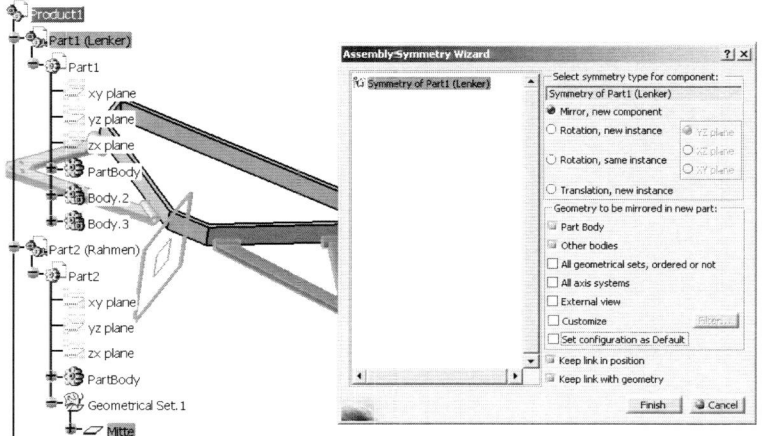

Mit Finish wird die Operation gemäß der gemachten Einstellungen durchgeführt. Ein Fenster zeigt die Anzahl der erzeugten Dateien. Mit Close dieses Fenster schließen

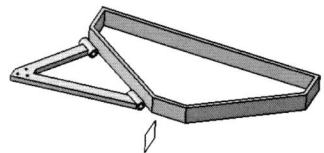 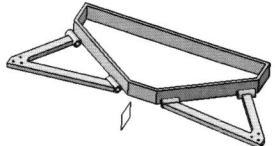

Der Lenker wird um die Ebene gespiegelt

Eine neue Komponente wurde in die Zusammenstellung eingefügt

Ein neues Objekt zeigt die Entstehung des Teiles

Je nach getroffener Einstellung werden weitere Komponenten in den Strukturbaum eingebaut. Zur Speicherung dieser neuen Dateien das Hauptmenü benutzen: File → Save Management...

5.18.5 Boolesche Verknüpfungen

5.18.5.1 Vereinigung (*add*)

- Icon „*Add*" [icon] (unter „*Split*" [icon]) drücken
- Körper (*body*) selektieren, der mit anderen verbunden werden soll
- Das Dialogfenster „*Assembly Features Definition*" erscheint, womit alle zu verbindenden Teile festgelegt werden, vgl. Kap. 5.18.1
- Sobald Teile ausgewählt wurden erscheint das Dialogfenster „*Add*". Mit OK in diesem Fenster erscheint das Fenster „*Add*" mit dem die Position im Strukturbaum (*After,* vgl. Kap. 4.9) festgelegt wird. Die selektierten Teile werden mit dem Körper verbunden. Das Ergebnis sind die ausgewählten Teile ergänzt um jeweils den Verbindungskörper. Bei jedem dieser drei Teile sieht der Strukturbaum gleich aus: D.h. bei jedem der drei Teile wurde derselbe Quader als Element „*Add.N*" hinzugefügt.

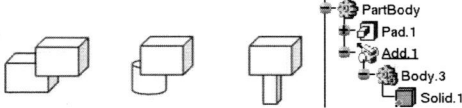

5.18.5.2 Entfernen (*remove*)

- Icon „*Remove*" [icon] (unter „*Split*" [icon]) drücken
- Körper selektieren, das von anderen herausgeschnitten werden soll
- Das Dialogfenster „*Assembly Features Definition*" erscheint, womit alle zu bearbeitenden Teile festgelegt werden, vgl. Kap. 5.18.1
- Sobald Teile ausgewählt wurden erscheint das Dialogfenster „*Remove*". Mit OK in diesem Fenster erscheint das Fenster „*Remove*" mit dem die Position im Strukturbaum (*After,* vgl. Kap. 4.9) festgelegt wird. Der selektierte Körper wird aus den anderen herausgeschnitten
- Im Strukturbaum der bearbeiteten Teile wird der entfernte Körper angehängt, weil er ja zur Definition der Booleschen Verknüpfung gehört, vgl. Kap. 4.9:

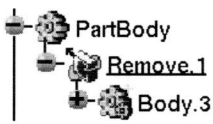

5.19   „*Assembly Design*" Explosionsdarstellung einer Zusammenstellung

–   Icon „*Explode*" drücken

–   Das Dialogfenster „*Explode*" erscheint

–   Im Feld „*Selection*" ist die Voreinstellung das Gesamtprodukt. Es kann aber auch eine Unterbaugruppe selektiert werden. Mit dem Feld „*Fixed product*" kann eine Komponente selektiert werden, die bei der Zerlegung ihren Platz nicht verlässt

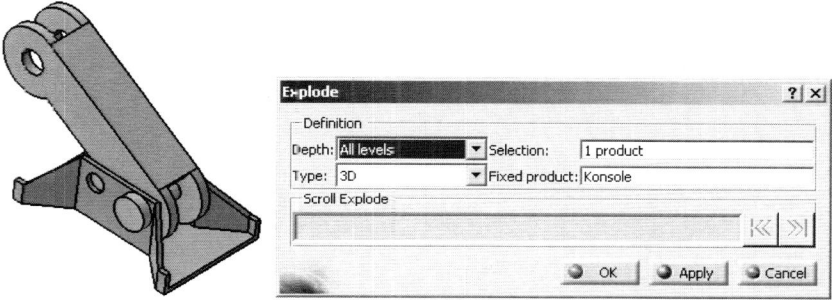

–   Im Feld „*Definition*" Darstellungsart wählen:

Depth	*All levels*	Vollständige Zerlegung des Produkts
	First level	Teilweise Zerlegung des Produkts
Type	*3D*	Zerlegung im Raum

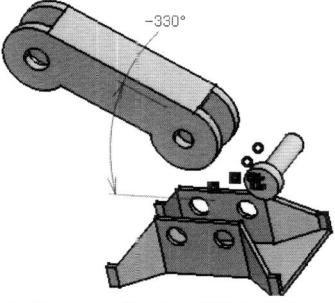

	2D	Zerlegung in der Bildschirmebene

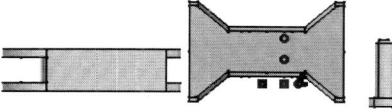

Constrained   Zerlegung unter Verwendung der Lagebeziehungen.
Für eine technische Dokumentation besser geeignet, weil
Teile z.B. in ihrer Montagerichtung verschoben werden.

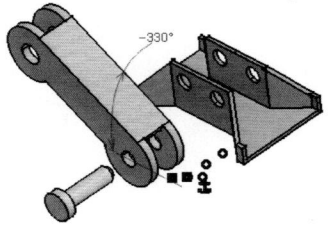

Teile mit Kompass bewegen

— Mit Apply wird die Zerlegung durchgeführt. Ein Informationsfenster weist
darauf hin, dass die Teile mit dem Kompass bewegt werden können. Dieses
Fenster mit OK schließen und Teile nach Wunsch mit dem Kompass verschieben, vgl. Kap. 5.2.11.

— Mit der Leiste „*Scroll Explode*" kann der Abstand zwischen den Teilen verstellt
werden

— Mit OK werden die neuen Positionen der Teile und Komponenten festgehalten,
weshalb ein Warnfenster erscheint, das mit Yes bzw. No geschlossen wird. Im
Falle von Yes behält die Zusammenstellung ihr neues Aussehen (!). Damit lässt
sich auch eine Zeichnung von der Explosionsdarstellung ableiten (z.B. mit *Isometric View*, Kap. 6.3.5). Wenn Lageeinschränkungen vorhanden waren, er-
zwingen diese mit „*Update All*" ⊚ wieder die ursprüngliche Position

— Mit Cancel verlässt man den Explosionsmodus ohne die Positionen der Teile
und Komponenten zu verändern.

5.20 „*Assembly Design*" Teilekonstruktion in einer Zusam- menstellung

Innerhalb einer Zusammenstellung können Teile konstruiert werden wie in der
Arbeitsumgebung „*Part Design*"; dabei kann allerdings auch auf Geometrie anderer Teile zugegriffen werden (*design in context*).

Damit die logische Verbindung zwischen den Geometrieelementen aufrecht bleibt
ist folgende **Voreinstellung** erforderlich (vgl. auch Kap. 5.2.8):

— Hauptmenü: Tools → Options...

— Im Fenster „*Options*" Kategorie „*Infrastructure*" und da Zweig „*Part Infrastructure*": Im Register „*General*": ▣ *Keep link with selected object.*

Voreinstellung für Aktualisieren

Damit das Aktualisieren bei Änderungen automatisch erfolgt, ist folgende Voreinstellung erforderlich:

— Im Fenster „*Options*" Kategorie „*Mechanical Design*" und da Zweig „*Assembly Design*":
Im Register „*General*": *Update*   ● *Automatic*
                                     ● *All the levels*

— mit OK Voreinstellungen speichern.

Konstruktion eines neuen Teils:

— Neues, „leeres" Teil einbauen: Objekt „*Product1*" selektieren und Icon „*Part*"
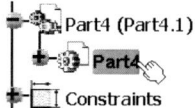 drücken. Fenster „*New Part: Origin Point*" mit No schließen, d.h. Der Koordinatenursprung des neuen Teils fällt mit jenem der Zusammenstellung zusammen. Im Strukturbaum wird eine neue Komponente eingefügt.

— Mit Doppelklick auf das Dokumentobjekt des neuen Teils dieses öffnen.

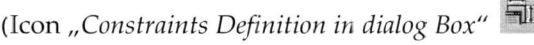

Erzeugung des Teils wie in Kap. 4.3 ff gezeigt durchführen:

— Icon „*Sketcher*" drücken und eine Ebene selektieren

— Geometrie skizzieren und wahlweise mit vorhandener Geometrie eines anderen Teils Einschränkungen vergeben: Z.B. wird bei der Konstruktion des Bolzens dessen Bestimmungskreis in der Skizze (1) über die Einschränkung „*Coincidence*" gleich groß wie der Bohrungsdurchmesser (2) des zu verbindenden Teils:

(Icon „*Constraints Definition in dialog Box*" 🔲)

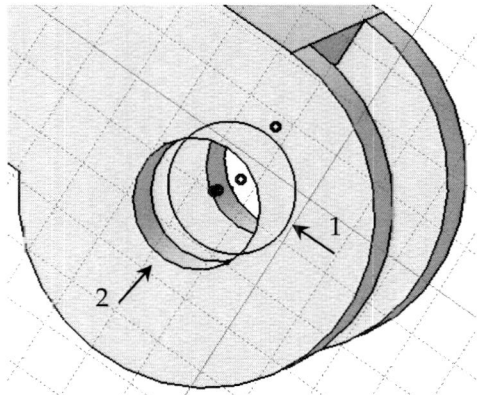

Im Strukturbaum des Teils wird ein Objekt „*External references*" für diese Beziehungen zu anderen Teilen eingefügt, siehe auch Kap. 5.2.8:

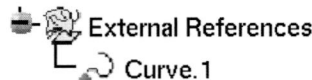

- Skizzierer verlassen und Teilkörper erzeugen. Auch bei der Festlegung der Parameter kann Geometrie anderer Teile herangezogen werden. Z.B. wird bei der Konstruktion obigen Bolzens seine erste Längenangabe im Dialogfenster „*Pad Definition*" mit der Option „*Up to plane*" bis zur Außenfläche des Verbindungsteils festgelegt:

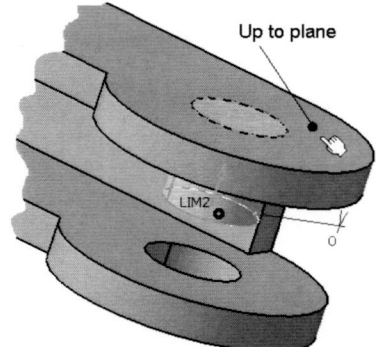

- Rückkehr in die Arbeitsumgebung „*Assembly Design*" über Doppelklick auf das Stammobjekt „*Product1*"
- Wenn nun das Teil (Bezugssteil) geändert wird, auf den das neu erzeugte Teil zugreift, ändert sich bei entsprechender Voreinstellung (siehe oben) das abhängige Feature des neuen Teils entsprechend mit:
  - Doppelklick auf das Dokumentobjekt des Bezugsteils „*PartN*" und Geometrie ändern. Das neue, abhängige Teil wird rot (= nicht aktualisiert) dargestellt.
  - Doppelklick auf das Stammobjekt „*Product1*" → das neue Teil ändert sich entsprechend der geänderten Geometrie des Hilfsteils.

Referenzen feststellen

Eine Möglichkeit rasch logisch abhängige Teile einer Komponente festzustellen bietet das Fenster „*Delete*". Wird die fragliche Komponente in der Arbeitsumgebung „*Assembly Design*" selektiert und <Entf> gedrückt erscheint das Fenster „*Delete*" und zeigt im erweiterten Modus alle abhängigen Elemente, siehe Kap. 1.10.1. Das Fenster natürlich mit Cancel (!) verlassen.

Der Befehl „*Desk*" ermöglicht sämtliche Beziehungen zwischen Komponenten anzuzeigen, siehe Kap. 5.2.8.3.

Zirkularreferenz

Besteht zwischen zwei Teilen eine logische Abhängigkeit durch eine externe Referenz, so ist die Hierarchie (Eltern-Kind-Beziehung) zwischen diesen Teilen vorgegeben und nicht umkehrbar!

Ein Beispiel:

Ein Block des Teils A basiert auf einer Ebene des Teils B. Der Teil A ist demnach vom Teil B abhängig und weist eine externe Referenz auf. Will man nun im Teil B zur Erzeugung eines Konstruktionselements z.B. eine Achse des Teils A selektieren, erzeugt das einen Fehler: „*Cycle detected*", das System lässt also jegliche umgekehrte Abhängigkeit grundsätzlich nicht zu:

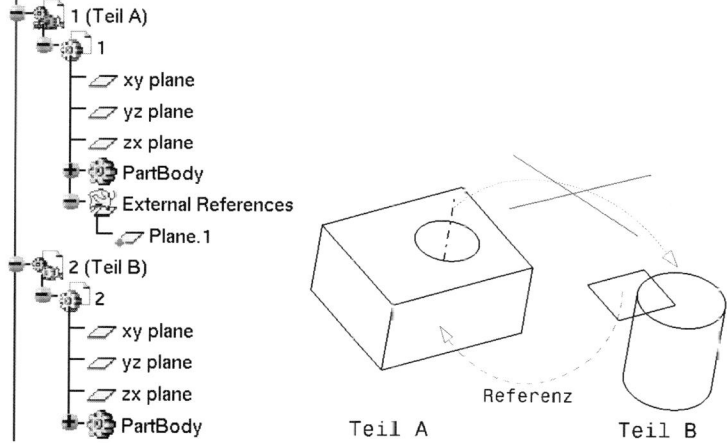

5.21   „Assembly Design" Anmerkungen (annotations)

5.21.1   Texteinträge

Texteinträge werden mit der Werkzeugleiste „*Annotations*" grundsätzlich gleich wie bei Einzelteilen angebracht, siehe Kap. 4.8.

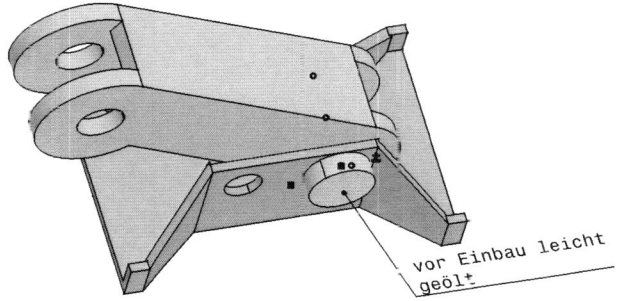

5.21.2 Schweißelemente und Schweißangaben

− Icon „*Weld Feature*" 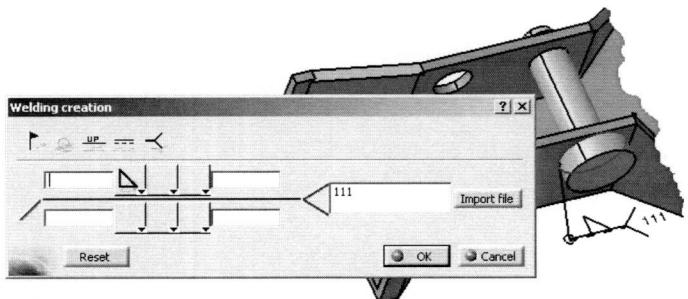 (Werkzeugleiste „*Annotations*") drücken
− Geometrieelement selektieren, an dem die Schweißnaht angebracht wird: z.B. Kante. Das Dialogfenster „*Welding Creation*" erscheint. Darin können Schweißangabe nach DIN ISO erfolgen.

Mit OK wird die Eingabe abgeschlossen:

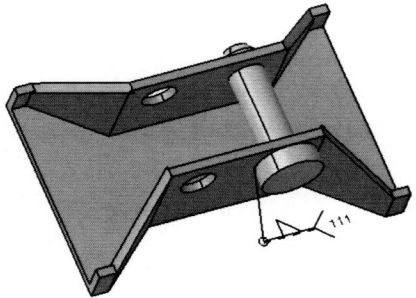

Schweißnaht

Zur Erzeugung von Schweißnähten als eigenes Konstruktionselement gibt es die Arbeitsumgebung „*Weld Design*" (Start → Mechanical Design → Weld Design). Damit wird zwischen Flächen von Komponenten Material hinzugefügt und als eigenes Objekt an den Strukturbaum angehängt:

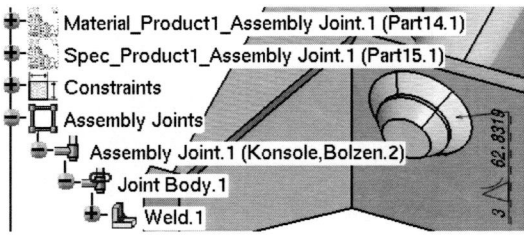

5.22   Strategien für Arbeitsumgebung *„Assembly Design'*

5.22.1   Modellieren eines komplexen Bauteils

Bei aufwändigen Geometrien (Guss-, Schmiedeteile) und/oder Baugruppen, auf die mehrere Konstrukteure zugreifen, empfiehlt sich folgende Vorgehensweise aufbauend auf den allgemeinen Modellierungsstrategien, Kap. 4.11.

Grundlegende Geometrie (Koordinatensystem, Bezugspunkte, Achsen, Anschlussebene, Mittelebene, ...) und Geometrie, die von vielen Bauteilen genutzt wird (Flansche, Dichtflächen und andere Schnittstellen, gestaltbestimmende Außenflächen, ...), sind nur in einem einzigen Teiledokument (= **Skelettteil**) festgelegt und mit sprechenden Namen versehen. Auf dieses Skelettteil beziehen sich alle weitere Konstruktionen (Objekt: *External References*). Müssen nun Änderungen von Hauptmaßen vorgenommen werden, so wird nur das Skelettteil geändert und alle darauf referenzierenden Dokumente ändern sich entsprechend mit. Voraussetzung dafür ist die richtige Voreinstellung (siehe Kap. 5.2.8).

Im Beispiel 9.3.1 im Kap. 9 wird diese Vorgangsweise eingesetzt.

Folgende Bilder veranschaulichen den Vorgang von der Grundkonstruktion bis zum Fertigteil. Ein weiterer Vorteil dieser Methode ist, dass jede Stufe des Teileentstehungsprozesses festgehalten wird, indem Weiterbearbeitungen nicht am Teil selbst, sondern an einer Kopie, die logisch verknüpft ist, durchgeführt werden. So können an den Außen- und Innenformen sowie Kernen leicht Änderungen durchgeführt und jederzeit Zeichnungen von allen diesen Teilen (Werkzeuge, Kerne, Rohteil, Fertigteil) abgeleitet werden.

Schema des allgemeinen Ablaufes beim Modellieren eines komplexen Bauteils:

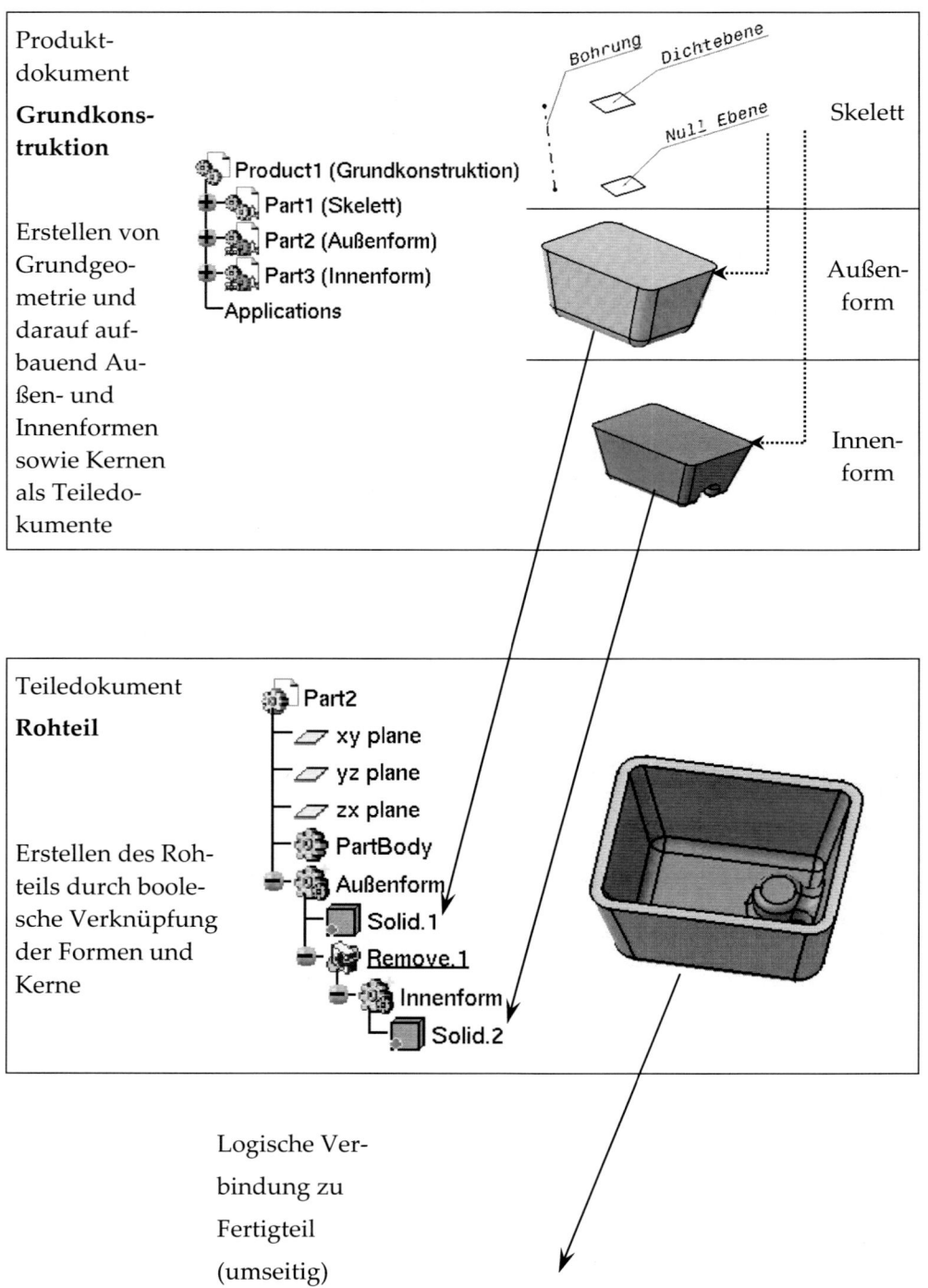

Produkt-
dokument

**Grundkons-
truktion**

Erstellen von
Grundgeo-
metrie und
darauf auf-
bauend Au-
ßen- und
Innenformen
sowie Kernen
als Teiledo-
kumente

Bohrung   Dichtebene

Skelett

Null Ebene

Product1 (Grundkonstruktion)
Part1 (Skelett)
Part2 (Außenform)
Part3 (Innenform)
Applications

Außen-
form

Innen-
form

Teiledokument

Rohteil

Erstellen des Roh-
teils durch boole-
sche Verknüpfung
der Formen und
Kerne

Part2
xy plane
yz plane
zx plane
PartBody
Außenform
Solid.1
Remove.1
Innenform
Solid.2

Logische Ver-

bindung zu

Fertigteil

(umseitig)

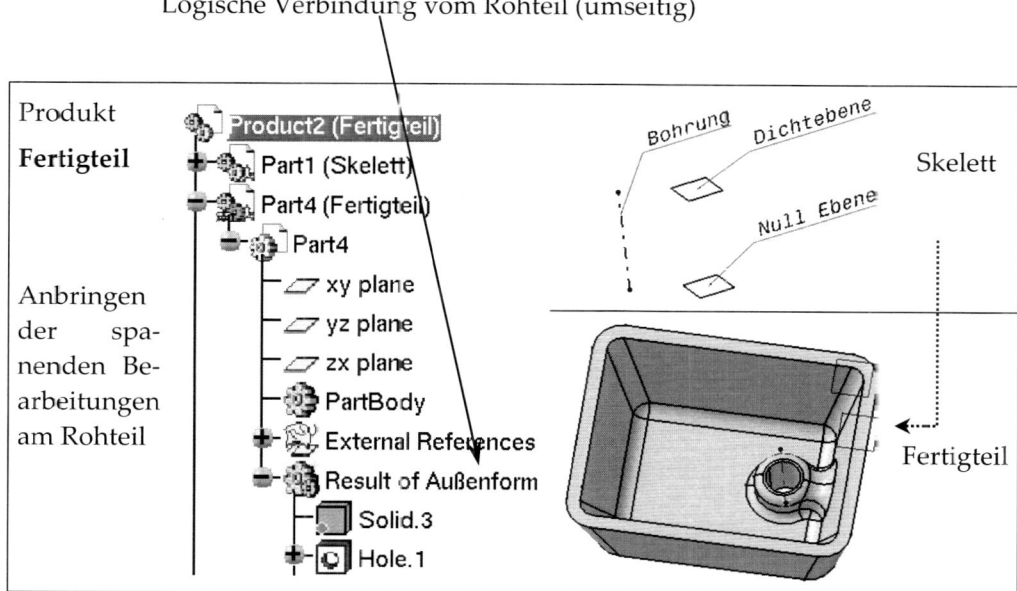

Logische Verbindung vom Rohteil (umseitig)

Legende:

⟶ Logische Verbindung: *Copy* → *Paste As Result With Link*

⋯⋯⋮⃗ Externe Referenz

Von obigen Produkt- und Teiledokumenten abgeleitete Zeichnungen zeigen den Teileentstehungsprozess:

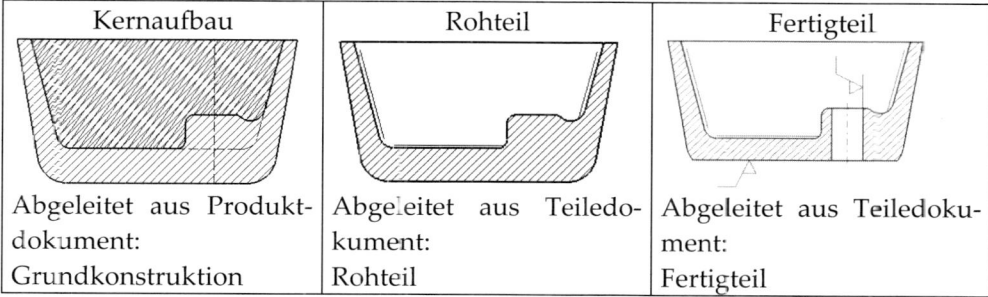

Kernaufbau	Rohteil	Fertigteil
Abgeleitet aus Produktdokument: Grundkonstruktion	Abgeleitet aus Teiledokument: Rohteil	Abgeleitet aus Teiledokument: Fertigteil

5.22.2 Strategien für die Erstellung eines Zusammenbaues

Bei der Erstellung eines Zusammenbaues ist die Wahl der geeigneten Bezüge wichtig. Werden unvorsichtig Geometrieelemente im Grafikbereich selektiert, kommt es leicht zu ungewollten Abhängigkeiten zwischen Komponenten und Zirkularreferenzen. Daher sind einige Empfehlungen angebracht:

Basiskomponente

– Zu Beginn eine geeignete Bezugskomponente wählen, z.B. eine Grundplatte oder ein Skelettteil. Diese im Raum fixieren ⚓ , damit bei weiteren Lageeinschränkungen nur die nachfolgenden Komponenten ihre Position verändern. Für wiederkehrende, übergeordnete Angaben Parameter mit sprechenden Namen (Kap. 1.9.2) verwenden. Ein Parameter einer Komponente kann auch auf einen Parameter des Skelettteils zugreifen. Mit Parametern bleibt die Zusammenstellung änderungsfreundlich und übersichtlich.

Selektieren

– Beim Selektieren von Bezügen auf die Anzeige im Mitteilungsfeld (*„Face/xy plane/Part2 preselected"*) und auf die entsprechende Hervorhebung (oranger Kasten um Objekt) im Strukturbaum achten, bevor MB1 gedrückt wird. Im Zweifelsfall und bei übereinanderliegenden Elementen direkt im erweiterten Strukturbaum selektieren. So wird immer das gewünschte Element und die dazugehörige richtige Komponente ausgewählt

Lagebeziehungen

– Es liegt zwar nahe, die Komponenten beim Einbau in Montagereihenfolge miteinander über Lagebeziehungen zu verknüpfen, dies führt jedoch bei großen Baugruppen zu vielfältigen Abhängigkeiten der Komponeten. Beispielsweise wird eine Deckplatte über zwei Lenker mit einer Grundplatte verbunden:

Das führt zu folgender Abhängigkeit der Deckplatte:

🔧 **Deckplatte.1**— 🔩 Coincidence.13 —🔧 Lenker B— 🔩 Coincidence.12 —🔧 Lenker A — 🔩 Coincidence.11 —🔧 Grundplatte.1—⚓ Fix.1

Wenn nun die Grundplatte, von der alle anderen Teile abhängig sind, entfernt oder ausgetauscht wird, rufen sämtliche Lagebeziehungen einen Fehler hervor. Das macht einen Zusammenbau vor allem in der Entwurfsphase einer Konstruktion nur schwer handhabbar. In diesem Fall ist es besser entweder mehrere Unterbaugruppen zu bilden und diese in einen übersichtlicheren Zusammenbau einzufügen oder aber die Komponenten auf <u>ein</u> Skelettteil zu beziehen, so dass jede Komponente nur von diesem Skelettteil abhängt:

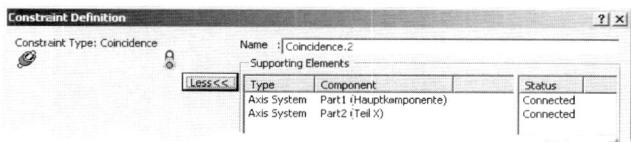

So können unterschiedliche Varianten von Komponenten mühelos ausgetauscht werden, ohne dass die übrigen Komponenten bzw. der Zusammenbau davon betroffen sind. Als gemeinsamer Bezug sämtlicher Teile kann z. B. das übergeordnete Koordinatensystem (des Gehäuses, des Motors, des Fahrzeugs, ...) herangezogen werden. Zum Einbauen genügt die Bedingung *Coincidence* 🔎 *Axis.N* der Komponente auf *Axis.N* der Hauptkomponente:

Constraint Definition			? X
Constraint Type: Coincidence 🔎 ⊗	Name :	Coincidence.2	
	Less<<	— Supporting Elements	
		Type Component	Status
		Axis System Part1 (Hauptkomponente)	Connected
		Axis System Part2 (Teil X)	Connected

5.23 Vorhandenes Produkt in anderes Verzeichnis speichern

Vorhandene Produktdokumente können mit allen eingefügten Komponentendateien in andere Verzeichnisse kopiert werden. Damit die logischen Verknüpfungen erhalten bleiben, muss dazu allerdings der Befehl *„Send to"* benutzt werden.

Vorgangsweise:

ENTWEDER:

– Wenn kein Dokument geöffnet ist: Im Hauptmenü: File → Send To > → Directory

– Im erscheinenden Fenster *„File Selection"* das gewünschte Produktdokument selektieren und Open drücken

ODER:

– Gewünschtes Produktdokument öffnen

– Im Hauptmenü File → Send To > → Directory

WEITER:

– Das Fenster *„Send To Directory"* erscheint

Anm.: Wenn wenigstens ein Dokument des Produkts geändert wurde, d.h. die Daten im Arbeitsspeicher entsprechen nicht jenen der Festplatte, erscheint ein Hinweisfenster und fordert auf entweder alle Dokumente abzuspeichern oder zu aktualisieren. In jedem Fall müssen die Daten gespeichert werden, damit das Fenster *„Send To Directory"* erscheint: Bei aktivem (!) Gesamtprodukt Icon *„Save"* 💾 drücken.

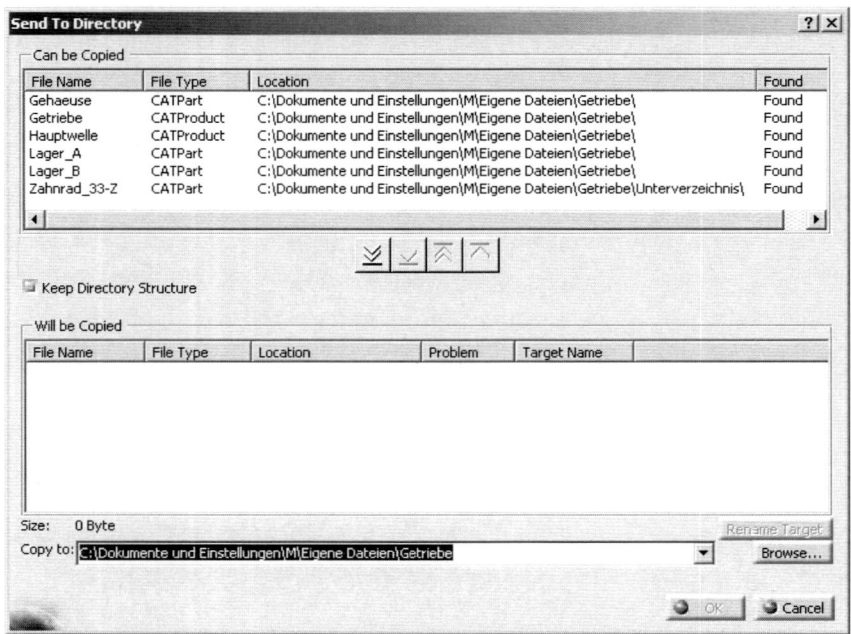

Das Fenster listet alle zum Produkt gehörenden Dateien auf

– Mit den Schaltern bzw. können alle bzw. nur die vorher selektierten Dateien aus dem oberen Fensterbereich *„Can be Copied"* in den unteren Fensterbereich *„Will be Copied"* gebracht werden. Die Dateien im unteren Fensterbereich werden in das noch zu nennende Verzeichnis kopiert

– Im Feld *„Copy to:"* wird das Zielverzeichnis entweder direkt eingegeben oder über den Schalter Browse... in dem erscheinenden Fenster *„Directory Browse"* ausgewählt. Im letztgenannten Fenster muss das Zielverzeichnis aufgesucht werden, bevor OK gedrückt wird:

– Der Schalter *Keep Directory Structure* erhält die Unterverzeichnisstruktur, die hierarchisch dem Verzeichnis des Produktdokuments untergeordnet ist. Im obigen Beispiel wird die Datei „Zahnrad_33-Z" somit in das Verzeichnis: „...\Zielverzeichnis\Unterverzeichnis" gespeichert werden:

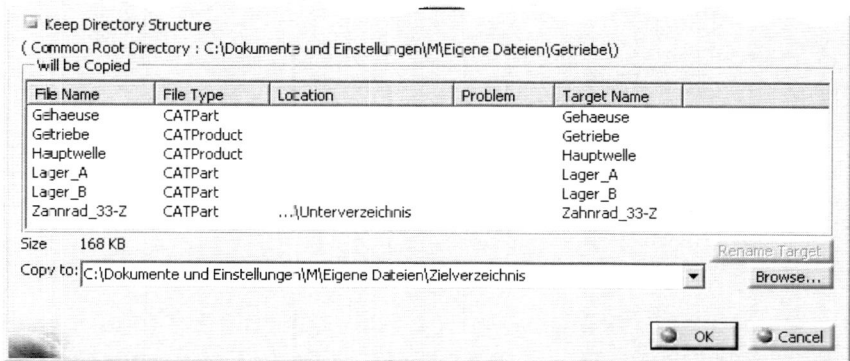

Dieser Schalter muss auf jeden Fall aktiviert werden, wenn mehrere gleichnamige Dateien kopiert werden sollen, weil der Rechner die Dateien sonst nicht unterscheiden kann. OK ist in einem solchen Fall vorher gar nicht selektierbar

— Mit OK den Kopierprozess starten. Ein Fenster („*Files Copied*") informiert an dessen Ende über die erfolgreiche Speicherung.

5.24 Teiledokument aus Produktdokument

Es gibt Fälle bei denen es wünschenswert ist, aus einem Produktdokument (CATproduct) ein Teiledokument (CATPart) zu erzeugen. Beispielsweise wenn man aus einer Zusammenstellung ein Rapid Prototyping Teil erstellen möchte und die RP-Anlage nur ein (!) STL-File verarbeiten kann. Dann braucht man zunächst ein Teiledokument, das sämtliche Geometrie der Zusammenstellung aufweist, aus dem in Folge das gesuchte STL-File erzeugt werden kann.

Bei älteren Releases war das nur Insidern vorbehalten. Man musste nämlich eine Systemvariable setzen (vgl. Kap. 1...). Und zwar „*IRD_productToPart=1*", dann war der Befehl unter *Tools* wählbar, wie er es jetzt „serienmäßig" ist. Aus diesem Produkt, bestehend aus zwei Komponenten, soll eine Teiledokument werden:

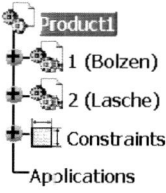

Aufruf des Befehls: Tools → Generate CATPart from Product...: Gleichnamiges Fenster erscheint. Das Objekt des Produkts selektieren, dessen Geometrie zu Körpern (*bodies*) gemacht werden soll. hier „*Product1*":

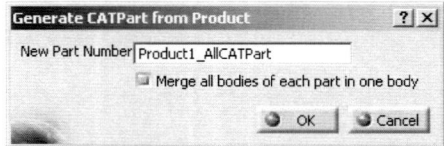

Der generische Name „*Product1_AllCATPart*" kann überschrieben werden. Mit dem Schalter „*Merge all bodies of each part in one body*" werden sämtliche Körper einer Komponente in einem Körper zusammengefasst. Andernfalls erhält das neue Teiledokument ebenso viele Körper wie die Komponenten aufweisen.

Mit OK wird das neue Teiledokument gebildet: Die Geometrie der Komponenten wurde in jeweils einen Körper zusammengefasst. Dieses Teiledokument kann unabhängig vom Produkt gespeichert und weiterverwendet werden.

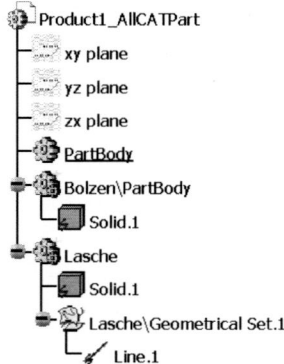

6 Zeichnungserstellung

In der Arbeitsumgebung „*Drafting*" werden Zeichnungen von Einzelteilen und Zusammenstellungen abgeleitet. Dabei bleibt die logische Verbindung zwischen der 3D Geometrie und der 2D Geometrie der Zeichnung aufrecht. Zusätzlich können die zur Definition der Teile benutzten Parameter als Maße angezeigt werden und ergänzende Bemaßung mit Toleranzen sowie sämtliche erforderliche Herstellangaben und Bemerkungen angebracht werden.

6.1 Einleitung

6.1.1 Aufruf der Arbeitsumgebung

Mehrere Möglichkeiten stehen zur Verfügung:

- Hauptmenü: Start → Mechanical Design > → Drafting
- Mittels Icon „*Drafting*"
- Icon „*New*" drücken um neues Dokument zu öffnen und im Fenster „*New*" Type „*Drawing*" wählen

Dialogfenster zur Bestimmung des Blattaussehens erscheint, siehe Kap. 6.1.3

Ein Zeichnungs-Dokument (*.*CATDrawing*) wird geöffnet und die Arbeitsumgebung „*Drafting*" wird gestartet.

Wenn beim Aufruf der Arbeitsumgebung „*Drafting*" bereits ein Dokument (Teil oder Zusammenstellung) im Arbeitsspeicher ist, erscheint das Fenster „*New Drawing Creation*":

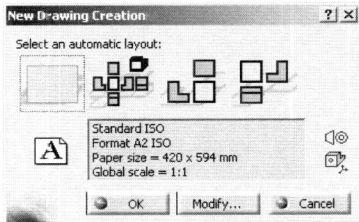

Damit kann lässt sich durch Selektion der entsprechenden Schaltfelder ein leeres Blatt (Fläche ganz links: *Empty sheet*) oder die Erzeugung mehrerer Ansichten gleichzeitig voreinstellen.

Über den Schalter Modify... werden die Formatangaben etc. wie unter Kap. 6.1.3 festgelegt.

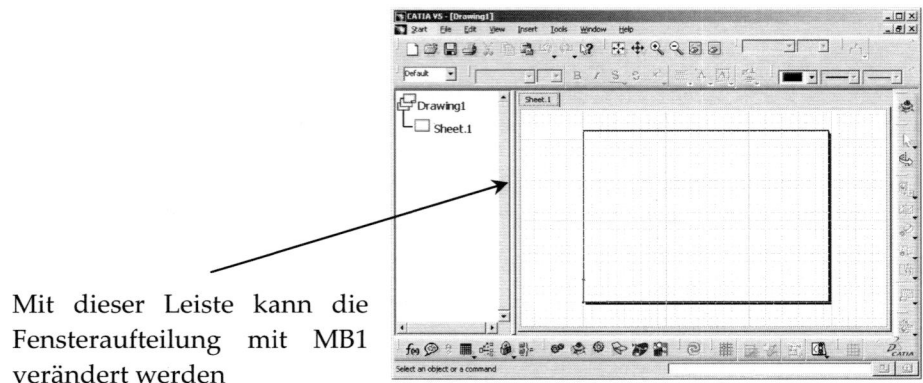

Mit dieser Leiste kann die
Fensteraufteilung mit MB1
verändert werden

6.1.2   Voreinstellungen

Hauptmenü: |Tools| → |Options...|

Im Fenster „*Options*" Kategorie „*Mechanical Design*" und da Zweig „*Drafting*" selektieren:
Die Registerleiste kann mit den seitlichen Pfeilen verschoben werden:

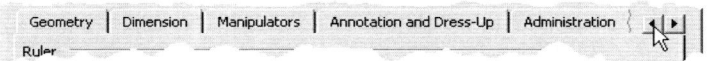

Im Register „***Layout***" wird das prinzipielle Ansichtsaussehen festgelegt:

View creation	View Name	Automatisches Einfügen der Ansichtsbezeichnung
	Scaling factor	Automatisches Einfügen der Maßstabsangabe
	View frame	Darstellen des Ansichtsrandes durch einen Rahmen
	Propagation of broken and breakout specifications	Bei Erzeugung einer Hilfsansicht oder projizierten Ansicht von einer vorhandenen Ansicht wird deren Unterbrechung (unterbrochene Ansicht) bzw. Ausschnitt (Teilansicht) übernommen (Kap. 6.3.10).
New sheet	Copy background view	Das neue Blatt erhält denselben Hintergrund wie ein anzugebendes vorhandenes Blatt (Quellenblatt, *source sheet*)
	Source sheet First sheet	Erstes Blatt der aktuellen Zeichnung wird verwendet

Other drawing	Ein Blatt einer zu bestimmenden Zeichnung von der Festplatte wird benutzt

Im Register „*View*" wird definiert, welche Geometrie in der Ansicht dargestellt wird:

Geometry genera-tion/Dress-up	Achsen, Mittellinien, Gewinde, Rundungen (Randkurven der Rundungsflächen), Drahtgitter usw. werden dargestellt

View linetype	Darstellung von Bruchlinien
Inherit 3D colors	Die Elemente behalten ihre Farbe, die sie in den anderen Arbeitsumgebungen haben, bei

<u>Achtung</u>: Weiße 3D-Elemente sind auf dem weißen Zeichnungshintergrund scheinbar nicht vorhanden!

Nachträgliches Ändern über Kontextmenü (MB3 auf Ansicht): → Properties

Generated Geometry	*Keep graphical dress-up manually set on geometry*	Nachträglich angebrachte Veränderung der Darstellung bleibt erhalten

Im Register „*Generation*" wird definiert, wann und wie Bemaßung in der Ansicht gezeigt wird:

Dimension generation	Art der Bemaßungserzeugung	
	Generate dimensions when updating the sheet:	Beim Update werden in der Zeichnung erzeugte Maße aktualisiert
	Filters before generation	Vor dem Einblenden der Maße können diese im Fenster „*Dimension generation filters*" ausgesucht werden
	Allow automatic transfer between views	Beim Regenerieren werden Maße zur bestgeeignetsten Ansicht verschoben
	Analysis after generation	Einblenden des Analysefensters nach der Maßerzeugung (Kap. 6.4.4)
	Delay between generations for Step-by-step mode	Zeitspanne zwischen Maßerzeugungen im Schrittmodus (Kap. 6.4.2)

Im Register *„Dimension"* wird die grafische Erscheinung der Bemaßung eingestellt:

Line-Up: *Default offset*: Abstand zwischen parallelen Maßlinien und Winkel zwischen Radius/Durchmessermaßen; siehe auch Kap. 6.4.6.4

Im Register *„Manipulators"* werden die „Griffe" zum Manipulieren eines Maßeintrages aktiviert; siehe auch Kap. 6.4.6.1 b:

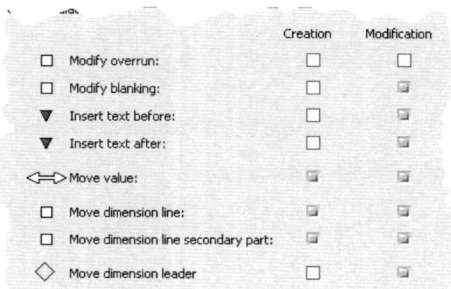

Creation: Diese Manipulatoren werden beim Erzeugen sichtbar

Modification: Diese Manipulatoren werden beim Ändern von Maßen sichtbar

Im Register *„Annotation and Dress-Up"* wird das Verhalten von Texteinträgen eingestellt

Im Register *„Administration"* wird unter anderem das Verhalten von Zeichnungen, die mit älteren Releases erzeugt wurden, eingestellt.

| *Dress-up* | *Prevent dimensions from driving 3D constraints* | Ist der Schalter aktiviert, können abgeleitete Zeichnungsmaße nicht zum Ändern der Geometrie (Doppelklick auf Maß) herangezogen werden |

Mit OK werden die Voreinstellungen gespeichert und das Fenster geschlossen.

6.1.3   Festlegen des Blattaussehens

Ein Zeichnungsblatt besteht aus:

Ansichtsarten

− Hauptansicht (*main view*)
− Erzeugte (projizierte) Bauteilansichten, die von der Hauptansicht abhängig sind
− Hintergrundansicht (*background view*): Zeichnungsrahmen, Titelleiste und Schriftfeld

Icon *„New"* ⬜ drücken um neues Dokument zu öffnen

Das Dialogfenster *„New"* erscheint: Dokumenttyp *„Drawing"* wählen.

Mit OK Auswahl bestätigen

Dialogfenster „New Drawing" erscheint:

Standard   Gewünschte Norm zur Zeichnungsfestlegung einstellen: ANSI, ISO,
                JIS, ... Damit wird auch die Projektionsart (amerikanisch, europä-
                isch) festgelegt

Sheet Style   Blattformat einstellen: A4, A3, A2, ...

Weitere Einstellungen im Dialogfenster „New Drawing":

Blattausrichtung festlegen:

Portrait   Hochformat

Landscape   Querformat

Button „*Hide when starting workbench*" blendet dieses Fenster beim nächsten Aufruf
aus.

Mit OK Angaben abschließen

Anm.: Nachträgliches Ändern dieser Einstellungen über Hauptmenü: File → Page
   Setup ...: erscheinendes Fenster „Page Setup" entspricht im Grunde obigen Fenster, siehe unten.

Arbeitsumgebung „Drafting" wird geöffnet

Der Strukturbaum kann wie gewohnt mit Taste <F3> ausgeblendet werden, wodurch die Zeichenfläche entsprechend größer wird.

Nachträgliches Ändern eines Blattes

— MB3 auf Objekt des Blattes *Sheet.N*. Im Fenster „*Properties*" kann das Format geändert werden. Schalter „*Display*" erlaubt ein/ausblenden des Blattrahmens (Formatkontur). Die Projektionsart *Projection Method* (europäisch/amerikanisch) kann eingestellt werden

— Hauptmenü: ⌗File⌗ → ⌗Page Setup ...⌗: Fenster „*Page Setup*" erscheint. Damit lassen sich alle oben durchgeführten Einstellungen ändern. Zusätzlich können folgende Einstellungen vorgenommen werden:

    — Zeichnungsrahmen einfügen: Mit dem Schalter ⌗Insert Background View...⌗ kann aus einer bestehenden Zeichnungsdatei deren Hintergrundansicht eines Blattes (z.B. Zeichnungsrahmen eines Unternehmens) mit dem erscheinenden Fenster „*Insert elements into a sheet*" eingefügt werden. Eine gegebenenfalls vorhandene Hintergrundansicht wird dabei durch die neue ersetzt

    — Der Schalter ⌗Browse...⌗ ermöglicht dabei die Festplatte nach Zeichnungsdateien zu durchsuchen

    — Mit dem Schalter 👁 kann eine verkleinerte Vorschau auf das gewählte Blatt und damit auf die Hintergrundansicht ein- bzw. ausgeschaltet werden:

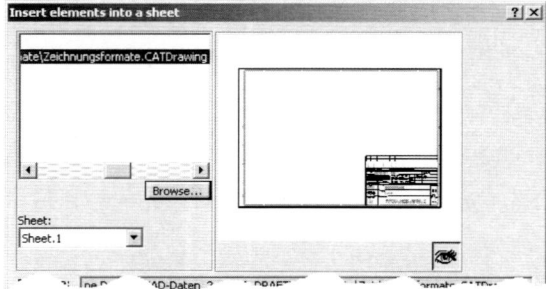

— Mit ⌗Insert⌗ kehrt man zunächst in das Fenster „*Page Setup*" zurück und mit ⌗OK⌗ wird die Hintergrundansicht aus dem ausgewählten Blatt in die Zeichnung eingefügt

Zunächst ist jedoch wieder das Fenster „*Page Setup*" aktiv.

☐ *Same as printer format*   Das Blattformat wird dasselbe wie für das Drucken festgelegt (Kap. 6.6.1)

☐ *Show Format*   Die Umrisse des Blattformats werden in der Zeichnung dargestellt

Apply to: Current sheet   Änderungen nur für aktuelles Blatt durchführen

All sheets   *Für alle Blätter durchführen*

Mit OK werden die eingestellten Änderungen durchgeführt.

Einfügen eines neuen Blattes:

− Icon „*New Sheet*" ☐ (Werkzeugleiste „*Drawing*") drücken
− Ein neues Blatt wird der Zeichnungsdatei hinzugefügt. Das Aussehen entspricht dem des ersten Blattes (siehe auch Kap. 6.1.2):

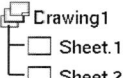
    Drawing1
    ├─ ☐ Sheet.1
    └─ ☐ Sheet.2

− Die einzelnen Blätter werden durch Doppelklick auf die entsprechenden Objekte im Strukturbaum oder durch Selektion der Register aktiviert.

Zeichnungsrahmen erzeugen und einfügen:

− Aufsuchen der Hintergrundansicht: Im Hauptmenü: Edit → Sheet Background
− Icon „*Frame and Title Block*" ☐ (Werkzeugleiste „*Drawing*") drücken
− Fenster „*Manage frame and title block*" erscheint:

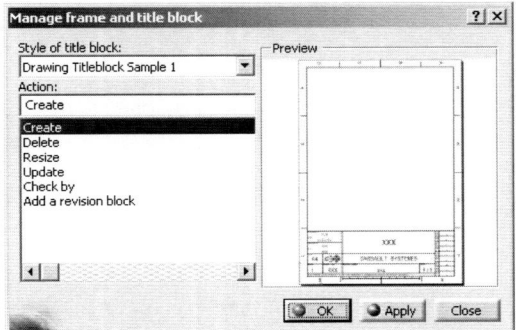

- Im Feld „*Style of title block*" kann zwischen drei verschiedenen Arten von Rahmen gewählt werden. Im Fenster „*Preview*" wird eine entsprechende Vorschau gezeigt
- Durch Wahl einer Zeile im Befehls-Feld wird der gewählte Befehl (angezeigt im Feld „*Action*") durchgeführt. Und zwar bei:

  Apply   ohne das Fenster zu verlassen

  OK   mit Verlassen des Fensters
- Mit „*Creation*" wird der selektierte Rahmen um das Zeichnungsformat und ein Schriftfeld in der Hintergrundansicht eingefügt:

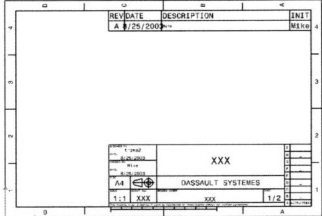

- Nach dem Ändern des Blattformats kann der Zeichnungsrahmen in diesem Fenster (nach erneutem Aufruf ⬜) mit „*Resizing*" angepasst werden
- Bei „*CheckedBy*" und „*AddRevisionBlock*" benutzt man vorteilhaft $\boxed{\text{Apply}}$ und füllt die Schriftkopffelder „Geprüft" und „Änderungen" in den erscheinenden Fenster aus
- Verlassen der Hintergrundansicht, d.h. Zurückkehren zum Ansichtsmodus: Hauptmenü: $\boxed{\text{Edit}}$ → $\boxed{\text{Working Views}}$.

Einfügen eines Bildes in die Hintergrundansicht:

- Aufsuchen der Hintergrundansicht: Hauptmenü: $\boxed{\text{Edit}}$ → $\boxed{\text{Sheet Background}}$
- Hauptmenü: $\boxed{\text{Insert}}$ → $\boxed{\text{Picture...}}$

Grafik einfügen

– Mit dem erscheinenden Fenster *„File Selection"* kann eine Bilddatei (ˆ.gif, *.jpg, *.tif, *.bmp, ...) gesucht und mit Open bzw. Öffnen ausgewählt werden. Das gewählte Objekt wird zunächst nur durch seine Kontur punktiert dargestellt und kann mit der Maus verschoben werden. Mit MB1 wird die Grafik eingefügt

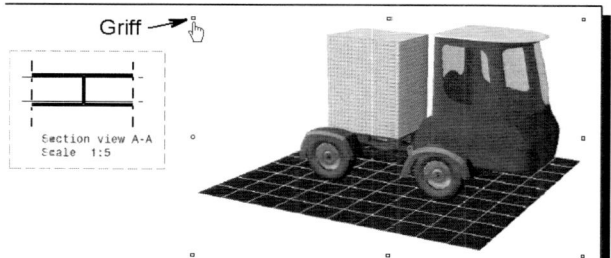

Grafik verändern

– Erneutes Selektieren der Grafik ermöglicht Vergrößern bzw. Verkleinern des Bildes durch Ziehen an den erscheinenden Griffen mit MB1. Die Griffe an den Ecken lassen das Höhen/Breitenverhältnis unverändert. Das Bild kann auch verschoben werden. Selektieren in den Hintergrund beendet diesen Modus

– Ein Doppelklick auf das Bild ermöglicht die Grafik im erscheinenden Fenster *„Image Edit"* zu ergänzen und zu ändern

– Zurückkehren zum Teileansichtsmodus: Hauptmenü: Edit → Working Views

Anm.: Mit Insert → Picture... können Bilder auch in Bauteilansichten (*views*) eingefügt und verändert werden.

6.1.4 Öffnen der zu einer Zeichnung zugehörigen Datei (*.CATPart, *.CATProduct)

Bei geöffneter Zeichnungsdatei im Hauptmenü: Edit → Links...

Dialogfenster *„Links of document* name.*CATDrawing"* erscheint:

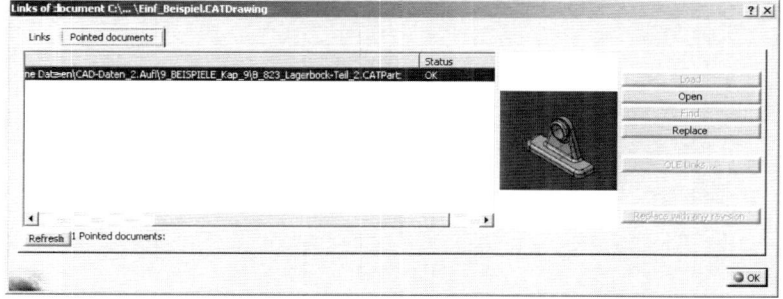

Es zeigt alle (*Owner Filter*: [All]) vorhandenen Verknüpfungen zwischen Ansichten und 3D Geometrie. Nach Selektion einer Zeile im Register „*Pointed documents*" (= Datei: *Pointed document*) wird die gewünschte Datei mit [Open] geöffnet

Fensteraufteilung zur besseren Übersicht ändern: Hauptmenü: [Window] → [Tile Horizontally].

6.2   Einführungsbeispiel

Vom Bauteil des Kap. 9.2.3 (Beispiel: Lagerbock) soll eine Zeichnung erstellt werden.

Vorgangsweise:

– Arbeitsumgebung „*Drafting*" starten: Icon „*New*" [□] drücken um neues Dokument zu öffnen. Im Fenster „*New*" als Dateityp „*Drawing*" selektieren und mit [OK] bestätigen

– Dialogfenster „*New Drawing*" zur Bestimmung des Blattaussehens erscheint. Voreinstellungen übernehmen und mit [OK] bestätigen. Für Änderungen der Einstellungen siehe Kap. 6.1.3. Die Arbeitsumgebung „*Drafting*" wird gestartet

– Bauteil in den Arbeitsspeicher laden: Icon „*Open*" [📁] drücken und Teil mittels Fenster „*File Selection*" auswählen

– Fensteraufteilung zur besseren Übersicht ändern:
Hauptmenü: [Window] → [Tile Horizontally]

– Arbeitsumgebung „*Drawing*" aktivieren: Fenstertitelleiste „*Drawing*" selektieren, diese ändert die Farbe von grau auf blau:

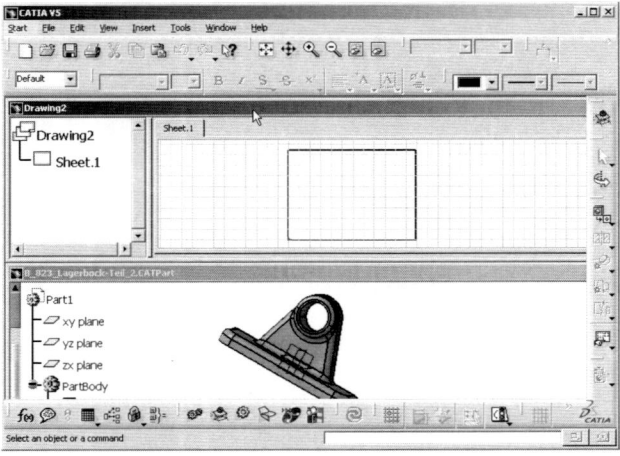

Hauptansicht ableiten

- Hauptansicht erzeugen: Icon „*Front View*" 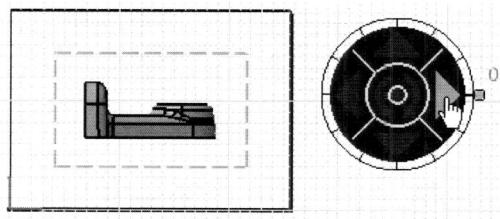 (Werkzeugleiste "*Views*") drücken. Im Fenster „*.CATPart*" gewünschte Ansichtsebene des Teils selektieren, z.B. die ZX-Ebene
- In einer Vorschau lässt sich die endgültige Ansicht über blaue Pfeile einstellen:
- Ansicht von vorne einstellen:
  - Grünen Griff auf 90° drehen
  - blauen Pfeil „nach rechts" einmal selektieren
  - Abschließen der Einstellung durch Drücken des blauen Mittelpunktes oder in den Zeichnungshintergrund

<u>Anm.:</u> Die gewünschte Ansicht lässt sich über die blauen Pfeile auch in einer anderen Reihenfolge der Drehungen erreichen.

- Die Ansicht wird erzeugt:

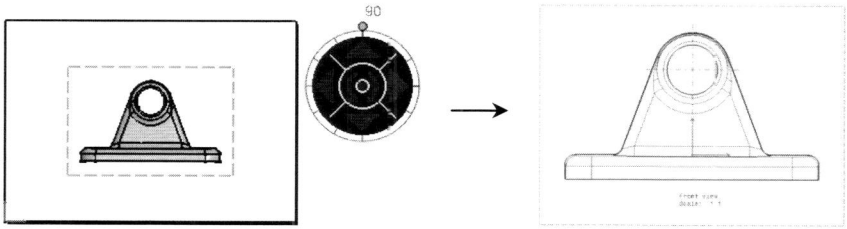

- Am Strukturbaum der Zeichnung wird ein Objekt für die Ansicht angehängt:

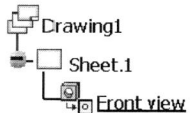

Weitere Ansicht ableiten

- Erzeugen einer weiteren Ansicht, die von der Hauptansicht abhängig ist: Icon „*Projection View*" (unter „*Front View*") drücken und mit dem Mauszeiger in den Grafikbereich fahren
- Eine Vorschau der Ansicht erscheint in Abhängigkeit von der Mauszeigerposition und der voreingestellten Norm (Rissanordnung nach DIN ISO oder ANSI)

– Riss „Ansicht von links" einstellen, d.h. bei Rissanordnung nach DIN ISO Mauszeiger rechts neben die Hauptansicht ziehen; die erscheinende Voransicht mit dem gewünschten Abstand zur Hauptansicht ziehen und MB1 drücken. Die Ansicht wird erzeugt:

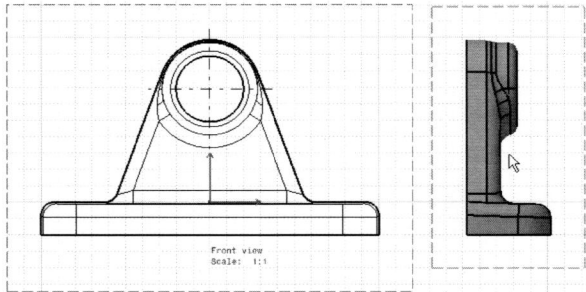

Ansicht aktivieren

– Den blau strichlierten Rahmen mit dem Mauszeiger überfahren, bis die Geometrie hervorgehoben dargestellt wird, dann einen Doppelklick durchführen: Die erzeugte Ansicht wird zur aktiven Ansicht; ihr Rahmen ist nun rot strichliert

– Icon *„Projection View"* ⊞ drücken und neue Ansicht wie oben erzeugen:

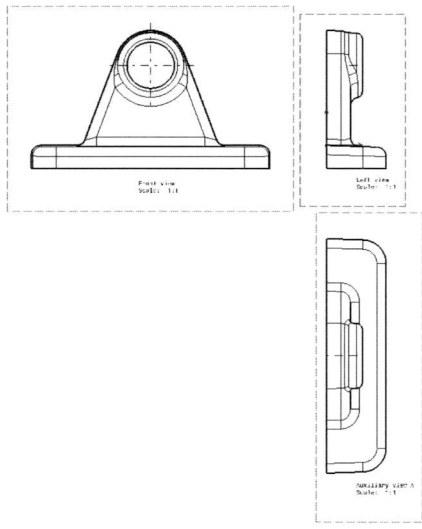

Schnitt erzeugen

Erzeugen eines Schnitts ausgehend von der Hauptansicht:

– Im Strukturbaum Objekt *„Front View"* durch Doppelklick zur aktuellen Ansicht erklären. Das Objekt wird unterstrichen dargestellt:

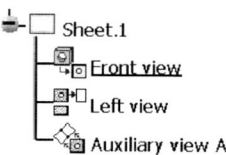

Sheet.1
    Front view
    Left view
    Auxiliary view A

— Icon „*Offset Section View*" ▨ (Werkzeugleiste "*Views*") drücken

— In der Ansicht von vorne (Hauptansicht) mit MB1 Schnittführung wie im Sketcher einzeichnen. Dabei erkennt das System Kreismittelpunkte, rechte Winkel etc. Gleichzeitig wird die Schnittebene im 3D-Grafikbereich gezeigt. Wenn der Schnittverlauf nicht den Wünschen entspricht, mit Icon „*Undo*" ↺ korrigieren. Die Schnittführung mit Doppelklick beenden. Den Mauszeiger links neben die Ansicht ziehen. Eine Vorschau der Schnittansicht erscheint. Diese an die gewünschte Stelle ziehen und MB1 drücken.

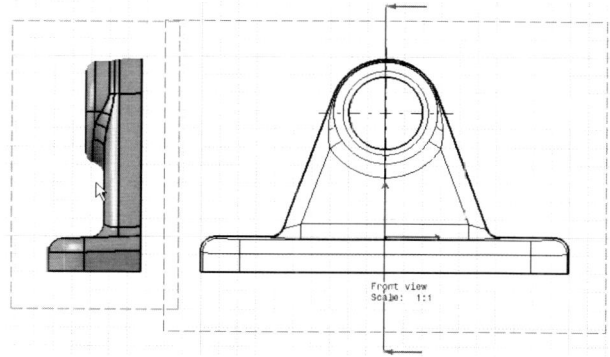

— Die Schnittansicht wird erzeugt:

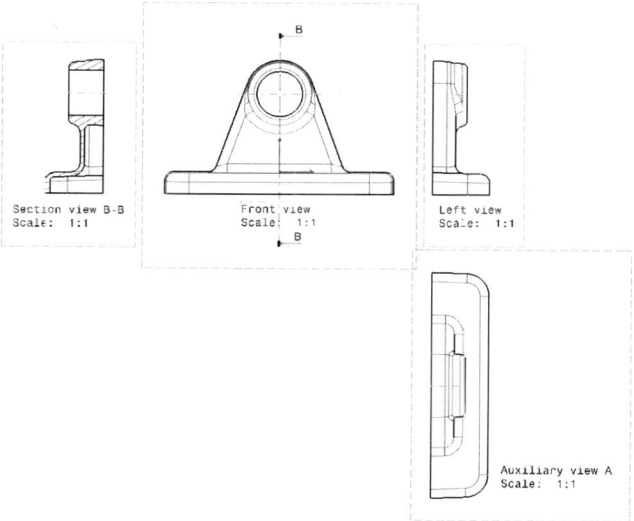

Maße anzeigen

- Icon *„Generate Dimensions“* (Werkzeugleiste *„Generation“*) drücken
- Falls Fenster *„Dimension Generation Filters“* erscheint (hängt von den Voreinstellungen ab, Kap. 6.1.2), im Feld *„Type of constraint“* Buttons *„Sketcher constraints“* und *„3D constraints“* aktivieren und mit OK bestätigen
- Falls das Fenster *„Generated Dimension Analysis“* erscheint, dieses mit OK schließen (hängt von den Voreinstellungen ab, Kap. 6.1.2)
- Sämtliche Maße werden eingeblendet:

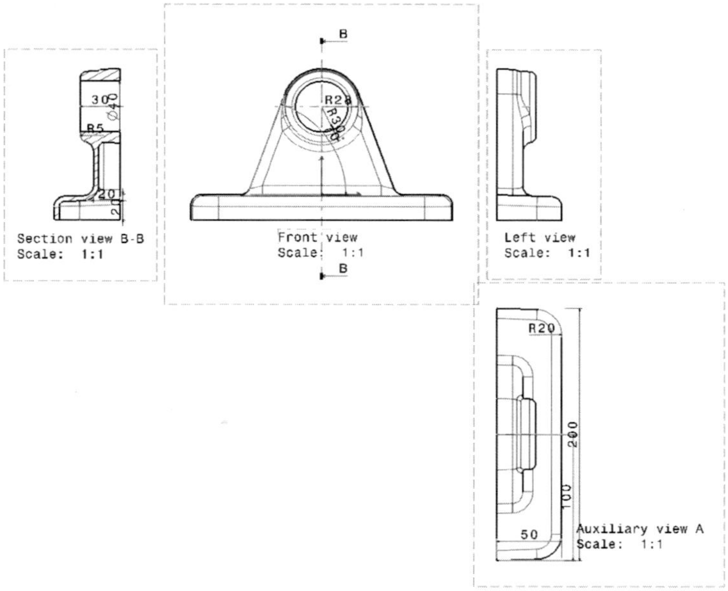

- Die Maße sind allerdings noch nicht übersichtlich angeordnet und die Bemaßung muss besser positioniert werden:
- Icon *„Dimension Positioning“* aus der Werkzeugleiste *„Positioning“* drücken. Die Maße der aktiven (!) Ansicht werden gemäß der Voreinstellung angeordnet
- Eine andere Ansicht durch Doppelklick aktivieren und das Icon *„Dimension Positioning“* erneut drücken. Vorgang für alle Ansichten mit Bemaßung wiederholen
- Restliche Maße durch Selektieren und Ziehen mit MB1 wunschgemäß anordnen. Überflüssige Maße ausblenden
- Maße, die in einer anderen Ansicht erscheinen sollen, mit MB3 selektieren und im Kontextmenü Cut wählen, dann Rahmen der gewünschten Zielansicht mit Mauszeiger überfahren und über MB3 im Kontextmenü Paste wählen. Das Maß wird in die Zielansicht eingefügt:

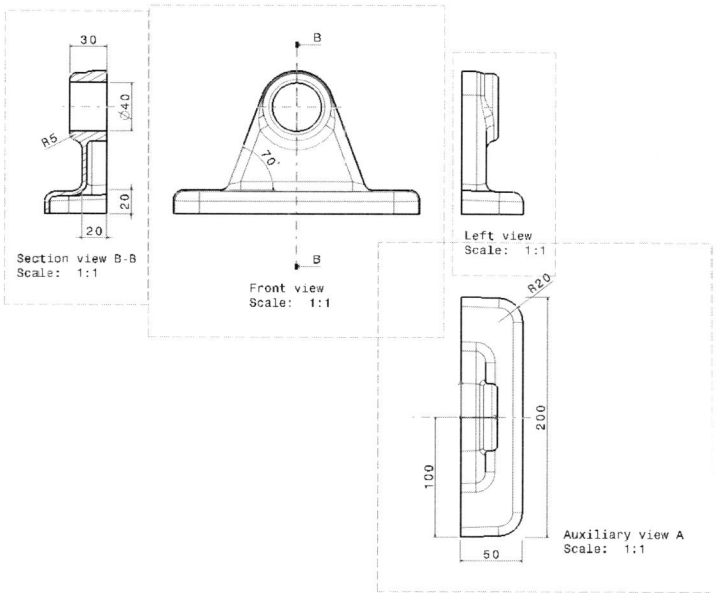

Zeichnungsrahmen

– Zeichnungsrahmen einfügen:
  Im Hauptmenü: File → Page Setup...

– Im erscheinenden Fenster „*Page Setup*" Button Insert Background View... drücken

– Im erscheinenden Fenster „*File Selection*" mittels Schalter Browse... das Verzeichnis aufsuchen, in dem die Formate abgelegt sind

– In diesem Verzeichnis das File „*NameFormat.CATDrawing*" selektieren und mittels Button OK öffnen

– Im Fenster „*Insert elements into a sheet*" im Feld „*Sheet*" mit Hilfe des schwarzen Pfeils das gewünschte DIN-Format (A3, A2, ..) selektieren.

  Der Button „*Preview On or Off*" 👁 öffnet eine Vorschau auf das selektierte Format:

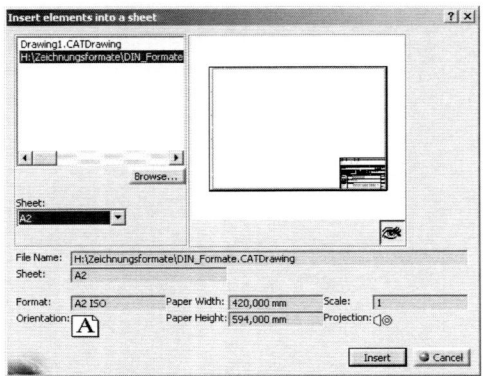

— Mit dem Schalter Insert das Format in die Zeichnung einfügen

— Im Fenster „*Page Setup*" den Schalter „*Show Format*" deaktivieren und das Fenster mit OK schließen

— Der Zeichnungsrahmen befindet sich in der Hintergrundansicht (*background view*) der Zeichnung. Zum Bearbeiten des Schriftfeldes muss die Hintergrundansicht aktiviert werden: Im Hauptmenü Edit → Sheet Background

— In der Hintergrundansicht kann Text durch Doppelklick auf das Textfeld editiert werden

— Rückkehr zu den Zeichnungsansichten: Hauptmenü Edit → Working Views

— Mit „*Save*" 💾 Zeichnung mit Wunschnamen im gewählten Verzeichnis abspeichern: *Name.CATDrawing*. Zum Teiledokument besteht eine logische Verknüpfung (ein Fenster weist auf diesen Umstand hin), weshalb dieses nachträglich nicht umbenannt oder verschoben werden darf.

6.3   Teileansichten (*view*)

Ansichten werden auf dem Zeichnungsblatt entweder beliebig platziert oder sind als projizierter Riss von einer anderen Ansicht abhängig. Sie werden durch einen strichlierten Rahmen gekennzeichnet, der individuell ausgeblendet werden kann (→ *Properties*) siehe Kap. 6.3.14.1 oder allgemein über das Icon 🔲 (Werkzeugleiste „*Visualization*") sichtbar bzw. unsichtbar sein kann.

→ Geometrie in einer Ansicht kann gelöscht werden ohne die zugehörige 3D-Geometrie zu löschen.

Wiederherstellen gelöschter 2D-Geometrie erfolgt über das Kontextmenü: Ansicht mit MB3 selektieren → Name View object > → Restore Properties → im folgenden Fenster Schalter *Deleted* aktivieren. Beim nächsten Aktualisieren werden die gelöschten Elemente wieder dargestellt.

6.3.1 Aktive Ansicht (*active view*)

Die aktive Ansicht weist einen roten Rahmen auf, von ihr werden andere Ansichten abgeleitet und sämtliche Änderungen und Einträge werden in ihr vorgenommen bzw. beziehen sich auf sie. Im Strukturbaum ist das entsprechende Objekt unterstrichen:

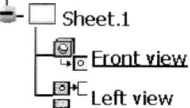

Aktivieren einer Ansicht:

ENTWEDER: Doppelklick auf das entsprechende Objekt

ODER: Doppelklick auf den Rahmen der Ansicht im Grafikbereich

ODER: Kontextmenü → Activate View.

6.3.2 Hauptansicht

Hauptansichten sind von anderen Ansichten unabhängige Ansichten und werden durch das Bauteil allein festgelegt.

- Bauteil- und Zeichnungsdatei gemeinsam in den Arbeitsspeicher laden, siehe auch Einführungsbeispiel 6.2

Anm.: Eine Bauteildatei kann ein **Teile**- oder ein **Produktdokument** sein

- Zeichnungsdatei durch Selektion der Titelleiste des Fensters „*Drawing1*" aktivieren. Die Titelleiste wird blau
- Icon „*Front View*" ⊞ drücken.
  Im Fenster der 3D-Bauteilgeometrie „**.CATPart*" bzw. „**.CATProduct*" gewünschte Ansichtsebene des Teils oder ebene Fläche selektieren. Die Ansichtsebene kann auch über Punkte und Gerade definiert werden. Im Falle zweier Geraden bestimmt die zuerst selektierte die Hauptachsenrichtung der Zeichnungsansicht.
  Von einem Produkt können auch einzelne Körper allein dargestellt werden: Zunächst einzelne Körper (*Bodies*), dann Bezugsebene selektieren. Beim Überfahren von Ebenen mit dem Mauszeiger werden bereits dynamische Voransichten dargestellt. Sobald die Ebene selektiert wurde, ist der weitere Vorgang wie bei Bauteilgeometrie:
- Eine 3D-Ansicht wird im Zeichnungsfenster dargestellt. Die endgültige Ansicht lässt sich über blaue Pfeile einstellen:
- Schwenken des grünen Griffs dreht Ansicht in Zeichenebene zu voreingestellten Werten (0°, 30°, ...).

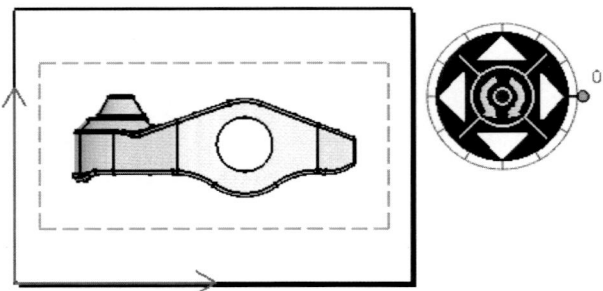

Diese Voreinstellungswerte können mit dem Kontextmenü (MB3 auf grünem Griff) geändert werden:
→ Set increment ... oder ein beliebiger Wert kann eingeben werden → Set current angle to > ...

- Drücken der blauen Dreieckspfeile schwenkt Ansichtsebene um 90°: Ansicht von vorne wird Ansicht von rechts usw.
- Abschließen der Definition durch Drücken des blauen Mittelpunktes oder in den Zeichnungshintergrund

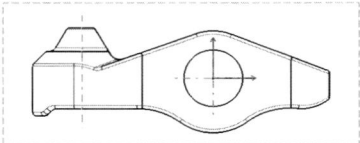

- Die Ansicht wird erzeugt:

Ansichten anderer Bauteile

- Wenn von einer anderen Bauteildatei in derselben Zeichnung eine Hauptansicht erzeugt werden soll, muss diese zuerst in den Arbeitsspeicher geladen werden. Der weitere Vorgang ist derselbe wie oben beschrieben
- Das Icon „*Advanced Front View*" ermöglicht vor der Wahl der Ansichtsebene Ansichtsnamen und Abbildungsmaßstab einzugeben.

6.3.3   Projizierte Ansicht (*projection view*)

Projizierte Ansichten werden von einer vorhandenen Ansicht abgeleitet. Diese Ansicht muss die aktive sein.

- Icon „*Projection View*" drücken
- Eine Vorschau erscheint in Abhängigkeit von der relativen Mauszeigerposition zur aktiven Ansicht und der voreingestellten Norm (Rissanordnung nach DIN ISO oder ANSI, siehe Kap. 6.1.3)
- Den gewünschten Riss einstellen und MB1 drücken. Die Ansicht wird erzeugt:

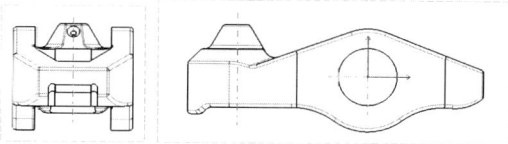

6.3.4   Hilfsansicht (*auxiliary view*)

Hilfsansichten werden durch Angabe von Projektionsrichtung oder ähnliches und durch die aktive Ansicht definiert.

- Icon „*Auxiliary View*" 🔷 drücken
- Projektionsebene in der aktiven Ansicht skizzieren: Gerade, Kante oder ähnliches
- Mit dem Mauszeiger gewünschten Bereich relativ zu skizzierter Projektionsebene aufsuchen. Damit wird in Abhängigkeit der voreingestellten Norm die Projektionsrichtung (siehe Kap. 6.3.3) festgelegt. Mit der Maus an die gewünschte Stelle ziehen und durch Drücken von MB1 Ansicht erzeugen:

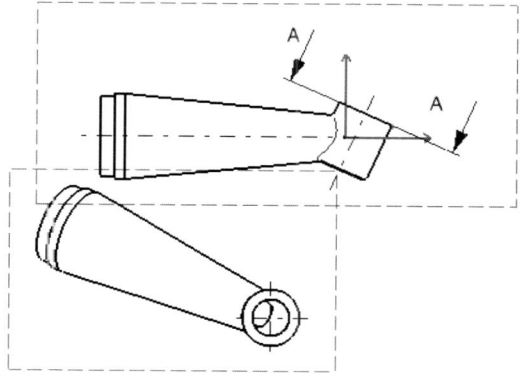

Abhängige Ansichten beliebig verschieben

- Die Ansicht kann entlang der Projektionsrichtung mit MB1 verschoben werden und darüber hinaus auch beliebig platziert werden:
  Ansicht mit MB3 selektieren → View Positioning > → Position Independently of Reference View
  nun kann die Ansicht mit MB1 beliebig verschoben werden. Das Aufheben dieser Einstellung erfolgt ebenfalls über das Kontextmenü: Position According to Reference View.

Ändern der Projektion

- Ändern der Projektionsebene erfolgt durch Ändern der Skizzengeometrie:
  Doppelklick auf die Projektionsführung (*Callout*) öffnet Skizze. Diese wird nach
  dem Ändern mit 🔼 wieder verlassen
- Pfeildarstellung normgerecht ändern: Schnittführungverschieben (Doppelklick
  auf Schnittführung und verschieben), siehe Kap. 6.3.14.5.
- Pfeilanzahl und Aussehen, siehe Kap. 6.3.14.4: Einstellungen 1 bis 4.

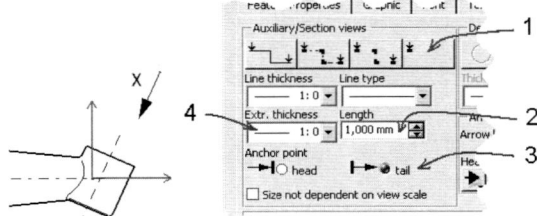

6.3.5   Isometrische Ansicht (*isometric view*)

Isometrische Ansichten werden durch eine 3D Ansicht definiert.

- Bauteil- und Zeichnungsdatei gemeinsam in den Arbeitsspeicher laden, siehe
  auch Einführungsbeispiel Kap. 6.2.

Anm.: Eine Bauteildatei kann ein Teile- oder ein Produktdokument sein.

- Teiledatei durch Selektion der Titelleiste des 3D-Fensters (*Name.CATPart*) aktivieren und Ansicht der Bauteil(e) mit Ansichtssteuerung gewünscht einstellen:

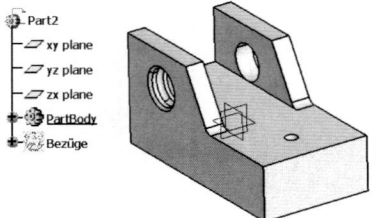

- Zeichnungsdatei durch Selektion der Titelleiste des Fensters „*Drawing.N*" akti-
  vieren
- Icon „*Isometric View*" 🔲 drücken
- Im 3D-Grafikbereich Bauteil oder beliebige Ebene selektieren
- Eine Vorschau auf die Zeichnungsansicht erscheint im Zeichnungsfenster und
  die Ansicht kann wie unter Kap. 6.3.2 geändert und festgelegt werden:

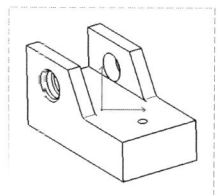

Explosionsdarstellungen

– Damit können auch Ansichten von Explosionsdarstellungen (siehe Kap. 5.19) von Zusammenstellungen erzeugt werden: Vorgehensweise grundsätzlich wie oben, jedoch im Grafikbereich zunächst Objekt „*Product1*" selektieren, danach eine Ebene dieses Produkts.

6.3.6 Ebene Schnittansicht (*offset section view*)

Ebene Schnittansichten werden durch die aktive Ansicht und durch die Schnittführung definiert. Die Schnittführung beschreibt dabei eine oder mehrere parallele Ebenen, die normal auf die aktive Ansicht stehen.

– Icon „*Offset Section View*" ⊞ oder „*Offset Section Cut*" ⊞ drücken. Letzteres liefert nur die Ansicht der Schnittebene alleine, also keine Hintergrunddarstellung

Schnittebene festlegen

– In der aktiven Ansicht die gewünschte Schnittführung durch Bohrungsmitten, entlang von Mittellinien und ähnlichem skizzieren. Die letzten Schritte können dabei wie immer mit ↶ rückgängig gemacht werden. Abschluss der Skizze durch Doppelklick.
  Alternativ kann auch eine Ebene als Schnittebene im 3D Grafikfenster des Teiledokuments selektiert werden

– Gewünschten Bereich der Zeichnung, in dem der Schnitt dargestellt werden soll mit Mauszeiger aufsuchen. Die voreingestellte Norm legt die Projektionsanordnung (siehe Kap. 6.3.3) fest.
  Durch Drücken von MB1 Ansicht platzieren und erzeugen:

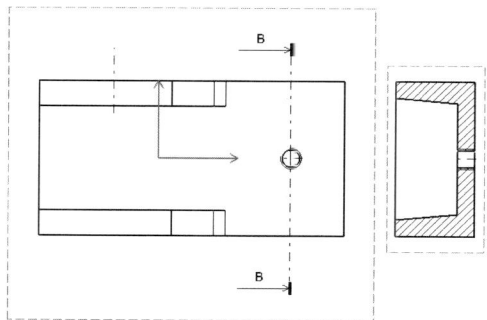

Schnittführung ändern

–   Ändern der Schnittführung erfolgt durch Ändern der Skizzengeometrie: Doppelklick auf die Schnittführung öffnet Skizze. Diese wird nach dem Ändern mit 🔼 wieder verlassen

Halbschnitt

–   Mit dieser Schnittansicht lassen sich auch Halbschnitte, z.B. für Drehteile, erzeugen:

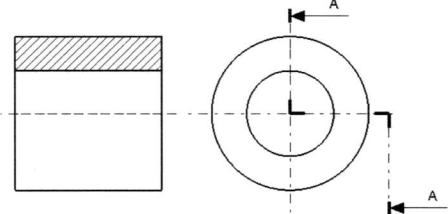

Ungeschnittene Teile

–   Teile in einer Zusammenstellung, die nicht geschnitten werden sollen, z.B. Dreh- oder Normteile, müssen gekennzeichnet werden: Im Fenster der Zusammenstellung „Name.*CATProduct*" Objekt des betreffenden Teils mit MB3 selektieren:

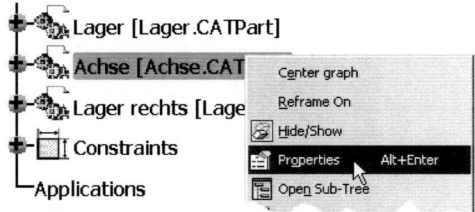

Im erscheinenden Fenster „*Properties*" im Register „*Drafting*" im Feld „*Drafting Properties*" Schalter ⬛ *Do not cut in section views* aktivieren.

Zeichnungsfenster aktivieren und Ansicht aktualisieren (siehe Kap. 6.3.13):

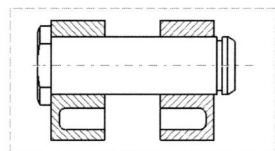

<u>Anm.</u>: Die Ansicht braucht dazu die nötige Voreinstellung:

MB3 auf Objekt der Ansicht „*Section View A-A*" ➔ Properties. Im Fenster „*Properties*" im Register „*View*" ⬛ *3D spec*" aktivieren und mit OK abschließen.

6.3.7 Umgelenkte Schnittansicht (*aligned section view*)

Ebene Schnittansichten werden durch die aktive Ansicht und durch die Schnittführung definiert. Die Schnittführung beschreibt dabei abgewinkelte Ebenen, die normal auf die aktive Ansicht stehen.

— Icon „*Aligned Section View*" 🔲 oder „*Aligned Section Cut*" 🔲 drücken. Letzteres liefert nur die Ansicht der Schnittebene alleine, also keine Hintergrunddarstellung

— In der aktiven Ansicht die gewünschte Schnittführung durch Bohrungsmitten, entlang von Mittellinien und ähnliches skizzieren. Die letzten Schritte können dabei wie immer mit 🔲 rückgängig gemacht werden. Abschluss der Skizze durch Doppelklick

— Gewünschten Bereich der Zeichnung, in dem der Schnitt dargestellt werden soll mit Mauszeiger aufsuchen. Die Lage aller umgeklappten Schnittdarstellungen wird von der zuerst gezeichneten Schnittlinie diktiert. Die voreingestellte Norm legt die Projektionsanordnung (siehe Kap. 6.3.3) fest. Durch Drücken von MB1 Ansicht platzieren und erzeugen:

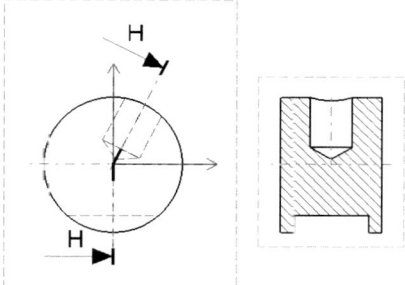

— Ändern der Schraffur, der Schnittführung und Ausnehmen von Teilen beim Schneiden siehe Kap. 5.3.14 bzw. 6.3.6.

6.3.8 Detailansicht (*detail view*)

Eine Detailansicht wird durch die aktive Ansicht und durch die Angabe eines Ausschnitts definiert. Dieser Ausschnitt kann ein Kreis oder ein beliebiges Polygon sein. Falls eine Detailansicht von einer unterbrochenen Ansicht (*Broken View*) oder von einer Teilansicht (*Clipping View*) abgeleitet werden soll, muss dies <u>vor</u> dem Verändern (Unterbrechen bzw. Verkürzen) der Ansicht geschehen.

6.3.8.1 Kurzerzeugung einer Detailansicht

Die Kurzerzeugung eines Details erfolgt direkt von der vorhandenen Zeichnungsgeometrie. Diese Ansicht stellt demnach eine bloße Vergrößerung ohne Auflösungserhöhung dar.

- Icon „*Quick Detail View Profile*" ⊟ oder Icon „*Quick Detail View*" ⊘ drücken. Im letzteren Fall ist der Ausschnitt ein Kreis (Definiert durch Mittelpunkt und einen weiteren Punkt)
- In der aktiven Ansicht ein Polygon als Ausschnitt skizzieren. Das Polygon wird mit Doppelklick beendet und wird, falls erforderlich, vom System automatisch geschlossen

Am Mauszeiger „hängt" das vergrößerte Polygon (Voreinstellung: 2x Zeichnungsmaßstab).

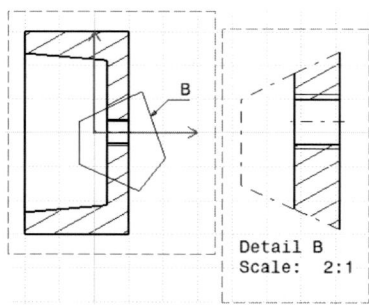

Mit MB1 wird der Ausschnitt beliebig platziert:

- Zum Ändern der Parameter der Detailansicht diese mit MB3 selektieren: → Properties im erscheinenden Fenster „*Properties*" können Maßstab, Bezeichnung etc. geändert werden
- Das Ändern des Ausschnitts erfolgt durch Doppelklick auf das skizzierte Polygon, worauf dessen Skizze geöffnet wird. Verlassen der Skizze mit ⛴.

6.3.8.2 Erzeugung einer 3D-Detailansicht

Im Gegensatz zur Kurzerzeugung eines Details erfolgt diese Darstellung durch Projektion der 3D-Bauteildaten. Dadurch kann diese Ansicht von dem Ergebnis der Kurzerzeugung abweichen.

- Icon „*Detail View Profile*" 🔧 oder Icon „*Detail View*" 🔧 drücken. Im letzteren Fall ist der Ausschnitt ein Kreis (Definiert durch Mittelpunkt und einen weiteren Punkt).
- Die restliche Vorgehensweise entspricht Kap. 6.3.8.1.

6.3.9   Teilansicht (*clipping view*)

Eine Teilansicht zeigt nur den Teil eines Risses, der von Interesse ist. Bei dieser Option wird direkt die aktive Ansicht geändert.

– Icon „*Quick Clipping View Profile*" ⌂ oder Icon „*Quick Clipping View*" ⊕ drücken. Im letzteren Fall ist der Ausschnitt ein Kreis (definiert durch Mittelpunkt und einen weiteren Punkt)
– In der aktiven Ansicht ein Polygon als Ausschnitt skizzieren. Das Polygon wird mit Doppelklick beendet und wird, falls erforderlich, vom System automatisch geschlossen
– Der Ausschnitt wird erzeugt und sämtliche Geometrie, die außerhalb des Ausschnitts liegt, gelöscht. Bemaßungen und Bemerkungen, die auf solcherart gelöschte Geometrie bezogen sind, werden in den *NoShow*-Bereich übertragen (und können von dort wieder eingeblendet werden):

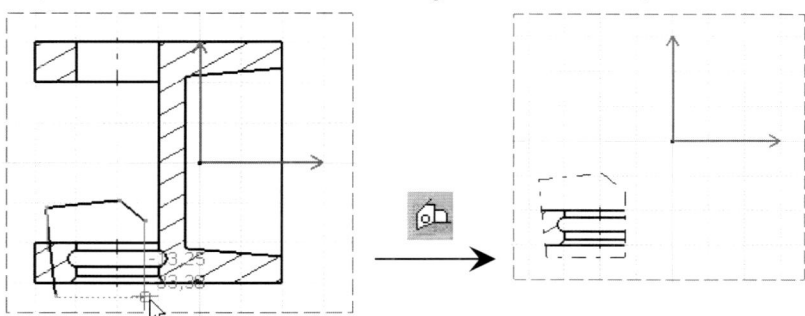

Rückgängig machen

– Wiederherstellen der vollständigen Ansicht erfolgt über das Kontextmenü: Mit MB3 im Strukturbaum Objekt „*NAME view object*" selektieren → NAME view object > → Unclip.
Die ursprüngliche Ansicht wird wieder vollständig gezeigt.
– Ähnlich wie bei der Detailansicht (Kap. 6.3.8) gibt es auch hier die Schalter „*Clipping View Profile*" ⌂ und „*Clipping View*" ⊕, die dasselbe wie die obigen Befehle bezogen auf die exakte 3D-Geometrie liefern.

6.3.10   Unterbrochene Ansicht (*broken view*)

Bei einer unterbrochenen Ansicht wird ein Teil eines Risses, der nicht von Interesse ist, entfernt. Bei dieser Option wird direkt die aktive Ansicht geändert.

– Icon „*Broken View*" ⊡ drücken

- Kontur der Ansicht, die unterbrochen werden soll, selektieren – zwei grüne Linien (strichliert und Volllinie) erscheinen an dieser Stelle. Durch Selektion einer dieser Linien wird der Schnitt horizontal bzw. vertikal geführt

- Nach der Selektion der Schnittrichtung erscheint eine zweite parallel Linie, deren Lage mit MB1 festgelegt werden kann.

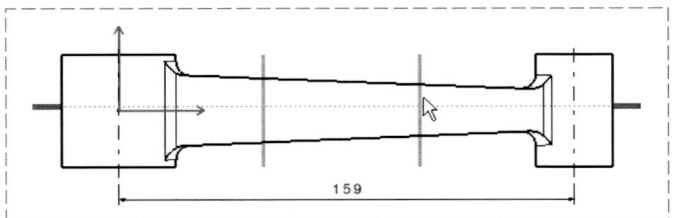

Der Bereich zwischen den beiden grünen Linien wird „herausgeschnitten"

- Mit MB1 freien Zeichnungsbereich selektieren – die Ansicht wird entsprechend der Festlegungen geändert:

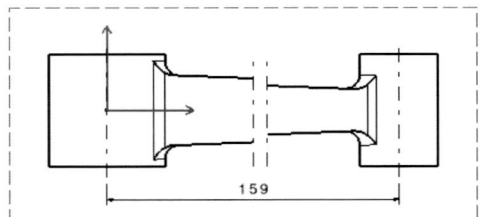

Unterbrechung für abgeleitete Ansicht

- Wenn diese Unterbrechung auch für eine davon abgeleitete Ansicht gelten soll, muss die Voreinstellung *„Propagation of broken and breakout specifications"* aktiviert sein, vgl. Kap. 6.1.2:

Voreinstellung aktiviert   Voreinstellung deaktiviert

Entfernen einer Unterbrechung in einer Ansicht:

- Ansicht(srahmen) mit MB3 selektieren → Name view object > → Unbreak
- Die ursprüngliche Ansicht wird wiederhergestellt.

6.3.11 Teilschnitt (*breakout view*)

Ein Teilschnitt zeigt innerhalb einer Ansicht einen örtlich begrenzten Schnitt. Bei dieser Option wird direkt die aktive Ansicht geändert.

- Icon „*Breakout View*" 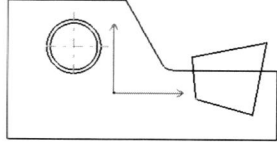 drücken
- In der aktiven Ansicht den Bereich skizzieren, der geschnitten dargestellt werden soll. Dieses Polygon wird mit Doppelklick beendet und wird, falls erforderlich, vom System automatisch geschlossen:

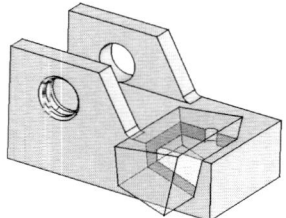

3D Viewer

- Das Fenster „*3D Viewer*" erscheint und zeigt das Teil in schattierter Darstellung. Zusätzlich sind zwei Ebene zu sehen: Eine fixe (grün strichliert) und eine bewegliche (grüne Volllinie). Mit dem aktivierten Schalter „*Animate*" erscheint beim Überfahren einer Ansicht mit dem Mauszeiger das Teil im Fenster „*3D Viewer*" in derselben Projektion. Der Teilschnitt wird so definiert, dass ein Volumenkörper mit dem skizzierten Profil normal auf die Ansichtsebene zwischen den beiden Ebenen aufgespannt und dann vom Bauteil abgezogen wird:

Die bewegliche Ebene kann mit MB1 verschoben werden oder durch Überfahren von Kanten oder Kreisen in einer zu dieser Ebene orthogonalen Ansicht positioniert werden. Zusätzlich kann nach Selektion des Feldes „*Reference element*" ein Bezugselement (Fläche, Kante, ...) in einer Zeichnungsansicht selektiert werden

(hier die Gewindebohrung in der Ansicht von oben   ) und der Abstand davon im Feld „*Depth*" eingegeben werden. Die endgültige Lage der Ebene wird in jedem Fall mit MB1 erzeugt:

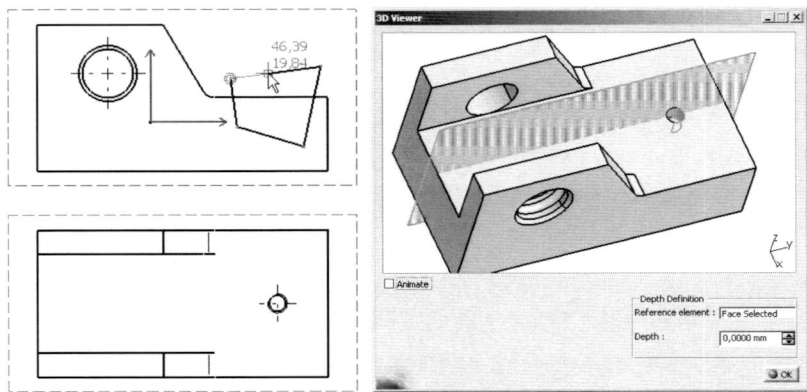

- Mit OK wird das Fenster geschlossen und der Teilschnitt erzeugt:

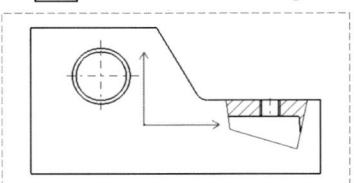

- Die Linienart des Ausschnittsbereichs kann über die Voreinstellung eingestellt werden: Tools → Options...: *Mechanical Design/Drafting* - Register *„View"*: View linetype Configure.
- Entfernen des Teilschnitts aus einer Ansicht mittels Kontextmenü: Objekt *„Name View"* mit MB3 selektieren: Name view object > → Remove Breakout.

6.3.12 Visualisieren von Geometrie

Zugehörige 3D-Geometrie kann durch Zeigen auf Zeichnungsgeometrie hervorgehoben werden:

- Im Hauptmenü: Tools → Analyze → Show Geometry in All Viewpoints
- Das Fenster *„3D Viewer"* erscheint und zeigt das Teil in schattierter Darstellung. Mit dem aktivierten Schalter *„Animate"* erscheint beim Überfahren einer Ansicht mit dem Mauszeiger das Teil im Fenster *„3D Viewer"* in derselben Projektion
- Beim Überfahren von Ansichtsgeometrie erscheint im Fenster *„3D Viewer"* die entsprechende Geometrie orange hervorgehoben, gleichzeitig wird diese Geometrie in den anderen Rissen hervorgehoben
- Das Fenster *„3D Viewer"* wird über dessen Menü (Button in der oberen rechten Ecke:) geschlossen.

6.3.13 Aktualisieren von Ansichten

Sobald 3D-Geometrie geändert wurde ist das Icon „*Update*" 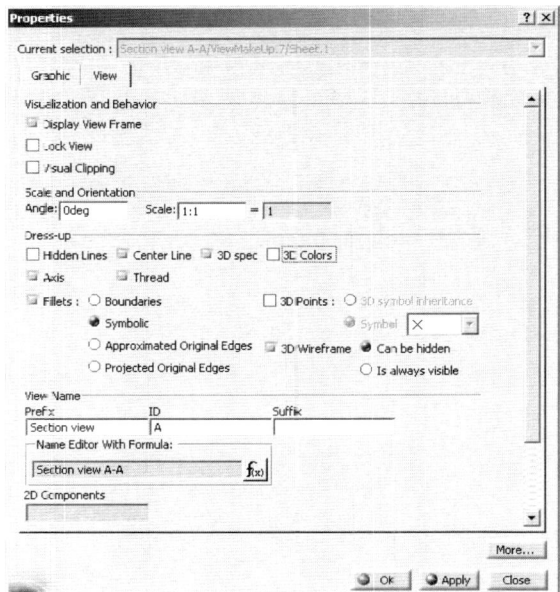 aktiv. Damit werden die Ansichten neu durchgerechnet, assoziative Maße aktualisiert und verknüpfte Anmerkungen sowie Kosmetikgeometrie angepasst. In der Zeichnung erzeugte Maße werden in Abhängigkeit der getroffenen Voreinstellung (siehe Kap. 6.1.2) behandelt.

Über das Kontextmenü können einzelne Ansichten allein aktualisiert werden: MB3 auf Ansichtsrahmen → Update Selection: Nur diese Ansicht wird aktualisiert.

Gesperrte Ansichten (*Lock View*) werden nicht aktualisiert.

6.3.14 Ändern von Ansichten

Ansichtseinstellungen können einzeln oder über gemeinsame Selektion von Ansichten (auch auf verschiedenen Blättern) gebündelt geändert werden.

6.3.14.1 Ändern von Ansichtsparametern

– Objekt „*NAME view*" im Strukturbaum oder Ansicht im Grafikbereich (Geometrie wird beim Vorselektieren des Rahmens hervorgehoben dargestellt) mit MB3 selektieren → Properties

– Das Dialogfenster „*Properties*" wird geöffnet:

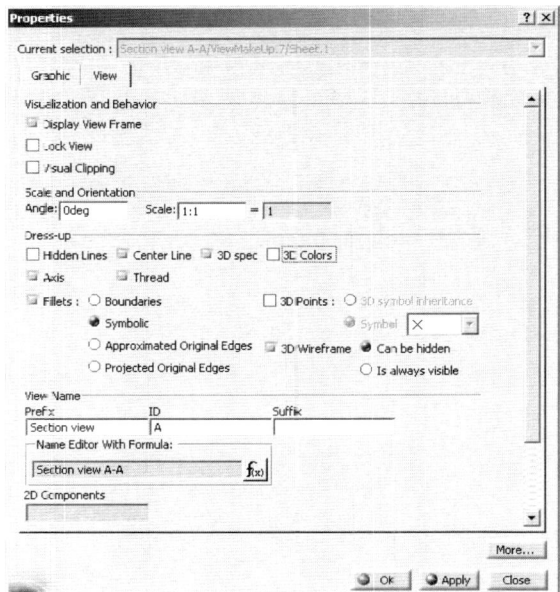

Im Register „*View*" kann im Feld „*Visualisation and Behaviour*" die Sichtbarkeit des Ansichtsrahmens (*View Frame*) und die Änderbarkeit (*Lock View*) geändert werden. Ist die Ansicht gesperrt (*lock*), werden keine Aktualisierungen an ihr durchgeführt.

Im Feld „*Scale and Orientation*" wird der Maßstab (*Scale*) und die Drehung in der Zeichenebene (*Angle*) eingestellt.

Im Feld „*Dress-up*" werden Voreinstellungen betreffend dargestellter Geometrie- elemente vorgenommen: Verdeckte Kanten (*Hidden Lines*), Mittellinien (*Center Line*), Einstellungen aus dem 3D-Grafikbereich (*3D spec*), Achsen (*Axis*), Gewinde (*Thread*) und Darstellung von Rundungen (*Fillets*).

Im Feld „*View Name*" wird die Bezeichnung (*View Name*) und damit auch die Buch- staben (*ID*) geändert.

Im Register „*Graphic*" können die grafischen Attribute des Ansichtsrahmens geän- dert werden.

Mit OK werden die Änderungen abgespeichert und das Fenster geschlossen.

6.3.14.2 Verschieben von Ansichten innerhalb eines Blattes

Ansichten können mit MB1 beliebig verschoben werden. Abhängige Ansichten nur innerhalb des verbleibenden Freiheitsgrades (= Projektionsrichtung). Mehrfachse- lektion (<Strg> + MB1) ist möglich. Beim Verschieben einer übergeordneten An- sicht (*parent view*) bewegen sich abhängige Ansichten entsprechend mit.

Die Abhängigkeit einer Ansicht kann mit dem Kontextmenü aufgehoben werden: Ansicht mit MB3 selektieren → View Positioning > → Position Independently of Reference View: Die Ansicht kann nun unabhängig von der übergeordneten An- sicht bewegt werden.

6.3.14.3 Verschieben von Ansichten von einem Blatt zu einem anderen

Ansichten können zwischen Blättern verschoben werden:

- Ansicht, die verschoben werden soll, mit MB3 selektieren → Cut
- Objekt „*Sheet.N*" des Blattes, wohin die Ansicht verschoben werden soll, mit MB3 selektieren → Paste.
  Bei einer Ansicht mit Schnittführungsangaben erscheint zusätzlich ein Warn- fenster, das darauf hinweist, dass Schnittansicht und Schnittführung bei Aus- führung des Befehls nicht am selben Blatt sind. Dieses Fenster mit OK bestäti- gen
- Die Ansicht wird auf dem Blatt an der selben Stelle wie auf dem ursprünglichen Blatt eingefügt

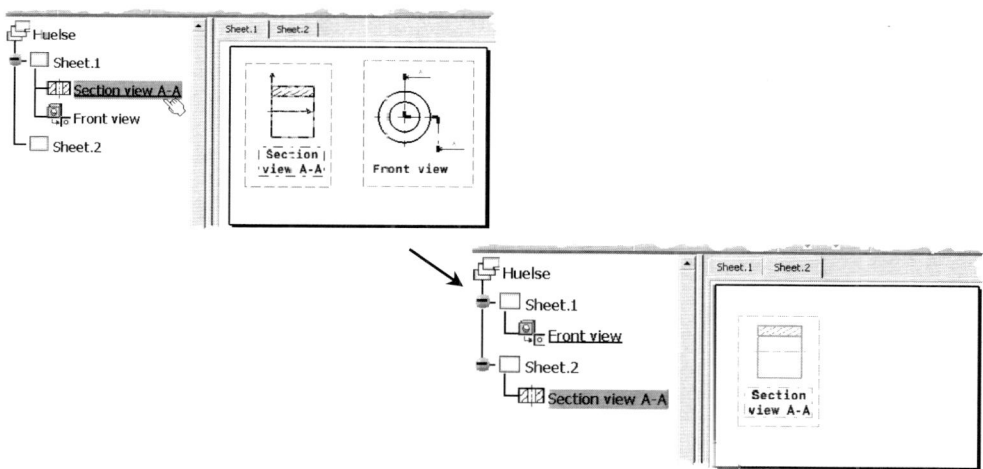

Wenn das Blatt aktualisiert werden muss: Icon „*Update*" ⊙ drücken.

6.3.14.4 Ändern der grafischen Attribute von Schnittführung, Ansichtspfeilen und Ausschnittsbezeichnungen

– Schnittführung etc. mit MB3 selektieren: → Properties

– Das Fenster „*Properties*" erscheint:

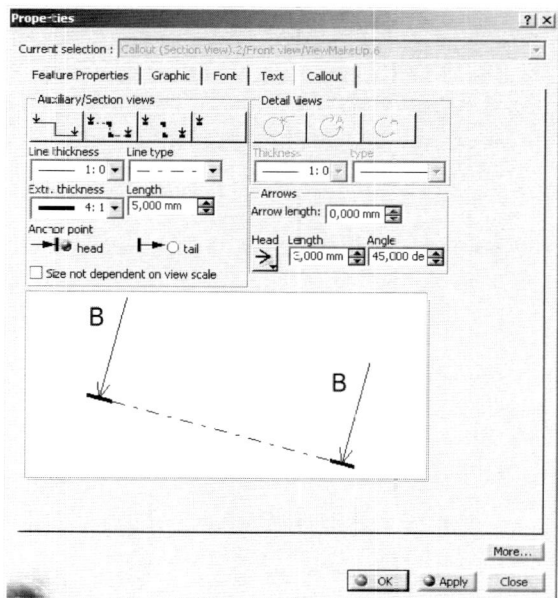

Im unteren Fensterbereich wird eine Vorschau auf das Aussehen der Schnittdefinition dargestellt.

Im Register „*Font*" wird die Schrifterscheinung geändert. Im Register „*Text*" wird die Ausrichtung des Textes eingestellt.

Darin können im Register „*Callout*" im Feld „*Auxiliary/Section views*" mittels Schalter das Aussehen der Schnittführung und die Anzahl der Pfeile eingestellt werden. Weiters können die Art und Größe der Pfeil- (*Arrows*), Schnittlinien- (*Line thickness, ...*) und Schnittführungsdartellung (*Extr. thickness*) geändert werden.

Mit OK Einstellungen speichern und Fenster verlassen.

6.3.14.5 Ändern von Schnittführung und Ausschnitt

Doppelklick auf die Schnittführung öffnet die Skizze der Schnittführung bzw. des Ausschnitts. In dieser Skizze kann die Geometrie mit MB1 wie in der Arbeitsumgebung „*Sketcher*" verändert werden. Nach dem Ändern wird die Skizze mit ⬆ wieder verlassen

Das Icon „*Invert Profile Direction*" ⬚ ermöglicht das Umkehren der Projektionsrichtung:

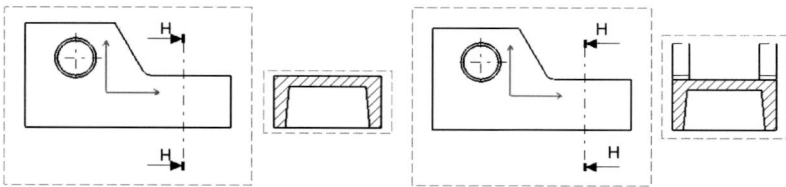

Mit dem Icon „*Replace Profile*" ⬚ kann eine neue Schnittführung bzw. ein neuer Ausschnitt skizziert werden: Icon drücken und neue Schnittführung skizzieren.

6.3.14.6 Ändern von Schraffuren

Ändern von Schraffuren erfolgt mittels Kontextmenü. Mit MB3 Schraffur selektieren → Properties. Das Fenster „*Properties*" erscheint. Dasselbe erreicht man mittels Doppelklick auf die Schraffur

Im Fenster „*Properties*" kann das Erscheinungsbild der Schnittfläche eingestellt werden: Jedes Teil weist eine Schraffurart auf. Beim Ändern der Schraffur ändern sich deshalb sämtliche Schnittansichten dieses Teiles entsprechend. Der Schalter „*Type*" ermöglicht andere Schnittflächendarstellungen wie punktiert, gefärbt oder Muster aus Datei (*image*). Der Button ⬚ öffnet ein Auswahlfenster „*Pattern Chooser*". Darin kann eine Schraffur(art) selektiert und mit OK übernommen werden.

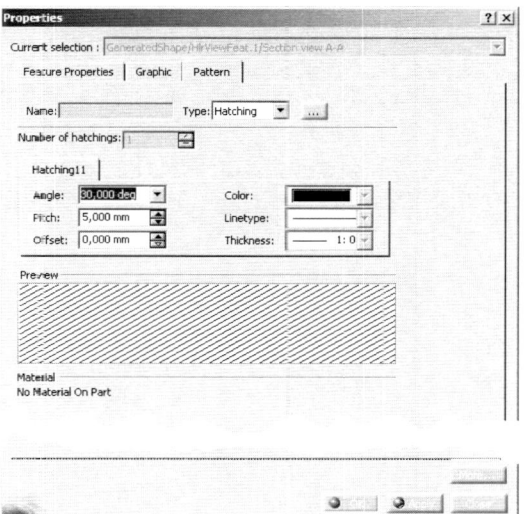

Mit den Pfeilen neben dem Feld „*Number of hatchings*" kann die Anzahl der Schraffuren erhöht bzw. wieder reduziert werden. Damit lassen sich mehrere Schraffuren übereinander legen und **Kreuzschraffuren** gestalten

Angle ist der Winkel der Schraffurlinien zur Zeichnungsreferenz. *Pitch* der Abstand zwischen den Schraffurlinien und *Offset* ermöglicht einen Versatz zwischen unterschiedlichen Schraffurlinien:

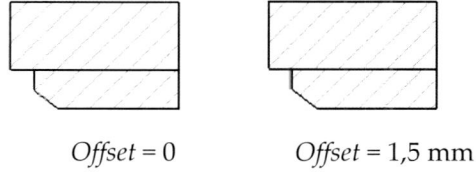

Offset = 0   *Offset* = 1,5 mm

Mit Apply erhält man eine Vorschau auf die Schraffur mit den eingestellten Parametern

Mit OK werden die Änderungen gespeichert und das Fenster geschlossen.

Probleme bei Schraffuren

Wenn der Schraffurabstand zu groß für die Schnittfläche ist, wird keine Schraffurlinie dargestellt. Stattdessen wird die betreffende Kontur mit einer breiten Vollinie gezeichnet. Als Abhilfe muss die Schraffur (Bereichsfüllung, *GeneratedShape*) selektiert und der Abstand verkleinert werden:

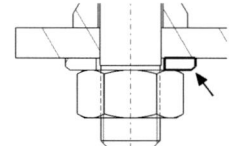

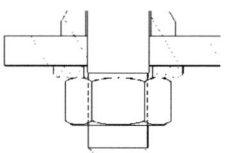

Die Scheibe wird mit breiter Volllinie dargestellt.

→ Properties: Schraffurabstand (*Pitch*) verkleinern.

Ein Element dieser Geometrie in den *NoShow*-Bereich ( ) verschieben und dann das darunterliegende Element des *GeneratedShape* mit MB3 selektieren.

Ausgeblendetes Geometrieelement wieder einblenden.

Die Selektion des Schraffurbereichs kann auch direkt mit dem dynamischen Navigator durchgeführt werden (Kap. 1.5.1)

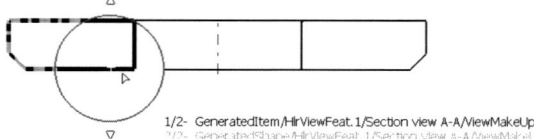

1/2- GeneratedItem/HlrViewFeat. 1/Section view A-A/ViewMakeUp.5/Sheet. 1/
2/2- GeneratedShape/HlrViewFeat. 1/Section view A-A/ViewMakeUp.5/Sheet. 1/

6.3.14.7 Ansichten in reine 2D-Geometrie konvertieren

Ansichten können von der 3D-Geometrie getrennt werden. Diese bestehen dann aus unabhängiger Geometrie, im Prinzip wie skizzierte Zeichnungsgeometrie. Bei einer Änderung des Teiles ändern sich diese Ansichten natürlich nicht mit. Der Vorgang kann nicht (!) mehr umgekehrt werden.

— Ansicht, die unabhängig werden soll, mit MB3 selektieren → *Name* view object > → Isolate

— Ein Warnfenster weist auf den Umstand hin, dass Kosmetikelemente (Schraffuren, Mittellinien) verloren gehen können. Mit OK wird die Ansicht in 2D Geometrie konvertiert. Die Objektsymbole im Strukturbaum ändern ihr Aussehen:

⊢ Section view A-A

⊢ Front view

6.4   Bemaßung (*dimensioning*)

Maße können direkt von entsprechenden Einschränkungen der 3D-Geometrie erzeugt (*generated dimensions*) oder nachträglich an 2D-Zeichnungsgeometrie angebracht werden.

6.4.1 Alle Maße erzeugen

– Icon „*Generate Dimensions*" 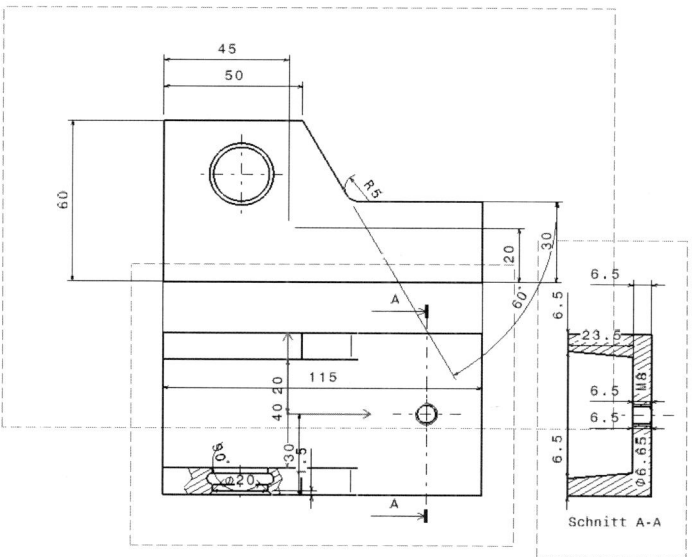 drücken
– Alle Maße werden in den geeignetsten Ansichten dargestellt: Geeignet heißt, das System erzeugt die Maße in der Ansicht, in der es besser zu sehen ist oder die einen größeren Maßstab aufweist
– Danach wird bei entsprechender Voreinstellung das Fenster „*Generated Dimension Analysis*" eingeblendet. Damit können die Maße analysiert werden (siehe Kap. 6.4.4). Mit OK wird die Analyse beendet und dieses Fenster geschlossen:

6.4.2 Schrittweises Erzeugen von Bemaßung

– Ansicht(en), in denen Maße gezeigt werden sollen, gemeinsam selektieren (<Strg> + MB1)
– Icon „*Generate Dimensions Step by Step*" drücken
– Das Fenster „*Step by Step Generation*" erscheint
– Einstellmöglichkeiten in dem Fenster:

    Visualization in 3D   Darstellung zugehöriger Einschränkungen im Grafikfenster zu Maßen in der Zeichnungsansicht

    Timeout   Zeitspanne zwischen den einzelnen Maßerzeugungen. Voreinstellung änderbar, siehe Kap. 6.1.2

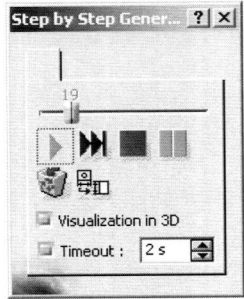

— Mit dem Schalter ▶ das erste Maß erzeugen. Die Maße werden im Zeitabstand vom eingestellten Wert (*Timeout: 2 s* <Sekunden>) erzeugt. Bei erneutem Drücken dieses Schalters wird das nächste Maß gleich erzeugt.

Mit dem Schalter ▮▮ kann die Maßerzeugung unterbrochen werden, z.B. um das erzeugte Maß zu positionieren. Erneutes Drücken dieses Schalters setzt die Maßerzeugung fort. Mit dem Schalter ▶▶ wird der Schrittmodus übersprungen und alle Maße erzeugt. Mit dem Schalter ▮ wird die Maßerzeugung abgebrochen und nur die bis dahin erzeugten Maße dargestellt

Maß unterdrücken

— Wenn ein Maß nicht erzeugt werden soll, unterbricht man den Erzeugungsmodus ▮▮, selektiert das Maß und drückt den Button 🗑. Das Maß wird unterdrückt

Maß zu Ansicht verschieben

— Zum Verschieben eines Maßes zu einer anderen Ansicht dient der Schalter 🔲. Erzeugungsmodus unterbrechen ▮▮, Maß selektieren, Schalter 🔲 drücken und anschließend Rahmen einer anderen Ansicht für das Maß selektieren. Das Maß wird in die gewählte Ansicht transferiert
— Im Anschluss erscheint das Fenster *„Generated Dimension Analysis"*. Mit OK wird die Analyse beendet und dieses Fenster geschlossen.

6.4.3   Filtern der Maßerzeugung

Bei entsprechender Voreinstellung (siehe Kap. 6.1.2) *„Filters before generation"* ist während der Maßerzeugung eine Auswahl bestimmter Maßarten möglich. Nur diese werden anschließend erzeugt.

— Ansicht(en), in denen Maße gezeigt werden sollen, gemeinsam selektieren
— Icon *„Generate Dimensions"* 🔳 drücken
— Das Fenster *„Dimension Generation Filters"* erscheint:

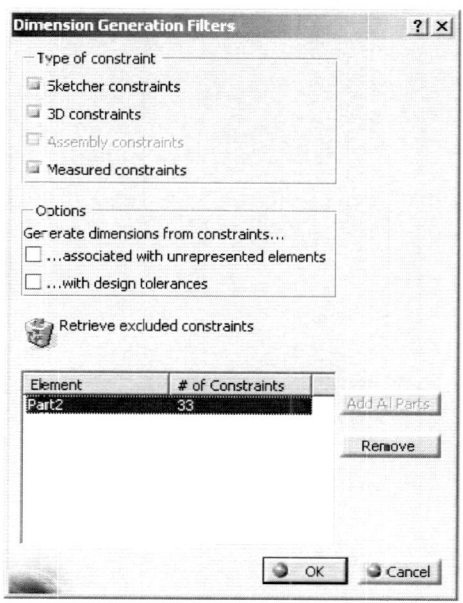

Erklärung der Schalter:

Sketcher constraints	Blendet Skizzenmaße ein
3D constraints	Blendet Maße zwischen Drahtgitterelementen ein, z.B. Abstand zwischen zwei Ebenen
Assembly constraints	Blendet die mit Maßen versehenen Lagebeziehungen bei Produkten ein: Abstand zwischen Ebenen, Winkel zwischen Elementen, ...
Measured constraints	Blendet erzeugte Maße von Messergebnissen ein

Generate dimensions from constraints...

... associated with unrepresented elements	Blendet bei Lagebeziehungen in Produkten auch solche ein, deren Bezugselemente in der Zeichnung nicht dargestellt werden, z.B. Abstand zu einer XY-Ebene (*xy plane*)
... with design tolerances	Bringt Toleranzen, die in Arbeitsumgebung „*Wireframe and Surface Design*" festgesetzt wurden, an die entsprechenden Maße an
	Dieser Schalter ist nach dem Entfernen eines Maßes aktiv. Er dient dazu gelöschte Maße wiederherzustellen

– Nach Schließen des Fensters mit OK wird je nach Voreinstellung das Fenster „*Generated Dimension Analysis*" zur Analyse der Maße eingeblendet (siehe Kap. 6.4.4). Mit OK wird die Analyse beendet und dieses Fenster geschlossen.

6.4.4   Maßanalyse

Der Befehl „*Analysis Display Mode*" 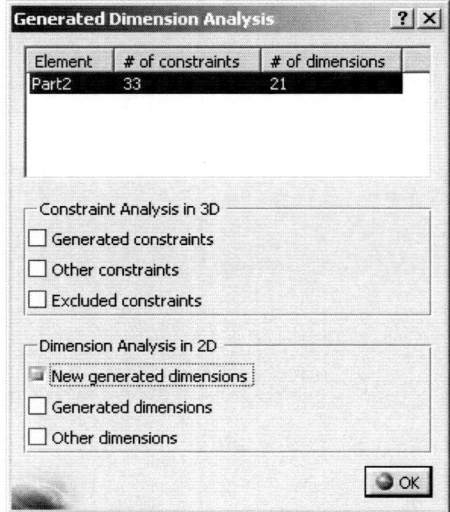 (Werkzeugleiste „*Visualization*") aktiviert eine farbliche Unterscheidung von Maßen. Diese kann auch geändert werden: $\boxed{\text{Tools}}$ → $\boxed{\text{Options...}}$: *Mechanical Design/Drafting*, Register „*Dimension*" Fensterbereich „*Analysis Display Mode*" Schalter $\boxed{\text{Types and colors...}}$. Grüne Maße sind aus dem 3D-Bereich erzeugte Maße, blau sind manuell hinzugefügte Maße und braune sind nicht maßstäbliche Maße.

Nach dem Erzeugen von Maßen erscheint bei entsprechender Voreinstellung „*Analysis after generation*" (siehe 6.1.2) das Fenster „*Generated Dimension Analysis*". Damit können Maße und Einschränkungen in Zeichnungsansichten und im Grafikfenster der zugehörigen Teile hervorgehoben werden:

In der Spalte „*Element*" wird zwischen mehreren Teilen, falls in einer Zeichnung mehrere vorhanden sind, durch Selektion einer Zeile (*Part2, PartN, ...*) umgeschaltet.

Beim Aktivieren der einzelnen Schalter werden entsprechende Maße und/oder Einschränkungen (des selektierten Teils) orange hervorgehoben. Die Anzeige im Grafikfenster (*Analysis in 3D*) ist nur sichtbar, wenn das Teil in den Arbeitsspeicher geladen (siehe Einführungsbeispiel 6.2) und die Fensteraufteilung entsprechend (z.B. $\boxed{\text{Window}}$ → $\boxed{\text{Tile Horizontally}}$) sind.

Mögliche Schalter:

3D:	*Generated Constraints*	Anzeige aller Einschränkungen, die mit einem erzeugten Maß verknüpft sind. Beim Selektieren eines Maßes wird die Entsprechung in der Zeichnungsansicht bzw. am Teil angezeigt.
	Other constraints	Anzeige von Einschränkungen, die nicht mit Maßen verknüpft sind, und maßliche Einschränkungen, die sonst nicht gezeigt werden
	Excluded constraints	Anzeige von unterdrückten Maßen, z.B.
2D:	*New generated dimensions*	Anzeige der seit dem letzten Erzeugen neu hinzugekommenen Maße
	Generated Dimensions	Anzeige aller erzeugten Maße
	Other dimensions	Anzeige der in der Zeichnung manuell angebrachten Maße

Mit OK wird die Analyse beendet, das Fenster geschlossen und die Maße endgültig in der Zeichnung erzeugt.

6.4.5 Manuelles Hinzufügen von Maßen

Mit der Werkzeugleiste „*Dimensions*" können Maße durch Selektion von Zeichnungsgeometrie (Kanten, Gerade, Punkte, Kreise, ...) direkt an die 2D-Geometrie angefügt werden:

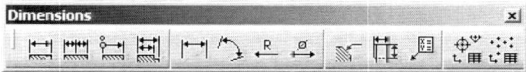

Nach dem Drücken eines Icons dieser Werkzeugleiste erscheint die Werkzeugleiste „*Tools Palette*", mit der die Anordnung der Maßlinie eingestellt werden kann.

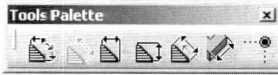

Die Maßlinie richtet sich nach der Mauszeigerposition, d.h. horizontal, vertikal, parallel zu Element. Allgemeinster Fall

Die Maßlinie verläuft parallel zum selektierten Element (Kante, Gerade, ...)

Die Maßlinie verläuft horizontal (parallel zur H-Richtung)

Die Maßlinie verläuft vertikal

Das Maß ist der wahre Abstand zwischen 3D-Elementen:

Schnittpunkte (z. B. von Umrisskanten) werden beim Erzeugen von Maßen erkannt

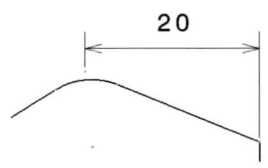

Nur ein Element allein (Punkt, Gerade, Kreis,..) kann selektiert werden. Das Maß ist dann eine Koordinate, eine Länge oder ein Durchmesser bzw. Radius.

 Dimensions Hinzufügen sämtlicher Maßarten durch Selektion von Elementen. Das Maß erscheint und kann beliebig mit MB1 positioniert werden. Das Kontextmenü bietet während der Erzeugung Möglichkeiten die Attribute der Bemaßung zu ändern

Coordinate Dimensions (2D oder 3D) Anzeigen von Koordinatenmaßen eines Punktes. Dieser muss vorher in der aktiven Ansicht gezeichnet worden sein. 3D-Koordinaten brauchen erzeugte 3D-Punkte (Drahtgitterpunkte)

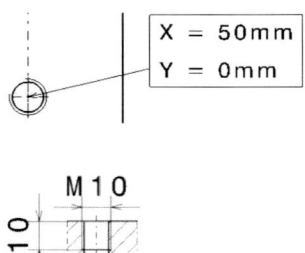

Thread Dimension Vollständige Bemaßung eines Gewindes mit nur einer Selektion einer Gewindedarstellung:

6.4.6 Ändern von Maßen

6.4.6.1 Ändern von Maßattributen

Dies erfolgt entweder mittels Kontextmenü oder über Manipulatoren.

a) mittels Kontextmenü:

– Selektieren des Maßes mit MB3 → Properties

– Fenster „*Properties*" erscheint. Darin können in den einzelnen Registern Maßattribute geändert werden:

  – Register „*Value*": Anordnung der Maßzahl (*Value Orientation*) Format der Maßzahl (*Format*): Dezimalstellen, ... Unmaßstäbliche Maßzahl (*Fake Dimension*)

  – Register „*Tolerance*": Darstellung der Toleranzangabe:

Main Value	TOL_NUM2	Eingabe von *Upper value* und *Lower value*
	ISOALPH1	Eingabe von *First value*

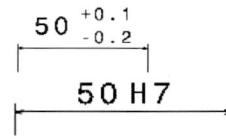

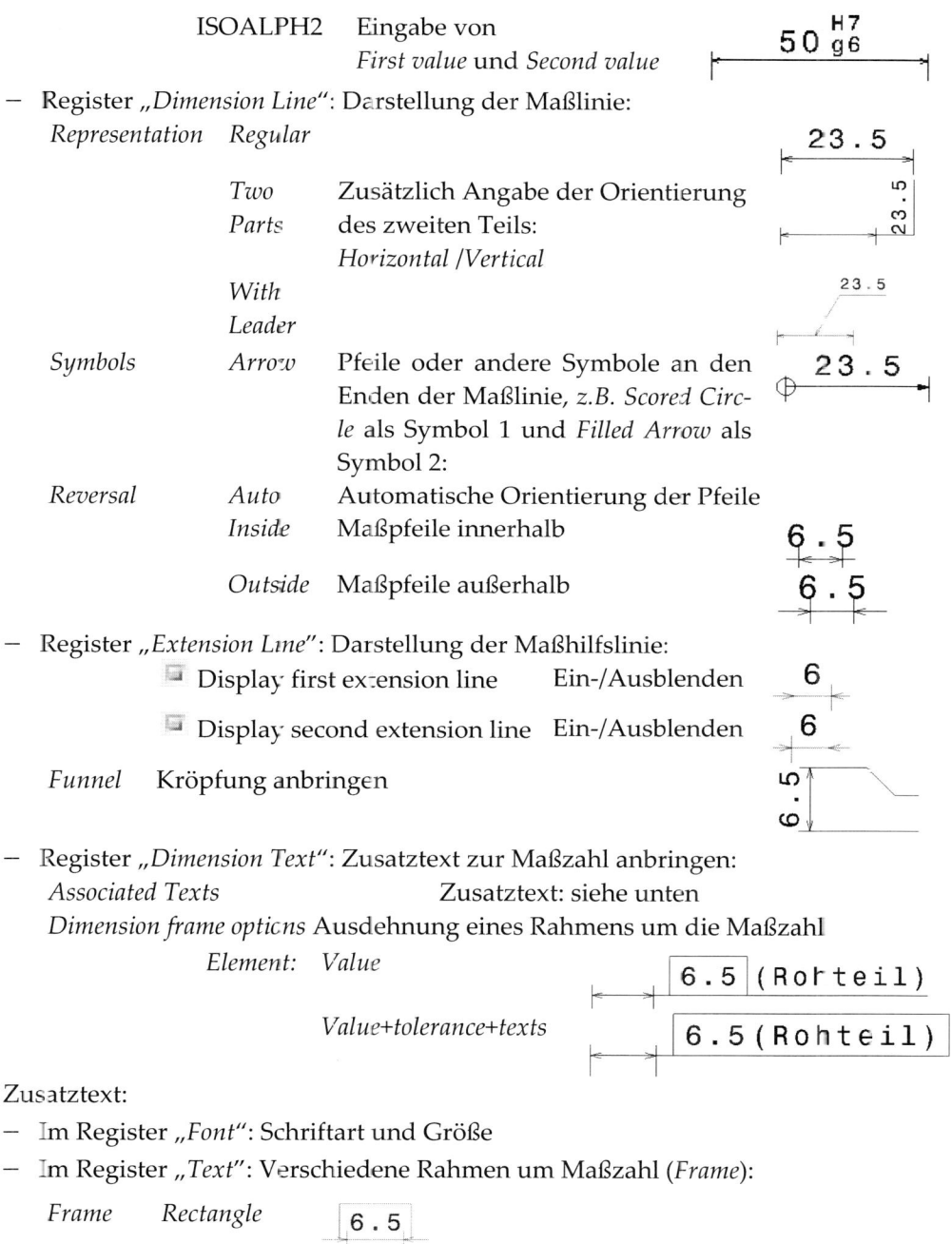

ISOALPH2   Eingabe von
First value und *Second value*

– Register „*Dimension Line*": Darstellung der Maßlinie:

Representation   *Regular*

             Two Parts   Zusätzlich Angabe der Orientierung des zweiten Teils: *Horizontal /Vertical*

             With Leader

Symbols   *Arrow*   Pfeile oder andere Symbole an den Enden der Maßlinie, z.B. *Scored Circle* als Symbol 1 und *Filled Arrow* als Symbol 2:

Reversal   *Auto*   Automatische Orientierung der Pfeile

             Inside   Maßpfeile innerhalb

             Outside   Maßpfeile außerhalb

– Register „*Extension Line*": Darstellung der Maßhilfslinie:

         Display first extension line   Ein-/Ausblenden

         Display second extension line   Ein-/Ausblenden

Funnel   Kröpfung anbringen

– Register „*Dimension Text*": Zusatztext zur Maßzahl anbringen:

Associated Texts   Zusatztext: siehe unten

Dimension frame options Ausdehnung eines Rahmens um die Maßzahl

         Element: *Value*

                    Value+tolerance+texts

Zusatztext:

– Im Register „*Font*": Schriftart und Größe

– Im Register „*Text*": Verschiedene Rahmen um Maßzahl (*Frame*):

Frame   *Rectangle*

         Oblong

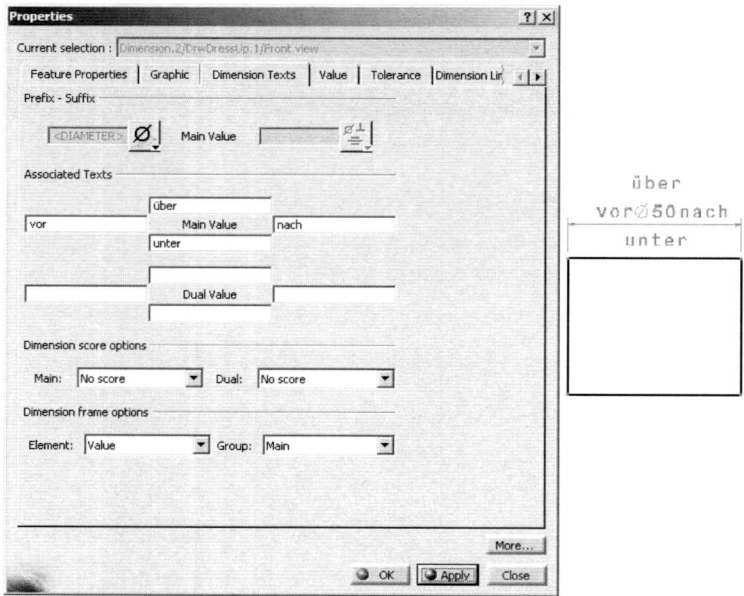

– Mit Apply wird eine Vorschau auf durchgeführte Änderungen gezeigt
– Mit OK werden die Änderungen gespeichert und das Fenster geschlossen.

b) mittels Manipulatoren:

– In der Voreinstellung „Manipulatoren" aktivieren (siehe Kap. 6.1.2)
– Zu änderndes Maß selektieren
– Die aktivierten Manipulatoren werden am Maß dargestellt:

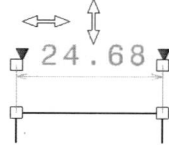

– Durch Selektion eines Manipulators kann das entsprechende Element (Maßzahl, Maßhilfslinie, Maßlinie) mit MB1 gezogen werden bzw. nach Selektion
der roten Dreiecke ▼ ein Text durch Eingabe in das erscheinende Fenster „Text
Before"/„Text After" eingefügt werden. Durch gleichzeitiges Drücken der <Strg>-
Taste kann mit MB1 bei Maßhilfslinien nur ein Griff allein bewegt werden:

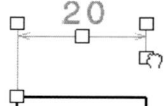

– Zum Abschluss mit MB1 in einen freien Zeichnungsbereich selektieren (= deselektieren).

6.4.6.2 Ändern von Maßpfeilen

— Maßzahl selektieren
— Selektieren der Maßpfeilspitze kehrt deren Orientierung um (entspricht somit *Reversal inside/outside,* Kap. 6.4.6.1).

6.4.6.3 Ändern von Maßdarstellungen

Dies erfolgt mittels Werkzeugleiste „*Dimension Edition*":

Hilfslinie unterbrechen

— Icon „*Create Interruption(s)*"  drücken
— Maß selektieren
— Eine Werkzeugleiste erscheint. Damit wird eingestellt, ob eine oder beide Maß-

hilfslinien auf einmal unterbrochen werden

— Zwei Stellen der Maßhilfslinie selektieren. Diese wird zwischen diesen Stellen unterbrochen:

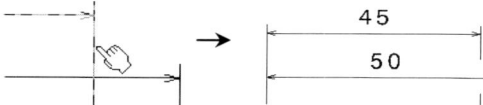

Unterbrechung gezielt entfernen

— Icon „*Remove Interruption(s)*" drücken
— Eine Werkzeugleiste erscheint. Damit wird eingestellt, ob eine, alle auf einer Seite oder alle Unterbrechungen entfernt werden

— Maß mit Unterbrechungen selektieren
— Bereich der zu entfernenden Unterbrechung selektieren. Diese wird (werden) entfernt, d.h. die Maßhilfslinie ist wieder durchgehend
— Auch Maßlinien können unterbrochen werden. Dies wird z. B. bei liegender Durchmesserbemaßung gebraucht:
— Maß selektieren und „*Create/Modify Clipping*" drücken. Die Seite selektieren (am besten den Maßpfeil), die behalten werden soll und anschließend den Punkt selektieren, wo die Maßlinie unterbrochen werden soll (*clipping point*):

Bei dem Maß ist die rechte Seite behalten worden. Der Unterbrechungspunkt ist gekennzeichnet:

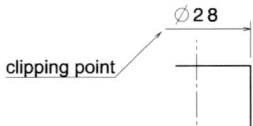

- Das Aufheben einer solchen Unterbrechung ermöglicht der Schalter „*Remove Clipping*" .

Maßbezüge ändern

- Icon „*Re-route Dimension*" 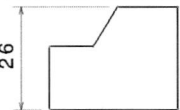 drücken.
- Maß selektieren, dessen Hilslinien geändert werden sollen

- Ersten neuen Bezug (1/2) selektieren: Kanten, Punkt, ...:
- Zweiten neuen Bezug (2/2) selektieren. Dies kann auch der bestehende sein:

- Das Maß ändert sich entsprechend.

6.4.6.4 Ändern der Maßanordnung

Mit der Werkzeugleiste „*Positioning*" können Maße gezielt angeordnet werden:

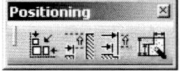

Anordnen

- Icon „*Dimension Positioning*" drücken
- Die Maße in der aktiven Ansicht werden übersichtlich und gleichmäßig angeordnet.

Ausrichten

- Icon „*Line-up*" drücken
- Auszurichtendes Maß selektieren
- Referenzmaß oder -geometrie selektieren
- Fenster „*Line Up*" erscheint. Darin gewünschten Abstand zwischen den Maßlinien eingeben (*Offset between dimensions*) bzw. zwischen Referenz und Maßlinie (*Offset to reference*), siehe auch Voreinstellung Kap. 6.1.2:

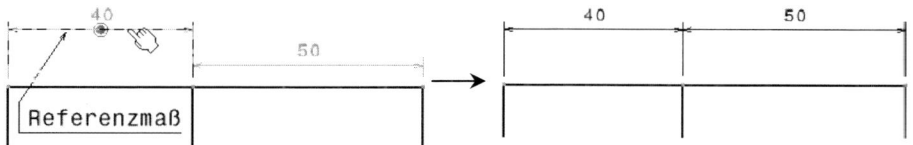

6.4.6.5 Maße zwischen Ansichten transferieren

Ein Maß von einer Ansicht A soll auf der Ansicht B dargestellt werden:

— Betreffendes Maß mit MB3 selektieren → Cut:

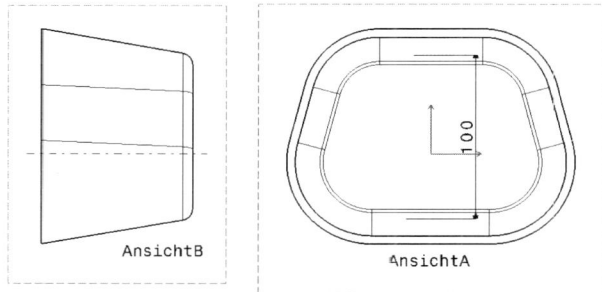

— Rahmen der Ansicht B mit Mauszeiger überfahren (gesamte Geometrie wird hervorgehoben dargestellt) und MB3 drücken → Paste

— Das Maß wird in der Ansicht B dargestellt und kann nun mit MB1 gewünscht angeordnet werden:

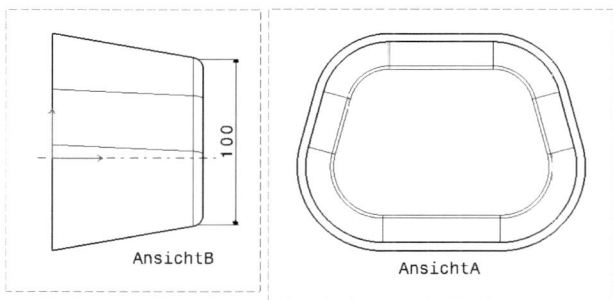

6.5   Zusatzeinträge in Ansichten: Aufbereiten (*dress up*)

6.5.1   Nachträgliches Einfügen der Ansichtsbezeichnung

— Objekt der Ansicht im Strukturbaum mit MB3 selektieren → Name view object > → Add View Name

— Die Bezeichnung der Ansicht und der Maßstab werden eingefügt (vgl. Kap. 6.1.2):

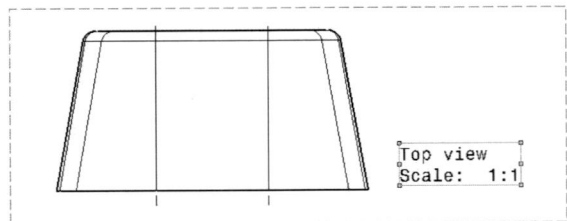

6.5.2   Mittellinien

An 2D-Geometrie der Ansichten können Mittellinien und Achsen angebracht wer-

den. Dazu dient die Werkzeugleiste „*Dress-up*"

Die allgemeine Vorgehensweise ist die:

- Entsprechendes Icon der Werkzeugleiste „*Dress Up*" drücken
- Element(e) selektieren – die Mittellinien werden erzeugt
- Nach Selektion der Mittellinien kann deren Länge durch Ziehen der Griffe geändert werden. Gleichzeitiges Drücken der <Strg> -Taste zieht nur den selektierten Griff.

Übersicht der Möglichkeiten im Besonderen:

Icon	Selektierbare Elemente	Referenz-element	Beispiel
⊕ *Center Line*	Punkt, Kreis(bogen)	–	
⊗ *Center Line with Reference*	Punkt, Kreis(bogen)	Punkt	
		Gera-de	
⚏ *Axis Line*	Geometrie: zwischen zwei Geraden wird die Winkelhalbierende erzeugt, zwischen zwei Kreisen die Verbindung der Mittelpunkte	–	

	Axis line and Center line	Kreis(bögen)	–	

6.5.3 Gewindedarstellung

An Bohrungsansichten kann eine normgerechte Gewindedarstellung mit Mittellinien angefügt werden.

— Icon „*Thread*"  drücken

— Eine Werkzeugleiste erscheint mit deren Hilfe eingestellt wird, ob ein Innen-

(*Tap*) oder Außengewinde (*Thread*) dargestellt werden soll

— Kreis selektieren

— Gewindedarstellung und Mittellinien werden eingefügt:

Das Icon „*Thread with Reference*" ⊠ ermöglicht zusätzlich die Mittellinien an einem Referenzelement auszurichten analog zu Kap. 6.5.2.

6.5.4 Schraffuren (*hatching*)

Reine, d.h. skizzierte, 2D-Konturen können mit Schraffuren und Farben versehen werden, wenn sie eine Fläche einschließen, d.h. der Konturenzug darf keine Lücke aufweisen.

Schraffurwahl

— Gewünschte Schraffur mit dem Wahlschalter „*Pattern*" (schwarzes Dreieck) in der Werkzeugleiste „*Graphic Properties*" im erscheinenden Fenster „*Pattern Chooser*" einstellen

— Mit dem Wahlschalter „*Filter*" wird der Auswahlbereich eingegrenzt:

All types   Alle Flächenfüllmuster werden gezeigt

Hatching   Schraffuren

Dots   Punktierte Fläche

Color   Farbige Füllungen

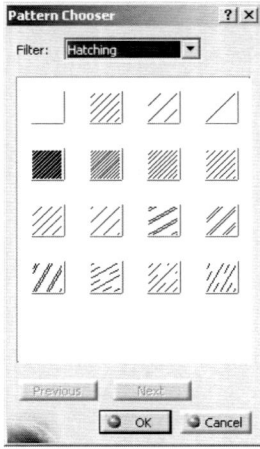

Mit den Schaltern Previous und Next blättert man im Auswahlfenster noch oben bzw. unten.

Schraffurwahl durch Selektion eines Icons vornehmen
– Mit OK Auswahl bestätigen

Schraffieren

– Icon „*Area Fill Creation*"  drücken
– Mit der erscheinenden Werkzeugleiste „*Tools Palette*" wird festgelegt, wie die Kontur-Geometrie ausgewählt werden kann:

Automatic Detection	Sämtliche geschlossene Konturen einer Ansicht können gewählt werden. Die Auswahl erfolgt durch Selektieren innerhalb der gewünschten Kontur
Profile Selection	Der Konturenzug muss einzeln selektiert werden und abschließend muss innerhalb dieser Kontur selektiert werden
Create Datum	Erzeugt eine unabhängige Schraffur, die mit MB1 verschoben werden kann

– Die Schraffur wird eingefügt:
– Diese Schraffur kann auch nachträglich geändert werden:
    – Schraffur selektieren
    – Icon „*Pattern*" 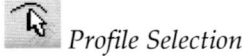 drücken und gewünschte Schraffur wie oben einstellen
    – Mit OK abschließen.
    – Dasselbe erreicht man über Doppelklick auf die Schraffur im Fenster „*Properties*", Register „*Pattern*".

– Der Befehl „*Area Fill Modification*" 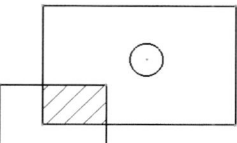 ermöglicht einer Schraffur eine neue Berandung zuzuweisen. Icon drücken, Schraffur selektieren und dann in neuen Bereich klicken.

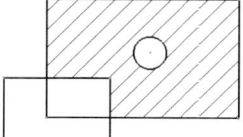

6.5.5 Pfeile (*arrows*)

– ENTWEDER: Icon „*Arrow*"  drücken (Werkzeugleiste „*Dress Up*")
  ODER: Hauptmenü: Insert → Dress-up > → Arrow
– Zwei Punkte bzw. zwei Elemente selektieren, zwischen denen der Pfeil aufgespannt wird:

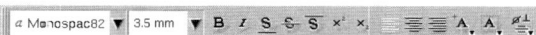

Aussehen ändern

– Mit MB3 auf den Pfeil → Properties: Öffnet das Fenster „*Properties*", in dem die grafischen Attribute des Pfeils geändert werden können
– Selektion des Pfeiles blendet zwei Griffe ein, mit denen das Aussehen der Pfeilspitze geändert werden kann, siehe Kap. 6.5.6.2.

6.5.6 Texteinträge

6.5.6.1 Einfacher Text:

– Gewünschten Textfont, -größe, -ausrichtung usw. in Werkzeugleiste „*Text Properties*" einstellen:

| *a* Monospac82 ▼ | 3.5 mm ▼ | **B** *I* S̲ Ꞩ S̄ ×² ×₂ | ≡ ≡ A⁺ A₊ ⟨⁺⟩ |

Text erzeugen

– Icon „*Text*" **T** drücken
– Textankerpunkt (*anchor point*) in der aktiven Ansicht selektieren. Das Fenster „*Text Editor*" erscheint:

- Im Fenster „*Text Editor*" gewünschten Text eingeben. Zeilenvorschub erfolgt durch Drücken von <Umschalt> + <enter>
- Mit OK oder <enter> Text erzeugen
- Das Textfeld kann mit MB1 verschoben und in seinen Abmessungen verändert werden.
  Ein Doppelklick auf das Textfeld öffnet den Texteditor, wodurch der Text geändert bzw. erweitert werden kann

Textattribute ändern

Über das Kontextmenü können sämtliche Textattribute geändert werden: Textfeld mit MB3 selektieren: → Properties Im erscheinenden Fenster „*Properties*" sind folgende brauchbare Register:

- „*Font*": Schriftgröße (*Size*) und –art (*Font* und *Style*); Farbe (*Color*), Unterstreichung (Underline), Hoch- (Superscript), tiefgestellt (Subscript): Text hoch
- „*Text*": Rahmen (Frame) um Text, Ankerpunkt (*Anchor Point*), Ausrichtung (rechts-/linksbündig, zentriert) (*Justification: right, left, center*)

Änderung der Textattribute sind auch über die Werkzeugleiste „*Text Properties*" nachträglich möglich:

- Textfeld doppelklicken
- Den Cursor im Textfeld an die gewünschte Position stellen oder Textteile mit Mauszeiger markieren

Anm.: Markieren =MB1 gedrückt lassen und ziehen, z.B. „2" markiert:

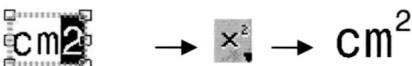

- In der Werkzeugleiste „*Text Properties*" entsprechende(n) Schalter drücken
- Das Icon „*Insert Symbol*" ermöglicht über dessen Erweiterungen an der Stelle des Cursors im grünen (!) Textfeld Sonderzeichen ($\varnothing, \mu, °, \pm,$ ...) in den Text einzufügen:

- Mit OK oder durch Deselektieren Änderungen abschließen.

6.5.6.2 Text mit Pfeil

- Gewünschten Textfont, -größe, -ausrichtung usw. in Werkzeugleiste „*Text Properties*" einstellen (vgl. Kap. 6.5.6.1)
- Icon „*Text with Leader*" drücken
- Punkt bzw. Element für Position der Pfeilspitze selektieren
- Punkt für Text-Ankerpunkt selektieren
- Text im Fenster „*Text Editor*" wie unter Kap. 6.5.6.1 eingeben und mit OK abschließen
- Die Position des Pfeils durch Ziehen an den weißen und gelben Griffen wunschgemäß einrichten. Position des Textes durch Selektion der Mitte des Textfeldes ändern:

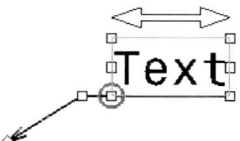

- Durch Deselektion (Selektion ins Leere) wird der Text mit Pfeil endgültig erzeugt

Lage nachträglich ändern

- Erneute Selektion des Textes bzw. des Pfeils ermöglicht dessen Lage wie oben zu ändern

Weitere Pfeile hinzufügen

Mit dem Kontextmenü können weitere Pfeile hinzugefügt werden:

- Pfeilschaft mit MB3 selektieren → Add Leader
- Punkt für Pfeilspitze selektieren; abhängig von der relativen Lage dieses Punktes zum Textunterstrich wird der Pfeilschaft links oder rechts neben dem Text angehängt. Dieser Pfeil kann wie oben erläutert bewegt werden:

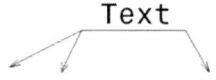

– Entfernen eines Pfeils: Gelben Griff bei betreffender Pfeilspitze mit MB3 selektieren → Remove Leader

Die Art der Pfeilspitze kann eingestellt werden:

– Pfeil selektieren, die Griffe werden dargestellt
– Den gelben Griff an der Pfeilspitze mit MB3 selektieren → Symbol Shape > im erweiterten Menü können unterschiedliche Pfeilarten selektiert werden:

Einige der Auswahlmöglichkeiten:

No Symbol	Keine Spitze	*Opaque Arrow*	Weiß gefüllte Drei-eckspitze
Open Arrow	Standardpfeil	*Filled Circle*	Schwarzer Punkt
Transparent Arrow	Dreieckspitze	*Crossed Circle*	Kreis mit Diago-nalkreuz

Knicke hinzufügen

Der Pfeilschaft kann mit zusätzlichen Knicken versehen werden:

– Pfeil selektieren, die Griffe werden dargestellt
– Den gelben Griff an der Pfeilspitze mit MB3 selektieren → Add a Breakpoint
– Ein weiterer gelber Griff wird am Schaft hinzugefügt. Mit diesem kann ein Knick beliebig positioniert werden:

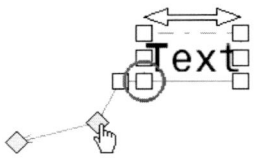

– Entfernen dieses Knicks: Mittels Kontextmenü (gelben Griff selektieren) → Remove a Breakpoint

Mit MB3 auf den gelben Griff kann auch ein **„Ringsum"-Symbol** angebracht werden:

– Pfeil selektieren. Den gelben Griff an der Pfeilspitze mit MB3 selektieren → All Around

– Das Symbol wird dargestellt: ⟋○ gelötet

– Entfernen des Symbols durch Deaktivieren des Schalters „*All Around*" im Kontextmenü:

6.5.6.3 Tabelle

– Icon „*Table*" 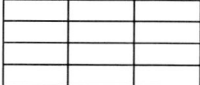 selektieren
– Im erscheinenden Fenster „*Table Editor*" die Anzahl der gewünschten Spalten (*columns*) und Zeilen (*rows*) eingeben:

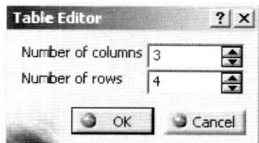

– Mit OK Eingabe bestätigen
– Position des linken oberen Eckpunktes mit MB1 im Grafikbereich selektieren: Die Tabelle wird in die aktive Ansicht eingefügt

Die Tabelle kann mit MB1 auf der Zeichnung gezogen werden

Text einfügen

– Tabelle doppelklicken. Änderungsmodus wird geöffnet (siehe unten). Doppelklick auf die gewünschte Zelle startet den Texteditor (siehe Kap. 6.5.6.1), in dem der Text eingegeben werden kann:

Die Ausrichtung des Textes in der Zelle mit den Icons ≡ ≡ ≡ währenc der Eingabe einstellen oder wenn die Zelle markiert ist, mit ⓐ. Markieren heißt mit Mauszeiger Zelle(n) überfahren und MB1 dabei gedrückt halten. Markierte Zellen werden schwarz hervorgehoben.

Änderungsmodus

Ändern der Tabellengestalt: Doppelklick auf Tabelle öffnet Änderungsmodus und zeigt Zeilen- und Spaltenraster.

Dieser kann mit MB1 gezogen und dadurch die Zeilenhöhe und Spaltenbreite geändert werden:

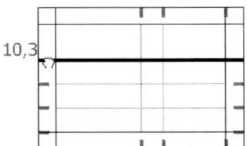

Zeilen/Spalten einfügen

— Mit dem Mauszeiger in graue Kopfzeile oder –spalte fahren und MB3 drücken. Im Kontextmenü Insert column oder Insert row selektieren

Zellen verbinden

— Zu verbindende Zellen mit MB1 markieren:

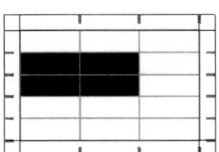

Diese markierten Zellen mit MB3 selektieren und im Kontextmenü Merge wählen. Die Zellen werden verbunden:

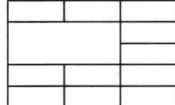

Selektiert man im Änderungsmodus diese verschmolzenen Zellen mit MB3 bietet das Kontextmenü die Option Unmerge, womit die ursprünglichen Zellen wieder hergestellt werden.

6.5.7   Positionsnummern (*balloons*)

6.5.7.4   Automatische Nummernvergabe

Voraussetzung

— In der Arbeitsumgebung „*Product Structure*" eine automatische Nummerierung einer Zusammenstellung vornehmen, siehe Kap. 5.7.2

— In der Arbeitsumgebung „*Drafting*" Icon „*Generate Balloons*" (Werkzeugleiste „*Generation*") drücken

– Die Positionsnummern werden in der aktiven Ansicht erzeugt. Die Position kann mit MB1 variiert werden. Die Schriftart und -größe kann durch gemeinsame Selektion und anschließendes Aufrufen des Kontextmenüs (→ Properties) geändert werden:

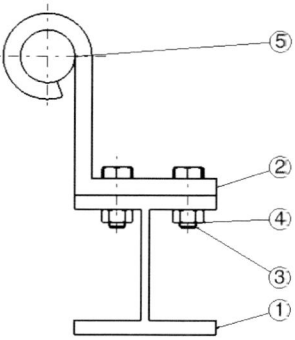

6.5.7.5   Manuelle Nummernvergabe

– Icon „*Balloon*" ⑥ (unter Icon „*Text*" **T**) drücken
– Geometrieelement oder Punkt für Kotenanfang selektieren
– Textankerpunkt selektieren
– Systemvergebene Zahl (aufsteigend 1,2,3....) gegebenenfalls im Fenster „*Balloon Creation*" überschreiben; mit OK abschließen:

– Erneute Selektion des Textes bzw. des Pfeils ermöglicht dessen Lage durch Ziehen der Griffe zu ändern
– Ändern der Kotenspitze: Siehe Kap. 6.5.6.2
– Hinzufügen einer Kote: Siehe Kap. 6.5.6.2
– Hinzufügen von Knicken: Siehe Kap. 6.5.6.2

Text ändern

– Ändern des Textes: Doppelklick auf die Kote öffnet das Fenster „*Balloon Creation*", worin der Text geändert werden kann.

6.5.8   Einfügen der Stückliste

Voraussetzung

Die Zeichnungsdatei und die zugehörige Zusammenstellungsdatei müssen gleichzeitig im Arbeitsspeicher und sichtbar sein, siehe auch Einführungsbeispiel Kap. 6.2.

- Zeichnungsdatei durch Selektion der Titelleiste aktivieren
- Im Hauptmenü: |Insert| → |Generation >| → |Bill of Material|
- Gegebenenfalls im Grafikfenster der Zusammenstellung Stammobjekt des Produktes „*ProductN*", dessen Stückliste dargestellt werden soll, selektieren
- Im Zeichnungsfeld gewünschten Ankerpunkt des Stücklistenfeldes selektieren. Die Stückliste wird in die aktive Ansicht eingefügt:

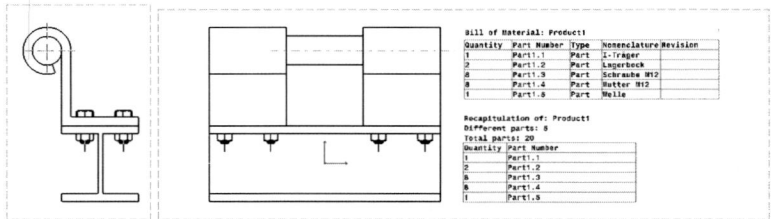

- Der Inhalt der Stückliste wird in der Arbeitsumgebung „*Product Structure*" eingestellt, vgl. Kap. 5.5.1. Das Aussehen kann wie bei Tabellen beeinflusst werden, Kap. 6.5.6.3.

6.5.9 Angabe der Form- und Lagetoleranzen

6.5.9.1 Bezeichnung der Aufnahmepunkte

- Icon „*Datum Target*" ⊖ (unter Icon „*Text*" **T**) drücken
- Geometrieelement oder Punkt für Kotenanfang selektieren
- Textankerpunkt selektieren
- Im erscheinenden Fenster „*Datum Target Creation*" gewünschten Text eingeben. Durchmessersymbol wird durch Drücken des Icons im Grafikbereich eingefügt, wenn Text im nebenstehenden Feld eingegeben wird:

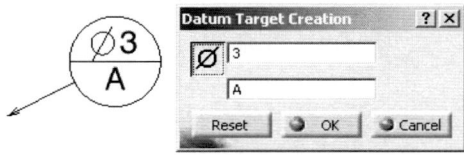

Mit |OK| abschließen

Lage nachträglich ändern

- Erneute Selektion des Textes bzw. des Pfeils ermöglicht dessen Lage durch Ziehen der Griffe zu ändern
- Ändern der Pfeilspitze: Siehe Kap. 6.5.6.2
- Hinzufügen eines Pfeils: Siehe Kap. 6.5.6.2
- Hinzufügen von Knicken: Siehe Kap. 6.5.6.2

- Ändern des Textes: Doppelklick auf die Kote öffnet das Fenster „*Datum Target Creation*", worin der Text geändert werden kann.

6.5.9.2 Bezeichnung von Bezugselementen (*datum*)

- Icon „*Datum Feature*" drücken
- Element oder Punkt für Kotenspitze selektieren
- Punkt für Buchstabensymbol selektieren; gegebenenfalls im erscheinenden Fenster „*Datum Feature Creation*" systemvergebenen Buchstaben (aufsteigend A, B, C...) überschreiben und mit OK abschließen:

A

Lage nachträglich ändern

- Erneute Selektion des Textes bzw. der Kote ermöglicht die Lage durch Ziehen der Griffe zu ändern
- Ändern des Dreiecks: Siehe Kap. 6.5.6.2

Anlenkpunkt ändern

- Ändern des Anlenkpunktes der Kote: Element selektieren und erscheinenden Griff (grauer Kreisring) mit MB1 zur gewünschten Ecke, Mitte des Rahmens oder Mitte der Rahmenseite ziehen:

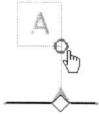

6.5.9.3 Angabe von Form- und Lagetoleranzen

- Icon „*Geometrical Tolerance*" drücken
- Maßlinie, Element oder Punkt für Pfeilspitze selektieren
- Punkt für die linke obere Rahmenecke der Toleranzangabe selektieren
- Im erscheinenden Fenster „*Geometrical Tolerance*" den Toleranzrahmen mit Symbolen und Zeichen ausfüllen. Sonderzeichen werden mit dem Schalter „*Insert Symbols*" an der Stelle eingefügt, wo die Schreibmarke im Eingabefeld steht

  Mit den Schaltern ⬇ bzw. ⬆ gelangt man in die nächste bzw. vorhergehende Zeile:

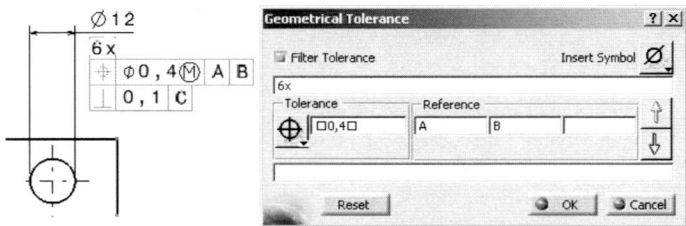

Wenn die Symbole im Feld „*Tolerance*" gleich sind, werden sie in einem Rahmen zusammengefasst:

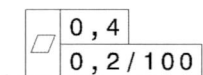

Schalter „*Filter Tolerance*":

        Es werden nur die Toleranzsymbole angeboten, die im Zusammenhang mit dem eingangs selektierten Geometrieelement sinnvoll sind

☐   Es werden alle möglichen Toleranzsymbole zur Auswahl angeboten

– Reset löscht sämtliche Eingaben, die sonst als Voreinstellung für erneutes Aufrufen erhalten bleiben

– Mit OK werden die Eingaben bestätigt

Lage nachträglich ändern

– Erneute Selektion des Textes bzw. des Pfeils ermöglicht dessen Lage durch Ziehen der Griffe zu ändern

Ändern des Pfeilaussehens: Siehe Kap. 6.5.6.2

Ändern des Anlenkpunktes am Rahmen: Siehe Kap. 6.5.9.2

Einfügen eines Knicks: Siehe Kap. 6.5.6.2

Hinzufügen eines weiteren Pfeils oder direkte Bezugsangabe: Siehe Kap. 6.5.6.2 und 6.5.9.2.

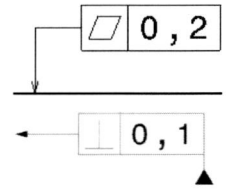

Toleranzwert ändern

– Doppelklick auf die Toleranzangabe öffnet das Fenster „*Geometrical Tolerance*", worin die Werte geändert werden können.

6.5.10   Oberflächenangaben

– Icon „*Roughness Symbol*" ∇ (Werkzeugleiste „*Annotations*") drücken

– Platzierungspunkt auf einer Flächenansicht, einer Maßhilfslinie oder beliebigen Punkt für Symbolspitze selektieren

– Im erscheinenden Fenster „*Roughness Symbol*" die Angaben zur Oberflächenbeschaffenheit eintragen:

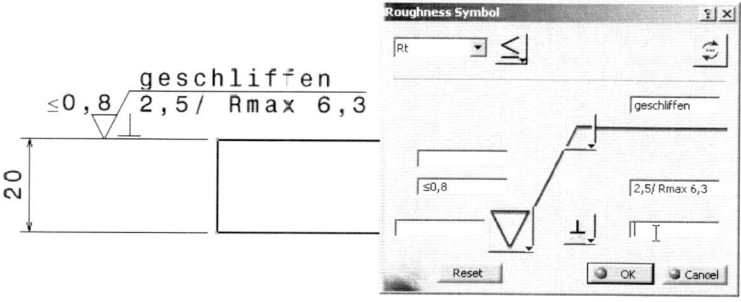

Schalter ermöglichen das Aussehen des Symbols anzupassen: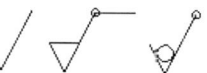

Der Schalter ⟳ klappt das Symbol um: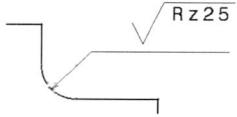

Der Schalter ≤ ≥ fügt an die Stelle des Cursors das entsprechende Zeichen ein

— Reset löscht sämtliche Eingaben, die sonst als Voreinstellung für erneutes Aufrufen erhalten bleiben
— Mit OK Symbol erzeugen

Lage nachträglich ändern

— Erneute Selektion des Symbols ermöglicht dessen Lage durch Ziehen mit MB1 zu ändern
— Position des Symbols mit einem Element verknüpfen:
  — Symbol mit MB3 selektieren → Positional Link > → Create
  — Element selektieren, mit dem das Symbol verknüpft werden soll: Gerade, Kante, Maßlinie, ...
  — Beim Bewegen des Elements wird das Symbol mitbewegt
  — Im Kontextmenü des Symbols ermöglicht die Option Query Object Links... mit dem erscheinenden Fenster das Hervorheben der verknüpften Elemente

Pfeil hinzufügen

— Symbol mit MB3 selektieren → Add Leader
— Punkt für Pfeilspitze selektieren:

√ Rz25

— Ändern des Pfeils: Siehe Kap. 6.5.6.2

Werte ändern

– Doppelklick auf das Symbol öffnet das Fenster *„Roughness Symbol Editor"*, worin sämtliche Angaben geändert werden können.

6.5.11   Schweißangaben

6.5.11.1 Darstellung von Schweißnähten

– Icon *„Weld"* 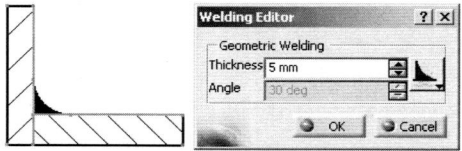 drücken
– Zwei Kanten selektieren
– Im erscheinenden Fenster *„Welding Editor"* Aussehen und Abmessungen der Naht einstellen:

Der Schalter bietet unterschiedliche Nahtarten an

– Mit OK Nahtdarstellung erzeugen.

6.5.11.2 Zeichnungsangaben zu Schweißnähten

– Icon *„Welding Symbol"* drücken
– Geometrieelement oder Punkt für Pfeilspitze selektieren
– Punkt für Knick (=Textankerpunkt) selektieren. Das Fenster *„Welding creation"* erscheint:

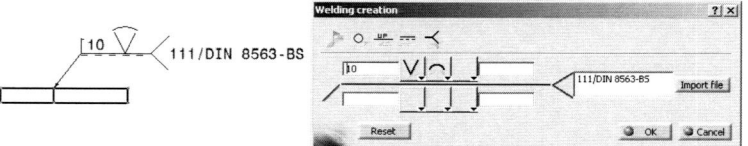

Im Fenster *„Welding creation"* die Angaben für die Schweißnaht vervollständigen:

Die Schalter und ermöglichen das Umklappen des Nahtsymbols und der Bezugs-Strichlinie:

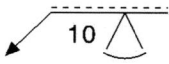

Mit wird eine Schweißgabel angehängt Mit wird ein Baustellensymbol und mit ein Ringsum-Symbol angebracht.

- Reset löscht sämtliche Eingaben, die sonst als Voreinstellung für erneutes Aufrufen erhalten bleiben
- Mit OK die Eingaben bestätigen
- Erneute Selektion des Symbols ermöglicht dessen Lage durch Ziehen mit MB1 zu ändern
- Doppelklick auf das Symbol öffnet das Fenster „*Welding Creation*", worin sämtliche Angaben geändert werden können.

6.5.12   Skizzieren von 2D-Geometrie

In der aktiven Ansicht kann Geometrie skizziert werden. Im Grunde ist die Vorgehensweise wie in der Arbeitsumgebung „*Sketcher*" (vgl. Kap. 2). Folgende Werkzeugleisten stellen die notwendigen Befehle zur Verfügung:

Visualization		Anzeige von Einschränkungen, Ansichtsrahmen, Geometrieanalyse ein/ausschalten
Tools		Diverse Werkzeuge
Geometry Creation		Geometrie erzeugen
Geometry Modification		Vorhandene Geometrie ändern und einschränken

Einschränkungen der Geometrie können analog zum *Sketcher* während des Skizzierens vorgenommen werden. Folgende Icons steuern die Vergabe:

Create Detected Constraints		Ist das Icon aktiviert, werden erkannte Einschränkungen während des Skizzierens festgelegt
Filter Generated Elements		Zwischen abgeleiteter 3D-Geometrie (*generated*) und erzeugter Geometrie wird optisch unterschieden: Grau ist abgeleitete und schwarz gezeichnete Geometrie

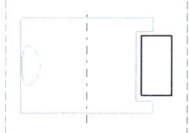

Show Constraints		Ist das Icon aktiviert, werden Symbole der bestehenden Einschränkungen im Grafikbereich angezeigt. Fixierte Elemente werden grün dargestellt.
Constraints Defined in Dialog Box		Nachträgliche Vergabe von Einschränkungen. Vorgangsweise: Siehe Kap. 2.5.3

Geometrical Constraint		Geometrische Einschränkung zwischen zwei Elementen
Fix Together		Selektierte Elemente werden miteinander zu einer Einheit verbunden. Beim Verschieben mit MB1 beispielsweise bewegt sich die gesamte Einheit.
Contact Constraint		Tangentenbedingung nachträglich hinzufügen: Icon drücken, zwei Elemente selektieren, die tangenzial sein sollen

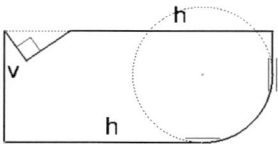

Beispiel für skizzierte 2D Geometrie:

Grafische Attribute ändern

Die grafischen Attribute können an selektierten Elementen mit der Werkzeugleiste „*Graphic Properties*" geändert werden:

Grafische Attribute kopieren

Sämtliche grafische Attribute eines Elements können auf selektierte Elemente übertragen werden:

- Element(e), deren Attribute geändert werden sollen selektieren

- Icon „*Copy Object Format*" ![icon] drücken

- Element selektieren, von dem die Attribute übernommen werden sollen (*reference*)

- Die grafischen Attribute der zuerst selektierten Elemente werden geändert.

6.5.13 Ändern von Elementen

Erzeugte 2D-Elemente (Text, Mittellinien, Symbole, Geometrie, ...) können, wie bei jedem Kapitel eines Elements erläutert, durch Selektion bzw. nach Doppelklick mit MB1 an den Griffen gezogen und Werteeingaben in den erscheinenden Dialogfenstern geändert werden.

Zusätzlich können Elemente frei gedreht werden:

- Icon „*Free rotation*" ![icon] drücken

- Element, das gedreht werden soll, selektieren

- Vier grüne Griffe erscheinen, an denen mit MB1 das Element gedreht werden kann:

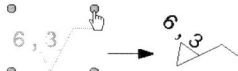

– Abschließend deselektieren und Icon „*Free rotation*" deaktivieren.

6.5.14 Erzeugen von Wiederholelementen (*detail*)

Geometrie eines Wiederholblattes (*detail sheet*) kann in anderen Blättern angezeigt werden. Das erleichtert das Erstellen von Zeichnungen (oftmalige Verwendung von benutzerdefinierten Symbolen und Zeichnungseinträgen) und spart Speicherplatz:

– Icon „*New Detail Sheet*" 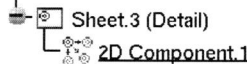 (unter Icon „*New Sheet*") drücken

– ein neues Wiederholblatt und die erste Ansicht werden angelegt:

    Sheet.3 (Detail)
        2D Component.1

– Gewünschte Geometrie skizzieren. Diese Geometrie kann in anderen Blättern der Zeichnung eingeblendet werden

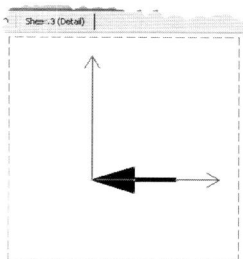

Weitere Ansicht

– Für eine neue Ansicht Icon „*New View*" 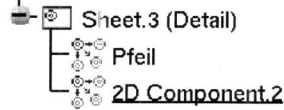 drücken

– Im Grafikbereich Position für neue Ansicht selektieren – eine weitere Referenz-

    Sheet.3 (Detail)
        Pfeil
        2D Component.2

ansicht wird erzeugt:

– Ansichten können zweckmäßig umbenannt werden (Kap. 6.3.14.1).

Wiederholelement einblenden:

– Blatt und darauf die Ansicht aktivieren, in die die Wiederholgeometrie eingeblendet werden soll

– Icon „*Instantiate 2D Component*" drücken

– Das Objekt (z.B. *2D Component.2*) im Strukturbaum selektieren, das eingeblendet werden soll

– Am Mauszeiger hängt die selektierte Geometrie. Die Position im Grafikbereich selektieren, wo die Wiederholgeometrie platziert werden soll.

– Zusätzlich ermöglichen Schalter in der erscheinenden Werkzeugleiste „*Tools Palette*" die relative Lage der Wiederholgeometrie zum Platzierungspunkt einzustellen bevor der Platzierungspunkt festgelegt wird. Außerdem kann der Maßstab (*Scale*) verändert werden:

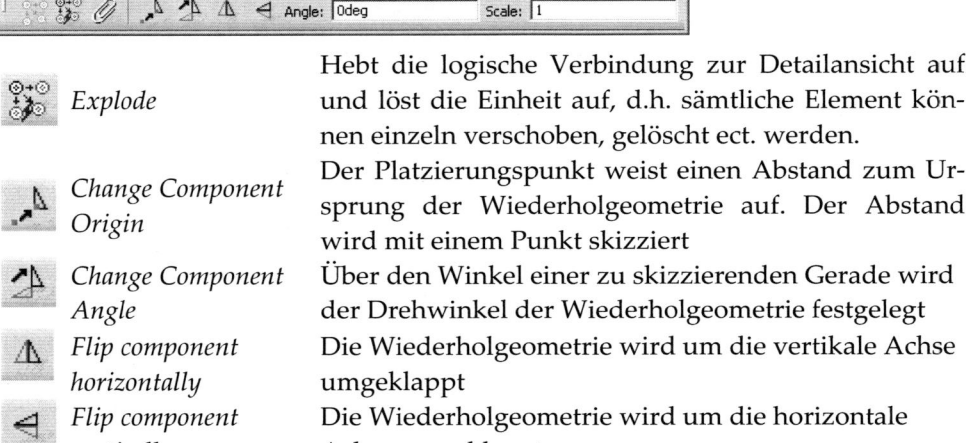

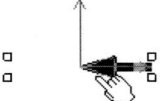 *Explode*	Hebt die logische Verbindung zur Detailansicht auf und löst die Einheit auf, d.h. sämtliche Element können einzeln verschoben, gelöscht ect. werden.	
Change Component Origin	Der Platzierungspunkt weist einen Abstand zum Ursprung der Wiederholgeometrie auf. Der Abstand wird mit einem Punkt skizziert	
Change Component Angle	Über den Winkel einer zu skizzierenden Gerade wird der Drehwinkel der Wiederholgeometrie festgelegt	
Flip component horizontally	Die Wiederholgeometrie wird um die vertikale Achse umgeklappt	
Flip component vertically	Die Wiederholgeometrie wird um die horizontale Achse umgeklappt	

– Die Wiederholgeometrie kann nachträglich mit MB1 auf dem Blatt verschoben und mittels Griffe in der Größe verändert werden.

Referenz eines Wiederholelements in 2D-Geometrie umwandeln:

– Die eingeblendete Geometrie (=Referenz) der Wiederholgeometrie mit MB3 selektieren:→ Explode 2D Component

– Das Wiederholelement wird in – in der aktiven Ansicht – änderbare 2D-Geometrie umgewandelt. Dasselbe erreicht man mit dem Icon (siehe oben).

6.6   Drucken

6.6.1   Drucker einrichten bzw. hinzufügen

– Im Hauptmenü: $\boxed{\text{File}}$ → $\boxed{\text{Printer Setup...}}$

– Im Fenster „*Printers*" Zeile „*Add Printer*" zum Hinzufügen eines neuen Druckers doppelklicken:

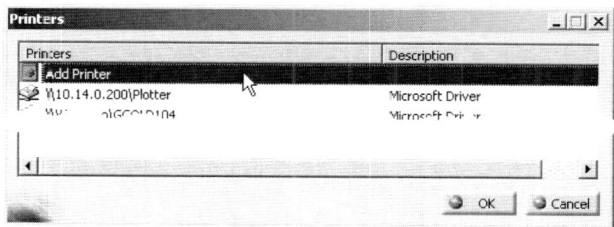

– Im erscheinenden Fenster „*Add Printer Wizard*" die voreinstellung ⬤ *3D PLM Printer* belassen und mit $\boxed{\text{OK}}$ bestätigen. Im folgenden Fenster „*Printer Properties*" kann die systemvergebene Druckerbezeichnung im Feld „*Name*" überschrieben werden:

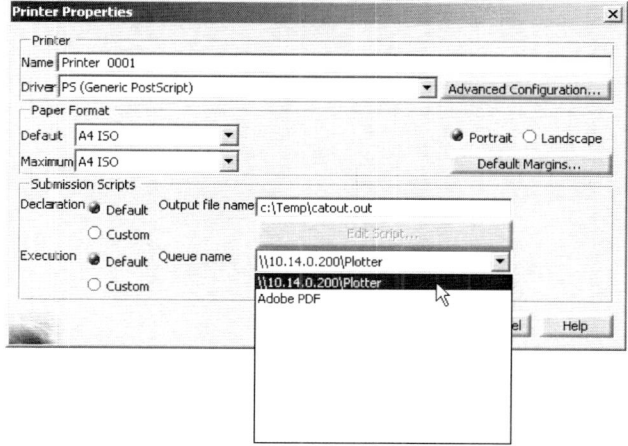

– Im Fensterbereich „*Paper Format*" wird das Papierformat (Standard: *Default* und Größtformat: *Maximum*) und seine Ausrichtung (*Portrait* – Hochformat und *Landscape* – Querformat) eingestellt.
Mit dem Schalter $\boxed{\text{Default Margins...}}$ können die Blattränder, d.h. der nicht bedruckbare Bereich festgelegt werden

– Im Fensterbereich „*Submission Scripts*" kann das Ergebnisfile mit dem aktivierten Schalter *Declaration Default* beliebig benannt werden (Voreinstellung: „catout.out")

– Der Drucker selbst wird mit aktiviertem Schalter *Execution Default* aus der Menge der verfügbaren Drucker ausgewählt. Die verfügbaren Drucker erhält man durch Drücken des schwarzen Pfeils neben dem Fenster „*Queue Name*" (Drucker Warteschlange)

– Mit OK werden die Einstellungen gespeichert und der eingerichtete Drucker unter der vergebenen Bezeichnung zur Liste der benutzbaren Drucker hinzugefügt

Einstellungen nachträglich ändern

– Durch erneutes Aufrufen der Hauptmenüoption „*Printer Setup*" können die zu einem bestimmten Drucker festgelegten Einstellungen geändert werden. Zeile des gewünschten Druckers mit MB3 selektieren → Configure: Das Fenster „*Printer Properties*" wird geöffnet

Drucker entfernen

– Mit dem Kontextmenü kann ein Drucker wieder entfernt werden. Im Fenster „*Printers*" Drucker mit MB3 selektieren → Remove.

6.6.2   Drucken eines Blatts

– Bestehendes Zeichnungsblatt: z.B. Format A0. Die Druckereinrichtung sei wie im Bild unter Kap. 6.6.1 eingestellt, d.h. A4 Hochformat:

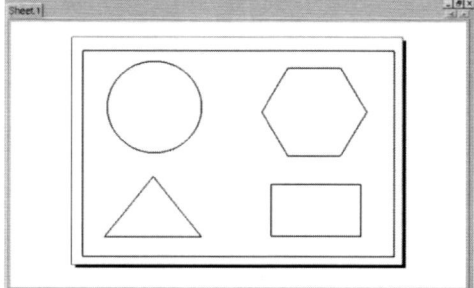

– Im Hauptmenü: File → Print ...
– Das Fenster „*Print*" erscheint:

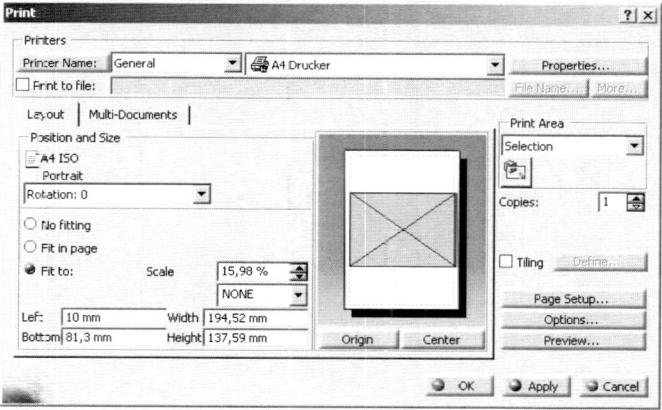

Darin wird eingestellt:

— Im Fensterbereich „*Printer*" der zu benutzende Drucker (Einrichten eines Druckers siehe Kap. 6.6.1).
Der Schalter „*Print to File*" ermöglicht, die Ausgabe in eine zu benennende Datei umzuleiten.
Der Schalter Properties... öffnet das Fenster „*Printer properties*" (vgl. Kap. 6.6.1), worin die Druckereinstellungen geändert werden können

Im Register „*MultiDocuments*":

● *All sheets*	Alle im Zeichnungsdokument vorhandenen Blätter werden gedruckt
● *Active sheet*	Nur das aktuelle (sichtbare) Blatt wird gedruckt
● *Sheet Numbers:*	*1,3, 5-7:* Nur die angegebenen Blätter werden gedruckt

Anm.: Für die Blattwahl muss der Druckbereich (*Print Area*) „*Whole Document*" eingestellt sein.

Im Register „*Layout*": Wahlschalter:

Best Rotation Weitere Optionen ermöglichen Drehen in 90° Schritten	Dreht den Druckbereich gegebenenfalls zum Anpassen an das Druckformat (Hoch-, Querformat)	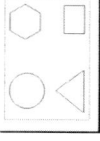
● *No Fitting*	Nur das festgelegte Druckformat (siehe Kap. 6.6.1) wird ausgedruckt. Formate werden am Ursprung der Blattfläche, links unten, ausgerichtet	

● *Fit in Page*   Passt den Druckbereich in der Größe an das Druckformat an (ohne zu drehen)

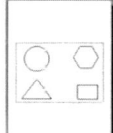

● *Fit to*   Ermöglicht beliebiges Einrichten des Druckbereichs auf dem Blatt Papier: Entweder durch Zahleneingabe für die Position der linken unteren Ecke (*Left, Bottom*), der Abmessungen des Ausdrucks (*Width, Height*) oder durch Wahl eines Zielformates (NONE, A0 ISO, ...).

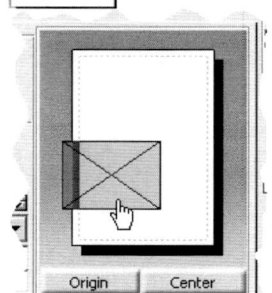

Die Schalter Origin und Center positionieren den Druckbereich links unten bzw. in Blattmitte. Ist der Druckbereich zu groß, erscheint der nicht druckbare Bereich rot

Im Fensterbereich „*Print Area*" wird der Druckbereich eingestellt:

Whole Document   Der Druckbereich ist das gesamte Zeichnungsformat. Ist das Blattformat des Druckers zu klein, erscheint der nicht druckbare Bereich rot in der Layoutansicht

Display   Der aktuelle (sichtbare) Bildschirminhalt des Zeichnungsdokuments wird gedruckt

Selection   Ermöglicht über den Schalter ⬚ im Grafikbereich den zu druckenden Bereich durch Aufziehen eines Rechtecks mit MB1 zu selektieren

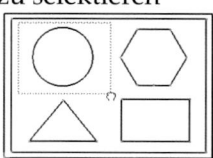

Mit dem Schalter Page Setup... kann das Blattformat des Druckers geändert werden. Die Möglichkeiten entsprechen jenen bei der Druckereinrichtung (Kap. 6.6.1). Nur das Größtformat wird ebendort eingestellt

Mit dem Schalter Options... wird das Fenster „*Options*" geöffnet:

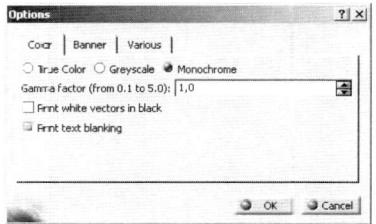

Darin können eingestellt werden:

Im Register „*Color*"   Farb- (*Color*), Grauschattierung- (*Greyscale*) oder Schwarz/Weiß-Druck (*Monochrome*)

Im Register „*Banner*"   Eine Titelzeile mit User-Name und Datum, sowie Position dieser Zeile (*Position*)

Im Register „*Various*"   Qualität der Farbwiedergabe (*Rendering Quality*) Wiedergabe von Strichstärke (absolut oder an Blattgröße angepasst) und Stricharten (strichliert, punktiert: absolut oder an Blattgröße angepasst), Ausführung des Linienendes bei dicken Linien

Der Schalter Preview... liefert eine Vorschau auf den Ausdruck mit den eingestellten Parametern:

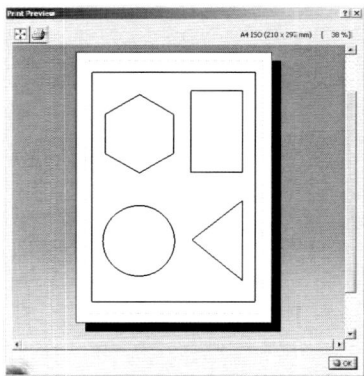

Mit dem Icon [Icon] kann das Blatt aus der Vorschau heraus gedruckt werden:

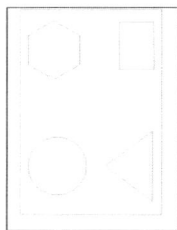

Bei einem Rollenplotter stellt man vorteilhaft das Blattformat *A1 Roll* oder *A0 Roll* ein. Die Papiervorschubrichtung wird in der Vorschau dargestellt. Somit lässt sich bei entsprechender Ausrichtung des Ausdrucks (Hoch-, Querformat) Papier sparen:

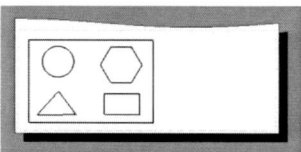

Mit OK wird der Ausdruck erzeugt.

6.7 Verschieben von Zeichnungsgeometrie zu ebener Raumgeometrie

− Zeichnungsgeometrie mit MB1 selektieren:

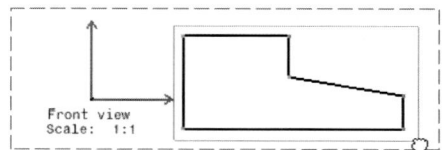

− Hervorgehobene Geometrie mit MB3 selektieren und im Kontextmenü Copy wählen

− Bestehendes Teiledokument öffnen mittels Icon „*Open*" 📂 oder neues Dokument erzeugen mittels Icon „*New*" ▯

− Im Teiledokument Skizze auf der gewünschten Ebene öffnen: Icon „*Sketcher*" ▱ drücken → Ebene selektieren: Skizzierer wird gestartet

− Objekt „*Sketch.N*" im Strukturbaum mit MB3 selektieren und im Kontextmenü Paste wählen:

− Die Zeichnungsgeometrie wird in die Skizze eingefügt. Der **Ansichtsursprung** fällt dabei mit dem Ursprung des HV- Achsensystems zusammen:

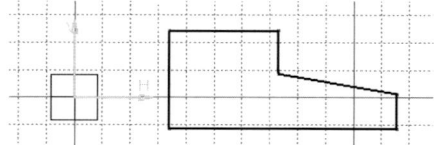

Diese Geometrie ist nun Skizzengeometrie und kann wie gezeichnete Geometrie mit geometrischen sowie maßlichen Einschränkungen versehen und zur Erzeugung von Volumenkörpern herangezogen werden.

6.8   Konvertieren von Zeichnungsformaten

Das CATIA-Zeichnungsformat „*Name.CATDrawing*" kann einfach in andere 2D-**Formate** geändert werden.

– Hauptmenü: File → Save As...

– Im erscheinenden Fenster „*Save as*" im Feld „*Save as type*" mit dem schwarzen Pfeil den gewünschten Dateityp auswählen: DXF, DWG, PS, PDF, TIF usw.

– Im Feld „*Name*" den Dateinamen mit der gewünschten Bezeichnung überschreiben

– Das Zielverzeichnis festlegen, wohin die Datei gespeichert werden soll

– Save drücken. Eine neue Datei mit der entsprechenden Bezeichnung „Name.dxf", „Name.dwg" usw. wird im Zielverzeichnis gespeichert. Die ursprüngliche Zeichnungsdatei bleibt natürlich erhalten

– Umgekehrt lassen sich diese Formate auch direkt unter CATIA öffnen bzw. als Bild in eine Zeichnung einfügen (Kap. 6.1.3). Die Konvertierung wird vom System selbsttätig durchgeführt. Durch entsprechende Voreinstellungen kann das Konvertierungsverhalten beeinflusst werden

Voreinstellungen: Tools → Options: Kategorie „*General*" und darin Zweig „*Compatibility*" wählen.

In den Registern „*IGES 2D*", „*DXF*" und „*STEP*" kann festgelegt werden, welche Geometrieelemente importiert bzw. exportiert werden sollen.

7   Kinematikumgebung

Die Arbeitsumgebung „*DMU Kinematics*" ermöglicht Teile miteinander mit bestimmten Freiheitsgraden zu koppeln (z.B. Dreh-, Verschiebe-, Kugelgelenk) und das Gesamtsystem entsprechend der verbleibenden Freiheitsgrade zu bewegen. Bewegungen können schrittweise oder animiert durchgeführt werden. Der im Zuge einer Bewegung von einem Teil beanspruchte Raum kann als Hüllvolumen dargestellt werden. Ebenso sind Kollisionsuntersuchungen möglich.

Diese Arbeitsumgebung entspricht damit einer Erweiterung der Arbeitsumgebung „*Assembly Design*" (vgl. Kap. 5.8), wobei keine Lagebeziehungen sondern bewegliche Verbindungen zwischen den Komponenten definiert werden. Es ist auch möglich die Lagebeziehungen eines vorhandenen Produktdokuments in Gelenksbedingungen umzuwandeln und so am Produkt eine Kinematikanalyse durchzuführen.

7.1   Grundlagen

7.1.1   Begriffe

Folgende Begriffe müssen zunächst festgelegt und erläutert werden:

Mechanismus (*mechanism*)	Verband von Teilen und/oder Produkten, die miteinander durch Gelenke (*joint*) verknüpft sind. In einem Produktdokument können mehrere Mechanismen definiert werden.
Glied (*product*)	Starres Teil oder Produkt eines Mechanismus, das als ganzes bewegt wird.
Gestell (*fixed part*)	Das Glied des Mechanismus, das festgehalten wird, also in Ruhe bleibt.
Gelenk (*joint*)	Beziehung zwischen Gliedern, die die relative Beweglichkeit zwischen ihnen beschreibt. Damit ein Gelenk animiert werden kann, muss ihm ein Befehl zugewiesen sein.
Freiheitsgrad (*degree of freedom = DOF*)	Anzahl der unabhängigen Bewegungen (Rotation, Translation) eines Gelenkes. Ein reines Radiallager z.B. hat den Freiheitsgrad 1 (= Rotation). Freiheitsgrad = 0 kennzeichnet ein starres Gelenk. Ein freies Teil im Raum hat 6 Freiheitsgrade (3 Translationen und 3 Rotationen).
Befehl (*command*)	Länge oder Winkel, dessen Wertänderung die Bewegung eines Mechanismus erzwingt. Damit eine Bewegungssimulation eines Mechanismus möglich ist, muss die Anzahl der Befehle gleich seinem Freiheitsgrad sein.

Mechanismus bestehend aus 4 Gliedern und 4 Gelenken. Als Befehl kann entweder die Länge oder der Winkel herangezogen werden.

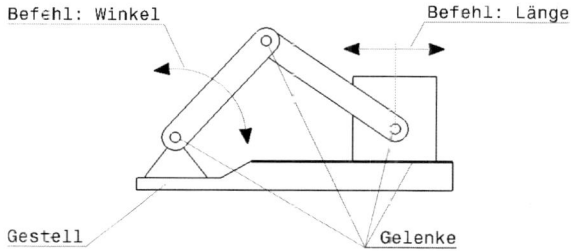

7.1.2 Allgemeiner Ablauf einer Analyse

Die grundsätzlichen Schritte einer Kinematikanalyse sind folgende:

1. Vorhandenes Produkt laden bzw. aus Teiledokumenten mittels Arbeitsumgebung „*Assembly Design*" ein Produkt zusammenstellen
2. Arbeitsumgebung „*DMU Kinematics*" aufrufen
3. Einen Mechanismus (*mechanism*) definieren
4. Innerhalb eines Mechanismus Gelenksbedingungen (*joint*) vergeben
5. Teil, der in Ruhe bleiben soll, fixieren
6. Befehl(e) (*Command*) zur Ausführung einer Bewegungssimulation einrichten
7. Simulation starten.

7.1.3 Aufruf der Arbeitsumgebung

Es gibt mehrere Möglichkeiten:

- Über Hauptmenü: Start → Digital Mockup > → DMU Kinematics
- Über die Werkzeugleiste „*Workbench*": Das Icon der aktuellen Arbeitsumgebung öffnet das Fenster „*Welcome to CATIA V5*", in dem das Icon „*DMU Kinematics*" ▨ selektiert wird (abhängig von Voreinstellung Kap. 1.15).

7.2 Einführungsbeispiel

Angabe

Ein einfacher Mechanismus bestehend aus einem Lagerbock und einem Hebel soll kinematisch untersucht werden:

Vorgehensweise

- Einbau der Teile „*Lagerbock*" und „*Hebel*" in der Arbeitsumgebung „*Assembly Design*" mit dem Icon „*Existing Component*" 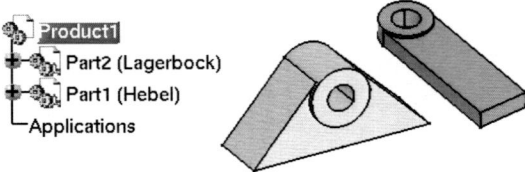 in ein Produktdokument:

- Arbeitsumgebung „*DMU Kinematics*" aufrufen: Über Hauptmenü: Start → Digital Mockup > → DMU Kinematics
- Sicherstellen, dass der Konstruktionsmodus (*Design mode*) aktiv ist, vgl. Kap. 5.6.2. Sonst über das Hauptmenü diesen Modus einstellen: Edit → Representations > → Design Mode

Mechanismus definieren

- Mechanismus erzeugen: Icon „*Revolute Joint*" selektieren. Das Fenster „*Joint Creation: Revolute*" wird geöffnet. Darin zunächst den Button New Mechanism drücken und im erscheinenden Fenster „*Mechanism Creation*" einen beliebigen Namen eingeben oder gleich mit OK bestätigen:

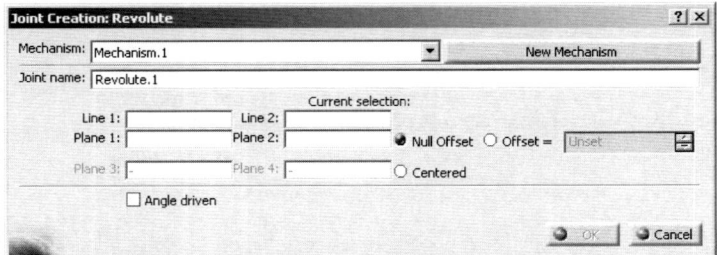

Gelenk definieren

- Für das Drehgelenkgelenk (*revolute joint*) müssen zwei Achsen (*Line 1* und *Line 2*) und zwei Ebenen (*Plane 1* und *Plane 2*) selektiert werden:
Die notwendigen Geometrieelemente werden in untenstehender Reihenfolge selektiert:

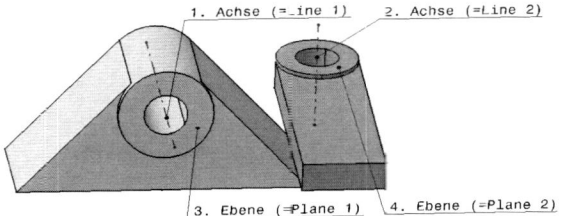

Die Einträge im Fenster „*Joint Creation: Revolute*" sind entsprechend:

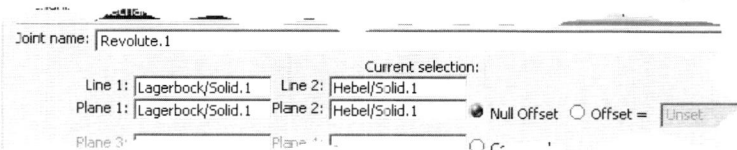

Mit OK die Definition des Gelenks abschließen

— Die beiden Teile werden gemäß der getroffenen Gelenksdefinition angeordnet:

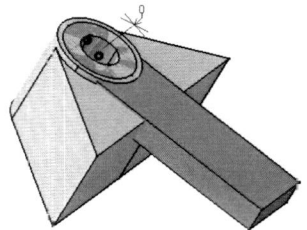

— Die Anordnung der beiden Axialflächen entspricht noch nicht der Realität. Die getroffenen Gelenksbedingungen können jedoch wie in der Arbeitsumgebung „*Assembly Design*" geändert werden (vgl. Kap. 5.11.3.2).
Ein Doppelklick auf das Objekt „*Offset.2 (Lagerbock, Hebel)*" öffnet das Fenster „*Constraint Definition*":

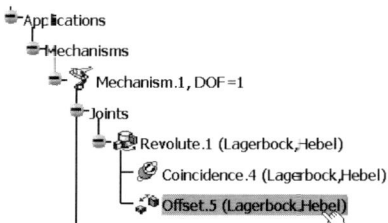

Im Fenster „*Constraint Definition*" lässt sich die Orientierung der beiden Axialflächen über den Schalter More>> umkehren. Im erweiterten Fenster wird im Feld „*Orientation*" der Parameter mit dem schwarzen Pfeil auf „*Opposite*" eingestellt:

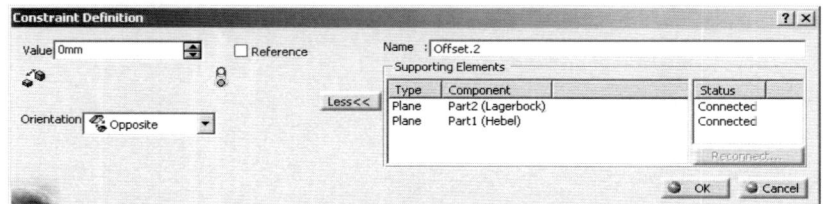

Die vorgenommenen Änderungen mit $\boxed{\text{OK}}$ bestätigen

– Damit die Änderungen wirksam werden muss eine Aktualisierung des Mechanismus vorgenommen werden: Icon *„Update Positions"* ☀ (Werkzeugleiste *„Kinematics Update"*) drücken. Im erscheinenden Fenster *„Update Mechanism"* die Aktualisierung mit $\boxed{\text{OK}}$ einleiten. Die Stellung der Teile wird geändert:

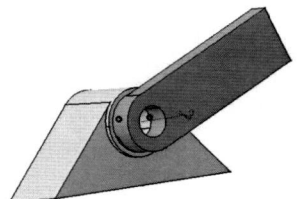

Gestell definieren

Der Lagerbock wird als der feststehende Teil des Mechanismus festgelegt:

– Icon *„Fixed Part"* 🔱 drücken.
– Das Fenster *„New Fixed Part"* erscheint.
– Den Lagerbock im Grafikbereich oder im Strukturbaum selektieren.
– Der Lagerbock wird als Gestell festgelegt und ein entsprechendes Objekt im Strukturbaum an den betreffenden Mechanismus angehängt:

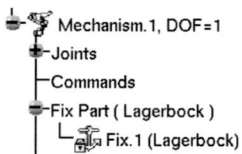

Befehl definieren

Der Freiheitsgrad des Mechanismus ist 1 (DOF=1). Zur Bewegungssimulation muss also genau ein Befehl (*command*) definiert werden:

– Ein Doppelklick auf das Objekt des Gelenks *„Revolute.1"*

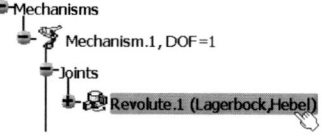

öffnet das Fenster *„Joint Edition: Revolute.1"*:

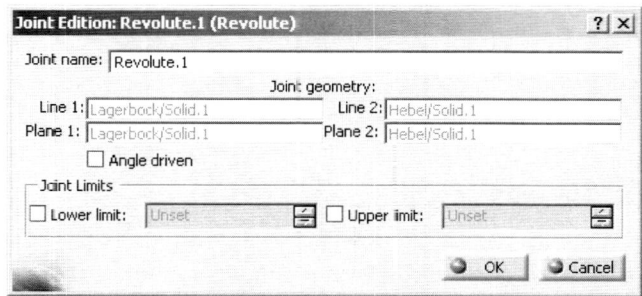

- In diesem Fenster wird der Winkel als bestimmender Parameter für die Bewegung festgelegt: Button *„Angle driven"* aktivieren:

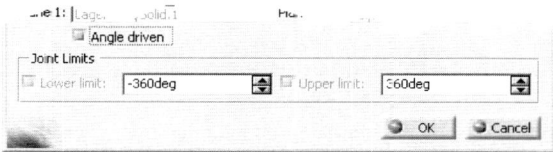

- Befehl mit OK erzeugen. Ein Informationsfenster weist darauf hin, dass nun eine Bewegungssimulation möglich ist (*The mechanism can be simulated*). Dieses Fenster mit OK bestätigen. Der Freiheitsgrad ist nun 0 (DOF=0)

Simulation starten

- Simulation durchführen:

- Icon *„Simulation With Commands"* (Werkzeugleiste *„DMU Kinematics"*) drücken

- Das Fenster *„Kinematic Simulation – Mechanism.1"* erscheint:

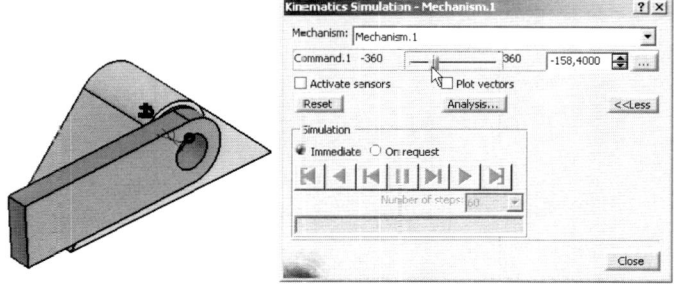

- Button *„Immediate"* im Feld *„Simulation"* aktivieren. Durch Bewegen des Schiebereglers mit MB1 dreht sich der Hebel um die Achse, die als Gelenkachse definiert wurde

- Beim Überfahren des Hebels mit dem Mauszeiger erscheint ein Symbol, das den Befehl Winkel darstellt: ► ◄ Durch Ziehen mit MB1 kann der Hebel ebenfalls im Sinne des definierten Gelenks bewegt werden

- Button „*On request*" im Feld „*Simulation*" aktivieren. Im Feld neben dem Schieberegler den Winkelwert „0" eingeben. Im Fensterbereich „*Simulation*" Icon „*Play Forward*" ▶ drücken. Der Hebel rotiert einmal um die Gelenkachse. Durch Selektion des Icons „*Play back*" ◀ rotiert der Hebel wieder zurück
- Der Schalter Close beendet den Simulationsmodus

- Produktdokument speichern: Icon „*Save*" 💾 selektieren und gewünschten Namen sowie Verzeichnis des Dokuments eingeben.

7.3   Erzeugen eines Mechanismus

Definition

Ein Mechanismus ist ein bewegliches Gebilde aus Teilen und/oder Produkten. In einem Produkt können mehrere Mechanismen definiert werden. Bevor Gelenke definiert werden önnen muss ein Mechanismus erzeugt worden sein. Ein vollständiger Mechanismus besteht aus folgenden Objekten:

7.3.1   Definieren eines Mechanismus

Beim Definieren des ersten Gelenks, z.B. über das Icon „*Revolute Joint*" 🔧, wird das Fenster „*Joint Creation: Revolute*" geöffnet:

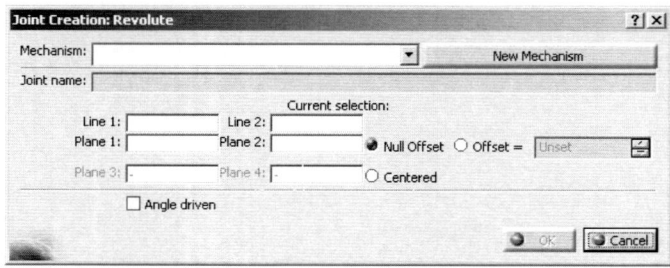

Mit dem Schalter New Mechanism wird ein neuer Mechanismus angelegt. Dieser erhält einen Systemnamen, der im erscheinenden Fenster „*Mechanism Creation*" geändert werden kann, und wird im Strukturbaum nach Drücken von OK unter dem Objekt „*Applications*" angehängt:

7.3.2 Umbenennen eines Mechanismus

Über die Option „*Properties*" des Kontextmenüs (MB3 auf Objekt *Mechanism.1*) kann der Name im Register „*Feature Properties*" des erscheinenden Fensters „*Properties*" wunschgemäß überschrieben werden.

7.4 Gelenke (*joints*)

Definition

Gelenke legen die möglichen Bewegungen zwischen Gliedern fest und entsprechen den Lagebedingungen der Arbeitsumgebung „*Assembly Design*". Sie werden entweder beim Einbau von Teiledokumenten erzeugt (Kap. 7.4.2) oder durch bestehende Lagebedingungen (*constraints*) definiert (Kap. 7.4.3).

7.4.1 Arten von Gelenken (*joint types*)

CATIA bietet 16 verschiedene Gelenke an. Diese sind in der Werkzeugleiste „*Kinematic joints*" aufgelistet und werden über die Erweiterung des zuletzt selektierten Icons gewählt. Als Voreinstellung ist das Icon „*Revolute joint*" [icon] sichtbar. Untenstehende Tabelle listet sämtliche Arten auf:

Einfache Gelenke (*single joints*):

Gelenk	*joint*	Icon	Freiheits-grad[3]	Selektionen bei Teil A und Teil B	Befehl[4]
Starres G.	*rigid*	[icon]	0 (Kap. 7.5)	Teil A, Teil B	—
Drehg.	*revolute*	[icon]	1: R	Achse A, Achse B Ebene A, Ebene B: Ebenen normal auf Achsen	W
Schubg.	*prismatic*	[icon]	1: T	Gerade A, Gerade B Ebene A, Ebene B: Ebene enthalten Achsen	L
Schraubg.	*screw*	[icon]	1: R oder T	Achse A, Achse B Steigung (mm pro Umdrehung)	W oder L
Dreh-schubg.	*cylindrical*	[icon]	2: R + T	Achse A, Achse B	W + L

---

3 R: Rotation, T: Translation
4 W: Winkel; L: Länge

Gelenk	*joint*	Icon	Freiheits- grad[3]	Selektionen bei Teil A und Teil B	Be- fehl[4]
Kardang.	*U-joint*		2: R	Achse A, Achse B: Achsen schneiden einander Richtung der Beugeachse (*cross-pin*):Normal auf eine Achse	—
Kugelg.	*sperical*		3: R	Punkt A, Punkt B: Kugelmittel-punkte	—

Bahn- oder flächengesteuerte Gelenke (*curve- or surface-related joints*):

Gelenk	*joint*	Icon	Freiheits- grad[5]	Selektionen bei Teil A und Teil B	Befehl[4]
Rollkurveng.	*roll curve*		2: T + R	Kurve A, Kurve B: Kurven tangenzial in einem Punkt	L
Gleitkurveng.	*slide curve*		3: 2R+ T	Kurve A, Kurve B: Kurven tangenzial in einem Punkt	—
Ebenes G.	*planar*		3: R+2 T	Ebene A, Ebene B	—
Punktkurveng.	*point curve*		4: 3R +T	Kurve A Punkt B: liegt auf Kurve	L
Punkt-Flächen-G.	*point surface*		5: 3R + 2 T	Fläche A Punkt B: liegt auf Fläche	—

Zusammengesetzte Gelenke (*composed joints*):

Gelenk	*joint*	Icon	Freiheits- grad[4]	*Selektionen*	Befehl[4]
Wälzg. (Zahn-radpaar)	*gear*		1: R	*Drehgelenk 1* *Drehgelenk 2* Übersetzungsverhältnis	W1 oder W2
Zahn-stange	*rack*		1: R oder T	Schubgelenk Drehgelenk	W oder L

---

5   siehe Tabelle oben

Gelenk	*joint*	Icon	Freiheits-grad[4]	*Selektionen*	Befehl[4]
Seilver-bindung	*cable*		1: T	Schubgelenk 1 Schubgelenk 2 Übersetzungsverhältnis	L1 oder L2
Gleich-laufg.	*CV joint*		1: R	Achse A, Achse B, Achse C: schnei-den einander und Beugewinkel gleich groß Anm.: Im Prinzip sind das 2 Kar-dangelenke.	—
mehrere Wahl-möglich-keiten	*axis-based*		abhängig von Wahl des Ge-lenktyps	Achsenkreuz A, Achsenkreuz B, Gelenkstyp	abhän-gig von Wahl

7.4.2 Festlegen von Gelenken

— Sicherstellen, dass der Konstruktionsmodus (*Design mode*) aktiv ist.
Sonst über das Hauptmenü diesen Modus einstellen: Edit → Representations > → Design Mode (vgl. Kap. 5.6.2)

— Icon „*Revolute Joint*" bzw. über den schwarzen Pfeil dessen Erweiterung selektieren, um die gewünschte Gelenksart (Kap. 7.4.1) zu wählen

— Das Fenster „*Joint Creation:* <Gelenksart>" wird geöffnet:

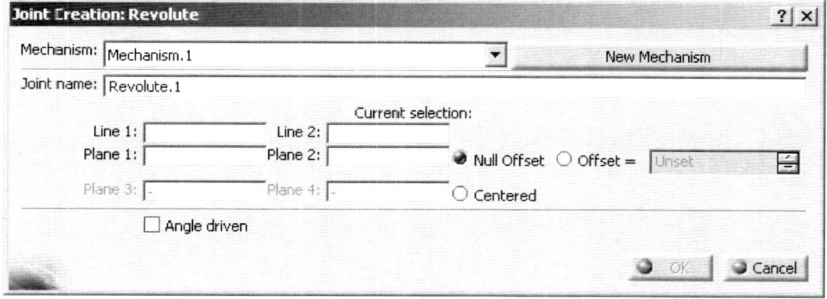

— Wenn noch kein Mechanismus definiert ist, muss zuerst der Button New Me-chanism selektiert werden, Kap. 7.3.1

— Abhängig von der Gelenksart müssen korrespondierende Geraden und/oder Ebenen zweier Teile selektiert werden, die als Achsen oder Kontaktflächen die-nen (vgl. Kap. 7.2 „Gelenk definieren"). Dabei wird vom System eine bestimmte

Selektionsreihenfolge erwartet und der dynamische Navigator erkennt nur Geometrieelemente, die dieser Reihenfolge entsprechen:

Selektionsreihenfolge

1. Achse Teil A

2. Korrespondierende Achse Teil B

3. Anlagefläche Teil A oder B

4. Korrespondierende Anlagefläche Teil B oder A

− Mit OK wird das Gelenk erzeugt und ein entsprechendes Objekt an den Strukturbaum angehängt.

7.4.3   Definieren von Gelenken mit Hilfe vorhandener Lagebeziehungen

− Ein Produktdokument öffnen

− Sicherstellen, dass der Konstruktionsmodus (*Design mode*) aktiv ist. Sonst über das Hauptmenü diesen Modus einstellen: Edit → Representations > → Design Mode, vgl. Kap. 5.6.2

− Icon *„Assembly Constraints Conversion"* (Werkzeugleiste *„DMU Kinematics"*) selektieren

− Im erscheinenden Fenster *„Assembly Constraints Conversion"* den Button New Mechanism drücken und erscheinendes Fenster mit OK bestätigen

− Den Schalter Auto Create drücken. Gelenke entsprechend der vorhandenen Lagebeziehungen werden erzeugt und eine fixierte Komponente wird als Gestell definiert

− Mit OK das Fenster schließen.

7.4.4   Ändern von Gelenken (*edit joints*)

− Ein Doppelklick auf das Objekt des Gelenks im Strukturbaum öffnet das Fenster *„Joint Edition"*

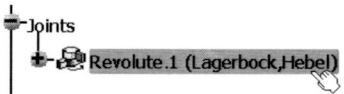

− In diesem Fenster können folgende Änderungen vorgenommen werden:

  − Überschreiben des Namen des Gelenks im Feld *„Joint name"*

  − Ein-/Ausschalten von Befehlen: Schalter *„Angle/Length driven"* aktivieren/deaktivieren

  − Festlegen des Wertebereichs der Bewegung (*Joint limits*)

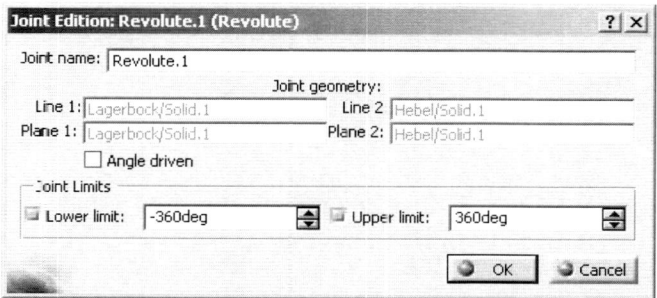

– Mit OK werden die Änderungen gespeichert.

7.5 Gestell (*fixed part*)

Das Gestell ist der feststehende Teil eines Mechanismus. Zur Bewegungssimulation muss genau ein Gestell definiert sein. Mehrere unabhängige Teile können nicht als Gestelle fixiert werden. Dafür dient das starre Gelenk „*Rigid joint*" 🖼, womit andere Teile starr mit dem Gestell verbunden werden.

7.5.1 Definieren des Gestells

– Icon „*Fixed Part*" ⚓ drücken
– Das Fenster „*New Fixed Part*" erscheint:

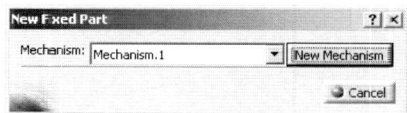

Darin wird der gewünschte Mechanismus ausgewählt oder – falls noch keiner existiert – einer erzeugt (Schalter New Mechanism)

– Den Teil, der das Gestell des gewählten Mechanismus sein soll, im Grafikbereich oder im Strukturbaum selektieren
– Der Teil wird mit der Lageeinschränkung „*Fix*" versehen und im Strukturbaum wird zum gewählten Mechanismus ein entsprechendes Symbol angehängt

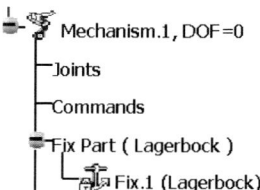

Mechanism.1, DOF=0

┌ Joints

├ Commands

├ Fix Part (Lagerbock)

      └ Fix.1 (Lagerbock)

7.5.2 Ändern der Lagebedingung „*Verankerung*" (*fix*)

Durch Doppelklick auf das Objekt „*Fix.N*" im Strukturbaum kann diese Bedingung geändert werden. Dies geschieht analog den Lagebedingungen der Arbeitsumgebung „*Assembly Design*", weshalb auf das Kap. 5.11.3 verwiesen wird.

7.6   Befehle (*commands*)

Befehle werden zur Bewegungssimulation gebraucht. Sie legen einen Winkel- oder Längenbereich fest, der die Bewegung eines Gelenks charakterisiert.

7.6.1 Definieren von Befehlen

– Ein Doppelklick auf das Objekt eines Gelenks z.B. „*Cylindrical.2*" öffnet das Fenster „*Joint Edition: Cylindrical.2*":

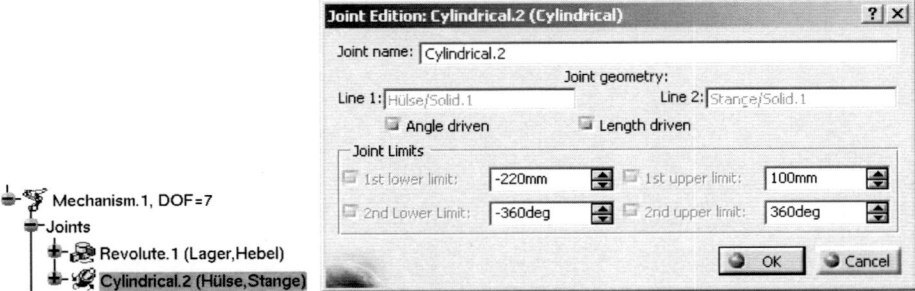

Wertebereich der Bewegung

Abhängig von den Gelenkseigenschaften wird im Fenster „*Joint Edition: Joint.N*": ein Winkel, eine Länge oder beides zur Bestimmung einer Bewegung angeboten: Schalter *Angle* und/oder *Length driven* aktivieren.

In den Wertefenstern darunter können Grenzwerte der Winkel bzw. Längen eingegeben werden. Innerhalb dieses Wertebereichs können die Teile bewegt werden.

– Mit OK wird der Befehl bzw. die Befehle erzeugt

– Ein Objekt „*Command.N*" wird im Strukturbaum an den entsprechenden Mechanismus angehängt. Dieses nennt in Klammer das zugehörige Gelenk und den Parameter für die Bewegung:

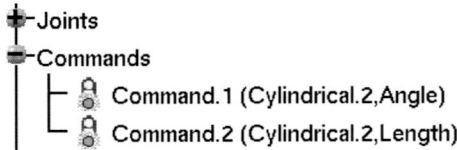

– Wenn genügend Befehle definiert worden sind, weist ein Informationsfenster darauf hin, dass nun eine Bewegungssimulation möglich ist (*The mechanism can be simulated*). Dieses Fenster mit OK bestätigen.

7.6.2 Ändern von Befehlen

– Ändern des Befehlsnamens: Doppelklick auf das Objekt des entsprechenden Befehls im Strukturbaum öffnet das Fenster *„Command Edition"*. Im Feld *„Command name"* kann die Bezeichnung wunschgemäß geändert werden:

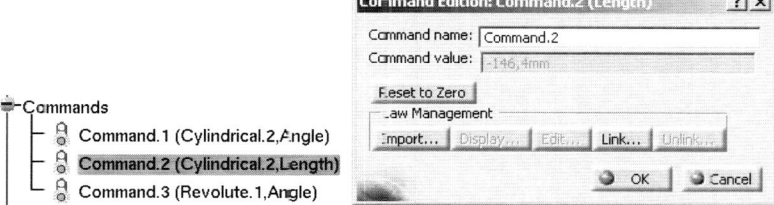

– Aktivieren/Deaktivieren von Befehlen: Ein Doppelklick auf das Objekt des Gelenks im Strukturbaum öffnet das Fenster *„Joint Edition"*. Darin kann durch Aktivieren/Deaktivieren der entsprechenden Schalter (*Angle/Length driven*) der Befehl ein- bzw. ausgeschaltet werden.

7.7 Bewegungssimulation (*simulation*)

Damit eine Bewegungssimulation vorgenommen werden kann, müssen einige Voraussetzungen erfüllt sein:

Voraussetzungen

– Ein Mechanismus mit Gelenken muss definiert sein
– Ein Teil muss feststehend sein (Gestell)
– Befehle müssen definiert sein. Die Anzahl der Befehle muss gleich dem Freiheitsgrad des Mechanismus sein, d.h. DOF=0. Zuwenig, aber auch zu viele Befehle machen eine Simulation unmöglich.

Sind sämtliche Voraussetzungen erfüllt, kann eine **Simulation** durchgeführt werden. Dafür stehen mehrere **Möglichkeiten** zur Verfügung:

– Mit den festgelegten Befehlen
– Mit definierten Regeln.

7.7.1 Simulation mit Befehlen

ENTWEDER: Icon *„Simulation With Commands"* drücken

ODER: Doppelklick auf Objekt „*Mechanism.N*" im Strukturbaum

–   DANN: Das Fenster „*Kinematic Simulation – Mechanism.1*" erscheint:

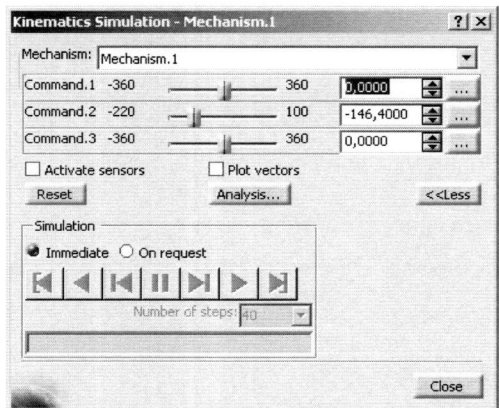

–   Darin kann im Feld „*Mechanism*" ein anderer Mechanismus gewählt werden

Zwei Möglichkeiten zum direkten **Bewegen mit der Maus**:

–   Gegebenenfalls Fenster mit dem Schalter More>> erweitern

–   Button ● „*Immediate*" im Feld „*Simulation*" aktivieren. Durch Bewegen des Schiebereglers mit MB1 ändert sich der Winkel- bzw. Längenwert und somit bewegen sich die Teile innerhalb des festgelegten Wertebereichs

–   Beim Überfahren von Gelenken mit dem Mauszeiger erscheinen Symbole, die die vorhandenen Befehle Winkel (◣ ◢) bzw. Länge (◀—▶) darstellen. Durch Ziehen mit MB1 kann das entsprechende Teil ebenfalls im Sinne des definierten Gelenks bewegt werden. Falls beide Bewegungsmöglichkeiten existieren, kann die Drehung durch Ziehen mit gleichzeitigem Drücken von MB1 und MB2 erzeugt werden (zuerst MB1 drücken)

Bewegen über Wertebereich:

–   Fenster mit dem Schalter More>> erweitern

–   Button ● „*On request*" im Feld „*Simulation*" aktivieren

Endstellung festlegen

–   Den Schieberegler verschieben oder im Feld daneben einen Zahlenwert eingeben. Der Wert ist der Endwert der Bewegung. Mit ... kann der Wertebereich verändert werden

–   Im Fensterbereich „*Simulation*" Icon „*Play Forward*" ▶ drücken. Die Teile bewegen sich, indem einmal der Wertebereich durchlaufen wird.

Durch Selektion des Icons „Play back" 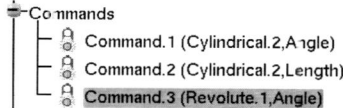 bewegen sich die Teile wieder zurück in die Ausgangslage.

Anm.: Falls das Icon „Play Forward" ohne vorangegangene Werteeingabe gedrückt wird, erscheint eine Fehlermeldung: „Change at least one command value to start the simulation" (Mindestens einen Bewegungswert zum Start der Simulation ändern).

Das Meldungsfenster mit $\boxed{\text{OK}}$ schließen.

Werte aufzeichnen

— Der Schalter „Activate Sensors" bietet die Möglichkeit Wertepaare (Befehlsschritt/Länge bzw. Winkel) während der Simulation aufzuzeichnen, näheres siehe Beispiel 9.4.1

— Der Schalter $\boxed{\text{Close}}$ beendet den Simulationsmodus.

7.7.2 Simulation mit Regeln

Zunächst muss eine Regel definiert werden:

— Objekt eines Befehls, zu dem eine Regel definiert werden soll, selektieren:

- Commands
  - Command.1 (Cylindrical.2,Angle)
  - Command.2 (Cylindrical.2,Length)
  - Command.3 (Revolute.1,Angle)

— Icon „Formula" $f(x)$ in der Werkzeugleiste „Knowledge" selektieren

— Das Dialogfenster „Formulas: Command.3" erscheint:

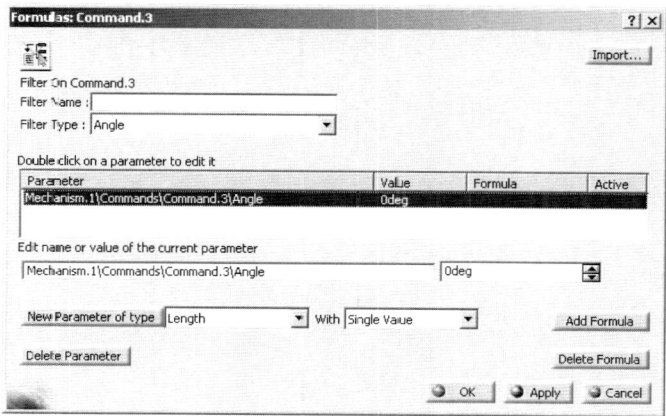

— Doppelklick auf die Zeile mit dem Eintrag des Befehls: Mechanism.1\Commands\Command.N... öffnet den Gleichungseditor „Formula Editor: Mechanism". Darin in der Spalte „Members of Parameters" Time selektieren:

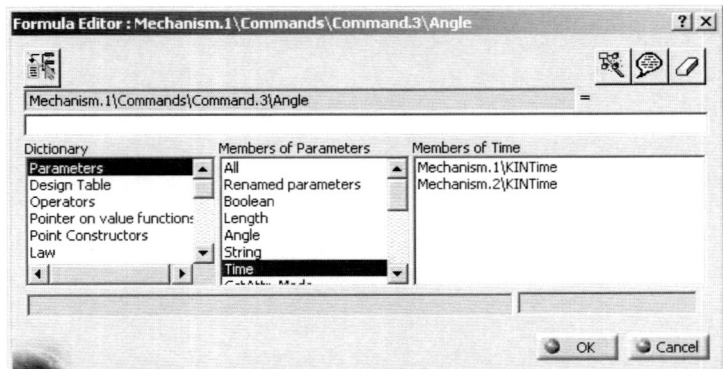

–   In der Spalte „*Members of Time*" den gewünschten Mechanismus doppelklicken und in der Gleichungszeile den Zeitwert (z.B.: */1s*36deg* d.h. in einer Sekunde 36°) eintragen:

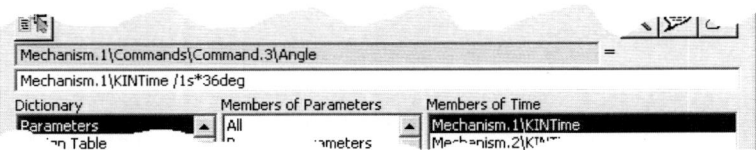

Mit [OK] den Gleichungseditor schließen

–   Das Dialogfenster „*Formulas: Command.1*" wird aktualisiert:

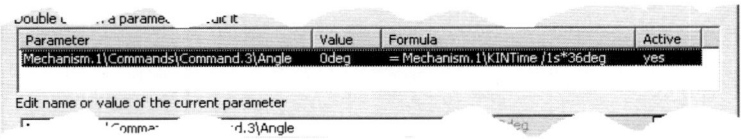

Mit [OK] Definition der Regel beenden

–   An den Strukturbaum wir unter dem entsprechenden Mechanismus ein Objekt „*Law*" angehängt:

Die erzeugte Regel kann grafisch veranschaulicht werden:

–   Icon „*Mechanism Analysis*"  (Werkzeugleiste „*DMU Kinematics*") selektieren

–   Im erscheinenden Fenster „*Mechanism Analysis*" Button [Laws...] drücken

–   Im erscheinenden Fenster „*Laws Display*" wird die Regel dargestellt:

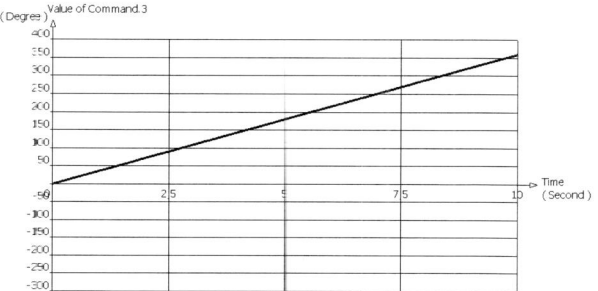

– Fenster über die Fenstersteuerung schließen.

Nur. kann die eigentliche Bewegungssimulation durchgeführt werden:

– Icon „*Simulation With Laws*" ![icon] (unter Icon ![icon]) drücken

– Das Fenster „*Kinematic Simulation – Mechanism.N*" erscheint:

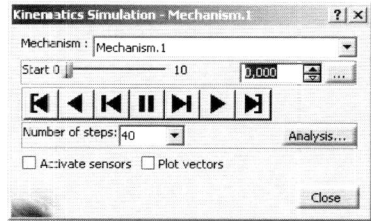

– In dem Fenster den gewünschten Mechanismus (*Mechanism.N*) einstellen und die Simulation wie unter Kap. 7.7.1 durch Selektion des Icons „*Play Forward*" ![icon] ablaufen lassen

– Close beendet den Simulationsmodus.

7.7.3 Speichern von Bewegungsabläufen

Allgemeiner Ablauf

Bewegungsabläufe können Bild für Bild gespeichert (*simulation*) und danach zu einem „Film" zusammengefasst (*compile*) werden. Dieser „Film" kann schließlich wiedergegeben werden (*replay*). Die Befehle hierzu befinden sich in der Werkzeugleiste „*DMU Generic Animation*":

7.7.3.1 Speichern von Bewegungsbildern

– Icon „*Simulation*" ![icon] selektieren

– Im erscheinenden Fenster „*Select*" wird der gewünschte Mechanismus gewählt:

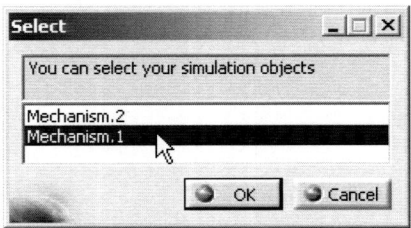

Zeile selektieren und OK drücken

Stellung der Teile ändern

— Es erscheinen zwei Fenster mit deren Hilfe die Position der Teile eingestellt
werden und daraufhin das Bild gespeichert werden kann.
Mit dem Fenster *„Kinematic Simulation - Mechanism.1"* wird eine gewünschte
Stellung entsprechend den definierten Befehlen für die einzelnen Gelenke eingestellt:

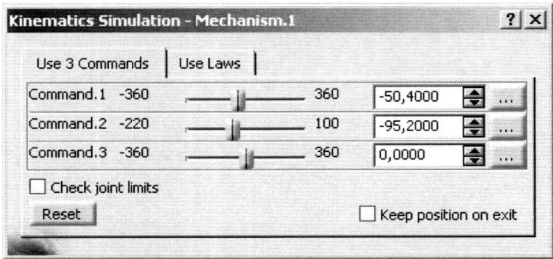

Und zwar mit einem Schieberegler, durch direkte Eingabe eines Winkel- bzw.
Längenwerts in das Feld daneben, mit MB1 im Grafikbereich oder durch die Schalter ⬆⬇. Der Wertesprung dieser Schalter kann über den Schalter ... eingestellt werden:

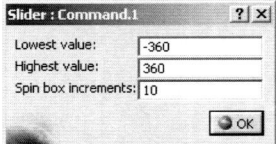

Gewünschten Wert in das unterste Feld eingeben und mit OK abschließen.

Beim Selektieren der Pfeile ⬆⬇ wird der Winkel- bzw. Längenwert um den Wert
„Spin box increments" erhöht bzw. erniedrigt

Stellungen speichern

— Die eingestellte Stellung der Teile als Bild speichern:
Dazu im zweiten Fenster *„Edit Simulation"* Button Insert selektieren:

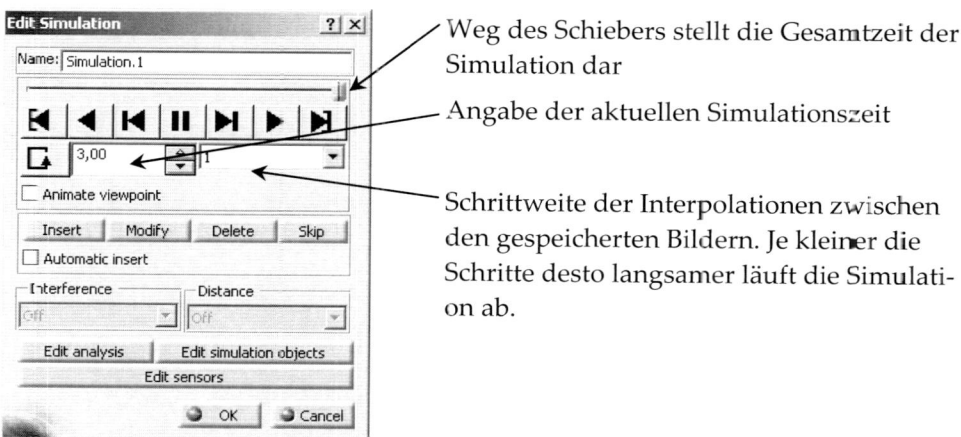

Weg des Schiebers stellt die Gesamtzeit der Simulation dar

Angabe der aktuellen Simulationszeit

Schrittweite der Interpolationen zwischen den gespeicherten Bildern. Je kleiner die Schritte desto langsamer läuft die Simulation ab.

So wird jede eingestellte Stellung durch erneutes Selektieren des Schalters Insert gespeichert.

Automatisches Speichern

Die Speicherung kann auch selbsttätig vom System vorgenommen werden:

− Schalter „*Automatic Insert*" aktivieren

− Stellung mit einer der oben angeführten Arten ändern, z.B. mit ↕ im Fenster „*Kinematic Simulation - Mechanism.N*".

− Die Bilder der Bewegung werden automatisch gespeichert

Simulation betrachten

− Die Simulation kann mit den Tasten ▶ ◀ betrachtet werden. Dabei ermöglicht ein Schalter verschiedene Modi einzustellen:

    einfacher Durchlauf der Simulation

    endloser Vorlauf mit anschließendem Rücklauf

    endlose Abfolge von Durchläufen

− Die einzelne Bilder können mit den Tasten schrittweise ▶| |◀ abgerufen und gegebenenfalls geändert werden:

  Modify   überschreibt das gespeicherte Bild mit der aktuellen Stellung
  Delete   löscht das gespeicherte Bild

− Mit OK die Speicherung der Bilder abschließen

− Im Strukturbaum wird ein Objekt angehängt:

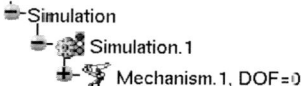
Simulation
   Simulation.1
     Mechanism.1, DOF=0

Ändern vorhandener Simulationen

– Ein Doppelklick auf das Objekt einer Simulation „*Simulation.N*" öffnet obige
zwei Fenster wieder, wodurch Änderungen vorgenommen werden können.

7.7.3.2 Zusammenfassen von Bewegungsbildern („Film" erstellen) (*compile*)

Aus den gespeicherten Bildern des Bewegungsablaufes (Kap. 7.7.3.1) kann ein
zusammenhängender Film erzeugt werden:

– Icon „*Compile Simulation*" ▦ (unter ▦) selektieren
– Das Fenster „*Compile Simulation*" erscheint:

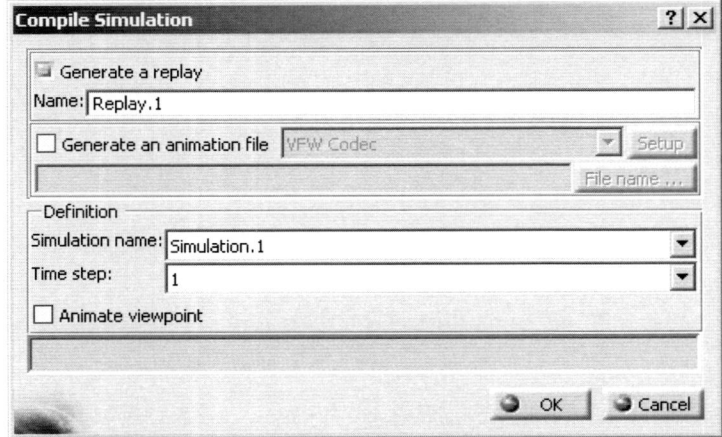

– Im diesem Fenster wird im Bereich „*Definition*" die gewünschte Simulation
(*Simulation.N*) eingestellt. Des weiteren wird festgelegt, ob eine CATIA-Film-
datei (▦ *Generate a replay*) oder eine Videodatei (▦ *Generate an animation file*)
vom Format Apple Quick Time, MPEG-1, AVI etc. erzeugt wird. Im Letzteren
Fall muss noch Name und Verzeichnis der zu erzeugenden Datei mit dem
Schalter ⌷File name ...⌷ festgelegt werden.
  Außerdem kann der Systemname der Zusammenfassung (*Replay.1*) überschrie-
ben werden
– Mit ⌷OK⌷ läuft die Simulation ab und die Bilder werden zu einem „Film" *Rep-
lay.N* zusammengefasst.

7.7.3.3 Wiedergabe von zusammengefassten Bildern („Film" abspielen) (*replay*)

Der aus den gespeicherten Einzelbildern eines Bewegungsablaufes erstellte Film
Replay.N (Kap. 7.7.3.2) kann mit unterschiedlichen Geschwindigkeiten wiedergegeben werden:

- Icon „*Replay*" 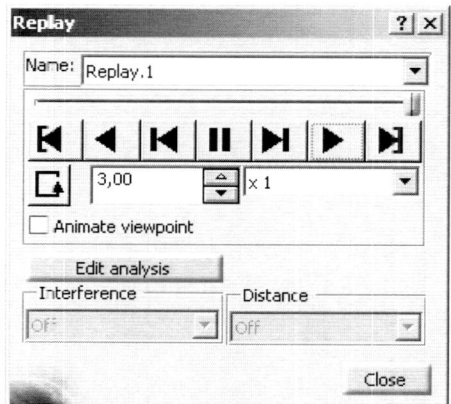 selektieren
- Das Fenster „*Replay*" erscheint:

- Mit dem Fenster können zusammengefasste Bilder eines Bewegungsablaufes wiedergegeben werden. Dazu enthält das Fenster dieselben Schalter wie das Fenster „*Edit Simulation*".

  Im Feld „*Name*" wird die gewünschte Zusammenfassung ausgewählt. Im Feld: x1 wird die gewünschte Geschwindigkeit (x2, x5, x10) des Ablaufes eingestellt.

  Mit dem Schalter ▶ läuft die Zusammenfassung ab. Restliche Schalter siehe Kap. 7.7.3.1.
- Mit Close wird der Wiedergabemodus beendet
- An den Strukturbaum wird ein Objekt angehängt:

Ein Doppelklick auf dieses Objekt öffnet das Fenster „*Replay*" erneut.

7.7.4 Erstellung eines Hüllvolumens

Voraussetzung

Das Volumen, das ein Teil bei seiner Bewegung beansprucht, kann dargestellt werden (Translationsvolumen). Voraussetzung ist, dass der Bewegungsablauf gespeichert in einer Zusammenfassung (*Replay*) vorliegt (Kap. 7.7.3).

- Icon „*Swept Volume*" selektieren
- Das Dialogfenster „*Swept Volume*" erscheint:

- In diesem Fenster werden die Parameter eingestellt. Zunächst wird die Zusammenfassung gewählt: Schalter Replay.N

- Im Feld „*Product(s) to sweep*" wird über den Schalter ... der Teil (bzw. Teile), dessen Bewegungsraum aufgezeichnet werden soll, im erscheinenden Fenster „*Product Multiselection*" selektiert:

- Mit Preview wird in einem Vorschaufenster das Ergebnis des Hüllvolumens dargestellt.
  Der Hebel im Beispiel des Kap. 7.2 beschreibt folgendes Volumen bei Rotation von 0° bis 130°:

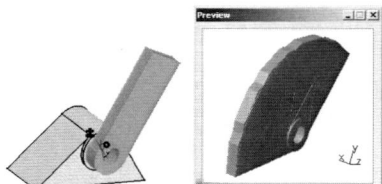

- Mit Save wird das erzeugte Hüllvolumen über das erscheinende Fenster „*Save As*" als CGR- , STL- oder als MODEL-File (= CATIA V4 Teiledokument) mit beliebigen Namen abgespeichert:

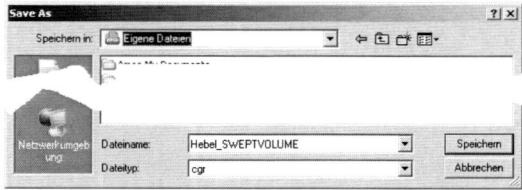

– Der Schalter „*Apply Wrapping*" im Fenster „*Swept Volume*" ermöglicht das Hüllvolumen vereinfacht darzustellen, indem eine zulässige Abweichung (*Grain*)
eingestellt wird

– Mit Close wird die Erzeugung des Hüllvolumens abgeschlossen.

Weiterverwendung von Hüllvolumina

Das CGR-File kann in der Arbeitsumgebung „*Assembly Design*" in ein Produktdokument eingebaut werden. Z.B. in das Dokument, in dem die Bewegungssimulation definiert worden ist:

Konstruieren mit Hüllvolumen

Will man jedoch das Hüllvolumen zur Konstruktion weiterer Teile heranziehen,
z.B. durch Entfernen des Bewegungsraumes eines Hebels vom umgebenden Gehäuse, muss das Hüllvolumen als Teiledokument vorliegen. Dieses Teil kann aus
Bahnkurven einzelner Punkte konstruiert werden. Dazu dient der Befehl „*Trace*"

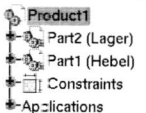.

7.7.5 Erstellen von Bahnkurven (*trace*)

Die Bahnkurven einzelner Punkte von bewegten Teilen können dargestellt werden.
Solche Kurven können zur Modellierung von Hüllvolumina herangezogen werden. Voraussetzung ist, dass der Bewegungsablauf gespeichert in einer Zusammenfassung (*Replay*) vorliegt (Kap. 7.7.3).

– In einem Produktdokument das Objekt „*Product1*" aktivieren, falls es nicht
schon aktiv ist:

> **Product1**
> Part2 (Lager)
> Part1 (Hebel)
> Constraints
> Applications

– Icon „*Trace*" (Werkzeugleiste „*DMU Generic Animation*") selektieren

– Im erscheinenden Fenster „*Trace*" die gewünschte Zusammenfassung (*Replay*)
selektieren:

Im Feld „*Reference Product*" wird das Element selektiert, das zur Erstellung der Bahnkurve stillsteht (= Beobachter).

Als Voreinstellung ist das Produkt eingestellt, in dem die Simulation erstellt wurde.

– Wenn ein Teil als „*Reference Product*" selektiert wird, kann die Bahnkurve wahlweise in ein neues Teil (● *New Part*) oder in das Referenzteil (● *Reference Product*) geschrieben werden

– Geometrieelement(e) (Punkte, Kanten), dessen Bahn ermittelt werden soll(en), selektieren (*Elements to trace out*): Entweder im Grafikbereich oder im Strukturbaum

– Mit OK wird die Geometrie erstellt und je nach Einstellung entweder in einem eigenen Teiledokument oder direkt in das selektierte Referenzteil abgelegt. Wurde ein Punkt selektiert, ist das Ergebnis eine Bahnkurve. Eine ausgewählte Kante wird in den Schritten dargestellt, die im selektierten Bewegungsablauf „*Replay.N*" abgespeichert wurden.

Im vorliegenden Beispiel sehen zwei Ergebnisdateien so aus:

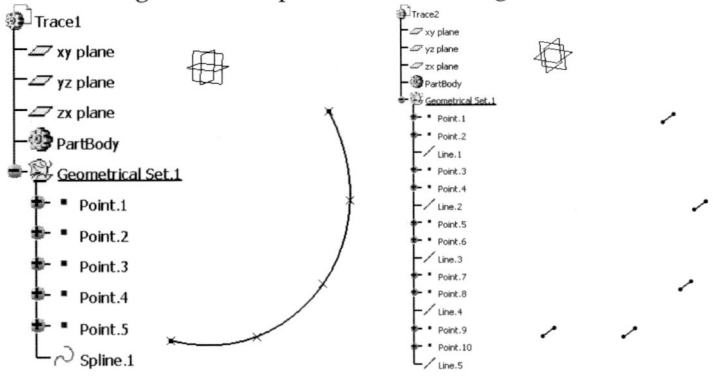

Ein Eckpunkt wurde selektiert   *Eine Kante wurde ausgewählt*

– Dieses neue Dokument kann nach dem Speichern („*TraceN.CATPart*") z.B. zur Modellierung eines Körpers herangezogen oder in das Produkt, in dem die Simulation durchgeführt wurde, eingebaut werden:

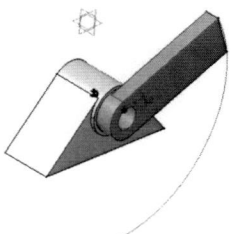

8   Strukturanalyse

In der Arbeitsumgebung *„Generative Structural Analysis"* können vom Konstrukteur Strukturanalysen mit dem Finite-Elemente-Verfahren von Bauteilen und Baugruppen einfach durchgeführt und dokumentiert werden. Dadurch dass systemvergebene Parameter beeinflusst werden können, sind auch umfangreiche Berechnungen möglich.

8.1   Grundlagen

8.1.1   Allgemeiner Ablauf einer Analyse

Der Strukturbaum führt von oben nach unten schrittweise durch eine Berechnung:

1. Das zu untersuchende Teil bzw. die Zusammenstellung wird in die Berechnungsumgebung geladen

2. Vernetzungseigenschaften (Größe und Elementtypen) für die Erstellung des Modells aus endlichen (finiten) Elementen werden definiert

3. Randbedingungen (Auflager, Einspannungen, ...) werden festgelegt und Lasten aufgebracht

4. Ergebnisse (Spannungen, Verformungen) werden dargestellt

5. Ein Berechnungsbericht wird erstellt

8.1.2   Aufruf der Arbeitsumgebung

Es gibt mehrere Möglichkeiten:

- Über das Hauptmenü: Start → Analysis & Simulation > → Generative Structural analysis

- Mittels entsprechend eingerichteter Werkzeugleiste *„Workbenches"*: Das Icon ⚙ drücken

- Im erscheinenden Fenster *„New Analysis Case"* die Zeile *„Static Analysis"*, also statische Berechnung, selektieren und mit OK bestätigen.
  Weitere Möglichkeiten sind Frequenzanalyse (*Frequency Analysis*) und Modalanalyse (*Free Frequency Analysis*)

- Die Arbeitsumgebung wird geöffnet:

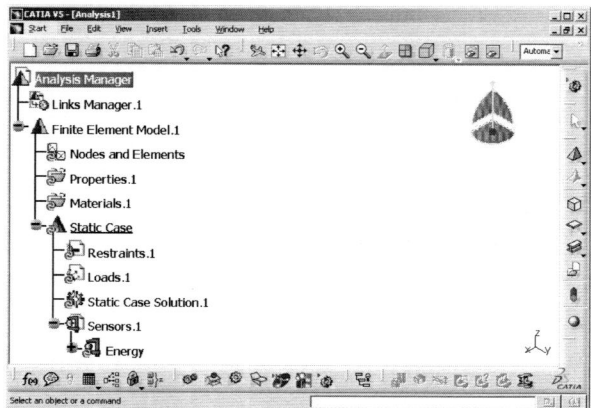

Wurde die Umgebung mit einem geladenen Teiledokument gestartet, ist dieses bereits durch den Analysemanager (*analysis manager*) verknüpft.

Wurde die Arbeitsumgebung zuerst in der Sitzung gestartet, muss ein Teiledokument mit der Berechnung verknüpft werden:

Mit MB3 auf das Objekt „*Links Manager.1*": Import → im erscheinenden Fenster „File Selection" die Datei, deren Geometrie untersucht werden soll, selektieren und OK drücken. Das Dokument wird zum Berechnen geladen:

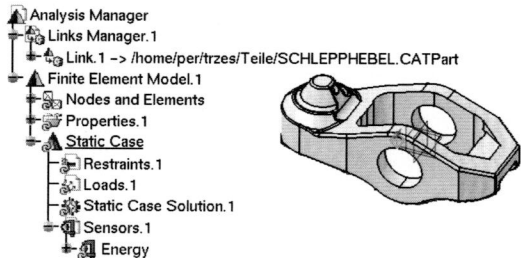

— Wenn das Teil noch nicht für eine Berechnung geeignet ist -z.B. weil Materialangaben oder andere Daten fehlen -, erscheint eine entsprechende Fehlermeldung. Diese mit OK bestätigen. Zuweisen von Werkstoffen und Ändern von Materialeigenschaften siehe Kap. 1.9.2

Analysemodell

— Eine vollständige Analyse besteht aus einem Verknüpfungsmanager (*Links Manager*) und einem Finite Elemente Modell (*Finite Element model.N*). Ein Finite Elemente Modell beinhaltet ein Netz, Materialeigenschaften und Berechnungsparameter. Ein Doppelklick auf das Objekt „*PartN*" unter „*Link.N*" öffnet das Teiledokument, wodurch dieses geändert werden kann. Zurück zur Analyse gelangt man über das Kontextmenü: MB3 auf Objekt „*Analysis Manager*" → Analysis Manager object > → Edit.

8.2 Einführungsbeispiel

Vom Hebel laut Angabezeichnung sollen die Spannungen und Verformungen bei einer Belastung gemäß Skizze untersucht werden.

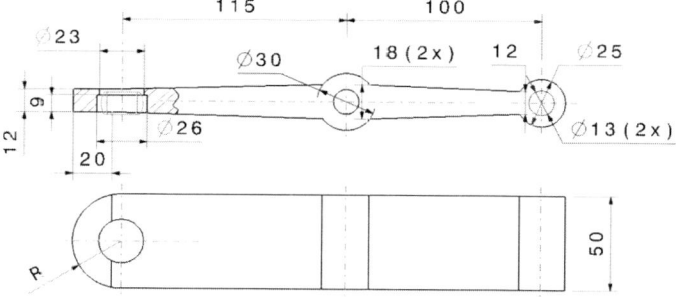

Werkstoff: Aluminium

Skizze der höchsten Belastung.

Da dies eine statische Analyse wird, befindet sich der Hebel im Gleichgewicht:

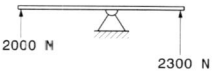

2000 N

2300 N

Vorgehensweise

– Teiledokument des Hebels öffnen. Icon *„Open"* 📁 und im erscheinenden Fenster des gewünschte Teil selektieren. Die Auswahl mit |Open| bestätigen

– Arbeitsumgebung *„Generative Structural analysis"* öffnen: Im Hauptmenü: |Start| → |Analysis & Simulation >| → |Generative Structural analysis|

– Im erscheinenden Fenster *„New Analysis Case"* die Zeile *„Static Analysis"* selektieren und mit |OK| bestätigen:

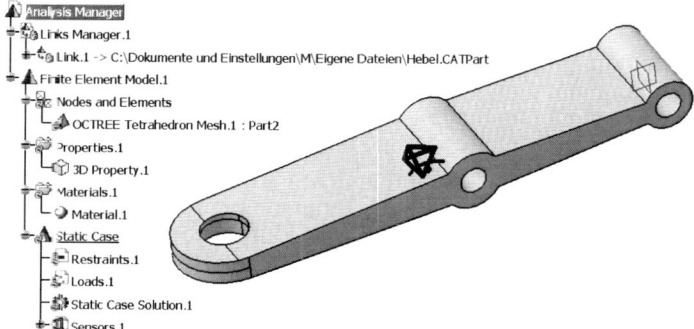

Vernetzen

Das Vernetzen wird vom System übernommen, die Netzelemente und deren Größe kann jedoch geändert werden. Doppelklick auf das Objekt *„OCTREE Tetrahed-*

ron Mesh" öffnet das gleichnamige Fenster. Darin wird die globale Netzweite auf 5 mm geändert. Die restlichen Einstellungen bleiben systemvergeben.

– Mit $\boxed{OK}$ Einstellungen bestätigen

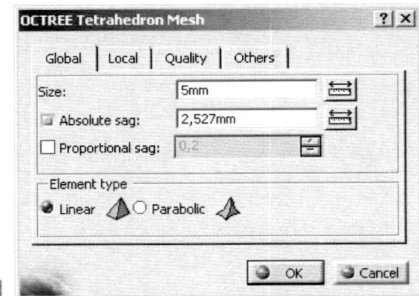

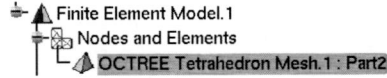

Randbedingungen

– Nun werden die Randbedingungen (Auflager) festgelegt.

   Icon *„Surface Slider"* aus der Werkzeugleiste *„Restraints"* drücken und mittlere Bohrungsfläche selektieren: Fenster *„Surface Slider"* mit $\boxed{OK}$ schließen

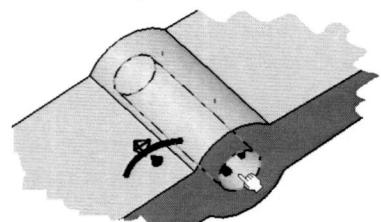

– Der Hebel ist nun zwar gelagert, er kann aber noch entlang der Bohrungsachse verschoben werden. Es ist also noch eine Fixierung erforderlich. Icon *„Clamp"* aus der Werkzeugleiste *„Restraints"* drücken und den Rand der mittleren Bohrung selektieren: Fenster *„Clamp"* mit $\boxed{OK}$ schließen

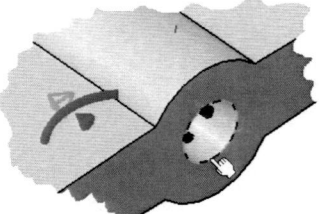

Damit sind die Randbedingungen festgelegt:

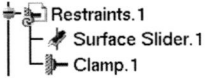

Belastungen

– Schließlich werden Belastungen aufgebracht:

Icon *„Distributed Force"* aus der Werkzeugleiste *„Load"* drücken und die Anlagefläche des Gelenklagers selektieren:

– Als Belastung im Feld *„Force Vector"* in der Zeile der entsprechenden Hauptachsenrichtung „+/-2000N" eingeben, so dass der Kraftvektor auf die Fläche weist. Die restlichen Einstellungen entsprechen den Voreinstellungen. Mit OK beenden

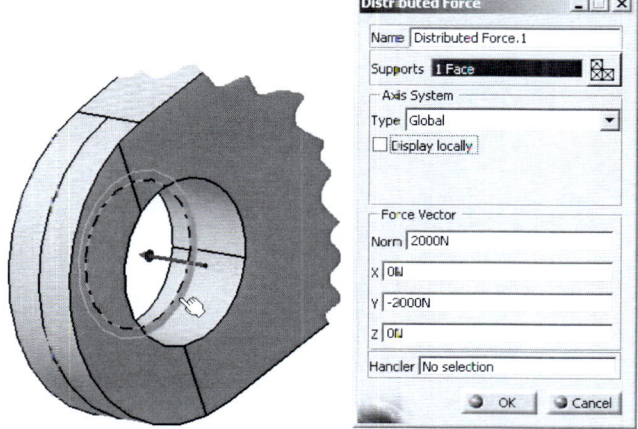

– Icon *„Bearing Load"* aus der Werkzeugleiste *„Load"* drücken und die Bohrungsfläche des anderen Hebelendes selektieren. Als Belastung im Feld *„Force Vector"* in der Zeile der entsprechenden Hauptachsenrichtung „+/-2300N" eingeben, so dass die Kräfte in dieselbe Richtung weisen wie am anderen Hebelende. Gegebenenfalls mit MB1 in den Grafikhintergrund klicken, damit die Darstellung aktualisiert wird. Die restlichen Einstellungen entsprechen den Voreinstellungen. Mit OK beenden

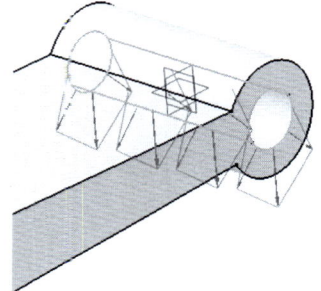

– Die Randbedingungen sind somit festgelegt und die Lasten definiert:

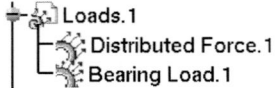

Loads.1
  Distributed Force.1
  Bearing Load.1

Nun kann eine Berechnung durchgeführt werden. Icon *„Compute"* 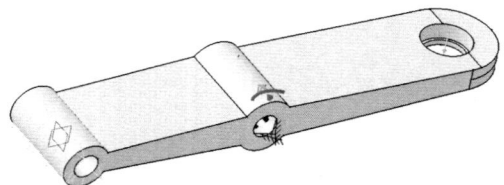 (Werkzeug-leiste *„Compute"*) drücken

– Im erscheinenden Fenster *„Compute"* [All] selektieren. Das heißt, das Teil wird geprüft, vernetzt und berechnet. Mit [OK] bestätigen

– Die Vernetzung startet. Ein Hinweis erfolgt, dass die Starrkörperrotation unbe-rücksichtigt bleibt und im Fenster *„Computation Resources Estimation"* wird die voraussichtliche Rechnerbelastung angezeigt. Mit [Yes] weitere Berechnung fort-setzen

Ergebnisanzeige

– Die Ergebnisse können nun verschieden dargestellt werden. Zuerst sollen die Verformungen sichtbar gemacht werden. Icon *„Deformation"* 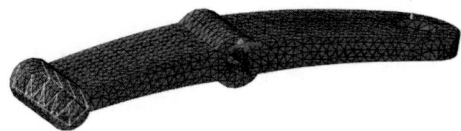 in der Werk-zeugleiste *„Image"* drücken:

– Anschließend werden die Vergleichsspannungen nach von Mises sichtbar ge-macht. Icon *„Von Mises Stress"* 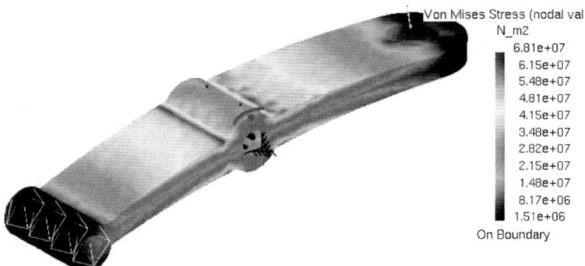 drücken. Damit die grafische Anzeige brauchbar aussieht, die Einstellung „Schattiert mit Material" (Kap. 1.9.2) vornehmen:

Von Mises Stress (nodal val
N_m2
6.81e+07
6.15e+07
5.48e+07
4.81e+07
4.15e+07
3.48e+07
2.82e+07
2.15e+07
1.48e+07
8.17e+06
1.51e+06
On Boundary

Die maximale Vergleichsspannung liegt also etwa bei $6{,}8 \cdot 10^7$ N/m² = 68 N/mm²; das kann vom Werkstoff des Hebels mit ausreichender Sicherheit ertragen werden

– Die Elementverschiebungen werden mit dem Icon *„Displacement"* mit Zahlenwerten dargestellt:

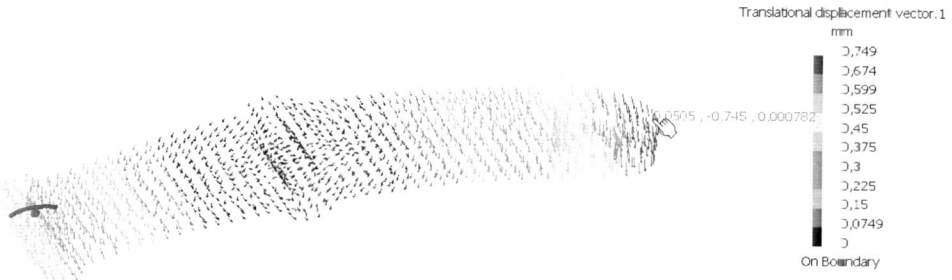

Die Verschiebungen werden nicht nur mit farbigen Vektoren dargestellt, sondern es werden an der Stelle des Mauszeigers auch die X-,Y- und Z-Koordinaten des Verschiebungsvektors angegeben. Der Hebel verbiegt sich also am äußersten Ende um etwa 0,7 mm

Speichern

– Die Analyse soll gespeichert werden. Icon *„Save"* drücken und im erscheinenden Fenster *„Save As"* Name und Verzeichnis der Datei festlegen. Die Datei wird mit Save bzw. Speichern als Typ „*.CATAnalysis" gespeichert

Bericht

– Abschließend kann ein Bericht der Berechnung erstellt werden. Icon *„Generate Report"* der Werkzeugleiste *„Analysis Results"* drücken und im erscheinenden Fenster *„Report Generation"* den Speicherort und den Inhalt des Berichts festlegen:

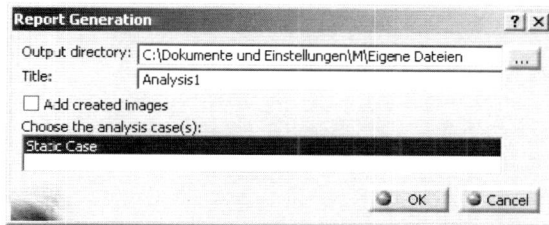

– Mit OK wird der Bericht als „*.html"-Datei erstellt:

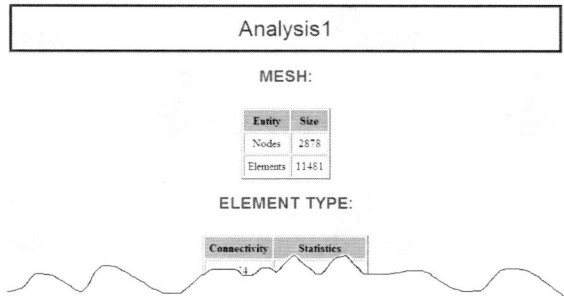

Das Aussehen des Berichts kann über die Voreinstellungen (Tools → Options...:
Analysis & Simulation, Register „*Reporting*") beeinflusst werden.

8.3 Vernetzung

Für eine FEM-Analyse wird die zu untersuchende Geometrie in eine endliche Zahl
von Elementen zerlegt. Das zur Berechnung erforderliche Netz (*mesh*) aus Knoten
(*nodes*) und Elementen (*elements*) generiert CATIA selbsttätig. Es können jedoch
Veränderungen vorgenommen werden. Für jedes Teil (im Fall einer Baugruppe)
wird unter „*Nodes and Elements*" ein Objekt für das Netz angelegt. Ein Doppelklick
auf das Objekt „*OCTREE Tetrahedron Mesh.N*" öffnet das Fenster „*OCTREE Tetrahedron Mesh*":

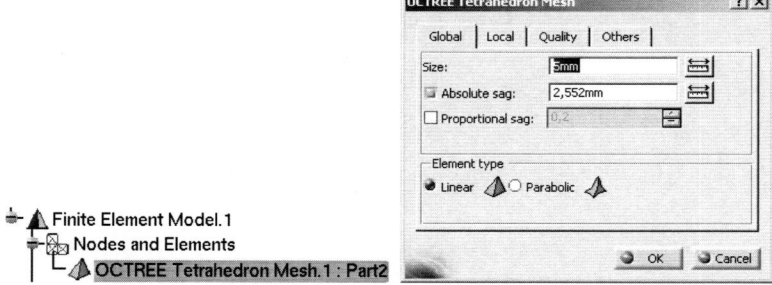

Darin können geändert werden:

– Die **Netzgröße**. Diese kann über die gesamte Geometrie (*global*) oder nur örtlich
  (*local*) geändert werden. Dabei kann die Elementgröße (*size*) oder der Sekanten-
  fehler (*absolute sag*) festgelegt werden. Je kleiner die Werte, desto genauer das
  Ergebnis. Allerdings steigt auch die Knotenanzahl und damit die Rechenzeit an.
  Man wird daher einen Kompromiss suchen und nur da die Werte verfeinern,
  wo geometrische Unstetigkeiten (Knicke, Querschnittssprünge, Bohrungen
  usw.) vorhanden sind bzw. wo das Ergebnis interessant ist.

Der Schalter ermöglicht, die Strecke zwischen zwei Punkten im Grafikbereich zu messen und als Wert festzulegen. Damit kann eine vernünftige Netzgröße im Grafikbereich ermittelt werden.

Die lokale Netzgröße wird im Register „Local" geändert: „Local size" selektieren und Add drücken. Das Fenster „Local Mesh Size" erscheint. Kante oder Fläche als Bezugselement (Supports) im Grafikbereich selektieren und den gewünschten Wert (Value) eingeben.

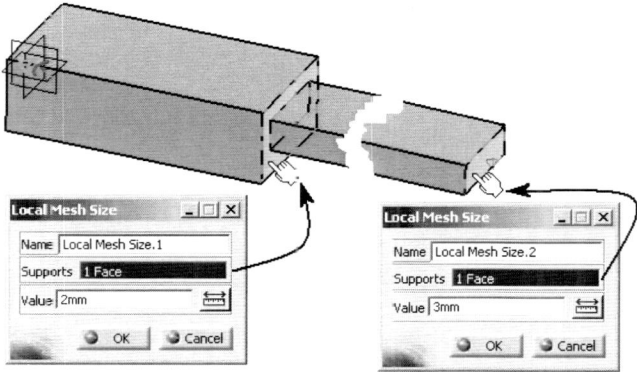

Anm.: Zum Selektieren der Kanten und Flächen muss das Bauteil sichtbar sein, deshalb ist gegebenenfalls das Netz zu deaktivieren (MB3 auf *Mesh.N* → *Activate/Deactivate*).

– Lokale Angaben werden als eigenes Objekt im Strukturbaum abgelegt:

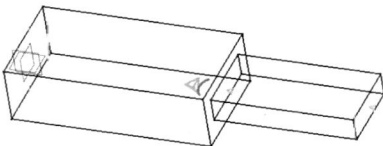

Außerdem wird entsprechendes grünes Tetraedersymbol an diese Orte im Grafikbereich gesetzt:

Im Bereich der selektierten Elemente wird das Netz entsprechend der Angaben lokal geändert:

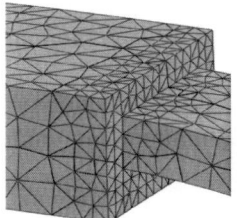

- Der **Elementtyp**. Die Tetraederelemente können lineare (⬟) oder parabolische Gestalt (⬟) haben

Netz anzeigen

- Das Netz kann auch ohne Verformungen angezeigt werden. Mit MB3 das Objekt *„Nodes and Elements"* selektieren → Mesh Visualization. Falls kein Netz vorhanden ist, erscheint ein Mitteilungsfenster. Dieses mit OK schließen. Das Netz wird berechnet und angezeigt. Ein Objekt *„Mesh"* wird in den Strukturbaum eingefügt

🔷 Nodes and Elements
 ⬦ OCTREE Tetrahedron Mesh.1 : Part2
 🔷 Mesh

Bei einer anschließenden Berechnung wird dieses Objekt deaktiviert

- Die Darstellung des verformten Netzes wird in Kap. 8.7 erläutert.

8.4 Randbedingungen (*restraints*)

Die Randbedingungen legen die Auflagerart eines Teiles und die Verbindungen zu Nachbarteilen fest und beeinflussen somit Verformungen und Spannungen. Sie müssen deshalb für realitätsnahe Ergebnisse wohlüberlegt angebracht werden.

Sämtliche zur Verfügung gestellten Randbedingungen für ein Einzelteil finden sich in der Werkzeugleiste *„Restraint"*:

Randbedingung festlegen

Allgemeine Vorgehensweise: Nach dem Drücken des Icons, das die gewünschte Randbedingung symbolisiert, erscheint ein Fenster. Unter *„Supports"* werden Geometrieelemente (Punkt, Kante, Fläche, virtuelles Teil) selektiert, die das Auflager bilden. Mit OK wird das Auflager gebildet, ein entsprechendes Symbol im Grafikbereich bei diesem Element angezeigt und ein Objekt unter *„Restraints.N"* im Strukturbaum angehängt:

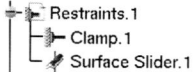

Ein Doppelklick auf ein solches Objekt öffnet das Definitionsfenster, wodurch die Randbedingung geändert werden kann.

Einige wichtige Randbedingungen:

Bedingung	*restraint*	Icon	selektierbare Elemente	Symbol
Einspannung	*clamp*		Punkt, Kante, Fläche, virtuelles Teil	
Gleitfläche	*surface slider*		Fläche	
Gleitstein	*slider*		virtuelles Teil	
Drehschubla-ger	*sliding pivot*		virtuelles Teil	
Kugelgelenk	*ball join*		Eckpunkt, Punkt eines virtuellen Teils	
Definierbare Bedingung	*user-defined restraint*		Punkt, Kante, Fläche, virtuelles Teil	
Isostatische Lagerung	*isostatic restraint*		(Teil wird allseits so gelagert, dass keine Starrkörperbewegung mehr möglich ist)	

Statisches Gleichgewicht

Die Lage des Teils bzw. der Teile muss eindeutig festgelegt sein, d.h. das Teil darf keinen Freiheitsgrad mehr besitzen und muss im Gleichgewicht sein, sonst ist keine Berechnung möglich. Eine Fehlermeldung macht bei der Berechnung (Kap. 8.6) auf einen solchen Fall aufmerksam: *„Singularity detected"*. Die Anzeige der Verformung ist zur Problemdiagnose dennoch möglich.

Die Anzeige der durch eine Randbedingung gesperrten Freiheitsgrade kann bei der Fehlersuche hilfreich sein:

Mit MB3 auf das Objekt der Randbedingung z. B. *„Surface Slider.N"* → Restraint visualization on mesh → das Netz und Symbole der gesperrten (!) Freiheitsgrade

werden angezeigt:

Das Gleitlager z.B. sperrt über die Bauteilfläche zwei Rotationen und eine Translation:

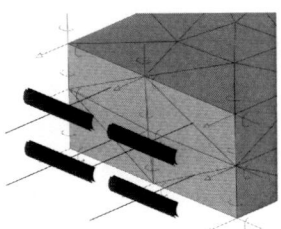

Anm.: Für diesen Befehl muss ein Netz existieren. Falls noch keines besteht, kann eines berechnet werden, Kap. 8.6.

Bei Randbedingungen an virtuellen Teilen (Kap. 8.4.2) kann in einigen Fällen angegeben werden, in welchen Richtungen das Lager beweglich bleibt, z.B. bei einem Drehschublager:

– Icon „*Sliding Pivot*" drücken und virtuelles Teil im Grafikbereich selektieren.
– Im vorliegenden Fall soll das Lager in X-Richtung verschieblich bleiben: Im Feld „*Released Direction*" wird daher bei X „1" eingegeben. Das Lagersymbol richtet sich entsprechend der Eingabe aus: In Richtung Y- und Z-Achse (also 2- u. 3-Achse) ist das Lager unbeweglich

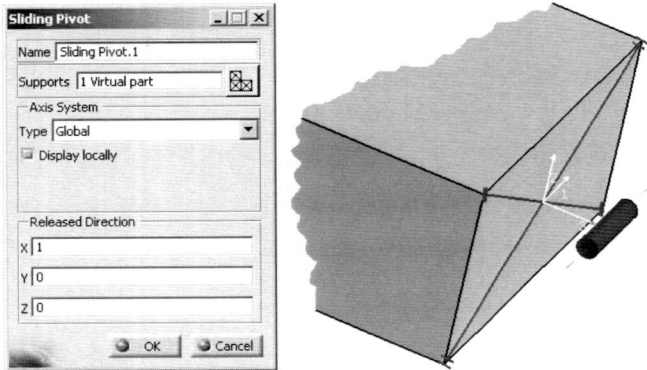

– Mit OK wird die Randbedingung erzeugt. Ein Doppelklick auf das erzeugte Objekt öffnet wieder das Dialogfenster, wodurch sämtliche Eingaben geändert werden können.

Definierbare Randbedingung

Den allgemeinsten Fall liefert der Befehl „*User-defined Restraint*":

– Icon drücken und zu lagerndes Element (Punkt, Kante, Fläche, ...) selektieren

Im erscheinenden Fenster „*User-defined Restraint*" werden die gewünschten Freiheitsgrade mit Schaltern einzeln festgelegt. Im vorliegenden Fall wird der Balken an der unteren Kante so festgehalten, dass er nur in vertikaler Richtung beweglich ist (□*Restrain Translation* 2) und sich um diese Kante drehen kann (□*Restrain Rotation* 1). Alle übrigen 4 Freiheitsgrade sind gesperrt (■ *Restrain Translation* bzw. *Rotation*) (1, 2, 3 entspricht X, Y, Z)

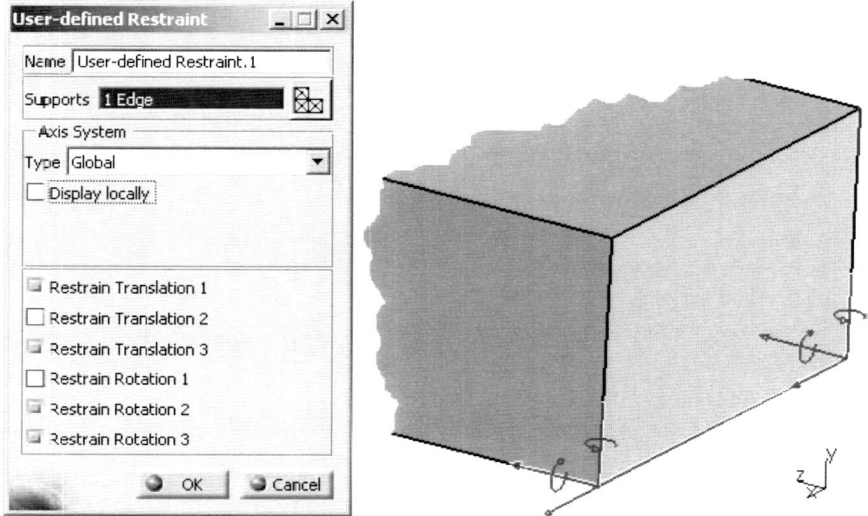

– Die roten Symbole der gesperrten Freiheitsgrade (Translation, Rotation) werden entsprechend der Schalterstellungen im Grafikbereich angezeigt. Sind alle 6 Freiheitsgrade gesperrt (*Restrain*) entspricht das der Randbedingung „*Clamp*"

– Mit OK wird die Randbedingung erzeugt.

8.4.1 Zusammenstellungen

In Zusammenstellungen (*.CATProduct) müssen die Verbindungseigenschaften zwischen den Kontaktflächen der Komponenten festgelegt werden. Die möglichen Verbindungen finden sich in der Werkzeugleiste „*Connection Properties*"

Voraussetzung zur Festlegung von Eigenschaften ist, dass in der Zusammenstellung entsprechende Lagebeziehungen (Kap. 5.11) existieren.

Allgemeine Vorgehensweise

Icon drücken, das die gewünschte Eigenschaft darstellt, z.B. „*Slider Connection Property*" . Die entsprechende Lagebeziehung (*constraint*) im Strukturbaum oder Grafikbereich selektieren und im erschienenen Fenster mit OK bestätigen.

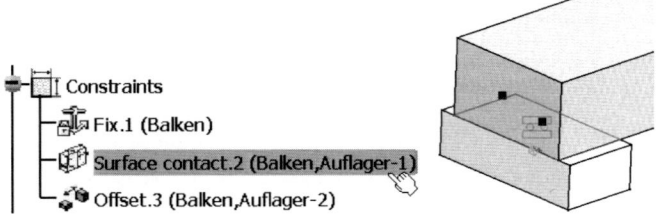

Die Verbindung wird erzeugt und ein Verknüpfungs-Netz zwischen den Kontakt-partnern aufgebaut.Das zugehörige Objekt wird im Strukturbaum unter „*Nodes and Elements*" angehängt:

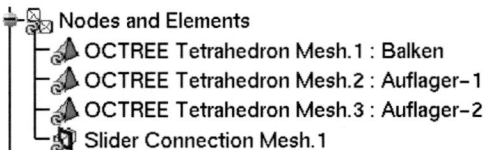

Einige Verbindungsarten:

Verbindung	*connection*	Icon	selektierbare Lagebeziehung	Symbol
Gleitv.	*slider c.*		Kongruenz, Kontakt	
Kontaktv.	*contact c.*		Kongruenz, Kontakt	
Feste V.	*fastened c.*		Kongruenz, Kontakt	
Pressv.	*pressure fitting c.*		Kongruenz, Kontakt	
Starre V.	*rigid c.*		Abstand	

8.4.2   Virtuelle Teile (*virtual part*)

Virtuelle Teile sind vom Benutzer definierbare masselose Körper, für die keine Geometrie vorhanden ist. So lassen sich auch bei einem Einzelteil eine Zusammen-stellung aufbauen und gleichzei- tig Verbindungen (Kap. 8.4.1) definieren, ohne dass andere Teile vorhanden sind. Die Werkzeugleiste „*Virtual Parts*" beinhaltet die entsprechenden Schalter:

Allgemeine Vorgehensweise

Nach dem Drücken des Icons, das das gewünschte virtuelle Teil symbolisiert, er-scheint ein Fenster. Unter „*Supports*" werden Geometrieelemente (Kante, Fläche) selektiert, an denen das virtuelle Teil das Einzelteil berühren soll. Unter „*Handler*" kann ein Punkt oder Eckpunkt selektiert werden, an den das Symbol für das virtuelle Teil angehängt wird.

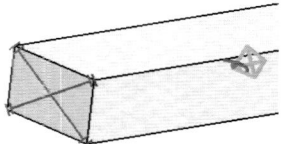

Ein Symbol wird am Einzelteil erzeugt, das auf die Verbindung zu einem virtuellen Teil hinweist, und ein Verknüpfungs-Netz zwischen den Kontaktpartnern wird aufgebaut. Das zugehörige Objekt wird im Strukturbaum unter „*Nodes and Elements*" angehängt:

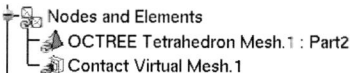

Außerdem wird im Strukturbaum unter „*Properties*" ein Objekt für das (sonst unsichtbare) virtuelle Teil angelegt, das auch mit Randbedingungen versehen werden kann:

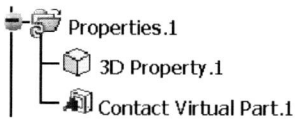

Im Grunde entsprechen die virtuellen Teile den Verbindungen eines Einzelteils mit Nachbarteilen in einer Zusammenstellung. Damit kann ein Einzelteil gezielt (weich, elastisch, starr, ...) zusätzlich gelagert werden.

Einige Möglichkeiten virtueller Teile und deren Verbindungen:

Virtuelles Teil	*virtual part*	Icon	selektierbare Elemente	Symbol
Starres v.T.	*rigid v.p.*		Kante, Fläche	
Kontakt-v.-T.	*contact v.p.*		Kante, Fläche	
Weiches v.T.	*smooth v.p.*		Kante, Fläche	
Weiche Feder	*smooth spring v.p.*		Kante, Fläche	

8.5   Lasten (*loads*)

Sämtliche Lastarten, die auf ein Teil aufgebracht werden können, befinden sich in der Werkzeugleiste „Loads":

Lasten aufbringen

Allgemeine Vorgehensweise: Nach dem Drücken des Icons, das die gewünschte Last symbolisiert, erscheint ein Fenster. Unter *„Supports"* werden Geometrieelemente (Punkt, Kante, Fläche, virtuelle Teile) selektiert, an denen die Last angreift. Der Lastvektor wird in den drei Hauptkoordinatenrichtungen bzw. der Lastwert eingegeben. Mit OK wird die Last erzeugt, ein entsprechendes Symbol im Grafikbereich bei diesem Element angezeigt und ein Objekt unter *„Loads"* im Strukturbaum angehängt:

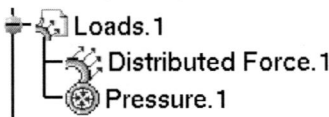

Ein Doppelklick auf ein solches Objekt öffnet das Definitionsfenster, wodurch die Last geändert werden kann.

Einige wichtige Lastarten:

Last	load	Icon	selektierbare Elemente	Symbol
Druck	*pressure*		Fläche	
Kraft	*distributed force*		Punkt, Kante, Fläche, virtuelles Teil	
Moment	*moment*		Punkt, Fläche	
Lagerlei-bung	*bearing load*		Zylinder, Kegel, Rotationsfläche	
Beschleuni-gung	*acceleration*		Netz (*mesh*), Körper (*body*)	
Drehbewe-gung	*rotation force*		Netz (*mesh*) oder Körper (*body*) und Drehachse (Kante, Rotationsfläche)	
Streckenlast	*line force density*		Kante	
Flächenlast	*surface force density*		Fläche	
erzwungene Verschie-bung	*enforced displacement*		Randbedingung	0mm | 0deg / 1mm | 0deg / 0mm | 0deg
Tempera-turfeld	*temperature field*		Netz (*mesh*)	T

8.6 Berechnung (*compute*)

Wenn Werkstoff(e) und die Randbedingungen festliegen und Lasten aufgebracht sind, kann eine Berechnung durchgeführt werden.

Berechnung durchführen

- Icon „*Compute*" 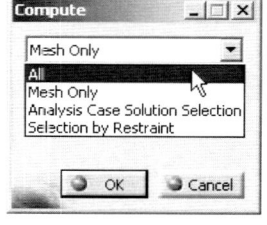 drücken
- Im erscheinenden Fenster „*Compute*" kann der gesamte Berechnungsdurchlauf oder nur Teilschritte gestartet werden:

All	Gesamtberechnung
Mesh Only	Nur Vernetzung
Analysis Case Solution Selection	Auswahl eines bereits vorhandenen Berechnungsergebnisses (*Static Case Solution.N*)
Selection by Restraint	Auswahl nach einer Randbedingung

- Mit $\boxed{\text{OK}}$ wird der jeweilige Berechnungsgang gestartet. Ein Fenster zeigt den Fortschritt der Berechnung an. Eine weitere Anzeige schätzt den Rechenaufwand an Zeit und Speicherplatz ab. Je nach Größe der Geometrie, Kompliziertheit und gewünschter Vernetzungsgenauigkeit können sich auch Berechnungszeiten von einigen Stunden ergeben. Wenn die Berechnung fortgesetzt werden soll, die entsprechende Frage mit $\boxed{\text{Yes}}$ beantworten.
- Ist die Berechnung beendet, wird das Fortschrittsfenster geschlossen, das „*Update*"-Symbol ⟳ an sämtlichen Objekten verschwindet und eine Lösung steht zur Verfügung:

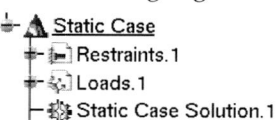

Außerdem wechselt die Farbe der Last-Symbole im Grafikbereich von rot auf gelb

- Ein Doppelklick auf das Objekt des Berechnungsergebnisses „*Static Case Solution.N*" öffnet das Fenster „*Static Solution Parameters*", worin die Methode der Berechnung beeinflusst werden kann:

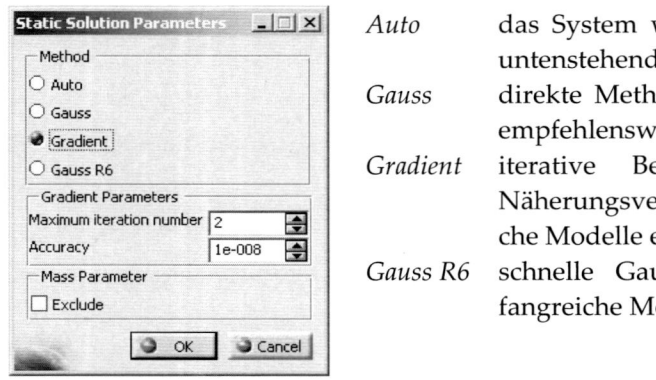

Auto   das System wählt selbst eine der drei untenstehenden Methoden aus

Gauss   direkte Methode; für kleinere Modelle empfehlenswert

Gradient iterative Berechnung (wiederholtes Näherungsverfahren); für umfangreiche Modelle empfehlenswert

Gauss R6 schnelle Gauss-Berechnung; für umfangreiche Modelle empfehlenswert

– Mit $\boxed{\text{OK}}$ wird die Methode festgelegt und die Ergebnisse können angezeigt werden

Speicherpfad

– Die Ergebnisse werden unter einem Pfad abgespeichert, der im Verknüpfungsmanager sichtbar ist:

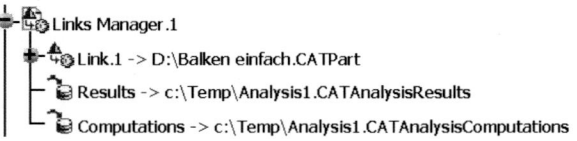

Der Pfad kann mit dem Befehl „*External Storage*" 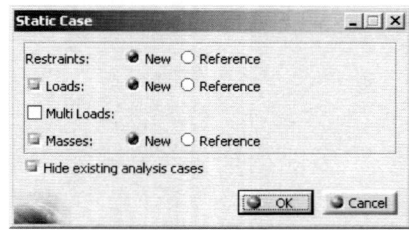 (Werkzeugleiste „*Solver Tools*") geändert werden.

8.6.1 Mehrfach-Berechnung

– Ein weiteres Berechnungsergebnis kann, z.B. zu Vergleichszwecken, abgespeichert werden. Zunächst eine weitere Berechnung über das Hauptmenü einfügen: $\boxed{\text{Insert}}$ → $\boxed{\text{Static Case}}$. Im erscheinenden Fenster „*Static Case*" wird eingestellt, was alles neu definiert werden soll: „*Reference*" heißt, dass bestimmte vorhandene Festlegungen aufrecht bleiben

— Wählt man „*Reference*", müssen die entsprechenden Festlegungen, die erhalten bleiben sollen, selektiert werden. Die Selektion nimmt man vorteilhaft im Strukturbaum vor:

— Nach Festlegung der offenen Berechnungsangaben kann eine neue Berechnung gestartet werden:

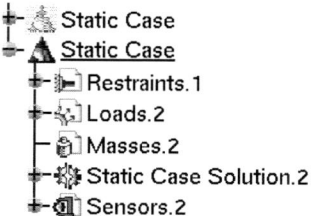

— Die Darstellung der Ergebnisse (Kap. 8.7) kann nun für die neue, aktuelle Berechnung „*Static Case Solution.2*" vorgenommen werden. Auf die Ergebnisse vorangegangener Berechnungen kann unter weiteren Objekten „*Static Case*" zugegriffen werden: MB3 auf gewünschtes Objekt „*Static Case Solution.N*" → Set As Current Case: Diese Berechnung wird unterstrichen und auf sie beziehen sich die Befehle der Ergebnisdarstellungen.

8.7 Ergebnisdarstellung

Sobald ein Berechnungsergebnis vorliegt (*Static Case Solution.N*) können die einzelnen Ergebnisse grafisch dargestellt werden. Die Werkzeugleiste „*Image*" stellt die notwendigen Befehle zur Verfügung:

Allgemeine Vorgehensweise:

— Icon drücken, das die gewünschte grafische Darstellung liefert, z.B. „*Deformati-on*" ![icon]

— Im Strukturbaum wird ein entsprechendes Objekt unter dem Objekt des Berechnungsergebnisses angehängt:

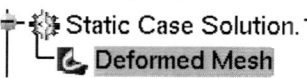

— Wird eine neue Darstellung erzeugt, werden vorhandene vom System deaktiviert (Objekt mit Klammersymbol versehen). Deaktivierte Darstellungen kön-

nen mit dem Kontextmenü wieder aktiviert werden: MB3 auf Objekt → Activa-
te/Deactivate

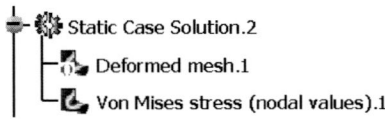

— Beim Überfahren der Darstellung mit dem Mauszeiger werden die Zahlenwerte
  für den betreffenden Knoten bzw. das Element angezeigt:

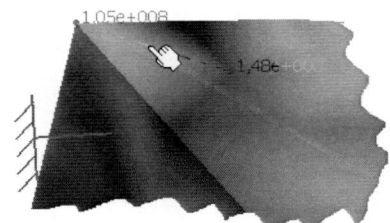

— Ein Doppelklick auf das Objekt, z. B. „*Deformed Mesh.N*" öffnet das Fenster „*Image Edition*", womit die Darstellung beeinflusst werden kann (Schalter: Options...). So können unter anderem Überhöhungsfaktoren geändert und Knoten
  angezeigt werden

Legende

— Ist eine Legende vorhanden, kann diese durch Doppelklick im erscheinenden
  Fenster „*Color Map Edition*" geändert werden. Der Farbverlauf (Schalter ...), Extremwerte, Zahlenformat etc. kann eingestellt werden.
  Nach einer einfache Selektion der Legende (Grafikbereich wird gedimmt dargestellt) kann diese mit MB2 verschoben werden. Erneute Selektion der Legende beendet diesen Modus.

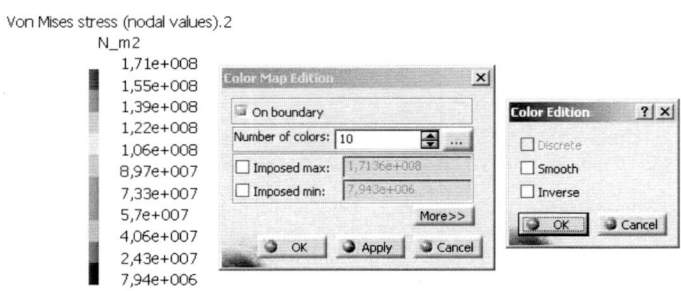

Darstellungsarten:

Darstellung von	Icon	Beispiel
Netz verformt *View mode*: „Schattiert mit Kanten" einstellen ⬡ (Kap. 1.4.2)	*deformation* 🔩	
von Mises Spannungen „Schattiert mit Material" einstellen ⬡	*stress von Mises* 🔩	
Verschiebungen	*displacement* 🔩	
Hauptnormal-spannungen	*principal stress* 🔩	

<u>Anm.:</u> 1 N/m² = 1 Pa = 10⁻⁵ N/mm²

8.7.1 Extremwerte (*extrema*)

Extremwerte können gefunden und hervorgehoben werden:

- Icon „*Image Extrema*" 🔩 (Werkzeugleiste „*Analysis Tools*") drücken
- Im erscheinenden Fenster „*Extrema Creation*" Extremwertsuche einstellen:
- *Global*: Gesamtes Teil
  Anzahl der häufigsten 1,2, ... Extremwerte
- *Local*: Lokaler Extremwert (relativ zu Nachbarelement)
  Anzahl der häufigsten 1,2, ... Extremwerte

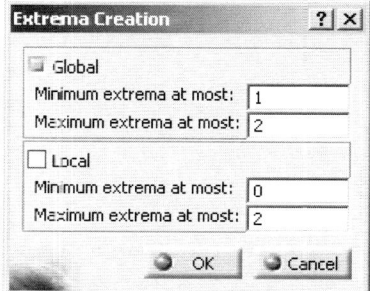

– Mit OK wird die Darstellung um die gefundenen Werte ergänzt:

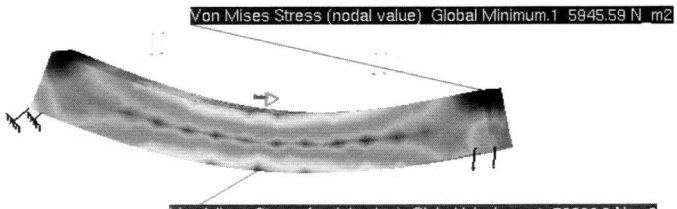

– Im Strukturbaum werden entsprechende Objekte eingefügt:

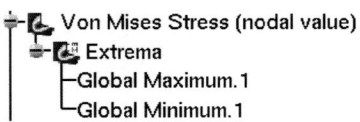

Ein Doppelklick auf „*Extrema*" öffnet erneut das Dialogfenster „*Extrema Edition*".

Ein Doppelklick auf Objekte „*Global Maximum.N*", „*Local Maximum.N*" usw. öffnet das Fenster „*Extremum Edition*". Darin kann der Text geändert und die Anzeige im Grafikbereich ein-/ausgeschaltet (▢ *Show label*) werden.

8.7.2   Überhöhungsfaktor (*scaling factor*)

Der Überhöhungsfaktor von Darstellungen kann verändert werden.

– Icon „*Amplification Magnitude*" ▨ (Werkzeugleiste „*Analysis Tools*") drücken
– Im erscheinenden Fenster „*Amplification Magnitude*" den Überhöhungsfaktor über den Schieberegler „*Scaling factor*" mit MB1 oder durch Zahlenwerteingabe des Faktors „*Factor*" bzw. der am Bildschirm angezeigten größten Verschiebung „*Maximum amplitude*" gewünscht ändern.

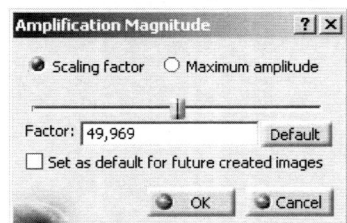

Default stellt die Systemvoreinstellung wieder her

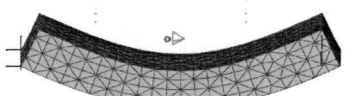

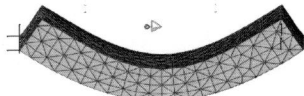

Überhöhungsfaktor klein   Überhöhungsfaktor groß

- Mit OK wird das Fenster geschlossen und die Darstellung behält den eingegebenen Überhöhungsfaktor bei.

8.8 Berichte (*reports*)

Von einer Berechnung (z.B. *Static Case*) können vom System Berechnungsberichte, deren Aussehen beeinflusst werden kann, als Text- oder HTML-Datei erzeugt werden.

Kurzbericht

- Icon *"Generate Report"* 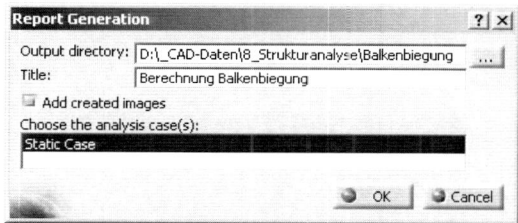 (Werkzeugleiste *"Analysis Results"*) drücken
- Im erscheinenden Fenster *"Report Generation"* den bzw. die Berechnungsergebnisse *"Static Case"* (Kap. 8.6.1) auswählen: Mit [...] kann ein Zielverzeichnis für den Bericht angegeben werden. Unter *"Title"* wird die Überschrift der HTML-Datei festgelegt
- ⌐ *Add created images* fügt die erzeugten Darstellungen dem Bericht hinzu

- Mit OK wird der Bericht im festgelegten Zielverzeichnis als HTML-Datei (*index.html*) erstellt. Die Darstellungen werden im gewählten Fall als JPEG-Dateien ebenfalls in diesem Verzeichnis gespeichert

Der Inhalt des Berichts kann auch vom Anwender beeinflusst werden:

Umfassender Bericht

- Icon *"Generate Advanced Report"*  drücken
- Zunächst erscheint dasselbe Fenster *"Reporting options"* wie beim Kurzbericht

– Nach OK kann im erscheinenden Fenster *„Advanced reporting options"* ausge-
sucht werden, welche Berechnungsparameter im Bericht erscheinen: Ein Doppelklick auf die Objekte *„Nodes and Elements", „Properties"* usw. erweitert die
Anzeige, wodurch *„Make description"* (Beschreibung) und für jeden Unterpunkt
ebenfalls ein Text gewählt werden kann.

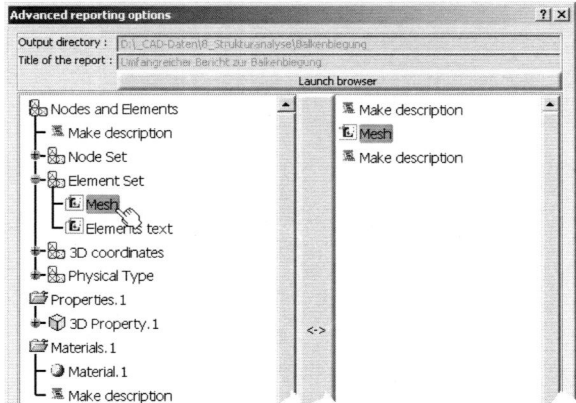

Gewählte Parameter und Texte werden mit dem Schalter ⟨–⟩ in die rechte Fensterspalte verschoben und somit in den Bericht aufgenommen

Der Schalter Launch browser öffnet den installierten HTML-Betrachter. Somit
kann das derzeitige Aussehen des Berichtes überprüft werden

Mit OK wird der Bericht mit den Inhalten der rechten Fensterspalte als HTML-
und TXT-Datei im angegebenen Verzeichnis erstellt: *Index.html* und *Report.txt*.

9 Übungsbeispiele

In diesem Kapitel finden sich Übungsbeispiele geordnet nach den erläuterten Arbeitsumgebungen. Mit den Beispielen ist eine mögliche Vorgehensweise detailliert beschrieben. Dabei geht es um die grundsätzliche Vorgehensweise im CAD-System und nicht um die technisch korrekte Gestaltung des Bauteils. So sind in den Beispielen Abmessungen und Wandstärken rein willkürlich gewählt Die Voreinstellungen entsprechen jenen des Kap. 1.15.

9.1 Beispiele zur Arbeitsumgebung *„Wireframe und Surface Design"*

9.1.1 Beispiel: Rohrleitung

Angabe

Eine Rohrleitung mit ⌀ 40 mm soll zwischen zwei Anschlussstellen verlegt werden. Die Leitung soll durch Biegen eines Rohres hergestellt werden, d.h der Verlauf muss durch Gerade und Kreisbögen mit Minimalradius R50 mm dargestellt werden. Die Länge des gestreckten Rohres soll für die Zeichnungsangabe ermittelt werden.

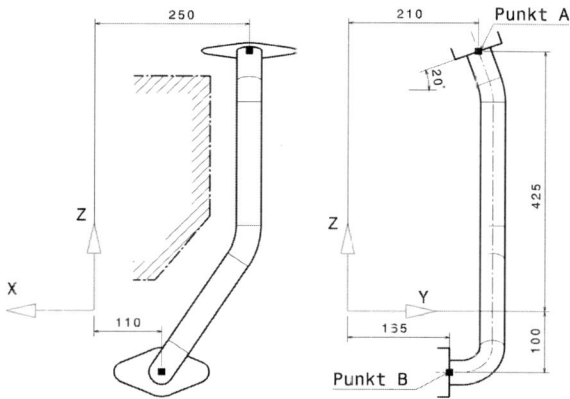

Vorgehensweise

Erzeugen der **Anschlussstellen A, B** laut Angabe:

− Neues Teiledokument erzeugen: Icon *„New"* ⬜ selektieren und im erscheinenden Fenster *„New"* Type *„Part"* wählen. Mit OK Einstellung bestätigen. Hybrid design nicht ermöglichen, d.h. im folgenden Fenster nichts anhaken und mit OK fortsetzten. Ein neues Teiledokument wird angelegt und die Arbeitsumgebung *„Part Design"* gestartet

– Arbeitsumgebung *„Wireframe and Surface Design"* aufrufen

– Flanschmittelpunkt „A" erzeugen: Icon *„Point"* selektieren und im erscheinenden Fenster *„Point Definition" Point Type* Coordinates einstellen:

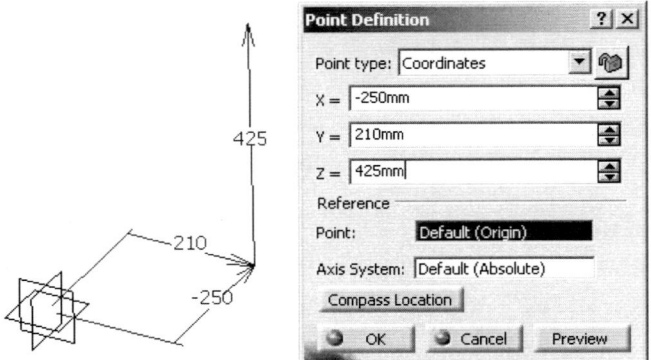

– Mit OK den Punkt erzeugen
– Im Strukturbaum das angehängte Objekt *„Point.1"* mit MB3 selektieren und im

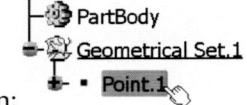

Kontextmenü Properties wählen:

– Im erscheinenden Fenster *„Properties"* im Register *„Feature Properties"* den Systemnamen *„Point.1"* mit „A" überschreiben:

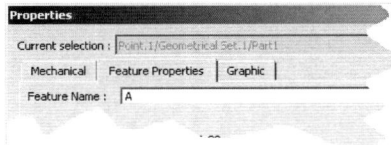

Die Eingabe mit OK abschließen

– Den Flanschmittelpunkt „B" mit den Koordinaten (-110/165/-100) ebenso erzeugen und in „B" umbenennen:

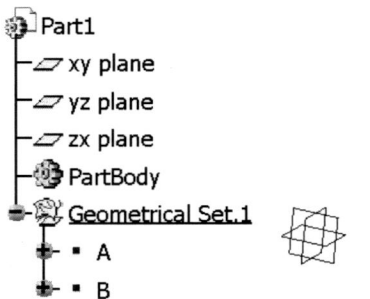

- Erzeugen der Flanschebene im Punkt A:

- Icon „*Plane*" 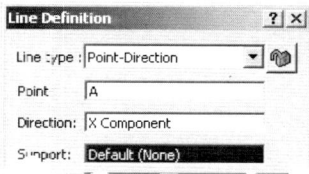 selektieren und im erscheinenden Fenster „*Plane Definition*" *Plane type* Angle/Normal to plane einstellen. Die Drehachse der Ebene muss erst erzeugt werden: Die Zeile „*Rotation axis*" mit MB3 selektieren und im Kontextmenü Create Line wählen. Die Ebenendefinition wird unterbrochen und das Dialogfenster „*Line Definition*" erscheint. In diesem *Line type* Point – Direction einstellen.

- Den Punkt A mit MB1 im Strukturbaum oder im Grafikbereich selektieren; das System wechselt im Fenster in die Zeile „*Direction*". Die Richtungsangabe mit dem Kontextmenü vornehmen: Zeile mit MB3 selektieren und X Component wählen:

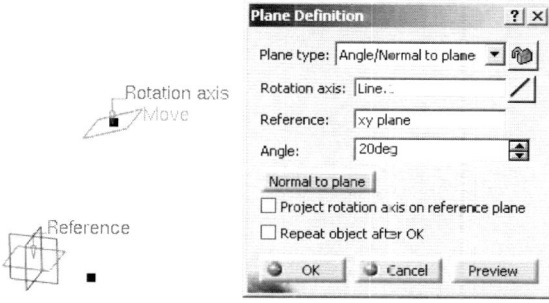

Die restlichen Systemeinstellungen übernehmen und mit OK Gerade erzeugen. Die unterbrochene Ebenendefinition wird fortgesetzt. Als Referenzebene „*Reference*" die XY-Ebene im Strukturbaum oder direkt im Grafikbereich wählen und den Winkel „*Angle*" 20° eingeben:

Mit OK wird die Ebene erzeugt

- Diese Ebene analog zu den obigen Punkten umbenennen in „Flansch A"
- Flanschebene im Punkt B erzeugen:

  Icon „*Plane*" selektieren und im erscheinenden Fenster „*Plane Definition*" *Plane type* Parallel through point einstellen. Als Referenzebene „*Reference*" die ZX-Ebene selektieren. Als Punkt „*Point*" Punkt B selektieren:

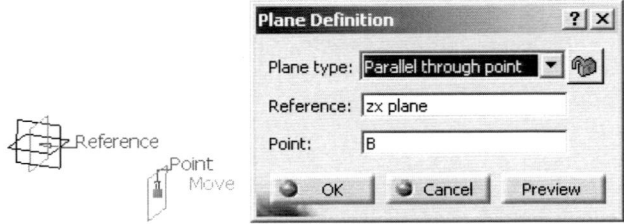

Mit OK wird die Ebene erzeugt

Die erzeugte Ebene in „Flansch B" umbenennen:

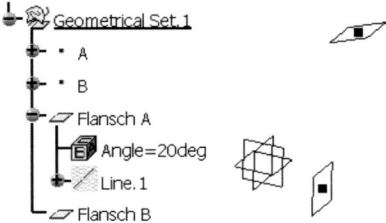

Rohrachse als Polygonzug darstellen:

– Gerade normal auf Flansch A im Punkt A erzeugen:

– Icon „*Line*" ⁄ drücken und im erscheinenden Fenster „*Line Definition*" *Line type* Normal to surface einstellen. Als Bezugsfläche „*Surface*" Ebene Flansch A wählen. Als Geradenpunkt „*Point*" Punkt A selektieren. Die Gerade muss Richtung Flansch B weisen, gegebenenfalls die Orientierung der Geraden mit dem Schalter Reverse Direction umkehren. Zur Längenangabe im Feld „*End*" Wert: „70" eingeben:

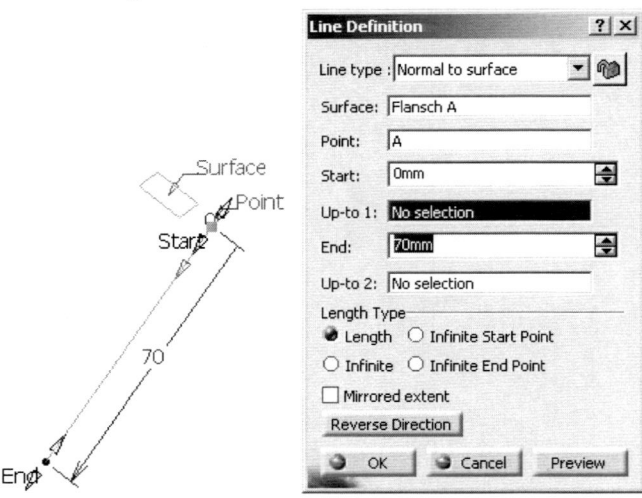

Mit OK wird die Gerade erzeugt

- Anfügen einer weiteren Gerade „c" parallel zur Z-Achse:

  Icon „Line" ／ drücken und im erscheinenden Fenster „Line Definition" Line type Point - Direction einstellen:

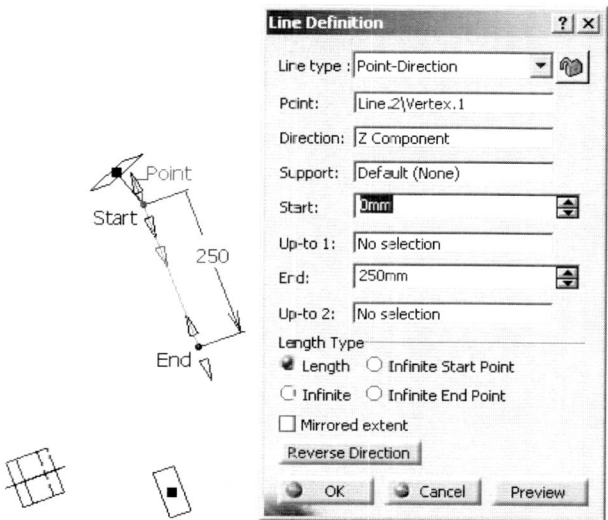

Als Geradenpunkt „Point" Endpunkt der obigen Gerade selektieren. Die Gerade soll in Richtung Z-Achse zeigen: Das Feld „Direction" mit MB3 selektieren und im Kontextmenü Z Component wählen. Gegebenenfalls die Orientierung der Geraden mit dem Schalter Reverse Direction umkehren, so dass die Gerade Richtung Flansch B verläuft.

Zur Längenangabe im Feld „End" Wert: „250" eingeben:

Mit OK die Gerade „c" erzeugen

- Mit dem Kontextmenü das an den Strukturbaum angehängte Objekt „Line.3" in „c" umbenennen

- Gerade normal auf Flansch B im Punkt B erzeugen. Dabei wie oben bei der entsprechenden Geraden im Punkt A vorgehen. Die Länge der Geraden soll zunächst 100 mm betragen. Die gewünschte Länge wird anschließend konstruiert:

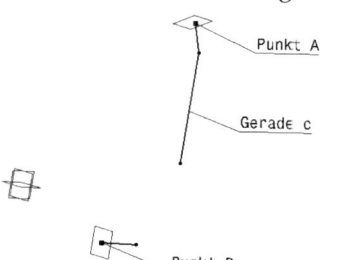

- Der Endpunkt der Geraden im Punkt B soll auf einer Ebene liegen, die die Gerade „c" enthält und parallel zur Flanschebene B liegt.
- Zunächst wird diese Ebene erzeugt: Icon „Plane" selektieren und im erscheinenden Fenster „Plane Definition" Plane type Angle/Normal to plane einstellen. Als Drehachse „Rotation axis" die Gerade „c" selektieren. Als Referenzebene „Reference" Ebene Flansch B selektieren. Der Winkel „Angle" zwischen den Ebenen beträgt „0°", die Ebenen sind also parallel:

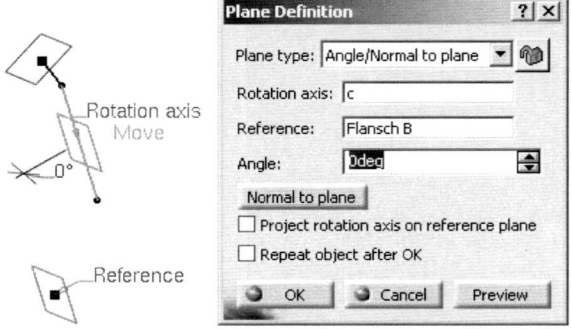

Mit OK wird die Ebene erzeugt

- Die Gerade im Punkt B wird nun mit der oben erzeugten Ebene „Plane.3" getrennt und gekürzt: Icon „Split" (Werkzeugleiste „Operations") drücken und im erscheinenden Fenster „Split Definition" folgende Eingaben vornehmen: Als Element, das getrennt werden soll, „Element to cut" die Gerade selektieren. Als einziges Trenn-Element „Cutting elements" die Ebene „Plane.3" selektieren. Mit dem Schalter Other Side den Teil der Gerade wählen, der erhalten bleiben soll, also den Abschnitt vom Punkt B zum Schnittpunkt der Geraden mit der Ebene „Plane.3":

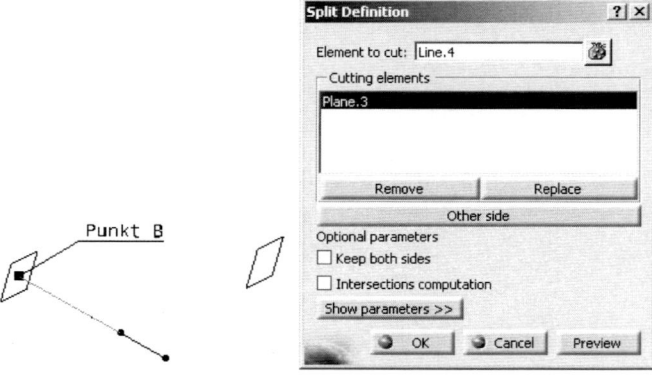

Mit OK wird die Gerade getrennt und nur der ausgewählte Teil im Grafikbereich dargestellt. Die ursprüngliche Gerade „Line.4" wird ausgeblendet und befindet sich im *NoShow*-Bereich. Am Strukturbaum wird das Objekt „Split.1" angehängt. Das Objekt ist in diesem Fall das resultierende Geradenstück

– Die letzte Gerade zwischen der Geraden „c" und der Geraden im Punkt B erzeugen: Icon „Line" ✏ drücken und im erscheinenden Fenster „Line Definition" Line type Point - Point einstellen. Als ersten Geradenpunkt „Point 1" Endpunkt der Geraden „c" selektieren. Als zweiten Geradenpunkt „Point 2" Endpunkt der Geraden im Punkt B selektieren:

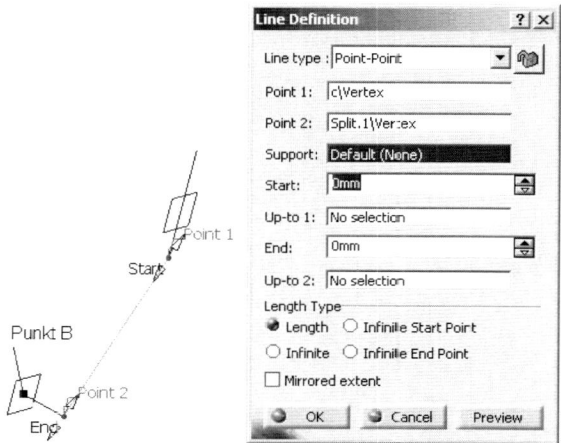

Mit OK wird die Gerade „Line.5" erzeugt

Der Grafikbereich sieht nun so aus:

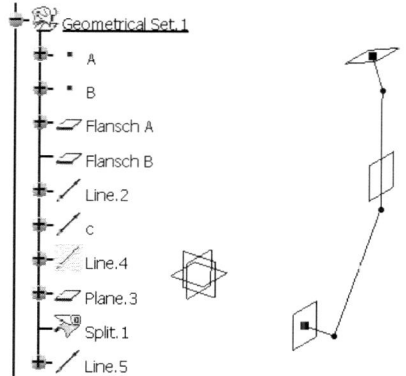

Einfügen von Kreisbögen zwischen Geraden:

Beginnend bei Punkt A werden bei sämtlichen Knicken, d.h. zwischen aneinander stoßenden Geraden, im Rohrverlauf tangentiale Kreisbögen eingefügt.

Kreisbogen erzeugen

- Icon „*Corner*" ⌐ (unter „*Circle*" ◯) selektieren. Im erscheinenden Dialogfenster „*Corner Definition*" werden die für die Rundung erforderlichen Parameter eingegeben.
- Die Gerade im Punkt A als erstes Stützelement „*Element 1*" für den Kreisbogen
  selektieren.
- Die Gerade „c" als zweites Stützelement „*Element 2*" selektieren. Den Radiuswert des Kreisbogens „*Radius*" festlegen; das System springt von selbst in diese
  Eingabezeile: „100" eingeben. Die Schalter „*Trim elements*" aktivieren:

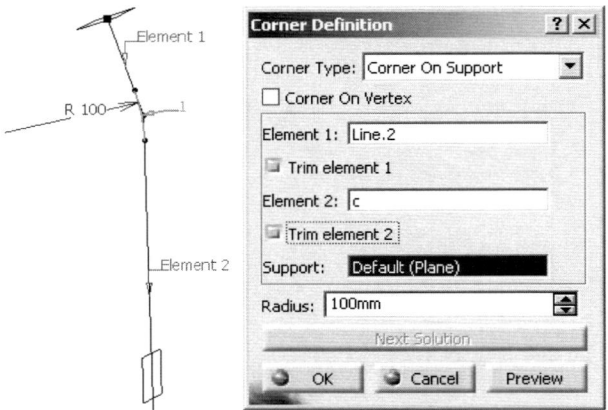

Mit OK Eingaben abschließen. Der Kreisbogen wird erzeugt und die beiden Gera-
den zu den Tangentenpunkten getrimmt. Das Ergebnis ist ein Kurvenzug, der im
Strukturbaum durch das Objekt „*Corner.1*" dargestellt wird. Die ursprünglichen
Geraden werden ausgeblendet

- Die zweite Rundung beim nächsten Knick im Rohrachsenverlauf wird ebenso
  erzeugt. Die Stützelemente „*Element N*" sind die Objekte „*Corner.1*" und „*Li-
  ne.5*". Der Radiuswert ist von der vorhergehenden Rundung als Voreinstellung
  schon gegeben. Bei älteren Releases muss in diesem Fall noch eine Stützebene
  „*Support*" für den Kreisbogen angegeben werden: Dafür bietet sich die Ebene
  „*Plane.3*" an (mit dieser wurde die Gerade im Punkt B abgeschnitten) und diese
  wird selektiert. Bei jüngeren Releases ist dies nicht mehr erforderlich, CATIA
  erkennt, dass die beiden schneidenden Geraden eine Ebene bilden müssen.

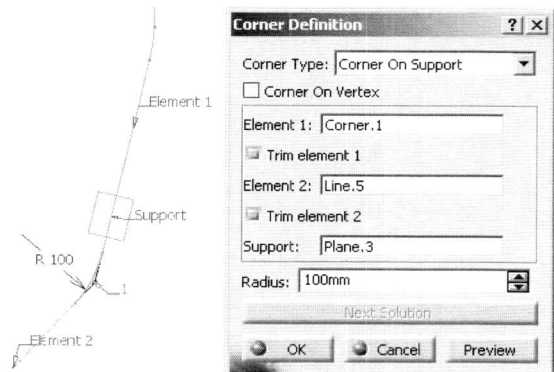

Mit OK wird der Kreisbogen erzeugt, die tangentenstetig anschließenden Geraden getrimmt und ein Kurvenzug „Corner.2" an den Strukturbaum angehängt

– Die letzte Rundung wird ebenso erzeugt. Die Stützelemente „Element N" sind die Objekte „Corner.2" und „Split.1". Auch in diesem Fall muss bei älteren Releases noch eine Stützebene „Support" für den Kreisbogen angegeben werden. Diese Ebene muss erst erzeugt werden:

– Das Feld „Support" mit MB3 selektieren und im Kontextmenü Create Plane wählen. Die Definition des Kreisbogens wird unterbrochen und das Fenster „Plane Definition" erscheint. Erzeugungsart Plane type Through two lines einstellen.

Als erste Gerade „Line 1" für die Ebenendefinition im Grafikbereich den sichtbaren Teil der Geraden „c" selektieren (tatsächlich heißt der Kurvenzug ja mittlerweile „Corner.2"). Als zweite Gerade „Line 2" für die Ebenendefinition die Gerade im Punkt B (mittlerweile „Split.1") wählen:

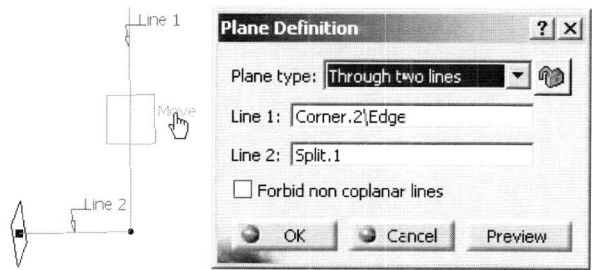

Mit dem grünen Text „Move" kann das Ebenensymbol passend verschoben werden. Mit OK wird die Ebene erzeugt und die Definition des Kreisbogens fortgesetzt. Der Radiuswert „100" ist von der vorhergehenden Rundung als Voreinstellung gegeben und erzeugt einen Fehler. Deshalb wird stattdessen der Minimalradius 50 mm verwendet. Das Fehlerfenster wird mit OK geschlossen und im Feld „Radius" der Wert „50" eingeben:

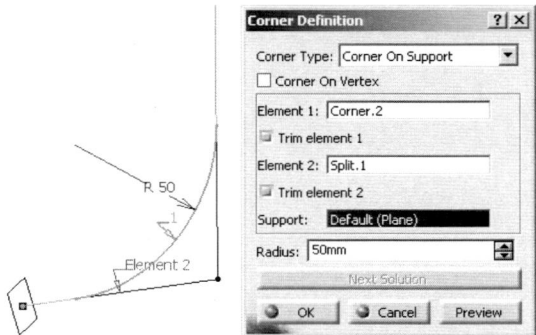

Mit OK wird der Kreisbogen eingefügt und der entstandene Kurvenzug wird als Objekt „*Corner.3*" an den Strukturbaum angehängt

Rohr als Oberfläche darstellen

- Den Kurvenzug „*Corner.3*" mit dem Kontextmenü in „Rohrachse" umbenennen

- Icon „*Sweep*" 🖉 (Werkzeugleiste „*Surfaces*") selektieren und im erscheinenden Fenster „*Swept Surface Definition*" *Profile type: Circle* 🖉 und dann *Subtype* Center and radius einstellen. Die Oberfläche wird also durch Ziehen eines Kreises, der durch Mittelpunkt und Radius definiert ist, entlang einer Kurve erzeugt (Translationsfläche). Diese Ziehkurve „*Center curve*" ist die Rohrachse: Objekt „*Rohrachse*" selektieren.

- Im Feld „*Radius*" den Wert „20" eingeben:

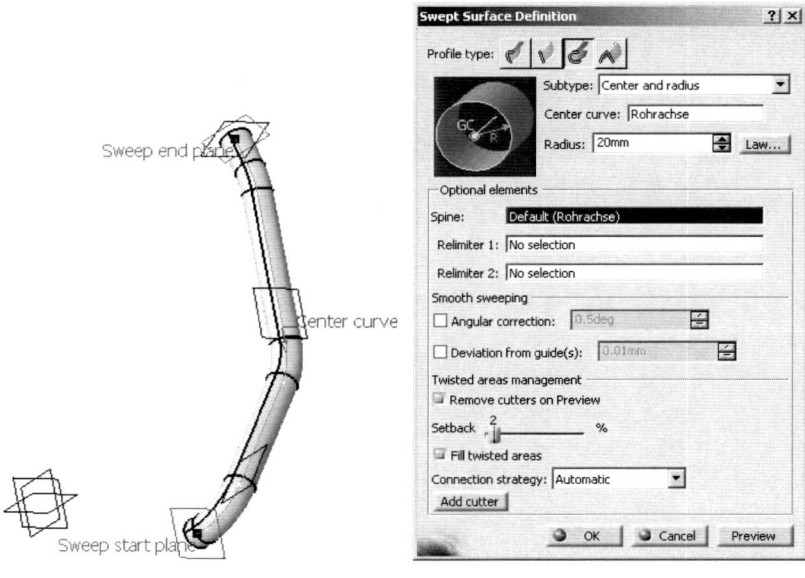

Mit OK wird die Rohroberfläche erzeugt. Blendet man nun noch die Geometrieelemente aus, die nicht gebraucht werden, (Icon „Hide/Show" ▣) erhält man folgendes Aussehen des Grafikbereichs:

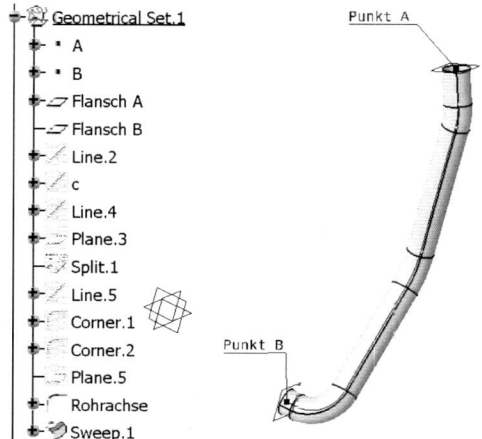

– Für die Zeichnungsangabe muss noch die Länge der Rohrachse ermittelt werden: Icon „Measure Item" 🔧 (Werkzeugleiste „Measure") selektieren. Darauf
achten, dass im erscheinenden Fenster „Measure Item" der Modus „Selection 1
mode" Any geometry eingestellt ist.

Die Rohrachse selektieren. Das Ergebnis wird im Feld „Length" angezeigt:
617,093 mm:

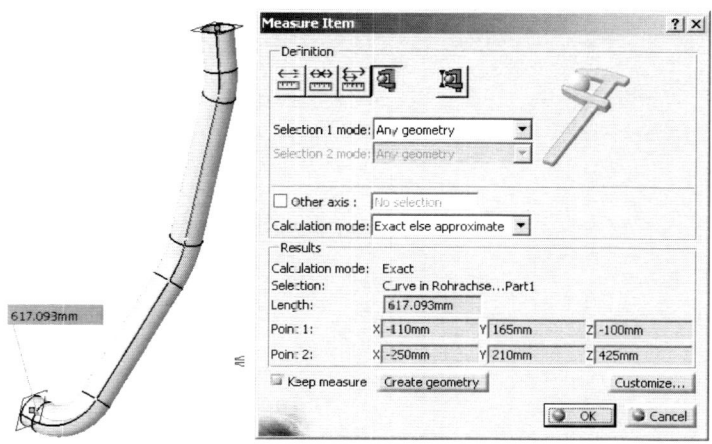

Die Messung mit OK beenden

– Das Teiledokument speichern: Icon „Save" 💾 drücken und im erscheinenden
Fenster „Save As" den gewünschten Speicherort (Verzeichnis) festlegen: ENT-
WEDER: Durch direkte Eingabe des Pfads im Feld „Save in". ODER: Durch

Doppelklicks auf die gewünschten Verzeichnisse im Feld „*Name*" bzw. gelangt man mit dem Schalter ⊡ jeweils eine Verzeichnisebene nach oben.

– Den Dateinamen „Rohrleitung" im Feld „*File name*" eingeben.

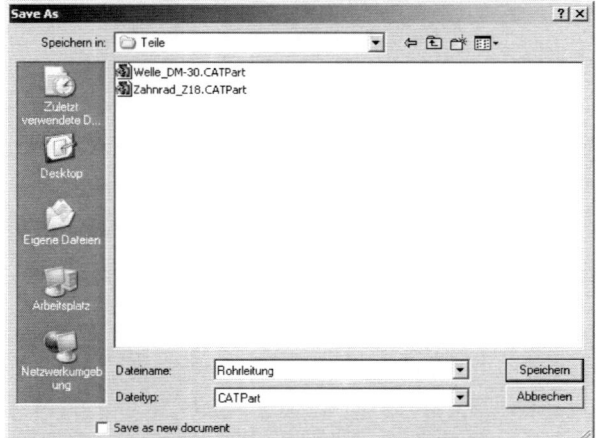

Die Eingabe mit Save abschließen. Die Datei wird im angegebenen Verzeichnis mit dem Namen „Rohrleitung.CATPart" abgespeichert.

9.1.2   Beispiel: Anschlussdeckel

Der Anschlussdeckel laut Zeichnung ist als Oberflächenmodel darzustellen.

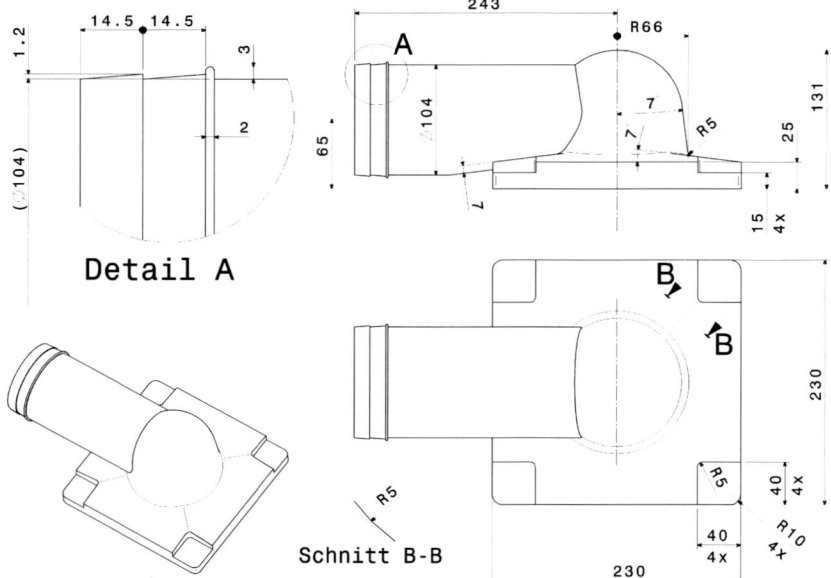

- **Arbeitsumgebung** „*Wireframe and Surface Design*" starten:

- **Teiledokument** öffnen: „*New*" und im Fenster „*New*" Type „*Part*" selektieren

Grundplatte 230x230 erzeugen

- **Grundriss** in XY-Ebene darstellen: „*Work on Support*" (Werkzeugleiste „*Tools*") und XY-Ebene selektieren

- Quadrat 230x230 zeichnen:

- Punkt (115/115) erzeugen: „*Point*" im Fenster „*Point Definition*" Or plane: H und V= 115

- Gerade zeichnen: „*Line*" im Fenster „*Line Definition*" Point-Direction
  Point: obiger Punkt
  Direction: X –Component (über Kontextmenü) , evt. Reverse Direction
  End: 230; mit Schalter *Length Type*: Length

- Übrige drei Geraden ebenso darstellen
  Point: Endpunkte vorhandener Geraden
  Direction: Y-Component bzw. eine vorhandene Gerade

- Hilfsebene verlassen: „*Working Supports Activity*" .

Senkrechte Wände des Deckels erzeugen:

- „*Extrude*" (Werkzeugleiste „*Surfaces*"): Im Fenster „*Extrude Surface Definition*": *Profile*: Gerade des Quadrats /*Direction*: Z-Achse (Kontextmenü) /*Limit* 1: *Dimension*: 25 mm

- Für alle 4 Gerade durchführen:

„Dachschrägen" mit 7° hinzufügen:

- „*Plane*" im Fenster „*Plane Definition*" Angle/Normal to plane. Gegebenenfalls muss „-7°" für den Winkelwert eingegeben werden, damit die Ebene in die positive Z-Reichtung weist:

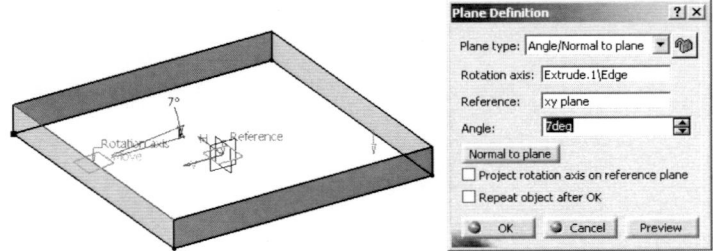

– Zwei weitere Ebenen ebenso erzeugen

– Zwei Kanten der Dachpyramide erzeugen → Schnittgerade der schrägen Ebenen:

Erste Dachkante: „*Intersection*" 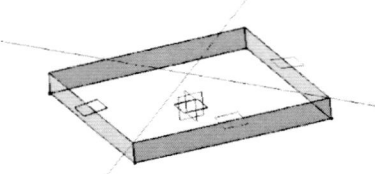 im Fenster „*Intersection Definition*": *First Element*: Plane.1 /*Second Element*: Plane.2

Zweite Dachkante: , *First Element*: Plane.2 /*Second Element*: Plane.3

– Restliche Dachkanten als Gerade zwischen den vorhandenen Eckpunkten und dem zu erzeugenden Schnittpunkt der Dachkanten konstruieren: „*Line*" / im Fenster „*Line Definition*" Point-Point. Bei der Konstruktion der ersten Dachkante im Fenster „*Line Definition*" das Feld „*Point 2*" mit MB3 selektieren und Create Intersection wählen. Im erscheinenden Fenster „*Intersection Definition*" die beiden eben erzeugten Geraden selektieren.

Dann mit „*Split*" (Werkzeugleiste „*Operations*") die beiden unendlich langen Schnittgeraden zurecht schneiden: „*Cutting Elements*": Eine unendlich lange Gerade und eine passende Oberkante einer senkrechten Wand

Anm.: Nicht trimmen – diese Operationen würde die Kanten miteinander verbinden, was bei der folgenden Dachflächenerzeugung störte. Anschließend die letzte Dachkante erzeugen: „*Line*" /, *Line type*: Point – Point.

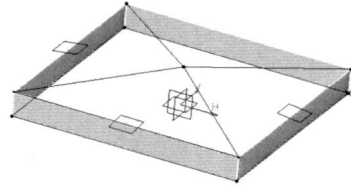

– Vier Dachflächen erzeugen: „Fill" 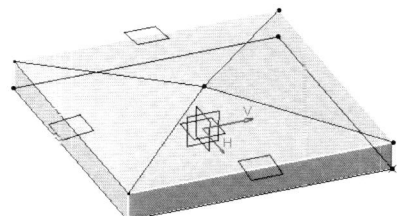, im Fenster *„Fill Surface Definition"*: *Curves*: Zwei Dachkanten bzw. eine Randkurve der senkrechten Wände selektieren:

Senkrechte Wände mit R10 verrunden:

– Icon *„Shape Fillet"* (Werkzeugleiste *„Operations"* in Arbeitsumgebung *„Generative Shape Design"*): Jeweils zwei senkrechte Wände selektieren; Orientierung der roten Pfeile nach innen einstellen:

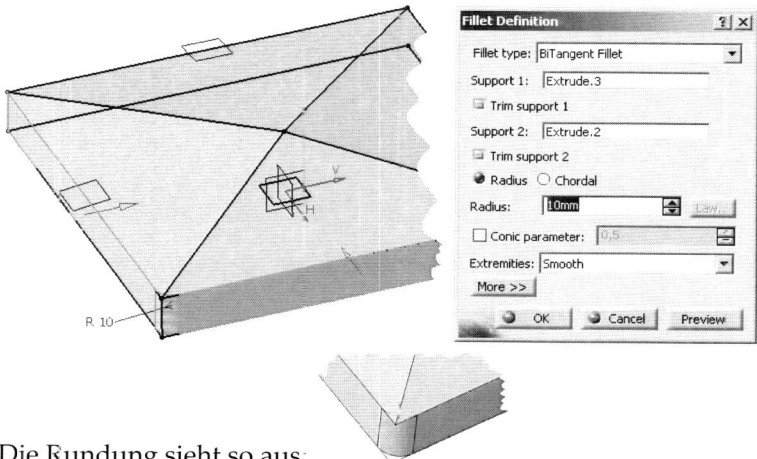

Die Rundung sieht so aus:

– Nach zwei Verrundungen die letzte Seitenwand (*Extrude.N*) zu den durch die Rundungen verbundenen Wänden (= *Fillet.2*) hinzufügen: *„Join"*

– Verrundung der letzten zwei Kanten über Icon *„Edge Fillet"* erzeugen. Alle vier Seitenwände und deren Verrundungen sind jetzt das Objekt *„Edge-Fillet.2"*.

Aussparungen für Schraubenauflage erzeugen:

– Hilfsebene parallel zu XY-Ebene im Abstand 15 mm erzeugen: *„Plane"* im Fenster *„Plane Definition"* Offset from plane: *Reference*: XY-Ebene / *Offset*: 15 mm Ebene „Schraubenauflage" benennen: über Kontextmenü → Properties – im Register *„Feature Properties"* – Feld *„Feature Name"* überschreiben

– Ebene „Schraubenauflage" mit Seitenwänden schneiden: *„Intersection"*

– Hilfsebene auf der Ebene „Schraubenauflage" erzeugen: *„Work on Support"*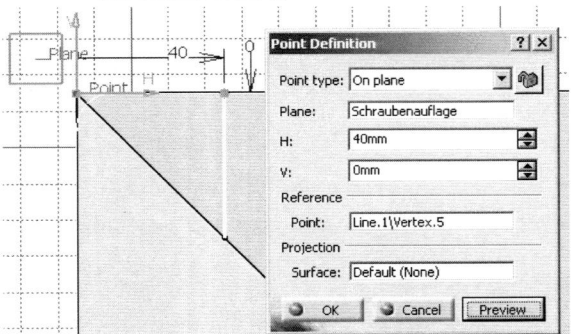

– Innere Begrenzung der Auflage zeichnen: *„Line"* im Fenster *„Line Definition"* Point-Direction:

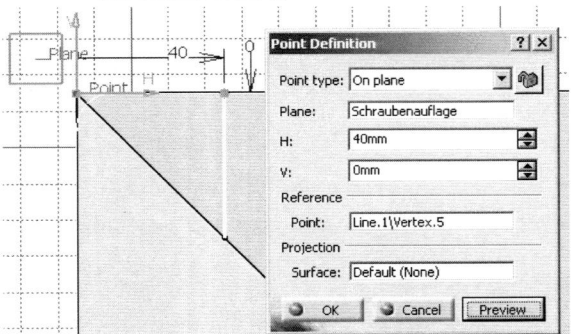

Point: mit Kontextmenü Create Point →Punkt On Plane mit *Reference Point*: Eckpunkt selektieren – Punktkoordinaten H= 40 und V= 0 eingeben.

Mit OK gelangt man zurück zu unterbrochener Geradendefinition: *Direction*: Kante der Grundfläche selektieren.

Zweite Gerade zeichnen:

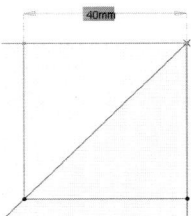

Hilfsebene verlassen: *„Working Supports Activity"*

– Seitenflächen der Schraubenauflage erzeugen: *„Extrude"* als Profil eine der oben erzeugten Geraden selektieren:

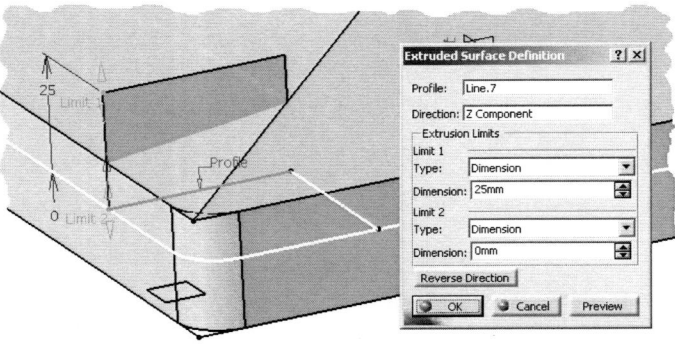

Ebenso Fläche mit der zweiten Geraden erzeugen

— Die geschlossene Schnittkurve „Intersect.3" (Ergebnis des Schnitts `Ebene „Schraubenauflage" mit Seitenwänden´) mit den beiden Endpunkten der Geraden zuschneiden: „Split"

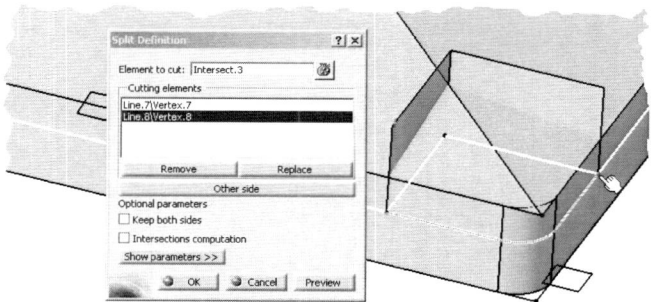

— Basisfläche der Schraubenauflage erzeugen: „Fill" , eben durch Split erzeugte Kontur und die beiden Geraden selektieren.

Ev. störende Dachflächen ausblenden: „Hide/Show"

— Soeben erzeugte Basisfläche „Fill.5" und die anliegenden beiden Seitenflächen verbinden: „Join" :

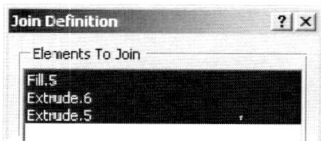

— Hintere Kante dieses Flächenverbandes mit R5 verrunden: Icon „Edge Fillet" :

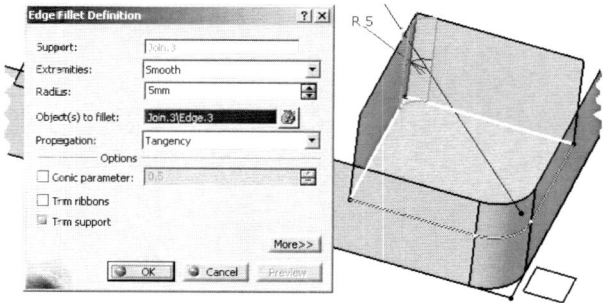

— Das Ergebnis, also den Flächenverband „EdgeFillet.3" drei Mal 90° um die Z-Achse drehen: „Rotate" (Werkzeugleiste „Operations", unter „Translate"). Die Drehachse über das Kontextmenü (MB3) erzeugen: Z Axis

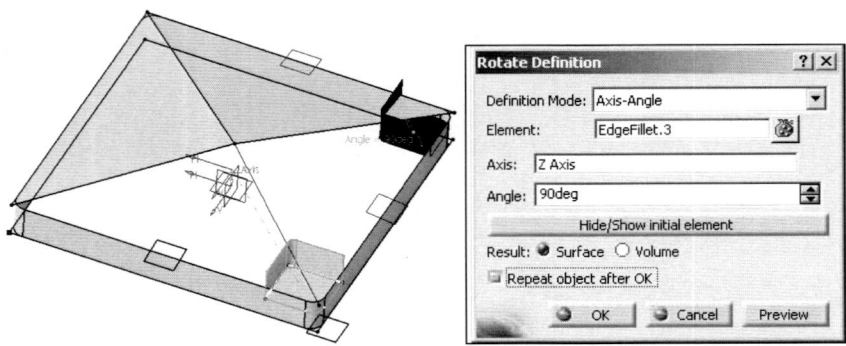

Nach dem OK im Fenster „*Object Repetition*" im Feld *Instance(s):* „2" eingeben und Button „*Create in a new Body*" deaktivieren. Nach OK sind vier Nischen für die Schraubenauflage vorhanden.

Flächenverband des Grundkörpers erzeugen:

– Vier Dachflächen verbinden: „*Join*" ▨, *Elements To Join*: *Fill.1*, *Fill.2*, *Fill.3*, *Fill.4*

– Verband aus senkrechten Wänden wird um die Dachpyramide ergänzt: „*Join*" ▨, die Löcher an den Ecken stören dabei nicht:

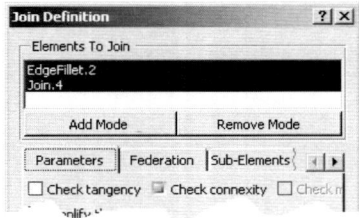

– Flächenverband des **Grundkörpers** mit Aussparungen **trimmen**: „*Trim*" ▨ Grundkörper und Eckverband einer Schraubenauflage selektieren.
  Mit den Buttons Other side of element N Seite einstellen, die erhalten bleiben soll:

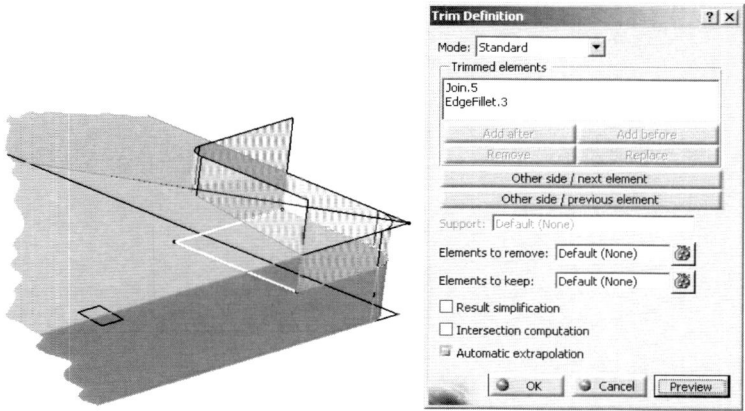

– Vorgang für die anderen drei Schraubenauflagen wiederholen:

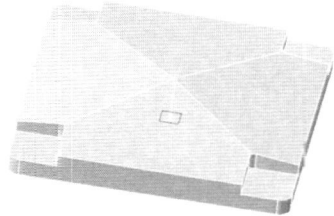

Domförmigen Aufsatz erzeugen:

– **Kontur** zeichnen in YZ-Ebene: Hilfsebene erzeugen *„Work on Support"* ⊞

– Parallele Gerade zu Z-Achse im Abstand 66 : *„Line"* ✎ Point – Direction :
Point: H=66, V=0; *Direction*: Z-Axis, Länge ist egal

– 7° geneigte Gerade: *„Line"* ✎ Angle/Normal to curve :

– *Curve*: obige Gerade
Point: Create Intersection obige Gerade und eine passende Dachfläche selektieren *Angle*: 7deg

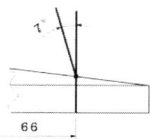

– Horizontale Gerade im Abstand 131 zu XY-Ebene: *„Line"* ✎ Point – Direction :
Point: H=0, V=131; *Direction*: Y Component, Länge ist egal

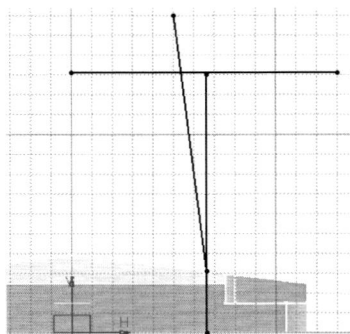

– Kreisbogen tangenzial an obige Gerade erzeugen, wobei der Tangentenpunkt auf der Z-Achse liegt, also mit dem Startpunkt der Geraden zusammenfällt.

Icon „*Circle*" ⭕ selektieren und als *Circle type* Bitangent and point einstellen:

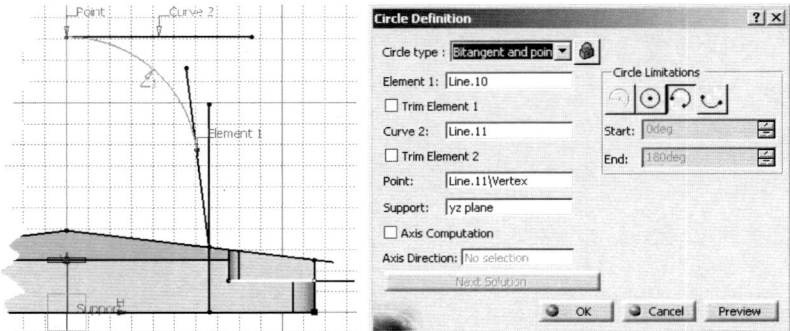

– Kreisbogen und 7° geneigte Gerade trimmen: „*Trim*"

– Hilfsebene verlassen: „*Working Supports Activity*"

– Oberfläche des Doms erzeugen: „*Revolve*" *Profile*: Kreisbogen (=*Trim.5*); *Revolution axis*: Z-Achse mit MB3 auf diese Zeile wählen: *Z Axis*; *Angle 1*: 360deg; *Angle 2*: 0deg:

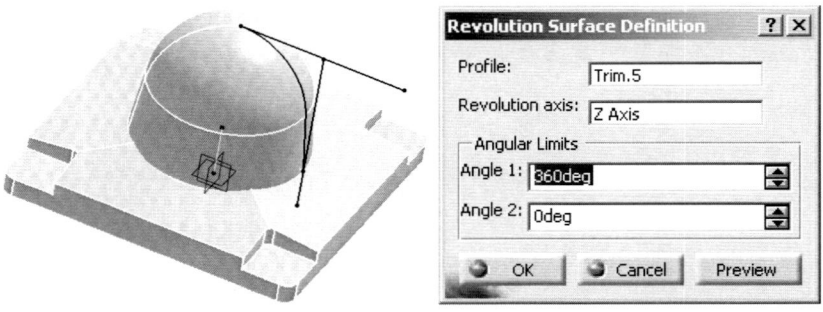

Aufsatz mit **Grundkörper mit R5 verrunden:**

– Grundkörper mit Domaufsatz trimmen: *„Trim"* 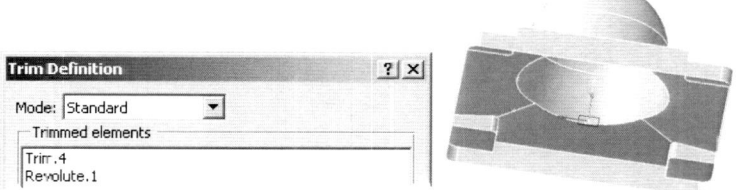 Grundkörper und Aufsatz selektieren:

– Verrundungen R5 der vier Dachkanten mit Icon *„Edge Fillet"* durchführen, dadurch ergibt sich eine tangentenstetige umlaufende Kante zwischen Aufsatz und Grundkörper. Zunächst die vier Geraden, die mit den Dachkanten zusammenfallen ausblenden:

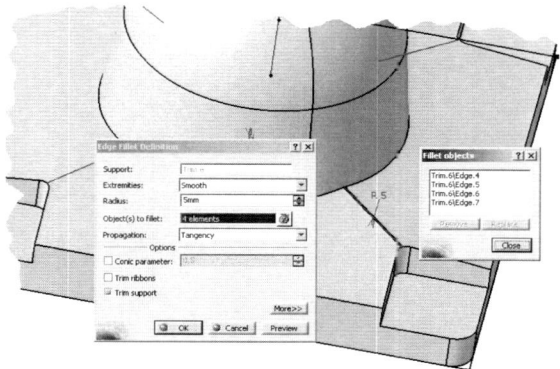

– Verrundung der umlaufenden Trennkante zwischen Domaufsatz und Grundkörper mit Icon *„Edge Fillet"* durchführen:

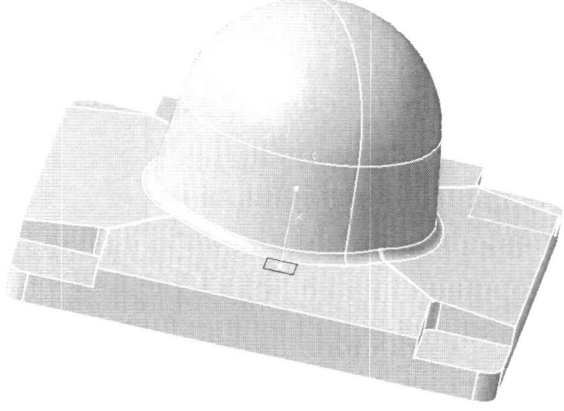

Rohranschluss als neues „*Geometrisches Set*" hinzufügen:

- Hauptmenü: [Insert] → [Geometrical Set...] Name „Rohranschluss" vergeben und Fenster „*Insert Geometrical Set*" mit [OK] schließen

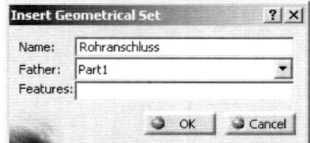

- Drehachse des Zylinders ⌀104 in YZ-Ebene zeichnen
- Diese Hilfsebene existiert schon: Objekt „*Working support.3*" selektieren und „*Working Supports Activity*" ⊞ drücken, anschließend mit „*Normal View*" ◿ Hilfsebene bildschirmparallel drehen
- Gerade für Zylinderachse zeichnen: „*Line*" ╱ [Point - Direction] : *Point* : H: 0; V: 65
- *Direction*: Y Component ; *Start* : 0 ; *End* : 243
  Gerade über *Properties* in „Rohrachse" umtaufen
- Kontur (=Erzeugende) des Zylinders zeichnen: „*Line*" ╱ [Point - Direction]: *Point* : (mit Anfangspunkt obiger Achse als *Reference Point*) H: 0; V: 104/2; *Direction*: Y Component ; *Start* : 0 ; *End* : 243-31 :

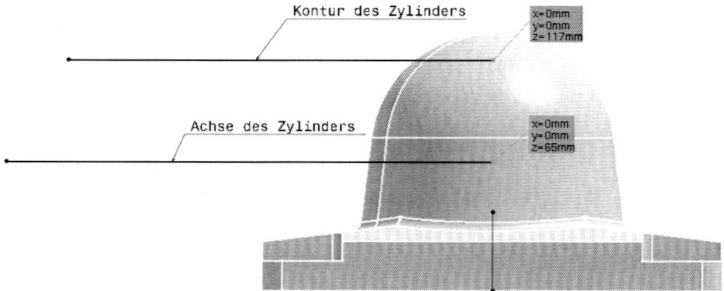

- Hilfsebene verlassen: „*Working Supports Activity*" ⊞
- Zylinderfläche erzeugen: „*Revolve*" 🦴 Kontur und Drehachse selektieren.

Schnittebene für Zylinderschnitt erzeugen:

- Eine Ebene parallel zu Dachflächen-Ebene im Abstand 7 mm erzeugen: „*Plane*" ◿ [Offset from plane]:

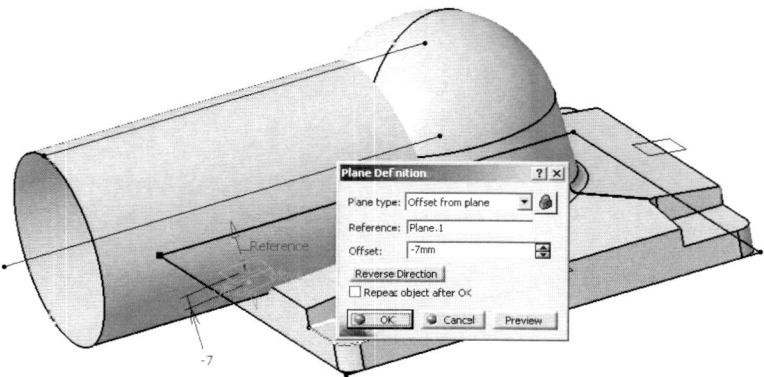

Zylinder mit der erzeugten Ebene schräg abschneiden:

– Zunächst den Grundkörper zur besseren Übersicht ausblenden: *Geometrical Set.1* selektieren und „*Hide/Show*" drücken

– „*Split*" : *Element to cut*: Zylinder; *Cutting elements*: Ebene:

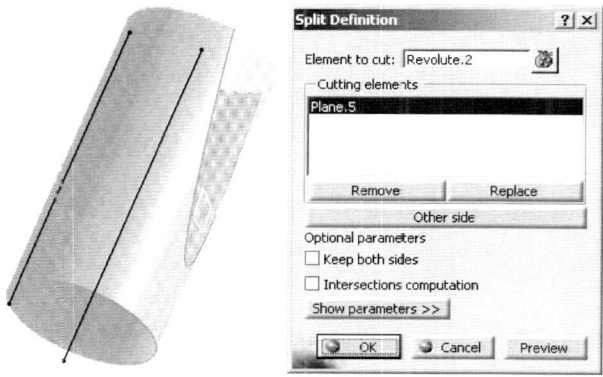

– Halbellipsenförmigen Bereich bei Rohranschluss schließen:

– „*Line*" Point-Point: Punkte als Randpunkte der halbellipsenförmigen Schnittkurve erzeugen (z.B. mittels Kontextmenü im Feld „*Point 1*" und *Point 2*": *MB3* → Create Endpoint).

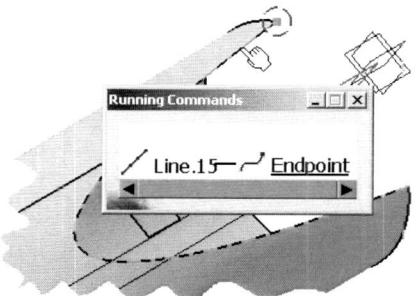

Fläche in diesem Bereich erzeugen: „Fill"  :

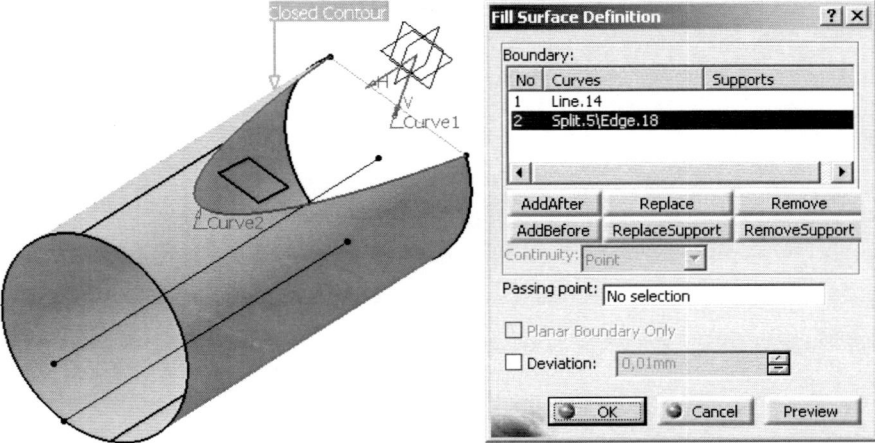

Flächenverband des Rohrstutzens erzeugen:

– „Join" ▦ Zylinder und Fill-Fläche selektieren.

Rohrstutzen mit Deckelgehäuse trimmen:

– Grundkörper wieder einblenden: *Geometrical Set.1* selektieren und „Hide/Show"
    ▦ drücken

– „Trim" ▦ : Zylinder und Grundkörper selektieren; zu behaltende Teilbereiche
    einstellen:

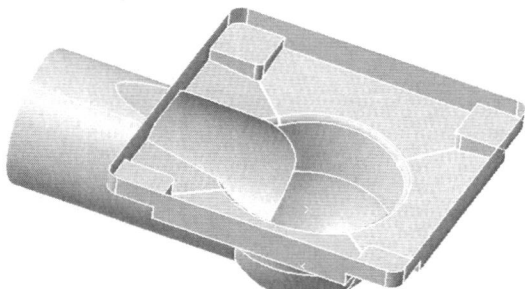

Schlauchanschluss darstellen:

– Kontur in YZ-Ebene zeichnen.
    Diese Hilfsebene existiert schon: Objekt „Working support.3" selektieren und
    „Working Supports Activity" ▦ drücken

– Kontur zeichnen:

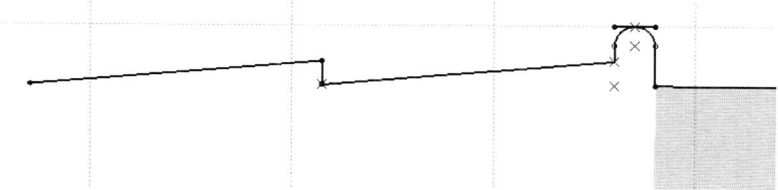

- Konturkurven zu einer Kurve zusammenfügen: „*Join*"

- Hilfsebene verlassen: „*Working Supports Activity*" .

Oberfläche des Schlauchanschlusses erzeugen:

- „*Revolve*" : Achse von Rohranschluss (= Rohrachse) und oben gezeichnete Kontur selektieren:

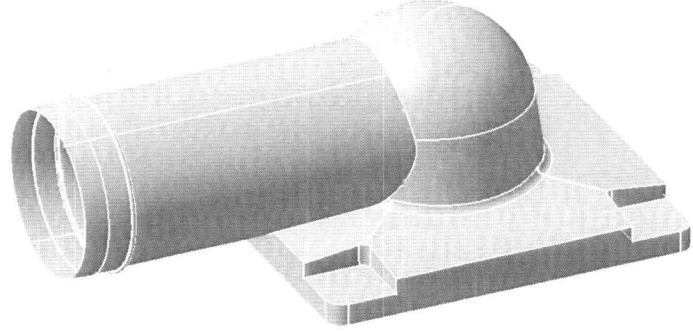

- Flächenverband des gesamten Anschlussdeckels herstellen: „*Join*" Fläche des Schlauchanschlusses und des Grundkörpers selektieren.

Anm.: Aus diesem Flächenverband lässt sich ein Solid erstellen: In der Arbeitsumgebung „*Part Design*" Befehl „*Close Surface*" (in der Werkzeugleiste „*Surface-Based Features*") und Flächenverband selektieren: *Object to close*: Join.6. Es erscheint ein Hinweis, dass das aktuelle Objekt kein Körper (*Body*) ist. Mit OK wird das Solid im *PartBody* erzeugt:

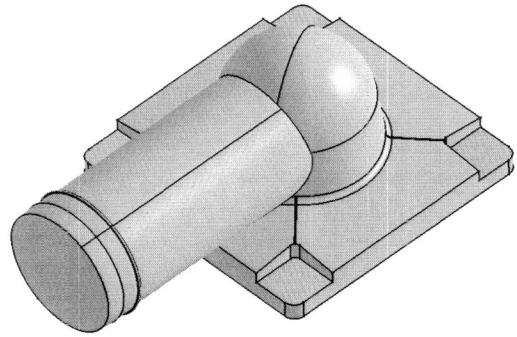

9.1.3   Beispiel: Flansch

Angabe

Der Flansch laut untenstehender Zeichnung ist als Oberflächenmodell darzustellen. Als „Besonderheit" ist der Entformungswinkel nicht konstant, sondern wächst von 70° auf 85°.

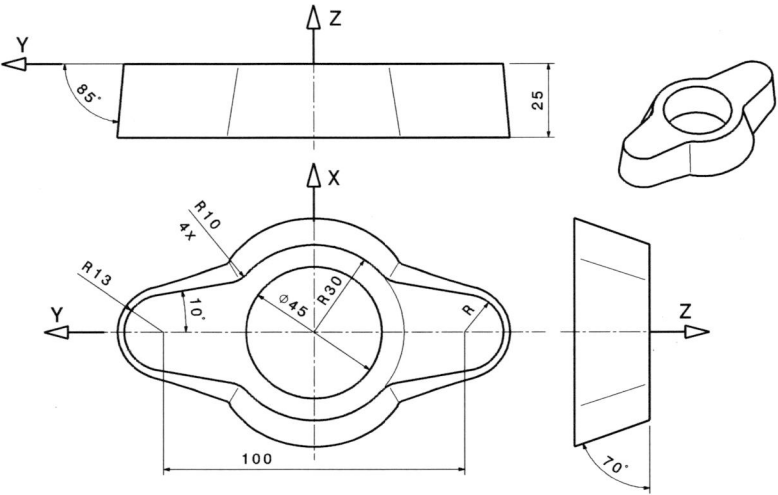

Vorgehensweise

– **Arbeitsumgebung** „*Wireframe and Surface Design*" starten:

– **Teiledokument** öffnen: „*New*" und im Fenster „*New*" Type „*Part*" selektieren

– **Grundriss** in XY-Ebene darstellen: „*Work on Support*" und XY-Ebene selektieren.

– Doppelte Symmetrie ausnutzen und für Oberflächen zunächst nur ein Viertel der Kontur zeichnen: Kreisbogen um Ursprung: „*Circle*" , *Type:* Center and radius, *Center:* Punkt (0/0); *Radius:* 30; *Start:* 0°

Kreisbogen mit R13: „*Circle*" , *Type:* Center and radius, *Center:* Punkt (0/50); *Radius:* 13, *End:* 90°

„*Point*" , *Type:* Tangent on curve: *Curve:* Kleiner Kreisbogen; *Direction:* beliebige Gerade, die 10° zu V-Achse einschließt (mit Kontextmenü: *Create line* konstruieren: Angle/Normal to curve).

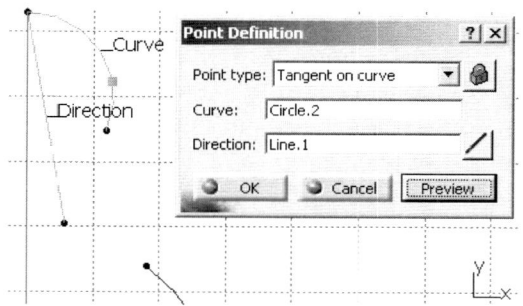

„Line" 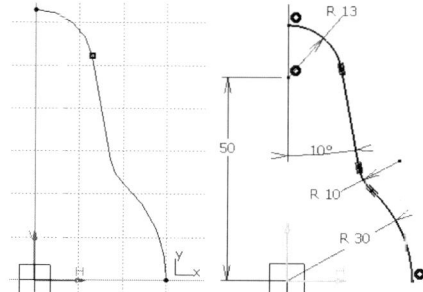, Line type: Tangent to curve: Curve: Kleiner Kreisbogen; Element 2: Tangentenpunkt; Type: Mono –Tangent.

„Trim" Kleiner Kreisbogen und Gerade.

„Corner" Gerade und großer Kreisbogen: Radius: 10; Trim element 1 und Trim element 2

Anm.: Die Kontur kann auch mit dem Sketcher erzeugt werden

- Hilfsebene verlassen: „Working Supports Activity"
- Neues geometrisches Set einfügen:
  Hauptmenü: Insert → Geometrical Set...
  Name: Oberflächen, OK
- Mantel-Oberflächen erzeugen:
  „Sweep" Translations-(Zieh-)Fläche mit Gerade als Erzeugende (Profile type):

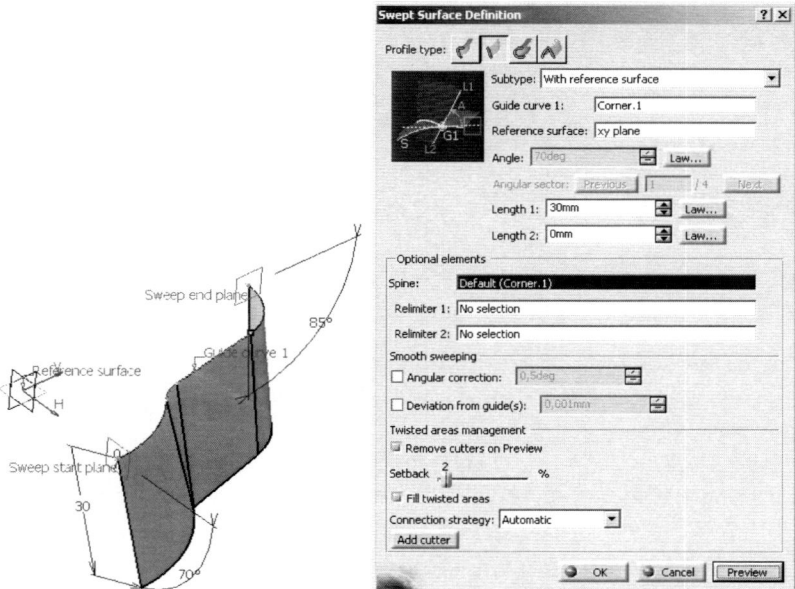

- Bei *Angle*: Law... drücken um einen Verlauf des Formschrägenwinkels zu definieren:

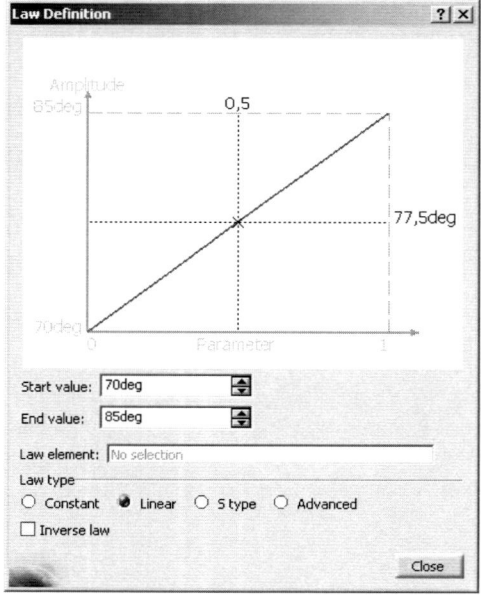

- Mit Close schließen

- Fenster „*Swept Surface Definition*" mit $\boxed{\text{OK}}$ schließen. Damit ist ein Viertel der Seitenfläche fertig. Durch zweimaliges Spiegeln wird die vollständige Seitenfläche erzeugt
- Oberflächen **spiegeln**:
- „*Symmetry*" 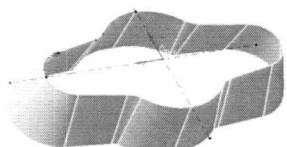 um YZ-Ebene. Ergebnis vereinigen: *Join*
- „*Symmetry*" um ZX-Ebene

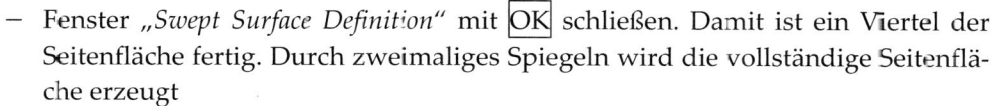

- Oberfläche für **Bohrung** erzeugen:
  Geometrical Set.1 aktivieren, damit zu zeichnender Kreis zu diesem Körper gehört.
  Objekt „*Geometrical Set.1*" mit MB3 selektieren: $\boxed{\text{Define In Work Object}}$. Objekt wird unterstrichen dargestellt und ist nun das aktuelle.
- Kreis zeichnen in Hilfsebene XY-Ebene: *Working support.1* selektieren und „*Working Supports Activity*" drücken, anschließend „*Normal View*" .
  „*Circle*" , Circle type: $\boxed{\text{Center and radius}}$. *Center*: Punkt (0/0); *Diameter*: 45, Vollkreis (*Whole Circle*)
- Hilfsebene verlassen: „*Working Supports Activity*"
- Geometrisches Set „Oberflächen" aktivieren
- „*Extrude*" Profile: Kreis; *Direction*: Z Component; *Limit* 1: 30 ; $\boxed{\text{Reverse Direction}}$:

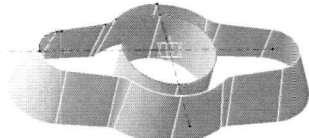

- *Geometrical Set.1* ausblenden: Objekt selektieren und „*Hide/Show*"
- **Grundfläche** erzeugen:
  Begrenzungsebene festlegen: „*Plane*" : *Plane type*: $\boxed{\text{Offset from plane}}$: *Reference*: XY-Ebene; *Offset*: 25; $\boxed{\text{Reverse Direction}}$
- Alle Seitenflächen verbinden: „*Join*":

– Diesen Flächenverband mit Begrenzungsebene abschneiden: „*Split*" 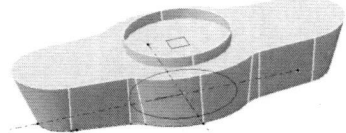 *Element to cut*: Flächenverband *Join.2*.
  Cutting elements: Begrenzungsebene *Plane.1*

– Grundfläche erzeugen: „*Fill*"  *Boundary*: *Curves*: Alle unteren Randkurven des Flächenverbands selektieren. Am elegantesten geht das mit MB3 im Feld „*Curves*" → Create Boundary , als *Surface edge* im Fenster „*Boundary Definition*" eine Randkurve der Seitenwand selektieren – der vollständige Rand wird mit einer geschlossenen grünen Kurve erfasst. Mit OK erscheint das ursprüngliche Definitionsfenster der Füllfläche wieder und die Fläche kann erzeugt werden:

– Grundfläche mit Zylindermantel der Bohrung trimmen: „*Trim*"

– **Deckfläche** erzeugen: „*Fill*" *Boundary*: *Curves*: Alle oberen Randkurven des Flächenverbands selektieren

– Deckfläche mit Zylindermantel der Bohrung trimmen: „*Trim*" :

9.1.4 Beispiel: Kernseele eines Ladungswechselkanals

Angabe

Die Kernseele eines Einlasskanals ist als Oberflächenmodell darzustellen. Der Kernkasten soll zweiteilig sein.

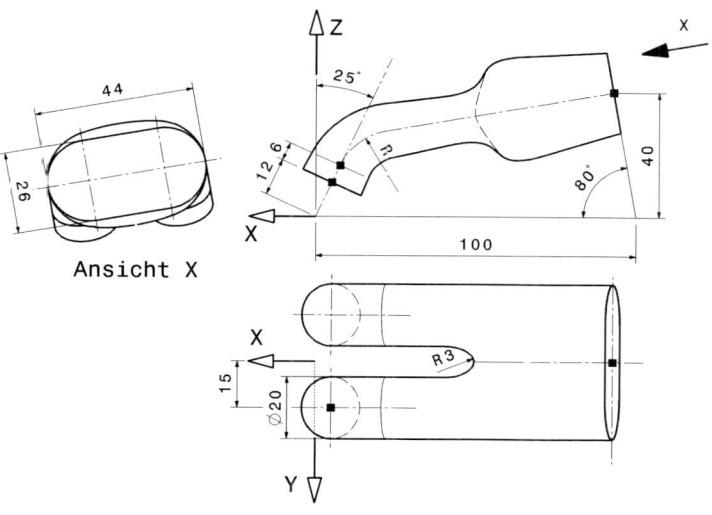

Vorgehensweise

— **Arbeitsumgebung** „*Wireframe and Surface Design*" starten: 🖼 und im Fenster „*New Part*" keinen Schalter anhaken - OK

— bzw. **Teiledokument** öffnen: „*New*" 🗋 und im Fenster „*New*" Type „*Part*" selektieren, weiter wie oben

Ausgangsgeometrie zeichnen

— **Randbedingungen** in ZX-Ebene darstellen: „*Work on Support*" ⊞ und ZX-Ebene selektieren:

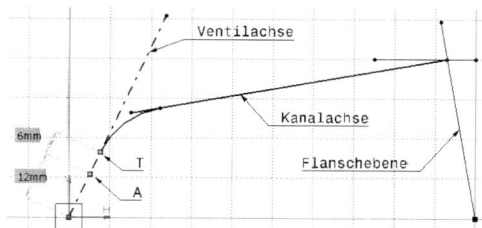

— Der Kreisbogen tangiert die Kanal- und Ventilachse. Letztere genau im Punkt T. „*Circle*" ⭕ , Bitangent and point

— „*Trim*" 🗡: Kreisbogen und Gerade (Kanalachse) selektieren

— Gerade zwischen Punkten A und T auf Ventilachse erzeugen („*Line*" ╱) und mit Kreisbogen verbinden: „*Join*" ▦

— Hilfsebene verlassen: „*Working Supports Activity*" ⽥

- **Einlassflansch-Ebene** erzeugen: *„Plane"* 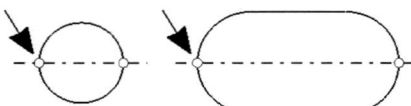 Normal to curve: *Curve*: Kanal-
achse; *Point*: Endpunkt Kanalachse
- Ebene sprechenden Namen geben: Mit MB3 selektieren → Properties im Regis-
ter *„Feature Properties"* das Feld *„Feature Name"* überschreiben mit „Einlass-
flansch"
- Ebenso **Ebene** „Sitzringgrund" erzeugen: *„Plane"* Normal to curve: *Curve*:
Ventilachse; *Point*: Punkt A
- Ovalen **Anschlussquerschnitt** bei Einlassflansch laut Angabe (44x26) in Ebene
„Einlassflansch" zeichnen und zu <u>einer</u> Kurve verbinden: *„Join"*
- **Kanalquerschnitt** in Ebene „Sitzringgrund" zeichnen:

    „Circle" ⬤ Center and radius: *Center*: Punkt A;
    Support: Ebene „Sitzringgrund"; *Radius*: 20/2
- Kreis verschieben in Y-Richtung um 15 mm: *„Translate"* Hide/Show initial
element: Ursprungselement ausblenden

Teilung Ober-/Unterkasten

- Randkonturen gemäß Kernteilung halbieren: *„Split"* Button *„Keep both sides"* aktivieren. Das liefert vier Schnittpunkte:

- Die mittlerweile erzeugte Geometrie sieht so aus:

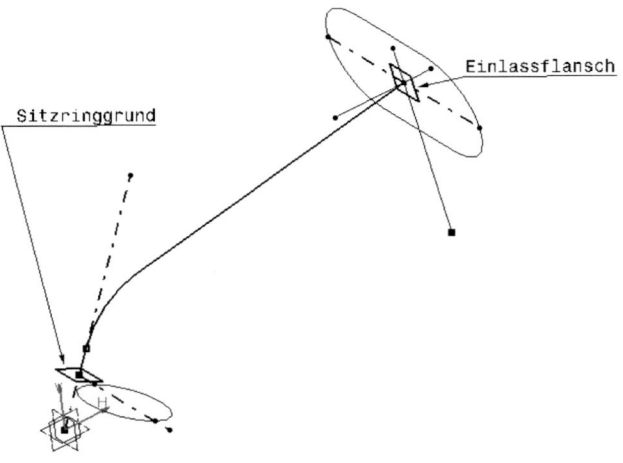

Gewünschte Projektionen festlegen

— Wunschverlauf der **Kanalaußenkontur** in der Draufsicht zeichnen:
Ebene erzeugen durch drei der vier obigen Schnittpunkte, die durch die Kernteilung bestimmt sind:

„*Plane*" 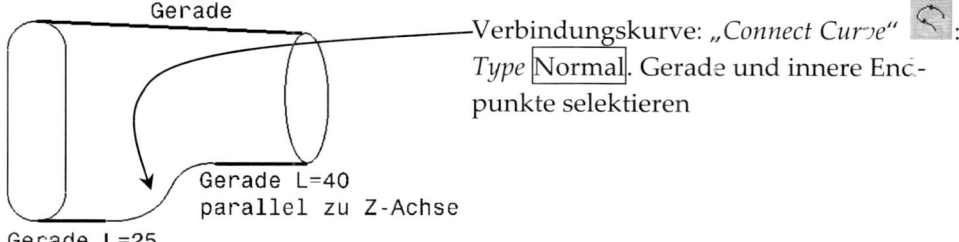 Through three points

— Ebene **Namen** geben: „Grundriss"

— In Ebene „Grundriss" in etwa diesen Verlauf der Kontur konstruieren:

Verbindungskurve: „*Connect Curve*":
Type Normal. Gerade und innere Endpunkte selektieren

Gerade

Gerade L=40
parallel zu Z-Achse

Gerade L=25

— Diese drei Kurven (2x *Line.N* und *Connect.1*) **verbinden**: „*Join*"

Die bisher erzeugte Geometrie sieht nun wie folgt aus. Die Geometrieelemente, die
für die weitere Konstruktion gebraucht werden, sind mit kennzeichnenden Buchstaben versehen:

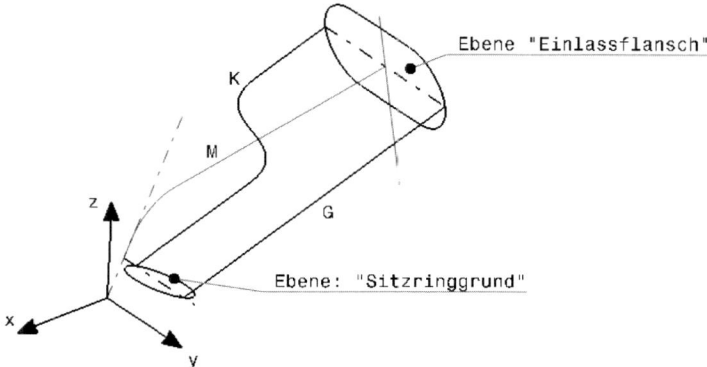

Raumkurven aus Wunschverlauf

— Raumkurven für die Kanalkontur aus den ebenen Wunschrissen erzeugen:

„*Combine*" , Along directions: *Curve 1*: Mittellinie „M"; *Curve 2*: Gerade „G"
Direction 1: Y Component ; *Direction 2*: Z Component

— „*Combine*" , Normal : *Curve 1*: Mittellinie (M); *Curve 2*: Kontur (K):

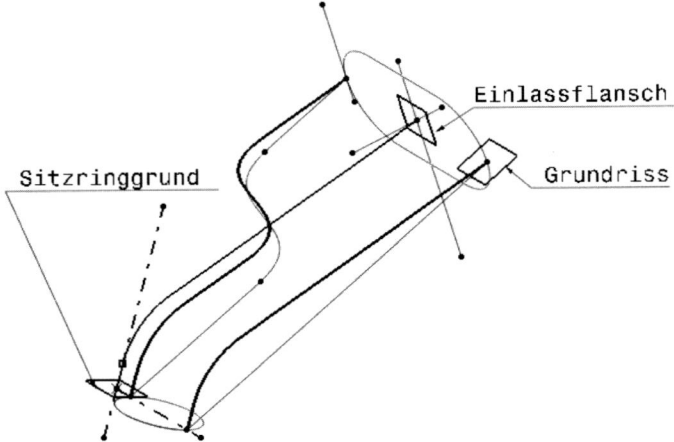

- **Ausblenden** nicht gebrauchter Geometrie: Kurven „G" und „K" selektieren und „*Hide/Show*" 🖼 drücken

Oberflächen modellieren

- Oberflächen für Oberkasten erzeugen:

  „*Multi-Sections Surface*" 🖼 im Fenster „*Multi-Sections Surface Definition*":
  Section: Obere Randkonturen in Ebene „Einlassflansch" und „Sitzringgrund" selektieren.

Guides: Ergebniskurven aus „*Combine*"-Operation selektieren

Spine: Kurve M selektieren,

Coupling: Ratio:

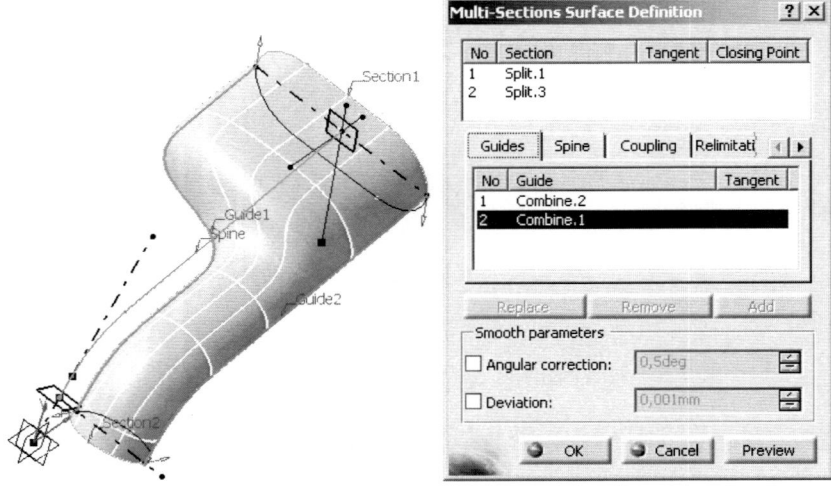

− Oberfläche für Unterkasten erzeugen: *„Multi-Sections Surface"* 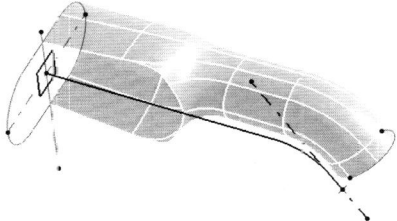 mit unteren Randkurven entsprechend wie für Oberkasten wiederholen, d.h. nur *Section*-Kurven sind anders

− Die beiden **Kanalflächen** mit Symmetrieebene (ZX-Ebene) **schneiden**: *„Split"* : *Element to cut*: Kanalfläche oben bzw. Kanalfläche unten
  Cutting elements: ZX-Ebene:

− **Spiegeln** der Kanalhälften um Symmetrieebene (ZX-Ebene): *„Symmetry"*

− **Verrunden** des Zwickels mit R3: Verbinden der linken und rechten Kanalhälften eines Kernkastens, d.h. des oberen sowie des unteren Kernkastens: *„Join"*

− Icon *„Edge Fillet"* aus Arbeitsumgebung *„Generative Shape Design"* drücken und entsprechende Kante selektieren:

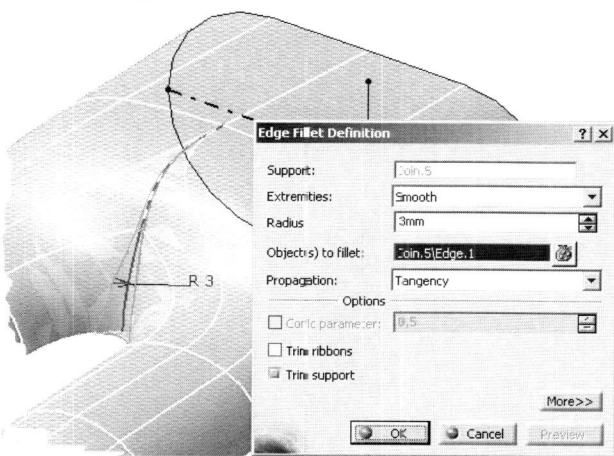

− Die Zwickelverrundung für Unterkasten ebenso durchführen
− Erzeugte Flächen visuell **kontrollieren**:

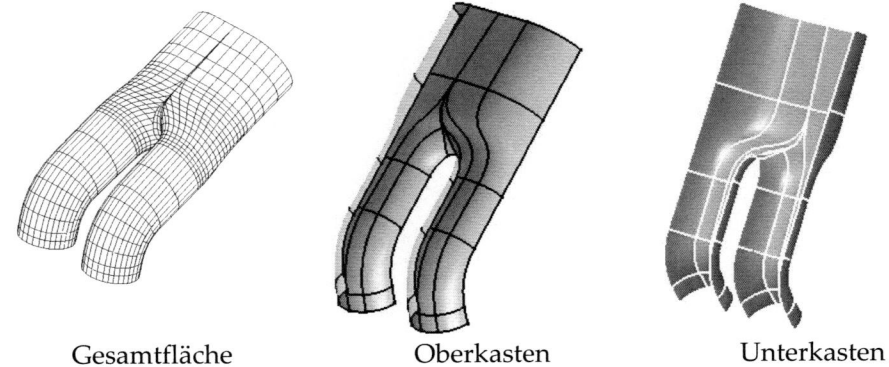

Gesamtfläche   Oberkasten   Unterkasten

9.2   Beispiele zur Arbeitsumgebung „*Part Design*"

9.2.1   Beispiel: Hybridmodell

Angabe

Zwischen zwei Volumenkörpern sollen Flächen entlang der Körperkanten erzeugt werden. Anschließend soll daraus ein geschlossener Volumenkörper gebildet werden.

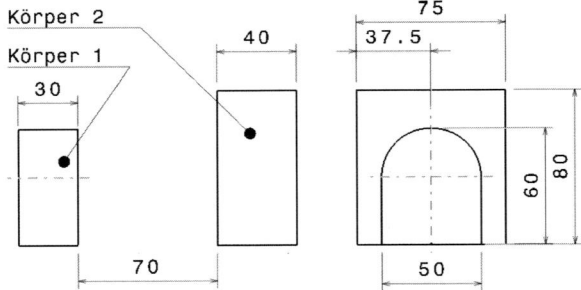

Vorgehensweise

- Neues Teiledokument erzeugen: Icon „*New*" ⬜ selektieren und im erscheinenden Fenster „*New*" Type „*Part*" wählen. Mit OK Einstellung bestätigen. Im Fenster „*New Part*" keinen Schalter anhaken und mit OK schließen.
  Ein neues Teiledokument wird angelegt und die Arbeitsumgebung „*Partdesign*" gestartet. Am schnellsten geht dies mit dem Schalter „*Part Design*" ⚙ .

Ersten Randkörper erzeugen:

- Skizzierer in XY-Ebene öffnen:

  Icon „*Sketcher*" ◩ drücken und Objekt „*xy plane*" im Strukturbaum selektieren: Der Sketcher wird gestartet

Wichtige Einstellungen:

– Die Schalter „*Geometrical Constraints*" ![icon] und „*Dimensional Constraints*" ![icon] (Werkzeugleiste „*Sketch tools*") aktivieren sowie die gleichnamigen Icons der Werkzeugleiste „*Visualization*" ![icon] ![icon]

– Mit dem Icon „*Profile*" ![icon] die Kontur des ersten Randkörpers zeichnen. Beim Skizzieren im Ursprung beginnen und auf dynamisch angezeigte Einschränkungen achten. Den Mittelpunkt des Kreisbogens und die V-Achse gemeinsam selektieren (= MB1 + <Strg>) und über das Icon „*Constraints Defined in Dialogbox*" ![icon] zusammenfallen lassen (*Coincidence*). Die Bemaßung mit dem Icon „*Constraint*" ![icon] erzeugen:

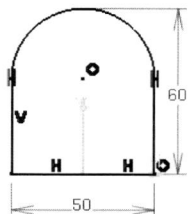

– Sketcher mit Icon „*Exit Workbench*" ![icon] verlassen

– Icon „*Pad*" ![icon] drücken und im erscheinenden Fenster „*Pad Definition*" als Tiefenangabe im Feld *Length*: „30" eingeben:

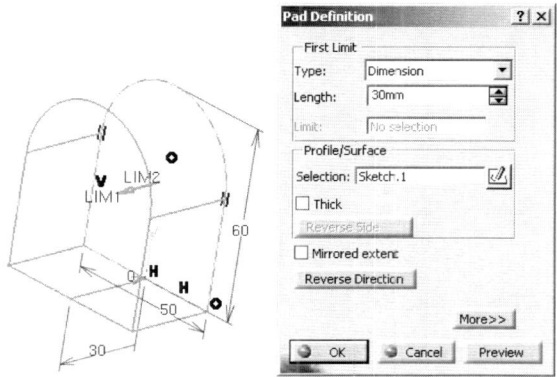

Den Körper mit OK erzeugen.

Den zweiten Randkörper modellieren:

– Im Hauptmenü: Insert → Body:
Im Strukturbaum wird ein zweiter Körper eingefügt

– Das Objekt „*PartBody*" im Strukturbaum mit MB3 selektieren und im Kontextmenü Properties wählen.

Im erscheinenden Fenster „*Properties*" im Register „*Feature Properties*" den Systemnamen mit „Körper 1" überschreiben:

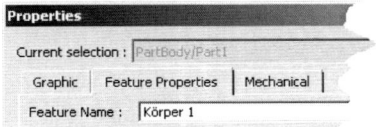

Die Eingabe mit OK beenden

– Ebenso den zweiten Körper in „Körper 2" umbenennen

– Zunächst eine Basisebene erzeugen: Icon „*Plane*" 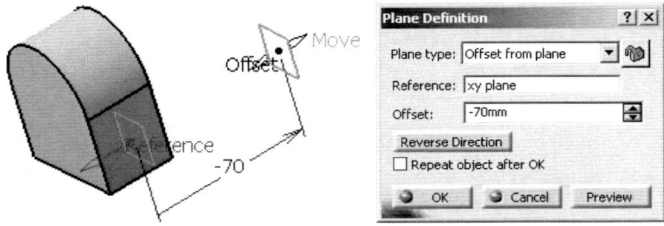 aus der Werkzeugleiste „*Reference Elements*" (also in der aktuellen Arbeitsumgebung) selektieren und im erscheinenden Fenster „*Plane Definition*" Type Offset from plane einstellen. Die Referenzebene ist die XY-Ebene. Der Abstand (*Offset*) beträgt „-70":

Mit OK wird die Ebene erzeugt

– Objekt der Ebene „*Plane.1*" im Strukturbaum mit MB3 selektieren und im Kontextmenü Properties wählen.
  Im erscheinenden Fenster „*Properties*" im Register „*Feature Properties*" den Systemnamen mit „Basis Körper 2" überschreiben

– Objekt „*Geometrical Set.1*" im Strukturbaum mit MB3 selektieren und im Kontextmenü Geometrical Set.1 object > wählen, im erscheinenden Menü die Option Change Geometrical Set... . Dann das Objekt „Körper 2" selektieren und im erscheinenden Fenster „*Change Geometrical Set*" OK drücken: Das Objekt „*Geometrical Set.1*" wird dem „Körper 2" im Strukturbaum angehängt

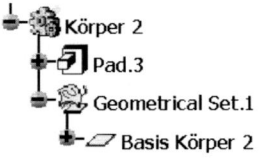

– Skizzierer in Basisebene des Körpers 2 öffnen:

  Icon „*Sketcher*" 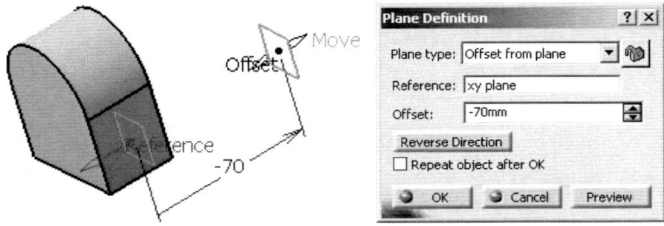 drücken und Objekt „*Basis Körper 2*" im Strukturbaum selektieren: Der Sketcher wird gestartet

– Mit dem Icon „*Rectangle*" 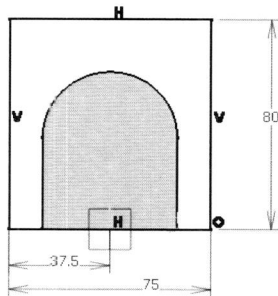 ein Rechteck zeichnen. Beim Skizzieren links oben beginnen und rechts unten auf der H-Achse (dynamische Einschränkung: *Coincidence* ⊖ erscheint) enden. Die erforderlichen Maße wie beim ersten Körper anbringen:

– Sketcher mit Icon „*Exit Workbench*" verlassen

– Icon „*Pad*" drücken und im erscheinenden Fenster „*Pad Definition*" als Tiefenangabe im Feld *Length*: „40" eingeben und mit Schalter Reverse Direction die Erzeugungsrichtung umkehren:

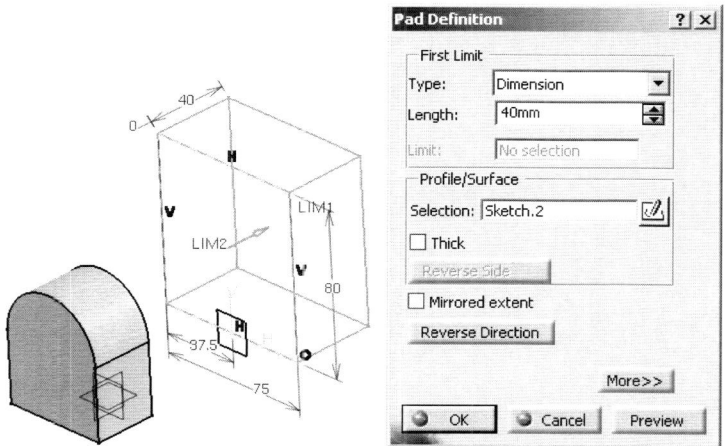

Den zweiten Körper mit OK erzeugen

– Die Geometrie sieht mittlerweile so aus:

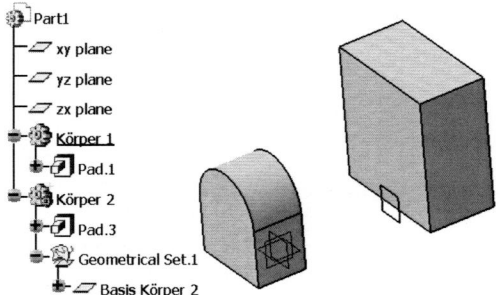

Flächen zwischen den Randkörpern erzeugen:

Geeignete Arbeitsumgebung öffnen

- Arbeitsumgebung „*Wireframe and Surface Design*" mit Icon [Icon] aufrufen
- Drahtgittergeometrie zwischen den Eckpunkten (*vertex*) der Randkörper erzeugen: Gerade von Punkt zu Punkt zeichnen: Icon „*Line*" [Icon] drücken. Im erscheinenden Dialogfenster „*Line Definition*" „*Line type*" Point – Point einstellen und Gerade durch Selektion von zwei Eckpunkten mit MB1 zeichnen:

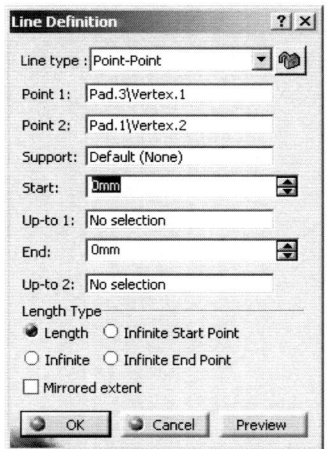

Mit OK erste Gerade erzeugen

Obigen Schritt wiederholen bis vier Gerade zwischen den beiden Anfangskörpern aufgespannt sind:

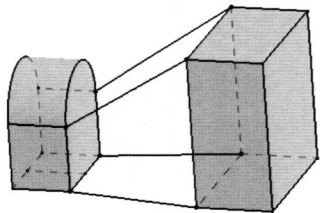

Anm.: Doppelklick auf das Icon „*Line*" ermöglicht schnelleres Arbeiten, weil alle Gerade hintereinander erzeugt werden können. Beenden dieses Modus durch erneutes Selektieren des Icons „*Line*" ✎.

Loft surface

— Eine **Verbundfläche** (*Multi-section surface*) zwischen der halbkreisförmigen und der gegenüberliegenden Kante erzeugen: Icon „*Multi-Section Surface*" ⊗ drücken. Dialogfenster „*Multi-section Surface Definition*" erscheint. Als „Spanten" (*sections*) für diese Fläche die halbkreisförmige und die gegenüberliegende Kante selektieren. Darauf achten, dass die roten Pfeile bei beiden Kanten in dieselbe Richtung weisen. Die Pfeilorientierung wird durch Selektion der Pfeilspitze umgedreht.

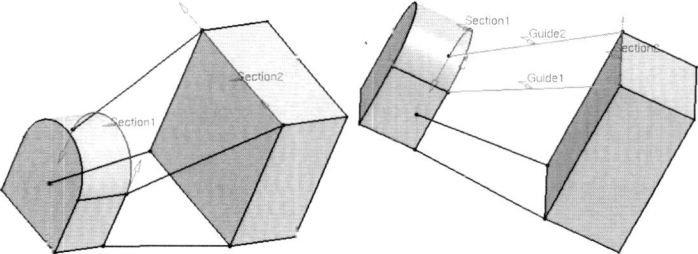

Im Dialogfenster im Register „*Guides*" das leere Feld in der Spalte „*Guide*" selektieren und danach die beiden an die Eckpunkte anschließenden Geraden als Leitkurven selektieren.

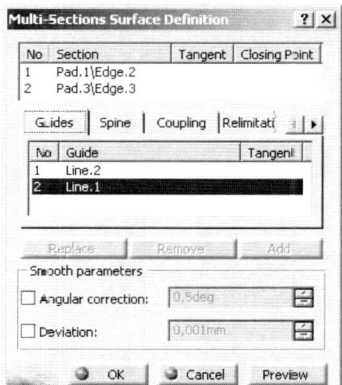 *Coupling*: Ratio

Mit OK die Erzeugung der Fläche abschließen. Die Fläche wird dargestellt.

Swept surface

— Erzeugen einer **gezogenen Verbundfläche** (Translation - *swept surface*) aufgespannt zwischen den Kanten und Geraden, die ein ebenes Trapez bilden („Seitenwände"). Icon *„Sweep"* 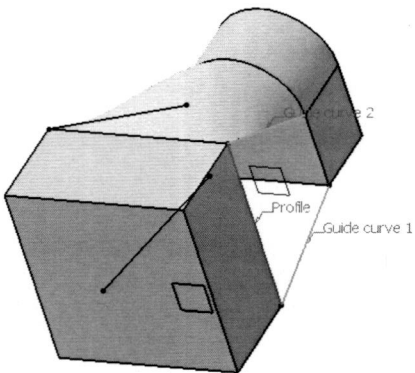 drücken. Dialogfenster *„Swept Surface Definition"* erscheint. Als Profiltype *„Explicit"* einstellen. *Subtype*: With two guide curves

– Eine vertikale Kante eines Körpers als Profil (*profile*) wählen.
– Die anschließende untere Gerade als erste Leitkurve (*Guide curve 1*) wählen.

Die darüber liegende Gerade (anschließend an das Profil) als zweite Leitkurve (*Guide curve 2*) wählen.

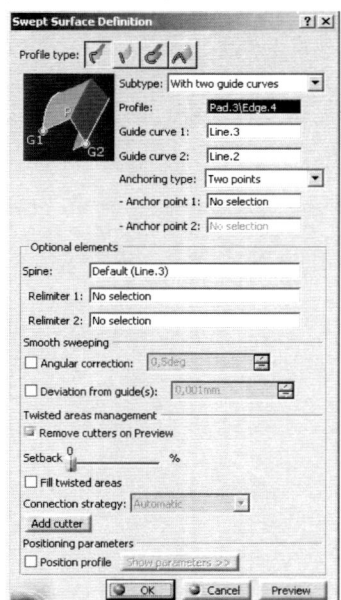

– Mit OK die Fläche erzeugen
– Auf der gegenüberliegenden Seite die entsprechende Fläche wie oben dargestellt erzeugen. Das Ergebnis sieht nun so aus:

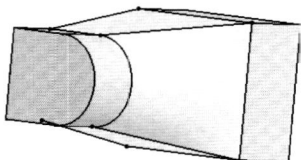

Fill surface

− Erzeugen der Bodenfläche als **ebene Füllfläche**:

Icon „*Fill*" 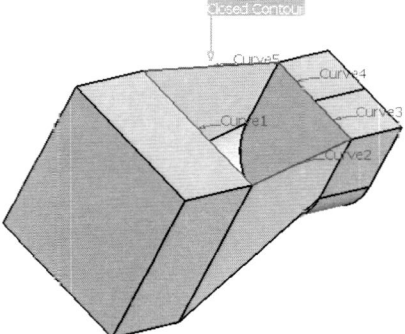 drücken. Fenster „*Fill Surface Definition*"erscheint.

Eine Boden-Kante eines Randkörpers selektieren. Der Schalter „*Planar Boundary Only*" kann nun aktiviert werden.

Weitere anschließende Kurven, die die Bodenfläche beranden, selektieren. Dabei immer nur aneinanderhängende Kanten bzw. Gerade selektieren, sonst ergibt sich ein Fehler („Ungültige Randkurve. Der Abstand zwischen Elementen ist zu groß."). Mit OK wird die ebene Bodenfläche erzeugt.

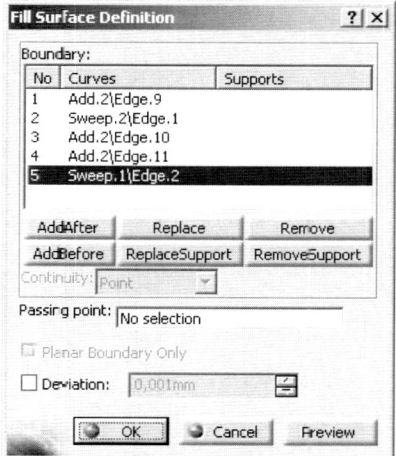

Anm.: Zur Übung kann die Bodenfläche z.B. auch als Verbundfläche (*Multi-sections Surface*) erzeugt werden. Die Kanten der Randkörper sollen die Spanten der Fläche werden. Die entsprechende Kante des Körpers 1 ist jedoch keine durchgehende Kurve. Für die Flächenerzeugung müssen diese Kurvenstücke miteinander logisch verbunden werden:

Icon „*Join*" 🔲 drücken. Dialogfenster „*Join Definition*" erscheint. Die zwei Teile der Kante selektieren und Verknüpfung mit OK abschließen. Nun kann das erzeugte Element „*Join.1*" als Spant (*Section*) bei der Flächenerzeugung herangezogen werden

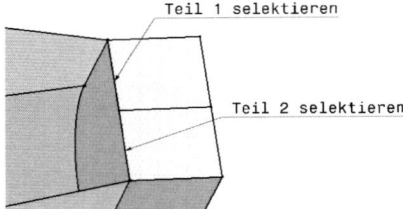

Flächenverband erzeugen

– Die erzeugten vier **Oberflächen** müssen nun miteinander **logisch verknüpft** werden, damit in Folge ein Volumen erzeugt werden kann:

– Icon „*Join*" 🔲 drücken. Das Dialogfenster „*Join Definition*" erscheint. Den Schalter „*Check connexity*" aktivieren.
Die vier Oberflächen im Strukturbaum, eine Multi-Section, zwei Sweep und eine Fill, selektieren

– Das Verknüpfen mit OK abschließen

– Der Flächenverband wird das Element „*Join.1*"

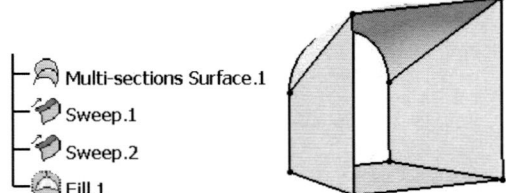

Anm.: Zur besser Übersicht sind in der Abbildung die beiden Randkörper ausgeblendet

Volumenkörper aus den Flächen erzeugen:

Flächen schließen, d.h. Erzeugen eines Solids aus diesem offenen Flächenverband durch Hinzufügen ebener Deckflächen.

– Arbeitsumgebung „*Part Design*" mittels Icon ⚙ aufrufen

- Im Hauptmenü: |Insert| → |Body|: das Objekt eines Körpers „body.3" wird im Strukturbaum angehängt. Dieses Objekt mittels Kontextmenü in Distanzstück" umbenennen

- Icon „Close Surface"  drücken.

Anm.: Das Icon ist aus der Werkzeugleiste „Surface-Based Features":

- Den oben erzeugten Flächenverband „Join.1" selektieren. Das Fenster „Close-Surface Definition" erscheint: Mit |OK| die Erzeugung des Solids abschließen

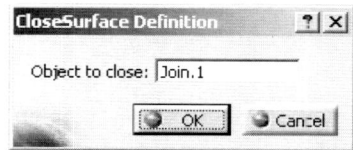

- Das Ergebnis sind drei einzelne Körper:

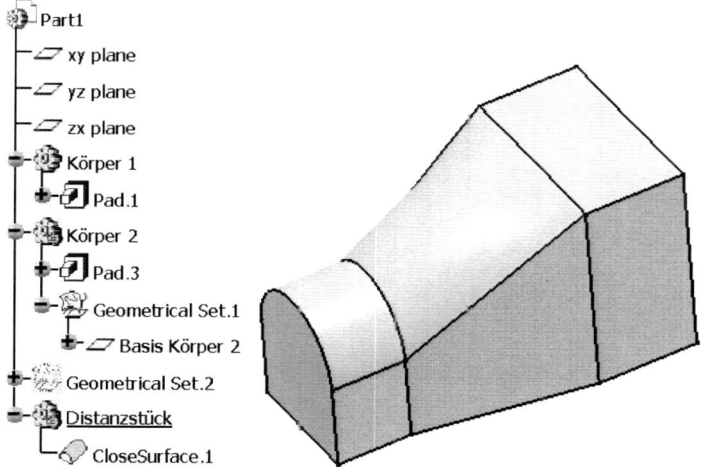

Anm.: Die Flächen und Geraden sind in dieser Darstellung ausgeblendet.

- Diese drei Körper können z.B. mit dem Icon „Add" zu einem zusammengefügt werden:

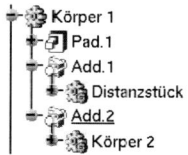

9.2.2   Beispiel: Kolben

Angabe

Der Kolben laut untenstehender Zeichnung soll als Volumenmodell erzeugt werden.

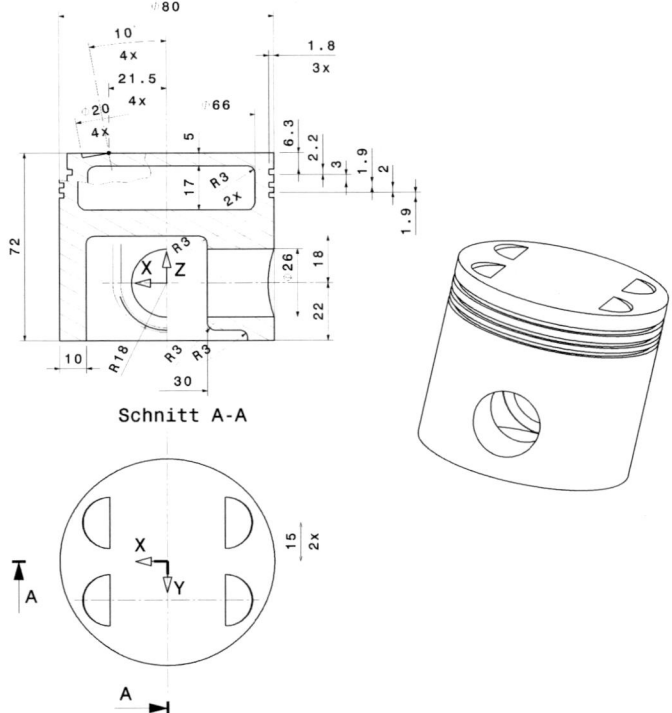

Schnitt A-A

Vorgehensweise

– In Arbeitsumgebung „*Part Design*" Hauptkörper „*PartBody*" mit Kontextmenü (Properties) in „Grundkörper" umbenennen

Grundkörper als Zylinder erzeugen

– Erzeugenden **Umriss des Kolbens** in der XZ-Ebene zeichnen:

– Icon „*Sketcher*" drücken und XZ-Ebene selektieren

– Icons für automatische Einschränkungserzeugung aktivieren: „*Geometrical*" und „*Dimensional Constraints*" (Werkzeugleiste „*Sketch tools*") sowie die gleichnamigen Icons der Werkzeugleiste „*Visualization*"

– Kolbenkontur für Rotation zeichnen und bemaßen. Dabei Achse mit Icon „*Axis*" erzeugen. Umriss des Kolbens mit Icon „*Profile*" erzeugen:

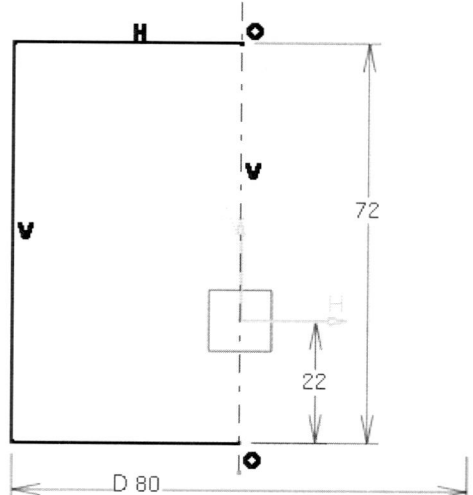

— Sketcher verlassen: Icon „*Exit Workbench*" 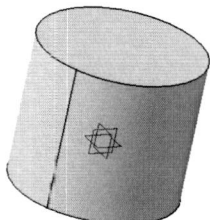 drücken

— **Rotationskörper** erzeugen: Icon „*Shaft*" drücken.
   Im Fenster „*Shaft Definition*" First angle: 360 und *Second angle*: 0 eingeben. Mit
   OK abschließen:

Nuten für Kolbenringe **erzeugen**:

— Icon „*Sketcher*" drücken und XZ-Ebene selektieren

— Skizzierebene mit Kolben schneiden: Icon „*Cut Part by Sketch Plane*" aktivieren

— Umrisserzeugende des Kolbens in Skizzierebene projizieren: Icon „*Project 3D
   Silhouette Edges*" drücken.
   Kolbenfläche selektieren. Die beiden Umrisserzeugenden des Grundkörpers
   werden in die Skizzierebene projiziert. Eine Warnung weist auf mögliche Probleme bei Änderungen der Kolbenkontur hin – mit OK bestätigen

— Oberste Nut für Kolbenring skizzieren dabei die Endpunkte der Kontur mit
   dem Umriss des Kolbens ausrichten (*coincidence*) und bemaßen:

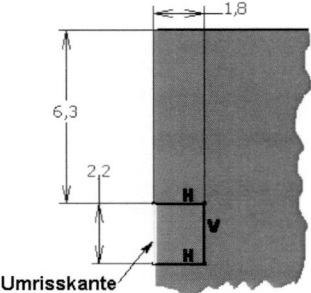

Umrisskante

- Die erste Umrisskante mit der Nutkontur trimmen und nicht benötigte zweite Umrisskante löschen (!)

- Sketcher verlassen: Icon „*Exit Workbench*" 🔼 drücken

- Nut erzeugen: Icon „*Groove*" 🔘 selektieren. Als Drehachse die Kolbenachse (d.h. die Mantelfläche) selektieren. Mit OK abschließen:

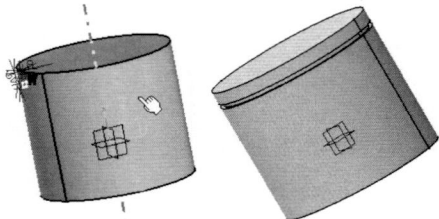

- Denselben Vorgang für die beiden **übrigen Nuten** entsprechend wiederholen:

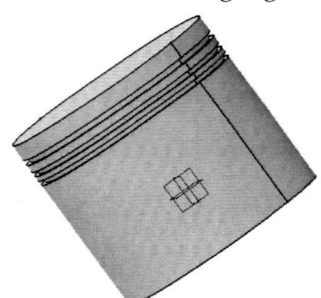

Oberen Hohlraum vorerst als eigenen Körper erzeugen:

- Hauptmenü: Insert → Body

- Den neu eingefügten Hauptkörper „*Body.1*" mit Kontextmenü (Properties) in „Hohlraum" umbenennen

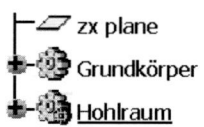

╭─◸ zx plane
╬─⚙ Grundkörper
╬─⚙ Hohlraum

– Icon „*Sketcher*" drücken und XZ-Ebene selektieren.

– Skizzierebene mit Kolben schneiden: Icon „*Cut Part by Sketch Plane*" aktivieren

– Achse mit Icon „*Project 3D Elements*" durch Selektion der Zylinderfläche des Grundkörpers erzeugen

– Kontur des Hohlraumes mit Icon „*Profile*" zeichnen und bemaßen. Die Rundungen R3 werden später als eigenes Konstruktionselement eingefügt (vgl. Kap.2.6):

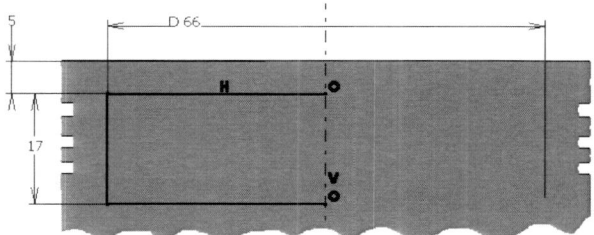

– *Sketcher* verlassen: Icon „*Exit Workbench*" drücken

– Hohlraum erzeugen: Icon „*Groove*" selektieren; Fenster „*Groove Definition*" mit OK abschließen

– Rundungen R3 der Kanten anbringen: Icon „*Edge Fillet*" drücken und die beiden Kanten des Zylinders selektieren. Der Hohlraum ist als „*Groove*" zwar ein Abzugskörper, er wird aber im Strukturbaum und Grafikbereich wie „positives" Material dargestellt:

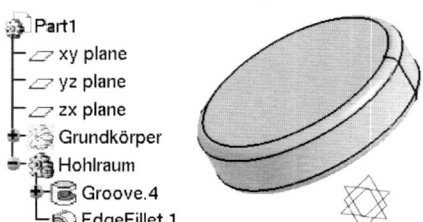

Hohlraum und **Kolbengrundkörper** miteinander **verknüpfen** (Boole'sche Verknüpfung):

– Hauptkörper „Grundkörper" als aktuellen festlegen: MB3 → Define In Work Object

– Icon „*Assemble*" (Werkzeugleiste „*Boolean Operations*") drücken

– Hauptkörper „*Hohlraum*" selektieren

– Fenster „*Assemble*" mit OK bestätigen

Ergebnis durch Einblenden von Ausschnittsebenen kontrollieren: Hauptmenü: ⎡View⎤ → ⎡Depth Effect...⎤.

Im Fenster „*Depth Effect*" vordere Ausschnittsebene mit MB1 ziehen:

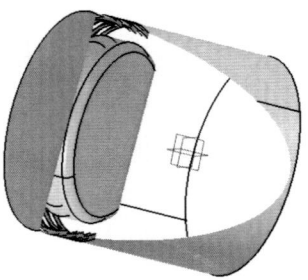

Eine andere Möglichkeit ist, den Skizzierer 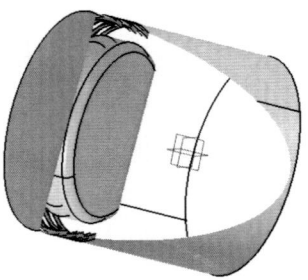 auf der XZ-Ebene zu öffnen und den Kolben mit zu schneiden. Abschließen mit

Unteren Kolbenbereich aushöhlen:

– Icon „*Sketcher*" ⬚ drücken und Bodenfläche des Kolbens selektieren
– Kreis mit Mittelpunkt auf dem Koordinatenursprung skizzieren

Geometrische Einschränkung vergeben

– Kreis gemeinsam (<Strg> + MB1) mit Kolbenaußenkante selektieren und Icon „*Constraints Defined in Dialog Box*" ⬚ drücken.
  Im erscheinenden Fenster „*Constraint Definition*" Button „*Distance*" aktivieren; das Maß auf den gewünschten Wert ändern:

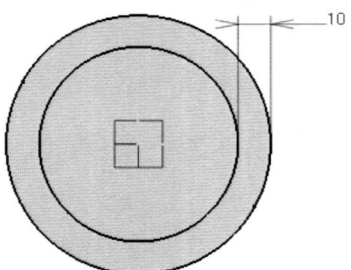

– *Sketcher* verlassen: Icon „*Exit Workbench*" ⬚ drücken
– Eine parallele Ebene zur XY-Ebene im Abstand 18 mm gemäß Schnitt A-A der Angabe erzeugen: Icon „*Plane*" ⬚ (in der Werkzeugleiste „*Reference Elements*") selektieren; *Plane type* „*Offset from plane*" wählen.
  Ebene mit Kontextmenü (⎡Properties⎤) in „Boden innen" umbenennen
– Objekt „Grundkörper" als aktuelles festlegen (siehe oben: Zwei Körper boolesch verknüpfen)

- Icon „*Pocket*" 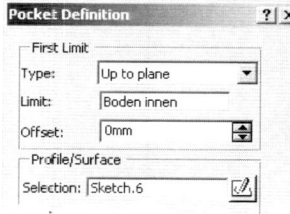 drücken
- Den oben erzeugten Kreis selektieren
- Im Fenster „*Pocket Definition*" Type „*Up to plane*" einstellen
- Als „*Limit*" Ebene „*Boden innen*" selektieren
- Mit OK Erzeugung der Tasche abschließen:

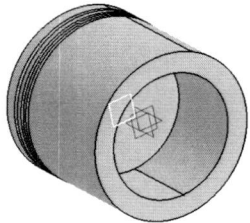

Bolzennabe erzeugen:

- Icon „*Sketcher*" 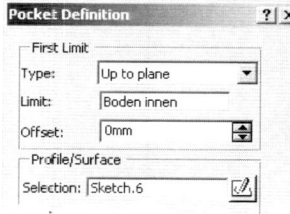 drücken und ZX-Ebene selektieren
- Skizzierebene mit Kolben schneiden: Icon „*Cut Part by Sketch Plane*" 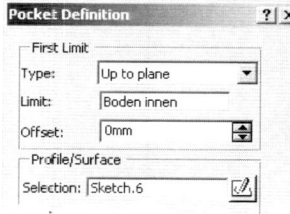 aktivieren
- Achse mit Icon „*Axis*" vertikal durch den Koordinatenursprung erzeugen
- Profil der Bolzennabe skizzieren. Die Endpunkte der vertikalen Kanten mit der Ebene „*Boden innen*" ausrichten: Zunächst wie oben beim Aushöhler des Kolbens, jedoch im Fenster „*Constraint Definition*" Button „*Coincidence*" aktivieren. Den Mittelpunkt des Kreisbogens mit dem Koordinatenursprung ausrichten und Radius bemaßen:

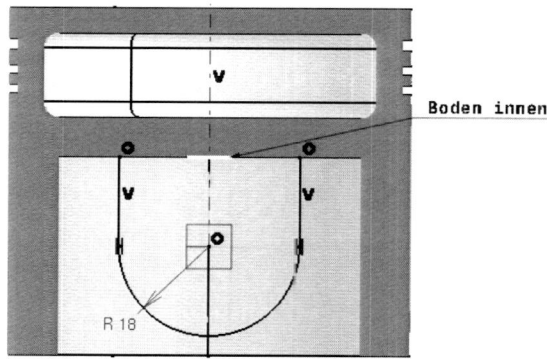

- *Sketcher* verlassen: Icon „*Exit Workbench*" drücken
- Icon „*Pad*" drücken
- Die Fehlermeldung, die wegen des offenen Profils erscheint, mit OK quittieren
- Im Fenster „*Pad Definition*" die Begrenzung des Blocks und die Erzeugungsrichtungen folgendermaßen einstellen:

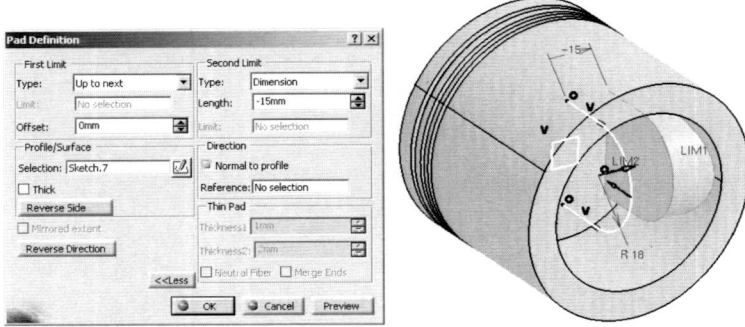

- Mit OK Nabe erzeugen

Zweite Nabe durch Spiegelung der ersten erzeugen:

- Oben erzeugte Nabe Objekt „*Pad.1*" selektieren

- Icon „*Mirror*"   drücken und YZ-Ebene als Mittelebene wählen. Mit OK Spiegelung abschließen:

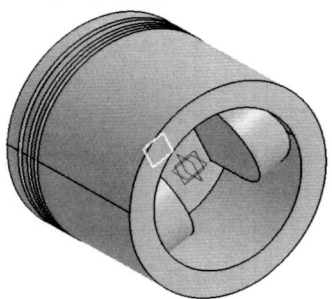

Bohrung für Kolbenbolzen erzeugen:

- Erste Bohrung darstellen: Kreisbogenkante der Bolzennabe und dazugehörende ebene Fläche der Nabe gemeinsam (<Strg> + MB1) selektieren.

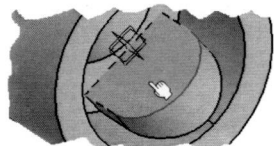

Icon „*Hole*"   selektieren.
Im Fenster „*Hole Definition*" Bohrungstyp (*Type*) „*Simple*" und Bohrungslänge (*Extension*) „*Up to Last*" einstellen. Durchmesser: *Diameter*: 26 eingeben.
Mit OK Bohrung erzeugen

- Für zweite Bohrung zunächst analog zu oben vorgehen, jedoch: Im Fenster „*Hole Definition*" im Feld „*Diameter*" (Register *Extension*) mit dem Kontextmenü

(MB3) Edit formula... aufrufen. Im Fenster „*Formula Editor*" die Voreinstellungen belassen und die oben erzeugte Bohrungsfläche selektieren. Danach das Durchmessermaß dieser Bohrung „*Hole.1*" im Grafikbereich selektieren, d.h. die Maßdefinition lautet: *Grundkörper\Hole.2\Diameter = 'Grundkörper\Hole.1'.Diameter'*. Mit OK Maßdefinition abschließen.

Mit OK Bohrungserzeugung abschließen:

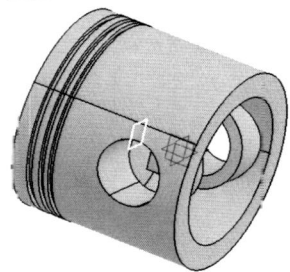

Ventiltaschen als eigener Körper erzeugen:

– Hauptmenü: Insert → Body

– Den neu eingefügten Hauptkörper mit Kontextmenü (Properties) in „Ventiltaschen" umbenennen

– Eine parallele Ebene zur ZX-Ebene im Abstand 15 mm erzeugen: Icon „*Plane*" selektieren; *Plane type „Offset from plane"* wählen. Ebene mit Kontextmenü (Properties) in „*Ventilebene*" umbenennen. Zur Steigerung der Übersichtlichkeit kann man diese Ebene dem Körper „Ventiltaschen" unterordnen: Bei älteren Releases zunächst in die Arbeitsumgebung „*Wireframe and Surface Design*" wechseln. Dann Insert → Geometrical Set... Mit MB3 das erzeugte Objekt „*Geometrical Set.2*" dem Körper „Ventiltaschen" unterordnen: Geometrical Set.2 object > → Change Geometrical Set... Objekt „Ventiltaschen" selektieren und im erschienenen Fenster „*Change geometrical set*" mit OK bestätigen.

– Nun kann die Ebene untergeordnet werden: Das Objekt „Ventilebene" ebenso wie oben das geometrische Set mit Change Geometrical Set... verschieben. Als Ziel (*Destination*) wird dabei das Objekt „*Geometrical Set.2*" selektiert:

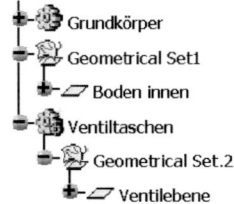
Grundkörper
Geometrical Set1
Boden innen
Ventiltaschen
Geometrical Set.2
Ventilebene

– Abschließend, falls erforderlich, zu „*Part Design*" ⚙ zurückwechseln
– Objekt „Ventiltaschen" als aktuelles festlegen
– Icon „*Sketcher*" ⬛ drücken und Ebene „*Ventilebene*" selektieren
– Punkt zeichnen: Icon „*Point*" ⬛ drücken und Punkt nahe der Kolbenkrone erzeugen
– Punkt mit der oberen Kolbenfläche wie oben beim Aushöhlen des Kolbens ausrichten, jedoch im Fenster „*Constraint Definition*" Button „*Coincidence*" aktivieren
– Abstand des Punkts zu Y-Achse gemäß Schnitt A-A bemaßen
– Achse mit Icon „*Axis*" ⬛ schräg durch den Punkt erzeugen und bemaßen
– Drehkontur der Tasche zeichnen und bemaßen:

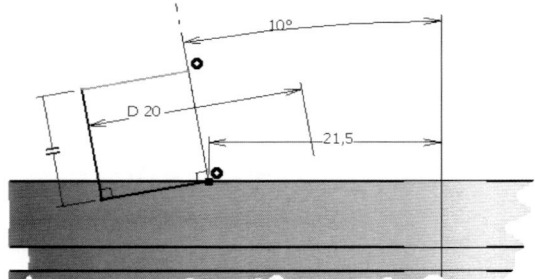

– *Sketcher* verlassen: Icon „*Exit Workbench*" ⬛ drücken
– Icon „*Groove*" ⬛ drücken; Fenster „*Groove Definition*" mit OK beenden: Dieses Solid ist ein eigener Körper und wird deshalb positiv dargestellt. Seine eigentliche „Wirkung" symbolisiert jedoch das gelbe Minus-Zeichen neben dem grünen Zahnrad: Es ist ein Hohlraum

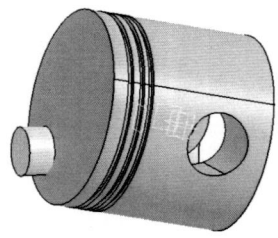

Restliche Ventiltaschen durch Spiegeln des Körpers „*Ventiltaschen*" erzeugen:

- Icon „*Mirror*" 🔘 drücken. Die ZX-Ebene als Symmetrieebene wählen mit OK bestätigen

- Icon „*Mirror*" 🔘 drücken. Die YZ-Ebene als Symmetrieebene wählen mit OK bestätigen:

Anm.: Der gesamte (!) Körper wird gespiegelt. Vor 🔘 gegebenenfalls ins Leere klicken (= deselektieren)

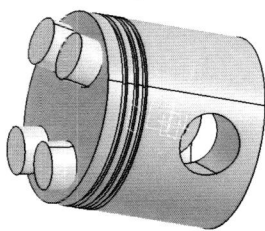

Ventiltaschen und Kolbengrundkörper miteinander verknüpfen:

- Icon „*Assemble*" drücken
- Hauptkörper „*Ventiltaschen*" selektieren
- Fenster „*Assemble*" mit OK bestätigen:

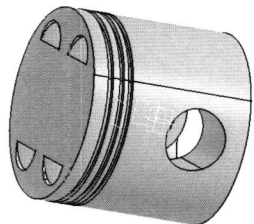

Kanten der beiden Bolzennaben **verrunden**:

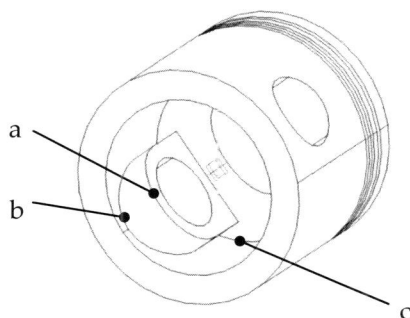

- Icon „*Edge Fillet*" 🖫 drücken und Kante „a" selektieren. Im Fenster „*Edge Fillet Definition*" *Radius*: 3 eingeben. *Propagation „Tangency*" einstellen. Mit OK beenden
- Ebenso Kante „b" verrunden
- Die entsprechenden Kanten der zweiten Nabe ebenso verrunden
- Zuletzt Kante „c" verrunden

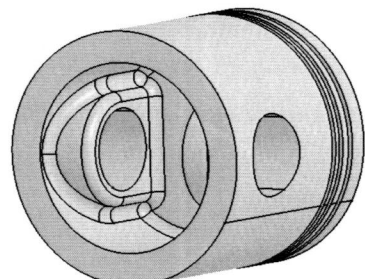

- Der Kolben ist gemäß der Zeichnungsangabe vollständig konstruiert. Nun soll jedoch ein **Brennraum anstelle des Hohlraumes** in der Kolbenkrone eingefügt werden: Der Brennraum weist folgende Abmessungen auf:

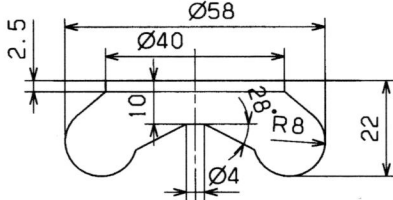

- Zunächst wird der bestehende **Hohlraum deaktiviert**: Im Strukturbaum Objekt „*Assemble.1*" mit MB3 selektieren: Assemble.1 object > → Deactivate. Im Fenster „*Deactivate*" ☑ „*Deactivate aggregated elements*" mit OK bestätigen

Brennraum als eigenen Körper erzeugen:

- Hauptmenü: Insert → Body
- Den neu eingefügten Hauptkörper mit Kontextmenü (Properties) in „Brennraum" umbenennen
- Icon „*Sketcher*" 🖉 drücken und XZ-Ebene selektieren
- Achse mit Icon „*Axis*" ⁝ vertikal durch den Koordinatenursprung erzeugen
- Drehkontur des Brennraumes skizzieren
- Endpunkt der vertikalen Linie mit der oberen Kolbenfläche wie oben beim Aushöhlen des Kolbens ausrichten, jedoch im Fenster „*Constraint Definition*" Button „*Coincidence*" aktivieren. Kontur bemaßen:

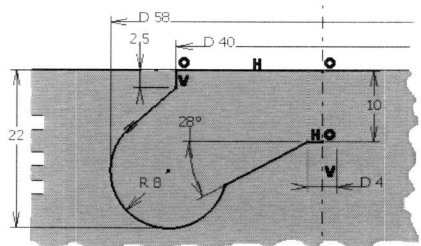

- *Sketcher* verlassen: Icon „*Exit Workbench*" 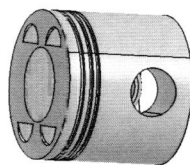 drücken

- Icon „*Groove*" 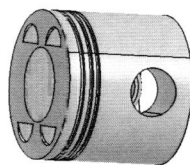 drücken; Fenster „*Groove Definition*" mit OK beenden:

Grundkörper des Kolbens mit dem Brennraum verknüpfen:

- Icon „*Assemble*" 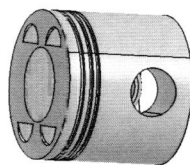 drücken
- Hauptkörper „*Brennraum*" selektieren und OK drücken:

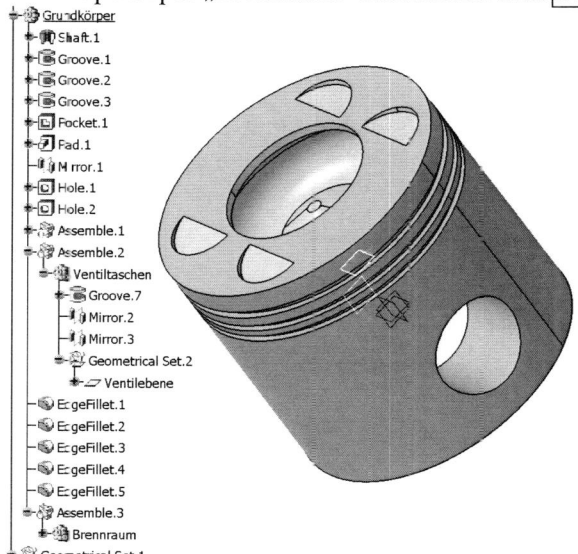

- Dokument **abspeichern:** Icon „*Save*" drücken und im Fenster „*Save As*" Speicherort sowie Name für Dokument vergeben: Kolben.CATPart.

9.2.3 Beispiel: Lagerbock

Angabe

Der Lagerbock laut untenstehender Zeichnung soll als Volumenmodell dargestellt werden.

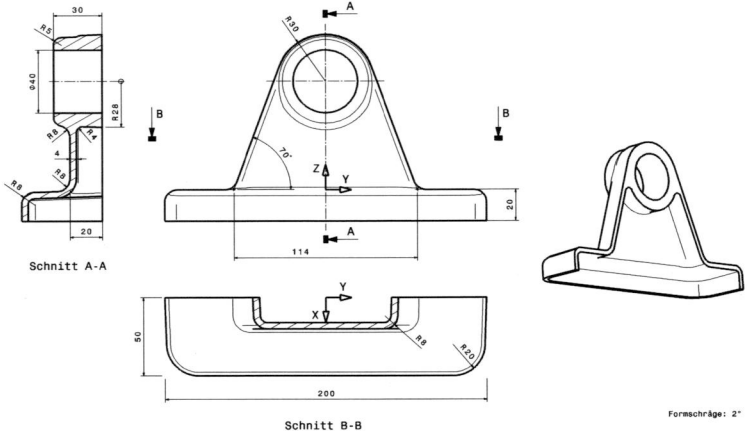

Schnitt A-A

Schnitt B-B

Formschräge: 2°

Vorgehensweise

In Arbeitsumgebung „*Part Design*" ⚙ **dreiecksförmigen Grundkörper** erzeugen:

– Icon „*Sketcher*" 🗗 drücken und YZ-Ebene selektieren
– Icons für automatische Einschränkungserzeugung aktivieren: „*Geometrical*" und „*Dimensional Constraint*" 🗗🗗 (Werkzeugleiste „*Sketch tools*") sowie die gleichnamigen Icons der Werkzeugleiste „*Visualization*" 🗗🗗
– Symmetrieachse als vertikale Gerade durch den Koordinatenursprung erzeugen und mit „*Construction/Standard Element*" 🗗 in Hilfsgeometrie umwandeln
– Zunächst nur halbe Kontur des dreieckförmigen Grundkörpers skizzieren, um die Symmetrie auszunutzen:

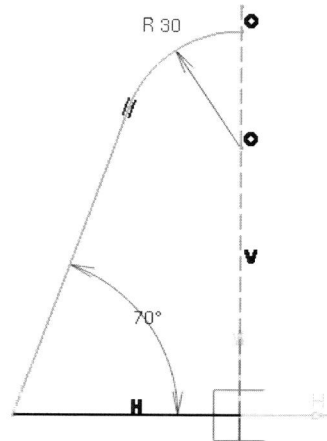

– Kontur um Symmetrieachse spiegeln: Geometrie selektieren; Icon „Symmetry"
 drücken; vertikale Achse V selektieren

– Letztes fehlendes Maß erzeugen: Länge der Basis (114 mm):

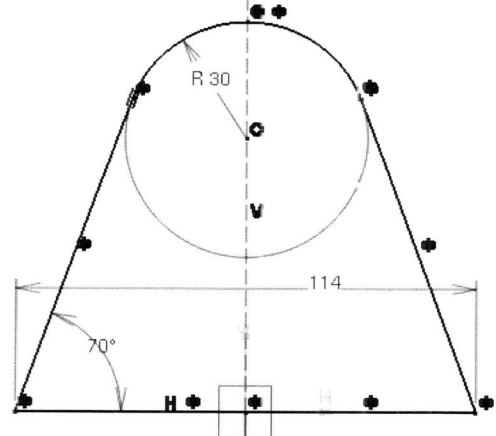

– *Sketcher* verlassen: Icon „*Exit Workbench*" drücken

– Icon „*Pad*" drücken

– Als Begrenzungsart des Blocks im Feld „*Type*" Dimension wählen

– *Length:* 20 (gemäß Zeichnungseintrag Schnitt A-A für Grundkörper)

– Mit OK Block erzeugen:

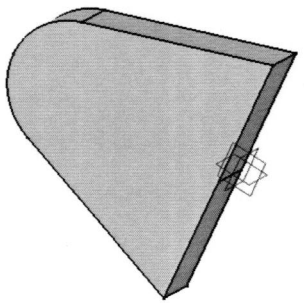

Lageraufnahme als Zylinder mit Radius R28 hinzufügen:

– Icon „*Sketcher*" 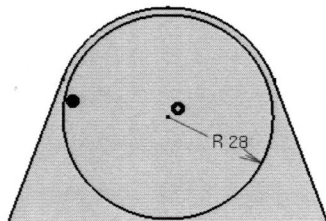 drücken und YZ-Ebene selektieren

Geometrische Einschränkung erzeugen

– Kreis skizzieren: Icon „*Circle*" ⊙ drücken; Kreis zeichnen und mit kreisbogen-förmiger Kante des Grundkörpers ausrichten: Kreis gemeinsam (<Strg> + MB1) mit Außenkante selektieren und Icon „*Constraints Defined in Dialog Box*" drücken. Im erscheinenden Fenster „*Constraint Definition*" Button „*Concentricity*" aktivieren

– Radius bemaßen:

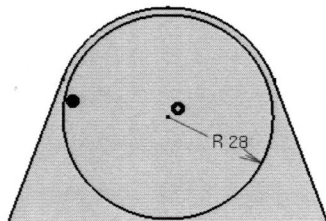

– *Sketcher* verlassen: Icon „*Exit Workbench*" drücken

– Icon „*Pad*" drücken

– Als Begrenzungsart des Zylinders im Feld „*Type*" Dimension wählen

– *Length*: 30 (gemäß Zeichnungseintrag Schnitt A-A für Lagerbereich)

– Mit OK Zylinder erzeugen:

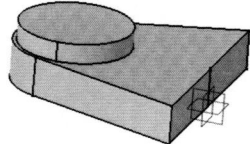

Mittels Kontextmenü Objekt „*Pad.2*" in „Lageraufnahme" umbenennen:

– Objekt mit MB3 selektieren: Properties

– Im Register *„Feature Properties"* des Fensters *„Properties"* *Feature Name* wunschgemäß überschreiben.

Rechteckige Grundplatte hinzufügen:

– Icon *„Sketcher"* drücken und XY-Ebene selektieren

– Rechteck 50x200 skizzieren. Längere Rechteckseite mit YZ-Ebene ausrichten: Gerade und YZ-Ebene gemeinsam selektieren, Icon drücken und Einschränkung *„Coincidence"* aktivieren

Maß über Formel steuern

– Den Wert des Maßes zwischen einer Außenkante und dem Koordinatenursprung mittels Kontextmenü als die Hälfte der Länge der längeren Rechteckseite festlegen:

– Maß mit MB3 selektieren: $\boxed{\text{Offset.N object >}}$ → $\boxed{\text{Edit Formula}}$

– Das Maß der längeren Seite selektieren und die Eingabe um den Term „/2" ergänzen:

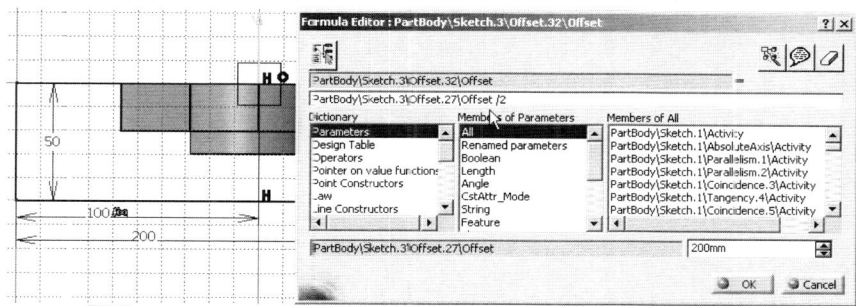

– Mit $\boxed{\text{OK}}$ abschließen

– Maßzahlen entsprechend der Zeichnungsangaben ändern

– *Sketcher* verlassen: Icon *„Exit Workbench"* drücken

– Icon *„Pad"* drücken

– Als Begrenzungsart des Quaders im Feld *„Type"* $\boxed{\text{Dimension}}$ wählen

– *Length*: $\boxed{20}$ (gemäß Zeichnungseintrag in Ansicht von vorne)

– Mit $\boxed{\text{OK}}$ Quader erzeugen:

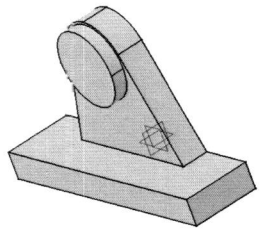

Formschräge an Grundplatte anbringen:

− Icon „*Draft angle*" 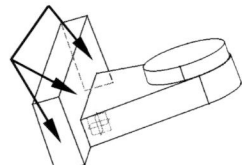 drücken

Formschräge erzeugen

− Im Fenster „*Draft Definition*":
− Formschräge: Angle: $\boxed{2}$ (Zeichnungsangabe)
− Diese drei Flächen selektieren:

− Im Fensterabschnitt „*Neutral Element*" Feld „*Selection:*" selektieren, danach Rückwand des Lagerbocks selektieren
− Gegebenenfalls Orientierung der Ziehrichtung durch Selektion des orangen Pfeils umkehren. Sie muss in die positive X-Richtung weisen
− Mit $\boxed{OK}$ Formschrägen erzeugen.

Weitere Formschrägen anbringen:

Analog zur Vorgehensweise bei der Grundplatte Formschrägen am dreiecksförmigen Grundkörper und am Zylinder der Lageraufnahme anbringen. Bei der Lageraufnahme ist das neutrale Element die vordere Fläche des Zylinders:

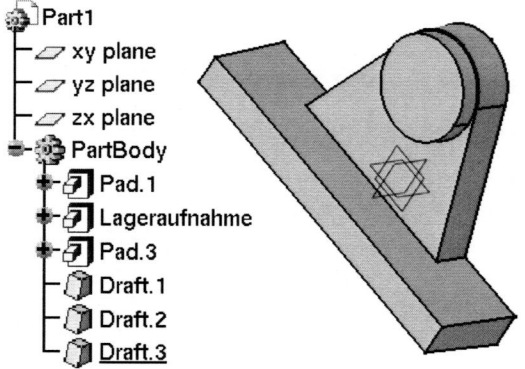

Kanten verrunden:

Folgende Kanten sollen verrundet werden:

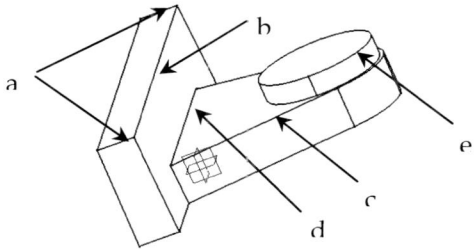

- Icon „*Edge Fillet*" ⬡ drücken
- Im Fenster „*Edge Fillet Definition*": Radius: $\boxed{8}$ (das ist nicht Zeichnungsangabe und wird erst später zur Übung auf den richtigen Wert geändert)
- Kanten „a" selektieren
- Mit $\boxed{\text{OK}}$ Rundungen erzeugen
- Erneut Icon „*Edge Fillet*" ⬡ drücken und weitere Verrundung an Kante „b" erzeugen. Im Fenster „*Edge Fillet Definition*" Einstellung Propagation: $\boxed{\text{Tangency}}$ belassen
- Weitere Verrundungen in alphabetischer Reihenfolge obiger Kantenbezeichnungen gemäß Zeichnungsangaben anbringen:

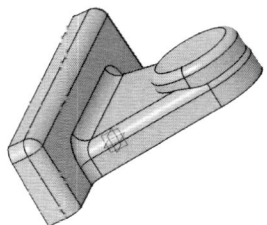

Strukturbaum umstellen

- Der Körper soll mit Ausnahme der Lageraufnahme **ausgehöhlt** werden (Konstruktionselement: *Shell*). Dazu muss der Strukturbaum geeignet umgestellt werden, sonst würde die Lageraufnahme mit ausgehöhlt werden:

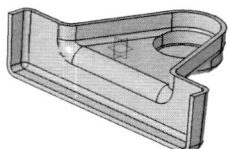

- Objekt „*Lageraufnahme*" mit MB3 selektieren: $\boxed{\text{Lageraufnahme object >}}$ → $\boxed{\text{Reorder...}}$

– Objekt „*EdgeFillet.4*" selektieren. D.h. die Lageraufnahme soll nach diesem Objekt eingeordnet werden

– Aussage im Fenster „*Feature Reorder*" mit OK bestätigen: *Reorder Lageraufnahme after EdgeFillet.4*

– Eine Fehlermeldung erscheint (Fenster „*Update Diagnosis*"), weil der Formschräge „*Draft.3*" nun die Basisparameter fehlen: Fenster mit Close schließen und die Formschräge ebenfalls umstellen:

– Objekt „*Draft.3*" mit MB3 selektieren: Draft.3 object > → Reorder...

– Objekt „Lageraufnahme" selektieren und Fenster „*Feature Reorder*" mit OK bestätigen. Der Strukturbaum wird umgestellt (ohne dass der bis jetzt modellierte Lagerbock sich ändert):

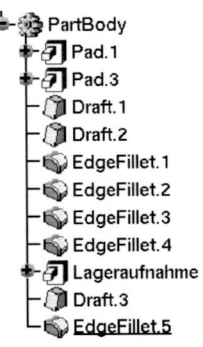

Lokalen Körper, bestehend aus Grundkörper und Grundplatte, allein bearbeiten:

– Objekt „*EdgeFillet.4*" mit MB3 selektieren: Define In Work Object:

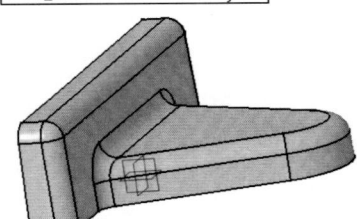

– Icon „*Shell*" ⬦ selektieren

– Als zu entfernende Flächen die Rückwand und die Bodenfläche des Lagerbocks selektieren (*Faces to remove*):

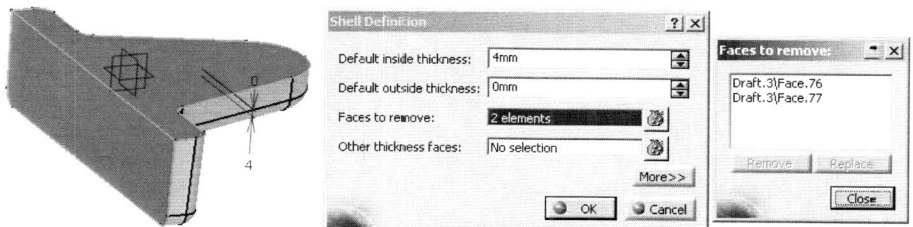

– Mit OK Aushöhlung fertig stellen:

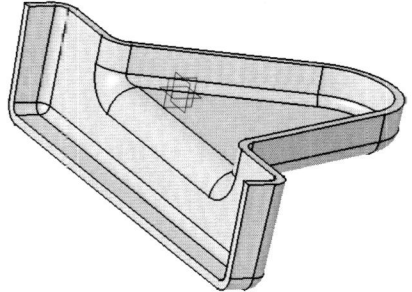

Gesamtkörper wieder aktivieren:

– Objekt „*PartBody*" mit MB3 selektieren: Define In Work Object:

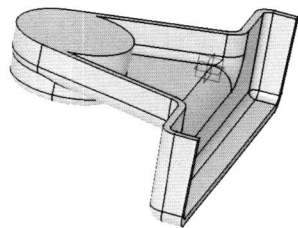

Rundung Zwischen Lageraufnahme und Grundkörper anbringen:

– Icon „*Edge Fillet*" 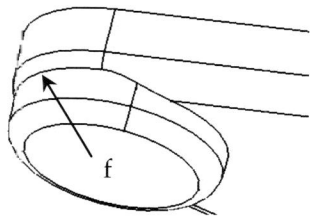 drücken
– Im Fenster „*Edge Fillet Definition*": Radius: 8 eingeben (Zeichnungsangabe)
– Umlaufende Kante „f" selektieren:

– Mit OK Rundungen erzeugen.

Bohrung für Lageraufnahme erzeugen:

– Kreisbogenförmige Kante und Bodenfläche der Lageraufnahme gemeinsam selektieren (<Strg> + MB1):

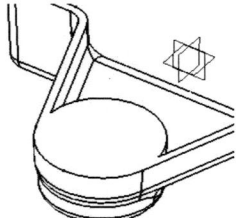

– Icon „*Hole*" 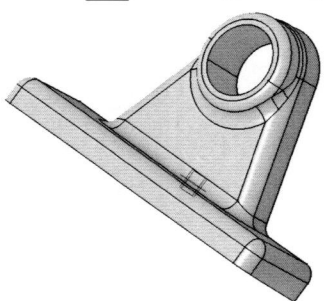 drücken
– Im Fenster „*Hole Definition*" Tiefenangabe im Register „*Extension*" auf Up To Last stellen
– *Diameter*: 40 (Zeichnungsangabe Schnitt A-A)
– Mit OK Bohrung erzeugen:

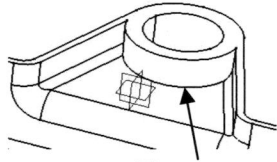

Kanten der Lageraufnahme an der Rückseite verrunden:

– Icon „*Edge Fillet*" drücken
– Kante selektieren:

– Radius: 4 (Zeichnungsangabe Schnitt A-A); mit OK abschließen.

Rundungsradius ändern

Abschließend soll der **Rundungsradius** der Kanten „a" von R8 auf die Zeichnungsangabe R20 geändert werden:

– Doppelklick auf das Objekt „*EdgeFillet.1*"

– Im erscheinenden Fenster *„Edge Fillet Definition"* Wert *„Radius"* auf „20″ ändern. Mit OK abschließen:

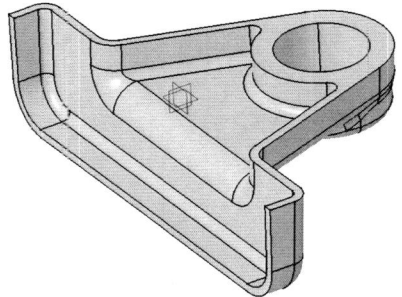

Teiledokument speichern

Dokument **abspeichern:** Icon *„Save"* 💾 drücken und Speicherort sowie Name für Dokument vergeben: Lagerbock.CATPart

9.2.4 Beispiel: Brennraumkern

Angabe

Zur Herstellung eines Zylinderkopfes wird ein Brennraumkern gebraucht. Dieser soll als Volumenmodell erzeugt werden und die Entformbarkeit in Z-Richtung muss geprüft werden.

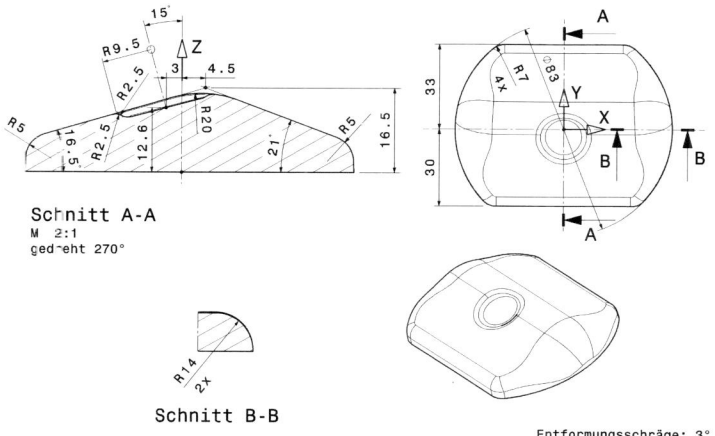

Vorgehensweise

Grundkörper erzeugen: Eine Hälfte des Grundrisses in XY-Ebene skizzieren:

– Icon *„Sketcher"* 🖊 drücken und XY-Ebene selektieren

- Icons für automatische Einschränkungserzeugung aktivieren: *„Geometrical"* und *„Dimensional Constraints"* ✎ 🔲 (Werkzeugleiste *„Sketch tools"*) sowie die gleichnamigen Icons der Werkzeugleiste *„Visualization"* ✎ 🔲

- Den Kreismittelpunkt mit dem Koordinatenursprung ausrichten

- Skizze bemaßen:

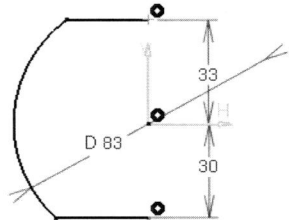

- Skizzengeometrie um die V-Achse spiegeln: Geometrie selektieren und Icon *„Symmetry"* 🔲 drücken; V-Achse selektieren

- *Sketcher* verlassen: Icon *„Exit Workbench"* 🔼 drücken

- Icon *„Pad"* 🔲 drücken

- Als Begrenzungsart des Blocks im Feld *„Type"* Dimension wählen

- *Length*: 20 (größer als die größte Höhe laut Zeichnungseintrag (= 16,5 im Schnitt A-A))

- Mit OK Block erzeugen

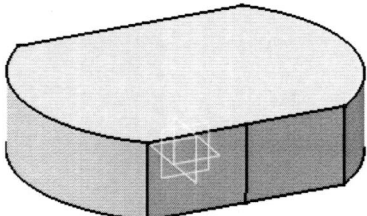

Dachschrägen durch Abziehen eines entsprechenden Körpers erzeugen:

- Icon *„Sketcher"* 🔲 drücken und YZ-Ebene selektieren

- Die Dachkontur gemäß Schnitt A-A zeichnen; dabei die Endpunkte der beiden Geraden mit einer Hilfsgeraden (Icon *„Construction/Standard Element"* 🔲) zusammenfallen lassen (mit *„Constraints Defined in Dialog Box"* 🔲), die normal auf die Dachkontur steht und durch eine Kante des Brennraumes geht. Dadurch ist gewährleistet, dass sich bei einer Änderung der Brennraumabmessung die beiden Geraden passend ändern:

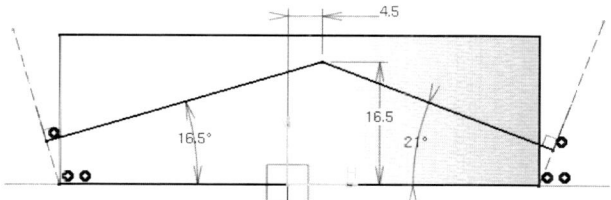

- *Sketcher* verlassen: Icon „*Exit Workbench*" 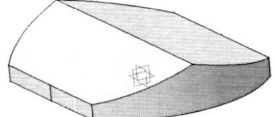 drücken
- Icon „*Pocket*" 🔲 selektieren:
- Im Fenster „*Pocket Definition*" die Parameter einstellen:
- Erste Tiefenausdehnung: *First Limit – Type*: |Up to last|
- Mit dem Schalter |More>>| das Fenster erweitern und die zweite Tiefenausdehnung eingeben: *Second Limit – Type*: |Up to Last|
- Den orangen Pfeil (Selektion Pfeil oder |Reverse Direction|) in die Richtung einstellen, wo Material entfernt werden soll. Mit |Preview| prüfen, ob das Ergebnis passt
- Mit |OK| Konstruktionselement fertig stellen:

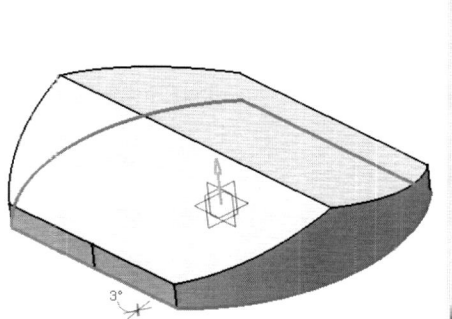

Entformungsschrägen anbringen:

- Icon „*Draft Angle*" 🔲 drücken
- Im Fenster „*Draft Definition*" den Schalter 🔳 „*Selection by neutral face*" aktivieren
- Das Eingabefeld „*Selection*" im Fensterbereich „*Neutral Element*" selektieren und darauf die ebene Bodenfläche des Brennraumkerns selektieren
- Die vorgeschlagene Ziehrichtung durch Selektion des orangen Pfeils so einstellen, dass sie in die positive Z-Richtung weist:

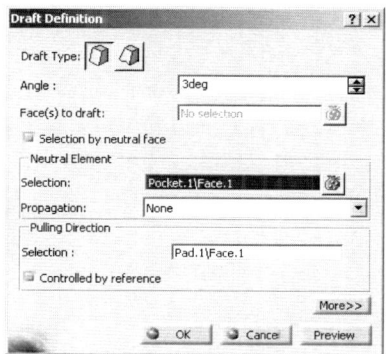

- Formschräge 3° eingeben (*Angle*)
- Mit OK Formschrägen erzeugen.

Dachkanten mit R20 verrunden: Zuerst Dachfirst verrunden:

- Icon „*Edge Fillet*" 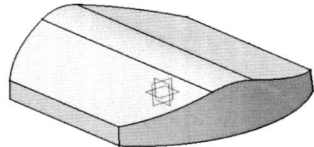 drücken
- Radius: 20 (Zeichnungsangabe aus Schnitt A-A)
- Dachfirst selektieren
- Mit OK Rundung erzeugen:

Die vier kurzen senkrechten Kanten mit R7 verrunden:

- Icon „*Edge Fillet*" 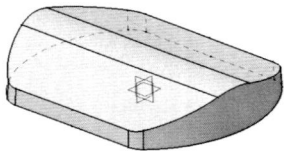 drücken
- *Radius*: 7 (Zeichnungsangabe aus Ansicht von oben)
- Die vier Kanten selektieren
- Mit OK Rundungen erzeugen:

Rundung mit variablem Radius

Restliche umlaufende Kante verrunden:

- Icon „*Variable Radius Fillet*" 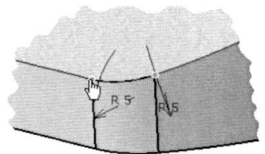 drücken
- Propagation: Tangency einstellen
- Einen Kantenabschnitt selektieren – das System wählt die gesamte umlaufende Kante aus
- Radius: 5. Durch Selektion von Endpunkten auf diesem Kantenzug die Stellen für definierte Radien festlegen: Das Eingabefeld „*Points*" selektieren und danach 12 Punkte im Grafikbereich wählen.

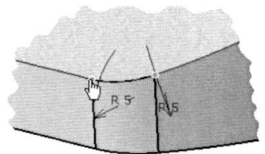

– Durch Doppelklick auf die Maßzahlen Radiuswerte für den Firstbereich gemäß Zeichnung (Schnitt C-C) im Feld „*Radius*" eingeben:

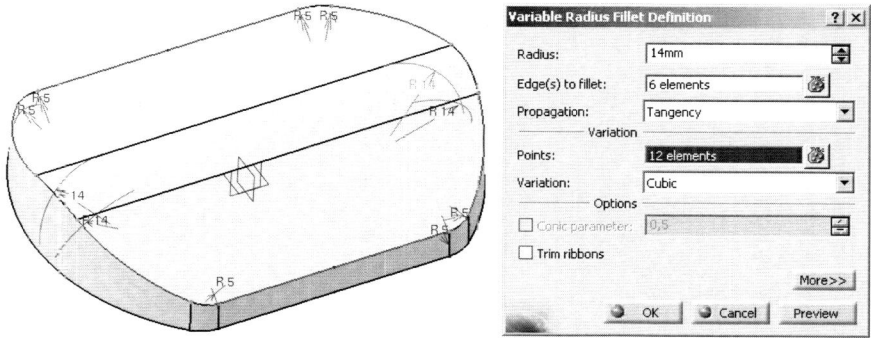

Mit OK Definition der Verrundungen abschließen:

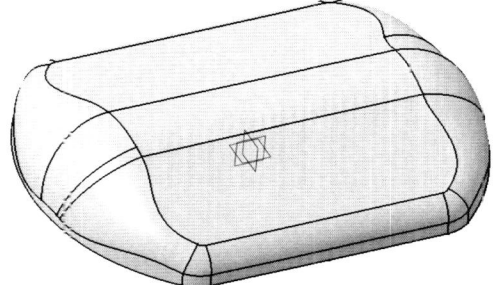

Butzen für Zündkerze zunächst als unabhängigen Körper **erzeugen** (Neuen Körper einfügen):

– Hauptmenü: Insert → Body :
Neuen Körper „*Body.2*" mittels Kontextmenü umbenennen: Properties → im Fenster „*Properties*" im Register „*Feature Properties*" Namen mit „Zündkerzenbutzen" überschreiben

– Icon „*Sketcher*" ⟋ drücken und YZ-Ebene selektieren

– Kontur des Butzens gemäß Schnitt A-A skizzieren, dabei mit der Drehachse beginnen und diese mit Icon „*Axis*" ⫶ erzeugen. Kontur bemaßen:

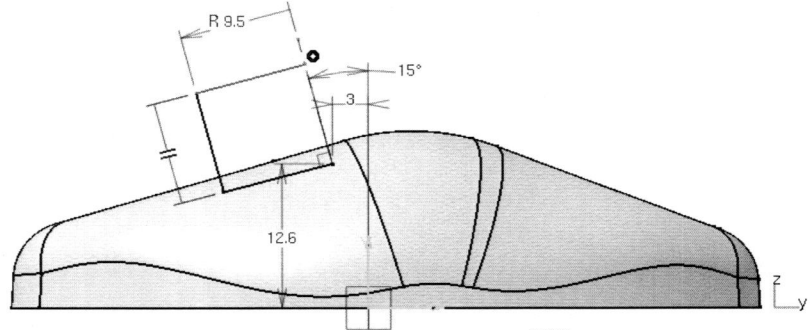

- *Sketcher* verlassen: Icon „*Exit Workbench*" drücken
- Icon „*Groove*" drücken
- Im Fenster „*Groove Definition*": *First angle*: 360 und *Second angle*: 0 eingeben
- Mit OK Butzen erzeugen; dieser ist, weil er noch ein eigenständiger Körper ist, nicht vom Brennraum abgezogen. Ein gelbes Minussymbol beim grünen Zahnrad weist auf die „Wirkung" dieses Körpers hin. Die boolesche Verknüpfung soll erst nach der Verrundung des Butzens erfolgen:

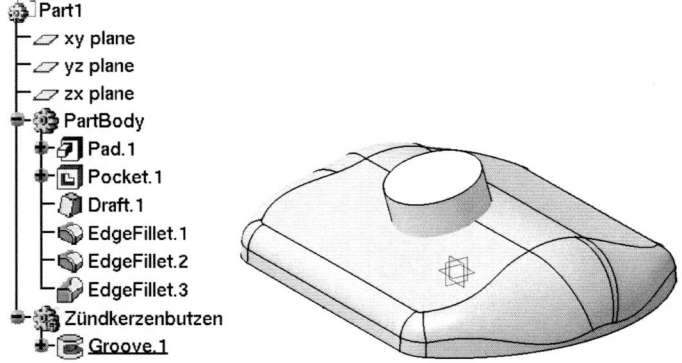

- Untere Butzenkante mit R2,5 verrunden:

  Zunächst „*PartBody*" ausblenden: Objekt selektieren und Icon „*Hide/Show*" drücken

- Icon „*Edge Fillet*" drücken
- Im Fenster „*Edge Fillet Definition*" *Radius*: 2,5 (Zeichnungsangabe in Schnitt A-A)
- Untere Kante des Butzens selektieren
- Mit OK Verrundung erzeugen:

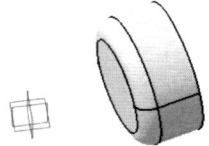

Zündkerzenbutzen aus dem Brennraum **ausschneiden** (zwei Körper verknüpfen):

- Zunächst „*PartBody*" einblenden: Objekt selektieren und Icon „*Hide/Show*" drücken
- Boolesche Verknüpfung erzeugen:
  - Icon „*Assemble*" ![icon] (Werkzeugleiste „*Boolean Operations*") drücken
  - Objekt „Zündkerzenbutzen" selektieren und Fenster „*Assemble*" mit OK bestätigen
  - Der Butzen wird vom Brennraum abgezogen, weil er ein Körper vom Typ „*Groove*" ist:

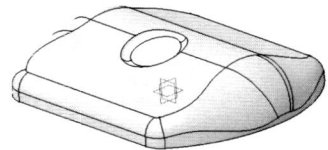

Entstandene Kante mit R2,5 verrunden:

- Icon „*Edge Fillet*" ![icon] drücken
- Im Fenster „*Edge Fillet Definition*" *Radius*: 2,5 (Zeichnungsangabe im Schnitt A-A)
- Kante zwischen Butzen und Brennraum selektieren
- *Propagation*: Tangency
- Mit OK Verrundung erzeugen:

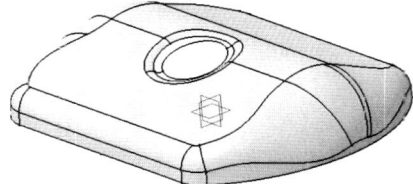

Dokument abspeichern:

- Icon „*Save*" ![icon] drücken und Speicherort sowie als Name des Dokuments „Brennraumkern" angeben

Kontrolle der Entformbarkeit durchführen:

- Farbwiedergabe auf „schattiert mit Material" stellen: ![icon] (Werkzeugleiste „*View*")

– Kompass auf die Bodenfläche des Brennraumkernes ziehen. Er gibt die Entformungsrichtung an

– Icon „*Draft Analysis*" ![icon] drücken (Werkzeugleiste „*Analysis*")

– Im erscheinenden Fenster „*Draft Analysis*" den Wert im grünen Bereich auf „3.0" (Zeichnungsangabe für Formschräge) ändern:

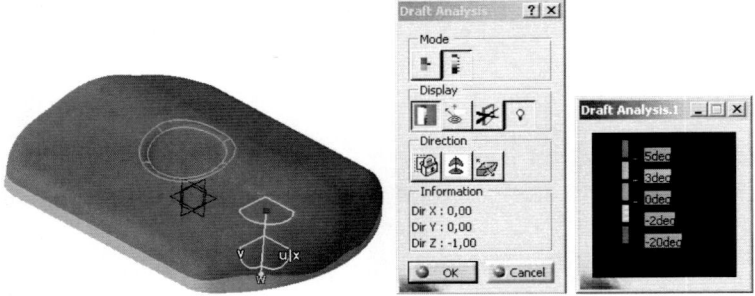

Die Oberfläche weist keine blauen oder gar roten Stellen auf, d.h. die Entformbarkeit entspricht der Zeichnungsangabe

– Mit OK das Fenster „*Draft Analysis*" schließen

– Das Objekt „*Draft Analysis.1*" im Strukturbaum (unter „*Free Form Analysis*") ausblenden, damit das Ergebnis der Analyse unsichtbar wird

– Der Kompass wird mit View → Reset Compass wieder in die Ausgangsstellung gebracht.

9.2.5   Beispiel: Zylinderkopf

Angabe

Der Brennraumkern aus Beispiel 9.2.4 soll für die Erstellung eines Zylinderkopfvolumenmodells herangezogen werden:

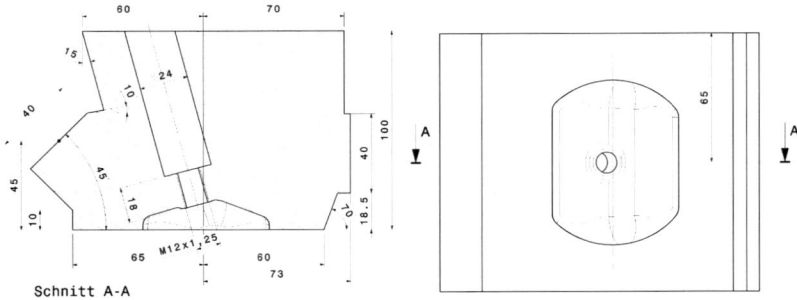

Schnitt A-A

Vorgehensweise

Zunächst wird der Grundkörper des Zylinderkopfes modelliert. Anschließend wird der Brennraumkern vom Grundkörper herausgeschnitten und abschließend wird die spanende Bearbeitung (Zündkerzenbohrung) koaxial zum Zündkerzen-butzen angebracht.

Erzeugen des Grundkörpers:

– In der Arbeitsumgebung „*Part Design*" den Hauptkörper „*PartBody*" mittels Kontextmenü umbenennen: Mit MB3 Objekt „*PartBody*" selektieren → Proper-ties → im Fenster „*Properties*" des Feld „*Feature Name*" im Register „*Feature Pro-perties*" mit *Grundkörper* überschreiben

– Aufriss der Außenform in der YZ-Ebene mittels „*Sketcher*" zeichnen:

– Icon „*Sketcher*" drücken und YZ-Ebene selektieren

– Aufriss gemäß Angabe skizzieren und bemaßen

Anm.: Der Punkt zur Bemaßung des Einlassflansches muss bei älteren Releases ein Hilfselement sein (Icon „*Construction/Standard Element*"), sonst ist beim Auf-rufen der Funktion „*Pad*" eine Fehlermeldung die Folge („Die selektierte Skizze enthält Punkte, die als Standardgeometrie definiert sind. ...").

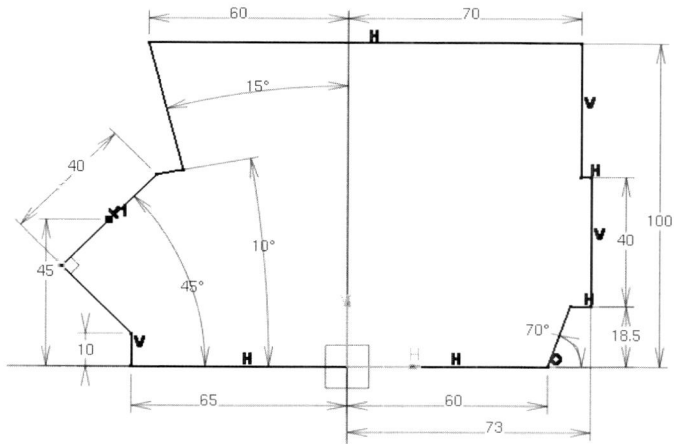

– Skizze mit Icon „*Exit Workbench*" verlassen

Block aus Skizze erzeugen

– Icon „*Pad*" drücken

– Im erscheinenden Fenster „*Pad Definition*" Schalter „*Mirrored extend*" aktivieren

– Als Begrenzung *Type*: Dimension mit *Length*: 65 eingeben

– Mit OK Grundkörper erzeugen:

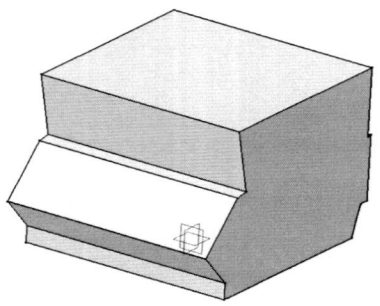

Teiledokument abspeichern:

- Icon *„Save"* 🖫 drücken und Speicherort sowie als Name des Dokuments „Zylinderkopf" angeben.

Brennraumkern in den **Zwischenspeicher laden** (Geometrie kopieren):

– Icon *„Open"* 📂 selektieren und Teiledokument „Brennraumkern" mit Doppelklick wählen

– Das Teiledokument „Brennraumkern" wird geöffnet

– Im Strukturbaum das Objekt *„PartBody"* mit MB3 selektieren → Copy

– Das Dokumentfenster „Brennraumkern" verkleinern: Erstes Icon der Fenstersteuerung drücken: ⎽ 🗗 ✕

Brennraumkern in das Dokument „Zylinderkopf" **einfügen** (Kopie aus dem Zwischenspeicher laden):

– Dokumentfenster „Zylinderkopf" evt. vergrößern: Mittleres Icon der Fenstersteuerung drücken: ⎽ 🗗 ✕

– Objekt „Part1" mit MB3 selektieren → Paste Special...

– Im erscheinenden Fenster *„Paste Special"* *AsResultWithLink* selektieren

– Mit OK Eingabe abschließen

– Den neuen Körper mittels Kontextmenü umbenennen:

– Objekt *„Body.2"* mit MB3 selektieren → Properties

– Im erscheinenden Fenster *„Properties"* das Feld *Feature Name* des Registers *„Feature Properties"* mit „Brennraumkern" überschreiben

– Mit OK Eingabe bestätigen

– Der Brennraumkern befindet sich nun als Referenzkörper im Dokument „Zylinderkopf":

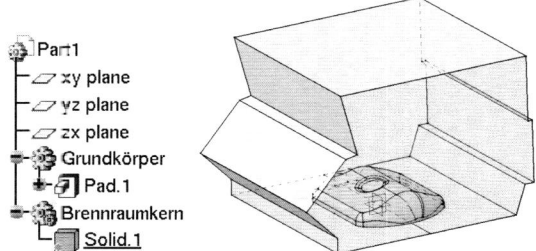

Den **Brennraumkern** aus dem Grundkörper **herausschneiden** (Boolesche Ver-knüpfung):

− Icon „*Remove*" ![icon] aus der Werkzeugleiste „*Boolean Operations*" drücken
− Objekt „Brennraumkern" selektieren
− Fenster „*Remove*" mit OK bestätigen:

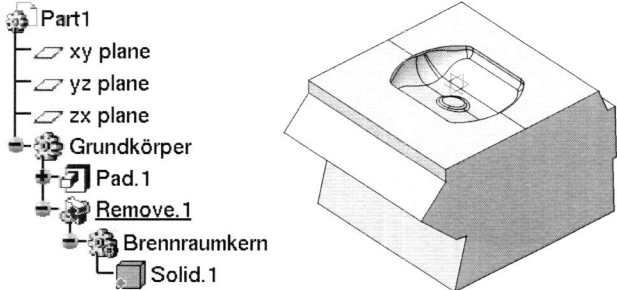

Spanende Bearbeitung erzeugen

Am rohen Gussteil die **Bohrung für die Zündkerze** anbringen:

− Icon „*Sketcher*" ![icon] drücken und YZ-Ebene selektieren
− Icon „*Cut Part by Sketch Plane*" ![icon] aktivieren
− Meridianschnitt der Bohrung gemäß Zeichnungsangabe skizieren. Dabei die
  Bohrungsachse über das Icon „*Project 3D Elements*" ![icon] darstellen: Icon drücken
  und Zündkerzenbutzen mit Mauszeiger überfahren bis Achse angezeigt wird
  (*Axis/Solid.1/Brennraumkern preselected*), dann MB1 drücken

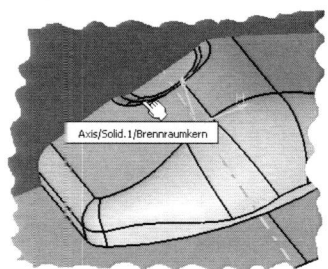

- Beim Gewinde den Kernlochdurchmesser für M12x1,25 (⌀ 10,647) zeichnen
- Die Endpunkte des Schnitts an den Bauteilflächen ausrichten: Elemente gemeinsam selektieren (MB1 + <Strg>) dann Icon *„Constraints Defined in Dialog Box"* 🔲 drücken. Im erscheinenden Fenster *„Constraint Definition"* Schalter *„Coincidence"* aktivieren:

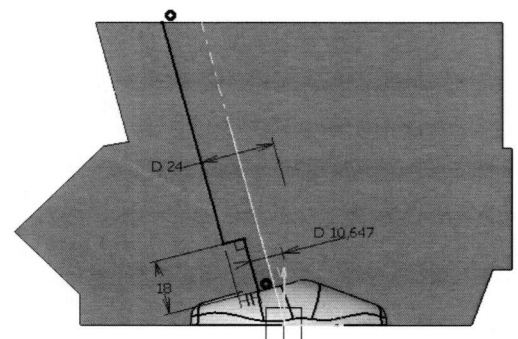

- Sketcher verlassen: Icon *„Exit workbench"* 📤 drücken
- Icon *„Groove"* 🅱 selektieren
- Im erscheinenden Fenster *„Groove Definition"* für die Begrenzungen der Rotation *First Angle*: 360 und *Second Angle*: 0 eingeben
- Mit OK Konstruktionselement erzeugen:

<u>Anm.:</u> Zur Verdeutlichung des Ergebnisses ist das Teil geschnitten dargestellt.

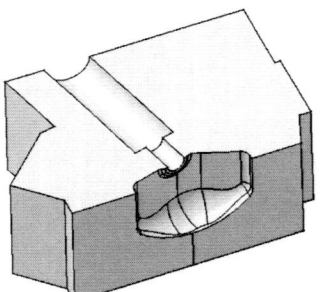

Gewinde darstellen

Gewinde M12 in der Zündkerzenbohrung erzeugen:

- Icon *„Thread/Tap"* ⊕ drücken
- Als *Lateral Face* Bohrungsfläche mit ⌀10,647 selektieren
- Als *Limit Face* Bodenfläche mit ⌀24 selektieren:

<u>Anm.:</u> Darstellung geschnitten

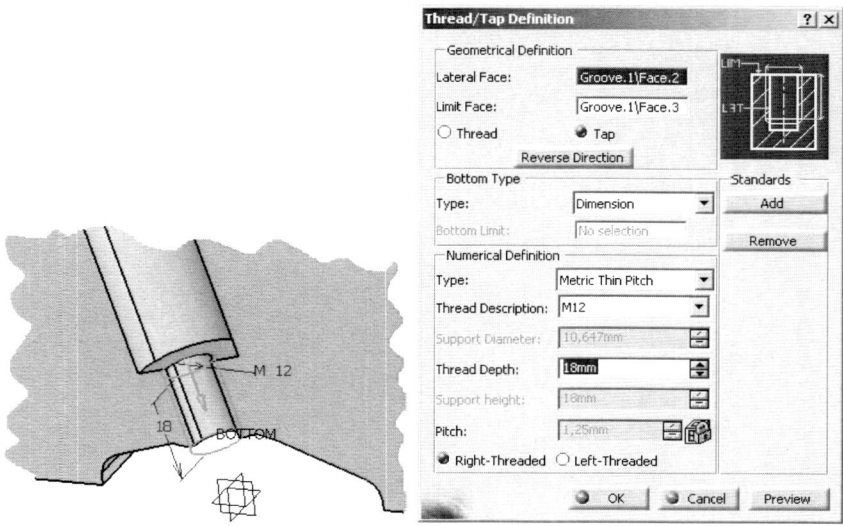

- Gewindetiefe *Thread Depth*: 18 eingeben
- Mit OK Gewinde erzeugen.

Bei einer **Änderung des Brennraumkernes** ändert sich der Zylinderkopf entsprechend (logische Abhängigkeit):

- Fenster des Teiledokuments „Brennraumkern" öffnen:
  Hauptmenü: Window → N.Brennraumkern
- Die zum Zündkerzenbutzen gehörende Skizze durch Doppelklick auf das Objekt *„Sketch.3"* öffnen
- In der Skizze das Tiefenmaß 12,6 durch Doppelklick auf die Maßzahl im erscheinenden Fenster *„Constraint Definition"* auf 10,5 ändern:

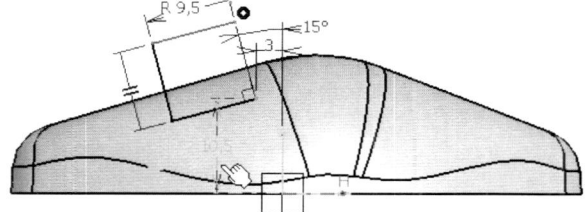

- Den Sketcher verlassen: Icon *„Exit Workbench"*
- Fenster des Teiledokuments „Zylinderkopf" öffnen:
  Hauptmenü: Window → N.Zylinderkopf
- Das Teil ist rot eingefärbt, es ist also nicht auf Letztstand und muss aktualisiert werden: Icon *„Update All"* drücken. Der Zylinderkopf wird aktualisiert, die Änderungen im Brennraumkern sind in das Gussteil eingeflossen:

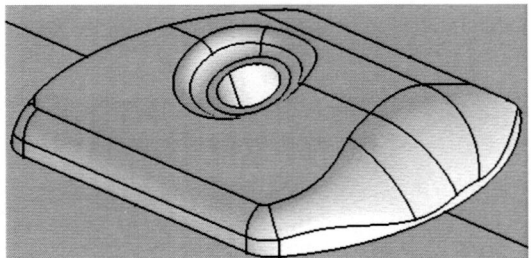

Anm.: Diese logische Abhängigkeit zwischen dem Brennraum und seiner Kopie „*Solid.1*" wird mit folgender Voreinstellung sichergestellt: |Tools| → |Options...|: *Infrastructure/Part Infrastructure, Register General: External References:* ▣ *Keep link with selected object.*

9.3   Beispiel zu Arbeitsumgebung „*Assembly Design*"

9.3.1   Beispiel: Komplexes Gussteil

Angabe

Dieses Gussteil soll analog zum realen Herstellprozess aus einem Kern und einer Außenform erzeugt werden.

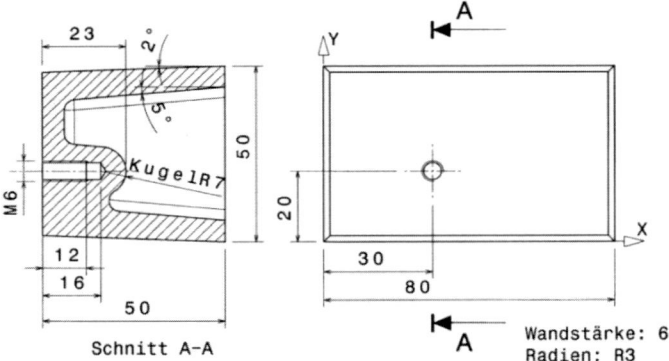

Schnitt A–A   Wandstärke: 6
                                                        Radien: R3

Vorgehensweise

Kern und Außenform werden als eigene Teiledokumente angelegt. Damit beide Modelle auf dieselbe Geometrie zugreifen können, wird diese Geometrie in einem weiteren Teiledokument, dem Skelettteil, festgelegt. Das gemeinsame Bearbeiten mehrerer Modelle ermöglicht die Arbeitsumgebung „*Assembly Design*".

Zunächst wird das Gussrohteil durch Entfernen des Kernes von der Außenform erzeugt. Dann wird die spanende Bearbeitung am Gussrohteil angebracht und so das Fertigteil definiert.

Geometrische Randbedingungen in einem **Skelettteil** festlegen:

– Leeres Teiledokument öffnen: Icon „*New*" ☐ drücken und als Type „*Part*" selektieren. Im Fenster „*New Part*" nichts anhaken.
   Mit OK Eingabe abschließen

– Mittels Kontextmenü die XY-Ebene in „Nullebene" umbenennen: Objekt „*xy plane*" mit MB3 selektieren: → Properties. Im erscheinenden Fenster „*Properties*" das Feld „*Feature Name*" im Register „*Feature Properties*" wunschgemäß überschreiben.
   Mit OK Eingabe abschließen

Zweite Ebene in Arbeitsumgebung „*Wireframe and Surface Design*" im Abstand von 50 mm von der Nullebene erzeugen:

– Icon „*Wireframe and Surface Design*" ☞ selektieren

– Icon „*Plane*" ▱ selektieren und im Fenster „*Plane Definition*" Option „*Offset from plane*" wählen; Nullebene selektieren

Anm.: Die Ebene kann auch in der Arbeitsumgebung „*Part Design*" erzeugt werden: Werkzeugleiste „*Reference Elements*"

– Ebene analog zu oben in „Deckebene" umbenennen

– Deckebene für Kern erzeugen: Ebene im Abstand – 6 mm von *Deckebene* definieren und *Kerndeckebene* nennen

– Bohrungsachse für Gewinde M6 erzeugen:

– Punkt (30/20) auf Deckebene erzeugen: Icon „*Point*" ▪ drücken

– Im Fenster „*Point Definition*" Option „*On plane*" wählen und die Deckebene selektieren

– H: 30 und V: 20 eingeben. Mit OK abschließen

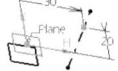

– Icon „*Line*" ⁄ selektieren

– Im Fenster „*Line Definition*" Option „*Normal to surface*" wählen

– Deckebene selektieren und danach Punkt (30/20) selektieren

– *Start*: -10 und *End*: 25 eingeben. Mit OK abschließen

– Achse in „Achse.1" umbenennen:

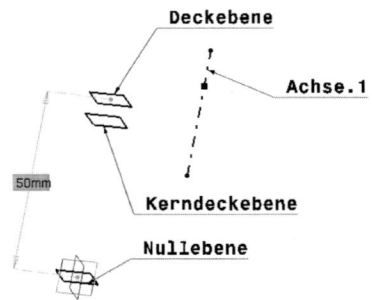

Dokument speichern

Dokument als „Gussteil_Skelett" speichern: Icon „*Save*" 🖫 drücken und Speicherort sowie Wunschname für Dokument vergeben.

Arbeitsumgebung „*Assembly Design*" aufrufen: Icon 🖳 drücken.

Skelettteil einbauen:

– Icon „*Existing Component*" 🔂 drücken und Objekt „*Product1*" selektieren
– Im Fenster „*Insert an Existing Component*" bzw. „*File Selection*" Teiledokument
  „Gussteil Skelett" selektieren und mit Open bzw. Öffnen abschließen

Komponente benennen:

– Objekt „*Part1*" mit MB3 selektieren: → Properties
– Im erscheinenden Fenster „*Properties*" das Feld „*Instance name*" im Register
  „*Product*" mit „Skelett" überschreiben
– Mit OK abschließen.

Neues, leeres Teil einbauen:

– Icon „*Part*" 🗗 drücken und Objekt „*Product1*" selektieren; im Fenster „*New
  Part: Origin Point*" die Frage mit No beantworten
– Komponente mit „Außenform" benennen.

Neues Teil bearbeiten:

• Doppelklick auf das Objekt des neuen Teiledokuments „*Part3*":

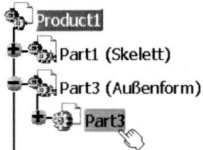

– Die Arbeitsumgebung „*Part Design*" wird geöffnet

— Teiledokument abspeichern und mit Namen versehen: Icon „*Save*" 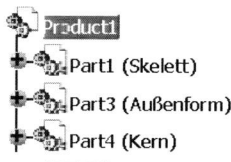 drücken und im Feld „*File name/Dateiname*" „Auszenform" eingeben.
Mit Save bzw. speichern abschließen und das folgende Warnfenster „*Save As*" mit Ja schließen

— Doppelklick auf Objekt „*Product1*" aktiviert wieder die Arbeitsumgebung „*Assembly Design*".

Noch ein **neues, leeres Teil** für den Kern **einbauen**:

— Vorgehensweise analog zu oben. Komponente und Teildokument „Kern" benennen

— Produktdokument abspeichern und mit Namen versehen: Icon „*Save*" 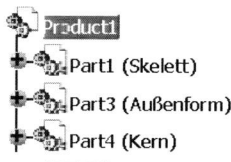 drücken und im Feld „*File name*" „Gussteil_erzeugen" eingeben.

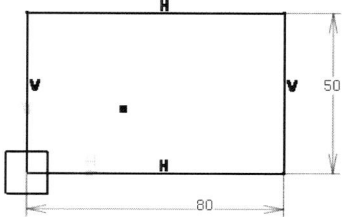

Mit Save abschließen.

Skelettteil bearbeiten:

— Zunächst Teiledokument durch Doppelklick auf das entsprechende Objekt „*Part.1*" öffnen

— In der Nullebene Grundriss der Außenform skizzieren:
Icon „*Sketcher*" 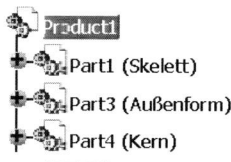 drücken und Nullebene selektieren:

— Grundriss gemäß Angabe skizzieren:

— *Sketcher* mittels Icon „*Exit Workbench*" 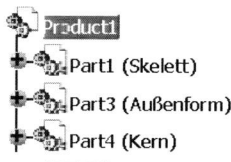 verlassen

— In der Nullebene Grundriss des Kerns skizzieren:

— Icon „*Sketcher*" 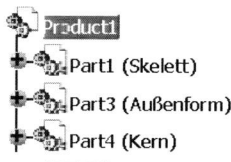 drücken und Nullebene selektieren

— Grundriss gemäß Angabe skizzieren

— Abstandsmaße zu Grundriss der Außenform untereinander gleichsetzen:

— Maß mit MB3 selektieren: Offset.16 object > → Edit Formula

– Ein anderes Abstandsmaß, z.B. „*Offset.10*" selektieren (dieses Maß wird somit das Bezugsmaß) und die Eingabe mit OK betätigen. Die beiden Maße werden also gleich gesetzt

– Denselben Vorgang für zwei weitere Maße wiederholen dabei immer dasselbe Bezugsmaß „*Offset.10*" selektieren:

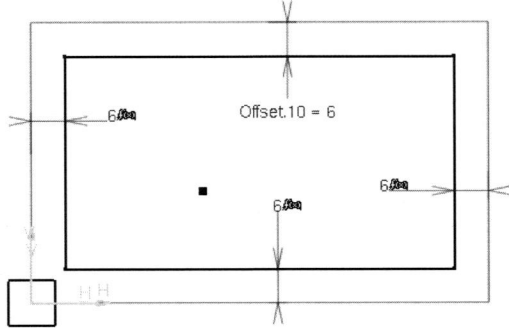

– *Sketcher* mittels Icon „*Exit Workbench*" ⬆ verlassen

– Änderungen speichern: Icon „*Save*" 💾 drücken.

Außenform bearbeiten:

– Zunächst Teiledokument durch Doppelklick auf das entsprechende Objekt öffnen

– Objekt „*PartBody*" mittels Kontextmenü (*Properties*) in „Auszenform" umbenennen

– Icon „*Pad*" 🗗 drücken und die Skizze des Außenformgrundrisses selektieren:

– Als Art der Begrenzung im Fensterbereich „*First Limit*" *Type*: Up to plane einstellen

– Ebene „Deckebene" (aus der Komponente „Gussteil Skelett") selektieren

– Körper mit OK erzeugen:

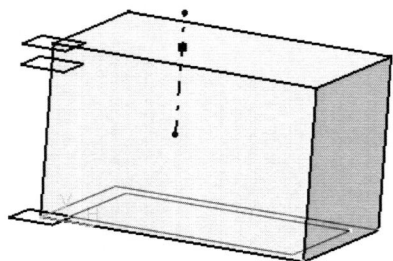

Formschrägen anbringen:

– Icon „*Draft Angle*" 🗊 drücken

- Im Fenster „*Draft Definition*" Angle: 2 für Formschräge eingeben
- Schalter „*Selection by neutral face*" aktivieren und die Bauteilfläche, die in der Nullebene liegt, selektieren
- Die Orientierung der Ziehrichtung durch Selektion des orangen Pfeils einstellen: Sie muss in die positive Z-Richtung weisen
- Mit OK Formschrägen erzeugen:

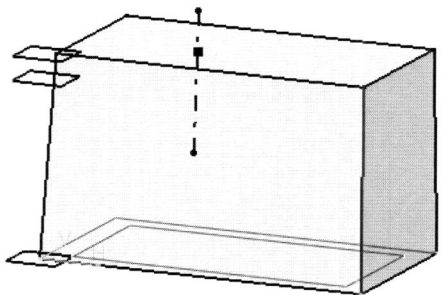

- Änderungen speichern: Icon „*Save*" 🖫 drücken. Das Hinweisfenster mit OK bestätigen.

Kern bearbeiten:

- Zunächst Teiledokument durch Doppelklick auf das entsprechende Objekt öffnen
- Objekt „*PartBody*" mittels Kontextmenü (*Properties*) in „Kern" umbenennen
- Icon „*Pad*" 🗗 drücken und die Skizze des Kerngrundrisses (im Skelettteil) selektieren
- Als Art der Begrenzung im Fensterbereich „*First Limit*" Type: Up to plane einstellen
- Im Feld „*Limit*" Ebene „Kerndeckebene" selektieren:

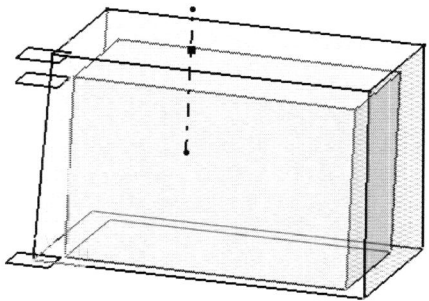

Anm.: Zur Verdeutlichung des Ergebnisses ist die Außenform transparent dargestellt.
- Körper mit OK erzeugen

Formschrägen anbringen: Analog zu Teil „Außenform" vorgehen, jedoch Formschräge „5°" eingeben:

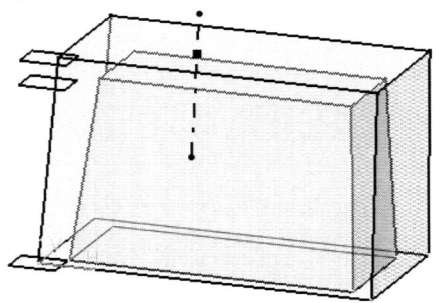

Butzen für Gewindebohrung erzeugen:

– Skelettteil durch Doppelklick auf das entsprechende Objekt öffnen

– Eine Ebene erzeugen, die die Gerade „Achse.1" enthält und parallel zu ZX-Ebene liegt:

– Icon „*Plane*" (in der Werkzeugleiste „*Reference Elements*") selektieren und im Fenster „*Plane Definiton*" Option Angle/Normal to plane einstellen:
Rotation axis: Achse.1
Reference: ZX-Ebene
Angle: 0
Mit OK Ebene erzeugen

– Icon „*Sketcher*" ⬛ drücken und erzeugte Ebene selektieren

– Icon „*Cut Part by Sketch Plane*" 🗾 aktivieren

– Halbschnitt des Butzens zeichnen und Geometrie mit der Achse „Achse.1" und der Begrenzungsebene des Kerns „Kerndeckebene" ausrichten (vgl. Beispiel 9.2.2 bei „Unteren Kolbenbereich aushöhlen"):

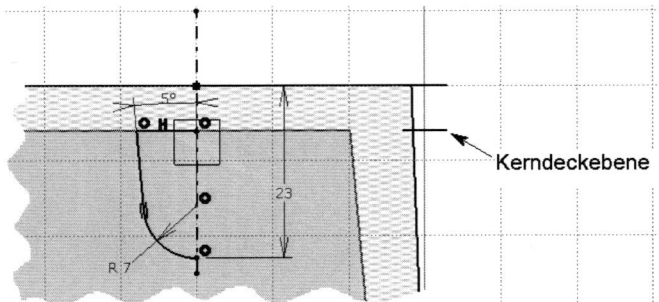

– *Sketcher* mit Icon „*Exit Workbench*" 📤 verlassen

– Teiledokument „Kern" durch Doppelklick auf das entsprechende Objekt öffnen

– Icon „*Groove*" 🛢 drücken

– Skizze des Butzens selektieren
– Im Fensterbereich „*Axis*" Feld „*Selection*" selektieren und danach „Achse.1" wählen. Mit OK Butzen fertig stellen:

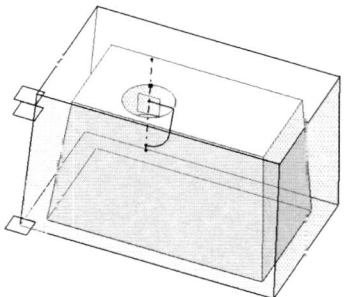

Verrundungen erzeugen:

– Icon „*Edge Fillet*" ![icon] drücken und kreisförmige Kante am oberen Butzenrand selektieren
– Im Fenster „*Edge Fillet Definition*" Radius: 3 eingeben
– Mit OK Verrundung erzeugen:

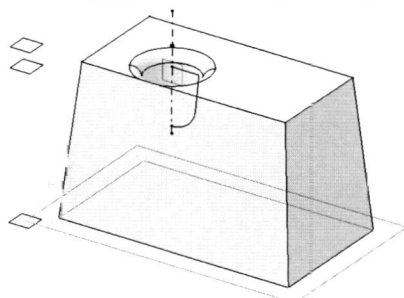

Anm.: Zur Verdeutlichung des Ergebnisses ist die Außenform nicht dargestellt.

– Icon „*Edge Fillet*" ![icon] drücken und die obere Fläche sowie die vier schrägen Kanten des Kerns selektieren
– Im Fenster „*Edge Fillet Definition*" Radius: 3 eingeben
– Mit OK Verrundungen erzeugen:

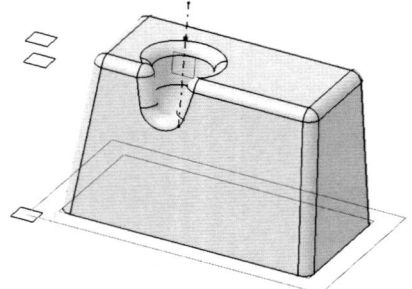

– Änderungen speichern: Icon *„Save"* drücken

Dokument speichern

– Objekt *„Product1"* durch Doppelklick als aktuelles festlegen
– Dokument speichern: Icon *„Save"* drücken.

Teiledokument „Auszenform" öffnen:

– Durch Doppelklick auf das entsprechende Objekt die Datei „Auszenform" zur aktuellen erklären
– Den Hauptkörper der Außenform im Zwischenspeicher ablegen: Objekt „Außenform" (war *„PartBody"*) mit MB3 selektieren → Copy.

Neues Teiledokument erzeugen:

– Icon *„New"* drücken und als Type *„Part"* selektieren. Mit OK Eingabe abschließen

Körper aus dem Zwischenspeicher holen

– Im Hauptmenü: Edit → Paste Special...
– Im Fenster *„Paste Special" AsResultWithLink* selektieren
– Mit OK Einfügen aus dem Zwischenspeicher durchführen:

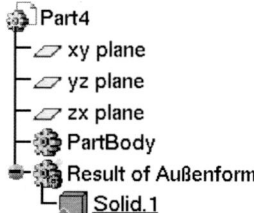

Teiledokument „Kern" öffnen:

– Über das Hauptmenü in das Fenster „Gussteil erzeugen" wechseln. Window → N.Gussteil er..Product. Das Fenster wird aktivert

- Durch Doppelklick auf das entsprechende Objekt die Datei „Kern" zur aktuellen erklären
- Den Hauptkörper im Zwischenspeicher ablegen:
  Objekt „Kern" (war „*PartBody*") mit MB3 selektieren → Copy.

Fenster des neuen Teiledokuments öffnen:

- Hauptmenü: Window → Part4 selektieren
- Im Hauptmenü: Edit → Paste Special...
- Im Fenster „*Paste Special*" AsResultWithLink selektieren
- Mit OK Einfügen aus dem Zwischenspeicher durchführen:

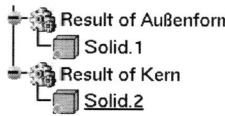

Kerngeometrie von der Außenform entfernen:

- Objekt „*Result of Außenform*" mittels Kontextmenü zum aktuellen erklären:
  Objekt mit MB3 selektieren → Define in Work Object
- Icon „*Remove*" 🔧 (aus der Werkzeugleiste „*Boolean Operations*") drücken
- Körper „*Result of Kern*" selektieren
- Boolesche Verknüpfung mit OK im Fenster „*Remove*" durchführen:

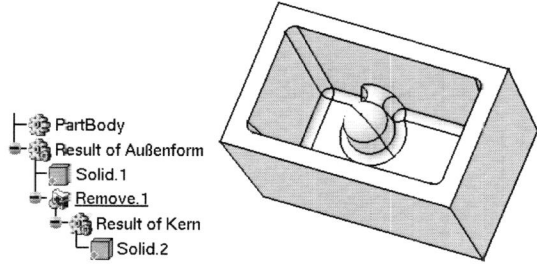

Teiledokument speichern:

- Icon „*Save*" 💾 drücken und im Fenster „*Save As*" Name „Gussteil_roh" eingeben. Mit Save speichern; erscheinendes Fenster „*Save*" mit OK schließen.

Hauptkörper im Zwischenspeicher ablegen:

- Objekt „*Result of Auszenform*" mit MB3 selektieren → Copy.

Fertigteil erzeugen, d.h. Gussteil spanend bearbeiten:

Datei Fertigteil erzeugen

– Neues Teiledokument erzeugen: Icon „*New*" ⬜ drücken und als Type „*Part*"
  selektieren.
  Mit OK Eingabe abschließen
– Im Hauptmenü: Edit → Paste Special...
– Im Fenster „*Paste Special*" *AsResultWithLink* selektieren
– Mit OK Einfügen aus dem Zwischenspeicher durchführen:

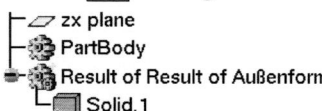

– Teiledokument speichern: Icon „*Save*" 💾 drücken und im Fenster „*Save As*"
  Name „Gussteil_fertig" eingeben
– Mit Save speichern; erscheinendes Fenster „*Save*" mit OK schließen

Neues Produkt erzeugen

– Arbeitsumgebung „*Assembly Design*" aufrufen: Icon 🔩 drücken
– Teil „Gussteil_Skelett" als bestehendes Teil einbauen
– Teil „Gussteil_fertig" als bestehendes Teil einbauen; Komponente als „Fertig-
  teil" benennen:

Gewindebohrung M6 erzeugen:

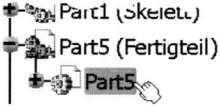

– Teiledokument „Fertigteil" durch Doppelklick auf das Objekt „*Part5*" öffnen
– Körper „*Result of Result of Auszenform*" zum aktuellen erklären:
  Objekt mit MB3 selektieren → Define In Work Object
– Icon „*Hole*" 🔳 drücken
– Die obere Fläche der Komponente „Fertigteil" selektieren
– Im Fenster „*Hole Definition*" im Register „*Thread Definition*" Gewinde M6 mit 12
  Gewindetiefe (*Thread Depth*) und 16 Kernlochtiefe (*Hole Depth*) einstellen.

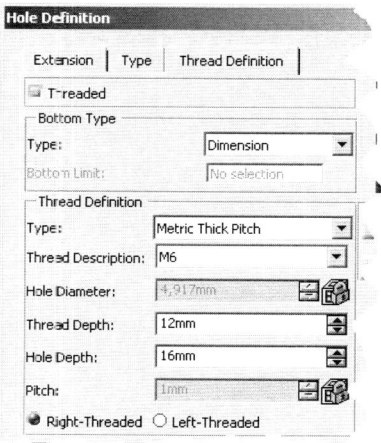

— Im Register „*Extension*" Fensterbereich „*Bottom*" V-Bottom einstellen.
  Bohrung mit OK erzeugen

Bohrung mit der Geraden „Achse.1" aus dem Skelettteil ausrichten

— Skizze „*Sketch*.4" unterhalb des Objekts „*Hole*.1" durch Doppelklick editieren
— Einsetzpunkt der Bohrung (*) und „Achse.1" gemeinsam selektieren (<Strg> +
  MB1):

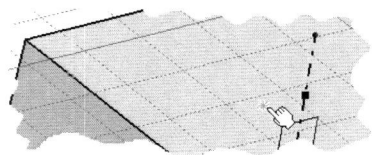

— Icon „*Constraints Defined in Dialog Box*" 🖳 drücken und Button „*Coincidence*"
  aktivieren
— Skizze mit Icon „*Exit Workbench*" 🔼 verlassen:

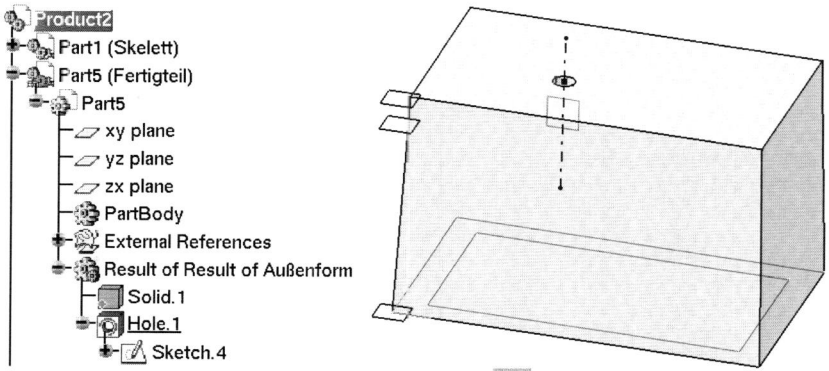

— Teiledokument speichern: Icon „*Save*" 💾 drücken.

Produktdatei speichern

Produktdokument durch Doppelklick auf das Objekt „*Product2*" aktivieren.

– Produktdokument speichern Icon „*Save*" 💾 drücken und im Fenster „*Save As*"
  Name „Gussteil_bearbeiten" eingeben
– Mit Save speichern; erscheinendes Fenster „*Save*" mit OK abschließen.
– Folgende Dateien wurden im Zuge dieser Konstruktion erzeugt:

Name ▲	Größe
Auszenform.CATPart	76 KB
Gussteil_bearbeiten.CATProduct	19 KB
Gussteil_erzeugen.CATProduct	22 KB
Gussteil_fertig.CATPart	275 KB
Gussteil_roh.CATPart	250 KB
Gussteil_Skelett.CATPart	344 KB
Kern.CATPart	270 KB

Von den Modellen (Außenform, Kern) und vom Gussteil roh sowie bearbeitet
können eigenständige Zeichnungen abgeleitet werden.

9.3.2   Beispiel: Kugellager

Im folgenden Beispiel soll aus einer zweidimensionalen Entwurfsskizze 3D-
Geometrie erzeugt werden. Diese Entwurfsskizze steuert die von ihr abghängige
Geometrie wie ein Skelettteil. Die Konstruktion wird in der Arbeitsumgebung „*Assembly Design*" vorgenommen. Grundsätzlich könnte diese Methode aber auch in
einem einzigen Teiledokument angewandt werden und statt Teilen (*components*)
würden Körper (*bodies*) zum Einsatz kommen.

1. Produktdokument anlegen. Durch das Aufrufen der Arbeitsumgebung wird ein
Produkt-Dokument angelegt: Icon ⚙.

2. Leeres Teil einbauen. Icon „*Part*" 🗐 drücken und im Strukturbaum das
Stammobjekt „*Product1*" selektieren. Das neu hinzugefügte Objekt „Part1" mit
MB3 selektieren und über Properties das gleichnamige Fenster aufrufen. Darin im
Register „*Product*" die Bezeichnung (*Instance Name*) zu „Entwurf" und die Teile-
nummer (*Part Number*) zu „1" ändern.

3. Entwurfsskizze erzeugen. Doppelklick auf das Dokument-Objekt der Komponente „Entwurf" öffnet dieses Teiledokument in der Arbeitsumgebung „*Part Design*".

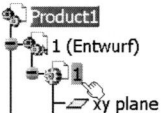

Über das Hauptmenü ein geometrisches Set einbauen: $\boxed{\text{Insert}}$ → $\boxed{\text{Geometrical Set...}}$. Dieses umbenennen in „Entwurf".

Eine Skizze auf der xy-Ebene erzeugen: 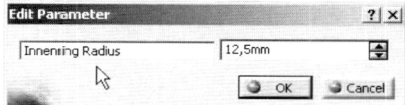 und den Entwurf konstruieren: Ein Lager sitzt in einem Gehäuse, wird durch einen Deckel darin gehalten und stützt eine Welle. Die Wellenachse wird als Standardelement gezeichnet und als Achse (Icon ┊). Die Achse ermöglicht die Bemaßung von Durchmessern, ist aber außerhalb der Skizze weder zu sehen noch zu selektieren.

Die Parameter, die in Folge benutzt werden sollen, werden umbenannt, damit sie leichter erkannt werden können: MB3 auf das Durchmessermaß des Innenrings $\boxed{\text{Offset.N object}}$ > → $\boxed{\text{Rename Parameter}}$ → Fenster „Edit Parameter" erscheint. Darin den vollständigen Systemnamen wunschgemäß überschreiben:

Edit Parameter

| Innenring Radius | 12,5mm |
| | OK   Cancel |

Ebenso den Außenringradius und den Kugelradius benennen. Parameter werden vorteilhaft da eingesetzt, wo bestimmte Werte mehr als einmal benutzt werden, z.B. Wandstärke, Achsabstand, Bohrungsdurchmesser, ...

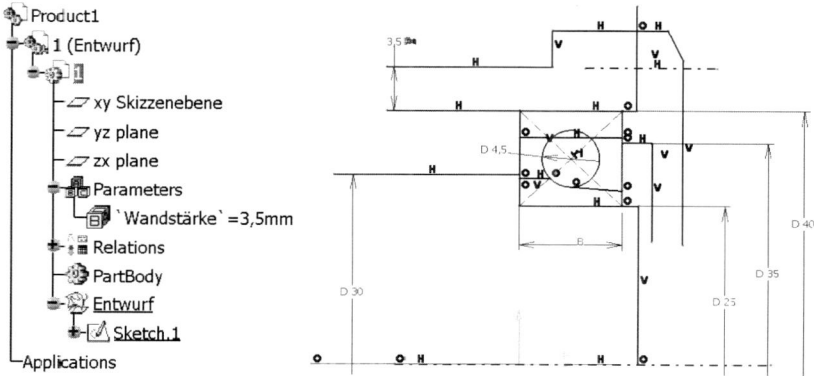

Die Skizze verlassen: ⤴. Die Hauptebenen ausblenden und die Datei speichern: 💾. Im Fenster „Save As" einen eigenen Ordner für das Kugellager anlegen und diese Datei als „Entwurf_Lagerung" abspeichern.

4. Innenring als neues Teil erzeugen. Doppelklick auf das Objekt „Product1" aktiviert die Arbeitsumgebung „Assembly Design". Zunächst wie unter 2) leeres Teil einbauen. Die Frage nach der Position des Koordinatenursprungs im Fenster „New Part: Origin Point" mit $\boxed{\text{Nein}}$ beantworten. Die neue Komponente umbenennen in „Innenring" mit Teilenummer 2.

Dieses Teiledokument mit Doppelklick auf das Dokumentobjekt „2" wie unter 3) aktivieren.

Skizze auf xy-Ebene erzeugen: 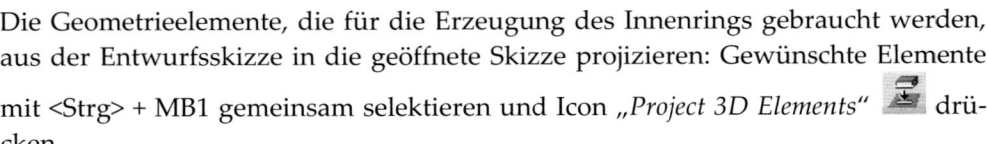 .

Die Geometrieelemente, die für die Erzeugung des Innenrings gebraucht werden, aus der Entwurfsskizze in die geöffnete Skizze projizieren: Gewünschte Elemente mit <Strg> + MB1 gemeinsam selektieren und Icon „*Project 3D Elements*" 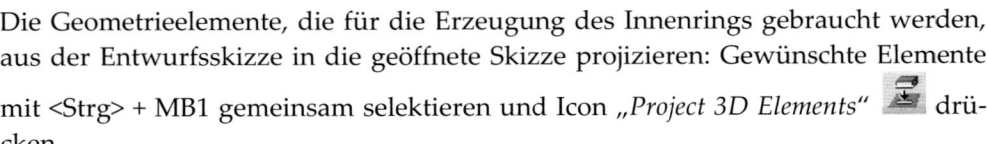 drücken.

Die Elemente werden in die Skizze projiziert und als abhängige Elemente gelb dargestellt:

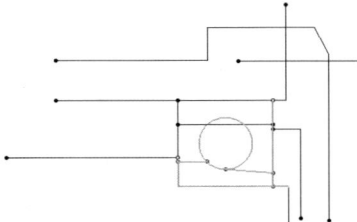

Für die Rotation der Geometrie um eine Achse muss diese noch aufbereitet werden – die Kontur muss eindeutig sein.

Nicht benötigte Geometriebereiche werden am elegantesten mit *Quick Trim* (Werkzeugleiste „*Operation*") beseitigt: Doppelklick auf das Icon und sämtliche Kurventeile nacheinander selektieren, die entfernt werden sollen. Beenden des Dauermodus mit erneutem Selektieren des Icons.

Skizze verlassen: .

Im Strukturbaum der Datei ist das Objekt „*External References*" hinzugekommen, das auf die Verwendung der externen Skizzengeometrie hinweist.

Icon „*Shaft*" drücken und als Rotationsachse die Achse in der Entwurfsskizze selektieren:

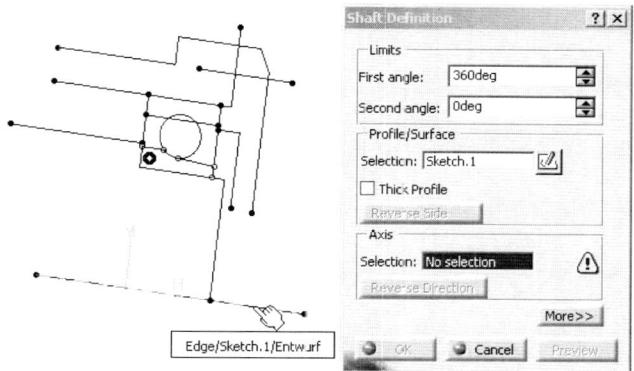

Mit OK Innenring erzeugen.

Die Innenkanten des Rings mit R 0,5 verrunden: *Edge Fillet* . Der Innenring ist damit fertig. Hauptebenen ausblenden, Farbe des Körpers ändern und Datei abspeichern: . Denselben Speicherort wie oben unter 3) benutzen und die Datei „Kugellager_Innenring" taufen. Den Hinweis im Fenster „*Save As*", dass weitere, logisch abhängige Dokumente separat gespeichert werden müssen, mit Ja bestätigen.

5. Außenring als neues Teil erzeugen. Doppelklick auf das Objekt „*Product1*" aktiviert die Arbeitsumgebung „*Assembly Design*". Wie unter 4) leeres Teil einbauen. Die neue Komponente umbenennen in „Außenring" mit Teilenummer 3.

Dieses Teiledokument mit Doppelklick auf das Dokumentobjekt „3" wie unter 3) aktivieren.

Skizze auf xy-Ebene erzeugen: . Weiteres Vorgehen wie unter 4) beim Innenring, nur diesmal die entsprechende Konturen für den Außenring selektieren und aufbereiten:

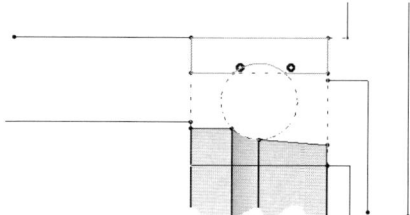

Der Außenring wird ebenfalls als Welle (*Shaft*) erzeugt:

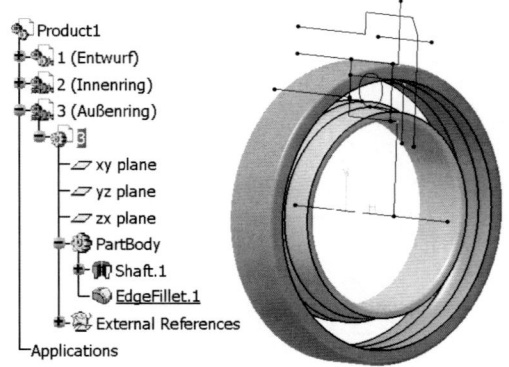

Die beiden Außenkanten mit R 0,5 verrunden. Vor dem Speichern die Hauptebenen ausblenden und die Farbe des Körpers ändern. 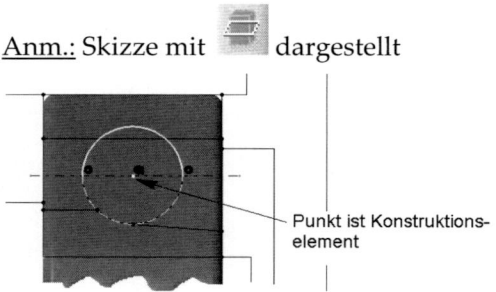 Name der Datei: Kugellager_Auszenring.

6. Kugeln als neues Teil erzeugen. Doppelklick auf das Objekt „*Product1*" aktiviert die Arbeitsumgebung „*Assembly Design*". Wie unter 4) leeres Teil einbauen. Die neue Komponente umbenennen in „Kugeln" mit Teilenummer 4.

Dieses Teiledokument mit Doppelklick auf das Dokumentobjekt „4" wie unter 3) aktivieren.

Skizze auf xy-Ebene erzeugen: . Einen Punkt in der Skizze erzeugen und diesen auf den Kreismittelpunkt der Entwurfsskizze ausrichten: Punkt und Kreis gemeinsam (<Strg> + MB1) selektieren und „*Constraints Defined in Dialog Box*" drücken. Im Fenster „*Constraint Definition*" *Concentricity* aktivieren. Eine horizontale Achse durch diesen Punkt zeichnen: . Den Kreis wie oben unter 4) in die Skizzenebene projizieren und eine Hälfte entfernen: . Der Punkt muss Hilfsgeometrie sein, wechseln mit (Punkt darf nicht als + dargestellt sein, sondern als •).

<u>Anm.:</u> Skizze mit dargestellt

Punkt ist Konstruktions-
element

Skizze verlassen und Kugel als Welle erzeugen: . Die übrigen Kugeln werden über ein radiales Muster erzeugt: Icon *„Circular Pattern"* drücken und als Referenzelement (*Reference element*) die Achse der Entwurfsskizze selektieren. *Parameters: Complete crown.* Für die Anzahl der Exemplare (Instances) wird eine Formel verwendet, damit unabhängig vom Lagerdurchmesser immer seitlich Luft zwischen den Kugeln ist. Das Eingabefeld *„Instance(s)"* mit MB3 selektieren und Edit Formula... aufrufen.

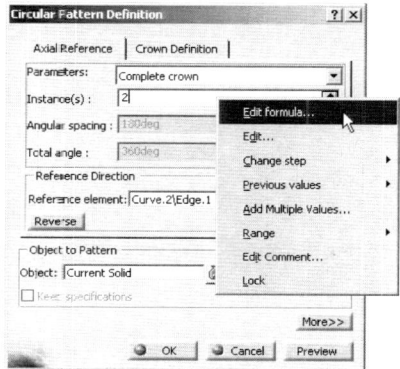

Das Fenster *„Formula Editor"* erscheint. Die Entwurfsskizze selektieren, wodurch deren Parameter im Fenster *„External parameter selection"* aufgelistet werden. Der Filter *„Renamed parameters"* zeigt nur die umbenannten Parameter:

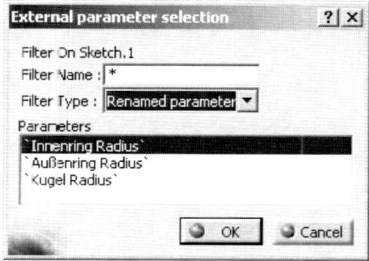

Durch Selektion einer Zeile wird der entsprechende Parameter ausgewählt und in die Gleichungszeile des Formel Editors eingetragen. Folgende Gleichung erstellen:

Anzahl = int((Außenring Radius + Innenring Radius)*PI/(2*Kugel Radius)) − 3

Es bleibt also immer eine Lücke von 3 Kugeln am Umfang. Bei der Suche nach Konstanten (*Constant: PI*, Kreiskonstante) und mathematischen Operanden (*Math: int...* liefert ganzzahligen Wert) hilft die Spalte *„Dictionary"*:

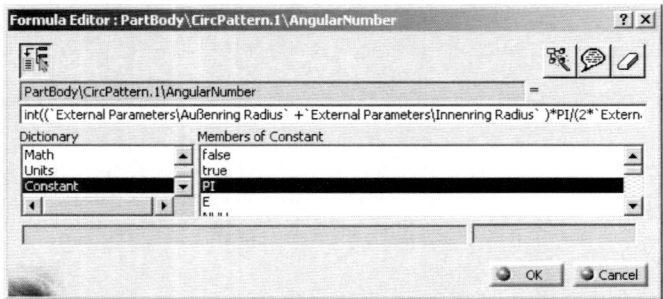

Formel Editor mit OK schließen, ebenso die Musterdefinition.

Die Datei kann nun wie die übrigen aufbereitet (Hauptebenen ausblenden, Körper einfärben) und gespeichert werden. Name: Kugellager_Kugeln.

7. Baugruppe speichern. Nun kann die gesamte Baugruppe gespeichert werden: Doppelklick auf das Objekt *„Product1"* , die Komponente „Entwurf" ausblenden und mit 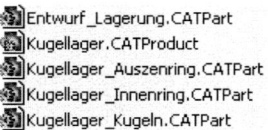 speichern. Im Fenster *„Save As"* Name „Kugellager" vergeben:

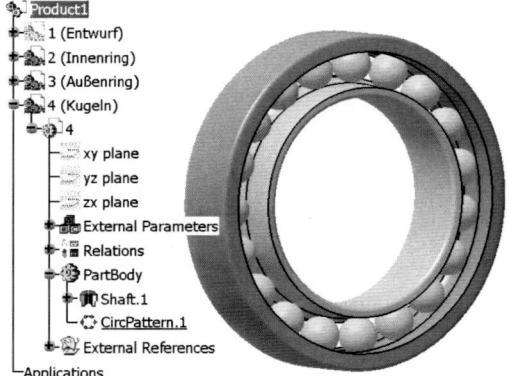

Will man das Lager verändern, braucht man bloß in der Entwurfsskizze die entsprechenden Maßänderungen vornehmen.

Im gewählten Verzeichnis befinden sich nun folgende Dateien:

Entwurf_Lagerung.CATPart
Kugellager.CATProduct
Kugellager_Auszenring.CATPart
Kugellager_Innenring.CATPart
Kugellager_Kugeln.CATPart

Von diesem Lager lässt sich auch eine normgerechte Zeichnung ableiten, wenn die Komponente „Kugeln" im Produktdokument folgende Eigenschaft zugewiesen bekommt: Objekt „Kugeln" mit MB3 selektieren und Properties wählen. Im Fenster *„Properties"* Register *„Drafting"* öffnen und ☐ *Do not cut in section views* aktivieren. Die Kugeln werden in einer Schnittdarstellung nicht geschnitten dargestellt:

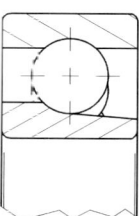

9.4 Beispiel zu Arbeitsumgebung „*DMU Kinematics*"

9.4.1 Beispiel: Vorderradaufhängung

Angabe

Die Teile einer Radaufhängung sollen zu einem Kinematikmodell zusammengebaut und die Radbewegung beim Einfedern soll animiert werden:

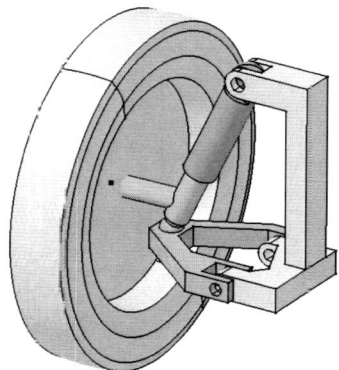

Folgende Bauteile liegen als Teiledokumente vor:

− Schwenkarm:

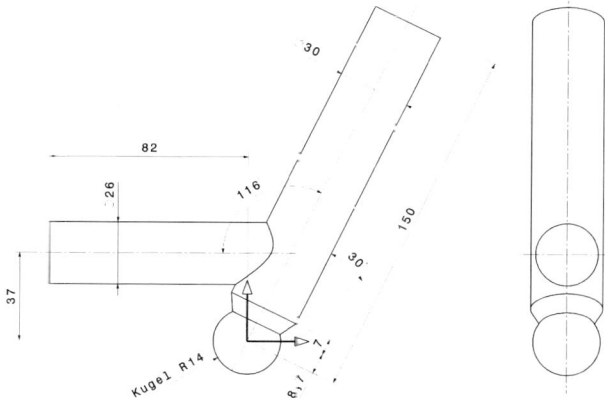

— Führung:

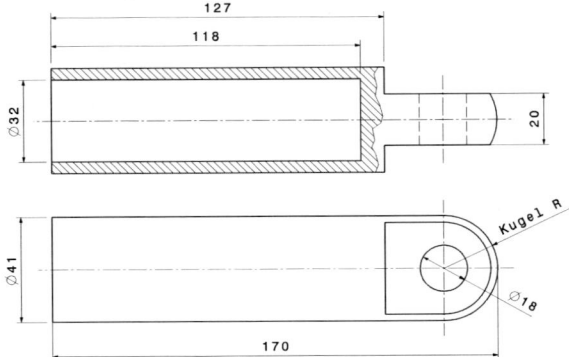

— Rahmen:

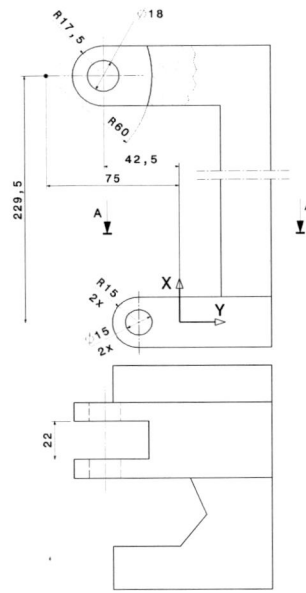

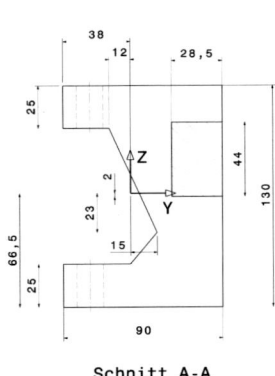

Schnitt A-A

— Querlenker:

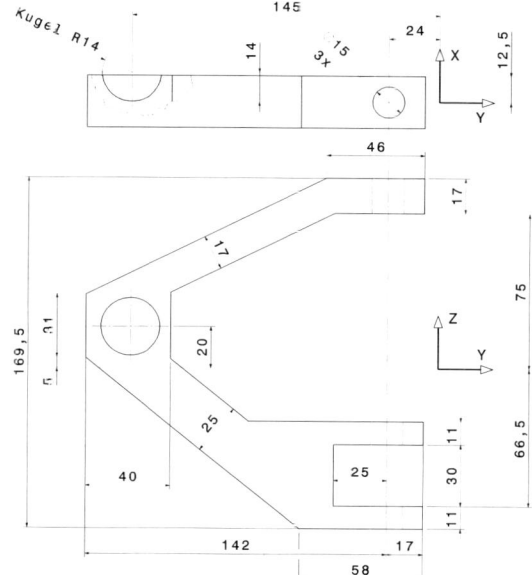

Vorgehensweise

— Arbeitsumgebung „*Assembly Design*" starten: Icon „*Assembly Design Workbench*" drücken

Komponente einbauen

— Teil „Rahmen" einbauen: Icon „*Existing Component*" drücken, im Struktur-baum Objekt „*Product1*" selektieren und im erscheinenden Fenster „*Insert an Existing Component*" bzw. „*File selection*" die Datei „Rahmen.CATPArt" selektieren.
Mit Open bzw. Öffner abschließen.

Anm.: Im Fenster„*Insert an Existing Component*" bzw. „*File selection*" darauf achten, dass der Filter „*Files of type*" bzw. Dateityp auf „*Parts (*.CATPart)*" oder „*All Files (*.*)*" gestellt ist.

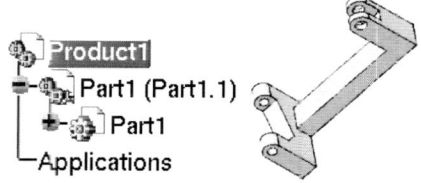

- Mit dem Kontextmenü (MB3 auf Objekt *„Part1(Part1.1)"* →*Properties*) diese Komponente in „Rahmen" umbenennen
- Ebenso alle weiteren Teile als Komponenten von *„Product1"* einbauen und mit entsprechenden Namen versehen:

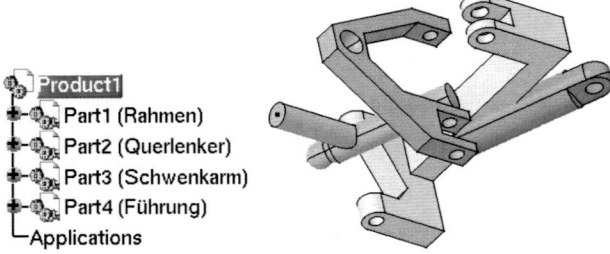

- Arbeitsumgebung *„DMU Kinematics"* starten: Icon *„DMU Kinematics"* ![icon] selektieren bzw. Start → Digital Mockup > → DM<u>U</u> Kinematics

Gestell festlegen

- Die Komponente Rahmen wird als feststehendes Teil definiert: Icon *„Fixed Part"* ![icon] drücken
- Im erscheinenden Fenster *„New Fixed Part"* Schalter New Mechanism drücken und den Systemvorschlag *„Mechanism.1"* mit OK bestätigen.
  Im Strukturbaum das Objekt „Rahmen" oder im Grafikbereich das Teil „Rahmen" selektieren. Der Rahmen wird mit dem Anker-Symbol versehen und ist nun das Gestell des Mechanismus

Gelenk definieren

- Drehgelenk zwischen Rahmen und Querlenker definieren: Icon *„Revolute Joint"* ![icon] drücken. Das Fenster *„Joint Creation: Revolute"* erscheint. In der Reihenfolge der Selektionszeilen von oben nach unten die entsprechenden Geometrieelemente von Rahmen und Querlenker selektieren:
  1. Achse des Rahmens.

<u>Anm.:</u> Zur Selektion einer Achse mit dem Mauszeiger die zugehörige zylindrische Fläche überfahren. Dadurch wird die Achse sichtbar und kann mit MB1 selektiert werden.

  2. Achse des Querlenkers
  3. Äußere Anlagefläche des Rahmens
  4. Innere Anlagefläche des Querlenkers

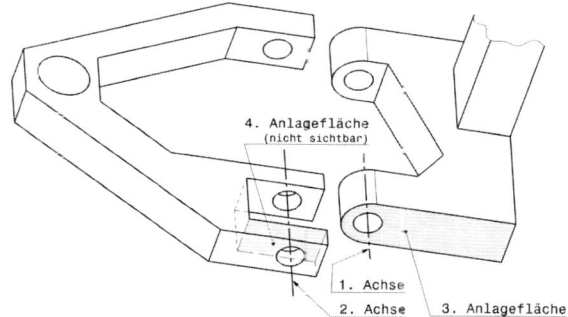

Schalter „*Null Offset*" aktivieren.

Diesen Angaben mit $\boxed{\text{OK}}$ beenden. Die beiden Teile nehmen eine dem Gelenk entsprechende Stellung ein:

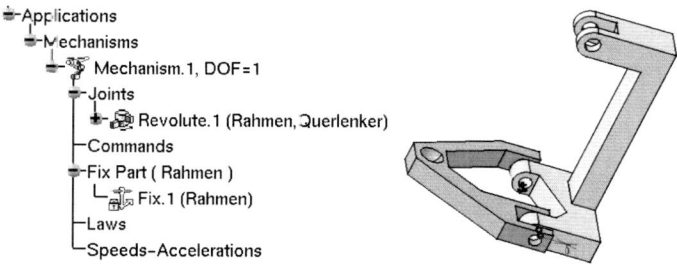

— Führung mit Rahmen über Drehschubgelenk verbinden: Icon „*Cylindrical Joint*"
selektieren. Das Fenster „*Joint Creation: Cylindrical*" erscheint. Die obere Bohrungsachse des Rahmens und die Bohrungsachse der Führung selektieren. Mit $\boxed{\text{OK}}$ die Definition des Gelenks abschließen:

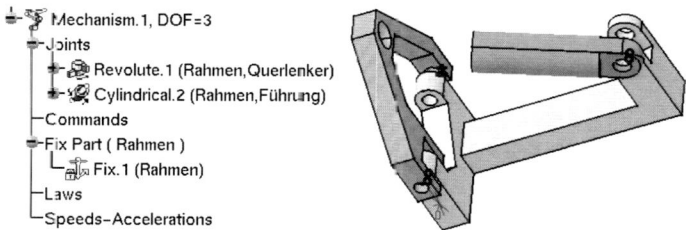

— Zwischen Führung und Schwenkarm ein Drehschubgelenk festlegen: Icon „*Cylindrical Joint*" selektieren. Das Fenster „*Joint Creation: Cylindrical*" erscheint. Die Hülsensachse der Führung und die entsprechende Achse des Schwenkarms selektieren. Mit $\boxed{\text{OK}}$ die Festlegung abschließen:

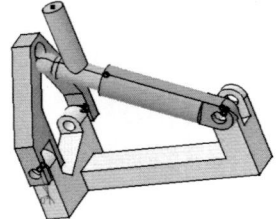

- Der Kugelkopf des Schwenkarms wird mittels Kugelgelenk mit dem Querlenker verbunden: Icon *„Spherical Joint"* drücken. Das Fenster *„Joint Creation: Spherical"* erscheint. Die Kugelmittelpunkte der beiden Gelenkswirkflächen selektieren.

<u>Anm.:</u> Die Kugelmittelpunkte werden analog zu Achsen selektiert, siehe oben.

Mit OK die Gelenksdefinition abschließen:

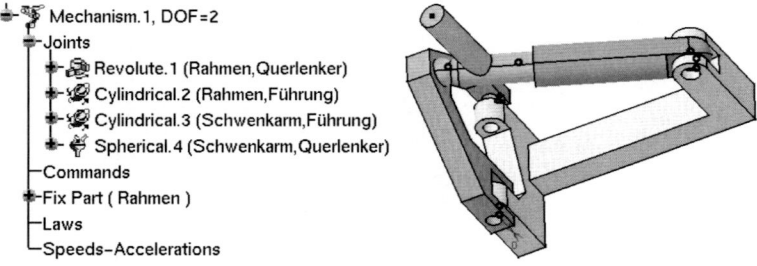

Radhubbewegung steuern

Die Radaufhängung ist somit fertig definiert. Zur Steuerung der Einfederbewegung des Rades kann vorteilhaft eine Ebene definiert werden, deren vertikale Bewegung die Radachse mitbewegt. Zwischen dieser Ebene und der Radachse wird ein Punkt-Flächen-Gelenk eingeführt. Zwischen dem Rahmen (= Gestell) und dieser Ebene steuert ein Schubgelenk die Lage der Ebene:

- Die Komponente „Rahmen" aktivieren: Im Strukturbaum Doppelklick auf das Objekt *„Part1"*. Die Arbeitsumgebung *„Part Design"* wird geöffnet

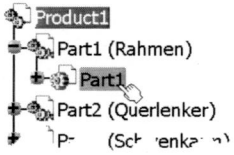

- In der Arbeitsumgebung *„Wireframe and Surface Design"* ( ) eine Gerade für das Schubgelenk im Teiledokument „Rahmen" parallel zur X-Richtung im Koordinatenursprung zeichnen:

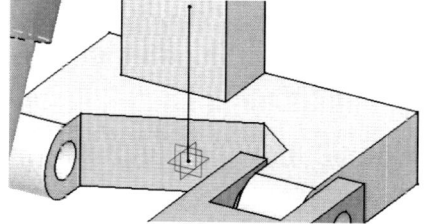

- Die Komponente „Schwenkarm" aktivieren: Im Strukturbaum Doppelklick auf das Objekt 🔧 „*Part3*"
- Für das Punkt-Flächen-Gelenk wird ein Punkt gebraucht. Dieser Punkt wird auf der Radachse erzeugt:

Neue Komponente erzeugen

- Die Ebene zur Steuerung der Hubbewegung der Radachse muss in einer eigenen, unabhängigen Komponente festgelegt werden. Es wird also ein neues Teil gebraucht
- Neues, leeres Teil einbauen: In der Arbeitsumgebung „*Assembly Design*" Icon „*Part*" 🔧 drücken. Im Strukturbaum Objekt „*Product1*" selektieren. Die Frage im erscheinenden Fenster „*New Part: Origin Point*" mit No beantworten
- Die Komponente in „Aufstandsfläche" umbenennen
- Die neue Komponente aktivieren: Im Strukturbaum Doppelklick auf das Objekt 🔧 „*Part5*". Die Arbeitsumgebung „*Wireframe and Surface Design*" wird geöffnet
- Eine ebene Fläche parallel zur Rahmenaufstandsebene und durch der Radachsenpunkt erzeugen. Beispielsweise durch Translation (Icon „*Extrude*" 📐) einer Geraden, die parallel zur Y-Richtung und durch diesen Punkt verläuft:

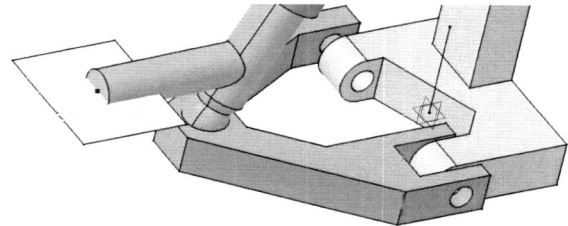

- Für das Schubgelenk Rahmen/Fläche wird noch eine zweite Gerade gebraucht. Die zweite Gerade für das Schubgelenk im Teiledokument „Aufstandsflaeche" an der selben Stelle wie jene im Dokument „Rahmen" zeichnen

- Neues Teil speichern: Icon „Save" 🖫 drücken. Im erscheinenden Fenster „Save As" Speicherort und Dateiname „Aufstandsflaeche" festlegen. Ein Warnfenster weist darauf hin, dass die einzelnen Teiledokumente von dieser Speicherung nicht erfasst werden, also getrennt gespeichert werden müssen. Diesen Hinweis mit OK beenden. Mit Save Speicherung durchführen

- Gesamtprodukt „Product1" aktivieren: Doppelklick auf Objekt „Product1". Arbeitsumgebung „DMU Kinematics" aufsuchen: Icon „DMU Kinematics" 🔾 selektieren

- Punkt-Flächen-Gelenk zwischen Aufstandsfläche und Radachsenpunkt erzeugen: Icon „Point Surface Joint" 🌂 drücken. Das Fenster „Joint Creation: Point Surface" erscheint. Fläche im Teil „Aufstandsflaeche" und Punkt im Teil „Schwenkarm" selektieren. Eingaben mit OK abschließen

Schubgelenk erzeugen

- Zur Steuerung der Höhe der Aufstandsfläche wird ein Schubgelenk zwischen Rahmen und Fläche eingeführt: Icon „Prismatic Joint" 🎛 drücken. Das Fenster „Joint Creation: Prismatic" erscheint.

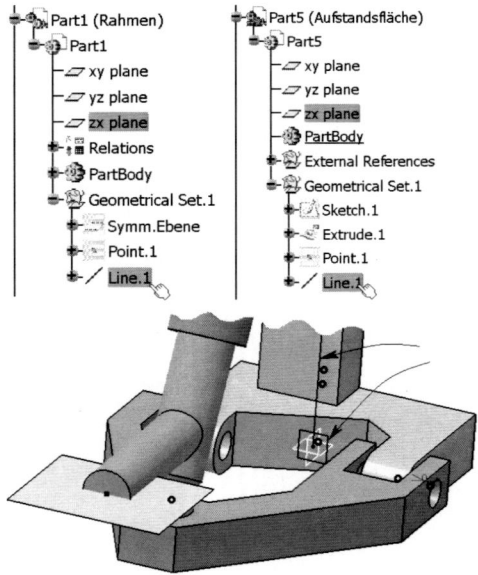

Die beiden Geraden (Line.1, ~.2) am besten im Strukturbaum bei den Teiledokumenten „Rahmen" und „Aufstandflaeche" selektieren. Ebenso die beiden Ebenen

(Plane 1, ~2) „*zx plane*" selektieren.

Mit OK das Gelenk erzeugen Der gesamte Mechanismus weist nun den Freiheits-grad „2" auf. Im Strukturbaum: DOF (*degree of freedom*)=2:

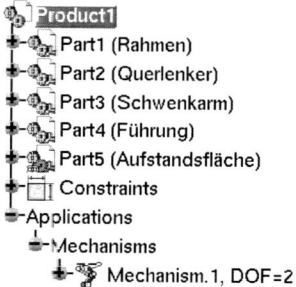

Befehle definieren

— Zum Animieren des Mechanismus fehlen noch die den Freiheitsgraden ent-sprechenden Befehle. Beim Drehschubgelenk zwischen Schenkarm und Füh-rung soll der Drehwinkel steuernd sein: Ein Doppelklick im Strukturbaum auf das Objekt „*Cylindrical.3*" (Führung, Schwenkarm) öffnet das Fenster „*Joint Edition: Cylindrical.3*". Darin wird der Schalter „*Angle driven*" aktiviert. Der erste Befehl ist also ein Winkel:

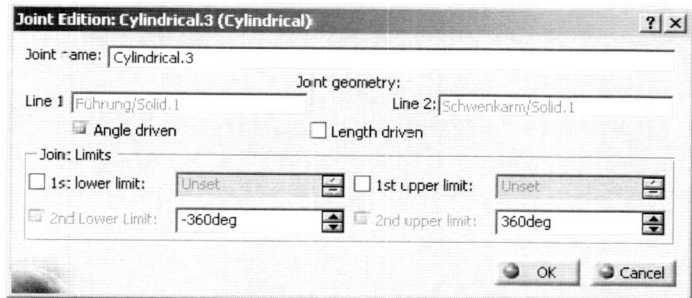

Mit OK wird das Fenster geschlossen

— Die Hubbewegung der Radachse wird über die Bewegung der Aufstandsfläche gesteuert. Ein Doppelklick im Strukturbaum auf das Objekt „*Prismatic.6*" (Rahmen, Aufstandsfläche) öffnet das Fenster „*Joint Edition: Prismatic.6*". Darin wird der Schalter „*Length driven*" aktiviert. Der zweite Befehl ist also eine Län-genangabe:

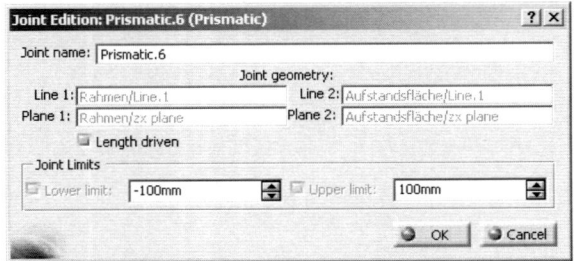

Mit OK wird das Fenster geschlossen

– Ein Informationsfenster weist darauf hin, dass der Mechanismus nun animiert werden kann. Dieses Fenster mit OK schließen

Simulation starten

– Icon „*Simulate With Commands*" ⚙ drücken. Das Fenster „*Kinematic Simulation-Mechanism.1*" erscheint:

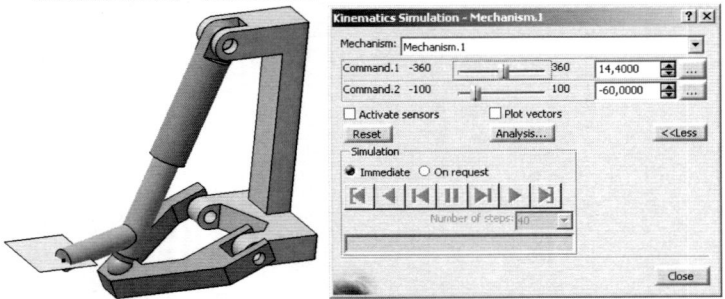

Wird darin der Schalter „*Immediate*" aktiviert, kann mit den beiden Schiebereglern „*Command.1*" (=Winkel) und „*Command.2*" (=Länge) sogleich die Bewegung erzwungen werden. Es können in den Feldern neben den Schiebereglern auch direkt Zahlenwerte eingegeben werden (mit <enter> abschließen). So soll der Radhub von –25 bis + 25 mm untersucht werden:

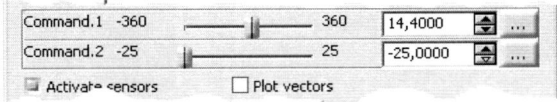

Animation

– Im Fenster „*Kinematic Simulation-Mechanism.1*" Schalter „*On request*" aktivieren. Im Feld des *Commands.2* Wert „50" eingeben; im Feld „*Number of steps*": „20" und den Schalter „*Play Forward*" ▶ drücken. Der Radaufstandspunkt bewegt sich entsprechend der Vorgabe vom Stand des Schiebereglers auf 50 mm und dabei bewegen sich die übrigen Glieder des Mechanismus entsprechend ihrer Freiheitsgrade mit. Der Rahmen als Gestell bleibt in Ruhe. Mit dem Schalter „*Play Back*" ◀ fährt die Aufstandsfläche wieder in die Ursprungslage zurück.

Werte aufzeichnen

- Der Schalter „*Activate Sensors*" ermöglicht bei einer Bewegung die Winkel- und Längenänderungen anderer Gelenke aufzuzeichnen. Der Schalter wird aktiviert und das Fenster „*Sensors*" erscheint. Darin wird im Register „*Selection*" die Größe aktiviert (= Zeile selektiert), die aufgezeichnet werden soll. In der Spalte „*Observed*" steht nun „*Yes*" in der Zeile des gewählten Werts bzw. der gewählten Werte:

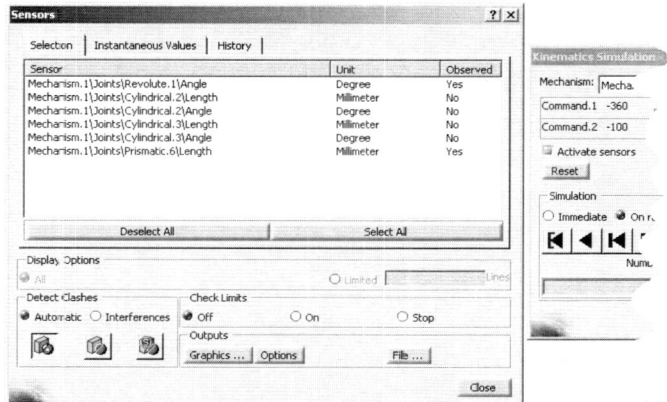

Eine Simulation wie oben durchlaufen lassen, d.h. Wert in Befehlsfeld eingeben und Icon ▶ drücken. Eine Simulation läuft ab, was man zumindest am Laufbalken im Fenster „*Kinematic Simulation*" erkennen kann.

- Im Fensterbereich „*Detect Clashes*" können Kollisionskennzeichnungen ausgewählt werden.

- Drückt man nun auf den Schalter Graphics... des Fensters „*Sensors*", erhält man einen Graph mit den selektierten Werten. Bei einer Hubbewegung von –25 bis + 25 mm ändert sich der Winkel zwischen Querlenker und Rahmen z.B. nach folgendem Verlauf (Gelenk: *Revolute.1 \ Angle*):

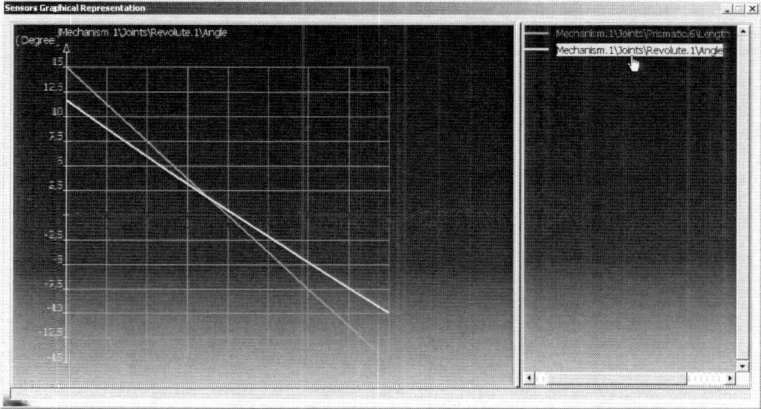

Im Fenster „*Sensors Graphical Representation*" gibt es ein Kontextmenü und auch die Maussteuerung zum Zoomen und Verschieben funktioniert. Werden mehrere Kurven dargestellt, kann die Abszisse durch Selektion im rechten Fensterteil zur Kurve gehörig angezeigt werden. Durch Doppelklick auf eine Kurve kann deren Darstellung geändert werden. Das Fenster wird mit dem Kontextmenü oder dessen Fenstersteuerung geschlossen: 🗙.

Der Schalter Options ermöglicht Abszissen- und Ordinatenwerte des Graphen einzustellen: ● *Customized*, Add → Wertepaare zusammenstellen

— Diese Werte werden gespeichert, so dass weitere Simulationen auf der Abszisse hinzugefügt werden. Will man aufgezeichnete Werte jedoch löschen, drückt man im Register „*History*", wo die Wertepaare aufgelistet stehen, den Schalter Clear

Wertepaare speichern

— Der Schalter File... öffnet das Fenster „*Save As*" und ermöglicht so die Wertepaare des Registers „*History*" in einem Textfile (*.txt) oder einem Excelfile (*.xls) in einem beliebigen Verzeichnis abzuspeichern:

	A	B	C	D
1	Event Number	Commands Value	Mechanism.1\Joints\Revolute.1\Angle(Degree)	Mechanism.1\Joints\Prismatic.6\Length(Millimeter)
2	0	14,4;25	11,6611	25
3	1	14,4;22,5	10,4967	22,5
4	2	14,4;20	9,34596	20
5	3	14,4;17,5	8,2077	17,5
6	4	14,4;15	7,08092	15
7	5	14,4;12,5	5,96472	12,5
8	6	14,4;10	4,85826	10
9	7	14,4;7,5	3,76077	7,5
10	8	14,4;5	2,67152	5
11	9	14,4;2,5	1,58985	2,5
12	10	14,4;0	0,515132	0
		2,5	-0,5	-2,5

— Das Fenster „*Sensors*" wird mit dem Schalter Close geschlossen

— Das Fenster „*Kinematic Simulation*" wird mit dem Schalter Close geschlossen

— Produkt speichern: Icon „*Save*" 💾 drücken. Im erscheinenden Fenster „*Save As*" Speicherort und Dateiname festlegen. Ein Warnfenster weist darauf hin, dass die einzelnen Teiledokumente von dieser Speicherung nicht erfasst werden, also getrennt gespeichert werden müssen. Diesen Hinweis mit OK beenden. Mit Save Speicherung durchführen.

Schlagwortverzeichnis